全国中等职业学校机械类专业通用教材

全国技工院校机械类专业通用教材（中级技能层级）

焊工工艺与技能训练

（第三版）

人力资源社会保障部教材办公室组织编写

U0364777

中国劳动社会保障出版社

内容简介

本书的主要内容包括焊接基础知识、气焊与气割、焊条电弧焊、埋弧自动焊与碳弧气刨、CO_2 气体保护焊、钨极氩弧焊、电阻焊、等离子弧焊与切割及其他焊接技术、常用金属材料的焊接。

本书由王长忠任主编，李明强、康枭任副主编，夏志强、金海阔、邢伟、郭金霞、王铁俊、刘西坤、魏星、陈蓉参加编写；王文安任主审。

图书在版编目（CIP）数据

焊工工艺与技能训练 / 人力资源社会保障部教材办公室组织编写 . -- 3 版 . -- 北京：中国劳动社会保障出版社，2020

全国中等职业学校机械类专业通用教材 全国技工院校机械类专业通用教材 . 中级技能层级

ISBN 978-7-5167-4618-9

Ⅰ. ①焊… Ⅱ. ①人… Ⅲ. ①焊接工艺 – 中等专业学校 – 教材 Ⅳ. ①TG44

中国版本图书馆 CIP 数据核字（2020）第 191642 号

中国劳动社会保障出版社出版发行

（北京市惠新东街 1 号 邮政编码：100029）

*

三河市华骏印务包装有限公司印刷装订 新华书店经销

787 毫米 × 1092 毫米 16 开本 27.75 印张 658 千字

2020 年 11 月第 3 版 2022 年 12 月第 4 次印刷

定价：**54.00 元**

营销中心电话：400-606-6496

出版社网址：http://www.class.com.cn

http://jg.class.com.cn

前　言

为了更好地适应全国技工院校机械类专业的教学要求，全面提升教学质量，人力资源社会保障部教材办公室组织有关学校的一线教师和行业、企业专家，在充分调研企业生产和学校教学情况、广泛听取教师对教材使用反馈意见的基础上，对全国技工院校机械类专业通用教材中所包含的车工、钳工、铣工、焊工、冷作工等工艺（理论）与技能训练（实践）一体化教材进行了修订。

本次教材修订工作的重点主要体现在以下几个方面：

第一，合理更新教材内容。

根据机械类专业毕业生所从事岗位的实际需要和教学实际情况的变化，合理确定学生应具备的能力与知识结构，对部分教材内容及其深度、难度做了适当调整；根据相关专业领域的最新发展，在教材中充实新知识、新技术、新设备、新材料等方面的内容，体现教材的先进性；采用最新国家技术标准，使教材更加科学和规范。

第二，紧密衔接国家职业技能标准要求。

教材编写以国家职业技能标准《车工（2018 年版）》《钳工（2020 年版）》《铣工（2018 年版）》《焊工（2018 年版）》等为依据，涵盖国家职业技能标准（中级）的知识和技能要求，并在与教材配套的习题册、技能训练图册中增加了针对相关职业技能鉴定考试的练习题。

第三，精心设计教材形式。

在教材内容的呈现形式上，尽可能使用图片、实物照片和表格等形式将知识点生动地展示出来，力求让学生更直观地理解和掌握所学内容。针对不同的知识点，设计了许多贴近实际的互动栏目，在激发学生学习兴趣和自主学习积极性的同时，使教材"易教易学，易懂易用"。在教材插图的制作中采用了立体造型技术，同时部分教材在印刷工艺上采用了四色印刷，增强了教材的表现力。

第四，提供全方位教学服务。

本套教材配有习题册、技能训练图册和方便教师上课使用的电子课件，电子课件和习题册答案可通过技工教育网（http://jg.class.com.cn）下载。另外，在部分教材中使用了二维码技术，针对教材中的教学重点和难点制作了动画、视频、微课等多媒体资源，学生使用移动终端扫描二维码即可在线观看相应内容。

本次教材的修订工作得到了辽宁、江苏、浙江、山东、河南等省人力资源和社会保障厅及有关学校的大力支持，在此我们表示诚挚的谢意。

人力资源社会保障部教材办公室

2020 年 8 月

目　录

绪　　论

　　焊接是现代工业生产中重要的连接方式之一。人类的生活中到处都是金属结构和材料，例如，高速行驶或载重万吨以上的交通运输工具（如汽车、火车、超级客轮及货轮等），快速飞行的飞行器（如飞机、运载火箭、宇宙飞船等），耐压、耐腐蚀的巨型化工设备（如油罐、天然气罐等），高大的现代建筑（如高档写字楼、钢桥、体育场馆等），如图0-1所示。在它们的制造过程中，各种各样的金属零部件、构件需要连接在一起，并且要达到设计提出的牢固、密封等要求。它们多采用了焊接的方法进行连接。

自动化焊接汽车结构　　　　　　　　　　　　设备焊接车头铝合金外表面

手工焊接船体外表面　　　　　　　　　　精密焊接飞船接缝

设备焊接罐体　　　　　　　　　　　焊接钢制桥体

焊接钢桁架 焊接钢结构梁

图 0-1　人类生活中的金属结构及焊接

一、焊接的概念、特点及应用

现代工业产品制造中，经常需要将两个或两个以上的零件连接在一起。对于金属构件的连接常使用的连接方法有两种：一种是机械连接，可以拆卸，如螺栓连接、键连接等，如图 0-2a、b 所示；另一种是永久性连接，不能拆卸，如铆接、焊接等，如图 0-2c、d 所示。

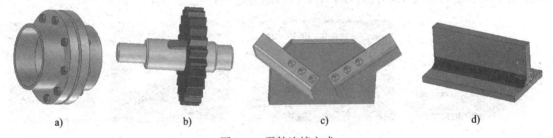

图 0-2　零件连接方式

a）螺栓连接　b）键连接　c）铆接　d）焊接

焊接就是通过加热或加压，或两者并用，并且用或不用填充材料，使焊件达到原子结合的一种加工工艺方法。

当今，焊接已经取代铆接，成为金属构件不可拆卸连接中的主要连接方式。与铆接相比，焊接具有更显著的优越性。它的优点如下：节省材料，减轻结构质量；简化加工与装配工序；接头的致密性好，能承受高压；容易实现机械化和自动化生产，提高生产效率和质量，改善劳动条件等。此外，焊接不仅可以连接金属材料，还可以实现某些非金属材料的永久性连接，如玻璃焊接、陶瓷焊接、塑料焊接等。

二、焊接工艺的分类

按照焊接过程中金属所处的状态不同，可以把焊接方法分为熔焊、压焊和钎焊三类。

1. 熔焊

熔焊是指在焊接过程中，将两个焊件接头加热至熔化状态，不加压力完成焊接的方法。当被焊金属加热至熔化状态形成液态熔池，并同时向熔池中加入（或不加入）填充金属时，金属原子之间便相互扩散和紧密接触，直至冷却凝固，即形成牢固的焊接接头。常见的焊条电弧焊、气焊、埋弧自动焊、氩弧焊等都属于熔焊，如图 0-3 所示。

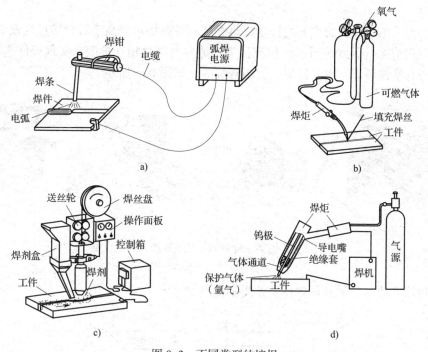

图 0-3　不同类型的熔焊
a) 焊条电弧焊　b) 气焊　c) 埋弧自动焊　d) 氩弧焊

2. 压焊

压焊是指在焊接的同时对焊件施加压力（加热或不加热），以完成焊接的方法。在施加压力的同时，被焊金属接触处可以加热到熔化状态，如电阻点焊和电阻缝焊，如图 0-4a、b 所示；也可以加热到塑性状态，如搅拌摩擦焊，如图 0-4c 所示；还可以不加热，如冷压焊和爆炸焊等，如图 0-4d、e 所示。

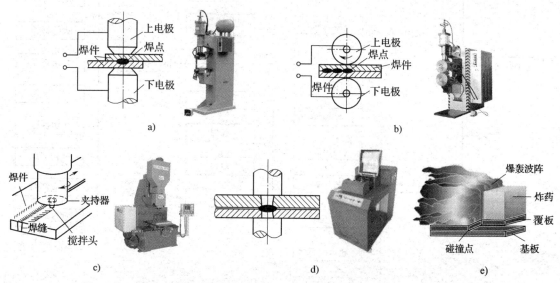

图 0-4　不同类型压焊的原理及焊接设备
a) 电阻点焊　b) 电阻缝焊　c) 搅拌摩擦焊　d) 冷压焊　e) 爆炸焊

3. 钎焊

钎焊是指采用比母材熔点低的钎料，将焊件和钎料加热到高于钎料熔点且低于母材熔点的温度，利用液态钎料润湿母材，填充接头间隙并与母材相互扩散，实现焊件连接的方法。钎焊的方法有烙铁钎焊、激光钎焊、火焰钎焊等，如图 0-5 所示。

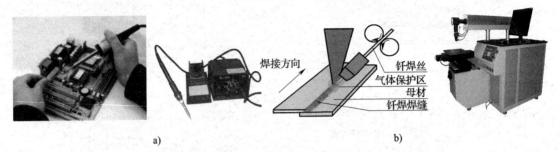

图 0-5　不同类型钎焊的原理示意图及焊接设备
a）烙铁钎焊　b）激光钎焊

目前焊接方法的分类及具体种类如图 0-6 所示。

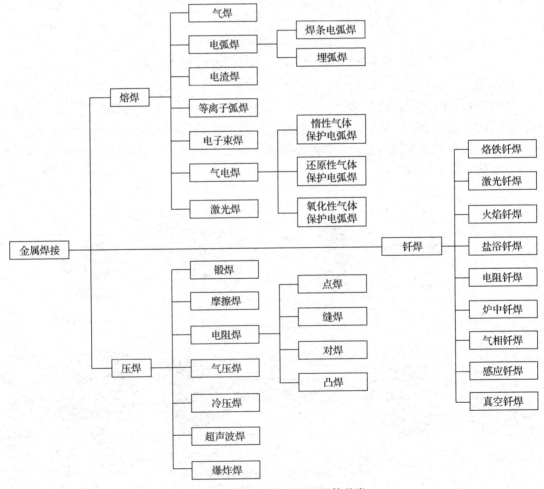

图 0-6　焊接方法的分类及具体种类

三、焊接技术的发展与趋势

1. 焊接技术的发展史

近代焊接技术是从 1885 年出现碳弧焊开始，直到 20 世纪 40 年代才形成较完整的焊接工艺体系。特别是 20 世纪 40 年代初，优质电焊条的出现带来了焊接技术发展的一次飞跃。焊接技术发展史的简要概况见表 0-1。

表 0-1   焊接技术发展史的简要概况

焊接方法	发明时间（年）	发明国家	焊接方法	发明时间（年）	发明国家
碳弧焊	1885	俄国	冷压焊	1948	英国
电阻焊	1886	美国	高频电阻焊	1951	美国
金属极电弧焊	1892	俄国	电渣焊	1951	苏联
热剂焊	1895	德国	CO_2 气体保护电弧焊	1953	美国
氧乙炔焊	1901	法国	超声波焊	1956	美国
金属喷镀	1909	瑞士	电子束焊	1956	法国
原子氢焊	1927	美国	摩擦焊	1957	苏联
高频感应焊	1928	美国	等离子弧焊	1957	美国
惰性气体保护电弧焊	1930	美国	爆炸焊	1963	美国
埋弧焊	1935	美国	激光焊	1965	美国

2. 焊接技术在中国

我国是世界上最早应用焊接技术的国家之一。远在战国时期，铜器的主体、耳、足就是利用钎焊来连接的。其后明代《天工开物》一书中有"凡铁性逐节粘合，涂上黄泥于接口之上，入火挥槌，泥滓成枵而去，取其神气为媒合，胶结之后，非灼红、斧斩，永不可断也"的记载。这说明当时人们已懂得锻焊使用焊剂，可获得质量较高的焊接接头。我们的祖先在古代焊接技术发展史上留下了光辉的一页。这显示出我国是一个具有悠久焊接历史的国家。

20 世纪 20 年代，我国引进了电弧焊技术。当时，焊条电弧焊和气焊主要用于修补工作。今天，随着国民经济的迅速发展，先进焊接技术的应用已遍及我国的国防、造船、化工、石油、冶金、电力、建筑、桥梁、机车车辆、机械制造等各行各业。

3. 焊接技术的发展趋势

（1）国际焊接技术的发展趋势

随着科技发展，国际焊接技术未来将在以下几大方面进一步发展：

1）在焊接材料方面，将继续扩大可焊材料的范围，如超细晶粒钢、非金属、金属／非金属组合等。

2）在焊接结构方面，焊接既在超大型结构件（如大型船舶、高层建筑等）上，又在超微结构件（如微米级的零件等）上努力取得突破。

3）在焊接设备方面，要实现焊接设备的数字化、自动化、智能化、柔性化，提高设备的焊接效率，降低能耗，满足焊接的节能、环保要求。

4）在技术工艺方面，以高效率、低能耗、环保为研究重点，改善及创新焊接工艺和措施。

（2）我国焊接技术的发展趋势

我国的焊接技术水平与国际焊接技术水平还存在一定差距。结合科技和行业发展的需求，我国焊接技术在以下三个方面发生变化：

1）熔化极气体保护焊将逐渐取代手工电弧焊，成为焊接的主流。

2）高效、节能并能够自动调节焊接参数的智能型逆变焊机将逐渐取代焊条电弧焊设备，且焊接设备的操作更加简便化、智能化。

3）智能化焊接机器人将更为广泛地应用于汽车、造船、工程机械和航空航天等行业，以大幅度地提高焊接质量和生产效率。

四、本课程的性质、目的与任务

《焊工工艺与技能训练》是焊工专业的重要专业课程。学习本课程的目的是了解各种焊接工艺在制造业的应用，掌握常用焊接方法的原理及焊接工艺，掌握常用材料、典型焊接结构的焊接工艺及相应的操作技能，为从事不同行业相关的焊接岗位工作奠定坚实的理论和技能基础。

通过本课程的学习，应达到以下要求：

1. 熟悉焊接电弧、焊接接头的组织和性能、常见焊接缺陷、焊缝符号、焊接产品检验等通用焊接基础知识。

2. 掌握气焊、气割、焊条电弧焊、埋弧自动焊、CO_2 气体保护焊、钨极氩弧焊、电阻焊的设备和工具的使用方法，焊接材料的性能，各种焊接工艺方法等专业知识和基本操作技能。

3. 熟悉等离子弧焊和等离子弧切割设备的使用方法、材料的性能、参数的选择和技术要点。

4. 了解电子束焊、超声波焊、激光焊、扩散焊等先进焊接技术的基本原理、主要特点与应用，了解焊接机器人的系统组成与应用等。

5. 掌握常用金属材料焊接的工艺知识和操作技能。

焊接基础知识

课题 1 焊接电弧

焊条电弧焊是利用手工操纵焊条进行焊接的电弧焊方法。操作时,焊条和焊件分别作为两个电极,利用焊条与焊件之间产生的电弧热量来熔化焊件金属,冷却后形成焊缝。

一、焊接电弧的概念

焊接时,将焊条与焊件接触后很快拉开,在焊条端部和焊件之间立即会产生明亮的电弧,如图 1-1a 所示。电弧是一种气体放电现象。

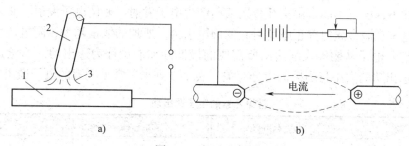

a)

b)

图 1-1 电弧示意图

a) 电弧的产生 b) 原理

1—焊件 2—焊条 3—电弧

由焊接电源供给的具有一定电压的两电极间或电极与焊件间的气体介质中所产生的强烈而持久的放电现象称为焊接电弧。

一般情况下,由于气体的分子和原子都是呈中性的,气体中几乎没有带电质点,因此气体不能导电,电流通不过,电弧不能自发地产生。要使气体呈现导电性,必须使气体电离。气体电离后,原来气体中的一些中性分子或原子转变为电子、正离子等带电质点,这样电流才能通过气体间隙形成电弧,如图 1-1b 所示。

1. 气体电离

和自然界的一切物质一样,气体原子中的电子是按一定的轨道环绕原子核运动的。在常态下,原子是呈中性的。但在一定的条件下,气体原子中的电子从外面获得足够的能量,就能脱离原子核的引力成为自由电子,同时,原子由于失去电子而成为正离子。这种使中性的气体分子或原子释放电子形成正离子的过程称为气体电离。

使气体电离所需要的能量称为电离电位（或电离功）。不同的气体或元素由于原子结构不同，其电离电位也不同。常见元素的电离电位见表1-1。

表1-1　　　　　　　　　　　　　常见元素的电离电位　　　　　　　　　　　　　　　eV

元素	钾	钠	钙	锰	铁	氢	氧	氩	氟
电离电位	4.33	5.11	6.10	7.40	7.83	13.5	13.6	15.7	16.9

注：在原子物理学中，常用电子伏特作为能量单位，1 eV 的能量就是一个电子在通过电势差等于 1 V 的一段路程上所需要或得到的能量。

在焊接时，使气体介质电离的方式主要有热电离、电场作用下的电离、光电离。

（1）热电离

气体粒子受热的作用而产生的电离称为热电离。温度越高，热电离作用越大。

（2）电场作用下的电离

带电粒子在电场的作用下，各自做定向高速运动，产生较大的动能，并不断与中性粒子相碰撞，不断地产生电离。两电极间的电压越高，电场作用越大，则电离作用越强烈。

（3）光电离

中性粒子在光辐射的作用下产生的电离称为光电离。

2. 阴极电子发射

阴极的金属表面连续地向外发射出电子的现象称为阴极电子发射。阴极电子发射也与气体电离一样，是电弧产生和维持的重要条件。

一般情况下，电子不能自由离开金属表面产生电子发射。要使电子发射，必须施加一定的能量，使电子克服金属内部正电荷对它的静电引力。所加的能量越大，阴极产生电子发射作用就越强烈。电子从阴极表面逸出所需要的最低外加能量称为逸出功，单位是电子伏特（eV）。电子逸出功的大小与阴极的成分有关。表1-2列出了常见元素的电子逸出功。

表1-2　　　　　　　　　　　　　常见元素的电子逸出功　　　　　　　　　　　　　　eV

元素名称	电子逸出功	元素名称	电子逸出功
钾	2.26	锰	3.76
钠	2.33	铁	4.18
钙	2.90	碳	4.34
钛	3.92	钨	5.36

焊接时，根据阴极吸收能量的方式不同，所产生的电子发射有以下几类：

（1）热发射

焊接时，阴极表面的温度很高，使阴极内部的电子热运动速度加快。当电子的动能大于其逸出功时，电子即冲出阴极表面而产生热发射。例如，用钢焊条作电极进行焊接时，阴极温度可达 2 100 ℃左右，热发射作用相当强烈。

（2）电场发射

当阴极表面外部空间存在强电场时，电子可获得足够的动能克服正电荷对它的静电引力，从阴极表面发射出来。两极间电压越高，则电场发射作用越大。

（3）撞击发射

高速运动的正离子撞击阴极表面时，将能量传递给阴极而产生电子发射的现象称为撞击发射。电场强度越大，在电场中正离子运动速度越快，产生撞击发射的作用也越强烈。

二、焊接电弧的构造、电压及静特性

1. 焊接电弧的构造

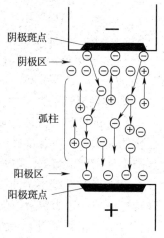

图 1-2 焊接电弧的构造

焊接电弧的构造可分为阴极区、阳极区、弧柱三个区域，如图 1-2 所示。

（1）阴极区

为了保证电弧稳定燃烧，阴极区的任务是向弧柱提供电子流和接受弧柱送来的正离子流。在焊接时，阴极表面存在一个烁亮的辉点，称为阴极斑点。阴极斑点是电子发射源，也是阴极区温度最高的部分，一般为 2 130 ~ 3 230 ℃，放出的热量占焊接总热量的 36% 左右。阴极温度的高低主要取决于阴极的电极材料，一般都低于材料的沸点。不同材料的沸点、阴极区和阳极区的温度见表 1-3。此外，电极的电流密度增大，阴极区的温度也相应提高。

表 1-3　　　　　不同材料的沸点、阴极区和阳极区的温度　　　　　　℃

电极材料	材料沸点	阴极区温度	阳极区温度
碳	4 640	3 500	4 100
铁	3 271	2 400	2 600
钨	6 200	3 000	4 250

注：1. 电弧中气体介质为空气。

　　2. 阴极和阳极为同种材料。

（2）阳极区

阳极区的任务是接受弧柱流过来的电子流和向弧柱提供正离子流。在阳极表面光亮的辉点称为阳极斑点。阳极斑点是由于电子对阳极表面撞击而形成的。一般情况下，与阴极比较，由于阳极能量只用于阳极材料的熔化和蒸发，无发射电子的能量消耗，因此，在与阴极材料相同时，阳极区温度略高于阴极区（见表 1-3）。阳极区的温度一般为 2 330 ~ 3 980 ℃，放出的热量占焊接总热量的 43% 左右。

（3）弧柱

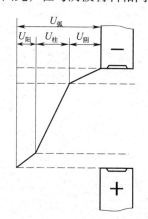

图 1-3 焊接电弧各区域的电压分布

弧柱是处于阴极区与阳极区之间的区域。弧柱起着电子流和正离子流导电通路的作用。弧柱的温度不受材料沸点限制，而取决于弧柱中气体介质和焊接电流。焊接电流越大，弧柱中电离程度就越大，弧柱温度也就越高。弧柱的中心温度为 5 730 ~ 7 730 ℃，放出的热量占焊接总热量的 21% 左右。

2. 焊接电弧的电压

通常测出的焊接电弧电压就是阴极区、阳极区和弧柱电压降之和。当弧长一定时，电弧电压的分布如图 1-3 所示。电弧电压可用下列公式表示：

$$U_{弧} = U_{阴} + U_{阳} + U_{柱} = U_{阴} + U_{阳} + bl_{弧}$$

式中　$U_{弧}$——电弧电压，V；

　　　$U_{阴}$——阴极区电压降，V；

　　　$U_{阳}$——阳极区电压降，V；

　　　$U_{柱}$——弧柱电压降，V；

　　　b——单位长度的弧柱电压降，一般为 20 ~ 40 V/cm；

　　　$l_{弧}$——电弧长度，cm。

3. 焊接电弧的静特性

　　在电极材料、气体介质和弧长一定的情况下，电弧稳定燃烧时，焊接电流与电弧电压变化的关系称为电弧静特性。表示它们关系的曲线叫作电弧的静特性曲线，如图 1-4 所示。从图 1-4 中可以看到，电弧静特性曲线呈 U 形。

　　（1）当电流较小（曲线 ab 段的电流）时，电压随着电流的增大而降低。这是电弧的下降特性区（一般为钨极氩弧焊小电流焊接时的特性区）。

　　（2）在正常焊接状态时，电流通常从几十安培到几百安培（曲线 bc 段的电流）。此时，电压不随电流变化，基本保持不变。这是电弧的平特性区（一般为焊条电弧焊电流值 $I \leqslant 500$ A 时的特性区）。

　　（3）当电流更大（曲线 cd 段的电流）时，电压随电流的增大而升高。这是电弧的上升特性区（一般为埋弧自动焊、细丝熔化极气体保护焊大电流密度下焊接时的特性区）。

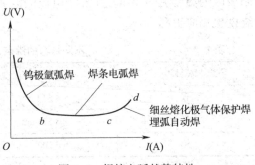

图 1-4　焊接电弧的静特性

学以致用

　　在一般情况下，电弧电压总是与电弧长度成正比变化，当电弧长度增加时，电弧电压升高，其静特性曲线的位置也随之上升，如图 1-5 所示。

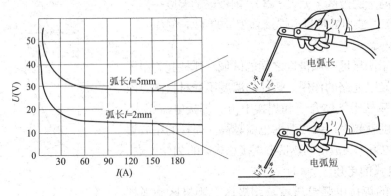

图 1-5　不同电弧长度的电弧静特性曲线

焊接操作时，常常通过调整电弧长度来改变熔池形状和焊件的熔透深度，并通过压短弧长防止飞溅、电弧偏吹等。

三、电弧焊的熔滴过渡

进行电弧焊时，焊条（或焊丝）端部在电弧高温作用下熔化成的液态金属滴，通过电弧空间不断地向熔池中过渡的过程称为熔滴过渡。

熔滴过渡的形式大致可分为滴状过渡、短路过渡、喷射过渡三种。熔滴过渡会出现不同的形式，这是由于作用于液态金属熔滴上的作用力不同。

1. 熔滴过渡的作用力

（1）熔滴的重力

任何物体都会因自身的重力而下坠。平焊时，金属熔滴的重力促进熔滴过渡。但是立焊和仰焊时，熔滴的重力阻碍了熔滴向熔池过渡。

（2）表面张力

液态金属像其他液体一样具有表面张力。平焊时，表面张力对熔滴过渡起阻碍作用。但是在仰焊等其他位置焊接时，表面张力却有利于熔滴过渡。一是熔滴倒悬在焊缝上不易滴落；二是焊条末端熔滴与熔池接触时，熔滴容易被拉入熔池中。表面张力的大小与多种因素有关。焊条直径越大，焊条端部熔滴的表面张力也越大，所以气体保护焊时采用细丝，熔滴过渡稳定而顺利。液态金属温度越高，其表面张力越小，所以钎焊时温度较高，钎料才易于扩散到钎缝中。表面张力还与保护气体的性质有关。如果在氩气中加入少量氧气作为焊接钢的保护气体，比用纯氩气时的熔滴过渡有利于形成细颗粒。这是因为氧气的加入降低了熔滴的表面张力。

（3）电磁力

从电工学可知，两根平行的载流导体通以同向电流时，彼此产生相互吸引的电磁力，方向是从外向内，如图1-6所示。电磁力的大小与两根导体上电流的乘积成正比，即通过导体的电流越大，电磁力越大。

焊接时，可以把带电的焊丝及熔滴看成是由许多平行载流导体所组成的，如图1-7所示。

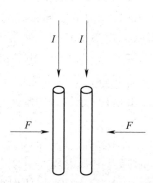

图1-6　通过同方向电流的两根平行导线的相互作用力
I—电流　F—电磁力

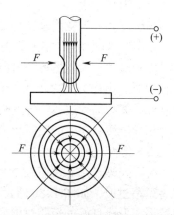

图1-7　磁感线在熔滴上的压缩作用
F—电磁压缩力

根据上述电磁效应原理，焊丝及熔滴上受到四周向中心的电磁压缩力。电磁压缩力对焊条端部液态金属径向的压缩作用会促使熔滴很快形成。尤其是熔滴的细颈部分电流密度最大，电磁压缩力作用也最大。这使熔滴很容易脱离焊条端部向熔池过渡。

焊接电流较小时，焊条端部的液态金属主要受到的是表面张力和重力，电磁力影响很小。因此，当熔滴的重力克服表面张力时，熔滴脱离焊条端部落向熔池。这种情况下，熔滴的尺寸较大，常出现电弧短路现象，产生较大的飞溅，电弧不稳定。

焊接电流较大时，电磁力也比较大，相比之下重力所起的作用很小，液态熔滴主要是在电磁压缩力的作用下以较小的熔滴向熔池过渡。而且，其方向性较强，不论是平焊或仰焊位置，总是沿着电弧轴线自焊丝向熔池过渡。

焊接时，一般焊条或焊丝的电流密度都比较大，因此电磁力是熔滴过渡的主要作用力。在气体保护焊时，常常通过调整焊接电流的大小来控制熔滴尺寸。

焊接时，电磁力还会产生另外一种作用力。由于焊条端部的电弧导电截面小，而焊件端部的电弧导电截面大，因此，焊条的电流密度大于焊件的电流密度，从而在焊条上所产生的磁场强度要大于焊件上所产生的磁场强度。这样就产生一个沿焊条纵向指向焊件的电场力。该电场力无论焊缝的空间位置如何，总是有利于熔滴向熔池过渡。

（4）斑点压力

焊接电弧中的电子和正离子在电场的作用下向两极运动，撞击两极的斑点而产生机械压力，这个力称为斑点压力。它是阻碍熔滴过渡的力。若选用直流焊机负极接焊钳时，阻碍熔滴过渡的是正离子的压力；若正极接焊钳时，阻碍熔滴过渡的是电子的压力。因为正离子比电子的质量大，所以正离子流的压力要比电子流的压力大，即阴极的斑点压力比阳极的斑点压力大。因此，反接时熔滴过渡比正接时容易。

（5）气体的吹力

在焊条电弧焊时，焊条药皮的熔化稍落后于焊芯的熔化，在焊条末端形成一个套管。在套管内，大量药皮造气剂分解产生的气体及焊芯中碳元素氧化生成的 CO 气体，被电弧加热到高温时体积急剧膨胀，并顺着套管方向，以稳定的气流冲出，把熔滴"吹"到熔池中去。不论焊缝空间位置如何，气体的吹力均有利于熔滴的过渡。

2. 熔滴过渡的形式

（1）滴状过渡

滴状过渡分为粗滴过渡和细滴过渡。粗滴过渡是熔滴呈粗大颗粒状向熔池自由过渡的形式，如图 1-8a 所示。当电流较小时，熔滴主要依靠重力的作用克服表面张力的束缚而下落，此时熔滴尺寸较大，呈粗滴过渡。由于粗滴过渡飞溅较大，电弧不稳定，通常不采用。当电流较大时，电磁力随之增大，使熔滴细化，过渡频率提高，飞溅减小，电弧较稳定，这种过渡形式称为细滴过渡。焊丝直径为 1.6 mm 的 CO_2 气体保护焊，焊接电流达 400 A 以上时，即为细滴过渡，在生产中广泛应用。焊条电弧焊时，使用酸性焊条也多为细滴过渡。

（2）短路过渡

由于强烈过热和磁收缩的作用使焊条或焊丝端部的熔滴爆断，直接向熔池过渡的形式，称为短路过渡，如图 1-8b 所示。采用小电流焊接的同时降低电弧电压，可使电弧稳定，飞溅较小，形成良好的短路过渡。细丝（焊丝直径为 0.8 ~ 1.2 mm）CO_2 气体保护焊时常采用短路过渡形式。焊条电弧焊时，碱性焊条在大电流范围内可呈滴状过渡和短路过渡。

（3）喷射过渡

熔滴呈细小颗粒，并以喷射状态快速通过电弧空间向熔池过渡的形式，称为喷射过渡，如图1-8c所示。采用氩气或富氩气气体保护焊反极性焊接时，随着焊接电流的逐渐增大，熔滴尺寸略有减小，当焊接电流达到某一临界电流值时，即出现喷射过渡状态。需要强调指出的是，除要求一定

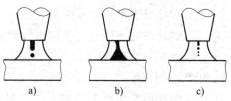

图 1-8　熔滴过渡的形式
a）粗滴过渡　b）短路过渡　c）喷射过渡

的电流密度外，产生喷射过渡还必须有一定的电弧长度（即电弧电压）。如果电弧的弧长太短（即电弧电压太低），即使电流数值较大，也不可能产生喷射过渡。

喷射过渡的特点是过渡频率高，熔滴以极细的颗粒沿电弧轴线高速射向熔池，发出"咝咝"声。喷射过渡具有电弧稳定、飞溅小、焊缝成形美观等优点。

课题 2　焊接接头的组织和性能

一、焊接结构及其分类

焊接结构是指用各种焊接方法连接而成的金属结构。焊接结构的种类有梁、柱、桁架、容器和薄板结构等，如图1-9所示。

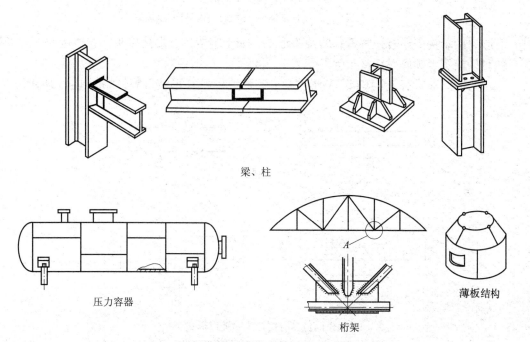

梁、柱

压力容器

A

桁架

薄板结构

图 1-9　焊接结构的种类

1. 焊接梁通常用于承受较大载荷和较长跨度的场合，如重型大跨度的桥式起重机等。

2. 焊接柱通过钢板或型钢拼焊而成，承受压力载荷，如门式起重机的门架支柱等。

3. 焊接容器包括锅炉、压力容器和管道，担负着供热、供电、储存及运输各种工业原料和产品的作用。

4. 焊接桁架由许多长短不一、形状各异的杆件焊接而成，是承受横向弯曲载荷的结构，如桥梁、塔架和屋顶桁架等。

5. 焊接薄板结构多属于受力较小或不受载荷作用的壳体，如驾驶室、客车车体和各种机器外罩等。

二、焊接接头形式和焊缝形式

1. 焊接接头形式

焊接结构均由若干个焊接接头组成。焊接接头是指用焊接方法连接的接头（以下简称接头）。

由于焊件的结构、形状、厚度及技术要求不同，往往需要把焊件装配成不同形式的焊接接头，以及将焊件边缘加工成各种形式的坡口。焊接接头的基本形式可分为对接接头、T形接头、角接接头、搭接接头四种，如图1-10所示。

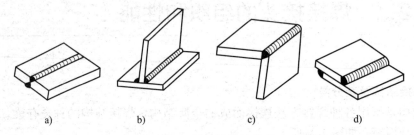

图1-10 焊接接头的形式

a）对接接头　b）T形接头　c）角接接头　d）搭接接头

有时焊接结构中还有一些特殊的接头形式，如十字接头、端接接头、卷边接头、套管接头、斜对接接头、锁底对接接头等。

常用的坡口形式有I形坡口、V形坡口、X形坡口和U形坡口等，如图1-11所示。

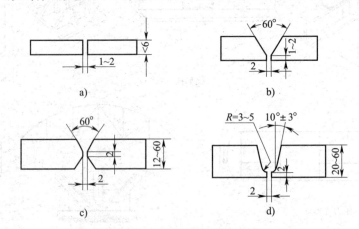

图1-11 对接接头的坡口形式

a）I形坡口　b）V形坡口　c）X形坡口　d）U形坡口

（1）对接接头

两个焊件端面相对平行的接头称为对接接头。对接接头是各种焊接结构中采用最多的接头形式。

1）钢板厚度在 6 mm 以下的焊件一般不开坡口。为使焊接时达到一定的熔透深度，坡口留有 1 ~ 2 mm 的根部间隙。有的焊件在整个厚度上不要求全部焊透，可进行单面焊接，但必须保证焊缝的熔透深度不小于板厚的 0.7 倍。如果产品要求在整个厚度上全部焊透，就应该在焊缝背面用碳弧气刨清根后再焊，即形成不开坡口的双面焊接对接接头。

2）一般钢板厚度为 6 mm 及以上时，可分别采用 V 形坡口（适用于厚度为 6 ~ 40 mm 的钢板）、X 形坡口（适用于厚度为 12 ~ 60 mm 的钢板）和 U 形坡口（适用于厚度为 20 ~ 60 mm 的钢板），如图 1-11b、c、d 所示。开坡口的主要目的是保证接头根部焊透，以便于清除熔渣，获得优质的焊接接头。

 学以致用

在焊接结构生产中，不同厚度对接的钢板，如果板厚差（$\delta - \delta_1$）较大，应单面或双面削薄再进行装配焊接，如图 1-12 所示。其削薄长度 $L \geqslant 3（\delta - \delta_1）$。

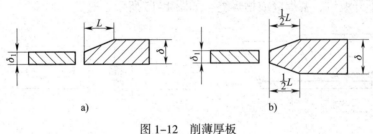

图 1-12　削薄厚板

a）单面削薄　b）双面削薄

（2）T 形接头

一个焊件的端面与另一个焊件表面构成直角或近似直角的接头称为 T 形接头。T 形接头的使用范围仅次于对接接头。特别是造船厂的船体结构中，约 70% 的焊缝是这种接头形式。

当钢板厚度为 2 ~ 30 mm 时，可采用 I 形坡口（见图 1-13a）。若 T 形接头的焊缝要求承受载荷时，则应按照钢板厚度和对结构强度的要求，分别考虑选用单边 V 形坡口、带钝边双单边 V 形坡口或带钝边双 J 形坡口（见图 1-13b、c、d）等形式，使接头焊透，保证接头强度。

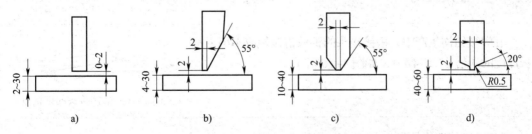

图 1-13　T 形接头的坡口形式

a）I 形坡口　b）单边 V 形坡口　c）带钝边双单边 V 形坡口　d）带钝边双 J 形坡口

（3）角接接头

两焊件端面间构成大于30°、小于135°夹角的接头称为角接接头。角接接头承载能力较差，一般用于不重要的结构中。根据焊件的厚度不同，角接接头的坡口形式有I形坡口、单边V形坡口、带钝边V形坡口和带钝边双单边V形坡口，如图1-14所示。开坡口的角接接头在一般结构中较少采用。

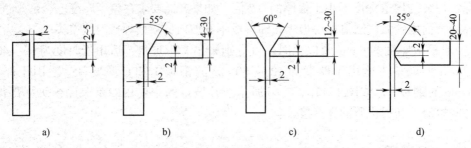

图1-14 角接接头的坡口形式

a）I形坡口 b）单边V形坡口 c）带钝边V形坡口 d）带钝边双单边V形坡口

（4）搭接接头

两个焊件部分重叠构成的接头称为搭接接头。根据其结构形式和对强度的要求不同，搭接接头可分为不开坡口、塞焊缝或槽焊缝，如图1-15所示。

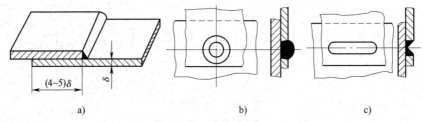

图1-15 搭接接头形式

a）不开坡口 b）圆孔塞焊缝 c）长孔槽焊缝

不开坡口搭接接头的搭接重叠部分长度为4～5倍板厚，并采用双面焊接。这种接头的装配要求不高，但承载能力低，只用在不重要的结构中。当结构重叠部分的面积较大时，为了保证结构强度，可根据需要分别选用圆孔塞焊缝或长孔槽焊缝的形式。搭接接头特别适用于被焊结构狭小处及密闭的焊接结构。

 学以致用

在焊接结构生产中，搭接接头的钢板搭接量应不小于钢板厚度的4倍（$l \geqslant 4\delta$），如图1-16所示。

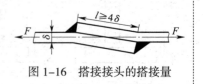

图1-16 搭接接头的搭接量

（5）坡口的选择原则

上述各种焊接接头在选择坡口形式时，应尽量减少焊缝金属的填充量，便于装配和保证焊接接头的质量，因此应考虑以下几条原则：

1）保证焊件焊透。

2）坡口的形状容易加工。

3）尽可能节省焊接材料，提高生产效率。

4）焊接后焊件变形尽可能小。

2. 焊缝形式

焊缝是构成焊接接头的主体部分，焊缝分类方法有以下几种：

（1）按焊缝在空间位置分类，焊缝有平焊缝、立焊缝、横焊缝及仰焊缝四种形式。

（2）按焊缝的结构形式分类，有对接焊缝、角焊缝及塞焊缝三种形式。

（3）按焊缝断续情况分类，有定位焊缝、连续焊缝及断续焊缝三种形式。

三、焊接接头的组成、组织和性能

1. 焊接接头的组成

焊接接头包括焊缝、熔合区和热影响区，如图 1-17 所示。

（1）焊缝

焊缝是焊件经焊接后所形成的结合部分。熔焊时，熔池液态金属冷却凝固后所形成的结合部分就是焊缝。焊接接头横截面宏观腐蚀所显示的焊缝与母材交接的轮廓线（即焊缝金属与母材的分界线）称为熔合线。

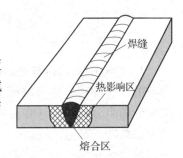

图 1-17　焊接接头的组成

（2）熔合区

熔合区是焊缝与母材（焊接热影响区）交接的过渡区，即熔合线处微观显示的母材半熔化区。所谓半熔化区，是指焊缝边界的固、液两相交错共存而又凝固的区域。

（3）热影响区

热影响区是焊接或热切割过程中，母材因受热的影响（但未熔化）而发生金相组织和力学性能变化的区域。

2. 焊缝的组织和性能

焊缝金属从高温的液态冷却至常温的固态，中间经过两次结晶过程。第一次是从液相转变为固相的结晶过程；第二次是在固相中出现同素异构转变的结晶过程。

（1）焊缝金属的一次结晶

焊缝金属由液态转变为固态的凝固过程，即焊缝金属晶体结构的形成过程，称为焊缝金属的一次结晶。它遵循着金属结晶的一般规律，包括"生核"和"长大"两个阶段。

1）一次结晶的过程。熔化焊时，随着电弧的移去，熔池液态金属温度逐渐降低，原子间的活动能力逐渐减弱，吸引力逐渐增强。当达到凝固温度时，原子便重新有规则地排列起来，形成微小晶体，称为"晶核"。由已形成的晶核吸附周围液体中原子的过程称为"长大"。这样不断产生新的晶核，并且不断长大，直至液态金属完全消失为止。

在熔池中，最先出现晶核的部位是在熔合线上。此处散热快，温度最低，半熔化晶粒形成附近液态金属结晶的晶核（见图 1-18a）。由于晶体是向着与散热方向相反的方向长大（见图 1-18b），同时也向两侧长大，因此受到相邻长大的晶体的阻碍，晶粒生长方向指向熔池中心，形成柱状结晶（见图 1-18c）。当柱状晶粒不断长大至互相接触时，焊缝的结晶过程结束（见图 1-18d）。

2）焊缝一次结晶的组织特征。焊接熔池一次结晶时，通常是从熔合线上还未熔化的晶粒开始结晶，沿着与散热方向相反的方向长大，形成柱状晶，如图 1-19 所示。柱状晶是焊缝一次结晶的组织特征。

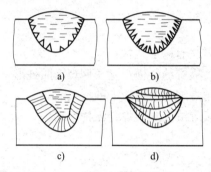

图 1-18　焊接熔池的结晶过程
a）开始结晶　b）晶体长大　c）柱状晶体　d）结晶结束

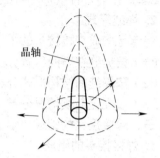

图 1-19　柱状晶粒生长的过程

3）焊缝中的偏析与夹杂。由于熔池金属冷却速度很快，因此焊缝金属的化学成分是不均匀的，这种现象称为偏析。由于化学成分的偏析，因此凝固温度高的组分先结晶，凝固温度低的组分后结晶。在后结晶处存在低熔点共晶等杂质。常见的偏析有宏观偏析（如焊缝中心线处，又称区域偏析）和晶间偏析（又称显微偏析）等。偏析对焊缝质量影响很大，使焊缝金属化学成分不均匀，性能发生改变。这是产生热裂纹、夹杂、气孔的主要原因之一。

同时，由于熔池冷却速度很快，冷却凝固时产生的气体来不及逸出而形成气孔；某些杂质来不及浮出，形成夹杂。

焊缝中夹杂物主要有硫化物和氧化物两种。钢中硫化物夹杂主要是硫化铁（FeS）和硫化锰（MnS）。以 FeS 形式存在的夹杂对钢的性能影响极大。它会形成低熔点夹杂物偏析，是产生热裂纹的主要原因之一。氧化物夹杂的主要成分有氧化硅（SiO_2）、氧化锰（MnO）和氧化亚铁（FeO）等，会降低焊缝的性能。

（2）焊缝金属的二次结晶

一次结晶结束后，熔池金属就转变为固态的焊缝。高温的焊缝金属冷却到室温时，要经过一系列的相变过程，这种相变过程称为焊缝金属的二次结晶。

以低碳钢为例，有关冷却速度对低碳钢焊缝组织及性能的影响见表 1-4。从表中可以看出冷却速度越大，珠光体含量越高，而铁素体含量越低，材料硬度和强度均有所提高，而塑性和韧性则有所降低。

表 1-4　　　　　　　　　冷却速度与焊缝金属组织和硬度的关系

冷却速度（℃/s）	组织（%）		含碳量（%）		焊缝金属的硬度
	铁素体	珠光体	按总化学成分	在珠光体中	
110	38	62	0.13	0.18	96HRB
60	49	51	0.13	0.22	93HRB

冷却速度（℃/s）	组织（%）		含碳量（%）		焊缝金属的硬度
	铁素体	珠光体	按总化学成分	在珠光体中	
50	40	60	0.14	0.21	91HRB
35	61	39	0.13	0.27	90HRB
10	65	35	0.14	0.33	88HRB
5	79	21	0.13	0.47	83HRB
1	82	18	0.15	0.82	83HRB

3. 热影响区的组织和性能

热影响区是指在焊接过程中，母材因受热的影响（但未熔化）而发生金相组织和力学性能变化的区域。焊接热影响区的组织和性能基本上反映了焊接接头的性能和质量。

现以低碳钢和不易淬火钢［如 Q355（16Mn）、Q390（15MnV、15MnTi）等］为例，讨论其热影响区的组织和性能。根据其组织特征可分为四个小区，如图 1-20 所示。

（1）熔合区

熔合区又称半熔化区，是指在焊接接头中焊缝向热影响区过渡的区域。它处于熔合线附近，温度处在铁碳合金状态图中固相线和液相线之间。在靠近热影响区的一侧，其金属组织是处于过热状态的组织，塑性很差。在各种熔化焊的条件下，这个区的范围虽然很窄，甚至在显微镜下也很难分辨，但对焊接接头的强度、塑性都有很大的影响。熔合区往往是使焊接接头产生裂纹或局部脆性破坏的发源地。

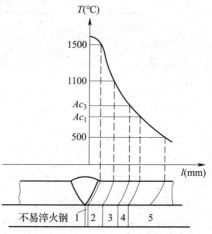

图 1-20　焊接热影响区的组织分布特征

1—熔合区　2—过热区　3—正火区
4—不完全重结晶区　5—母材

（2）过热区

过热区所处的温度范围是在固相线以下到 1 100 ℃左右的区间内。在这样高的温度下，奥氏体晶粒严重长大，冷却以后就呈现为晶粒粗大的过热组织。在气焊和电渣焊的条件下，这部分组织中可以出现魏氏体。

过热区的塑性很低，尤其是冲击韧度降低 20% ~ 30%。在焊接刚度较高的结构时，常会在过热区出现裂纹。过热区的范围宽窄与焊接方法、焊接参数和母材的板厚等有关。气焊和电渣焊时比较宽；焊条电弧焊和埋弧自动焊时比较窄；真空电子束焊时过热区几乎不存在。

（3）正火区

正火区的温度范围为 Ac_3 ~ 1 100 ℃。钢被加热到略高于 Ac_3 的温度后再冷却，将发生重结晶。因此，正火区的金属组织即获得相当于热处理时的正火组织，该区也可称为相变重结晶区或细晶区，其力学性能略高于母材。

（4）不完全重结晶区

不完全重结晶区处于 $Ac_1 \sim Ac_3$ 的温度范围内。该区域内的金属组织不均匀，致使力学性能不均匀，强度稍有下降。

除此以外，若母材焊接前经过冷加工出现塑性变形或由于焊接应力而造成的变形，在 Ac_1 以下将发生再结晶过程。在金相组织上也有明显的变化，即存在再结晶区。如果焊接前母材没有塑性变形，就不会发生再结晶现象，也就没有再结晶区。

根据热影响区宽度的大小，可以间接判断焊接质量。一般来说，热影响区越窄，则焊接接头中内应力越大，越容易出现裂纹；热影响区越宽，则对焊接接头力学性能越不利，变形也越大。因此，在工艺上应在保证不产生裂纹的前提下，尽量减小热影响区的宽度，这对整个焊接接头的性能是有利的。

由于热影响区宽度的大小取决于焊件的最高温度分布情况，因此，焊接方法对热影响区的宽度影响很大。不同焊接方法的热影响区宽度见表1-5。

表1-5　　　　　　　　　　　　　各种焊接方法的热影响区

焊接方法	每段平均宽度（mm）			总宽度（mm）
	过热段	正火段	不完全重结晶段	
焊条电弧焊	2.2	1.6	2.2	6.0
埋弧自动焊	0.8 ~ 1.2	0.8 ~ 1.7	0.7	2.5
电渣焊	18.0	5.0	2.0	25.0
气焊	21.0	4.0	2.0	27.0

4. 熔合区的组织和性能

熔合区的温度处于液相线和固相线之间，熔合区很狭窄，此区金属处于部分熔化状态（半熔化区），晶粒非常粗大，冷却后组织为粗大的过热组织。当焊缝化学成分与母材化学成分差别很大或异种钢焊接时，在熔合区附近还会发生碳和合金元素的相互扩散，成分和组织极不均匀，还可能产生新的不利的组织带。

因此，熔合区的塑性和韧性很差，是焊接接头中性能最差的区域。

四、焊缝金属中的气体及其影响

在焊接过程中，熔池周围充满着各种气体，它们不断地与熔池金属发生作用，影响焊缝金属的成分和性能。其主要成分为 CO、CO_2、H_2、O_2、N_2、H_2O（水蒸气，下同）以及少量的金属与熔渣的蒸气，气体中以 O_2、H_2、N_2 对焊缝的质量影响最大。

1. 氧对焊缝金属的作用

焊接时，氧主要来自电弧中的 O_2、CO_2、H_2O 等，以及药皮中的氧化物和焊件表面的铁锈、水分等。通常氧以原子氧和氧化亚铁（FeO）两种形式溶解在液态金属中。

焊缝金属中含氧量的增加，会使其强度、塑性和冲击韧度降低，还会增加焊缝金属的热脆、冷脆倾向，以及降低耐腐蚀性。溶解在熔池中的氧与碳、氢反应，生成不溶于金属的 CO 和 H_2O，在熔池结晶时来不及逸出，会形成气孔。在熔滴中含氧和碳过多时，所产生的

— 20 —

CO 受热膨胀，使熔滴爆炸而造成飞溅。因此，氧在焊缝金属中属于有害的元素。减少焊缝含氧量的有效措施如下：

（1）冶金处理

向焊条药皮或焊丝中加入铁合金（锰、硅、钛等）对焊缝金属进行脱氧，这是行之有效的措施之一。

焊缝金属脱氧的目的是尽量减少熔池金属的含氧量（对低碳钢和低合金钢来说，危害性最大的主要是 FeO），使焊缝金属中氧化夹杂物降到最低限度。

在 E4303 型焊条药皮中用 Mn 脱氧，Mn 的脱氧反应是：

$$FeO+Mn=MnO+Fe$$

反应式中的 MnO 系碱性氧化物，很容易与酸性焊条中的酸性氧化物 SiO_2、TiO_2 结合成稳定的熔渣，所以 Mn 是 E4303 型焊条中较好的脱氧剂。

在 E5015 型焊条药皮中用 Ti、Si 对熔池中的 FeO 脱氧，脱氧反应是：

$$2FeO+Ti=TiO_2+2Fe$$
$$2FeO+Si=SiO_2+2Fe$$

反应式中的脱氧产物 TiO_2、SiO_2 容易与碱性焊条中的碱性氧化物 CaO 结合成熔渣。

$$SiO_2+CaO=CaO \cdot SiO_2（入渣）$$
$$TiO_2+CaO=CaO \cdot TiO_2（入渣）$$

所以 Ti、Si 是 E5015 型焊条中较好的脱氧剂。

（2）加强保护

如选用合适的气体流量，采用短弧焊等，防止空气进入。焊接前，清理坡口及两侧的铁锈和水分，烘干焊条、焊剂。

2. 氢对焊缝金属的影响

氢主要来源于焊条药皮和焊剂中的水分、焊条药皮中的有机物、焊件和焊丝表面的污物（如铁锈、油污等）以及空气中的水分等。

（1）氢对焊缝的危害

氢是焊缝中一种有害的气体。它的主要危害性有下列几点：

1）氢致裂纹。焊接时溶解于焊缝中的氢在冷却过程中溶解度下降，会向热影响区扩散。当某区域氢浓度很高而温度下降时，一些氢原子结合成氢分子，会在金属内产生很大局部应力。对于淬硬倾向大的材料，在约束应力作用下就会产生冷裂纹。另外，在接头处还易产生淬硬组织，使塑性严重下降。

2）气孔。氢是焊缝中产生气孔的主要因素之一。

3）白点。对于碳钢或低合金钢焊缝，若含氢量较大，常常在其拉伸试件的断面出现鱼目状白色圆形斑点，称为白点。白点的直径一般为 0.5 ~ 3 mm，白点会使焊缝金属的塑性大大下降。

（2）预防措施

为了减少氢的有害作用，焊接时应严格控制焊缝中的含氢量。首先，限制氢及水分的来源，如烘干焊条、焊剂；清除铁锈、水分、油污；选用低氢型焊条。其次，应尽量防止氢溶入金属中。如果含氢量过高，可进行脱氢处理（后热处理），即在焊后立即将焊件加热到

250 ~ 350 ℃，保温 2 ~ 6 h 后空冷。

3. 氮对焊缝金属的影响

焊接区中的氮主要来自空气，它在高温时溶入熔池中，并能最终留存在焊缝金属中。随着温度下降，溶解度降低，析出的氮与铁形成化合物，以针状夹杂物形式存在于焊缝金属中。氮的含量较高会使焊缝金属强度提高，塑性和韧性降低。氮是焊缝中产生气孔的主要元素之一。为了消除氮的有害作用，应加强对焊接区的保护，隔离空气与液态金属的接触。此外，采用短弧焊也能控制焊缝中的含氮量。

五、焊缝中有害元素的影响

焊缝金属中的有害元素除了上述的氧、氢、氮之外，还有硫和磷。

硫以 FeS 和 MnS 夹杂物形式存在于焊缝金属中，会导致高温脆性（称为热脆），产生热裂纹。磷会导致低温脆性（称为冷脆），产生冷裂纹。磷在奥氏体不锈钢中也会产生低熔点杂质，产生热裂纹。

焊缝中硫、磷的主要来源是焊条药皮和焊剂，此外还有母材中的硫和磷。为了减少硫、磷的来源，应限制药皮、焊剂和母材中硫、磷的含量。这是降低焊缝中含硫量、含磷量的关键措施。另外，还可以进行冶金处理，即脱硫、脱磷。

六、焊缝金属的渗合金

在焊接过程中，熔池金属中的合金元素会由于氧化和蒸发等造成烧损，因而改变了焊缝金属的合金成分，使力学性能变差。为了使焊缝金属的成分、性能和组织符合预定的要求，就必须根据合金元素损失的情况向熔池中添加一些合金元素，这种方法称为焊缝金属的渗合金。

1. 渗合金的作用

渗合金不但可以获得成分、组织和性能与母材相同或相近的焊缝金属，还可以向焊缝金属中渗入母材不含或少含的合金元素，形成化学成分、组织和性能与母材完全不同的焊缝金属，以满足焊件对焊缝金属的特殊要求。例如，用堆焊（是指用电焊或气焊法熔敷耐磨、耐腐蚀、耐热等性能的金属层，并堆在工件的表面或边缘的焊接工艺）的方法来提高焊件表面耐磨、耐热、耐腐蚀等性能，就是通过渗合金来实现的。

2. 渗合金的方法

焊条电弧焊时，向焊缝中渗合金的方式有两种，一种是通过焊芯（合金钢焊芯）过渡；另一种是通过焊条药皮（即将合金成分加在药皮里）过渡。还可以两种方式同时使用。

（1）通过焊芯渗合金

焊芯中的合金元素含量应高于母材，但制造这种成分的焊芯有时在生产上有一定困难。采用合金钢焊芯，外面再涂以碱性熔渣的保护药皮，渗合金的效果和可靠性都很好。

（2）通过焊条药皮渗合金

在焊条药皮中加入各种铁合金粉末和合金元素，然后在焊接时把这些元素过渡到焊缝金属中去，这种方法在生产上应用得较广泛。通常是采用低碳钢焊芯（H08、H08A），并且在焊条药皮中加入合金剂，从而达到渗合金的目的。通过药皮渗合金，一般均采用氧化性极低的碱性熔渣，以减少合金元素的烧损；有时也采用氧化性不强的酸性钛钙型熔渣。

焊条药皮常用的合金剂有锰铁、铬铁、钼铁、钨铁、钛铁、硼铁等。

一般焊条药皮中的合金剂和脱氧剂无明显的区分。即同一种合金元素，既起脱氧剂的作用，又起合金剂的作用。例如，E4303 型焊条药皮中的锰铁，虽然主要用作脱氧剂，但也有少部分用作合金剂而渗入焊缝金属，以弥补焊丝或钢材中锰元素的烧损，改善焊缝金属的力学性能。

七、焊接热循环对焊接接头的影响

焊接过程中热源沿焊件移动，在焊接热源作用下，焊件上某点的温度随时间变化的过程称为该点的焊接热循环。

在焊缝两侧距焊缝远近不同的各点，所经历的热循环不同。当热源向该点靠近时，该点温度随之升高，直至达到最高值；随着热源的离开，该点温度又逐渐降低，整个过程可以用一条曲线来表示，称为热循环曲线（见图1-21）。图1-21所示可以反映出加热速度、最高温度（T_m）、相变温度（T_A）以上停留时间（t_A）和冷却速度等焊接热循环的主要参数。焊接热循环是焊接接头经历的特殊热处理过程，这个过程必然会使焊接热影响区的组织和性能不均匀。

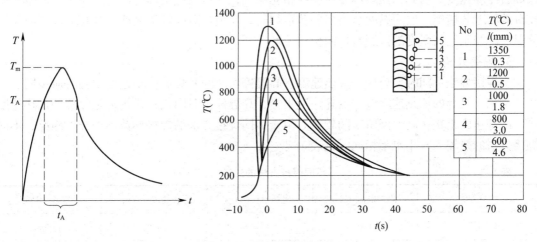

图1-21　焊接热循环曲线

经历的热循环离焊缝越近的部位所达到的最高加热温度越高。急剧加热的熔池（焊缝）附近区域的最高加热温度比一般热处理的加热温度都高，故发生过热，致使该区晶粒长大并粗化严重。同时，急速冷却致使焊接接头容易发生淬硬，形成淬硬组织，加剧了焊接冷裂纹的产生。

影响焊接热循环的主要因素有焊接参数、预热温度和层间温度、焊接方法、焊件厚度、接头形式和母材导热性能等。

1. 焊接参数和热输入

焊接时为保证焊接质量而选定的各项参数（如焊接电流、电弧电压、焊接速度等）称为焊接参数。热输入是一个综合焊接电流、电弧电压和焊接速度的工艺参数。热输入是熔焊时由焊接热源输入给单位长度焊缝上的热量。焊接电流或电弧电压越大，则热输入越大；焊接速度越快，则热输入越小。

热输入对焊接热循环有很大影响。从表1-6中可以看出，热输入变大，高温停留时间变长，焊后冷却速度变慢，焊件加热温度升高，容易过热，焊缝晶粒易粗化，影响焊件的韧性；热输入变小，高温停留时间变短，焊后冷却速度变快，焊接接头容易形成淬硬组织。制定焊接工艺时，要考虑到产生裂纹的可能性。

表1-6　　　　　　　　　　　　　热输入和预热温度对焊接热循环的影响

热输入（J/cm）	预热温度（℃）	1 100 ℃以上停留时间（s）	650 ℃时的冷却速度（℃/s）
20 000	27	5	14
38 400	27	16.5	4.4
20 000	260	5	4.4
38 400	260	17	1.4

2. 预热温度和层间温度

从表1-6中可以看出，在热输入相同时，焊前预热并不增加高温停留时间，却可以降低焊后冷却速度。因此，预热不会使晶粒粗化加剧，却可以避免淬硬，是防止裂纹产生的比较有效的工艺措施。层间温度是指多层多道焊时，在施焊后续焊道之前，其相邻焊道应保持的温度。控制层间温度的作用与控制预热温度一样。

3. 焊接方法

当焊接方法不同时，焊接的加热速度、高温停留时间和焊后冷却速度都会有所不同。

例如，气焊的加热速度慢，冷却速度也慢，高温停留时间长；而钨极氩弧焊的加热速度快，冷却速度也快，高温停留时间较短。由于不同焊接方法的焊接参数不一样，因此，不同焊接方法的热输入大小也不相同，见表1-7。

表1-7　　　　　　　　　　　　　　不同焊接方法的热输入

焊接方法	焊接电流（A）	电弧电压（V）	焊接速度（cm/s）	热输入（J/cm）
焊条电弧焊	180	24	0.25	17 280
手工钨极氩弧焊	160	11	0.25	7 040
埋弧自动焊	70	38	0.66	40 300

4. 其他因素

焊件厚度增大时，冷却速度加快，高温停留时间减少。采用T形接头焊接比采用对接接头时冷却速度快得多。焊接导热快的焊件时，接头冷却速度快，高温停留时间短。

八、控制和改善焊接接头性能的方法

控制和改善焊接接头性能的方法有材料匹配；选择合适的焊接工艺方法；控制熔合比；选择合适的焊接参数；采用合理的操作方法；焊后热处理等。

1. 材料匹配

焊缝的性能主要取决于焊接材料。此外，还与焊接工艺方法、熔合比、焊接参数、操作方法、焊后热处理以及接头形式、焊件厚度、环境温度等因素有关。当然，焊接材料只影响焊缝金属的化学成分和性能，而不影响焊接热影响区的性能。

（1）焊接材料的选用原则

根据母材的化学成分和性能及结构要求等，按照等性能原则和设计要求进行选配。

（2）焊接材料的实际选用

通常情况下，焊缝金属的化学成分和力学性能与母材相近。但考虑到铸态焊缝的特点和焊接应力的作用，焊缝的晶粒粗大，组织疏松，成分偏析，并可能有裂纹、气孔、夹渣等焊接缺陷。因此，常通过调节焊缝金属的化学成分，以改善焊缝和熔合区的性能。这就使焊缝金属的化学成分与母材有所不同。

1）焊接耐热钢和不锈钢时，为保证焊缝具有与母材相近的高温性能和耐腐蚀性，其焊接材料的化学成分应与母材大致相同。

2）焊接低碳钢、低合金高强度结构钢、低温钢时，一般不要求焊缝金属化学成分与母材一样，而是要求力学性能与母材相同，按照等性能原则选配焊接材料。对焊缝的塑性、韧性要求高的，应选用碱性焊条和焊剂。

2. 选择合适的焊接工艺方法

焊接工艺方法对焊缝和热影响区的性能都有影响。

（1）气焊

气焊的机械保护[①]效果较差，合金元素烧损较大，焊缝中气体元素及杂质元素含量较高。气焊加热速度慢，焊缝及热影响区易产生过热和过烧的组织，晶粒粗大，热影响区宽。因此，焊缝和热影响区的性能差。

气焊具有设备简单、操作方便、成本低廉等特点，适用于焊接薄板和低熔点材料（如有色金属及其合金等），以及进行钎焊、构件变形的火焰矫正等。

（2）焊条电弧焊

焊条电弧焊的机械保护效果较好，合金元素烧损较少，焊缝中气体元素和杂质元素含量较低。焊条电弧焊的热输入较小，接头高温停留时间较短，焊缝和热影响区的组织较细，热影响区较窄。因此，焊条电弧焊的焊缝和热影响区性能较好。

焊条电弧焊具有焊接设备简单、操作便利、适应性强等特点，适用于自动或半自动焊不能承担的复杂构件焊接及检修作业等，可以适应构件形状、尺寸和焊接位置等方面的变化，是工矿企业应用较为广泛的焊接方法。

（3）埋弧自动焊

埋弧自动焊的机械保护效果也较好，合金元素烧损较少，焊缝中气体元素和杂质元素含量也较低。由于埋弧自动焊电弧功率比焊条电弧焊大得多，热输入大，因此，埋弧自动焊的焊缝和热影响区组织较粗大，热影响区也较宽。埋弧自动焊的焊缝和热影响区性能较好，但

---

① 所谓（焊接的）机械保护，是指焊条药皮或焊剂熔化后形成的熔渣和渣壳对焊缝起到一定的保护作用。气焊不使用焊条或焊剂，所以其焊缝表面没有熔渣和渣壳的保护。而焊条电弧焊、埋弧自动焊等焊接方法使用焊条或焊剂，因此其焊缝受到熔渣和渣壳的保护。

其焊缝金属的冲击韧度比焊条电弧焊低。

在企业的锅炉、压力容器、管道等制造与生产过程中经常采用埋弧自动焊。焊机启动后，引弧、焊丝的送进及电弧热源的移动均实现了自动化，大大改善了劳动条件，提高了焊接生产效率。

（4）手工钨极氩弧焊

手工钨极氩弧焊由于氩气的保护作用，合金元素基本没有烧损，焊缝中气体元素和杂质元素含量极少，焊缝金属纯净。手工钨极氩弧焊由于氩弧热量集中，热输入小，接头高温停留时间短，因此焊缝和热影响区组织细，热影响区最窄。所以，手工钨极氩弧焊的焊缝和热影响区性能最好。

手工钨极氩弧焊是一种高质量的焊接方法。在碳钢和低合金钢的压力管道焊接中，越来越多地采用氩弧焊打底。钨极氩弧焊适用于 3 mm 以下的薄板焊接，在工业行业中被广泛采用。另外，氩弧焊特别适用于焊接一些化学性能活泼的金属，如铝、镁、铜及其合金等。

3. 控制熔合比

熔焊时，被熔化的母材在焊缝金属中所占的百分比称为熔合比。熔合比对焊缝金属的化学成分有影响，从而影响焊缝金属的性能。

（1）当焊接材料与母材的化学成分基本相同时，熔合比对焊缝和熔合区的性能无明显影响。

（2）当母材中合金元素较少，而焊接材料中合金元素较多时，在这些合金元素对改善焊缝性能有利的情况下，应将熔合比控制得略小些。此时，如果熔合比增大，会导致焊缝性能下降。

（3）当母材中合金元素较多，而焊接材料中合金元素较少时，在这些合金元素对改善焊缝性能有利的情况下，应增大熔合比。

（4）当母材中碳、硫、磷的含量较高时，应减小熔合比，以减少进入焊缝的碳、硫、磷含量，提高焊缝的塑性和韧性，防止产生裂纹。

（5）焊接奥氏体不锈钢与珠光体钢时，采用含铬、镍较多的奥氏体不锈钢焊条，应减小熔合比，使焊缝的组织为奥氏体加少量铁素体，避免出现马氏体组织。

总之，控制熔合比就是要获得所希望的焊缝金属的化学成分、组织和性能。

 学以致用

> 在生产中，常常通过调节坡口形式来控制熔合比。坡口角度越大，熔合比越小；不开坡口熔合比最大。例如，焊补铸件开 U 形坡口，可获得较小的熔合比，以防止裂纹的产生。

4. 选择合适的焊接参数

焊接参数直接影响焊缝形状和焊接热循环特征，从而影响焊接接头的组织和性能。

（1）焊接参数对焊缝性能的影响及控制

1）焊接时采用小焊接电流、较高电弧电压，获得的焊缝宽而浅，如图 1-22a 所示。由于结晶时最后凝固的低熔点杂质被推向焊缝表面，因而可以改善焊缝中心线处的力学性能，并可防止产生中心线裂纹。焊接时采用大焊接电流、低电弧电压，获得的焊缝窄而深，如图 1-22b 所示。由于其凝固时形成严重的中心线偏析，因而使焊缝中心线处性能下降，易产生热裂纹。

2）热输入的大小影响焊缝组织的粗细。热输入过大，高温停留时间过长，会产生粗大的过热组织。因此，在满足工艺和操作要求的条件下，应尽可能减小焊接热输入。采用较小的焊接电流和较快的焊接速度，以获得细小的焊缝组织，减小偏析程度，避免出现粗大的过热组织，并可减小焊接应力，提高焊缝金属的力学性能和抗裂性能。

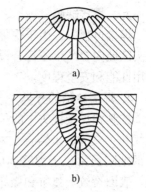

图 1-22 一次结晶
a）宽而浅的焊缝 b）窄而深的焊缝

（2）焊接参数对热影响区中过热区（粗晶区）性能的影响及控制

1）焊接热输入越大，高温停留时间越长，过热区（粗晶区）越宽，过热现象越严重，晶粒也越粗大，因而塑性和韧性下降也越严重，甚至会造成冷脆。因此，应尽量采用较小的热输入，以减小过热区的宽度，降低晶粒长大的程度。在低温钢焊接时尤为重要，要严格控制热输入，防止晶粒粗化而降低低温冲击韧度。

2）焊接热输入变小，则焊后冷却速度变快。对于不易淬火钢，过热区铁素体减少而珠光体变细；对于易淬火钢，更容易产生硬脆的马氏体组织，导致塑性和韧性严重下降，在焊接应力和扩散氢作用下，还很容易产生冷裂纹。因此，对于易淬火钢，为避免产生淬硬组织，常采用焊前预热、控制层间温度和焊后缓冷等工艺措施，以降低焊后冷却速度，从而改善热影响区的性能，并可防止冷裂纹的产生。

 学以致用

对于淬硬倾向较小的钢种，以减小过热、防止焊缝晶粒粗大为主，宜采用小的热输入。

对于淬硬倾向较大的钢种，为防止焊缝产生冷裂纹，采用预热并配合小的热输入为佳。

5. 采用合理的操作方法

焊接操作方法有单道焊法与多层多道焊法、小电流快速不摆动焊法与大电流慢速摆动焊法等。

（1）采用单道焊、大电流慢速摆动焊法

由于焊接电流大，高温停留时间长，因此，焊缝和过热区晶粒粗大，导致塑性和韧性下降，还可能产生焊缝中心线裂纹。

（2）采用多层多道焊、小电流快速不摆动焊法

由于热输入小，焊接热影响区小，因此，焊缝和过热区晶粒较细，塑性和韧性得到改善。多层多道焊的焊缝杂质元素偏析比较分散，不会集中在焊缝中心线上，可避免产生焊缝中心线裂纹。此外，多层多道焊的后焊焊道对前一焊道和热影响区进行再加热。在 Ac_3 以上的再加热区发生与正火相似的组织转变，形成细小的等轴晶，在此温度范围的焊缝中柱状晶消失，塑性和韧性得到改善。对于易淬火钢，在回火温度加热区，使淬硬组织软化，塑性和韧性得到改善。

6. 焊后热处理

焊接后，为改善焊接接头的组织和性能或消除残余应力而进行的热处理称为焊后热处理。电渣焊的焊缝和热影响区晶粒粗大，焊后应正火，以细化晶粒，改善塑性和韧性。对于易淬火的低合金高强度结构钢和耐热钢，为了改善焊接接头的性能，提高高温性能，焊后必须进行高温回火，以消除淬硬组织，得到高温回火组织。

九、焊接缺陷

焊接过程中，由于受焊工操作技能、焊接参数、焊接材料的选用等因素影响，往往焊接接头区域内会产生不符合设计、工艺文件要求的焊接缺陷。焊接缺陷会直接影响焊接产品的使用性能和安全程度。

1. 焊接缺陷的分类

按其在焊接接头中的位置不同，焊接缺陷可分为内部缺陷和外部缺陷。内部缺陷主要包括气孔、夹渣、未熔合、未焊透和内部裂纹，可通过无损探伤和破坏性检验方法进行检验。外部缺陷通常位于焊缝表面，主要包括焊缝表面尺寸不符合要求、咬边、焊瘤、根部未焊透、表面裂纹、弧坑和烧穿等缺陷，用肉眼或低倍放大镜就可以看到。

2. 常见的焊接缺陷

（1）焊缝表面尺寸不符合要求

焊缝表面尺寸不符合要求主要包括焊缝外表面形状高低不平、宽窄不齐、尺寸（如焊缝余高、焊缝宽度、焊缝余高差、焊缝宽度差、焊脚尺寸、错边量等）过大或过小、角焊缝单边或焊脚尺寸不等，如图 1-23 所示。

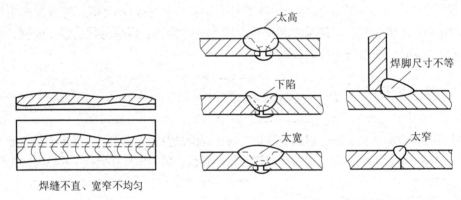

图 1-23　焊缝表面尺寸不符合要求

检测焊缝表面尺寸不符合要求时，通常用眼睛观察，必要时利用低倍放大镜、焊缝检验尺、通用量具等对焊缝外观尺寸和焊缝成形进行检查。焊缝检验尺是一种常用的焊缝外观尺寸检测工具，通常用于测量焊件焊前的坡口角度、间隙、错边量以及焊后对接焊缝的余高、宽度和角焊缝的高度、厚度等。

（2）咬边

由于焊接参数选择不正确和操作不当，在沿焊趾的母材部位烧熔形成的沟槽或凹陷称为咬边，如图 1-24 所示。重要结构的焊接接头不允许存在咬边，或者规定咬边深度在一定数值之下（如咬边深度不得超过 0.5 mm）；否则就应焊补后修磨。

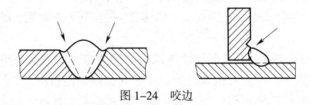

图 1-24　咬边

（3）焊瘤

在焊接过程中，熔化金属流淌到焊缝之外未熔化的母材上所形成的金属瘤称为焊瘤，如图 1-25 所示。焊瘤多发生在平焊位、仰焊位、立焊位焊缝表面及打底层的背面焊缝表面。焊瘤不仅影响焊缝的成形，而且也容易导致裂纹的产生。

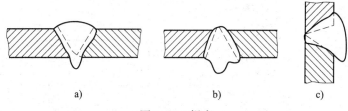

图 1-25　焊瘤
a）平焊位　b）仰焊位　c）立焊位

（4）未焊透

焊接时，焊接接头根部未完全熔透的现象称为未焊透，如图 1-26 中箭头所指位置所示。单面焊双面成形时，未焊透一般产生在焊件的根部；双面焊时，未焊透主要产生在焊件中部。未焊透处会造成应力集中，并容易产生裂纹。重要的焊接接头不允许有未焊透的缺陷存在。

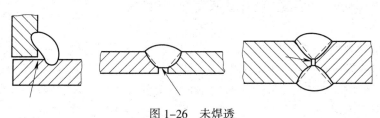

图 1-26　未焊透

（5）未熔合

熔焊时，焊道与母材之间或焊道与焊道之间未完全熔化结合称为未熔合，如图 1-27 中箭头所指位置所示。未熔合可能发生在焊件根部，也可能发生在表面焊缝边缘或焊层间。未熔合的危害仅次于裂纹，是焊接接头中不允许存在的。

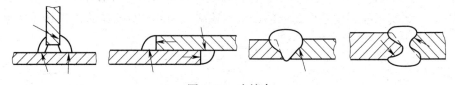

图 1-27　未熔合

（6）烧穿

焊接过程中，熔化金属从坡口背面流出形成穿孔的缺陷称为烧穿，如图 1-28 所示。烧穿使单面焊双面成形焊接中背面焊缝无法成形，是一种不允许存在的缺陷，应及时进行焊补。

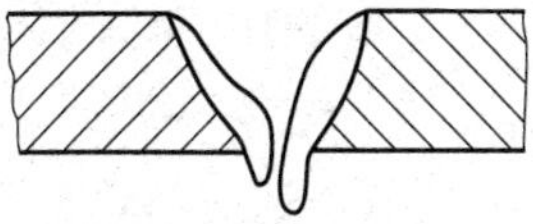

（7）气孔

焊接时，熔池中的气体在凝固时未能逸出而残留下来所形成的孔穴称为气孔，如图 1-29a 中箭头所指位置所示。气孔是一种

图 1-28　烧穿

常见的焊接缺陷，有内部气孔和外部气孔。气孔的存在对焊缝质量影响很大。它使焊缝的有效截面积减小，降低了焊缝力学性能，特别是对塑性和冲击韧度影响很大，同时也破坏了焊缝的致密性。连续的气孔还会导致焊接结构的破坏。

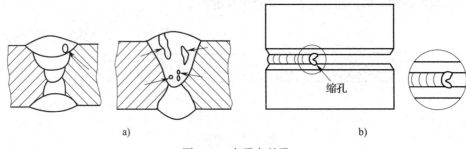

缩孔

图 1-29 气孔与缩孔

a）气孔 b）缩孔

（8）冷缩孔

冷缩孔（见图 1-29b 中箭头所指位置）是单面焊双面成形打底焊（厚板单面坡口对接焊时，为防止角变形或防止自动焊时发生烧穿现象，而预先在接头背面坡口根部所进行的一条形成背垫的焊道即为打底焊）时常见的焊接缺陷之一。冷缩孔不仅影响焊缝的外观成形，而且降低了焊缝的强度，在一定程度上成为应力集中的根源。

（9）夹渣

夹渣是指焊后残留在焊缝中的熔渣，如图 1-30 所示。夹渣的存在将减小焊缝的有效截面积，降低焊接接头的塑性和韧性。由于夹渣的尖角处会形成应力集中，因此，淬硬倾向较大的焊缝金属容易在此处扩展为裂纹。

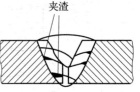

夹渣

图 1-30 焊缝中的夹渣

（10）弧坑

焊缝收尾处产生的下陷部分称为弧坑。它不仅使该处焊缝的强度下降，而且还会产生弧坑裂纹，如图 1-31 所示。

（11）焊接裂纹

在焊接应力及其他致脆因素作用下，焊接接头中局部区域因开裂而产生的缝隙称为焊接裂纹，如图 1-32 所示。裂纹是焊缝中最危险的缺陷，大部分焊接结构的破坏是由裂纹引起的。因此，焊缝中绝对不允许存在裂纹。

图 1-31 弧坑裂纹

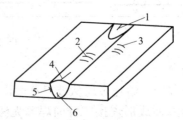

图 1-32 焊接裂纹

1—弧坑裂纹 2—横向裂纹 3—热影响区裂纹
4—纵向裂纹 5—熔合线裂纹 6—根部裂纹

在图样上标注焊缝形式、焊缝尺寸及焊接方法的符号称为焊缝符号。焊缝符号由基本符号、指引线、补充符号、焊缝尺寸符号及数据等组成。国家标准《焊缝符号表示法》（GB/T 324—2008）规定了焊缝的基本符号、基本符号的组合、补充符号及标注方法。

一、基本符号

基本符号用于表示焊缝横截面的基本形状或特征。常用的焊缝基本符号见表 1–8。

表 1–8　　　　　　　　常用的焊缝基本符号（摘自 GB/T 324—2008）

名称	示意图	符号
卷边焊缝 （卷边完全熔化）	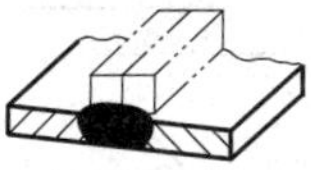	 八
I 形焊缝	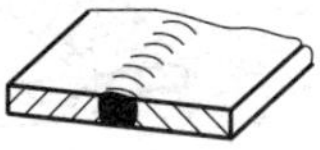	‖
V 形焊缝		∨
单边 V 形焊缝	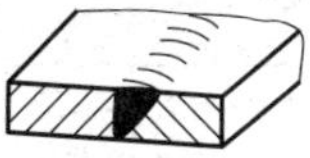	⊬
带钝边 V 形焊缝	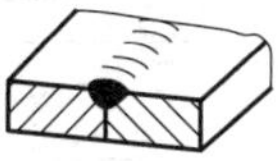	Y
带钝边单边 V 形焊缝		⊬
带钝边 U 形焊缝	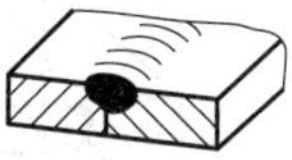	Y
带钝边 J 形焊缝	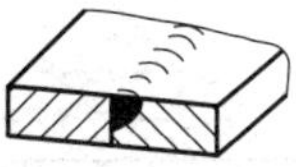	⊬
封底焊缝		⌣

名称	示意图	符号
角焊缝	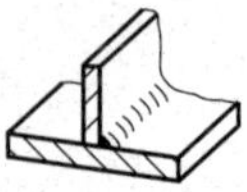	△
塞焊缝或槽焊缝		⊓
点焊缝	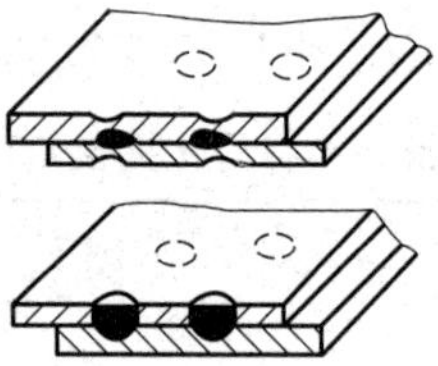	○
缝焊缝	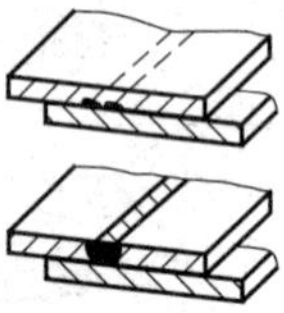	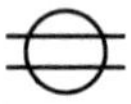 ⊖

标注双面焊缝时，焊缝的基本符号可以组合使用，见表 1-9。

表 1-9 　　　　　　　基本符号的组合（摘自 GB/T 324—2008）

名称	示意图	符号
双面 V 形焊缝（X 焊缝）	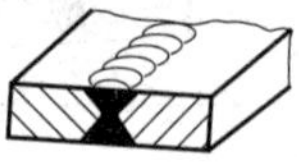	 X
双面单 V 形焊缝（K 焊缝）	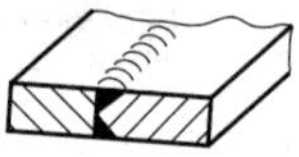	 K
带钝边的双面 V 形焊缝		 X
带钝边的双面单 V 形焊缝	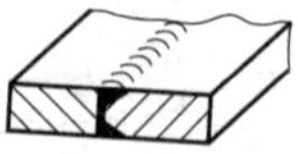	 K
双面 U 形焊缝		 X

二、补充符号

补充符号用来说明有关焊缝或接头的某些特征，如表面形状、衬垫、焊缝分布、施焊地点等，表 1-10 所列为常用的焊缝补充符号。

表 1-10　　　　　　　　　　**常用的焊缝补充符号（摘自 GB/T 324—2008）**

名称	符号	说明
平面	 ——	焊缝表面通常经过加工后平整
凹面	⌣	焊缝表面凹陷
凸面	 ⌒	焊缝表面凸起
圆滑过渡	 ⌣⌣	焊趾处过渡圆滑
永久衬垫	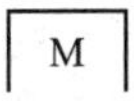 M	衬垫永久保留
临时衬垫	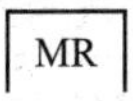 MR	衬垫在焊接完成后拆除
三面焊缝	⊏	三面带有焊缝
周围焊缝	 ○	沿着工件周边施焊的焊缝 标注位置为基准线与箭头线的交点处
现场焊缝	 ◣	在现场焊接的焊缝
尾部	 ＜	可以表示所需的信息

　　平面、凹面、凸面、圆滑过渡等补充焊缝符号可以和基本焊缝符号组合使用。表 1-11 所列为常用焊缝补充符号的应用。

表 1-11　　　　　　　**常用焊缝补充符号的应用（摘自 GB/T 324—2008）**

名称	示意图	符号
平齐的 V 形焊缝		 ▽̄
凸起的双面 V 形焊缝		 X̂
凹陷的角焊缝		 ⌒
平齐的 V 形焊缝和封底焊缝		 ⩗
表面过渡平滑的角焊缝	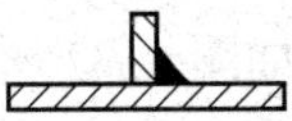	 ⌒

三、焊缝符号的标注

完整的焊缝符号包括基本符号、补充符号、指引线、尺寸符号和其他数据等。

1. 指引线的组成

指引线由箭头线和两条基准线组成，如图1-33所示。箭头线为细实线。在焊接图上，箭头线直接指向的接头侧为"接头的箭头侧"，与之相对的则为"接头的非箭头侧"，如图1-34、图1-35所示。两条基准线中一条为细实线，另一条为细虚线。基准线一般应与图样的底边平行，必要时也可与底边垂直。细实线和细虚线的位置可根据需要互换。

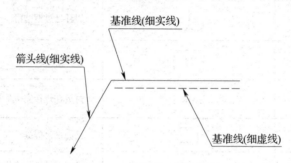

图1-33　焊缝标注指引线

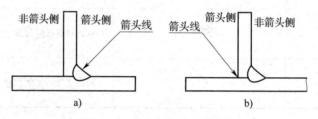

图1-34　单边角焊缝T形接头

a）焊缝在箭头侧　b）焊缝在非箭头侧

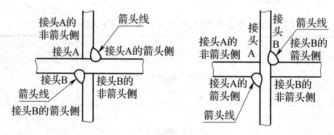

图1-35　角焊缝十字接头

2. 焊缝的标注规定

（1）基本符号与基准线的相对位置

箭头相对焊缝的位置一般没有特殊的要求，箭头可以标在有焊缝的一侧，也可以标在没有焊缝的一侧。基本符号在细实线一侧时，表示焊缝在箭头侧，如图1-36b所示；基本符号在细虚线一侧时，表示焊缝在非箭头侧，如图1-36c所示。

（2）对称焊缝和双面焊缝的标注

标注对称焊缝时，可不画细虚线，如图1-37所示。在明确焊缝分布位置的情况下，有些双面焊缝也可省略细虚线，如图1-38所示。

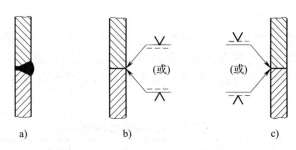

图 1-36　基本符号相对基准线的位置

a）焊缝坡口朝右　b）箭头侧位于焊缝一侧　c）箭头侧位于非焊缝一侧

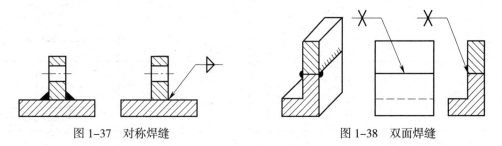

图 1-37　对称焊缝　　　　　　图 1-38　双面焊缝

图 1-39a 所示为十字接头角焊缝，左侧的横板为对称角焊缝，右侧的横板为单面角焊缝。其中，图 1-39b 所示为正确画法，图 1-39c 所示为错误画法。

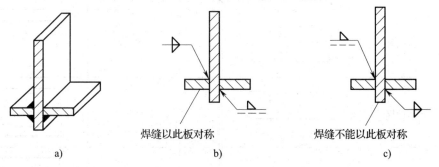

图 1-39　十字接头角焊缝

a）立体图　b）正确画法　c）错误画法

3. 焊缝尺寸及其他数据的标注

在标注焊缝符号的指引线上除了标注基本符号、补充符号外，还需要标注焊缝截面尺寸、焊缝长度、焊缝数量等。焊缝尺寸及其他数据的标注如图 1-40 所示。

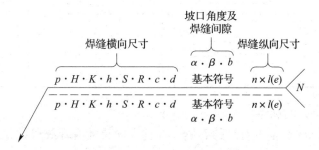

图 1-40　焊缝尺寸及其他数据的标注

（1）焊缝横向尺寸的标注

在焊缝横向尺寸中，钝边高度 p、坡口深度 H、焊脚尺寸 K、余高 h、焊缝有效厚度 S、根部半径 R、焊缝宽度 c、熔核直径 d 等标注在基本符号的左侧；焊缝横向尺寸中坡口角度 α、坡口面角度 β 和根部间隙 b 标注在基本符号的上面（或下面）。焊缝的尺寸符号见表 1–12。

表 1–12　　　　　　　　　　尺寸符号（摘自 GB/T 324—2008）

符号	名称	示意图	符号	名称	示意图
δ	工件厚度	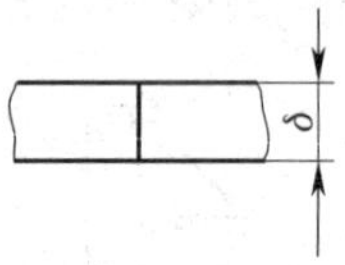	c	焊缝宽度	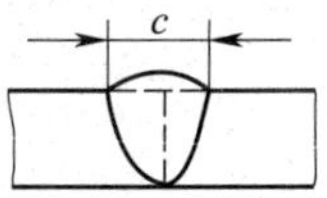
α	坡口角度	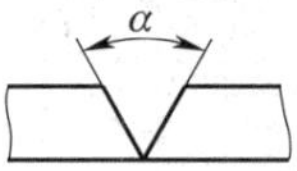	K	焊脚尺寸	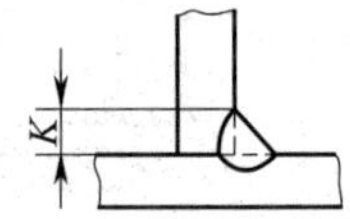
β	坡口面角度	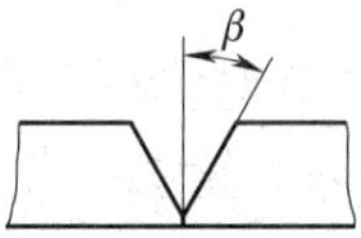	d	点焊：熔核直径 塞焊：孔径	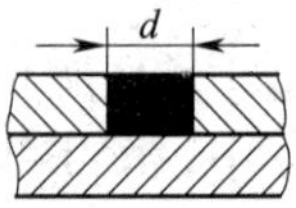
b	根部间隙	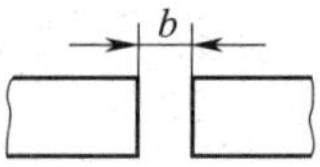	n	焊缝段数	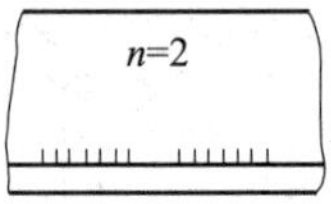
p	钝边高度	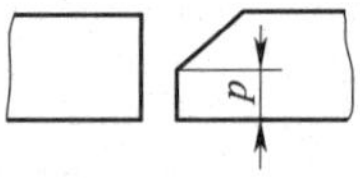	l	焊缝长度	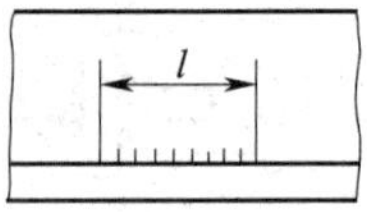
R	根部半径	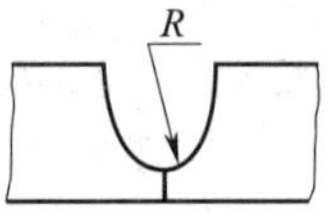	e	焊缝间距	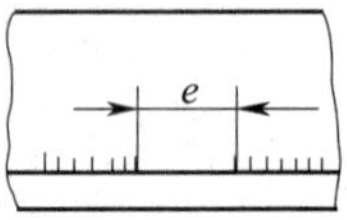
H	坡口深度	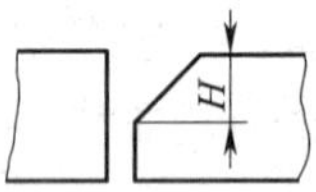	N	相同焊缝数量	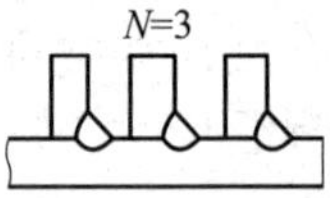
S	焊缝有效厚度	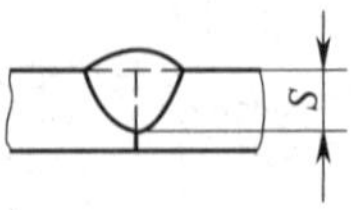	h	余高	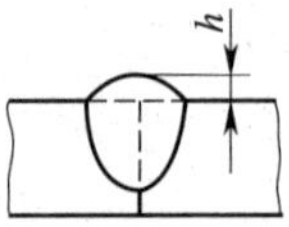

（2）焊缝纵向尺寸的标注

焊缝纵向尺寸标注在基本符号的右侧，焊缝纵向尺寸有焊缝段数 n、焊缝长度 l、焊缝间距 e 等，其含义见表 1–12。

（3）相同焊缝数量 N

在指引线的尾部标注表示焊接方法的数字代号和相同焊缝数量 N。焊条电弧焊或没有特殊要求的焊缝可以省略尾部符号和标注。当尺寸较多而不易分辨时，可在尺寸数据前标注相应的尺寸符号。当箭头线方向改变时，上述规则不变。

（4）周围焊缝和现场施焊的标注

当焊缝围绕工件周边时，在基准线和箭头线的交点处加注圆形补充符号（〇），如图 1-41 所示。当焊缝在野外或现场焊接时，在基准线和箭头线的交点处加注小旗补充符号（▶），如图 1-42 所示。

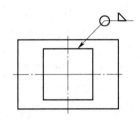

图 1-41　周围焊缝的标注

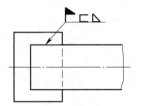

图 1-42　现场焊缝的表示

（5）焊接方法的标注

必要时，可以在焊缝符号的尾部标注焊接方法代号，如图 1-43 所示。常见焊接方法及代号见表 1-13。尾部需要标注的内容较多时，可参照以下次序排列：相同焊缝数量、焊接方法代号、缺欠质量等级、焊接位置、焊接材料、其他。每一项内容之间应用斜线"/"分开。

图 1-43　尾部标注焊接方法代号

表 1-13　　　　　常见焊接方法及代号（摘自 GB/T 5185—2005）

焊接方法	代号	焊接方法	代号
电弧焊	1	电阻焊	2
焊条电弧焊	111	点焊	21
埋弧自动焊	12	气焊	3
单丝埋弧自动焊	121	氧乙炔焊	311
熔化极惰性气体保护焊（MIG）	131	压力焊	4
熔化极非惰性气体保护焊（MAG）	135	电渣焊	72
钨极惰性气体保护电弧焊（TIG）	141	硬钎焊、软钎焊及钎接焊	9
等离子弧焊	15	火焰硬钎焊	912

（6）其他标注规定

1）确定焊缝位置的尺寸不在焊缝符号中标注，应将其标注在图样上。

2）如果在基本符号右侧既没有任何尺寸标注，又没有其他说明时，意味着焊缝在工件的整个长度方向上是连续的。

3）如果在基本符号左侧既没有任何尺寸标注，又没有其他说明时，意味着对接焊缝应完全焊透。

4）塞焊缝、槽焊缝带有斜边时，应标注其底部的尺寸。

（7）焊缝符号标注示例

常见焊缝符号标注示例见表1-14。

表1-14　　　　　　　　　　　　　　常见焊缝符号标注示例

接头形式	焊接形式及尺寸	标注示例	说明
对接接头	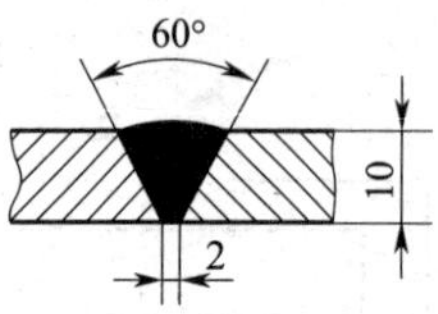	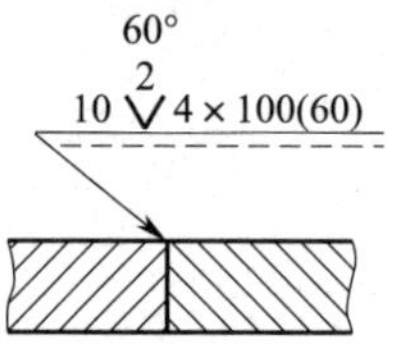	表示板厚为10 mm，对接焊缝间隙为2 mm，坡口角度为60°，4段焊缝，每段焊缝的长度为100 mm，焊缝间距为60 mm
角接头	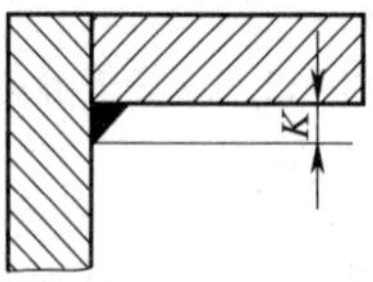	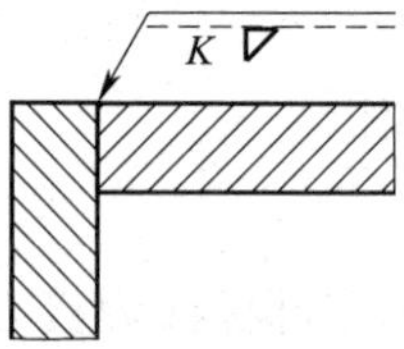	焊缝在非箭头侧，角焊缝，K表示焊脚尺寸
搭接接头	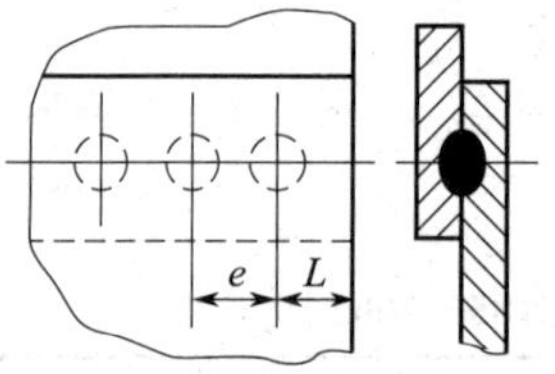	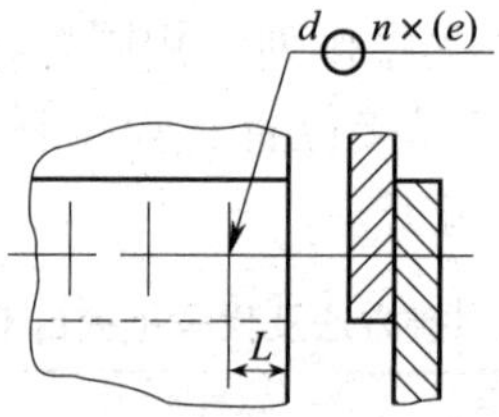	○表示点焊缝，熔核直径为d，共n个焊点，焊点间距为e，L是确定第一个起始焊点中心位置的定位尺寸
搭接接头	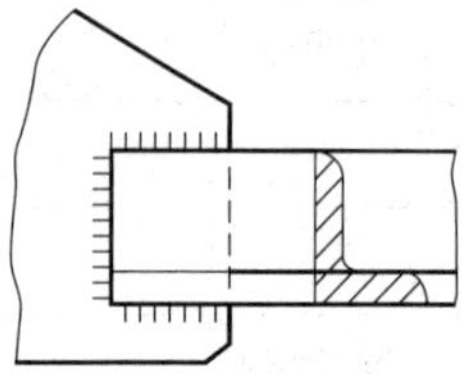	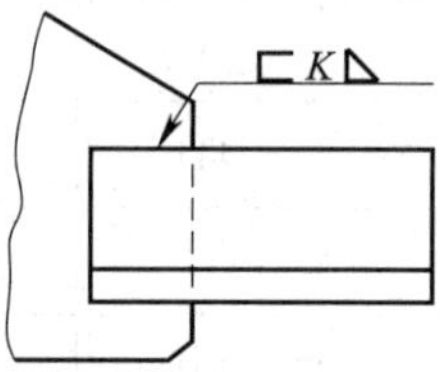	⊏ 表示三面焊缝 ◺ 表示单面角焊缝 K表示焊脚尺寸
T形接头	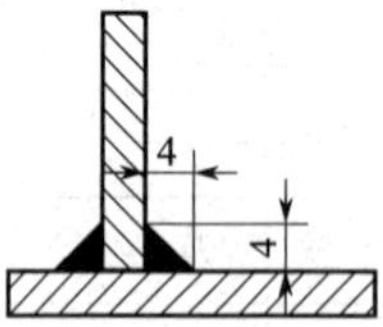	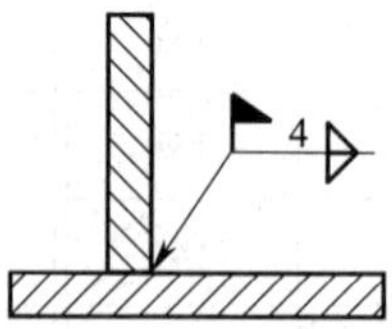	▶ 表示在现场装配时进行焊接 ▷ 表示双面角焊缝，焊脚尺寸为4 mm
T形接头	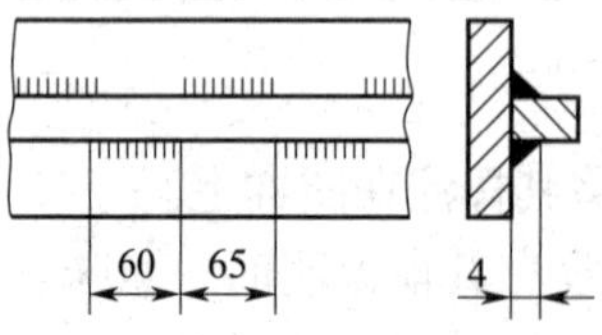	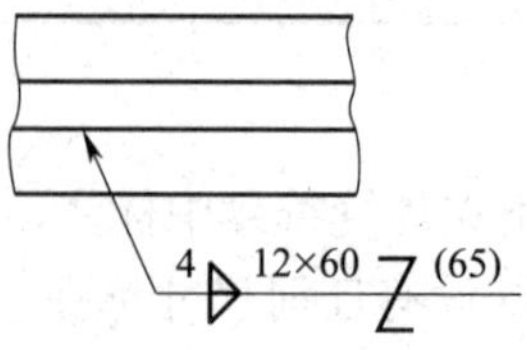	焊脚尺寸为4 mm的双面角焊缝，有12段断续焊缝，每段焊缝长度为60 mm，焊缝间距为65 mm，Z表示两面断续交错焊缝

四、焊缝符号的简化标注

1. 当同一个图样上全部焊缝所采用的焊接方法完全相同时，焊缝符号尾部的焊接方法可省略不注，但必须在技术要求或其他技术文件中注明"全部焊缝均采用……焊"等字样。当大部分焊接方法相同时，也可在技术要求或其他技术文件中注明"除图样中注明的焊接方法外，全部焊缝均采用……焊"等字样。

2. 在焊缝符号中，标注交错对称焊缝的尺寸时，允许在基准线上只标注1次，如图1-44所示。图1-44所示焊缝符号的含义：双面角焊缝，两面断续交错焊缝，焊脚尺寸为5 mm，35段长50 mm的焊缝，焊缝间距为30 mm。

3. 当断续焊缝、对称断续焊缝和交错断续焊缝的段数无严格要求时，允许省略焊缝段数，如图1-45所示。

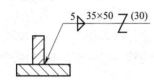

图1-44　交错对称焊缝的标注

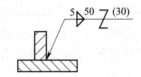

图1-45　断续焊缝的省略标注

4. 在同一个图样中，当若干条焊缝的坡口尺寸和焊缝符号相同时，可采用集中标注的方法，如图1-46所示。当这些焊缝同时在接头中的位置均相同时，也可采用在焊缝符号的尾部加注相同焊缝数量的方法简化标注，但其他形式的焊缝仍需分别标注，如图1-47所示。

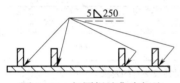

图1-46　相同焊缝集中标注

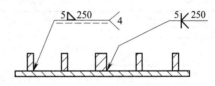

图1-47　相同焊缝的简化标注

5. 当同一个图样中全部焊缝相同且已用图示法明确表示其位置时，可统一在技术要求中用符号表示或用文字说明，如"全部焊缝为5△"；当部分焊缝相同时，也可采用同样的方法表示，但剩余焊缝应在图样中明确标注。

6. 为了简化标注方法，或者标注位置受到限制时，可以标注焊缝简化代号，但必须在该图样下方或标题栏附近说明这些简化代号的含义（该代号或符号应是图形上所注代号和符号的1.4倍），如图1-48所示。

7. 在不至于引起误解的情况下，当箭头线指向焊缝，而非箭头侧又无焊缝要求时，允许省略非箭头侧的基准线（细虚线），如图1-49所示。

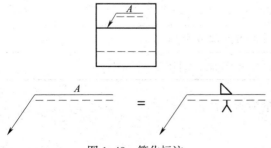

图1-48　简化标注

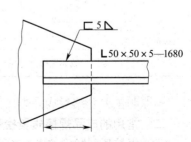

图1-49　省略非箭头侧基准线和焊缝长度

8. 当焊缝长度的起始和终止位置明确（已由构件的尺寸等确定）时，允许在焊缝符号中省略焊缝长度，如图 1-49 所示，图中"∟50×50×5—1680"是等边角钢的标记。

课题4　焊接检验

焊接检验是保证焊接产品质量的重要措施。焊接检验应该坚持"以防为主，以治为辅"的原则。在焊前和焊接过程中，对影响焊接质量的因素进行认真检查，以减少和防止焊接缺陷的出现。焊后根据产品的技术要求，对焊缝进行质量检验，以确保焊接结构的使用安全可靠。

一、焊接检验的分类

焊接检验一般包括焊前检验、焊接过程中检验和成品的焊接质量检验，具体检验内容见表 1-15。

表 1-15　　　　　　　　　　　　　焊接检验的分类及检验内容

分类	检验内容
焊前检验	焊接产品图样和焊接工艺规程等文件是否齐全
	焊接构件金属和焊接材料的型号与材质是否符合设计或规定的要求
	构件装配和坡口加工的质量是否符合图样要求
	焊接设备及辅助工具是否完备和安全
	焊接材料（如焊条、焊丝、焊剂等）是否按照工艺要求进行去锈、烘干等准备工作
	焊工的焊接操作水平鉴定
焊接过程中检验	焊接参数设定是否正确
	焊接设备运行是否正常
	焊接夹具夹持是否牢固
	焊接过程中可能出现的焊接缺陷的检查
成品的焊接质量检验	非破坏性检验，包括外观检验、致密性检验和无损探伤检验
	破坏性检验，包括力学性能试验、化学分析及试验、金相检验、焊接性试验等

本课题主要介绍对成品焊接接头的常用质量检验方法。

二、常用的成品焊接质量检验方法

成品焊接质量检验方法的分类如图 1-50 所示。

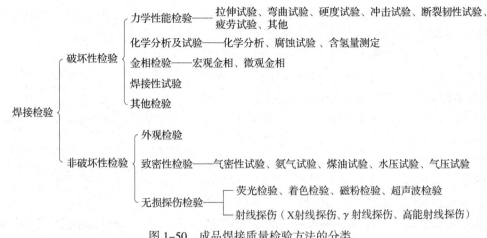

图 1-50 成品焊接质量检验方法的分类

1. 非破坏性检验

非破坏性检验是指在不损坏被检验材料或成品的性能、完整性的条件下进行缺陷检测的方法，包括外观检验、致密性检验和无损探伤检验。

（1）外观检验

焊接接头的外观检验以肉眼直接观察为主，一般可借助于焊缝检验尺，必要时利用 5～10 倍放大镜来检查。外观检验主要是为了发现焊接接头的表面缺陷，如焊缝的表面气孔、咬边、焊瘤、烧穿及焊接表面裂纹、焊缝尺寸偏差等。检验前，应将焊缝附近 10～20 mm 范围内的飞溅物和污物清除干净。

（2）致密性检验

致密性检验是检验焊接管道、盛器、密闭容器上焊缝是否存在不致密的缺陷，以便及时发现，进行排除并修复。常用的致密性检验方法有气密性试验、氨气试验、煤油试验、水压试验和气压试验。

1）气密性试验。在密闭容器中，通入远低于容器工作压力的压缩空气，并在焊缝外侧涂上肥皂水。如果焊接接头有穿透性缺陷，由于容器内外气体存在压力差，缺陷处的肥皂水会出现气泡。这种方法常用于检验受压容器接管加强圈的焊缝。

2）氨气试验。向被检容器通入含 1%（体积分数，在常压下的含量）氨气的混合气体，并在容器的外壁焊缝表面贴上一条比焊缝略宽且用 5% 的硝酸汞溶液浸过的纸带。当混合气体加压至所需压力值时，如果焊接接头有不致密的地方，氨气就会泄漏在浸过硝酸汞溶液的试纸上，致使该部位呈现出黑色斑纹，从而确定缺陷部位。这种方法比较准确、快捷，同时可在低温下检查焊缝的致密性。氨气试验常用于检验某些管子或小型受压容器。

3）煤油试验。在焊缝表面（包括热影响区）涂上石灰水溶液，待干燥后在焊缝的另一面仔细地涂上煤油。由于煤油具有渗透性很强的特性，如果焊接接头存在贯穿性缺陷，煤油就能渗透到焊缝的另一侧，在涂有石灰水的带状白色表面显露出油斑点或带条状油迹。为了精确地确定缺陷的大小和位置，检查工作要在涂煤油后立即开始，发现油斑应及时将缺陷标出，以免渗油痕迹渐渐散开而模糊不清。

煤油试验常用于检验不受压容器的对接焊缝，如敞开的容器、储存石油或汽油的固定式容器等。

4）水压试验。不仅用来检验焊接容器整体的致密性，同时也可用来检验焊缝的强度。水压试验主要用于检验高压容器的致密性。

试验时，将容器注满水，排尽空气，并用水压机向容器内加压，如图1-51所示。试验压力的大小视产品工作性质而定，一般为容器工作压力的1.25～1.5倍。在升压过程中，应按规定逐渐上升，中间短暂停压。当水压达到试验压力最高值后，应持续一定时间，一般为10～15 min。然后，再将压力缓缓地降至容器的工作压力，并用0.4～0.5 kg的圆头小锤在距离焊缝15～20 mm处，沿焊缝方向轻轻敲打，同时仔细检查焊缝。

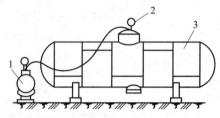

图1-51　锅炉汽包的水压试验
1—水压机　2—压力计　3—汽包

如果发现焊缝上有水珠、细水流或潮湿现象时应及时标注，待容器卸载后进行返修处理，直至产品水压试验合格为止。试验用水的温度应稍高于周围空气的温度，以防止容器外表凝结露水，影响检验。

5）气压试验。气压试验也是检验在压力下工作的焊接容器和管道焊缝致密性的试验。它是比水压试验更为准确和迅速的试验方法，同时检验后的产品不需进行排水处理。但是气压试验比水压试验的危险性大。

试验时，先将气压加至产品技术条件的规定值，然后关闭进气阀，停止加压。用肥皂水涂在焊缝上，检查焊缝是否漏气，或检查工作压力表数值是否下降。如果两者均无反应，则该产品合格；否则，应找出缺陷部位，待卸压后进行返修、补焊，直至再次检验合格后方能出厂。

气压试验具有一定的危险性，如果操作不当会出现非正常的爆炸，因此，气压试验时必须遵守以下安全措施：

①要在隔离场所进行试验。

②被检产品处在加压状态时，不得敲击、振动和修补缺陷。

③输送压缩空气到产品的管道时，要设置储气罐，并在其气体入口、出口处各装1个开关阀门，并在输出端（即产品的输入口端）装上安全阀、工作压力计和监视压力计。

④当产品内的压力值达到所需的试验数值时，应关闭阀门停止加压。

⑤在低温下进行试验时，要采取防止产品冻结的措施。

（3）无损探伤检验

无损探伤检验是非破坏性检验中一类特殊的检验方式。它是利用渗透（荧光检验、着色检验）、磁粉、超声波、射线等检验方法来发现焊缝表面的细微缺陷及存在于焊缝内部的缺陷。目前，这类检验方法已广泛应用于重要焊接结构的焊接质量检验中。

1）荧光检验。它是用来发现焊件表面缺陷的一种方法。检验的对象是不锈钢和铜、铝、镁及其合金等非磁性材料。

检验时，先将被检验的焊件预先浸在煤油和矿物油的混合液中数分钟。由于矿物油具有很好的渗透能力，能渗入极细微的裂纹中，因此焊件表面干燥后，缺陷中仍残留有矿物油。接着，在焊缝上均匀撒上氧化镁粉末，并在暗室内用水银石英灯发出的紫外线照射焊缝。这时残留在表面缺陷内的荧光粉（氧化镁粉）就会发光，显示缺陷的状况。荧光检验原理如图1-52所示。

2）着色检验。它的检验原理与荧光检验相似，不同之处是用着色剂来取代荧光粉。

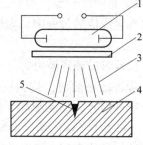

图1-52 荧光检验原理
1—紫外线光源 2—滤光板 3—紫外线
4—被检验焊件 5—充满荧光粉的缺陷

检验时，在擦净的焊缝表面均匀涂上一层流动性和渗透性良好的红色着色剂，使其渗透到焊缝表面的缺陷内。然后将焊缝表面擦净，再均匀涂上一层白色显示液。白色显示液会从底层向上渗出红色的条纹，显示出缺陷的位置和形状。

着色检验的灵敏度比荧光检验高，也更为方便。其灵敏度一般为 0.01 mm，深度为 0.03 ~ 0.04 mm。

3）磁粉检验。它也是用来探测焊缝表面细微裂纹的一种检验方法。磁粉检验是利用在强磁场中铁磁性材料表层缺陷产生的漏磁场吸附磁粉的现象来进行检验的。

检验时，将焊缝两侧局部充磁，焊缝中便有磁感线通过。如果断面形状不同，或内部（近表层）有气孔、夹渣和裂纹等缺陷存在于焊缝中，则磁感线的分布就不均匀，会因各段磁阻不同产生弯曲，并绕过磁阻较大的缺陷。如果缺陷位于焊缝表面或接近表面，则阻碍磁感线通过。这样磁感线不但会在焊件内部弯曲，而且还会有一部分磁感线绕过缺陷而暴露在空气中，产生漏磁现象，如图1-53所示。这时，在焊缝表面撒上铁粉，由于缺陷处漏磁的作用，铁粉就会被吸附而聚集成与缺陷相近似的迹象，以此判断缺陷的位置、形状和大小。缺陷的显露和缺陷与磁感线的相对位置有关，其中与磁感线相垂直的缺陷最易显露。所以显露横向缺陷时，应使焊缝充磁后产生的磁感线沿焊缝的轴向（纵向）；显露纵向缺陷时，应使焊缝充磁后产生的磁感线与焊缝垂直。在实际检验时，必须对焊缝做交替的纵向、横向充磁，如图1-54所示。

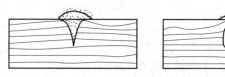

图1-53 焊缝中有缺陷时产生漏磁现象

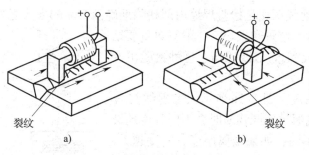

裂纹　　　　　　　　　　　　　裂纹
a)　　　　　　　　　　　　b)

图1-54 磁粉检验时焊缝缺陷的显露
a）纵向充磁 b）横向充磁

磁粉检验适用于薄壁件或焊缝表面裂纹的检验，还能显露出一定深度和大小的未焊透、难以发现的气孔和夹渣以及隐藏在深处的缺陷。磁粉检验有干法和湿法两种。干法是当焊缝充磁后，在焊缝处撒上干燥的铁粉；湿法则是在充磁的焊缝表面涂上铁粉的悬浊液。

4）超声波检验。超声波检验用来探测大厚度焊件焊缝内部的缺陷。它利用超声波在金属内部直线传播过程中，如果遇到两种介质的界面时会发生反射和折射的原理来检验焊缝中的缺陷。

检验时，超声波由焊件表面传入，并在焊件内部传播。超声波在遇到焊件表面、内部缺陷和焊件的底面时，均会反射回探头，由探头将超声波转变成电信号，并在示波器上出现三个脉冲信号，即始脉冲（焊件表面反射波信号）、缺陷脉冲、底脉冲（焊件底面反射波信号），如图1-55a所示。由缺陷脉冲与始脉冲及底脉冲间的距离，可知缺陷的深度，并由缺陷脉冲信号的高度来确定缺陷的大小。超声波检验的灵敏度高，操作灵活、方便，但对缺陷性质的辨别能力差，且没有直观性。检验时要求焊件表面平滑、光洁，并涂上一层油脂作为媒介。由于焊缝表面不平，不能用直探头来检验内部缺陷，故一般采用图1-55b所示的斜探头探伤，在焊缝两侧磨光面上对焊缝内部进行检测。图1-55b所示为用斜探头探伤的原理图。由于其焊件底面反射波信号无法再反射到探头上，因此，在示波器上只显示出始脉冲和缺陷脉冲。

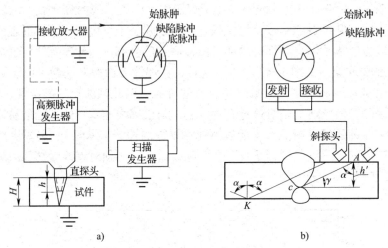

a)　　　　　　　　　　　　b)

图1-55　高频脉冲式超声波检验的原理图

a）直探头探伤　b）斜探头探伤

5）射线探伤。射线探伤是检验焊缝内部缺陷准确而可靠的方法之一，它可以显示出缺陷在焊缝内部的形状、位置和大小。一般只对重要结构的焊缝进行X射线和γ射线探伤。这种检验由专业人员进行操作。

①射线探伤的原理。图1-56所示为X射线与γ射线探伤原理。射线通过不同物质时会不同程度地被吸收，其衰减程度不同，如果金属厚度、密度越大，射线强度衰减的程度就越大。因此，通过缺陷处和无缺陷处射线的强度衰减有明显差异，使胶片上相应部位的感光程度不一样。因为缺陷吸收的射线小于金属材料所吸收的射线，所以通过缺陷处的射线对胶片感光较强，冲洗后的胶片上缺陷处的颜色较深；无缺陷

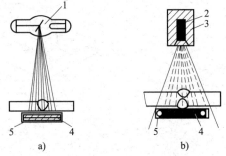

图1-56　X射线与γ射线探伤原理

a）X射线探伤　b）γ射线探伤

1—X射线管　2—γ射线源　3—铅盒

4—胶片　5—胶片夹

处的胶片感光较弱，胶片颜色较浅。通过观察、分析胶片上的影像，便能发现焊缝内有无缺陷及缺陷的种类、大小与分布。

在射线探伤之前，必须进行焊缝表面检查，表面的不规则程度应不妨碍对胶片上缺陷的辨认；否则应加以修整。

②射线探伤结果的识别。焊工应具备一定的评定焊缝胶片的知识，能够正确判定缺陷的种类和部位，以做好返修工作。

经射线照射后，在胶片上的一条淡色影像即为焊缝，在焊缝部位中显示的深色条纹或斑点就是焊接缺陷，其尺寸、形状与焊缝内部实际存在的缺陷相当。表1–16所列为在胶片中显示的常见焊接缺陷的识别。

表1–16   在胶片中显示的常见焊接缺陷的识别

缺陷名称	错口	单边未焊透	外部咬边
焊缝截面图	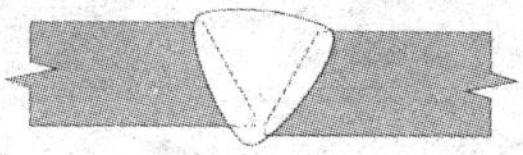	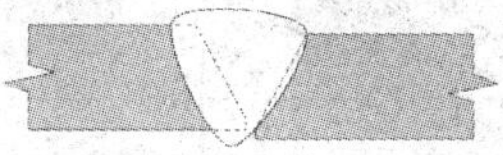	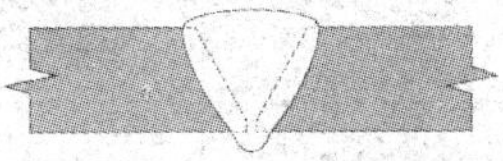
胶片影像	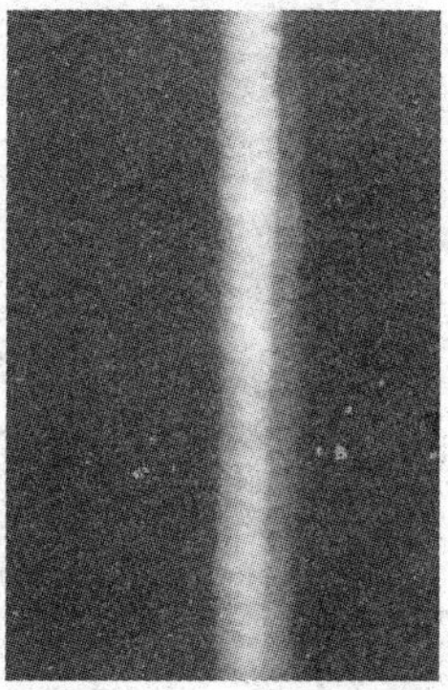	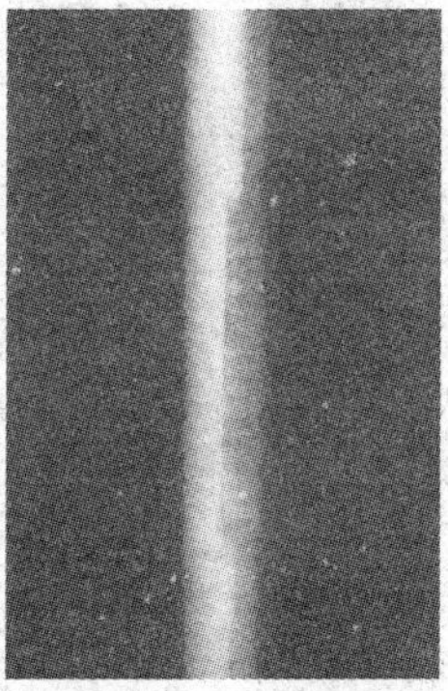	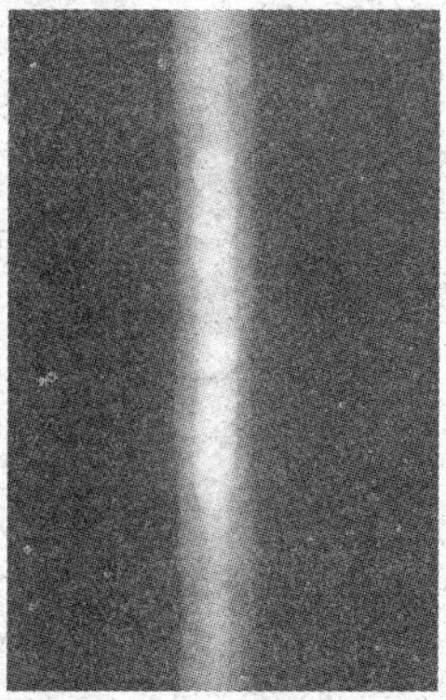

缺陷名称	内部咬边	根部焊瘤	表面内凹
焊缝截面图	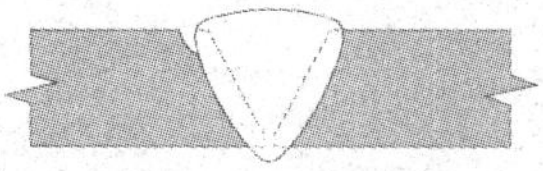	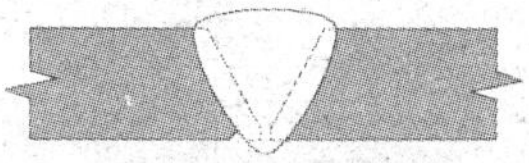	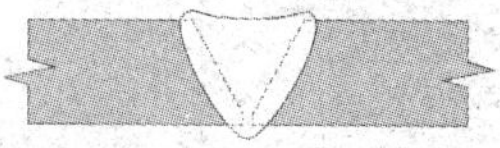
胶片影像	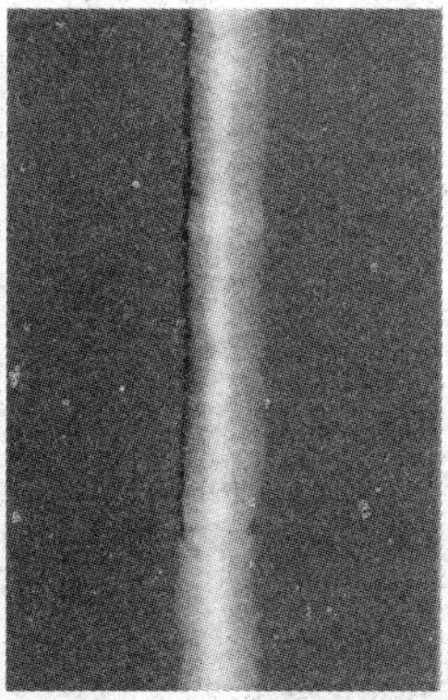	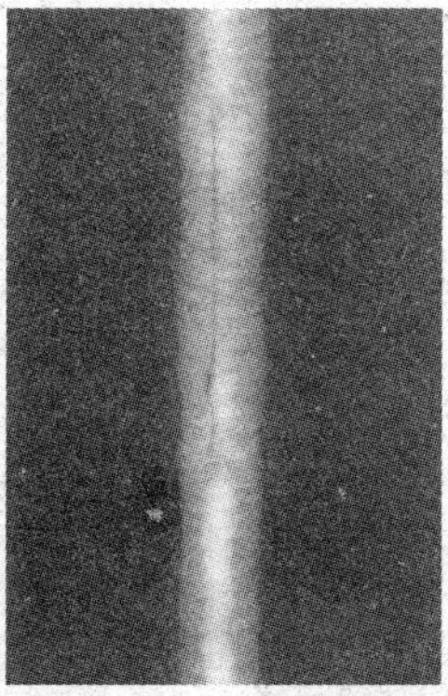	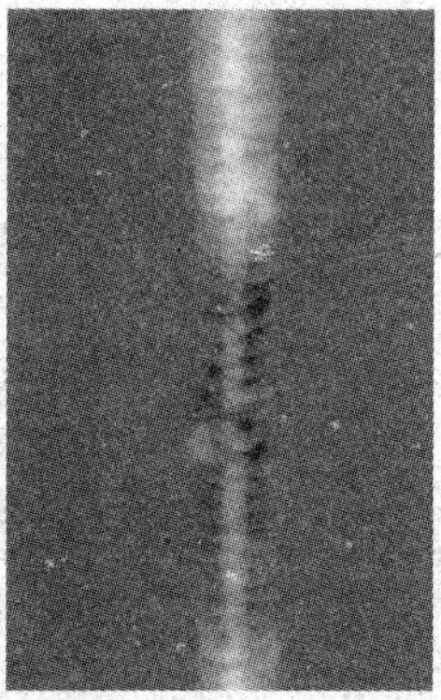

— 45 —

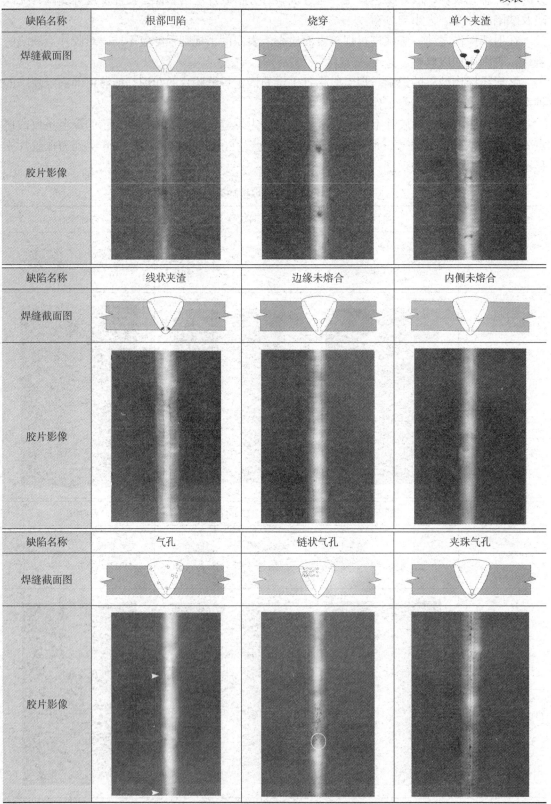

缺陷名称	根部凹陷	烧穿	单个夹渣
焊缝截面图			
胶片影像			

缺陷名称	线状夹渣	边缘未熔合	内侧未熔合
焊缝截面图			
胶片影像			

缺陷名称	气孔	链状气孔	夹珠气孔
焊缝截面图			
胶片影像			

缺陷名称	横向裂纹	中心线裂纹	根部裂纹
焊缝截面图	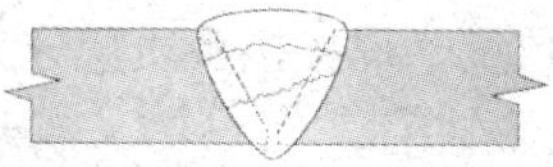	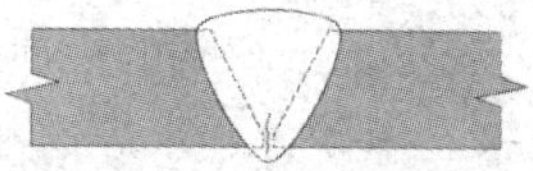	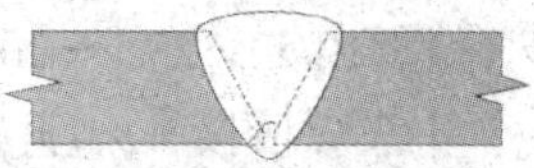
胶片影像	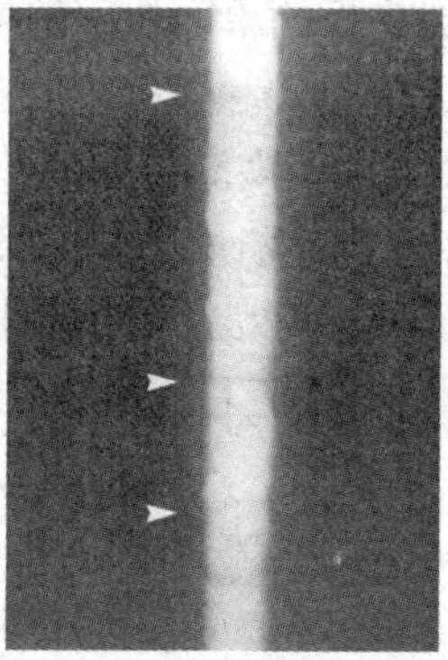	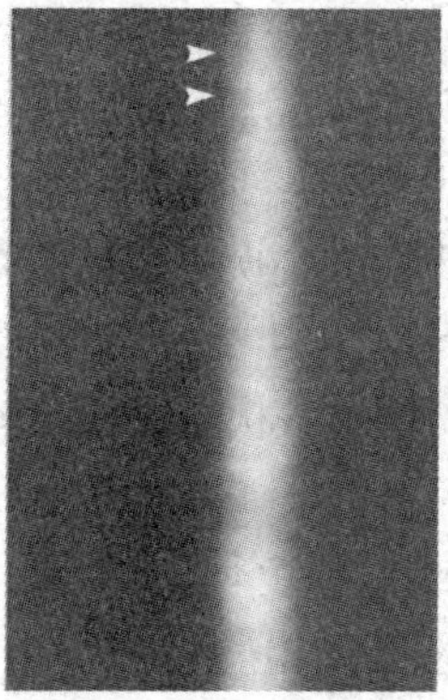	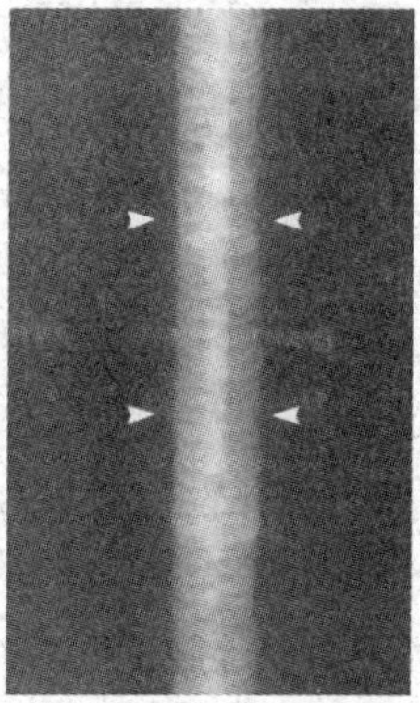

缺陷名称	夹钨		
焊缝截面图	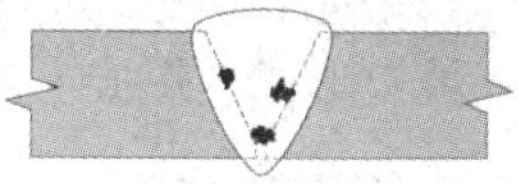		
胶片影像			

　　未焊透在胶片上是一条断续或连续的黑色直线。在Ⅰ形坡口对接焊缝中，未焊透的宽度常是较均匀的；V形坡口焊缝中未焊透在胶片上的位置多偏离焊道中心，呈断续的线状，即使是连续的也不太长，宽度不一致，黑度也不均匀；V形、X形坡口双面焊缝中，底部或中部未焊透在胶片上呈黑色较规则的线状；角焊缝中，未焊透呈断续线状。

　　气孔在胶片上多呈圆形或椭圆形黑点。其黑度一般是中心处较深而均匀地向边缘变浅。黑点分布不一致，有密集的，也有单个的。

　　裂纹在胶片上一般呈略带曲折的黑色细条纹，有时也呈现直线细纹。轮廓较为分明，两端较为尖细，中部稍宽，有分支的现象较少见，两端黑度逐渐变浅，最后消失。

夹渣在胶片上呈不同形状的点状或条状。点状夹渣一般为单独黑点，黑度均匀，外形不太规则，带有棱角；条状夹渣呈宽而短的粗线条状；长条状夹渣的线条较宽，但宽度不一致。

③射线探伤等级评定。国家标准《焊缝无损检测 射线检测 第 1 部分：X 和伽玛射线技术》（GB/T 3323.1—2019）规定，按缺陷的性质和数量，焊接接头质量分为 4 个等级。

Ⅰ级焊接接头：应无裂纹、未熔合、未焊透和条形缺陷。

Ⅱ级焊接接头：应无裂纹、未熔合和未焊透。

Ⅲ级焊接接头：应无裂纹、未熔合以及双面焊和加垫板的单面焊中的未焊透。

Ⅳ级焊接接头：焊接接头中缺陷超过Ⅲ级者为Ⅳ级。

在国家标准中，将长宽比小于等于 3 的缺陷（包括气孔、夹渣、夹钨）定义为圆形缺陷。然后，根据所焊母材厚度将缺陷大小换算成缺陷点数，并将缺陷最严重的部位作为评定区域，以缺陷点数、母材厚度和评定区的尺寸查表来确定焊缝质量等级。将缺陷长宽比大于 3 的夹渣定义为条状夹渣，并规定了单个条状夹渣的长度、间距及夹渣总长所对应的焊缝质量等级。

2. 破坏性检验

破坏性检验是指从焊件或试件上切取试样，或以产品（或模拟体）的整体破坏做试验，以检查其力学性能、耐腐蚀性等的检验方法。本课题主要介绍力学性能检验、金相检验、化学分析及试验。

（1）力学性能检验

力学性能检验用于对焊接接头的试验，一般是对焊接试样（板）进行拉伸、弯曲、冲击、硬度和疲劳强度等试验。焊接试样（板）的材料、坡口形式、焊接工艺等应与产品的实际情况相同。从样板上截取试样的位置如图 1-57 所示。

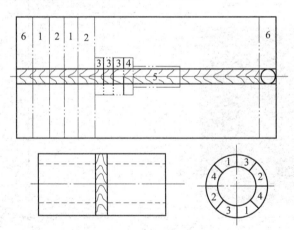

图 1-57 焊接试样的截取位置

1—拉伸试验 2—弯曲试验 3—冲击试验 4—硬度试验 5—熔敷金属拉伸试验 6—舍弃

1）拉伸试验。试验目的是测定焊接接头或熔敷金属的抗拉强度、屈服强度、断后伸长率和断面收缩率等力学性能指标。在拉伸试验时，还可以发现试样断口中的某些焊接缺陷。拉伸试样一般有板状试样、圆形试样和整管试样三种，如图 1-58 所示。

常温拉伸试验的合格标准：焊接接头的抗拉强度不低于母材抗拉强度规定值的下限，异种钢焊接接头抗拉强度规定值为下限较低一侧的母材的抗拉强度。高温拉伸试验的合格标准：焊接接头的抗拉强度和屈服强度不低于试验温度下母材规定值的下限。

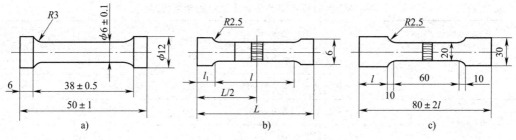

图 1-58 拉伸试样

a）熔敷金属的拉伸试样　b）焊接接头的板状试样　c）管子拉伸试样

全焊缝金属拉伸试验的合格标准如下：

①抗拉强度。焊缝金属的抗拉强度不低于母材规定值的下限。如果母材抗拉强度规定值的下限大于 490 N/mm²，并且焊缝金属的屈服强度高于母材规定值的下限，则允许焊缝金属抗拉强度比母材抗拉强度规定值的下限低 19.6 N/mm²。

②断后伸长率。焊缝金属的断后伸长率不小于母材规定值的 80%。

2）弯曲试验。弯曲试验又称冷弯试验，是测定焊接接头弯曲时塑性的一种试验方法，也是检验表面质量的一种方法。试验时以一定形状和尺寸的试样，在室温条件下被弯曲到出现第一条大于规定尺寸的裂纹时的弯曲角度作为评定标准。弯曲试验还可以反映出焊接接头各区域的塑性差别、熔合区的熔合质量以及暴露的焊接缺陷。弯曲试验分为正弯、背弯和侧弯三种。

①正弯。试样弯曲后，其正面成为弯曲后的拉伸面叫作正弯。正弯可考核焊缝的塑性、正面焊缝和母材交界处熔合区的结合质量。

②背弯。试样弯曲后，其背面成为弯曲后的拉伸面叫作背弯。背弯可考核单面焊缝（如管子对接、小直径容器纵缝和环缝）的根部质量。

③侧弯。试样弯曲后，其一个侧面成为弯曲后的拉伸面叫作侧弯。侧弯能考核焊层与母材之间的结合强度、堆焊衬里的过渡层、双金属焊接接头过渡层及异种钢接头的脆性、多层焊时的层间缺陷（如层间夹渣、裂纹、气孔）等。

弯曲试验的试样可分为平板和管子两种形式。弯曲试验的原理如图 1-59 所示。

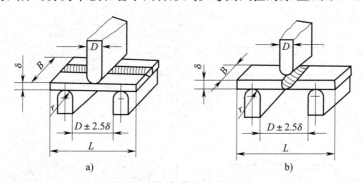

图 1-59 弯曲试验的原理

a）焊缝纵向弯曲　b）焊缝横向弯曲

弯曲试验的试样评定用弯曲角度来度量，各种金属材料焊接接头弯曲试验的合格标准见表 1-17。

表 1–17 **各种金属材料焊接接头弯曲试验的合格标准**

焊接方式	钢材种类	弯曲角度
双面焊	碳素钢、奥氏体钢	180°
	其他低合金钢、合金钢	100°
单面焊	碳素钢、奥氏体钢	90°
	其他低合金钢、合金钢	50°

注：有衬垫的单面焊接头弯曲角度执行双面焊的规定。

当弯曲到规定角度后，焊缝拉伸面沿试样宽度方向上所允许出现的裂纹或缺陷不大于 1.5 mm，沿试样长度方向上不大于 3 mm，试样四棱开裂不计，但确因夹渣或其他焊接缺陷引起的试样棱角开裂的长度应计入评定。

考察焊工的焊接技能水平的关键一项就是对试件进行弯曲试验。因为焊接操作时产生的缺陷都将直接影响焊接接头的弯曲角度值。而拉伸、冲击、硬度试验值主要取决于所用焊接材料及工艺，受焊工的焊接技能水平影响较小。

3）硬度试验。试验目的是测定焊接接头各部分的硬度，以便了解区域偏析和近缝区的淬硬倾向。常见的硬度为布氏硬度（HB）和洛氏硬度（HR）。硬度试验的评定方法根据给定的技术文件和材料允许硬度范围进行。

4）冲击试验。试验目的是测定焊缝金属或焊件热影响区在受冲击载荷时抵抗断裂的能力（韧性）以及脆性转变的温度。冲击试验通常是在一定温度下（如 0 ℃、–20 ℃、–40 ℃等），把有缺口的冲击试样放在试验机上进行测定。试样缺口部位根据试验要求确定，既可以开在焊缝上，也可以开在热影响区内。如图 1–60 所示为焊接接头的冲击试样。

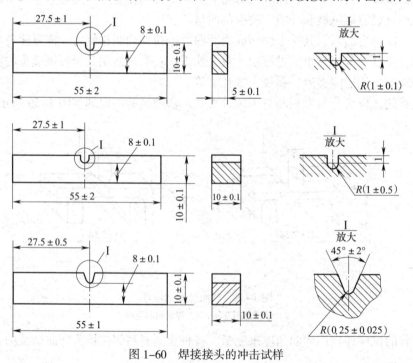

图 1–60　焊接接头的冲击试样

常温冲击试验的合格标准：每个部位 3 个试样冲击功的算术平均值不低于表 1–18 中的规定值，低于规定值但不低于规定值 70% 的试样数量不多于 1 个。异种钢焊接接头按抗拉强度较低一侧母材的冲击功规定值执行。

表 1–18　　　　　　　　　　试样冲击功算术平均值的规定值

母材抗拉强度规定的下限 R_m（N/mm^2）	冲击功规定值（J）	
	10 mm × 10 mm × 55 mm	10 mm × 5 mm × 55 mm
≤ 450	18	9
450 < R_m ≤ 515	20	10
515 < R_m ≤ 655	27	14

5）断裂韧性试验。断裂韧性试验是指通过对具有裂纹的试样进行试验，测定材料抵抗裂纹开裂和扩展能力的试验方法。

6）疲劳试验。疲劳试验用来测定焊接接头在交变载荷作用下的强度，常以在一定交变载荷作用下断裂时的应力和循环次数表示。

（2）金相检验

金相检验的主要内容如下：检查焊缝的中心、过热区及淬火区的金相组织；检查焊缝金属树枝状偏析、层状偏析和区域偏析；检查不同组织特征区域的组织结构；检查异类接头熔合线两侧组织和性能的变化；检查不锈钢焊缝中铁素体的含量。

1）宏观金相检验

①宏观分析（低倍分析）。试样的焊缝表面保持原状，而将横断面加工至 Ra 为 3.2 ～ 1.6 μm，经过酸液腐蚀后再进行观察。用肉眼或借助低倍放大镜直接进行观察。

以管件的焊接接头为例：管件金相试样应沿试件的长度方向切取，管接头试样应沿试件纵向切取并通过试件的中心线。试样应包括焊缝金属、热影响区和母材金属。管板试件应符合下列要求：没有裂纹和未熔合；骑座式管板试件未焊透的深度不大于 15% δ（氩弧焊打底的试件不允许未焊透）；插入式管板试件在接头根部熔深不小于 0.5 mm；气孔或夹渣的最大尺寸不超过 1.5 mm，且大于 0.5 mm、小于 1.5 mm 的数量不多于 1 个，当只有小于或等于 0.5 mm 的气孔或夹渣时，其数量不多于 3 个。

②断口分析。断口分析的内容包括断口组成、裂源及扩展方向、断裂性质等。焊缝断口的检查方法简单、迅速、易行，不需要特殊仪器、设备，因此，生产中和安装工地现场都广泛采用。

检查时，为保证焊缝纵剖面处断开，可先在焊缝表面沿焊波方向加工一个断面形状为 30° 的 V 形沟槽，槽深约为焊缝厚度的 1/3，然后用拉刀机或锤子将试样折断。在折断面上用肉眼或 5 ～ 10 倍放大镜观察焊缝金属的内部缺陷，如气孔、夹渣、未焊透和裂缝等。还可判断断口是韧性破坏还是脆性破坏。注意折断时切忌反复弯折韧性断口，因为断裂前产生的塑性变形会歪曲缺陷的真实情况。当断口位于母材时试验无效，应重新取样进行试验。

③钻孔检验。对焊缝进行局部钻孔，可检查焊缝内部的气孔、裂纹、夹渣等缺陷。在不便用其他方法检验的产品部位，才采用钻孔检验。

2）微观金相检验。微观金相检验借助显微镜来观察焊接接头各区域的显微组织、偏析、缺陷，以及析出相的种类、性质、形态、大小、数量等，为研究焊缝质量与焊接材料、工艺方法和焊接参数等的关系提供依据。微观金相检验还可以用更先进的设备（如电子显微镜、X射线衍射仪、电子探针等）分别对组织形态、析出相和夹杂物进行分析。微观试样可从宏观试样上切取。试件合格的规定如下：焊缝金属和热影响区内不得有淬硬性马氏体组织；焊缝金属和热影响区内不得有裂纹和过烧组织。

（3）化学分析及试验

1）腐蚀试验。焊缝和焊接接头的腐蚀破坏形式有总体腐蚀、晶间腐蚀、刀状腐蚀、点腐蚀、应力腐蚀、海水腐蚀、气体腐蚀和腐蚀疲劳等。腐蚀试验的目的是确定在给定条件下金属耐腐蚀的能力，估计产品的使用寿命，分析腐蚀的原因，找出防止或延缓腐蚀的措施。腐蚀试验的具体方法根据产品对耐腐蚀性的要求而定。常用的方法有不锈钢晶间腐蚀试验、应力腐蚀试验、腐蚀疲劳试验、大气腐蚀试验、高温腐蚀试验。

2）化学分析。焊缝的化学分析是检查焊缝金属的化学成分。化学分析的试样从焊缝金属或堆焊层上取得，一般常规分析需试样 50～60 g。经常被分析的元素有碳、锰、硅、硫和磷等，如果要对一些合金钢或不锈钢中含有的镍、铬、钛、钒、铜进行分析，则要多取一些试样。

气焊与气割

气焊（割）是指利用可燃气体与助燃气体混合燃烧时放出的热量作为热源，焊接（或切割）工件的一种工艺方法。它具有设备简单、操作方便、质量可靠、成本低、适用性好等特点。因此，气焊（割）技术在工业生产、建筑施工中得以广泛应用。

气焊（割）不仅能对钢材进行下料和坡口准备，还能焊接薄板和低熔点材料（有色金属及其合金），以及进行钎焊、构件变形的火焰矫正等。气焊（割）是金属材料加工的主要方法之一。

课题 1　气焊设备、工具及材料

一、气焊设备及工具的使用方法

气焊设备及工具主要包括氧气瓶、乙炔瓶、减压器、焊炬等，辅助工具包括氧气胶管、乙炔胶管、护目镜、点火枪及钢丝刷等。

1. 氧气瓶

氧气瓶是储存和运输氧气的一种高压容器。气瓶的容积为 40 L，在 15 MPa 压力下可储存 6 m³ 的氧气。氧气瓶主要由瓶体、瓶帽、瓶阀及瓶箍等组成，如图 2-1 所示。

（1）瓶体

瓶体是用合金钢经热挤压制成的圆筒形无缝容器。它的外表涂淡（酞）蓝色，并标注黑色"氧"字样。

（2）瓶阀

瓶阀是控制瓶内氧气进出的阀门。目前，主要采用活瓣式氧气瓶阀，如图 2-2 所示。这种瓶阀使用方便，可用扳手直接开启和关闭。

使用时，如果将手轮按逆时针方向旋转，则开启瓶阀；手轮顺时针旋转则关闭瓶阀。瓶阀的一侧装有安全膜，当瓶内压力超过规定值时，安全膜片即自行爆破放气，从而保证了氧气瓶的安全。

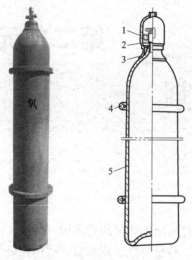

图 2-1 氧气瓶的构造
1—瓶帽 2—瓶阀 3—瓶箍
4—防振圈（橡胶制品） 5—瓶体

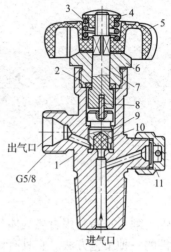

图 2-2 活瓣式氧气瓶阀
1—阀体 2—密封垫圈 3—弹簧 4—弹簧压帽
5—手轮 6—压紧螺母 7—阀杆 8—开关板
9—活门 10—密封垫料 11—安全装置

（3）氧气瓶的使用方法

1）在使用时，氧气瓶应直立放置，安放稳固，防止倾倒。只有在特殊情况下才允许卧放，但瓶头一端必须垫高，并防止滚动。

2）开启氧气瓶时，焊工应站在出气口的侧面，先拧开瓶阀，吹掉出气口内的杂质，再与氧气减压器进行连接。开启和关闭氧气瓶阀时动作不要过猛。

3）氧气瓶内的氧气不能全部用完，至少要保持 0.1～0.3 MPa 的压力，以便充氧时便于鉴别气体性质及吹除瓶阀内的杂质，还可以防止使用中可燃气体倒流或空气进入瓶内。

4）夏季露天操作时，氧气瓶应放在阴凉处，避免阳光的强烈照射。

  学以致用

如发现氧气瓶阀有泄漏现象，可用扳手将压紧螺母扳紧，如图 2-3a 所示。如果无效时，应顺时针旋动手轮，将瓶阀关紧；然后卸掉手轮及压紧螺母，取出损坏的密封垫圈（见图 2-3b）；接着换上新的密封垫圈，并用扳手将压紧螺母扳紧，最后将手轮重新装好。

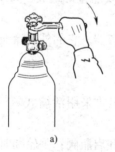

a)   b)

图 2-3 消除氧气瓶阀的泄漏现象
a）用扳手扳紧压紧螺母 b）取出损坏的密封垫圈

2. 乙炔瓶

乙炔瓶是一种储存和运输乙炔的容器。它主要由瓶体、瓶阀、瓶内的多孔性填料等组成，如图2-4所示。

（1）瓶体

乙炔瓶瓶体是由低合金钢板经轧制、焊接制成的。瓶体的外表漆成白色，并标注红色"乙炔 不可近火"字样。瓶内最高压力为 1.5 MPa。为了稳定而安全地储存乙炔，瓶内装着浸满丙酮的多孔性填料。填料多采用多孔轻质的活性炭、浮石、硅酸钙及石棉纤维等，目前广泛采用硅酸钙。

（2）瓶阀

乙炔瓶瓶阀是控制瓶内乙炔进出的阀门，其构造如图2-5所示。乙炔瓶瓶阀与氧气瓶瓶阀不同，没有旋转手轮。活门的开启和关闭是利用方孔套筒扳手转动阀杆上端的方形头实现的。阀杆逆时针方向旋转，瓶阀开启；反之，瓶阀关闭。乙炔瓶瓶阀的阀体旁侧没有侧接头，因此必须使用带有夹环的乙炔减压器。

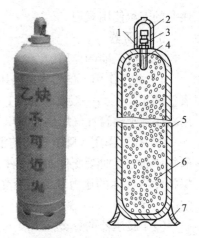

图2-4 乙炔瓶的构造

1—瓶口 2—瓶帽 3—瓶阀 4—石棉
5—瓶体 6—多孔性填料 7—瓶座

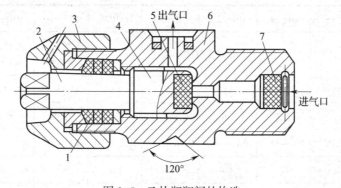

图2-5 乙炔瓶瓶阀的构造

1—防漏垫圈 2—阀杆 3—压紧螺母 4—活门 5—密封填料 6—阀体 7—过滤件

（3）乙炔瓶的使用方法

1）乙炔瓶在使用时只能直立放置，不能横放；否则，瓶内的丙酮会流出，甚至会通过减压器流入乙炔胶管和焊炬内，引起燃烧或爆炸。

2）乙炔瓶应避免剧烈的振动和撞击，以免填料下沉形成孔洞，影响乙炔的储存，甚至造成乙炔瓶爆炸。

3）乙炔瓶的表面温度应不超过 30 ℃。温度过高会降低乙炔在丙酮中的溶解度，使瓶内的乙炔压力急剧增高。

4）工作时，使用乙炔的压力不能超过 0.15 MPa，输出流量不能超过 1.5 m³/h。

5）乙炔减压器与乙炔瓶的瓶阀必须可靠连接，严禁在漏气的状况下使用。

6）乙炔瓶内的乙炔不能全部用完。当高压表的读数为零，低压表的读数为 0.01 ～ 0.03 MPa 时，应立即关闭瓶阀。

由于乙炔是易燃、易爆气体，因此，焊工在使用乙炔瓶时必须小心谨慎，应严格遵守乙炔瓶的安全使用规程。

3. 减压器

（1）减压器的作用

1）减压作用。虽然气瓶内压力较高，但是气焊（割）时所需的工作压力却较低。例如，氧气的工作压力一般要求为 0.1 ~ 0.4 MPa，乙炔的工作压力最高为 0.15 MPa。因此，需要用减压器把储存在气瓶内的高压气体降为低压气体，才能输送到焊炬内使用。

2）稳压作用。随着气体的消耗，气瓶内气体的压力逐渐下降，即在气焊工作中气瓶内的气体压力是时刻变化的，这种变化会影响气焊过程的顺利进行。因此，就需要使用减压器保持输出气体的压力和流量不受气瓶内气体压力下降的影响，使工作压力自始至终保持稳定。

（2）减压器的分类

按用途不同，减压器可分为氧气减压器和乙炔减压器，还可分为集中式和岗位式。按构造不同，减压器可分为单级式和双级式。按工作原理不同，减压器可分为正作用式、反作用式及双级混合式。国内比较常用的是单级反作用式和双级混合式。常用减压器的主要技术数据见表 2-1。

表 2-1　　　　　　　　　　　　常用减压器的主要技术数据

减压器型号	QD—1	QD—2A	QD—3A	QJ6	SJ7—10	QD—20	QW2—16/0.6
名称	单级氧气减压器				双级氧气减压器	单级乙炔减压器	单级丙烷减压器
进气口最高压力（MPa）	15	15	15	15	15	2.0	1.6
最高工作压力（MPa）	2.5	1.0	0.2	2.0	2.0	0.15	0.06
工作压力调节范围（MPa）	0.1 ~ 2.5	0.1 ~ 1.0	0.01 ~ 0.2	0.1 ~ 2.0	0.1 ~ 2.0	0.01 ~ 0.15	0.02 ~ 0.06
最大放气能力（m³/h）	80	40	10	180	—	9	
出气口直径（mm）	6	5	3	—	5	4	
压力表规格（MPa）	0 ~ 25 0 ~ 4	0 ~ 25 0 ~ 1.6	0 ~ 25 0 ~ 0.4	0 ~ 25 0 ~ 4	0 ~ 25 0 ~ 4	0 ~ 2.5 0 ~ 0.25	0 ~ 0.16 0 ~ 2.5
安全阀泄气压力（MPa）	2.9 ~ 3.9	1.15 ~ 1.6	—	2.2	2.2	0.18 ~ 0.24	0.07 ~ 0.12
进口连接螺纹	G5/8	G5/8	G5/8	G5/8	G5/8	夹环连接	G5/8—LH
质量（kg）	4	2	2	2	3	2	2
外形尺寸 （mm × mm × mm）	200 × 200 × 210	165 × 170 × 160	165 × 170 × 160	170 × 200 × 142	220 × 170 × 220	170 × 185 × 315	165 × 190 × 160

（3）减压器的构造

氧气、乙炔和丙烷等气体所用的减压器，在工作原理、构造和使用方法上基本相同。不同之处是乙炔减压器与乙炔瓶的连接采用特殊的夹环，并用紧固螺栓加以固定。氧气减压器和乙炔减压器的外形如图 2-6 所示。

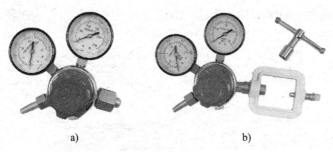

图2-6 氧气减压器和乙炔减压器的外形
a）氧气减压器 b）乙炔减压器

（4）减压器的使用方法

1）安装减压器前，要稍微打开氧气瓶阀门，吹除污物，以防将灰尘和水分带入减压器。同时，还要检查减压器接头螺纹是否损坏，应保证减压器接头螺纹与氧气瓶瓶阀连接达到5圈（螺距）以上，以防安装不牢而使高压气体射出伤人；还要检查高压表和低压表的表针是否处于零位。

2）在开启瓶阀时，瓶阀出气口不得对准操作者或者他人，以防高压气体突然冲出伤人。将减压器的调压螺栓旋松，使其处于非工作状态，以免开启瓶阀时损坏减压器。

3）在气焊工作中，必须注意观察工作压力表的压力数值。调节工作压力时，要缓慢地旋进调压螺栓，以免高压氧冲坏弹簧、薄膜装置和低压表。停止工作时，应先关闭高压气瓶的瓶阀，然后放出减压器内的全部余气，放松调压螺栓，使表针降到零位。

4）减压器上不得沾染油脂、污物。如果有油脂，应擦拭干净后再用。

5）严禁不同气体的减压器及压力表替换使用。

6）减压器如果有冻结现象，应用热水或水蒸气解冻，绝不允许使用火焰烘烤。

4. 焊炬

焊炬是气焊时用以控制气体流量、混合比及火焰，并进行焊接的工具。焊炬的好坏直接影响气焊的焊接质量，因此要求焊炬具有良好的调节性能，以保持氧气及可燃气体的比例及火焰能率的大小，使火焰稳定地燃烧。同时，焊炬的质量要轻，气密性要好，操作方便，使用安全可靠。

（1）焊炬型号的表示方法（见图2-7）

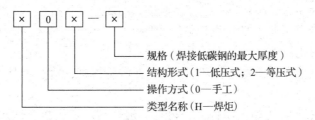

图2-7 焊炬型号的表示方法

（2）低压式焊炬的工作原理及使用方法

根据可燃气体压力不同，焊炬可分为低压式焊炬和等压式焊炬。因为等压式焊炬不能使用低压乙炔，所以现在很少采用。本书主要介绍低压式焊炬。

可燃气体压力低于0.007 MPa的焊炬称为低压式焊炬。可燃气体靠喷射氧流的射吸作用与氧混合，所以又称为射吸式焊炬。低压式焊炬分为换嘴式和换管式两种。低压式焊炬及其阀门调节方法如图 2-8 所示。

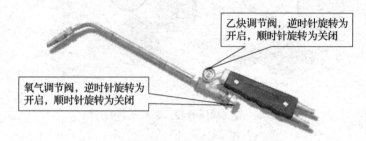

乙炔调节阀，逆时针旋转为开启，顺时针旋转为关闭

氧气调节阀，逆时针旋转为开启，顺时针旋转为关闭

图 2-8　低压焊炬及其阀门调节方法

1）低压式焊炬的工作原理。低压式焊炬的工作原理如图 2-9 所示。打开氧气调节阀，氧气即从喷嘴口快速射出，并在喷嘴外围造成负压（即产生吸力）；再打开乙炔调节阀，乙炔即聚集在喷嘴的外围。由于氧射流负压的作用，聚集在喷嘴外围的乙炔很快地被氧气吸入，并按一定的比例（体积比约为 1∶1）与氧气混合，同时以相当高的流速经过射吸管，混合后从焊嘴喷出。

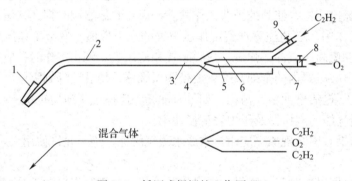

图 2-9　低压式焊炬的工作原理

1—焊嘴　2—混合气管　3—射吸管　4—喷嘴　5—喷射管　6—乙炔通道
7—氧气通道　8—氧气调节阀　9—乙炔调节阀

2）低压式焊炬的使用方法

①首先要根据焊件的厚度来选择适当的焊炬和焊嘴，然后检查焊炬的射吸情况。接上氧气胶管，拧开乙炔阀和氧气阀，将手指轻轻地按在乙炔进气管接头上。如果手指感到有一股吸力，则表明射吸能力正常；如果手指没有感到吸力，甚至氧气从乙炔接头倒流，则表明射吸情况不正常，应禁止使用。

②检查焊炬射吸能力后，将乙炔管接头与乙炔胶管接好，检查焊炬其他各气体通道及各气阀是否正常。

③点火时，应先把氧气阀稍微打开，再打开乙炔阀。点火后立即调整火焰达到正常形状。

④停止使用焊炬时，应先关乙炔阀，后关氧气阀，以防止回火及减少烟尘。

5. 辅助工具

（1）氧气胶管和乙炔胶管

国家标准《气体焊接设备　焊接、切割和类似作业用橡胶软管》（GB/T 2550—2016）规定，气焊中氧气胶管为蓝色，内径为 8 mm；乙炔胶管为红色，内径为 10 mm。两种胶管不能互换，更不能用其他胶管代替。

（2）护目镜

护目镜主要起保护焊工眼睛不受火焰亮光的刺激及遮挡金属飞溅的作用，其次用来观察熔池的情况。护目镜的颜色应根据焊工的视力及被焊材料的性质来选择。一般选用 3 ~ 7 号的黄绿色镜片为宜。

（3）点火枪

使用手枪式点火枪最为安全方便。用火柴点火时，应把划着的火柴从焊嘴后面送到焊嘴上，以免烧伤手。

（4）钢丝刷、錾子、锤子、锉刀等

这些工具主要用来清理焊缝。

（5）钢丝钳和活扳手等

这些工具主要用来连接和开启、关闭气体通路。

二、气焊与气割所用材料

气焊与气割所用材料主要包括气焊丝、气焊熔剂、助燃气体和可燃气体等。助燃气体使用的是氧气；可燃气体使用的种类很多，如乙炔、氢气、天然气和液化石油气等。目前应用最普遍的是乙炔，其次是液化石油气。

1. 氧气

（1）氧气的性质

在常温、常压下，氧呈气态，是一种无色、无味、无毒的气体。在标准状态（0 ℃、0.1 MPa）下，氧气的密度是 1.429 kg/m³，比空气略重。当温度降到 –183 ℃时，氧气由气体转化为淡蓝色的液体。当温度降到 –218 ℃时，液态氧又转化为淡蓝色的固体。

氧气是一种化学性质极为活泼的气体，它能与许多元素化合生成氧化物，同时放出热量。氧气本身不能燃烧，但却具有强烈的助燃作用。因此，工业高压氧气一旦与油脂等易燃物质相接触（点燃），会发生剧烈的氧化反应而引起爆炸。所以，在操作中不允许气焊设备及工具等沾染上油脂。

（2）氧气的纯度

为了保证气焊与气割的质量，提高生产效率及减少氧气的消耗量，要求氧气的纯度越高越好。工业用氧气一般分为两级，见表 2-2。

表 2-2   气焊和气割用氧气指标

名称	指标	
	一级品	二级品
氧气含量（体积分数，%）	≥ 99.2	≥ 98.5
水含量（mL/ 瓶）	≤ 10	≤ 10

一般情况下，由氧气厂和氧气站供应的氧气可以满足气焊与气割的要求。对于质量要求更高的气焊应采用一级纯度的氧气。气割时，氧气纯度应不低于 98.5%。

2. 乙炔

（1）乙炔的性质

乙炔在常温、常压下呈气态。乙炔是一种无色而带有特殊臭味的碳氢化合物，其化学式为 C_2H_2。在标准状态下，其密度为 $1.179\ kg/m^3$，比空气轻。乙炔的燃点为 335 ℃。

乙炔是可燃气体。它与空气混合燃烧的火焰温度为 2 350 ℃，而与氧气混合燃烧的火焰温度为 3 000 ~ 3 300 ℃，能迅速熔化金属而达到焊接或切割的目的。

乙炔是一种具有爆炸性的危险气体，当压力为 0.15 MPa、气体温度为 580 ~ 600 ℃时，乙炔就会自行爆炸。乙炔与空气或氧气混合而成的气体也具有爆炸性，乙炔的含量（按体积计算，以下同，略）在 2.2% ~ 81% 范围内与空气形成的混合气体，以及乙炔的含量在 2.8% ~ 93% 范围内与氧气形成的混合气体，只要遇到火星就会立刻爆炸。

乙炔与铜或银长期接触后生成的乙炔铜（Cu_2C_2）或乙炔银（Ag_2C_2）是具有爆炸性的化合物。它们受到剧烈振动或加热到 110 ~ 120 ℃时就会爆炸。所以，严禁用银或纯铜制造与乙炔接触的器具和设备，但可用含铜量不超过 70% 的铜合金制造。乙炔和氯、次氯酸盐等反应会发生燃烧和爆炸，所以乙炔燃烧时绝对禁止用四氯化碳灭火。

乙炔爆炸时会产生高热，特别是产生高压气浪，其破坏力很强，使用乙炔时必须注意安全。

（2）乙炔的储存

如果将乙炔储存在毛细管内，可大大降低其爆炸性，即使把压力升高到 2.65 MPa 也不会爆炸。另外，利用乙炔能大量溶解于丙酮溶液的特性，可将乙炔装入乙炔瓶内（瓶内有丙酮溶液和活性炭）储存、运输和使用。

3. 液化石油气

液化石油气是油田开发或炼油厂石油裂解的副产品，其主要成分是丙烷（C_3H_8）、丁烷（C_4H_{10}）、丙烯（C_3H_6）、丁烯（C_4H_8）和少量的乙烷（C_2H_6）、乙烯（C_2H_4）等碳氢化合物。

工业上使用的液化石油气是一种略带臭味的无色气体。在标准状态下，其密度为 1.8 ~ 2.5 kg/m^3，比空气重。液化石油气在 0.8 ~ 1.5 MPa 的压力下即由气态转化为液态，便于装入瓶内储存和运输。

液化石油气与空气或氧气形成的混合气体也具有爆炸性，但是它的爆炸危险的混合比值范围较小，因此使用时比乙炔安全。液化石油气的主要组成物是丙烷。丙烷在氧气中的燃烧温度为 2 000 ~ 2 850 ℃，其火焰温度比氧乙炔焰温度低，气割时预热时间相应要长一些。

液化石油气在氧气中的燃烧速度大约是乙炔在氧气中燃烧速度的一半，完全燃烧所消耗的氧气量比使用乙炔时大。因此，液化石油气用于气割时应改造割炬，增大混合气体喷出截面，降低流速，以保证液化石油气完全燃烧。

在气割中，采用液化石油气代替乙炔，不仅割口光滑、平整、不渗碳，而且经济实惠。所以，液化石油气作为一种新的可燃气体，已逐渐应用于钢材的气割和低熔点有色金属的焊接中。

4. 气焊丝

（1）对气焊丝的要求

1）焊丝的化学成分应与焊件母材的化学成分基本相同，并保证焊缝有足够的力学性能和其他方面的性能。

2）焊丝的熔点应等于或略低于被焊金属的熔点。

3）焊丝应能保证焊接质量，如不产生气孔、夹渣、裂纹等缺陷。

4）焊丝表面应无油脂、锈蚀和涂料等污物；焊丝熔化时飞溅不宜过大。

（2）焊丝的规格

焊丝的规格按照其直径划分，一般为$\phi 1.6\,mm$、$\phi 2.0\,mm$、$\phi 2.5\,mm$、$\phi 3.0\,mm$、$\phi 3.2\,mm$、$\phi 4.0\,mm$等。可根据不同的焊接厚度选用不同规格的焊丝。

（3）焊丝的分类及用途

焊丝可分为碳钢焊丝、低合金钢焊丝、铜及铜合金焊丝、铝及铝合金焊丝、铸铁焊丝、不锈钢焊丝等。

1）碳钢焊丝、低合金钢焊丝。根据国家标准《气体保护电弧焊用碳钢、低合金钢焊丝》（GB/T 8110—2008），按化学成分不同，气体保护电弧焊用碳钢、低合金钢焊丝可分为碳钢、碳钼钢、铬钼钢、镍钢、锰钼钢和其他低合金钢六类。它们用于焊接较重要的低碳钢、中碳钢及低合金钢。

2）铜及铜合金焊丝。根据国家标准《铜及铜合金焊丝》（GB/T 9460—2008），按化学成分不同，铜及铜合金焊丝可分为铜、黄铜、白铜、青铜四类。它们可用于纯铜、黄铜的气焊，也可用于钎焊铜、钢、铜镍合金、灰铸铁。

3）铝及铝合金焊丝。根据国家标准《铝及铝合金焊丝》（GB/T 10858—2008），按化学成分不同，铝及铝合金焊丝可分为铝、铝铜、铝锰、铝硅、铝镁五类。它们用于焊接铝、铝镁合金、铝锰合金等。

4）铸铁焊丝。国家标准《铸铁焊条及焊丝》（GB/T 10044—2006）规定，根据化学成分及用途不同，铸铁焊接用气体保护焊焊丝分为纯镍铸铁气体保护焊焊丝、镍铁锰铸铁气体保护焊焊丝等。

（4）焊丝型号的表示方法

1）碳钢焊丝、低合金钢焊丝。国家标准《气体保护电弧焊用碳钢、低合金钢焊丝》（GB/T 8110—2008）规定，其焊丝型号由三部分组成：第一部分用字母"ER"表示焊丝；第二部分的两位数字表示焊丝熔敷金属的最低抗拉强度；第三部分为短线后的字母或数字，表示焊丝化学成分代号。具体实例如图2-10所示。

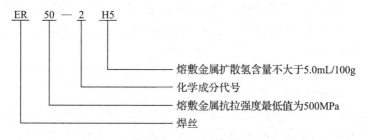

图2-10 碳钢焊丝、低合金钢焊丝型号的实例

2）铜及铜合金焊丝。国家标准《铜及铜合金焊丝》（GB/T 9460—2008）规定，其焊丝型号由三部分组成：第一部分用字母"SCu"表示铜及铜合金焊丝；第二部分为4位数字，表示焊丝型号；第三部分为可选部分，表示化学成分代号。具体实例如图2-11所示。

3）铝及铝合金焊丝。国家标准《铝及铝合金焊丝》（GB/T 10858—2008）规定，其焊丝型号由三部分组成：第一部分用字母"SAl"表示铝及铝合金焊丝；第二部分为4位数字，表示焊丝型号；第三部分为可选部分，表示化学成分代号。具体实例如图 2-12 所示。

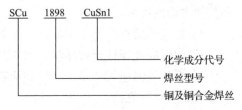

图 2-11 铜及铜合金焊丝型号的实例

4）铸铁焊丝。铸铁焊接用气体保护焊焊丝。国家标准《铸铁焊条及焊丝》（GB/T 10044—2006）规定，铸铁焊丝型号由三部分组成：字母"ER"表示气体保护焊焊丝；字母"Z"表示用于铸铁焊接；在字母"ERZ"后用焊丝主要化学元素符号或金属类型代号表示。具体实例如图 2-13 所示。

图 2-12 铝及铝合金焊丝型号的实例　　　图 2-13 铸铁焊丝型号的实例

（5）焊丝的保管

焊丝应按类别、规格等分类保存。焊丝表面应涂油保护，为避免其生锈、腐蚀，应放在干燥通风处。

5. 气焊熔剂

气焊熔剂又称气焊粉，它是氧乙炔焊的助熔剂。在气焊过程中，被加热的熔化金属极易与周围空气中的氧或火焰中的氧发生化学反应生成氧化物，使焊缝产生气孔和夹渣等缺陷。为了防止金属的氧化，以及消除已经形成的氧化物，在焊接有色金属、合金钢、铸铁等材料时必须采用气焊熔剂，以获得致密的焊缝组织。

（1）气焊熔剂的作用

气焊熔剂能与熔池内金属氧化物或非金属夹杂物发生化学反应，生成熔渣，覆盖在熔池的表面。它有以下两个方面的作用：

1）将熔池与空气隔绝，以防止空气中的氧气、氮气侵入，消除氧化物的有害作用，避免夹渣的生成，起到保护熔化金属的作用。

2）熔渣覆盖在熔池表面，能减缓焊缝的冷却速度，促进焊缝金属中气体的排出。

在使用时，气焊熔剂可直接撒在焊缝上或蘸在焊丝上加入熔池。

（2）对气焊熔剂的要求

1）气焊熔剂应具有很强的反应能力，能迅速溶解某些氧化物，或与某些高熔点化合物反应后生成新的低熔点和易挥发的化合物。

2）气焊熔剂熔化后黏度要低，流动性要好；其熔点、密度应比母材和焊丝低。

3）气焊熔剂能减小熔化金属的表面张力，使熔化的焊丝与母材更容易结合。

4）气焊熔剂不应对焊件产生腐蚀，不析出有毒气体。

5）气焊熔剂熔化形成熔渣后，应易浮在熔池表面，且焊接后熔渣容易清除。

（3）气焊熔剂的分类

按作用不同，气焊熔剂可分为化学反应熔剂、物理溶解熔剂两类。

1）化学反应熔剂。由一种或几种酸性氧化物或碱性氧化物构成，所以又称酸性熔剂或碱性熔剂。

①酸性熔剂。由硼砂、硼酸及二氧化硅组成，主要用于焊接铜及铜合金、合金钢等。这类材料在焊接时形成的氧化亚铜、氧化锌、氧化铁等均为碱性氧化物，因此应选用酸性的硼砂和硼酸熔剂。

②碱性熔剂。如碳酸钾和碳酸钠等，主要用于焊接铸铁。焊接时，由于铸铁焊件熔池内形成高熔点（熔点为 1 350 ℃）的酸性三氧化硅，因此应采用碱性熔剂。

使用酸性熔剂和碱性熔剂是利用酸碱中和反应的原理，消除难熔的酸性或碱性氧化物，避免生成气孔和夹渣，确保焊缝的致密性。

2）物理溶解熔剂。有氯化钠、氯化锂、氟化钠等，主要用于焊接铝及铝合金。由于焊接时在熔池表面形成的三氧化二铝薄膜不能被酸性和碱性氧化物中和，会阻碍焊接的进行，因此，利用上述物理溶解熔剂将三氧化二铝消除，从而使焊接顺利进行，以获得力学性能较高的焊接接头。

（4）常用气焊熔剂的牌号及表示方法

气焊熔剂的牌号由三部分组成：第一部分，两个字母"CJ"表示气焊熔剂；第二部分，用一位数字表示用途，1 表示不锈钢或耐热钢用，2 表示铸铁用，3 表示铜及铜合金用，4 表示铝及铝合金用；第三部分，两位数字表示同一类型气焊熔剂的不同编号。举例如图 2-14 所示。

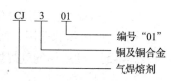

图 2-14　气焊熔剂的牌号
表示方法实例

常用气焊熔剂的牌号、化学成分、用途及性能见表 2-3。

表 2-3　　　　　　　常用气焊熔剂的牌号、化学成分、用途及性能

牌号	名称	熔点（℃）	化学成分（质量分数，%）	用途及性能	焊接注意事项
CJ101	不锈钢及耐热钢气焊熔剂	≈ 900	瓷土粉　30 大理石　28 钛白粉　20 低碳锰铁　10 硅铁　6 钛铁　6	焊接时有助于焊丝的润湿作用，能防止熔化金属被氧化；焊后覆盖在焊缝金属表面的熔渣易去除	1. 焊前对待焊部分擦刷干净 2. 焊接前，将熔剂用密度为 1.3 g/cm³ 的水玻璃均匀搅拌成糊状 3. 用刷子将搅拌好的熔剂均匀地涂在焊接处反面，厚度不小于 0.4 mm，焊丝上也涂少许熔剂 4. 涂完后约隔 30 min 施焊
CJ201	铸铁气焊熔剂	≈ 650	H_3BO_3　18 Na_2CO_3　40 $NaHCO_3$　20 MnO_2　7 $NaNO_3$　15	有潮解性，能有效地去除铸铁在气焊过程中产生的硅酸盐和氧化物，有加速金属熔化的作用	1. 焊接前，将焊丝一端煨热后蘸上熔剂，在焊接部位红热时撒上熔剂 2. 焊接时不断用焊丝搅动，使熔剂充分发挥作用，则熔渣容易浮起 3. 如果熔渣浮起过多，可随时用焊丝将熔渣拨开

牌号	名称	熔点(℃)	化学成分(质量分数,%)	用途及性能	焊接注意事项
CJ301	铜气焊熔剂	≈650	H_3BO_3 76～79 $Na_2B_4O_7$ 16.5～18.5 $AlPO_4$ 4～5.5	纯铜及黄铜气焊熔剂或钎焊焊剂能有效地溶解氧化铜和氧化亚铜,焊接时呈液体状的熔渣覆盖于焊缝表面,防止金属被氧化	1. 焊接前,将焊接部位擦刷干净 2. 焊接时,将焊丝一端煨热,蘸上熔剂即可施焊
CJ401	铝气焊熔剂	≈560	KCl 49.5～52 NaCl 27～30 LiCl 13.5～15 NaF 7.5～9	铝及铝合金气焊熔剂起精炼作用,也可用作铝青铜气焊熔剂	1. 焊接前,将焊接部位及焊丝擦刷干净 2. 将焊丝涂上用水调成糊状的熔剂,或将焊丝一端煨热,蘸取适量干熔剂立即施焊 3. 焊后必须将工件表面的熔剂残渣用热水洗刷干净,以免引起腐蚀

（5）气焊熔剂的选用和保存

1）气焊熔剂的选用。在气焊时,应根据母材在焊接过程中所产生的氧化物的种类来选用气焊熔剂,使所用的气焊熔剂能中和或溶解这些氧化物。

2）气焊熔剂的保存。气焊熔剂应保存在密封的玻璃瓶中,根据用量取用。取后要盖紧瓶盖,以避免气焊熔剂受潮或进入污物。

三、氧乙炔焰的性质及适用范围

氧乙炔焰是氧与乙炔混合燃烧所形成的火焰。氧乙炔焰的外形、构造及火焰的温度分布与氧气和乙炔的混合比大小有关。

根据氧气与乙炔混合比的大小不同,可得到三种不同性质的火焰,即中性焰、碳化焰和氧化焰。其外形、构造和成分如图2-15所示。

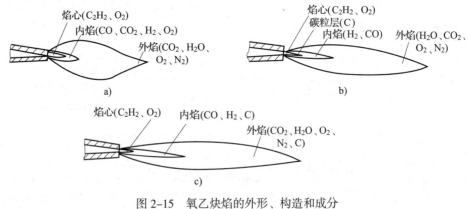

图 2-15 氧乙炔焰的外形、构造和成分
a）氧化焰 b）中性焰 c）碳化焰

1. 中性焰

中性焰是氧气与乙炔混合比为 1.1～1.2 时燃烧所形成的火焰。在一次燃烧（可燃气体与氧气预先按一定比例混合好的混合气体的燃烧）区内既无过量的氧,也无游离碳。由此可

见，中性焰是乙炔和氧气量比例相适应的火焰。

中性焰的焰心外表面分布着乙炔分解所生成的碳素微粒层，因受高温而呈现出一个很清晰的焰心。在内焰处，乙炔在氧气中燃烧生成的一氧化碳和氢气能使熔池金属的氧化物还原，所以，中性焰的内焰实际上并非中性，而是具有一定的还原性。

中性焰距焰心外 2 ~ 4 mm 处的温度最高，达 3 150 ℃左右，此时热效率最高，保护效果也最好。因此，气焊时焰心离工件表面 2 ~ 4 mm 为宜。中性焰适用于低碳钢、中碳钢、低合金钢、不锈钢、纯铜、锡青铜及灰铸铁等材料的焊接（或气割）。中性焰的温度分布如图 2–16 所示。

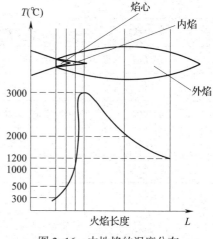

图 2–16　中性焰的温度分布

2. 碳化焰

碳化焰是氧气与乙炔的混合比小于 1.1 时燃烧所形成的火焰。因有过剩的乙炔存在，在火焰高温作用下分解出游离碳，在焰心周围出现了呈淡白色的内焰，其长度比焰心长 1 ~ 2 倍，是一个明显可见的富碳区。

碳化焰的最高温度在 2 700 ~ 3 000 ℃之间。在焊接低碳钢时，游离碳会渗入熔池，使焊缝金属的含碳量增加，塑性下降；而且会有过多的氢进入熔池，使焊缝金属易产生气孔和裂纹。

碳化焰具有较强的还原作用，也有一定的渗碳作用。轻微碳化焰适用于高碳钢、铸铁、高速钢、硬质合金、蒙乃尔合金、碳化钨和铝青铜等材料的焊接（或气割），而强碳化焰没有实用价值。

3. 氧化焰

氧化焰是氧气与乙炔混合比大于 1.2 时燃烧所形成的火焰。氧化焰中有过量的氧气，在尖形焰心外面形成一个有氧化性的富氧区。由于氧化反应剧烈，因此内焰和外焰分不清，整个火焰都缩短了。氧化焰的最高温度为 3 100 ~ 3 300 ℃。因为氧化焰会使焊缝金属氧化及形成气孔，并加剧熔池中的沸腾，使焊缝中合金元素烧损，从而使焊缝组织变脆，降低了焊缝的性能。因此，对于一般碳钢和有色金属的焊接很少采用氧化焰。焊接黄铜时，如果采用含硅焊丝，氧化焰会使熔池表层形成硅的氧化膜，可减少锌的蒸发，因此，轻微氧化焰适用于黄铜、锰黄铜、镀锌铁皮等材料的焊接（或气割）。

由上述可知，焊接不同的金属材料应采用不同性质的火焰，才能获得优质焊缝。不同材料焊接时应采用的火焰性质见表 2–4。

表 2–4　　　　　　　　不同材料焊接时应采用的火焰性质

金属材料	火焰性质	金属材料	火焰性质
低碳钢、中碳钢	中性焰	铝及铝合金	中性焰或轻微碳化焰
低合金钢	中性焰	铅、锡	中性焰
纯铜	中性焰	青铜	中性焰或轻微氧化焰

— 65 —

金属材料	火焰性质	金属材料	火焰性质
不锈钢	中性焰或轻微碳化焰	高速钢	碳化焰
黄铜	氧化焰	硬质合金	碳化焰
铬镍钢	中性焰或乙炔稍多的中性焰	高碳钢	碳化焰
锰钢	氧化焰	铸铁	碳化焰
镀锌铁板	氧化焰	镍	碳化焰或中性焰

课题2　气焊的基本操作

一、气焊工艺参数的选择

气焊工艺参数是保证焊缝质量的主要技术依据。气焊工艺参数包括焊丝的牌号及直径、火焰的性质及能率、焊炬倾斜角、焊接方向和焊接速度等。

1. 焊丝的牌号及直径

（1）焊丝的牌号

应根据焊件材料的力学性能或化学成分，选择相应性能或成分的焊丝。

（2）焊丝的直径

焊丝直径根据焊件厚度选择。焊接 5 mm 以下板材时，一般选用直径为 1 ~ 3 mm 的焊丝。如果焊丝过细，焊接时焊件尚未熔化，而焊丝已熔化下滴，将造成未熔合等缺陷；如果焊丝过粗，焊丝加热时间增加，焊件热影响区变宽，会产生未焊透等缺陷。

焊接开坡口焊件的第一、第二层焊缝时，应选用较细的焊丝，其他各层焊缝可采用粗焊丝。焊丝直径还与操作方法有关，一般右向焊法所选用的焊丝要比左向焊法粗些。

2. 火焰的性质及能率

（1）火焰的性质

应根据焊件的材料合理地选择火焰的性质。

（2）火焰的能率

火焰的能率是指单位时间内可燃气体（乙炔）的消耗量，单位为 L/h，其物理意义是单位时间内可燃气体所提供的能量。

火焰能率的大小是由焊炬型号和焊嘴代号决定的。焊嘴代号越大，火焰的能率也越大。所以，火焰能率的选择实际上是确定焊炬型号和焊嘴代号。在实际生产中，可根据焊件厚度来选择。气焊时，同一种型号的焊炬和焊嘴还可以在一定范围内调节火焰的能率。气焊纯铜等导热性强的焊件时，应选用较大的火焰能率；非平焊位置气焊时，应选用较小的火焰能率。

3. 焊炬倾斜角

焊炬倾斜角的大小主要取决于焊件的厚度及母材的熔点和导热性。焊件越厚，导热性及熔点越高，越应采用较大的焊炬倾斜角，使火焰的热量集中；反之，则采用较小的倾斜角。焊接碳素钢时，焊炬倾斜角与焊件厚度的关系如图 2-17 所示。

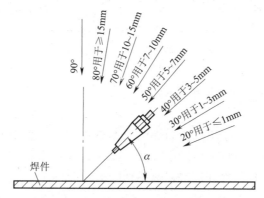

图 2-17　焊炬倾斜角与焊件厚度的关系

焊炬倾斜角在焊接过程中是需要改变的。在焊接开始时，为了较快地加热焊件，以迅速地形成熔池，采用的焊炬倾斜角应为 80° ~ 90°。焊接过程中，焊矩倾斜角一般为 45° 左右。当焊接结束时，可将焊炬倾斜角减小，使焊炬对准焊丝加热，并使火焰上下跳动，断续地对焊丝和熔池加热，这样做可填满弧坑和避免烧穿。焊接过程中焊矩倾斜角如图 2-18 所示。

在气焊中，焊丝与焊件表面的倾斜角一般为 30° ~ 40°，焊丝与焊炬中心线的角度为 90° ~ 100°，如图 2-19 所示。

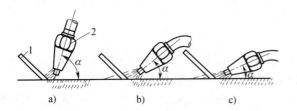

图 2-18　焊接过程中焊矩倾斜角
a）焊前预热　b）焊接过程中　c）焊接结束填满弧坑
1—焊丝　2—焊炬

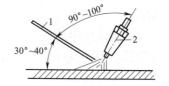

图 2-19　焊丝与焊炬和焊件的角度
1—焊丝　2—焊炬

4. 焊接方向

按照焊炬和焊丝的移动方向不同，气焊方法可分为右向焊法和左向焊法两种。

（1）右向焊法

右向焊法如图 2-20a 所示，焊炬指向焊缝，焊接过程自左向右，焊炬在焊丝前面移动。焊炬火焰直接指向熔池，并遮盖整个熔池，使周围空气与熔池隔离，所以，能防止焊缝金属的氧化，减小产生气孔的可能，同时能使已焊完的焊缝缓慢地冷却，改善了焊缝组织。由于焰心距熔池较近及火焰受焊缝的阻挡，火焰热量集中，热量的利用率也较高，使熔深增加，提高生产效率。所以，右向焊法适合焊接厚度较大、熔点较高及导热性较好的焊件。但右向焊法不易掌握，一般很少采用。

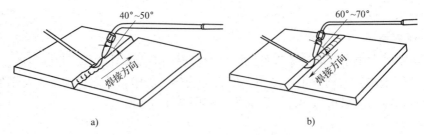

图 2-20　右向焊法和左向焊法

a）右向焊法　b）左向焊法

（2）左向焊法

左向焊法如图 2-20b 所示。焊炬指向焊件未焊部分，焊接过程自右向左，焊炬跟着焊丝移动。

采用左向焊法焊接时，由于火焰指向焊件未焊部分，对金属有预热作用，因此，焊接薄板时生产效率很高。同时，这种方法操作方便，容易掌握。因此，它是普遍应用的方法。左向焊法的缺点是焊缝易氧化，冷却较快，热量利用率低。

5. 焊接速度

应根据焊工的操作熟练程度，并在保证焊接质量的前提下，尽量提高焊接速度，以减小焊件的受热程度及提高生产效率。一般来说，对于厚度大、熔点高的焊件，焊接速度要慢些，以免产生未熔合的缺陷；对于厚度小、熔点低的焊件，焊接速度要快些，以免产生烧穿和焊件过热现象，导致焊接质量降低。

二、薄板气焊操作要领

1. 焊件清理

焊接前，应使用钢丝刷、砂布等将焊件表面的氧化皮、铁锈、油污及污物等彻底清除干净，直至露出金属光泽。

2. 起头

薄板气焊时采用中性焰、左向焊法。焊道起头时焊件温度很低，这时焊炬的倾斜角应大些，对准焊件始焊端进行预热，同时焊炬进行往复移动，尽量使起焊处加热均匀。在第一个熔池形成前，要仔细观察熔池的形成情况。同时，将焊丝端部置于火焰中进行预热。当焊件形成清晰的熔池时，焊丝熔化，将焊丝熔滴滴入熔池，熔合后立即抬起焊丝，焊炬向前移动形成新的熔池。左向焊时焊炬与焊丝端头的位置如图 2-21 所示。

3. 焊炬和焊丝的运动

焊炬和焊丝的运动包括三个动作：一是两者沿焊缝做纵向移动，不断地熔化焊件和焊丝而形成焊缝；二是焊炬沿焊缝做横向摆动，充分加热焊件，利用混合气体的冲击力搅拌熔池，使熔渣浮出；三是焊丝在垂直方向送进，并做上下跳动，以控制熔池热量及给送填充金属。

焊炬和焊丝的摆动方法与幅度视焊件材料的性质、焊缝的位置、接头形式及板厚而定。焊炬的摆动方法如图 2-22 所示。

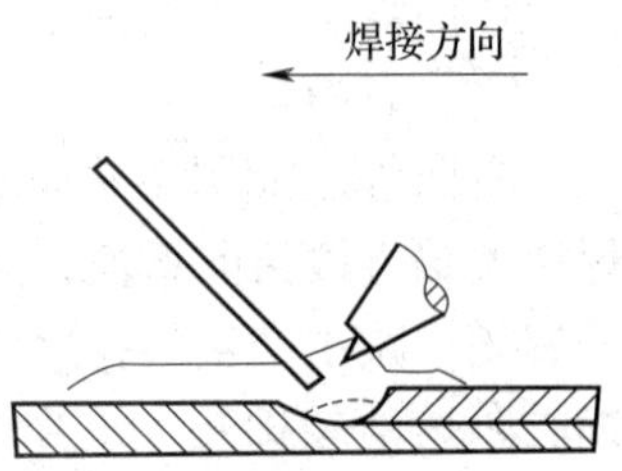

4. 焊道的接头

在焊接中途停顿又继续施焊时，应将火焰移向原熔池的上方，重新加热使其熔化，当形成新的熔池后再填入焊丝，开始

图 2-21　左向焊时焊炬与焊丝端头的位置

续焊。续焊位置应与前焊道重叠 5 ~ 10 mm。重叠焊道可不加或少加焊丝，以保证焊缝的余高及圆滑过渡。

5. 焊道的收尾

由于焊件端部散热条件差，应减小焊炬的倾斜角，增大焊接速度并多加一些焊丝，以防止熔池扩大而烧穿。为防止收尾时空气侵入熔池，应用温度较低的外焰保护熔池，直至熔池填满，使火焰缓慢离开熔池。

在焊接过程中，焊炬倾斜角不断变化：预热阶段的倾斜角为 50° ~ 70°；正常焊接阶段的倾斜角为 30° ~ 50°；结尾阶段的倾斜角为 20° ~ 30°，如图 2-23 所示。

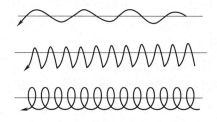

图 2-22　焊炬的摆动方法

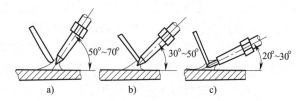

图 2-23　焊接薄板时焊炬倾斜角的变化
a）预热阶段　b）正常焊接阶段　c）结尾阶段

6. 定位焊

定位焊缝的长度和间距视焊件的厚度与焊缝长度而定。焊件越薄，定位焊缝的长度和间距应越小；反之则应加大。焊接薄件时，定位焊缝的长度为 5 ~ 7 mm，间隔 50 ~ 100 mm，定位焊从焊件中间开始向两端进行，如图 2-24a 所示。焊接厚件时，定位焊缝的长度为 20 ~ 30 mm，间隔 200 ~ 300 mm，定位焊从焊件两端开始向中间进行，如图 2-24b 所示。

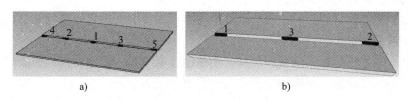

图 2-24　定位焊的顺序
a）薄焊件的定位焊　b）厚焊件的定位焊

定位焊点不宜过长，更不宜过宽或过高，以保证焊件熔透为宜。定位焊横截面形状要求如图 2-25 所示。

定位焊后，将焊件沿接缝处向下折成 160° 左右，即采用预先反变形法，以防止焊件角变形（见图 2-26），然后将其接缝处矫正齐平。

7. 薄板焊接

将薄钢板水平放置在工作台上，预留根部间隙 0.5 mm，以保证背面焊透。在距焊件始焊端 30 mm 处起焊，焊缝从板内开始，受热面积大，当母材金属熔化时，周围温度已升高，冷凝时不易产生裂纹。施焊到终点时整个焊件温度又升高，再焊预留的一段焊缝，接头应重叠 5 mm 左右，如图 2-27 所示。

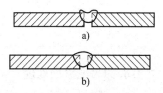

图 2-25　对定位焊点的要求
a）不好　b）好

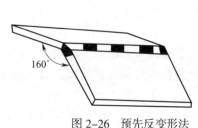

图 2-26　预先反变形法

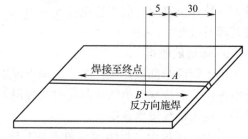

图 2-27　起焊点的确定

如果焊件较薄，且焊缝数量较多，焊件很容易产生焊接变形，应采取合理的焊接顺序。确定焊接顺序时，应保证焊件的热量得到均匀分布，避免焊件热量过于集中，当焊件较复杂时，应先焊接平面板并进行矫平，再装配并焊接其他部件。

气焊薄板时，应采用左向焊法，焊接速度是随焊件熔化情况而变化的。应采用中性焰，火焰要对准接缝的中心线，均匀地熔化焊件两边，背面焊缝也要均匀些。焊丝位于焰心前下方 2～4 mm 处。如果焊丝被熔池边缘粘住时，不要用力拔焊丝，应用火焰加热焊丝与焊件接触处，焊丝可自然脱离。

在气焊过程中，焊炬和焊丝要做上下跳动，其目的是调节熔池温度，以避免烧穿、焊瘤和凹坑缺陷的产生，并使焊件熔化良好，控制液态金属的流动，使焊缝成形美观。

在气焊过程中，如果火焰性质发生了变化，发现熔池混浊、有气泡、火花飞溅或熔池沸腾等现象，要及时将火焰调节为中性焰，然后再进行焊接。焊炬的倾斜角、高度和焊接速度应根据熔池大小而调整。如果发现熔池过小，焊丝熔化后仅敷在焊件表面，说明热量不足，焊炬倾斜角应增大，焊接速度要减慢。如果发现熔池过大，且没有流动金属时，说明焊件已被烧穿，此时应迅速提起火焰或加快焊接速度，减小焊炬倾斜角，并多加焊丝。焊接时应始终保持熔池为椭圆形且大小一致，才能获得满意的焊缝。

对于间隙大或薄焊件焊接时，火焰的焰心要指在焊丝上，用焊丝阻挡部分热量，以防止接头处熔化太快而烧穿。

在焊接结束时，将焊炬火焰缓慢提起，使熔池逐渐缩小。收尾时要填满弧坑，防止产生气孔、裂纹、凹坑等缺陷。对接焊缝尺寸的一般要求见表 2-5。

表 2-5　　　　　　　　　　　　对接焊缝尺寸的一般要求

焊件厚度（mm）	焊缝余高（mm）	焊缝宽度（mm）	层数
0.8～1.2	0.5～1	4～6	1
2～3	1～2	6～8	1
4～5	1.5～2	6～8	1～2
6～7	2～2.5	8～10	2～3

8. 回火现象的处理

在气焊、气割工作中有时会发生气体火焰进入喷嘴内而逆向燃烧的现象，这种现象称为回火。回火分为逆火和回烧两种。逆火是指火焰向喷嘴孔逆行，并瞬时自行熄灭，同时伴有爆鸣声的现象，又称爆鸣回火。回烧是指火焰向喷嘴孔逆行，并继续向混合室和气体管路燃烧的现象。这种回火可能烧毁焊（割）炬、管路及引起可燃气体的储气罐爆炸，又称倒袭回火。

发生回火的根本原因是混合气体从焊（割）炬的喷嘴孔内喷出的速度小于混合气体燃烧的速度。混合气体的燃烧速度一般是不变的，如果由于某些原因使气体的喷射速度降低时，就有可能发生回火现象。

（1）影响气体喷射速度的原因

1）输送气体的胶管太长、太细，或者胶管打褶，使气体流动时受阻，降低了气体的流速。

2）气焊（割）时间过长或者焊（割）嘴距离焊（割）件太近，使焊（割）嘴温度过高，导致焊（割）炬内的气体压力升高，从而增大了混合气体流动的阻力，降低了气体的流速。

3）焊（割）嘴端面黏附了过多的飞溅物，从而堵塞了喷射孔，使混合气体流动不畅。

4）输送气体的胶管内有残留水分，因此增大了气体的流动阻力，或者气体胶管内存在氧气、乙炔混合气体等。

（2）预防回火的装置

为了防止火焰倒流烧入乙炔瓶内，一般在乙炔减压器输出端与乙炔胶管间安装回火保险器。

回火保险器只能防止倒流的火焰烧入乙炔瓶内引起爆炸，若发生回火处理不及时，仍会出现焊（割）炬及胶管被烧损的可能。因此，在气焊（割）工作中，若发生回火现象，必须立即处理。

（3）回火处理方法

一旦发生回火现象（即氧乙炔焰爆鸣熄灭，或发出"嗞嗞"的火焰倒流声），应迅速关闭乙炔调节阀和氧气调节阀，切断氧气和乙炔来源；当回火火焰熄灭后，再打开氧气阀，将残留在焊（割）炬内的余焰和烟灰彻底吹除，重新点燃焊（割）炬继续进行工作。如果焊（割）炬喷嘴因工作时间很长而过热，可将其放入水中冷却，清除喷嘴上飞溅的熔渣后再重新使用。

三、薄板气焊技能训练

1. 连接气焊设备及工具

连接气焊设备及工具，包括焊炬（或割炬）、氧气瓶、乙炔瓶及附件等。

气焊设备及工具的连接操作步骤见表2-6。

表2-6　　　　　　　　　　气焊设备及工具的连接操作步骤

操作步骤	图示	说明
连接氧气瓶与氧气减压器、氧气胶管、焊炬（或割炬）		1. 首先，用活扳手将氧气瓶阀稍微打开，吹去瓶阀口上黏附的污物，以免其进入氧气减压器中，随后立即关闭氧气瓶阀 2. 在使用氧气减压器前，调压螺栓应向外旋出，使减压器处于非工作状态。接下来将氧气减压器拧在氧气瓶瓶阀上，必须拧足5圈以上 3. 把氧气胶管的一端接牢在氧气减压器的出气口上 4. 另一端接牢在焊炬（或割炬）的氧气接头上

操作步骤	图示	说明
连接乙炔瓶与乙炔减压器、乙炔胶管、焊炬（或割炬）	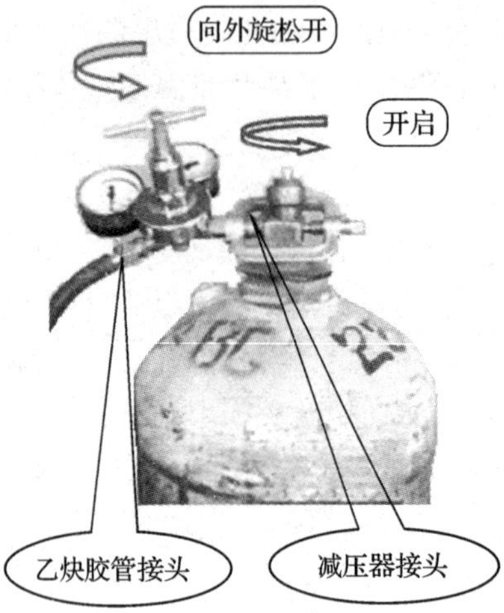 向外旋松开　开启 乙炔胶管接头　减压器接头	1. 将乙炔瓶直立放置 2. 将乙炔减压器上的调压螺栓松开，使减压器处于非工作状态 3. 把夹环紧固螺栓松开，把乙炔减压器上的连接管对准乙炔瓶阀出气口并夹紧 4. 再把乙炔胶管的一端与乙炔减压器上的出气口接牢，另一端与焊炬（或割炬）的乙炔接头相连
设备和工具连接完毕	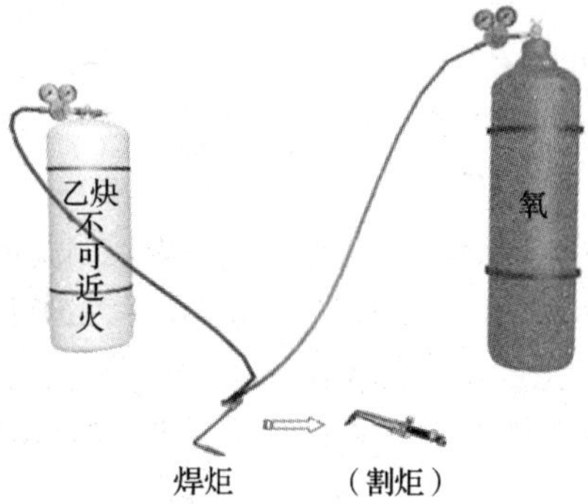 乙炔不可近火　氧 焊炬　（割炬）	如果将焊炬换为割炬，就成为气割设备和工具的连接

安全提示

（1）使用氧气瓶时应安放稳固，防止倾倒。如果氧气瓶卧放，瓶头一端必须垫高，防止滚动。乙炔瓶应直立放置，严禁在地面上卧放。

（2）开启氧气瓶时用力不要过猛，应缓慢打开阀门。操作者应站在出气口的侧面，避免氧气流吹向人体以及易燃气体或火源喷出。先拧开瓶阀吹掉出气口内的杂质，再与氧气减压器连接。

（3）严禁用有油脂的手套和工具操作。

（4）禁止在带有压力的情况下消除泄漏现象。

（5）氧气瓶和乙炔瓶应放在阴凉处，避免阳光的强烈照射。

2. 点燃、调节和熄灭气焊火焰

气焊火焰的点燃、调节和熄灭操作见表 2-7。

表 2-7　气焊火焰的点燃、调节和熄灭操作

操作步骤	图示	说明
准备点火		1. 右手持焊炬,将拇指放置在乙炔调节阀处,食指放置在氧气调节阀处,以便于随时调节气体流量,用其他三指握住焊炬手柄 2. 先逆时针方向旋转乙炔调节阀放出乙炔,再逆时针微开氧气调节阀,左手持点火机置于焊嘴的后侧,准备点火
点燃火焰	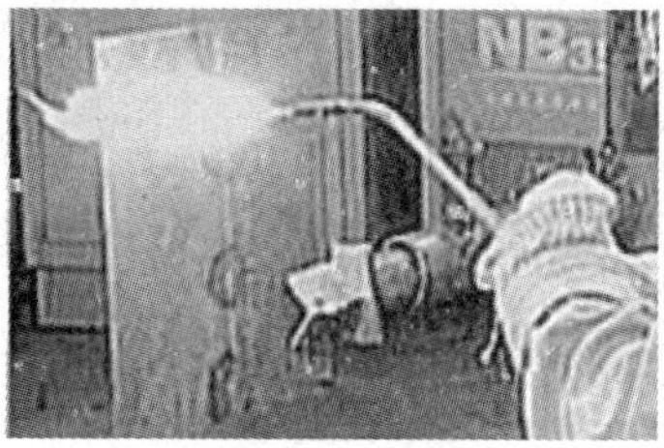 火焰点燃	1. 将焊(割)嘴靠近火源点火 2. 开始点火时可能出现连续的"放炮"声,这主要是由于乙炔不纯。这时,应放出乙炔胶管内不纯的乙炔,然后重新点火 3. 如果不易点燃,主要是由于氧气流量过大,这时应重新微关氧气调节阀
调节火焰	 增大火焰能率  减小火焰能率	1. 如果要增大火焰能率,应先放开乙炔阀,然后放开氧气阀(即先增加乙炔喷出量,然后增加氧气喷出量)。此时,火焰长度变短,气体发出的声音变大 2. 如果要减小火焰能率,应先旋小氧气阀,然后旋小乙炔阀(即先减少氧气喷出量,然后减少乙炔喷出量)。此时,火焰呈细长状,气体发出的声音变小
熄灭火焰		焊接工作结束或中途停止时,必须熄灭火焰。正确的灭火方法如下: 先关闭乙炔调节阀,再关闭氧气调节阀,避免出现黑烟

安全提示

(1)点火时,拿火源的手不要正对焊嘴,也不要将焊嘴指向他人,以防止发生烧伤事故。

(2)熄灭火焰时,关闭氧、乙炔调节阀以不漏气即可。阀门如果关得过紧,会加快阀门磨损,缩短焊炬的使用寿命。

3. 调节火焰性质

调节不同性质火焰的操作见表2-8。

表 2-8　　　　　　　　　　　　调节不同性质火焰的操作

操作步骤	图示	说明
调节中性焰		刚点燃的火焰多为碳化焰，如果要调成中性焰，应逐渐增加氧气的供给量，直至火焰的内焰、外焰无明显的界限，焰心端部有淡白色火焰闪动，即获得中性焰
调节氧化焰		如果继续增加氧气或减少乙炔，就得到氧化焰。与中性焰比较，氧化焰的焰心短于中性焰；此时，气流的声音也比较急促
调节碳化焰		如果继续减少氧气或增加乙炔，就得到碳化焰。火焰的内焰变长，轻微闪动，几乎看不见焰心；此时，气流的声音减缓

4. 气焊水槽操作

气焊水槽焊件图如图2-28所示。焊件材料为Q235钢。水槽的施焊方案如下：

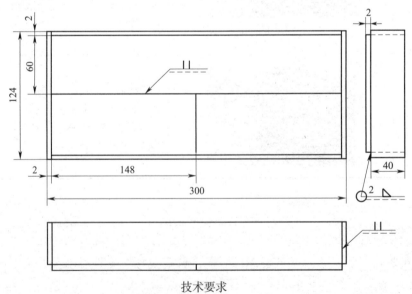

技术要求

1. 通过合理的装配、焊接顺序来控制焊接变形。
2. 保持焊件焊后平整。

图 2-28　气焊水槽焊件图

— 74 —

（1）水槽的底面由 2 mm 厚的 3 块钢板制成。将底面钢板装配成水槽的底面；焊接焊缝 A 并矫平；再焊接焊缝 B，如图 2-29a 所示；当水槽底面焊妥后，进行矫平。

（2）水槽的立面由 4 块钢板围成。将钢板围成水槽的立面，进行装配、定位焊，如图 2-29b 所示。

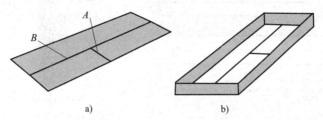

图 2-29 钢制水槽的焊接方案

a）焊接水槽底面 b）装配、定位焊水槽

（3）焊接过程中采用左向焊法。焊接速度要快些，焊道要薄些，尽可能采用单层焊缝，以避免局部过热而产生变形，但要保证焊缝的致密性。

气焊水槽的操作步骤见表 2-9。

表 2-9　　　　　　　　　　　　　　　　气焊水槽的操作步骤

操作步骤	图示	说明
制备水槽所用钢板		裁出水槽底面所需钢板 3 块，一块钢板为 60 mm×296 mm×2 mm，两块钢板为 148 mm×60 mm×2 mm 裁出水槽立面所需钢板 4 块，两块钢板为 296 mm×40 mm×2 mm，两块钢板为 124 mm×40 mm×2 mm
准备焊接材料、设备	—	1. 根据水槽的材料和厚度，选用 H08A 气焊焊丝，焊丝直径为 2.5 mm 2. 根据焊件厚度，选用 H01—6 型焊炬、1 号焊嘴
调节火焰		将火焰调节成中性焰，并且使火焰能率适于平焊位置
底面装配、定位焊		按图样装配、定位焊水槽的底板，并矫平

操作步骤	图示	说明
装配、定位焊四周立板	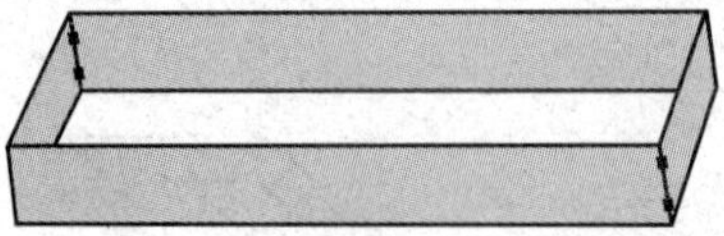	水槽的立面由4块钢板围成，装配前将钢板矫平，然后装配、定位焊四周立板
焊接底面	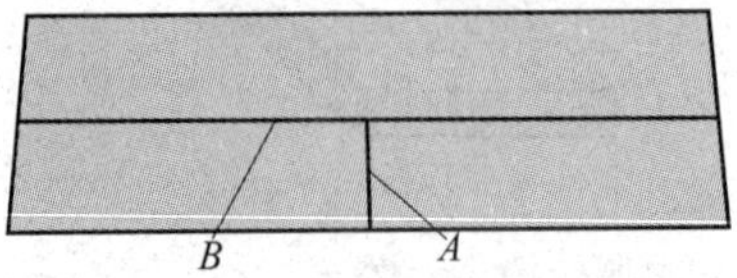 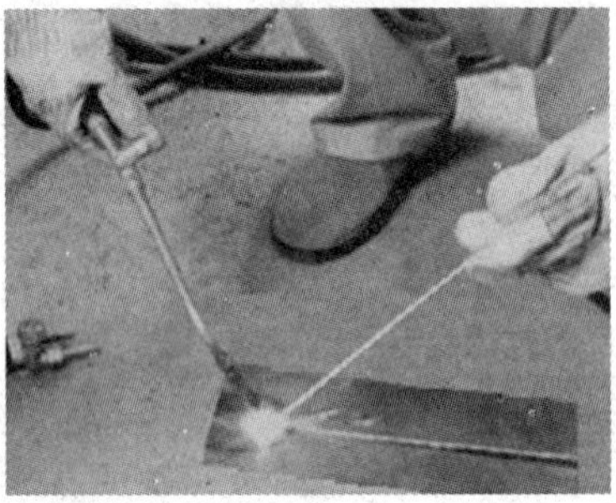	采取分段（50~80 mm）逐步退焊法焊接水槽底面。将水槽底面置于平台上，处于平焊位置，先焊接焊缝 A，然后矫平；再焊接焊缝 B。当水槽的底面焊妥后，再进行矫平 起焊时，将火焰指向待焊处，焊丝的端头位于火焰的前下方1~3 mm处预热，待焊件熔化成白亮而清晰的熔池时，便可熔化焊丝，将焊丝熔滴滴入熔池，而后立即将焊丝抬起，火焰前移产生新熔池（呈瓜子形），再将焊丝熔滴滴入熔池，如此反复获得平整的焊缝
整体装配、定位焊	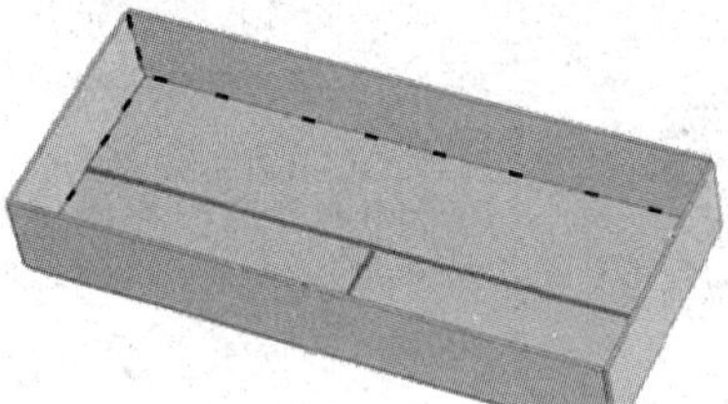	四周立板与底板整体装配并进行定位焊
整体焊接	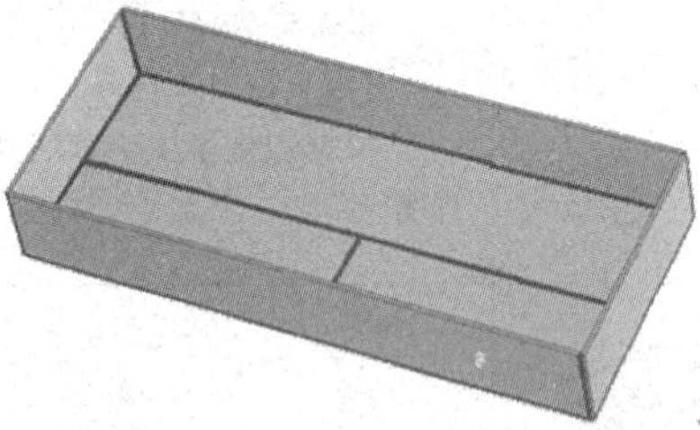	按制定的施焊方案完成水槽全部焊缝的焊接 气焊过程中，可通过翻动焊件，始终将焊缝的位置调整为平焊位置进行施焊。对于平焊位置应选用较大的火焰能率
焊后处理	 关闭瓶上的阀门 　　卸下减压器	1. 工作结束后，应先关闭氧气瓶、乙炔瓶的阀门；旋松氧气和乙炔减压器的调节螺栓；用手拔下乙炔胶管，用扳手卸下氧气胶管；最后从瓶体上卸下氧气和乙炔减压器 2. 按规定及时清理场地，焊炬不得受压和随便乱放，要放到合适的地方或悬挂起来

（1）在焊件上进行平行多焊道练习时，注意焊道间隔。

（2）在练习中，要注意焊炬和焊丝的协调，焊道成形应整齐、美观。

（3）焊缝边缘和母材间要圆滑过渡，无过深或过长的咬边。

（4）左向焊法练习达到要求后，可进行右向焊法的练习。

（5）定位焊缝不要过高、过低、过宽或过窄，要平直、光滑。

（6）焊缝不允许有粗大的焊瘤和凹坑。

（7）定位焊产生缺陷时，必须铲除或打磨修补，以保证焊缝质量。

5.气焊水平转动管操作

由于管子可以自由转动，因此，焊缝熔池始终可以控制在方便施焊的位置上。若管壁小于2 mm时，最好处于水平位置施焊。对于管壁较厚和开有坡口的管子，则应采用爬坡焊，而不应处于水平位置焊接。因为管壁厚，填充金属多，加热时间长；如果熔池处于水平位置，不易得到较大的熔深，也不利于焊缝金属的堆高，同时焊缝成形也不良。

气焊水平转动管焊件图如图2-30所示。

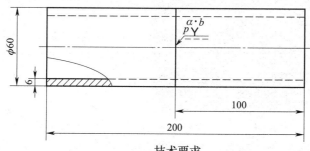

技术要求

1. 钢管材料为20钢。
2. b=2.5~3.2，p=0.5~1，α=60°±2°。

图 2-30　气焊水平转动管焊件图

气焊水平转动管操作步骤见表2-10。

表 2-10　　　　　　　　　　气焊水平转动管操作步骤

操作步骤	图示	说明
焊前准备		1. 准备20钢管两根，尺寸为ϕ60 mm×6 mm×100 mm，清理坡口及其两侧内、外表面20 mm范围内的油污、锈蚀、水分及其他污物，直至露出金属光泽，修磨钝边为0.5 ~ 1 mm 2. 选择H01—6型焊炬、1号焊嘴，H08A焊丝的直径为2 mm

操作步骤	图示	说明
定位焊	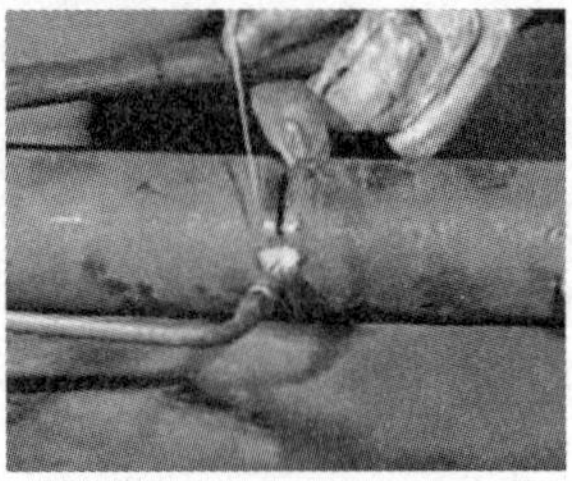	1. 定位焊必须采用与正式焊接相同的焊丝和火焰能率 2. 定位焊缝起头和收尾应圆滑过渡 3. 定位焊时对称焊两处，焊点高度应不超过焊件厚度的1/2 4. 定位焊必须焊透，不允许出现未熔合、气孔、裂纹等缺陷
焊接过程	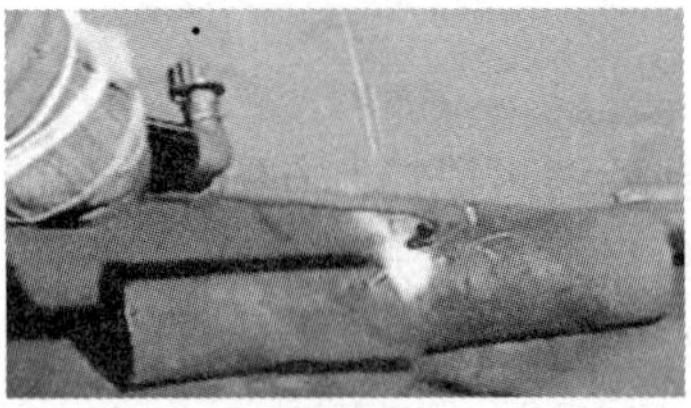	自两定位焊点中间起焊，采取左向焊法爬坡焊，分三层施焊。第一层焊嘴与管子表面的倾斜角为45°左右，火焰焰心末端距熔池3 ~ 5 mm。当看到坡口钝边熔化并形成熔池时，立即把焊丝送入熔池前沿，使之熔化填充熔池。焊炬做圆周形摆动，焊丝随焊炬一起向前移动，焊件根部要保证焊透
		焊接第二层时，与第一层的焊接接头要错开，焊炬要做适当的横向摆动，保证焊缝有足够的高度
		焊接第三层时，焊接方法与第二层相同，但火焰能率应略小些，使焊缝成形美观。在整个气焊过程中，每一层焊缝要一次焊完，各层的起焊点互相错开20 ~ 30 mm。每次焊接收尾时，要填满弧坑，火焰慢慢离开熔池，以免出现气孔、夹渣等缺陷
焊后清理	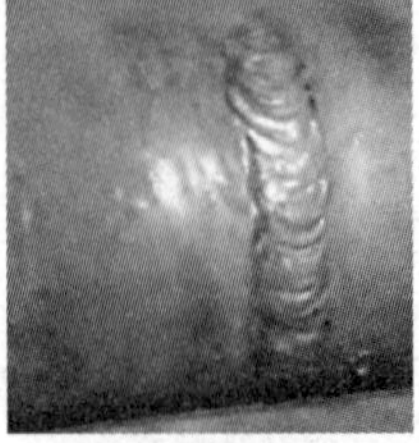	焊后对焊缝及周围进行清理，检查焊接质量

清理工作现场，关闭气瓶，将焊枪连同输气管盘好后挂起

操作提示

（1）定位焊点的数量应按接头的形状和管子的直径大小来确定，直径小于 70 mm，定位焊 2 ~ 3 点；直径为 100 ~ 300 mm，定位焊 4 ~ 6 点；直径为 300 ~ 500 mm，定位焊 6 ~ 8 点。不论管径大小，定位焊点均匀分布，定位焊后进行矫正。

（2）焊接带坡口的厚管时，为防止产生焊瘤，熔池应控制在与垂直中心线夹角为 10° ~ 30° 范围内。

（3）焊接管子不允许将管壁烧穿，否则会增大管内液体或气体的流动阻力。

6. 气焊垂直固定管操作

由于管子垂直立放，接头为横焊，其操作特点与直缝横焊相同。所不同的是，应随着环形焊缝的前进而围绕管子中心不断地改变焊接位置，以保证焊炬、焊丝和管子切线方向的夹角不变，从而更好地控制焊缝熔池形状，同时焊工也要随时变换位置。

气焊垂直固定管焊件图如图 2–31 所示。

气焊垂直固定管操作步骤见表 2–11。

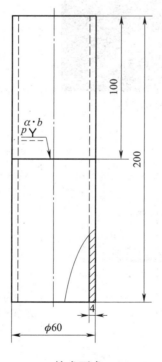

技术要求

1. 钢管材料为Q345钢。

2. $b=2.5 \sim 3.2$，$p=0.5 \sim 1$，$\alpha=60° \pm 2°$。

图 2–31　气焊垂直固定管焊件图

表 2—11　　　　　　　　　　　气焊垂直固定管操作步骤

操作步骤	图示	说明
准备焊件		1. 将两根 Q355 钢管加工成 $\phi 60\ mm \times 4\ mm \times 100\ mm$，一侧加工出 30° 角坡口，清理焊接处和焊丝表面至露出金属光泽 2. 选择 H01—6 型焊炬、1 号焊嘴，H08A 焊丝的直径为 2 mm 3. 定位焊时对称焊两点，焊点高度应不超过焊件厚度的 1/2 4. 定位焊必须焊透，不允许出现焊接缺陷
调节火焰	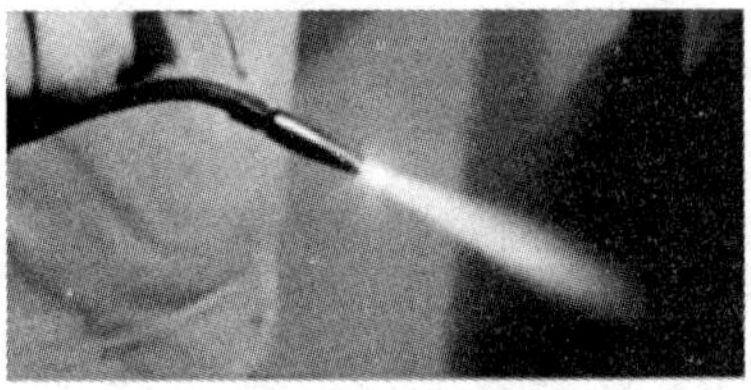 调节合适的火焰能率	火焰能率与焊接一般焊件相同或稍小
焊接过程	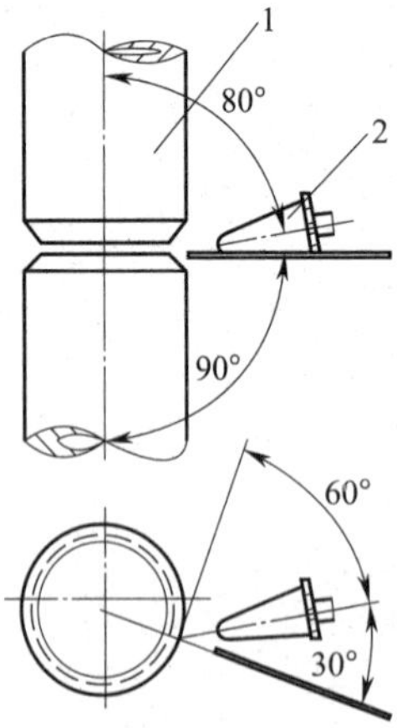 焊嘴、焊丝与管子的夹角 1—焊件　2—焊嘴	将焊件放置在垂直位置，焊炬与下方焊件的倾角保持 90° ~ 100°，与焊接前进方向的切线成 60° 夹角

操作步骤	图示	说明
焊接过程	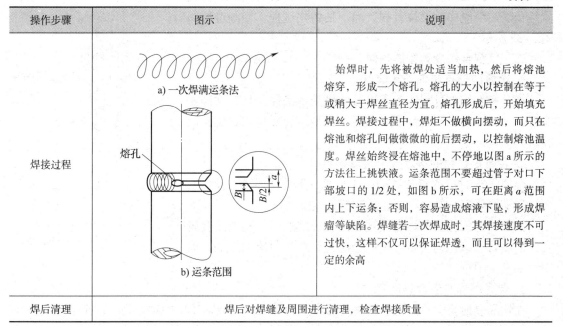 a) 一次焊满运条法 b) 运条范围	始焊时，先将被焊处适当加热，然后将熔池熔穿，形成一个熔孔。熔孔的大小以控制在等于或稍大于焊丝直径为宜。熔孔形成后，开始填充焊丝。焊接过程中，焊炬不做横向摆动，而只在熔池和熔孔间做微微的前后摆动，以控制熔池温度。焊丝始终浸在熔池中，不停地以图 a 所示的方法往上挑铁液。运条范围不要超过管子对口下部坡口的 1/2 处，如图 b 所示，可在距离 a 范围内上下运条；否则，容易造成熔液下坠，形成焊瘤等缺陷。焊缝若一次焊成时，其焊接速度不可过快，这样不仅可以保证焊透，而且可以得到一定的余高
焊后清理	焊后对焊缝及周围进行清理，检查焊接质量	

 操作提示

（1）在垂直固定管气焊过程中，应灵活改变焊炬、焊丝与管子的夹角，才能保证不同位置的熔池形状，达到既能焊透又不产生过热和烧穿现象的目的。

（2）焊接起点和终点应至少重叠 10 ~ 15 mm，以免起点和终点处产生焊接缺陷。

课题 3　气割及设备

一、气割原理

气割是利用气体火焰的热能，将工件切割处预热到一定温度后，喷出高速切割氧流，使其燃烧并放出热量，实现切割的方法。

氧气切割过程包括三个阶段：第一个阶段，气割开始时，用预热火焰将起割处的金属预热到燃烧温度（燃点）；第二个阶段，向被加热到燃点的金属喷射切割氧，使金属剧烈地燃烧；第三个阶段，金属燃烧氧化后生成熔渣及产生反应热，熔渣被切割氧吹除，所产生的热量和预热火焰热量将下层金属加热到燃点，这样就将金属逐渐地割穿，随着割炬的移动，即可切割成所需的形状和尺寸。所以，金属的气割过程实质是金属在纯氧中的燃烧过程，而不是熔化过程。气割过程如图 2-32 所示。

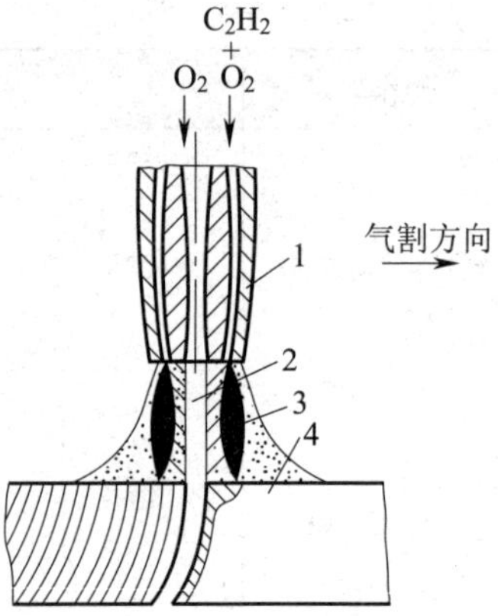

图 2-32　气割过程
1—割嘴　2—切割氧射流
3—预热焰　4—割件

二、气割金属应具备的条件

1. 金属的燃点应低于其熔点

这是氧气切割过程能正常进行的最基本条件。只有这样才能保证金属在固态下燃烧形成割缝；否则，金属将被熔化而形成熔割。

2. 金属氧化物的熔点低于金属熔点

金属气割时形成氧化物的熔点应低于被切割金属的熔点，而且流动性要好，氧化物才能从割缝处吹除。

如果金属氧化物的熔点比被切割金属熔点高，则加热金属表面的高熔点氧化物会阻碍下层金属与切割氧射流的接触，而使气割发生困难。

3. 金属燃烧产生放热反应

在切割氧射流中，金属燃烧时能够产生放热反应。放热反应的结果是上层金属燃烧产生很大的热量，对下层金属起着预热的作用；否则，下层金属就得不到预热，气割过程就不能进行。

4. 金属的导热性不应太高

如果金属的导热性高，被切割金属由预热火焰及金属燃烧时所供给的热量易于散失，气割处的温度较难达到金属燃点。

5. 金属的杂质较少

被气割金属中阻碍气割过程的杂质（如碳、铬和硅等）要少，提高钢的可淬性的杂质（如钨、钼等）也要少，这样才能使气割过程正常进行，防止割缝表面产生裂纹等缺陷。

根据上述要求，工业纯铁和低碳钢的气割性最好。低碳钢的燃点（约为 1 350 ℃）低于熔点（约为 1 500 ℃），燃烧时所产生的热量很大，对下层金属所起的预热作用也很强。随着钢中含碳量的增加，其熔点降低，而燃点升高，气割过程开始恶化。当含碳量超过 0.7% 时，必须将割件预热至 400 ~ 700 ℃才能进行气割；当含碳量为 1% ~ 1.2% 时，已不能正常进行气割。

因为铸铁的燃点高于熔点，同时会产生熔点和黏度高的 SiO_2，切割氧射流不能将其吹除，所以铸铁不能用氧气切割。此外，由于铸铁中含碳量高，碳燃烧后产生的 CO 和 CO_2 会冲淡切割氧射流，降低氧化效果，使气割发生困难。

高铬钢和铬镍钢加热时，会形成高熔点的（约 1 990 ℃）氧化铬和氧化镍，遮盖了金属的割缝表面，阻碍下一层金属燃烧，因此其气割也比较困难。

铜、铝及其合金有较高的导热性，加之铝在切割中产生高熔点（2 050 ℃）的 Al_2O_3，均使气割难以进行。

总之，铸铁、高铬钢、铬镍钢、高碳钢、铝及铝合金、铜及铜合金均不能采用氧气切割，而只能使用等离子弧切割。

三、气割设备及工具

除割炬与焊炬外，气割所用设备及工具与前面课题所述的气焊设备及工具的构造和工作原理均相同。下面主要介绍割炬的构造、工作原理和使用方法。

割炬是手工气割的主要工具。割炬的作用是将可燃气体与氧气以一定的比例混合后，形成具有一定热量和形状的预热火焰，并在预热火焰的中心喷射切割氧气进行气割。

1. 割炬型号的表示方法（见图2-33）

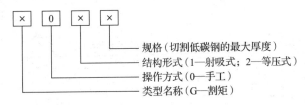

图2-33　割炬型号的表示方法

2. 割炬的分类

（1）按可燃气体与氧气混合的方式不同，割炬可分为射吸式割炬和等压式割炬。其中以射吸式割炬的使用最为普遍。

（2）按用途不同，割炬可分为普通割炬、重型割炬、焊割两用炬等。

3. 射吸式割炬的构造及工作原理

（1）射吸式割炬的构造

射吸式割炬以射吸式焊炬为基础。它的结构可分为两部分，一部分为预热部分，其构造与射吸式焊炬相同，具有射吸作用，可以使用低压乙炔；另一部分为切割部分，它由切割氧调节阀、切割氧气管及割嘴等组成。

割嘴的构造与焊嘴不同（见图2-34），焊嘴上的喷孔是小圆孔，所以气焊火焰呈圆锥形；而射吸式割炬的割嘴中混合气体的喷孔有环形和梅花形两种。环形割嘴的混合气体孔道呈环形，整个割嘴由内嘴和外嘴两个部分组合而成，又称组合式割嘴。梅花形割嘴的混合气体孔道呈小圆孔均匀地分布在高压氧孔道周围，整个割嘴为一体，又称整体式割嘴。

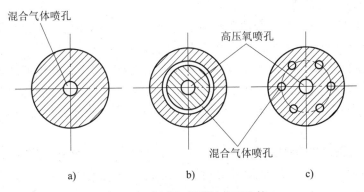

图2-34　割嘴与焊嘴的截面比较
a）焊嘴　b）环形割嘴　c）梅花形割嘴

（2）射吸式割炬的工作原理

射吸式割炬的工作原理如图2-35所示。气割时，先逆时针方向稍微开启预热氧调节阀，再打开乙炔调节阀并立即进行点火，然后增大预热氧流量，使氧气与乙炔在喷嘴内混合，经过混合气体通道从割嘴喷出并产生环形预热火焰，对割件进行预热。待割件预热至燃点时，逆时针方向开启切割氧调节阀，此时高速氧气流将割缝处的金属氧化并吹除，随着割炬的不断移动即在割件上形成割缝。射吸式割炬阀门的调节法如图2-36所示。

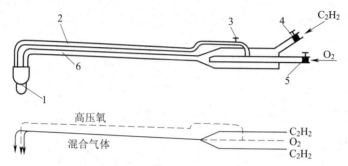

图2-35　射吸式割炬的工作原理

1—割嘴　2—切割氧通道　3—切割氧开关　4—乙炔调节阀　5—氧气调节阀　6—混合气体通道

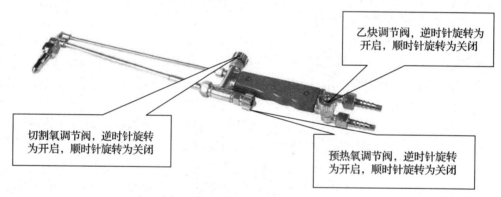

图2-36　射吸式割炬阀门的调节法

4. 割炬的使用注意事项

（1）根据割件的厚度，选用合适的割嘴。装配割嘴时，内嘴与外嘴必须保持同轴，这样才能使切割氧射流位于预热火焰的中心而不发生偏斜。

（2）经检查确认割炬射吸情况正常后，方可把乙炔胶管接上，并用细铁丝扎紧。

（3）割炬点火后，应将火焰调整正常。如果出现打开切割氧气时火焰立即熄灭的现象，则表明割嘴外嘴与内嘴配合不当或气道之间漏气等，处理方法是将射吸管的螺母拧紧。

（4）应随时用通针清除割嘴通道内的污物、飞溅物等，以保持通道清洁、光滑。

（5）当发生回火时，应立即关闭切割氧调节阀，然后关闭乙炔调节阀和预热氧调节阀。

一、气割工艺参数的选择

气割工艺参数主要包括气割氧压力、气割速度、预热火焰能率、割嘴的倾斜角、割嘴与割件表面的距离等。

1. 气割氧压力

氧气压力的选择一般是随割件厚度的增大而加大，或随割嘴代号的增大而加大。当割件厚度小于 100 mm 时，其氧气压力的选用参见表 2–12。

表 2–12　　　　　　　　　钢板厚度与氧气压力、气割速度的关系

钢板厚度（mm）	氧气压力（MPa）	气割速度（mm/min）	钢板厚度（mm）	氧气压力（MPa）	气割速度（mm/min）
4	0.2	450 ~ 500	30	0.45	210 ~ 250
5	0.3	400 ~ 500	40	0.45	180 ~ 230
10	0.35	340 ~ 450	60	0.5	160 ~ 250
15	0.375	300 ~ 375	80	0.6	150 ~ 180
20	0.4	260 ~ 350	100	0.7	130 ~ 165
25	0.425	240 ~ 270			

在割件厚度、割嘴代号、氧气纯度均已确定的条件下，气割氧压力的大小对气割质量有直接的影响。如果氧气压力不够，氧气供应不足，会造成金属燃烧不完全，气割速度降低，不能将熔渣全部从割缝处吹除，使割缝的背面留下很难清除的挂渣，甚至还会出现割不透的现象。如果氧气压力太高，则过剩的氧气对割件有冷却作用，使割口表面粗糙，割缝加大，气割速度减慢，氧气消耗量也增大。

2. 气割速度

气割速度主要取决于割件的厚度。割件越厚，气割速度越慢。但是，气割速度太慢，会使割缝边缘不齐，甚至产生局部熔化现象，割后清渣困难。割件越薄，气割速度越快。但是，气割速度也不能过快；否则，会产生很大的后拖量或割不透现象。

气割速度是否正确，主要根据割缝的后拖量来判断。所谓后拖量，是指气割面上切割氧流轨迹的始点、终点在水平方向上的距离，如图 2–37 所示。

气割时产生后拖量的主要原因如下：

（1）切口上层金属在燃烧时产生的气体冲淡了切割氧气流，使下层金属燃烧缓慢。

（2）下层金属无预热火焰的直接作用，因而使火焰不能充分地对下层金属加热，使割件下层不能剧烈燃烧。

（3）割件下层金属离割嘴距离较远，氧流射线直径增大，吹除氧化物的动能降低。

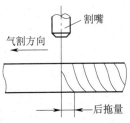

图 2–37　气割时的后拖量

（4）气割速度太快，来不及将下层金属氧化而造成后拖量。

气割的后拖量是不可避免的，尤其是在气割厚钢板时更为显著。因此，采用的气割速度应该以割缝产生的后拖量较小为原则，以保证气割质量。气割速度的选择见表 2-12。

3. 预热火焰能率

预热火焰的作用是把金属割件加热至能在氧气流中燃烧的温度，并始终保持这个温度，同时使钢材表面的氧化皮剥离和熔化，便于切割氧射流与铁化合。

气割时，预热火焰应采用中性焰或轻微氧化焰。因为碳化焰中存在游离碳，会使割缝边缘增碳，所以预热火焰不能采用碳化焰。在切割过程中，要注意随时调整预热火焰，防止火焰性质发生变化。

预热火焰能率的大小与割件厚度有关。割件越厚，火焰能率应越大。但是在气割厚板时火焰能率的大小要适宜。如果此时火焰能率选择过大，会使割缝上缘产生连续的珠状钢粒，甚至熔化成圆角；同时，还造成割缝背面黏附的熔渣增多，从而影响气割质量。如果火焰能率选择过小，割件得不到足够的热量，会使气割速度减慢而中断气割工作。

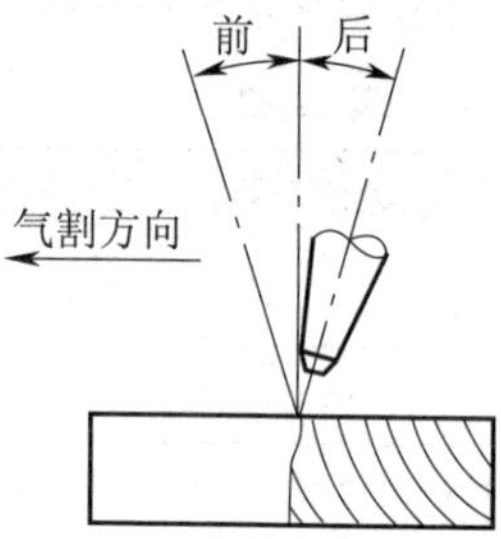

4. 割嘴的倾斜角

割嘴的倾斜角如图 2-38 所示。倾斜角的大小要随割件厚度而定，见表 2-13。

图 2-38　割嘴的倾斜角

表 2-13　割嘴倾斜角与割件厚度的关系

割件厚度（mm）	<6	6 ~ 30	>30		
			起割	割穿后	停割
倾斜角方向	后倾	垂直	前倾	垂直	后倾
倾斜角	25° ~ 45°	0°	5° ~ 10°	0°	5° ~ 10°

5. 割嘴与割件表面的距离

割嘴与割件表面的距离要根据预热火焰的长度和割件厚度确定。在通常情况下火焰焰心距割件表面为 3 ~ 5 mm。当割件厚度小于 20 mm 时，火焰可长些，距离可适当加大；当割件厚度大于或等于 20 mm 时，由于气割速度慢，为了防止割缝上缘熔化，火焰可短些，距离应适当减小。这样，可以保持切割氧流的挺直度和氧气的纯度，使气割质量得到提高。

除了气割工艺参数，气割质量的好坏还与割件质量及表面状况（如氧化皮、涂料）、割缝的形状（如直线、曲线和坡口）等因素有关。

二、气割的操作要领

1. 割前清理

首先，用钢丝刷仔细地清理割件表面，去除其氧化皮、铁锈和尘垢，使火焰能直接对钢板进行预热。然后，用耐火砖将割件垫起，以便排放熔渣。不允许把割件直接放在水泥地上进行气割。

2. 点火

点火前，应检查割炬的射吸能力。如果割炬的射吸力不正常，则应查明原因，及时修复后方能使用，或者更换新的割炬。

点火后，将火焰调节为中性焰或轻微氧化焰。待火焰调整完毕，打开割炬上的切割氧开关，并增大氧气流量，仔细观察切割氧流的形状（即风线形状）。风线应为笔直而清晰的圆柱体，并有一定的长度。如果风线形状不规则，应关闭割炬的所有阀门，用通针修整切割氧喷嘴或割嘴。预热火焰和风线调整好后，关闭切割氧开关，进入起割状态。

3. 起割

要注意气割姿势。初学者可采用抱切法，即双脚呈"八"字形蹲在割件的一旁，右臂靠住右小腿外侧，左臂靠住左膝盖或左臂悬空在两小腿中间；右手握住割炬手柄，其食指靠在预热氧调节阀上，并以左手的拇指和食指握住切割氧调节阀，以便于调整预热火焰和发生回火时及时切断气源，同时也起到掌握方向的作用；左手的其余三指平稳地托住混合气管。上身不要弯得太低，呼吸要有节奏，眼睛要注视割件、割嘴和割线。

起割点应在割件的边缘。待边缘预热到呈现亮红色时，将火焰略微移动至边缘以外，同时慢慢打开切割氧开关。当看到预热的红点在氧流中被吹掉时，再进一步加大切割氧气流量。随着氧流的加大，从割件的背面飞出氧化铁渣，说明割件已被割透。此时，就可以根据割件的厚度以适当的速度开始从右向左移动割炬。

如果割件在起割处的一侧有余量，可以从有余量的地方起割。然后，按一定的速度移至割线上。如果割线两侧没有余量，则起割时要特别小心。在慢慢加大切割氧流的同时，要随即把割嘴往前移动。如果停止不动，氧流将被返回的气流扰乱，在该处周围出现较深的沟槽。

4. 正常气割过程

起割后，即进入正常的气割阶段。为了保证割缝质量，在整个气割过程中，割炬移动的速度要均匀，割嘴与割件表面要保持一定距离。焊工要更换位置时，应预先关闭切割氧阀门，待身体移到正确位置后，再将割嘴对准割缝的切割处适当加热。然后，慢慢打开切割氧阀门，继续向前气割。在气割薄钢板时，焊工要移动身体，则在关闭切割氧阀门的同时，火焰应迅速离开钢板表面，以防因板薄受热快，引起变形或熔化。

在气割过程中，有时会出现爆鸣和回火现象，这是由于割嘴过热或氧化铁渣的飞溅，致使割嘴堵塞或乙炔供应不足而引起的。处理的方法如下：必须迅速关闭预热氧和切割氧气阀门，及时切断氧气。如果仍然能听到割炬内有"嗞嗞"的响声，则说明火焰没有熄灭，应迅速关闭乙炔阀门，或者拔下割炬上的乙炔胶管，使回火的火焰排出。一切处理妥当后，还要重新检查割炬的射吸力，然后才允许重新点燃割炬。

5. 停割

气割接近终点时，需要做停割处理，即割嘴应沿气割方向的反方向倾斜一个角度，以便将钢板的下部提前割透，使割缝在收尾处较整齐。停割后，要仔细清除割缝周边的挂渣，以便于以后的加工。

三、中厚板气割的特点与工艺要求

1. 特点

由于钢板较厚，预热火焰难以加热割件下部或内部的金属，使割件受热不均匀，造成下层或内部金属的燃烧比上层或外部金属的燃烧慢。这样不但使割缝产生很大的后拖量，而且容易使熔渣堵塞未切割部分，造成气割困难。

2. 工艺要求

气割时，要选择与钢板的厚度相适应的割嘴代号，预热火焰能率要大些，以保证氧气和乙炔量供应充足。起割时，应由割件边缘棱角处开始预热，如图 2-39 所示。将割件预热到切割温度时，逐渐加大切割氧压力，并将割嘴稍向气割方向倾斜 5°～10°，如图 2-40 所示。待割件边缘全部割透时，再加大切割氧流，并使割嘴垂直于割件；同时，割嘴沿割线向前移动。进入正常气割状态以后，割嘴要始终垂直于割件做直线运动，移动速度要慢。若钢板厚度很大时，割嘴要做横向月牙形或"之"字形摆动，如图 2-41 所示。

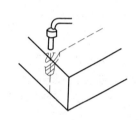 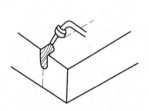 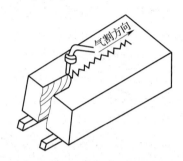

图 2-39 中厚板预热位置　　　图 2-40 中厚板起割　　　图 2-41 中厚板割嘴沿气割方向横向摆动

气割过程应连续进行，尽量不中断，以防止割件降温。如果遇到割不透时，允许停割，并从割线的另一端重新起割。

气割快结束时，速度可以放慢些，这样可以减少后拖量。

四、中厚板气割技能训练

中厚板气割割件图如图 2-42 所示。割件材料为 Q235 钢。

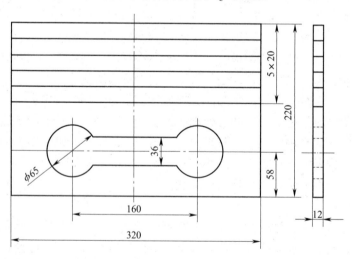

技术要求

1. 要求切口表面平整、光滑。
2. 320×20的割条气割后宽度不小于16。
3. 割后要将挂渣清理干净。

图 2-42 中厚板气割割件图

中厚板气割操作步骤见表 2-14。

表 2-14　　　　　　　　　　中厚板气割操作步骤

操作步骤	图示	说明
准备割件	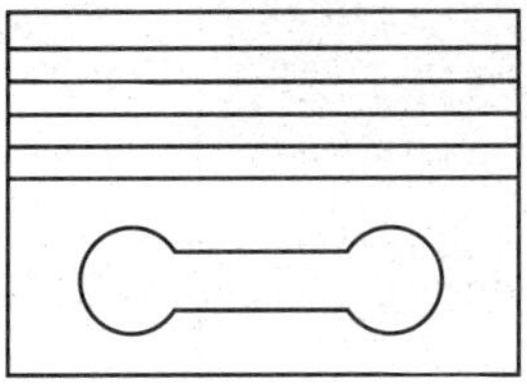 钢板画线	1. 准备 320 mm × 220 mm × 12 mm 的 Q235 钢板 2. 按图样所示尺寸用石笔画线。画出 320 mm × 20 mm × 12 mm 的 5 条切割轨迹线和由两个 ϕ65 mm 圆与直线连接而成的哑铃状切割线
选择割炬和割嘴	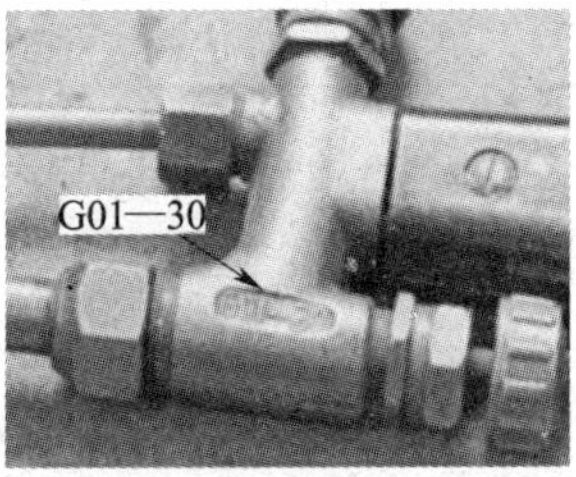 割炬	1. 根据割件厚度选择割炬和割嘴。常用割炬型号有 G01—30 型，选择 2 号割嘴 2. 调试切割氧气和乙炔的压力
清理割嘴	 用通针清理割嘴	气割前，要用通针认真清理割嘴，清除割嘴内及周围的残渣和飞溅物，保持割炬孔道畅通，使风线挺直，可保证割件的气割质量
保持正确姿势和调节火焰	 a) 　　　　　　b)	1. 双脚呈"八"字形蹲在割件的一旁，右臂靠住右小腿外侧，左臂靠住左膝盖（见图 a），或左臂悬空在两小腿中间（见图 b） 2. 点火后，将火焰调整为中性焰；调整风线的挺直度
气割操作	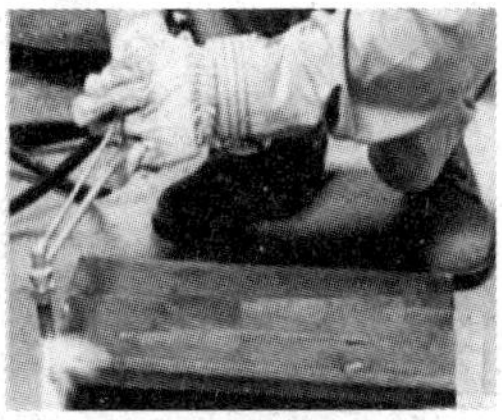 预热	1. 气割时，先逆时针方向稍微开启预热氧调节阀，再打开乙炔调节阀并立即点火，然后增大预热氧流量，从割嘴喷出环形预热火焰，对割件进行预热

操作步骤	图示	说明
气割操作	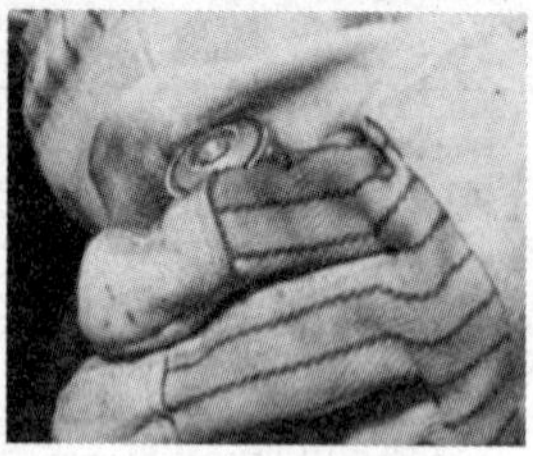 开启切割氧调节阀 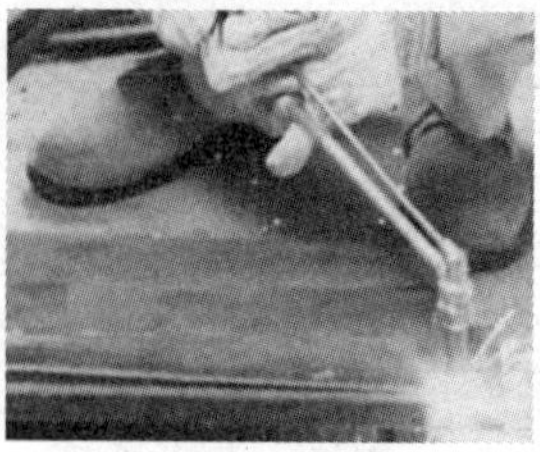　　割缝形成	2. 待割件预热至燃点时，逆时针方向开启切割氧调节阀 3. 此时，高速氧气流将割缝处的金属氧化并吹除，随着割炬的不断移动，即在割件上形成割缝
气割后处理	—	切割完毕，清理割件背面的熔渣，检查割件质量，分析产生缺陷的原因

安全提示

（1）气割时，既要防止自身被烧伤、烫伤，也要注意保护他人安全。室外操作遇有大风时，要注意挡风，操作者的站立位置应避开熔渣飞出方向。

（2）气割现场的乙炔瓶、氧气瓶距离割炬或其他火源不得小于 10 m；两瓶之间的距离不得小于 5 m。

（3）空油桶、空沥青桶等未经严格清洗禁止进行气割。

（4）气割工作完毕，按规定清理现场，并注意现场有无火灾隐患。

课题5　机械化气割设备与数控气割操作

随着工业生产的发展，对于一些批量零件、钢板焊缝的边缘、带有要求较高的曲线边缘及工作量大而集中的气割工作，采用手工气割已不能适应生产上的需要。因此，逐步改革气割设备和气割操作方法，出现了使用轨道的半自动气割机、仿形气割机、光电跟踪气割机、高精度门式数控气割机及便携式数控气割机等机械化气割设备。

一、半自动气割机

半自动气割机是一种较简单的机械化气割设备，一般由一台小车带动割嘴在专用轨道上自动移动，轨道轨迹要人工调整。当轨道是直线时，割嘴可以进行直线气割；当轨道有一定的曲率时，割嘴可以进行一定曲率的曲线气割；如果轨道是一根带有磁铁的导轨，小车利用爬行齿轮在导轨上爬行，割嘴可以在倾斜面或垂直面上气割。

常用的 CG1—100 型双割炬半自动气割机如图 2-43 所示。这是一种结构简单、操作方便的小车式半自动气割机。它能切割直线或圆弧，割炬角度可前后、左右随意调节，双割炬可同时切割，切割钢板厚度为 5 ~ 100 mm，切割圆周直径为 200 ~ 2 000 mm。

二、仿形气割机

CG2—150 型仿形气割机是一种高效能的半自动气割机，如图 2-44 所示，它可以方便而精确地气割出各种形状的零件。仿形气割机的结构形式有门架式和摇臂式。其工作原理主要是靠轮沿样板仿形带动割嘴运动。按照靠轮的不同，它又分为磁性靠轮和非磁性靠轮两种。

 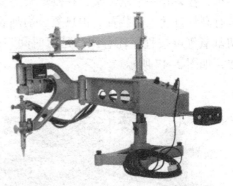

图 2-43　CG1—100 型双割炬半自动气割机　　　　　图 2-44　CG2—150 型仿形气割机

三、光电跟踪气割机

光电跟踪自动气割是一种高效率自动化气割工艺技术。它是将被切割零件的图样，按照一定缩小比例画成仿形图，制成光电跟踪样板。光电跟踪气割机通过光电跟踪头的光电系统自动跟踪样板上的图样线条，以稳定的速度连续、准确地移动，以完成自动气割。光电跟踪气割机的光电头采用光电跟踪软件进行光电控制及驱动，通过光电跟踪各种复杂的图形线，即可完成 1∶1 的工件切割。它具有导向性好、操作简便、易安装、维修方便等特点。光电跟踪气割机特别适合边料切割和小批量复杂图形的切割。

如图 2-45 所示为单臂式坐标驱动光电跟踪气割机，采用进口 HL—93 驱动跟踪系统，具有自动探测、速度控制、切缝调节等功能，能按照图样要求，自动跟踪探测图形轨迹，切割各种复杂图形钢板。其配备 Linatrol 数控系统，可将图形记忆储存及按记忆放大或缩小比例进行切割。

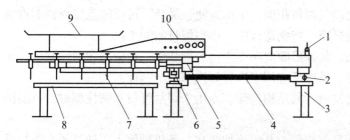 

图 2-45　单臂式坐标驱动光电跟踪气割机

1—进气阀　2—轨道　3—轨道座　4—图样台　5—光电跟踪器　6—操纵板
7—割炬　8—气割工作台　9—气带拖架　10—气体控制板

— 91 —

四、数控气割机

数控气割机就是用数字程序驱动机床运动，随着机床的运动，随机配带的气割工具对物体进行切割。这种机电一体化的切割机称为数控气割机。数控气割机不仅可省去放样、划线等工序，使气割劳动强度大大降低，而且切口质量好，生产效率高，因此这种新型设备的应用正在日益扩大。

1. 数控气割机的结构

数控气割机主要由数控机构和气割执行机构两部分组成。高精度门式数控气割机如图 2-46 所示。其气割执行机构采用门式结构，门架可在两根导轨上行走。门架上装有横移小车，各装有一个割炬架，在割炬架上装有割炬自动升降传感器，可自动调节高低，同时还装有高频自动点火装置。预热氧、切割氧及燃气管路的开关由电磁阀控制，并且对预热、开切割氧等可按程序任意调节延迟时间。而便携式数控气割机由主机、横梁、导轨和割炬组成，如图 2-47 所示。

图 2-46　数控气割机

1—导轨　2—门架　3—小车　4—数控机构　5—割炬

图 2-47　便携式数控气割机

1—横梁　2—主机　3—纵向导轨　4—割炬

2. 常见类型及应用

龙门式数控气割机具有传统大、中型机床的双底架横梁座立式结构，跨距和纵向行走距离大，适合加工大型板材。

悬臂式数控气割机也是一种经典的机械结构，单底座与横梁一端相接，割枪在横梁上横向移动，此类设备适合加工中、小型板材。

便携式气割机由半自动小车式气割机发展而来，在小车式气割机上加装了数控系统和传动装置，其基本外形与小车式半自动气割机相似，工作方便、灵活，可以随意搬移，不占固定场地。此类机型成本低廉，结构轻巧，特别适合中、小型板材的加工。

台式气割机由雕刻机发展而来，其外形颇似在工作台上加装了一台微型龙门气割机。此类设备在薄板切割领域有很大优势，被广泛应用于广告和汽车钣金行业。

数控相贯线气割机属于专用气割机，其结构特殊，专用于切割管材和圆柱型材，目前国内生产厂家不多，需求量也不大。

机器人气割机是国外开发的新型气割机，其割枪加装在一条机械臂上，通过操作数控系统实现多轴联动，可加工立体异型工件，实现 3D 切割。此类设备技术复杂，造价高昂，国内此类设备主要来源于进口。

五、便携式数控气割机的基本操作

1. 操作流程

首先为数控气割做准备工作。将需要切割的零件按图样上的几何尺寸，在计算机上绘制成割件图形，并转换成用于切割的 G 代码，存入 U 盘中。切割前，将 U 盘插入数控气割机的 USB 接口，数控系统会对图形进行校验，调整切割参数，经过内部运算处理，获得切割指令。然后由人工调试数控气割机的割炬火焰能率。最后，启动数控气割机进行数控自动切割，直至切割完毕。其操作流程如图 2-48 所示。

图 2-48　便携式数控气割机操作流程

2. 通过编程软件获得数控切割 G 代码

首先，在计算机上安装 AutoCAD 小型数控气割机编程软件并运行。计算机会自动打开相应版本的 AutoCAD 再加载套料软件，进入主对话框程序，如图 2-49 所示。

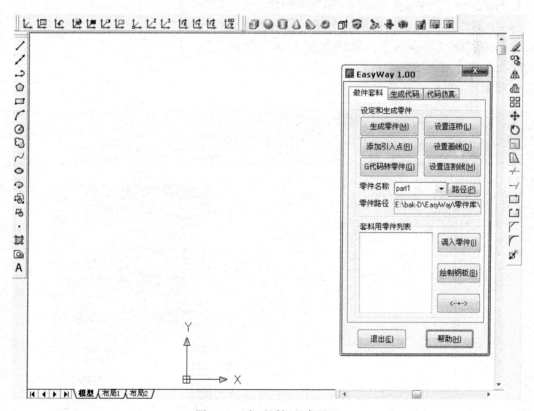

图 2-49　主对话框程序界面

接下来，在 AutoCAD 界面下根据割件的实际尺寸绘制图形；在主对话框上，分别输入零件名称、路径，添加引入点，单击【生成零件（M）】按钮，如图 2-50 中 1、2、3、4 所示。这时，如果图形符合要求，程序将自动将零件存入"零件库"中，并在套料用零件列表中显示出做好的零件，如图 2-51 所示。

可以选择套料用零件列表中的零件，按住鼠标左键将零件图形拖到 AutoCAD 界面中；松开左键，可以在 AutoCAD 界面下看到零件图形。

最后一步，生成 G 代码。前面的步骤都是为了能生成用于数控气割机切割的 G 代码。单击"生成代码"标签，进入"生成代码"标签窗口，根据割件的实际情况设定各项参数（见图 2-52）；单击【生成代码（M）】按钮，程序将显示模拟切割。

模拟切割运行完毕，出现"G 代码内容"对话框（见图 2-53），单击【OK】按钮生成 G 代码。然后将生成的 G 代码存入 U 盘。

3. 便携式数控气割机的连接

便携式数控气割机由主机、横梁、导轨和割炬组成。

（1）首先将主机安装在导轨上，横梁插入主机的插口中（见图 2-54），使横梁齿条与主机完全啮合。

（2）然后连接数控气割机的电路，包括将电磁阀的电缆连接到横梁的插头上，如图 2-55 所示，并将气割机电源电缆分别连接到主机后面面板的电源插座上（见图 2-56）和 220 V 的电源上。

图 2-50　操作顺序

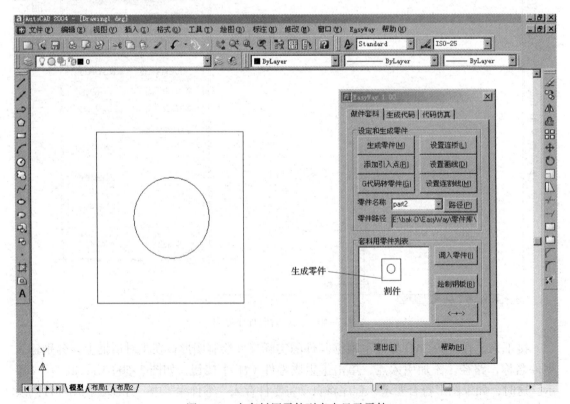

图 2-51　在套料用零件列表中显示零件

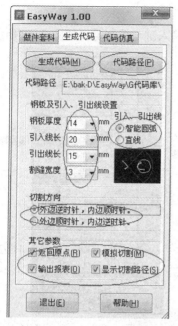

图 2-52　设定各项参数

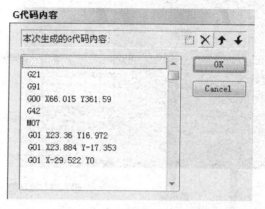

图 2-53　"G 代码内容"对话框

图 2-54　主机、导轨和横梁的安装

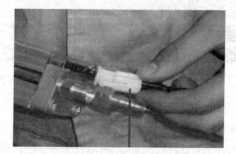

图 2-55　电磁阀与横梁的电路连接

（3）连接数控气割机的管路，分别将氧气管和乙炔管接到割炬的接头处，如图 2-57 所示，并进行调试，做好切割前的准备工作。

图 2-56　气割机电源与主机的连接
1—USB 接口　2—氧气电磁阀接口　3—等离子接口
4—总开关　5—电源接口

图 2-57　连接氧气管、乙炔管与割炬

4. 数控气割机操作面板及主界面

便携式数控气割机主机操作面板有显示屏、功能键、输入键与控制键，如图 2-58 所示。

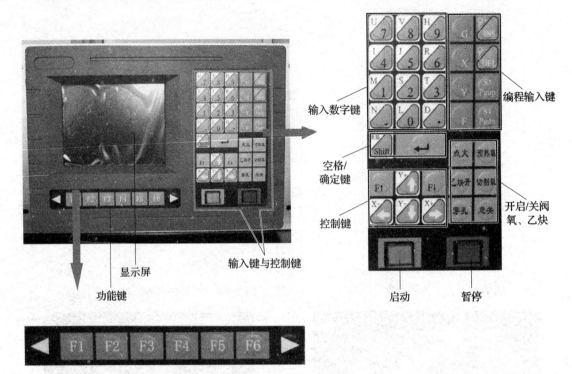

图 2-58　主机操作面板

启动数控气割机总开关，在显示屏（见图 2-59）上显示主菜单：自动（【F1】）、手动（【F2】）、编辑（【F3】）、参数（【F4】）、诊断（【F5】）。各按键的功能如下：

图 2-59　显示屏上显示主菜单

自动（【F1】）用于按已经存储的割件程序进行切割。

手动（【F2】）用于调整主机位置。

编辑（【F3】）用于编辑或修改切割加工程序。

参数（【F4】）用于设置和修改参数。

诊断（【F5】）检查机器输入/输出信息。

六、数控气割技能训练

多图形组合割件如图 2-60 所示。割件材料为 Q235 钢。

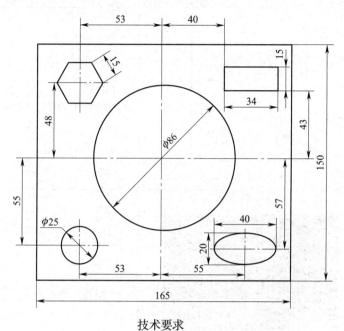

技术要求
采用数控切割技术进行切割。

图 2-60　多图形组合割件

多图形组合割件数控切割操作步骤见表 2-15。

表 2-15　　　　　　　　　　　多图形组合割件数控切割操作步骤

操作步骤	图示	说明
识读气割 零件图	—	识读多图形组合割件的零件图,了解图样中各种图形的相对位置和尺寸
程序自动 生成零件		使用 AutoCAD 数控气割机编程软件,按割件的实际尺寸绘制图形,程序将自动生成零件,并存入"零件库"中
获取 G 代码		1. 在"生成代码"标签中设定气割的各项参数 2. 转换生成 G 代码,用于数控气割机切割程序

操作步骤	图示	说明
显示模拟切割	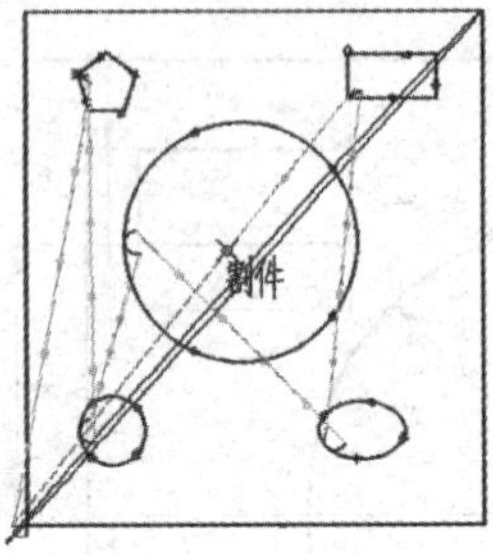	在计算机中运行程序，显示模拟切割过程。可将生成的 G 代码存入 U 盘内
准备工作	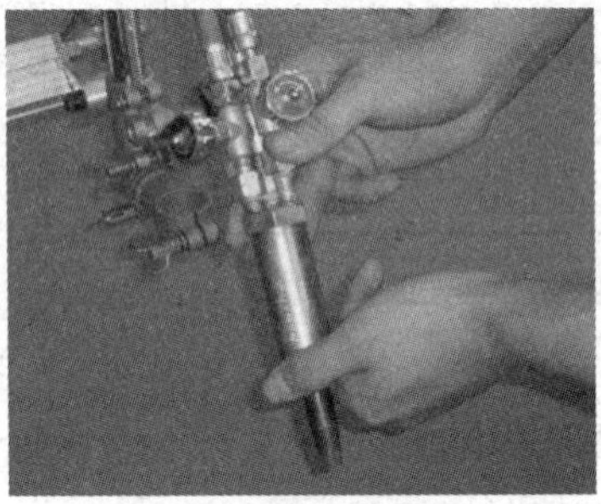 安装数控气割机，连接管路和电路	安装数控气割机机械部分，连接管路和电路
	 调试割炬火焰能率	将 G 代码输入数控气割机的数控系统，获得切割指令。调试割炬火焰能率
数控气割机的参数设定	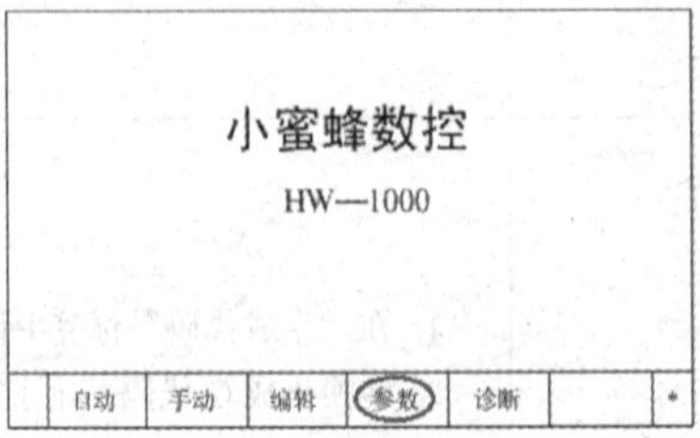 小蜜蜂数控 HW—1000 自动　手动　编辑　参数　诊断 选择"参数"子菜单	按【F4】键进行参数设定，选择主菜单的"参数"按钮，进入"参数"子菜单窗口，对气割参数进行设定 在"参数"子菜单中，按【F2】键，选中【速度】按钮，设定气割"速度"：X、Y 向均为 600 mm/min 按【F3】键，选中"调整"按钮，调整切割起始原点坐标（X：000020.000，Y：0000160.000）

操作步骤	图示	说明
数控气割机的参数设定	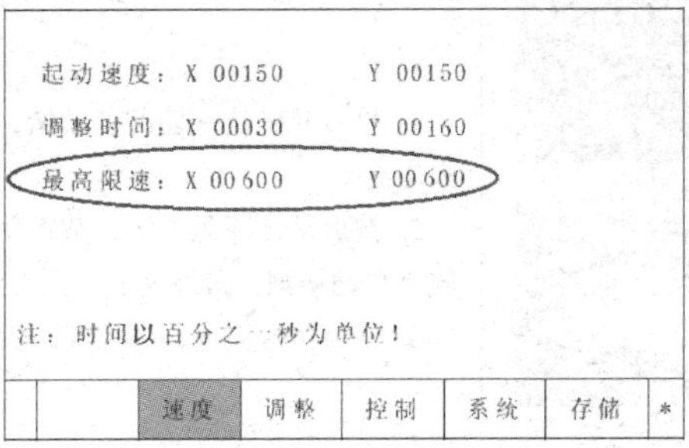 起动速度：X 00150　　Y 00150 调整时间：X 00030　　Y 00160 最高限速：X 00600　　Y 00600 注：时间以百分之一秒为单位！ 速度｜调整｜控制｜系统｜存储｜* 设定气割"速度"	按【F4】键，选中"控制"按钮，设置起割时对钢板的预热时间为 10 s 参数设置完毕，按 ◄ 或 ► 键，返回主菜单界面
数控气割机的参数设定	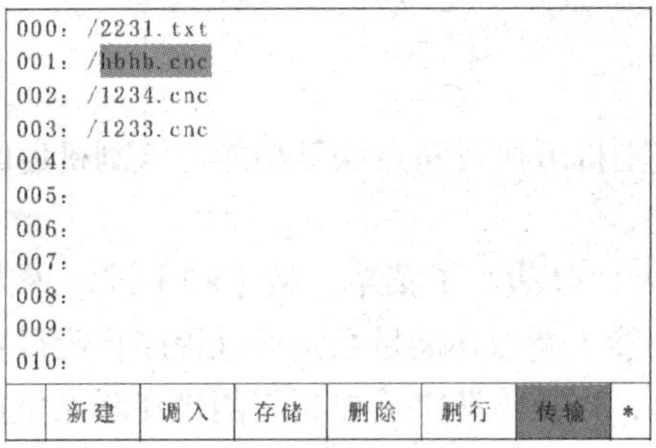 000：/2231.txt 001：/hbhb.cnc 002：/1234.cnc 003：/1233.cnc 004： 005： 006： 007： 008： 009： 010： 新建｜调入｜存储｜删除｜删行｜传输｜* 将 G 代码程序输入气割机的系统中	将 G 代码程序输入并存储在主菜单中，按【F3】键，选择"编辑"模式，进入"编辑"子菜单窗口 在"编辑"子菜单中，按【F6】键，将切割 G 代码程序输入数控气割机的数控系统中 按【Y+】或【Y−】键，在显示屏中找到刚输入系统的 G 代码程序名称，并选中其程序，按 ■（确定）键 按【F3】键选择"存储"按钮，将多图形组合割件程序保存 按 ◄ 或 ► 键，返回主菜单界面
	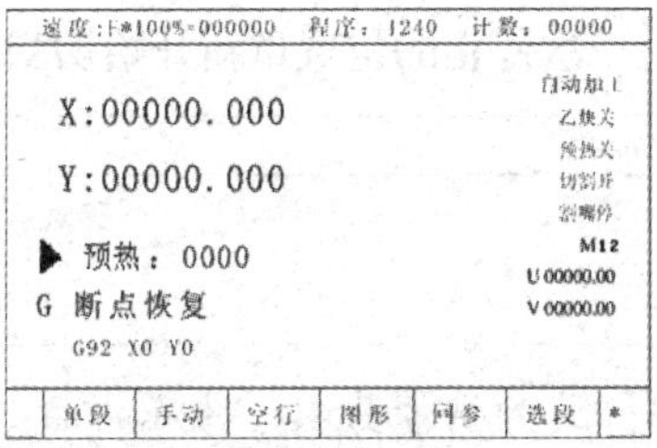 速度：F*100%-000000　程序：1240　计数：00000 X：00000.000 Y：00000.000 ▶ 预热：0000 G 断点恢复 　G92 X0 Y0 自动加工 乙炔关 预热关 切割开 割嘴份 M12 U 00000.00 V 00000.00 单段｜手动｜空行｜图形｜网参｜选段｜* 选择自动模式气割	在主菜单界面选择"自动"模式，按【F1】键选择"自动"按钮，进入"自动"子菜单窗口，此时系统将采用自动模式对割件进行气割操作 在"自动"子菜单中，按【F4】键选择"图形"按钮，显示屏显示气割机割炬的切割路径
模拟切割	 空运行，模拟切割	1. 正式切割前，为确保准确无误，应让数控气割机空运行。合上离合器，按启动（绿色）键，进行多图形组合割件的模拟切割 2. 模拟切割完成后，按停止（红色）键，停止数控气割机的运行 3. 松开离合器，让数控气割机返回起割位置

操作步骤	图示	说明
数控气割过程	 自动切割	1. 检查并确认一切准备就绪，割炬点火并调整火焰能率 2. 按启动（绿色）键，数控气割机将按预定的轨迹自动切割，最终完成多图形组合割件的加工 3. 程序执行完毕，数控气割机自动停止运行

操作提示

当遇到意外断电时（自动状态），气割机可执行断点恢复功能，气割机返回断点继续切割。具体方法如下：

（1）在主界面中，按【F1】键，进入"自动"子菜单，按【F2】键，进入"手动"模式。在手动模式下，按【F3】键设断点功能（断点功能是系统通过程序代码设置数控气割机出现故障而中断切割时，记忆中断的位置，当故障解决后控制气割机在断点位置重新起割的功能）。然后，按◄或►键返回主界面。

（2）在主界面中，按【F1】键进入"自动"模式。按【G】键进行断点恢复，屏幕出现暂停提示。

（3）当气割机通电后，启动气割机，从上一次停止的位置重新开始切割操作。

安全提示

（1）操作者必须穿戴劳动保护用具，不得随身携带易燃、易爆物品。

（2）在开始工作前，必须确认数控气割机处于操作准备状态，气路及割炬上的接头必须密封，避免气体泄漏。

（3）应根据火焰切割工艺进行火焰的点燃、调节及关闭。

（4）气割过程中如果割嘴堵塞或发生回火，必须立即关闭调节阀。关闭的顺序为乙炔→预热氧→切割氧。

（5）禁止使用氧气清洁、冷却或通风。

（6）气割机长时间不工作时，应关闭与气割机相关的阀门。

（7）应按说明书对气割机进行保养。当对气割机进行保养、维修、调整和检查时，必须先切断电源。

焊条电弧焊

课题 1 　弧焊电源、焊条及工具

焊条电弧焊焊接回路是由弧焊电源（又称弧焊机）、电缆、焊钳、焊条、电弧和焊件组成的，如图3-1所示。其中，弧焊电源是焊条电弧焊的主要设备，它的作用是为焊接电弧稳定燃烧提供所需要的合适的电流和电压。焊接电弧是负载，焊接电缆将电源分别与焊钳、焊件连接在一起。

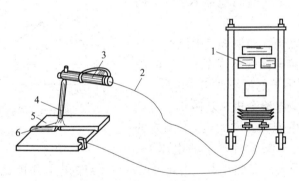

图 3-1　焊条电弧焊焊接回路简图
1—弧焊电源　2—电缆　3—焊钳　4—焊条　5—焊件　6—电弧

一、焊条电弧焊弧焊电源

1. 焊条电弧焊对电源的要求

焊条电弧焊的电源是在焊接回路中为电弧提供电能的装置。它的基本原理与普通电源的基本原理相同，但是在特性和结构上与普通电源却有着显著的区别，这是由焊接工艺特点所决定的。为使焊接电弧能够在要求的焊接电流下稳定燃烧，对弧焊电源有一定的性能要求。

（1）对弧焊电源外特性的要求

在电弧稳定燃烧状态下，弧焊电源输出电压与输出电流之间的关系称为弧焊电源的外特性。用来表示这个关系的曲线称为弧焊电源的外特性曲线，如图3-2所示。弧焊电源的外特性基本上分为下降外特性、平特性和上升外特性。对于焊条电弧焊来说，弧焊电源必须有下降的外特性。

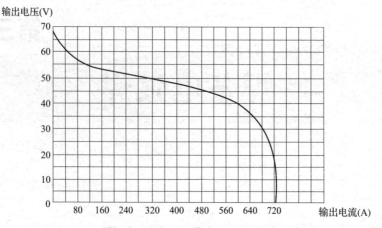

输出电压(V)

输出电流(A)

图 3-2　弧焊电源的外特性曲线

如果将焊接电弧的静特性曲线与弧焊电源下降外特性曲线按同一比例绘制在直角坐标系中（见图 3-3），可得到两个交点，即 A 点与 B 点。在两个交点上，它们各自对应的输出电压、电弧电压以及输出电流、焊接电流都相等，即电源供给的电压和电流与电弧形成的电压和电流相等，说明在两个交点上可以形成电弧。但是，在两个交点上电弧能否保证长时间稳定燃烧？下面就这个问题进行分析。

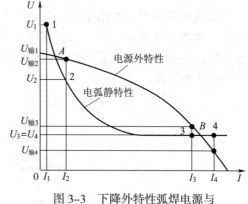

图 3-3　下降外特性弧焊电源与焊接电弧的稳定燃烧

假设电弧在 A 点燃烧，如果焊接电路受到外界因素的干扰，使焊接电流突然降至 I_1，这时电源输出的电压 $U_{输1}$ 要小于电弧所要求的电压 U_1，这样电路就失去平衡，电流会进一步减小，直至电弧熄灭。如果焊接电流突然增大至 I_2，对应的电源输出电压 $U_{输2}$ 大于电弧所要求的电压 U_2，将使焊接电流进一步增大，直至 B 点。由此可见，在 A 点的电弧不能稳定燃烧。

再假设电弧在 B 点燃烧，如果焊接电路受到外界因素的干扰，使焊接电流降至 I_3，此时电源输出电压 $U_{输3}$ 大于电弧所要求的电压 U_3，会促使焊接电流增大，直至恢复到 B 点，电弧恢复到正常工作的状态。如果焊接电流增至 I_4，这时对应的输出电压 $U_{输4}$ 小于电弧所需要的电压 U_4，这使焊接电流减小，又恢复到 B 点。

由此可见，电源的下降外特性曲线与电弧静特性曲线的交点 B 是电弧的稳定燃烧点。

综上所述，具有下降外特性的弧焊电源能够保证焊接电弧稳定燃烧。

下降外特性有缓降的，也有陡降的，哪种更有利于电弧的稳定燃烧呢？图 3-4 所示为上述两种下降外特性对焊接电流的影响。当焊接电流从稳定值偏离同样的数值 ΔI 时，电源输出的端电压和电弧电压之间的差值分别为 ΔU_1 和 ΔU_2，由于图中两个坐标的比例相同，故 $\Delta U_2 > \Delta U_1$，即陡降外特性比缓降外特性引起的电压差更大。电压差 ΔU 越大，电流恢复到稳定值的速度就越快。陡降外特性电源在遇到干扰时，焊接电流恢复到稳定值的时间比缓降外特性电源的恢复时间短，这有利于提高电弧的稳定性，保证焊接质量。

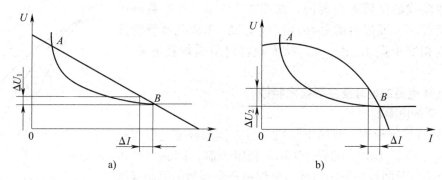

图 3-4 缓降和陡降外特性对焊接电流的影响

a）缓降外特性 b）陡降外特性

综上所述，焊条电弧焊对电源的基本要求是具有陡降的外特性。

（2）对弧焊电源空载电压的要求

当焊机接通电网而输出端没有接负载时，焊接电流为零，此时输出端的电压称为空载电压。

引弧时，较高的空载电压能将焊件表面的高电阻接触面击穿，形成通路。同时，空载电压高有利于电子发射，引弧容易，燃烧稳定。但是，空载电压也不宜过高，因为过高的空载电压不利于焊工的安全操作，并且制造焊机所消耗的硅钢片和钢材增多。因此，在满足焊接工艺要求的前提下，空载电压应尽可能低些。目前，焊条电弧焊电源中弧焊变压器的空载电压一般在 80 V 以下；弧焊整流器的空载电压一般在 90 V 以下；弧焊发电机的空载电压一般在 100 V 以下。

（3）对弧焊电源短路电流的要求

当电极和焊件短路时，电压为零。此时，焊接电源输出的电流叫作短路电流。在引弧和熔滴过渡时，经常发生短路。如果短路电流过大，会使焊条过热、药皮脱落且飞溅增大，还会引起电源过载以致烧损的危险；相反，如果短路电流太小，则会使引弧和熔滴过渡发生困难。短路电流值应满足以下要求：

$$1.25 < \frac{I_{短}}{I_{工}} < 2$$

式中　$I_{短}$——短路电流，A；

　　　$I_{工}$——工作电流，A。

（4）对弧焊电源动特性的要求

在焊接过程中，焊条与焊件之间发生频繁的短路和重新引弧。如果焊机输出电流和输出电压不能适应电弧焊过程中的这些变化，电弧就不能稳定燃烧，很难得到质量良好的焊缝。弧焊电源的动特性是指弧焊电源适应焊接电弧变化的特性。动特性良好时，引弧容易，飞溅小，操作时会感到电弧柔和且富有弹性。因此，动特性是衡量弧焊电源质量的主要指标。

对弧焊电源动特性的具体要求如下：有合适的瞬时短路电流峰值；有较快的短路电流上升速度；能在极短的时间内完成短路到复燃的变化。

（5）对弧焊电源调节特性的要求

为了焊接不同厚度和不同材料的焊件，焊接电流必须可调。一般要求焊条电弧焊焊接电流的调节范围为焊机额定焊接电流的 0.25 ~ 1.2 倍。焊接电流的调节是通过改变弧焊电源外特性曲线的位置来实现的。如图3-5所示，在空载电压不变的情况下，弧焊机的外特性曲线1、2、3和电弧静特性曲线分别相交于点A_1、A_2、A_3，从而获得对应的焊接电流I_1、I_2、I_3。

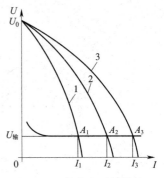

图3-5 焊条电弧焊焊接电源的调节特性

2. 弧焊电源的型号及主要技术特性

（1）弧焊电源的型号

1）型号编制规则。我国电焊机型号按国家标准《电焊机型号编制方法》（GB/T 10249—2010）规定编制，产品型号由汉语拼音字母及阿拉伯数字组成，电焊机产品型号的编制规则如下：

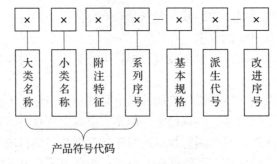

①产品符号代码。型号的第一位～第四位代表产品符号代码。在产品符号代码中，前三位用汉语拼音字母表示，第四位用阿拉伯数字表示。附注特征和系列序号用于区别同小类的各系列和品种，包括通用和专用产品。如果第三位、第四位不需要表示时，可以只用第一位、第二位表示。当可同时兼作几大类焊机使用时，代表焊机大类名称的字母可按主要用途选取；如果产品符号代码前三位的汉语拼音字母表示的内容不能完整表达该焊机的功能或有可能存在不合理的表述时，产品符号代码可以由该产品的产品标准规定。

电焊机部分产品符号代码及其含义见表3-1。其中，首字母B、A、Z的产品符号代码均属于弧焊电源。

表3-1　　　　　　　　　　　　电焊机部分产品符号代码及其含义

第一位		第二位		第三位		第四位	
代表字母	大类名称	代表字母	小类名称	代表字母	附注特征	数字序号	系列序号
B	交流弧焊机（弧焊变压器）	X	下降特性	L	高空载电压	省略	磁放大器或饱和电抗器式
						1	动铁心式
						2	串联电抗器式
		P	平特性			3	动圈式
						4	
						5	晶闸管式
						6	变换抽头式

第一位		第二位		第三位		第四位	
代表字母	大类名称	代表字母	小类名称	代表字母	附注特征	数字序号	系列序号
A	机械驱动的弧焊机（弧焊发电机）	X	下降特性	省略	电动机驱动	省略	直流
		P	平特性	D	单纯弧焊发电机	1	交流发电机整流
		D	多特性	Q	汽油机驱动	2	交流
				C	柴油机驱动		
				T	拖拉机驱动		
				H	汽车驱动		
Z	直流弧焊机（弧焊整流器）	X	下降特性	省略	一般电源	省略	磁放大器或饱和电抗器式
						1	动铁心式
				M	脉冲电源	2	
		P	平特性			3	动线圈式
				L	高空载电压	4	晶体管式
		D	多特性			5	晶闸管式
				E	交直流两用电源	6	变换抽头式
						7	逆变式
M	埋弧焊机	Z	自动焊	省略	直流	省略	焊车式
		B	半自动焊	J	交流	1	
		U	堆焊	E	交直流	2	横臂式
		D	多用	M	脉冲	3	机床式
						9	焊头悬挂式
N	MIG/MAG 焊机（熔化极惰性气体保护焊机/活性气体保护焊机）	Z	自动焊	省略	直流	省略	焊车式
		B	半自动焊			1	全位置焊车式
				M	脉冲	2	横臂式
		D	点焊			3	机床式
		U	堆焊			4	旋转焊头式
						5	台式
		G	切割	C	二氧化碳保护焊	6	焊接机器人
						7	变位式
W	TIG 焊机（非熔化极惰性气体保护焊机）	Z	自动焊	省略	直流	省略	焊车式
		S	手工焊			1	全位置焊车式
				J	交流	2	横臂式
						3	机床式
		D	点焊	E	交直流	4	旋转焊头式
						5	台式
		Q	其他	M	脉冲	6	焊接机器人
						7	变位式
						8	真空充气式

第一位		第二位		第三位		第四位	
代表字母	大类名称	代表字母	小类名称	代表字母	附注特征	数字序号	系列序号
L	等离子弧焊机/等离子弧切割机	G	切割	省略	直流等离子	省略	焊车式
		H	焊接	R	熔化极等离子	1	全位置焊车式
		U	堆焊	M	脉冲等离子	2	横臂式
		D	多用	J	交流等离子	3	机床式
				S	水下等离子	4	旋转焊头式
				F	粉末等离子	5	台式
				E	热丝等离子	8	手工等离子
				K	空气等离子		

②基本规格。型号的第五位代表焊机的基本规格，用数字表示。电弧焊机的基本规格用额定焊接电流表示，单位为安培（A）。但是，限制负载的手工金属弧焊电源的基本规格是额定最大焊接电流。

③派生代号。型号的第六位代表派生代号，用汉语拼音字母表示。

④改进序号。型号的第七位代表改进序号，用数字表示。改进序号按产品改进顺序连续编号。

型号中第六位、第七位如不用时，可空缺。

2）弧焊电源型号实例。BX3—300型号含义：具有下降外特性动圈式交流弧焊变压器，额定焊接电流为300 A。

ZX5—500型号含义：晶闸管式弧焊整流器，具有下降外特性，额定焊接电流为500 A。

ZX7—400型号含义：具有下降外特性的逆变式弧焊整流器，额定焊接电流为400 A。

（2）焊条电弧焊弧焊电源铭牌

1）铭牌的作用。铭牌标明了焊机的名称、型号及各项主要技术参数，可供安装、使用、维护时参考。铭牌还标明了产品编号、生产年月、制造厂等。铭牌也是产品符合有关标准的合格证。下面以BX1—500型交流弧焊机铭牌（见图3-6）为例说明这些参数的含义。

2）铭牌中的主要参数

①负载持续率。弧焊电源的温升既与焊接电流大小有关，又与弧焊电源的工作状态有关。连续焊接和断续焊接电源的温升不一样，以负载持续率这个参数来表示焊接电源的工作状态。在焊条电弧焊的连续工作中，因更换焊条及清理等需要间断电弧，即电弧焊电源的负载是断续的。在断续负载工作方式中，负载持续时间 t 对整个工作周期 T 之比的百分率叫作负载持续率，即负载持续率 $=\frac{t}{T} \times 100\%$。

500 A以下的焊条电弧焊用弧焊电源的工作周期定为5 min，弧焊电源工作状态是断续的，负载持续（电弧燃烧）3 min，其负载持续率就是60%。电焊机技术标准规定，焊条电弧焊电源的额定负载持续率为60%，轻便型电弧焊电源额定负载持续率可取15%、25%、35%。

②许用焊接电流。使用弧焊电源时，不能超过铭牌上规定的负载持续率下允许使用的焊接电流；否则焊机会因温升过高而烧毁。为保证焊机的温升不超过允许值，应根据弧焊电

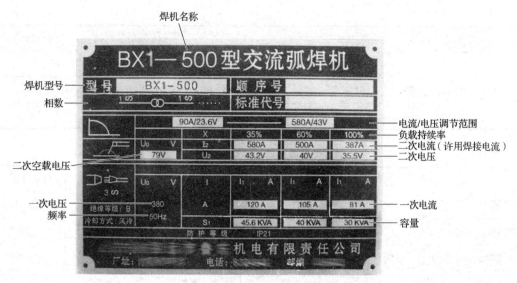

图 3-6 BX1—500 型交流弧焊机铭牌

源的工作状态确定焊接电流大小。例如，当 BX1—500 型弧焊电源的负载持续率是 60% 时，许用的最大焊接电流为 500 A；如果其负载持续率为 100% 时，许用焊接电流仅为 387 A；当其负载持续率为 35% 时，许用焊接电流可达 580 A。也就是说，虽然 BX1—500 型弧焊电源的额定焊接电流只有 500 A，但最大焊接电流可超过 500 A。

③一次电压。即弧焊电源的输入电压，是弧焊电源所要求的网络电压。例如，BX1—500 型弧焊电源接入单相 380 V 电网，容量为 40 kV·A。

④二次空载电压。它表示弧焊电源输出端的空载电压。例如，BX1—500 型弧焊电源的空载电压为 79 V。

3. 常用焊条电弧焊弧焊电源

目前，我国焊条电弧焊用弧焊电源有弧焊变压器、弧焊整流器和弧焊逆变器等。常用的有 BX1 系列、BX3 系列交流弧焊电源和 ZX5 系列、ZX7 系列直流弧焊电源。直流弧焊电源已经基本取代了过去使用的弧焊发电机。

（1）弧焊变压器

弧焊变压器通常称为交流弧焊机，它是一种特殊的降压变压器。它的主要特点是在焊接回路中增加一个阻抗，阻抗上的压降随着焊接电流的增大而增大，以此获得陡降外特性。按获得陡降外特性的方法不同，弧焊变压器可分为串联电抗器式弧焊变压器、增强漏磁式弧焊变压器两类。增强漏磁式可分为动铁心式（BX1 系列）、动圈式（BX3 系列）和变换抽头式（BX6 系列）。弧焊变压器的分类及型号见表 3-2。常用国产弧焊变压器的主要技术数据及用途见表 3-3。

表 3-2　　　　　　　　　　　弧焊变压器的分类及型号

型号	结构形式	国产常用型号
串联电抗器式弧焊变压器	分体式	BN—300、BN—500、BP—3×500
	同体式	BX—500、BX2—500、BX2—1000

型号	结构形式	国产常用型号
增强漏磁式弧焊变压器	动铁心式	BX1—315、BX1—300、BX1—500
	动圈式	BX3—300、BX3—500、BX3—1—300、BX3—1—500
	变换抽头式	BX6—120—1、BX6—160

表 3-3   常用国产弧焊变压器的主要技术数据及用途

技术特性 \ 焊机型号	同体式	动铁心式	动铁心式	动圈式	变换抽头式
	BX—500	BX1—160	BX1—315	BX3—300	BX6—120
额定焊接电流（A）	500	160	315	300	120
电流调节范围（A）	150 ~ 500	32 ~ 160	60 ~ 315	40 ~ 400	50 ~ 160
空载电压（V）	80	80	78	60/75	35 ~ 60（6挡）
额定工作电压（V）	30	21.6 ~ 27.8	22.5 ~ 32	22 ~ 36	22 ~ 26
电源电压（V）	380	380	380	380	220/380
额定负载持续率（%）	60	60	35/60	60	20
额定输入容量（kV·A）	40.5	13.5	20.5	20.5	6.24
用途	焊条电弧焊电源、电弧切割电源	适用于1~8 mm厚低碳钢板的焊接	适用于中等厚度低碳钢板的焊接	焊条电弧焊电源、电弧切割电源	手提式

1）动铁心式弧焊变压器。BX1—315型动铁心式弧焊变压器的外形如图 3-7a 所示。BX1—315型弧焊变压器属于增强漏磁式，其结构如图 3-7b 所示。一次绕组分别在动铁心两侧，一次绕组和二次绕组分成上下两部分，固定在主铁心柱 I 上。中间铁心柱 II 可移动，可以改变一次绕组和二次绕组的漏抗，实现焊接电流的调节，满足焊接要求。动铁心的位置由电流指针表示。

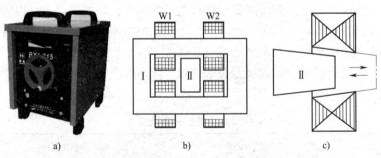

图 3-7 动铁心式弧焊变压器

a）外形   b）电路接线与结构   c）焊接电流调节

I—固定铁心   II—动铁心   W1——一次绕组   W2—二次绕组

动铁心由螺杆控制。转动焊接电流调节手柄，则螺杆转动，从而带动动铁心移动。动铁心向外移动，则焊接电流增大；动铁心向内移动，则焊接电流减小，如图3-7c所示。

2）动圈式弧焊变压器。BX3—300型动圈式弧焊变压器外形如图3-8a所示。

动圈式弧焊变压器的结构如图3-8b所示。铁心呈口形；一次绕组分两部分，绕在两个铁心柱的底部；二次绕组也分两部分，装在铁心柱非导磁性材料做成的活动支架上，凭借手柄转动螺杆使其沿铁心上下移动。通过改变一次绕组、二次绕组间的距离来改变它们之间的漏抗，从而调节焊接电流。一次绕组、二次绕组间的距离越大，漏抗越大，焊接电流越小。

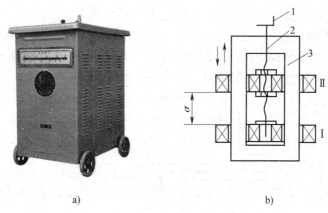

a)   b)

图3-8　动圈式弧焊变压器

a）外形　b）结构和焊接电流调节

1—手柄　2—螺杆　3—铁心　Ⅰ—一次绕组（固定）　Ⅱ—二次绕组（可动）

（2）弧焊整流器

弧焊整流器是一种将交流电变压、整流转换成直流电的弧焊电源。弧焊整流器有硅弧焊整流器、晶闸管弧焊整流器、晶体管弧焊整流器等。随着大功率电子元件和集成电路技术的发展，晶闸管式弧焊整流器已逐步代替弧焊发电机和硅弧焊整流器。

晶闸管弧焊整流器是一种电子控制的弧焊电源。它利用晶闸管来整流，以获得所需的外特性及调节电流、电压。晶闸管弧焊整流器具有耗材少、质量轻、节电、动特性及调节性能好等优点。常用国产晶闸管弧焊整流器技术参数见表3-4。

表3-4　　　　　　　　　　常用国产晶闸管弧焊整流器技术参数

产品型号	额定输入容量（kV·A）	电源电压（V）	工作电压（V）	额定焊接电流（A）	焊接电流调节范围（A）	负载持续率（%）	质量（kg）	主要用途
ZX5—250	14	380	21 ~ 30	250	25 ~ 250	60	150	适用于焊条电弧焊
ZX5—400	24	380	21 ~ 36	400	40 ~ 400	60	200	
ZX5—630	48	380	44	630	130 ~ 630	60	260	

1）晶闸管弧焊整流器的组成与控制原理。ZX5—400 型晶闸管弧焊整流器采用集成控制电路、三相全桥式整流电源，其外形如图 3-9 所示。它主要由三相主变压器、晶闸管组、直流电抗器、控制电路、电源控制开关等组成。ZX5 系列晶闸管弧焊整流器的电气原理方框图如图 3-10 所示。

图 3-9　ZX5—400 型晶闸管
弧焊整流器

焊机启动，网络电源向焊机供电。三相主变压器将三相网络电压降为几十伏的交流电压，通过晶闸管组整流和功率控制，经直流电抗器滤波和调节动特性，输出所需要的直流焊接电压和电流。采用电子触发电路以闭环反馈方式来控制外特性。控制原理如下：将电压和电流反馈信号 mU_f、nI_f 与给定电压和电流 U_g、I_g 进行比较，并改变触发脉冲相位角，以控制大功率晶闸管组导通角，从而获得平特性（用于 CO_2 气体保护焊细丝等速送丝）、下降外特性（用于焊条电弧焊或变速送丝熔化极焊接）等，实现对焊接电流和电压的无级调节。

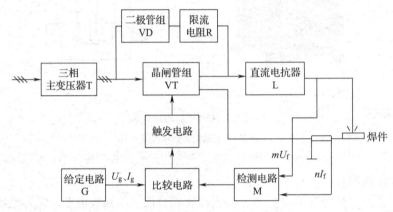

图 3-10　晶闸管弧焊整流器电气原理方框图

2）晶闸管弧焊整流器的特点

①电源的动特性好，电弧稳定，熔池平静，飞溅少，焊缝成形好，有利于全位置焊接。

②电源中的推力电流装置在施焊时可保证引弧容易，焊条不易粘住熔池，操作方便，可远距离调节电流。

③电源中加有连弧操作（是指在焊接过程中电弧连续燃烧，不熄灭）和灭弧操作（为了熄灭电弧，将焊条向运条方向的后下方做划挑动作）选择装置。当选择连弧操作时，可以保证电弧拉长，不易熄弧。当选择灭弧操作时，配以适当的推力电流可以保证焊条一接触焊件就引燃电弧，电弧拉到一定长度就熄弧，并且灭弧的长度可调节。

④电源控制板全部采用集成电路元件，出现故障时只需更换备用板，焊机就能正常使用，维修很方便。

（3）弧焊逆变器（ZX7 系列）

弧焊逆变器（ZX7 系列）是一种新型、高效、节能的直流弧焊电源（见图 3-11），迅速得到推广和使用。

图 3-11　逆变式弧焊
电源外形

它具有效率高、体积小、电弧稳定性好、操作容易、维修方便、焊接质量高等优点，适用于需要频繁移动焊机的焊接场所。它作为直流弧焊电源的更新换代产品，已普遍受到各国的重视。国产 ZX7 系列逆变式弧焊电源的技术参数见表 3–5。

表 3–5   ZX7 系列逆变式弧焊电源的技术参数

产品型号	额定输入容量（kV·A）	电源电压（V）	工作电压（V）	额定焊接电流（A）	焊接电流调节范围（A）	负载持续率（%）	质量（kg）	主要用途
ZX7—250	9.2	380	30	250	50 ~ 250	60	35	用于焊条电弧焊或氩弧焊
ZX7—400	14	380	36	400	50 ~ 400	60	70	

1）逆变式弧焊电源的组成与基本原理。逆变式弧焊电源主要由三相全波整流器、逆变器、中频变压器、低压整流器、电抗器及电子控制电路等部件组成。逆变式弧焊电源基本原理方框图如图 3–12 所示。

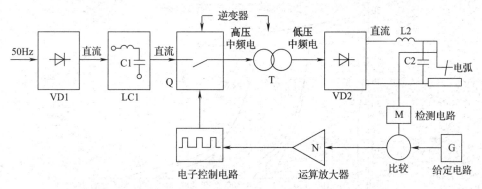

图 3–12　逆变式弧焊电源基本原理方框图

逆变式弧焊电源通常采用单相或三相 50 Hz 工频交流电，经输入整流器整流和滤波器滤波，变成 600 Hz 的高压脉动直流电，然后通过大功率电子元件构成的逆变器组（晶闸管、晶体管或场效应管）的交替开关作用，变成几千赫兹至几万赫兹的中频高压交流电，再经中频变压器降至适合焊接的几十伏电压，并借助电子控制电路和反馈电路（由 M、G、N 等组成）以及焊接回路的阻抗，获得弧焊所需的外特性和动特性。如果需要采用直流进行焊接，还需经输出整流器 VD2 整流和经电抗器 L2、电容器 C2 的滤波，把中频交流电变换为直流电输出。简而言之，逆变式弧焊电源的基本原理归纳如下：

工频交流电 —整流、滤波→ 直流电 → 高压中频交流电 —降压→ 低压中频交流电（—整流、滤波→ 直流电）。

2）晶闸管式逆变弧焊电源的优点。ZX7 系列晶闸管式逆变弧焊电源（又称变频式弧焊电源）与其他类型直流弧焊电源相比有以下优点：

①质量轻，体积小。晶闸管式逆变弧焊电源空载电压的基本公式为：

$$U=4.44\,fNSB_{\mathrm{m}}$$

式中　U——弧焊电源的空载电压，V；

　　　f——变压器外接电压的频率，Hz；

　　　N——变压器绕组的匝数；

　　　S——变压器铁心截面积，m^2；

　　　B_{m}——磁通密度的最大值，T。

由公式可知，获得弧焊电源的空载电压需要满足的条件如下：一定的外接电压的频率、一定数量的变压器绕组匝数、最大磁通密度流经的变压器铁心截面积。而 N、S 与焊机的质量和体积有关。当 B_{m} 一定时，如果将工频 50 Hz 提高至几百赫兹时，焊机的质量和体积就将大大降低。因此，逆变式弧焊电源取消了工频变压器，工作在高频下主变压器的质量还不到传统弧焊电源主变压器的 1/20，不仅节约了大量材料，而且减小了焊机的体积。

②逆变式弧焊电源具有外拖的陡降恒流曲线。如图 3-13 所示，正常焊接时，如果电弧突然缩短，电弧电压降至某个数值时，曲线外拖，输出电流增大，从而加速熔滴过渡，避免发生焊条与焊件黏结现象，仍保持电弧稳定燃烧。

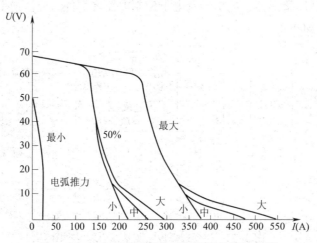

图 3-13　ZX7 系列逆变式弧焊电源外特性曲线

③装有数字式显示电流调节系统和电网波动补偿系统，焊接电流精度高。

④电源内的电子控制元件采用集成电路，维修方便。

⑤配有控制盒，可以远距离调节焊接电流。

4. 焊条电弧焊电源的正确使用与维护

（1）焊机的外部接线

焊机的外部接线主要包括电源开关、熔断器、动力线和焊接电缆的连接。焊机接入电网时，要看清楚铭牌上电源电压的数值，确保焊机电源电压与电网输出电压相符。为防止触电，焊机外壳上有接地螺钉，用导线将外壳与车间接地线连接好。

弧焊变压器输出端的两个接线柱没有正极、负极之分。而弧焊整流器应根据焊接工艺的要求来确定是正接法（焊钳接负极，地线接正极）还是反接法（焊钳接正极，地线接负极）。焊接电缆一般采用细铜丝绞成的多股软电缆，长度在 20 m 以下。当焊接电流为 300 A 时，选用截面积为 35 mm² 的电缆。如果导线再长，应选择截面积为 50 mm² 的电缆，以保证焊接回路中导线的电压降小于 4 V。

（2）焊机的使用注意事项

1）焊机的接线和安装应由电工负责，焊工不应自行动手操作。

2）焊工合上和断开电源开关时，头部要避开刀开关。

3）保持焊接电缆与焊机接线柱接触良好。如果螺母松动，要及时拧紧。

4）当焊机发生故障时，应立即切断焊接电源，并及时进行检查和修理。

5）焊钳与焊件接触短路时，不得启动焊机，以免启动电流过大而烧毁焊机。暂停工作时，不允许将焊钳直接放在焊件上。

6）工作结束或临时离开工作现场时，必须关闭焊机的电源。

5. 焊条电弧焊电源的选择

（1）根据焊接产品质量要求选择

焊接产品质量要求（如韧性、抗裂性等）较高且焊条为低氢钠型时，必须选择直流弧焊电源；焊接产品质量要求不高时，选择交流弧焊电源。

（2）根据焊件厚度和焊条的直径选择

焊件较厚且焊条直径较粗时，应选择输入容量较大的弧焊电源；焊件较薄且焊条直径较细时，应选择输入容量较小、电流调节范围下限较低的弧焊电源。

（3）根据弧焊电源的价格选择

因为交流弧焊电源比直流电源价格低，所以在满足使用条件的前提下，应尽量选择交流弧焊电源。

（4）交直流两用弧焊电源的选择

如果焊接工作量不大，且碱性焊条和酸性焊条都需要使用，可选用交直流两用弧焊电源。

二、焊条

焊条既可作为电极，又可作为填充金属与母材熔合后形成焊缝金属。因此，焊条不仅影响电弧的稳定性，而且直接影响焊缝金属的化学成分和力学性能。为了保证焊缝质量，要根据焊接的需要，依据焊条的组成、分类、牌号等要素，合理地选用焊条。

涂有药皮、供焊条电弧焊用的熔化电极称为焊条。焊条（见图 3-14）由焊芯和药皮组成。焊条夹持端（见图 3-14）没有药皮，被焊钳夹住后利于导电。焊条引弧端的药皮被磨成锥形，便于焊接时引弧。

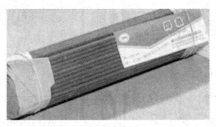

焊条夹持端

图 3-14　焊条

1. 焊芯

焊芯的作用是在焊接时传导电流，产生电弧，并熔化成为焊缝的填充金属。为了保证焊缝质量，焊芯的质量要求很高。焊芯金属各合金元素的含量有一定的限制，以保证在焊后焊缝各方面的性能不低于母材金属。制造焊芯用的钢丝由专门的优质钢经过特殊冶炼、轧制、拉拔而成。这种焊接专用钢丝可用于制造焊芯，也可作为埋弧自动焊、电渣焊、气体保护焊、气焊等焊接方法所用的焊丝。

（1）尺寸规格

通常所说的焊条直径实际是指焊芯的直径。焊条尺寸规格见表 3-6。不同焊芯直径、焊芯材料决定了焊条允许通过的电流密度不同。焊芯的长度也有一定的限制。

表 3-6   **焊条尺寸规格**   mm

焊条直径		焊条长度	
基本尺寸	极限偏差	基本尺寸	极限偏差
1.6	± 0.05	200 ~ 250	± 2.0
2.0		250 ~ 350	
2.5			
3.2		350 ~ 450	
4.0			
5.0			

（2）焊芯的牌号

焊芯的牌号根据国家标准《熔化焊用钢丝》（GB/T 14957—1994）和黑色冶金行业标准《焊接用不锈钢丝》（YB/T 5092—2016）划分。其牌号编制方法如下：

1）字母"H"表示焊丝。

2）在"H"后面的两位（碳钢、低合金钢含量为万分率，见表 3-7）或一位（不锈钢含量为千分率，见表 3-8）数字表示含碳量的平均数。

表 3-7   **常用碳素结构钢、合金结构钢焊丝的牌号及化学成分**

钢种	牌号	化学成分（%）									$w(S)$	$w(P)$
		$w(C)$	$w(Mn)$	$w(Si)$	$w(Cr)$	$w(Ni)$	$w(Mo)$	$w(V)$	$w(Cu)$	其他	$\leqslant$	
碳素结构钢	H08A	≤ 0.10	0.30 ~ 0.55	≤ 0.03	≤ 0.20	≤ 0.30			≤ 0.20		0.030	0.030
	H08MnA	≤ 0.10	0.80 ~ 1.10	≤ 0.07	≤ 0.20	≤ 0.30			≤ 0.20		0.030	0.030
	H15Mn	0.11 ~ 0.18	0.80 ~ 1.10	≤ 0.03	≤ 0.20	≤ 0.30			≤ 0.20		0.035	0.035
合金结构钢	H10Mn2	≤ 0.12	1.50 ~ 1.90	≤ 0.07	≤ 0.20	≤ 0.30			≤ 0.20		0.035	0.035
	H08Mn2SiA	≤ 0.11	1.80 ~ 2.10	0.65 ~ 0.95	≤ 0.20	≤ 0.30			≤ 0.20		0.030	0.030

钢种	牌号	化学成分（%）									w（S）	w（P）
		w（C）	w（Mn）	w（Si）	w（Cr）	w（Ni）	w（Mo）	w（V）	w（Cu）	其他	≤	
合金结构钢	H10MnSi	≤0.14	0.80~1.10	0.60~0.90	≤0.20	≤0.30			≤0.20		0.035	0.035
	H10MnSiMoTiA	0.08~0.12	1.00~1.30	0.40~0.70	≤0.20	≤0.30	0.20~0.40		≤0.20	w（Ti）=0.05~0.15	0.025	0.030
	H08CrMoVA	≤0.10	0.40~0.70	0.15~0.35	1.00~1.30	≤0.30	0.50~0.70	0.15~0.35	≤0.20		0.030	0.030

表 3-8　　　　　　　　　　常用不锈钢焊丝的牌号及化学成分

钢种	牌号	化学成分（%）									w（S）	w（P）
		w（C）	w（Mn）	w（Si）	w（Cr）	w（Ni）	w（Mo）	w（V）	w（Cu）	其他	≤	
不锈钢	H12Cr13	≤0.12	≤0.60	≤0.50	11.50~13.50	≤0.60					0.030	0.030
	H08Cr21Ni10	≤0.08	1.00~2.50	≤0.35	≤19.50~22.00	≤9.00~11.00	≤0.75		≤0.75		0.030	0.030
	H03Cr21Ni10	≤0.03	1.00~2.50	≤0.35	19.50~22.00	9.00~11.00	≤0.75		≤0.75		0.030	0.030
	H12Cr24Ni13	≤0.12	1.00~2.50	≤0.35	23.00~25.00	12.00~14.00	≤0.75		≤0.75		0.030	0.030
	H03Cr19Ni12Mo2	≤0.030	1.00~2.50	≤0.35	≤18.00~20.00	11.00~14.00	2.00~3.00		≤0.75		0.030	0.030

3）后面的化学元素符号及其后面的数字表示该元素大致含量数值，当其合金含量小于1%时，该元素符号后面的数字可省略。

4）焊丝牌号尾部标有 A、E、C 时，表示该焊丝为优质或高级优质品，表明 S、P 等有害杂质的含量更低。

焊芯牌号示例如图 3-15 所示。

2. 药皮

压涂在焊芯表面的涂料层称为药皮。涂料层是由各种矿石粉末、铁合金粉、有机物和化工制品等原料，按一定比例配制后压涂在焊芯表面的。一般焊条药皮的配方中组成物可以多达八九种。例如，常用的结构钢焊条 E4303 和 E5015 的药皮配方见表 3-9。

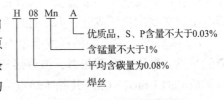

图 3-15　焊芯牌号示例

表 3-9 　　　　　　　　　E4303 和 E5015 焊条药皮配方 　　　　　　　　　%

涂料 \ 焊条	人造金红石	钛白粉	菱苦土	大理石	氟石	长石	白泥	云母	低碳锰铁	钛铁	45硅铁	纯碱	硅锰合金	水玻璃模数
E4303	30	8	7	12.4	—	8.6	14	7	12	—	—	—	—	K—Na 2.4 ~ 2.6
E5015	5	—	—	45	25	—	—	2	—	13	3	1	7.5	纯 Na 2.8 ~ 3.0

注：焊条的焊芯相同。

（1）药皮成分的种类及其作用

焊条药皮组成物根据药皮成分在焊接过程中的作用划分如下：

1）稳弧剂。常用的稳弧剂有大理石、长石、钛白粉、水玻璃（含有钾、钠、碱土金属的硅酸盐）等，可在焊条引弧和焊接过程中起改善引弧性能和稳定电弧的作用。

2）造渣剂。常用的造渣剂有大理石、菱苦土、白泥、金红石、云母、长石、钛白粉、氟石等。这类组成物能熔成一定密度的熔渣浮于熔池表面，使空气不易侵入，并且与熔池金属发生必需的冶金反应（是指熔焊时熔池周围充满的大量气体和熔渣与熔化金属之间不断进行的复杂的物理、化学反应，如氧化与还原、有害杂质去除等），起到保护熔池和改善焊缝成形的作用。

3）造气剂。常用的造气剂有大理石、白云石、菱镁矿、淀粉、纤维素、木粉等。其主要作用是形成保护气氛，同时也有利于熔滴过渡。

碳酸盐类矿物质在电弧高温条件下能分解出大量二氧化碳气体，如：

$$大理石 \quad CaCO_3 \longrightarrow CaO+CO_2$$
$$菱镁矿 \quad MgCO_3 \longrightarrow MgO+CO_2$$

有机物类组成物一般都是碳、氢、水等的化合物 $[C_m(H_2O)_n]$，只要温度达 250 ℃以上就按下式分解：

$$C_m(H_2O)_n+O_2 \longrightarrow CO+H_2$$

分解出的一氧化碳和氢属于还原气体，特别是一氧化碳，能有效地保护焊缝金属。

4）脱氧剂。常用的脱氧剂有钛铁、锰铁、硅铁、铝铁、石墨等。其主要作用是对熔渣和焊缝金属脱氧。利用熔融在焊接熔渣里某种与氧亲和力比较大的元素，通过在熔渣及熔化金属内进行一系列化学反应来达到脱氧的目的。

5）合金剂。常用的合金剂有硅铁、锰铁、钛铁、钼铁、铬粉、镍粉、硼铁等。其主要作用是补偿焊接过程中被烧损、蒸发的合金元素，并补加特殊性能要求的合金元素，以保证焊缝金属必要的化学成分、力学性能和耐腐蚀性等。

6）稀释剂。主要的稀释剂有氟石、钛铁矿、冰晶粉和钛白粉等。其主要作用是降低熔渣的熔点、黏度、表面张力，改善熔渣的流动性能。例如，氟石（CaF_2）与熔渣中的其他成分形成 $CaO \cdot SiO_2 \cdot CaF_2$ 共晶（熔点为 1 130 ℃），可降低熔渣的黏度。

7）黏结剂。主要成分是钾、钠水玻璃，用于黏结药皮涂料，使其能牢固地涂压在焊芯上。

8）增塑剂。主要的增塑剂有云母、白泥、钛白粉等。其主要作用是增加涂料的塑性和润滑性，便于焊条的压涂，减小焊条的偏心度，保证焊条制造质量。

焊条药皮中的许多原料可以同时起几种作用。例如，大理石既有稳弧作用，又有造气、造渣的作用；某些铁合金（如锰铁、硅铁等）既可作为脱氧剂，又可作为合金剂；钾、钠水玻璃本身具有黏结性，同时还起到稳弧和造渣作用。

（2）药皮的作用

1）改善焊条的焊接工艺性能。提高电弧燃烧的稳定性，减少飞溅，易脱渣，改善熔滴过渡和焊缝成形，能提高熔敷效率。

2）机械保护。药皮熔化或分解后产生气体和熔渣，隔绝空气，可防止熔滴和熔池金属与空气接触。熔渣凝固后的渣壳覆盖在焊缝表面，可防止高温的焊缝金属被氧化，并可减慢焊缝金属的冷却速度，改善焊缝结晶和成形。

3）冶金处理。通过熔渣和铁合金的脱氧、去硫、去磷、去氢和渗合金等焊接冶金反应，可去除有害元素，增添有益元素，从而使焊件获得合适的化学成分。

（3）药皮的类型及应用

为了适应各种工作条件下材料的焊接，对于不同的焊芯和焊缝的要求，焊条药皮必须有一定的特性。焊条药皮由多种矿物、铁合金、化工产品、有机物组成。药皮中的主要成分不同，焊条的工艺性能、其他性能及特点也不同。如果焊芯牌号相同，但是涂的药皮类型不同，则焊条的性能也不同。

1）药皮的基本类型及应用。焊条药皮主要分为以下八种基本类型：

①钛型。适用于全位置焊接，特别适用于薄板焊接，但焊缝金属塑性和抗裂性能较差。焊接电源应为交直流两用。

②钛钙型。适用于全位置焊接，为应用较为普遍的酸性焊条药皮。焊接电源应为交直流两用。

③钛铁矿型。适用于全位置焊接。焊接电源应为交直流两用。

④氧化铁型。最适用于中、厚板的平焊，立焊和仰焊操作性能较差，但焊缝金属抗裂性能较好。焊接电源应为交直流两用。

⑤纤维素型。适用于全位置焊接，特别适用于立焊和仰焊，也可进行向下立焊，并可进行深熔焊接，同时可在多层焊或单面焊打底焊时采用。焊接电源应为交直流两用。

⑥低氢钾型和低氢钠型。药皮均由碱性物质组成。它适用于全位置焊接，低氢钠型采用直流反极性焊接电源；由于低氢钾型药皮在低氢型的基础上增加适量的稳弧剂，因此可采用交直流电源。

⑦石墨型。药皮中石墨含量较多，使焊缝金属获得较高含量的游离碳或碳化物。通常这类药皮用于配制部分铸铁焊条和堆焊焊条，适用于全位置焊接。焊接电源为交流电源或直流电源。

⑧盐基型。药皮主要由氯化物和氟化物组成。熔渣具有一定的腐蚀性，焊后应仔细清理焊件，通常用于配制铝及铝合金焊条。焊接电源应为直流电源。

2）常用药皮类型。在上述各种基本类型药皮的基础上，如果药皮中含有30%以上的铁粉，按照基本类型不同，分别称为铁粉××型，如铁粉低氢钾型。在钢焊条药皮中加入铁粉后，可以改善工艺性能及提高熔敷效率；但铁粉加入量较多的焊条不适用于立焊或仰焊操作。

常用的结构钢焊条药皮类型有钛铁矿型、钛钙型、铁粉钛钙型、高纤维素钠型、高纤维素钾型、高钛钠型、高钛钾型、铁粉钛型、氧化铁型、铁粉氧化铁型、低氢钠型、低氢钾型、铁粉低氢型共 13 种。

3. 焊条的分类

（1）按焊条的用途分类

根据有关国家标准，焊条可分为非合金钢及细晶粒钢焊条、热强钢焊条、不锈钢焊条、堆焊焊条、铸铁焊条、铜及铜合金焊条、铝及铝合金焊条、镍及镍合金焊条。

（2）按焊条药皮熔化后的熔渣特性分类

1）酸性焊条。熔渣以酸性氧化物（SiO_2、TiO_2、Fe_2O_3）为主的焊条称为酸性焊条，如钛铁矿型、钛钙型、高钛型、氧化铁型和纤维素型焊条。酸性焊条具有较强的氧化性，促使合金元素氧化；同时，电弧中的氧离子容易与氢离子结合，生成氢氧根离子，可防止氢气孔，所以这类焊条对铁锈、水分不敏感。酸性熔渣脱氧不完全，同时不能有效地清除熔池中的硫、磷等杂质，故焊缝金属的力学性能较低。酸性焊条突出的特点如下：焊接工艺性能好，容易引弧，电弧稳定，脱渣性好，飞溅少，对弧长不敏感，焊前准备要求低，焊缝成形好，而且价格较低。它广泛用于焊接低碳钢和不太重要的钢结构。

2）碱性焊条。熔渣以碱性氧化物和氟化钙（CaO、CaF_2）为主的焊条称为碱性焊条，如低氢钠、钾型焊条。碱性焊条脱氧性能好，合金元素烧损少，焊缝金属合金化效果较好。由于电弧中含氧量低，如果遇到焊件或焊条存在铁锈和水分时，容易产生氢气孔。因此，要求焊前将焊件清理干净，同时在 350 ~ 450 ℃对焊条进行烘干。在焊接过程中，药皮中的氟石与氢化合生成氟化氢，具有去氢作用。但是，氟石不利于电弧稳定，必须采用直流反极性（即焊条接直流电源正极，焊件接直流电源负极）进行焊接。如果在药皮中加入稳定电弧的碳酸钾等组成物，便可使用交流电源。碱性焊条突出的特点如下：焊接工艺性能差，引弧较困难，电弧稳定性差，飞溅较大，焊缝成形稍差，鱼鳞纹较粗，不易脱渣，但焊缝金属的力学性能和抗裂性均较好。它可用于合金钢和重要碳钢结构的焊接。

酸性焊条和碱性焊条的性能比较见表 3-10。

表 3-10　　　　　　　　　　　　　酸性焊条和碱性焊条的性能比较

比较项目	酸性焊条	碱性焊条
焊机电源类型	交、直流电源（大多数情况用交流电源焊接）	直流反接电源（除 E4316、E5016 外）
对水分、铁锈产生气孔的敏感性	较不敏感	比较敏感
焊前对焊件表面的清洁要求	不高	高
焊前烘干温度和时间要求	75 ~ 150 ℃，烘干 1 h	350 ~ 450 ℃，烘干 1 ~ 2 h
药皮颜色	灰暗	白亮
焊接电流的大小	较大	焊接电流约小 10%（与同样规格酸性焊条相比）

比较项目	酸性焊条	碱性焊条
电弧稳定性	稳定	不够稳定
操作特点	可长弧操作	短弧操作（否则易产生气孔）
焊接烟尘	量少	量稍多
脱渣特点	脱渣较方便	坡口内第一层脱渣较困难，以后各层脱渣较容易

4. 常用焊条型号的编制方法

在焊条上端药皮处印有焊条的型号，以便焊工选用时识别。

（1）非合金钢及细晶粒钢焊条

国家标准《非合金钢及细晶粒钢焊条》（GB/T 5117—2012）规定，非合金钢及细晶粒钢焊条型号由五部分组成。

1）第一部分用字母"E"表示焊条。

2）第二部分为字母"E"后面紧邻的两位数字，表示熔敷金属的最小抗拉强度代号（即其最小抗拉强度值的 1/10），见表 3-11。

表 3-11　　　　　非合金钢及细晶粒钢焊条熔敷金属抗拉强度代号

抗拉强度代号	最小抗拉强度值（MPa）	抗拉强度代号	最小抗拉强度值（MPa）
43	430	55	550
50	490	57	570

3）第三部分为字母"E"后面的第三位、第四位数字，表示药皮类型、焊接位置和电流类型，见表 3-12。

表 3-12　　　　　非合金钢及细晶粒钢焊条的药皮类型代号

代号	药皮类型	焊接位置 a	电流类型
03	钛型	全位置 b	交流和直流正、反接
10	纤维素	全位置	直流反接
11	纤维素	全位置	交流和直流反接
12	金红石	全位置 b	交流和直流正接
13	金红石	全位置 b	交流和直流正、反接
14	金红石 + 铁粉	全位置 b	交流和直流正、反接
15	碱性	全位置 b	直流反接
16	碱性	全位置 b	交流和直流反接
18	碱性 + 铁粉	全位置 b	交流和直流反接

代号	药皮类型	焊接位置 a	电流类型
19	钛铁矿	全位置 b	交流和直流正、反接
20	氧化铁	PA、PB	交流和直流正接
24	金红石 + 铁粉	PA、PB	交流和直流正、反接
27	氧化铁 + 铁粉	PA、PB	交流和直流正、反接
28	碱性 + 铁粉	PA、PB、PC	交流和直流反接
40	不做规定	由制造商确定	
45	碱性	全位置	直流反接
48	碱性	全位置	交流和直流反接

a 焊接位置见 GB/T 16672，其中 PA= 平焊，PB= 平角焊，PC= 横焊。

b 此处"全位置"并不一定包含向下立焊，由制造商确定。

4）第四部分为熔敷金属的化学成分分类代号，可为"无标记"或短线"—"后的字母、数字或字母和数字的组合，见表 3-13。

表 3-13　　　　　非合金钢及细晶粒钢焊条熔敷金属的化学成分分类代号

分类代号	主要化学成分的名义含量（质量分数）（%）				
	w（Mn）	w（Ni）	w（Cr）	w（Mo）	w（Cu）
无标记、—1、—P1、—P2	1.0	—	—	—	—
—1M3	—	—	—	0.5	—
—3M2	1.5	—	—	0.4	—
—3M3	1.5	—	—	0.5	—
—N1	—	0.5	—	—	—
—N2	—	1.0	—	—	—
—N3	—	1.5	—	—	—
—3N3	1.5	1.5	—	—	—
—N5	—	2.5	—	—	—
—N7	—	3.5	—	—	—
—N13	—	6.5	—	—	—
—N2M3	—	1.0	—	0.5	—
—NC	—	0.5	—	—	0.4
—CC	—	—	0.5	—	0.4
—NCC	—	0.2	0.6	—	0.5

分类代号	主要化学成分的名义含量（质量分数）（%）				
	w（Mn）	w（Ni）	w（Cr）	w（Mo）	w（Cu）
—NCC1	—	0.6	0.6	—	0.5
—NCC2	—	0.3	0.2	—	0.5
—G	其他成分				

5）第五部分为熔敷金属化学成分分类代号后的焊后状态代号，其中"无标记"为焊态，"P"表示热处理状态，"AP"表示焊态和焊后热处理两种状态均可。

6）除以上强制分类代号外，根据供需双方协商，可在型号后依次附加可选代号。字母"U"表示在规定试验温度下冲击吸收能量可达47 J以上。扩散氢代号"H×"，其中"×"代表15、10或5，分别表示每100 g熔敷金属中扩散氢含量的最大值（mL）。

非合金钢及细晶粒钢焊条型号示例如图3-16、图3-17所示。

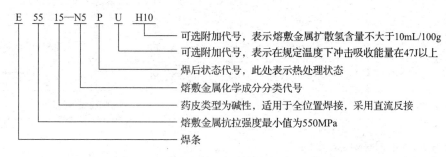

图3-16　非合金钢及细晶粒钢焊条型号示例1

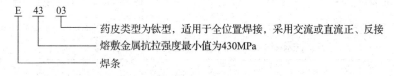

图3-17　非合金钢及细晶粒钢焊条型号示例2

（2）热强钢焊条

国家标准《热强钢焊条》（GB/T 5118—2012）规定，热强钢焊条型号由四部分组成。

1）第一部分用字母"E"表示焊条。

2）第二部分为字母"E"后面紧邻的两位数字，表示熔敷金属的最小抗拉强度代号（即其最小抗拉强度值的1/10），见表3-14。

表3-14　　　　　　　　　热强钢焊条的熔敷金属抗拉强度代号

抗拉强度代号	最小抗拉强度值（MPa）	抗拉强度代号	最小抗拉强度值（MPa）
50	490	55	550
52	520	62	620

3）第三部分为字母"E"后面的第三位、第四位数字，表示药皮类型、焊接位置和电流类型，见表3-15。

表3-15　　　　　　　　　　　　热强钢焊条的药皮类型代号

代号	药皮类型	焊接位置[a]	电流类型
03	钛型	全位置[c]	交流和直流正、反接
10[b]	纤维素	全位置	直流反接
11[b]	纤维素	全位置	交流和直流反接
13	金红石	全位置[c]	交流和直流正、反接
15	碱性	全位置	直流反接
16	碱性	全位置[c]	交流和直流反接
18	碱性 + 铁粉	全位置（PG除外）	交流和直流反接
19[b]	钛铁矿	全位置[c]	交流和直流正、反接
20[b]	氧化铁	PA、PB	交流和直流正接
27[b]	氧化铁 + 铁粉	PA、PB	交流和直流正接
40	不做规定	由制造商确定	

a 焊接位置见 GB/T 16672，其中 PA= 平焊，PB= 平角焊，PG= 向下立焊。
b 仅限于熔敷金属化学成分分类代号 1M3。
c 此处"全位置"并不一定包含向下立焊，由制造商确定。

4）第四部分为短线"—"后的字母、数字或字母和数字的组合，表示熔敷金属的化学成分分类代号，见表3-16。

表3-16　　　　　　　　　　热强钢焊条熔敷金属的化学成分分类代号

分类代号	主要化学成分的名义含量
—1M3	此类焊条中含有 Mo，Mo 是在非合金钢焊条基础上唯一添加的合金元素。数字 1 约等于名义上含钼量两倍的整数，字母"M"表示 Mo，数字 3 表示 Mo 的名义含量，约为 0.5%
—×C×M×	对于含铬—钼的热强钢，标识"C"前的整数表示 Cr 的名义含量，"M"前的整数表示 Mo 的名义含量。对于 Cr 或者 Mo，如果名义含量少于 1%，则字母前不标记数字。如果在 Cr 和 Mo 之外还加入了 W、V、B、Nb 等合金成分，则按照此顺序加于铬和钼标记之后。标识末尾的"L"表示含碳量较低。最后一个字母后的数字表示成分有所改变
—G	其他成分

除以上强制分类代号外，根据供需双方协商，可在型号后附加扩散氢代号"H×"，其中 × 代表15、10 或 5，分别表示每 100 g 熔敷金属中扩散氢含量的最大值（mL）。

热强钢焊条型号示例如图3-18所示。

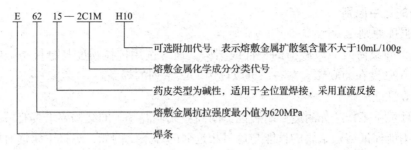

图 3-18　热强钢焊条型号示例

（3）不锈钢焊条

国家标准《不锈钢焊条》（GB/T 983—2012）规定，不锈钢焊条型号由四部分组成。

1）第一部分用字母"E"表示焊条。

2）第二部分为"E"后面的数字，表示熔敷金属化学成分分类（具体可见有关标准）。数字后面的"L"表示含碳量低，"H"表示含碳量高。如果有其他特殊要求的化学成分，该化学成分用元素符号表示，放在第二部分的后面。

3）第三部分为短线"—"后的第一位数字，表示焊接位置，见表 3-17。

表 3-17　　　　　　　　　　　焊接位置代号

代号	焊接位置 [a]
—1	PA、PB、PD、PF
—2	PA、PB
—4	PA、PB、PD、PF、PG

a 焊接位置见 GB/T 16672，其中 PA= 平焊，PB= 平角焊，PD= 仰角焊，PF= 向上立焊，PG= 向下立焊。

4）第四部分为最后一位数字，表示药皮类型和电流类型，见表 3-18。

表 3-18　　　　　　　　　　　药皮类型代号

代号	药皮类型	电流类型
5	碱性	直流
6	金红石	交流和直流 [a]
7	钛酸型	交流和直流 [b]

a 46 型采用直流焊接。

b 47 型采用直流焊接。

不锈钢焊条型号示例如图 3-19 所示。

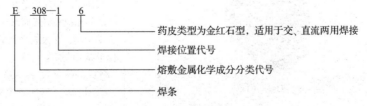

图 3-19　不锈钢焊条型号示例

5. 焊条的选用原则

（1）等强度原则

对于承受静载荷或一般载荷的工件或结构，通常选用抗拉强度与母材相等的焊条。例如，20钢抗拉强度在400 MPa左右，可以选用E43系列的焊条。

（2）同等性能原则

在特殊环境下工作（如耐磨、耐腐蚀、耐高温或低温等）的结构要求具有较高的力学性能，则应选用能保证熔敷金属的性能与母材相近似的焊条。例如，焊接不锈钢时应选用不锈钢焊条。

（3）等条件原则

根据焊件或焊接结构的工作条件和特点选择焊条。例如，焊件需要承受动载荷或冲击载荷，应选用熔敷金属冲击韧度较高的低氢型碱性焊条；反之，焊接一般结构时，应选用酸性焊条。

三、焊接工具、用品及辅具、检具

1. 焊接工具及焊接用品

焊条电弧焊的常用焊接工具及焊接用品见表3–19。

表 3–19　　　　　　　　　　焊条电弧焊的常用焊接工具及焊接用品

名称	图示	说明
焊钳		用于夹持焊条进行焊接的工具。对焊钳的要求如下：夹持焊条应该方便，焊条角度的调节要随意，夹持处导电性要好，手柄要有良好的绝缘和隔热的作用，并且要轻巧，易于操作
面罩	 手持式面罩  头盔式面罩	面罩分为手持式和头盔式，头盔式多用于需要双手作业的场合 面罩开有长方形孔，内嵌白色玻璃和滤光玻璃，白色玻璃由普通玻璃制成，用于保护滤光玻璃。滤光玻璃是特制的化学玻璃，它的作用是在焊接时可以减弱电弧光，过滤红外线和紫外线 目前，应用现代微电子和光控技术研制而成的光控头盔式面罩在弧光产生的瞬间自动变暗，在弧光熄灭的瞬间自动变亮，便于焊工的操作

名称	图示	说明
护目玻璃		护目玻璃按照颜色深浅可分为 6 个型号，即 7 ~ 12 号，号数越大，颜色越深，可根据弧光强度和视力情况来选择。焊条电弧焊一般选择 7 号或 8 号护目玻璃
快速接头		可快速、方便地连接焊接电缆
焊接电缆		用于连接弧焊机与焊件、焊钳的导线。它用于传导焊接电流。焊接电缆采用多股细铜线电缆，其截面积应根据焊接电流最大值和焊接电缆需用的长度来选择
焊工劳动保护用品	  焊工手套　工作服   绝缘胶鞋　　　平光眼镜	焊工手套、绝缘胶鞋和工作服是防止弧光、火花灼伤及防止触电所必须穿戴的劳动保护用品。平光眼镜在焊工清渣时用于遮挡眼睛，以防止熔渣飞溅而造成眼睛的损伤

2. 辅助工具

焊条电弧焊的常用辅助工具见表 3-20。

表 3-20　　　　　　　　　焊条电弧焊的常用辅助工具

名称	图示	说明
敲渣锤	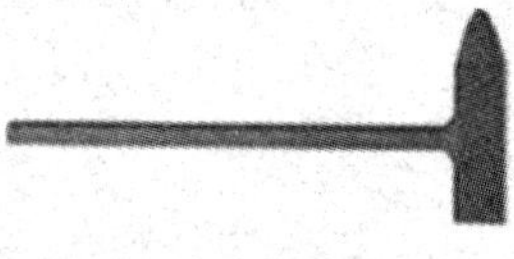	两端制成尖铲形和扁铲形，用于清除熔渣
錾子		用于清除熔渣、飞溅物和焊瘤

名称	图示	说明
钢丝刷		用于清除焊件表面的铁锈、污物和熔渣
锉刀		用于修整焊件坡口钝边、毛刺和焊件根部的接头
烘干箱		烘干焊条的专用设备，其温度可按需要调节
焊条保温筒		焊工现场携带的保温容器，用于保持焊条的干燥度
角向磨光机		用于焊件除锈及打磨坡口

3. 焊缝检验尺

检验焊条电弧焊焊接质量的常用检具是焊缝检验尺，它由主尺、高度尺、咬边深度尺、多用尺组成，如图3-20所示。它主要用于检测焊件的坡口角度、焊缝余高、焊缝宽度、对口间隙和咬边深度等，具体检验方法见表3-21。它采用不锈钢制造，使用便利，适用性广，是焊工必备的测量工具。

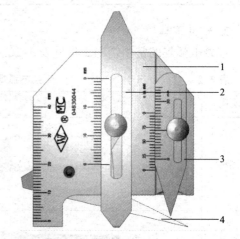

图 3-20 焊缝检验尺
1—主尺 2—高度尺 3—咬边深度尺 4—多用尺

表 3-21　　　　　　　　　　　　焊缝检验尺的检验方法

检验项目	检验方法	图示
检验加工质量	测量管子坡口角度	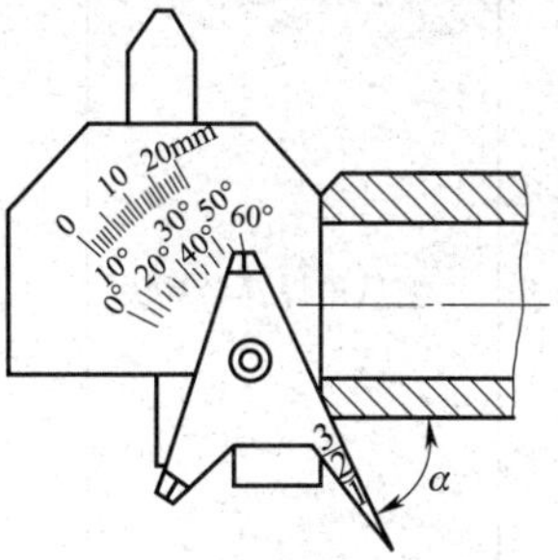
检验加工质量	测量钢板坡口角度	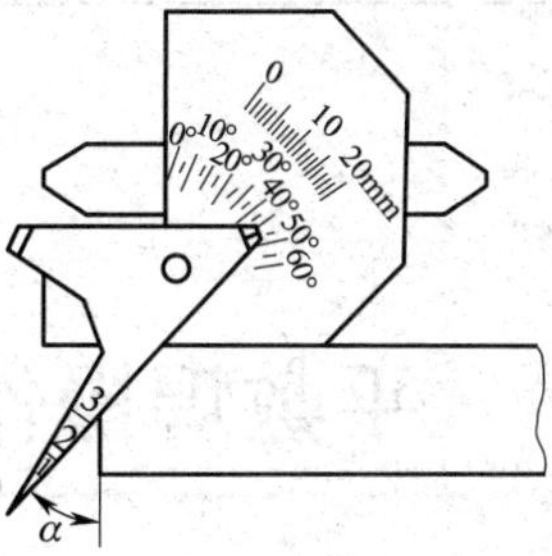
检验装配质量	测量焊件错位量	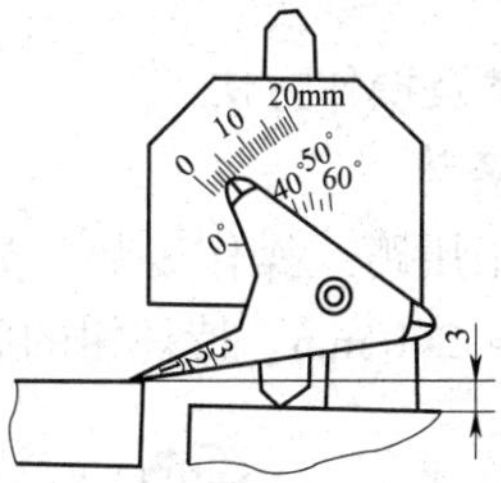
	测量装配间隙	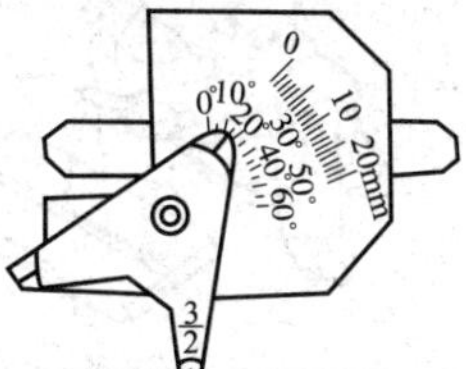
检验焊接质量	测量焊缝余高	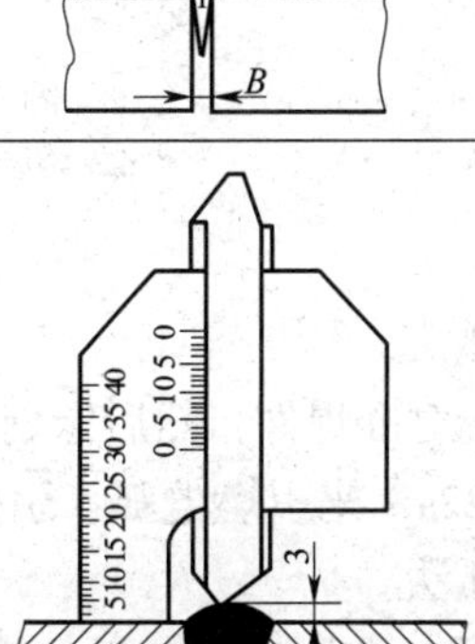

检验项目	检验方法	图示
检验焊接质量	测量角焊缝余高	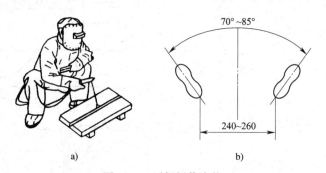

课题 2 平敷焊操作

一、平焊姿势及操作方法

1. 平焊操作姿势

平焊时一般采用蹲式操作姿势,如图 3-21 所示。蹲姿要自然,两脚夹角为 70° ~ 85°,两脚距离为 240 ~ 260 mm。持焊钳的胳膊半伸开,要悬空无依托地操作。

70° ~ 85°

240~260

a)   b)

图 3-21 平焊操作姿势

a)蹲式操作姿势 b)两脚的位置

2. 引弧方法

(1)划擦引弧法

先将焊条末端对准焊件,然后像划火柴一样使焊条在焊件表面划擦一下,提起 2 ~ 3 mm 的高度(见图 3-22a)来引燃电弧。引燃电弧后,应保持电弧长度不超过所用焊条直径。

(2)直击引弧法

先将焊条垂直对准焊件,然后使焊条碰击焊件,出现弧光后迅速将焊条提起 2 ~ 3 mm(见图 3-22b),产生电弧后使电弧稳定燃烧。

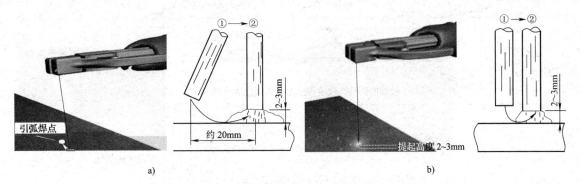

a)   b)

图 3-22 引弧方法

a）划擦引弧法 b）直击引弧法

二、平敷焊的操作方法

平敷焊是在平焊位置上堆敷焊道的一种操作方法，如图 3-23 所示。

1. 运条及运条方法

（1）运条

运条一般分三个基本运动：沿焊条中心线向熔池送进；沿焊接方向移动；横向摆动，如图 3-24 所示。

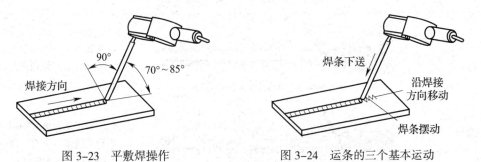

图 3-23 平敷焊操作   图 3-24 运条的三个基本运动

1）焊条向熔池方向送进。目的是在焊条不断熔化的过程中保持弧长不变。焊条下送速度应与焊条的熔化速度相同；否则，会发生断弧或焊条与焊件黏结现象。

2）焊条沿焊接方向移动。目的是控制焊道成形。随着焊条的不断熔化和向前移动，会逐渐形成一条焊道。若焊条向前移动速度过快，会出现焊道较窄、未焊透等问题；焊条向前移动速度过慢，会使焊道过高、过宽，甚至出现烧穿等缺陷。

3）焊条的横向摆动。目的是得到一定宽度的焊道。其摆动幅度根据焊件厚度、坡口大小等因素决定。

上述三个基本运动应相互协调，才能焊出符合质量要求的焊缝。运条的关键是平稳、均匀。

（2）运条方法

在焊接生产实践中，根据不同的焊缝位置、焊件厚度、接头形式等因素，采用不同的运条方法。常用的运条方法及适用范围见表 3-22。

表 3-22　　　　　　　　　　　　　　　常用的运条方法及适用范围

运条方法	图示及说明	适用范围
直线形运条法	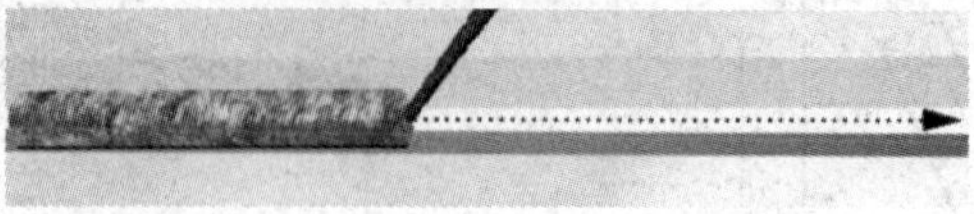 焊条不做横向摆动，仅沿焊接方向做直线运动	常用于不开坡口的平对接焊、多层多道焊
直线往复运条法	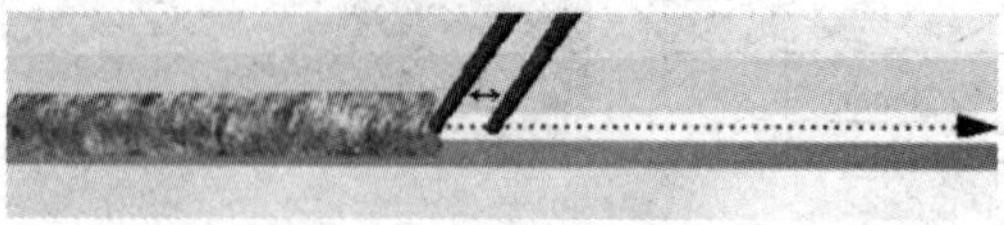 焊条沿焊缝的纵向做来回的直线形摆动	适用于焊接薄板及接头间隙较大的焊缝
锯齿形运条法	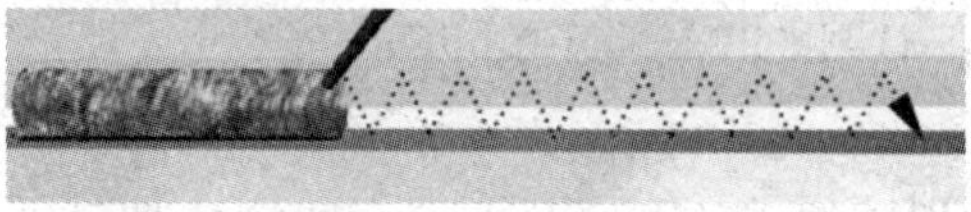 焊条做锯齿形连续摆动且向前移动，并在焊道两边稍作停顿	在生产中应用较广泛，多用于厚板的焊接
月牙形运条法	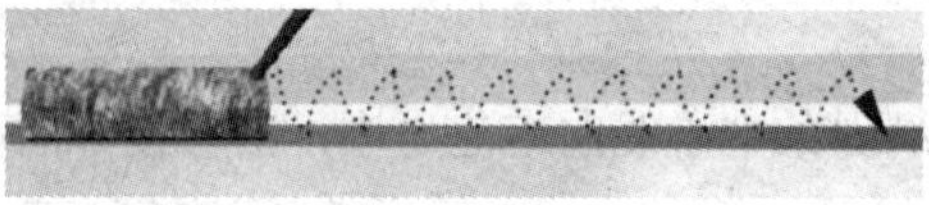 焊条沿焊接方向做月牙形的左右摆动	适用于厚板的焊接，但是焊缝余高较高
斜三角形运条法	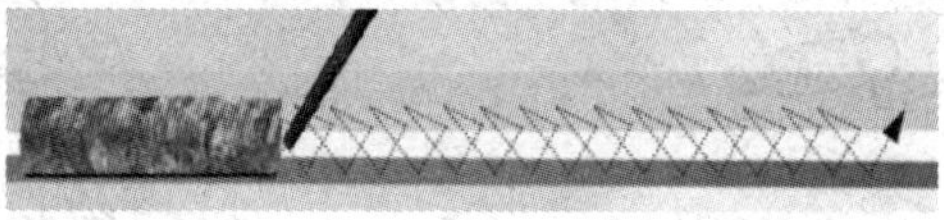 焊条做连续的三角形摆动并向前移动	适用于平焊、仰焊位置角缝和有坡口的横缝焊接，可借助焊条的摆动来控制熔化金属的下淌
正三角形运条法	 与斜三角形运条法基本相同	适用于开坡口的对接接头和T形接头立焊，能一次焊出较厚的焊缝断面
正圆圈形运条法	 焊条末端连续做正圆圈形运动，并不断前移	只适用于焊接较厚焊件的平焊缝
斜圆圈形运条法	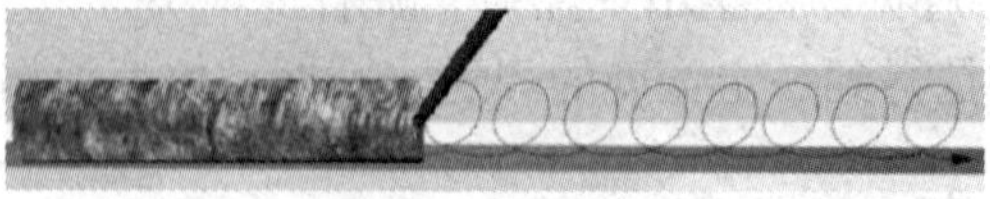 焊条末端连续做斜圆圈形运动，并不断前移	适用于平焊、仰焊位置角缝和有坡口的横缝焊接
"8"字形运条法	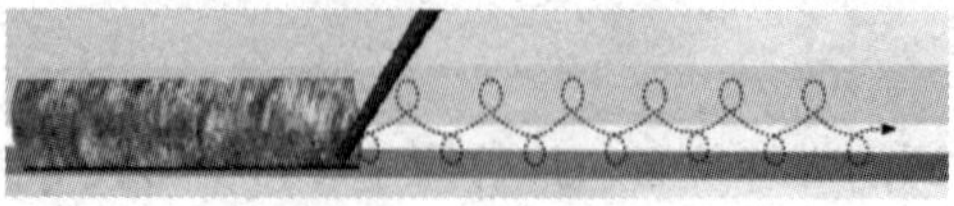 焊条末端连续做"8"字形运动，并不断前移	适用于开坡口的对接接头和T形接头较宽焊缝的表面装饰焊

2. 平焊起头、接头和收尾的方法

（1）起头

刚开始焊接时，由于焊件的温度很低，引弧后又不能迅速地使焊件温度升高，因此起头部位焊道较窄，余高略高，甚至会出现熔合不良和夹渣的缺陷。

为了解决上述问题，在起头时可以在引弧后稍微拉长电弧，从距离始焊点 10 mm 左右处回焊到始焊点（见图 3-25a、b），再逐渐压低电弧，微微地摆动焊条，达到所需要的焊道宽度后，保持焊条角度（见图 3-25c），按照焊接轨迹正常焊接。

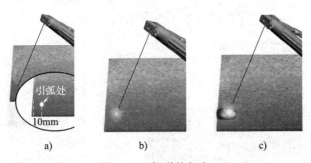

图 3-25　焊道的起头

a）引弧处　b）引弧　c）达到焊道正常宽度

（2）焊道的接头

一条完整的焊缝是由若干根焊条焊接而成的，每根焊条焊接的焊道应连接完好。连接方式一般有四种，见表 3-23。

表 3-23　　　　　　　　　　　　　　　焊道的连接方式

连接方式	图示	操作要领
分段退焊接头	2　　1 焊接方向 *后续焊道的尾与前面焊道的头相接*	当后焊的焊缝焊至前条焊缝的始焊端时，待形成熔池后，再压低电弧，往回移动 8 ~ 10 mm
相背接头	1　　2 焊接方向 *后续焊道的头与前面焊道的头相接*	在前条焊缝的始焊端稍前处引弧，然后拉长电弧移到始焊端，将其端头覆盖，再向焊接方向移动

连接方式	图示	操作要领
相向接头	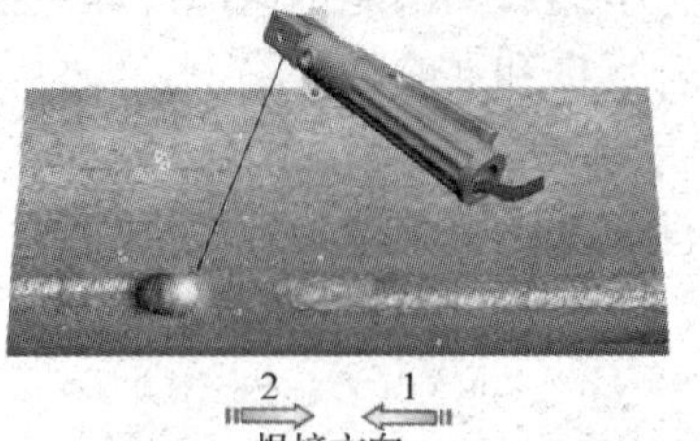 2 ← 1 焊接方向 后续焊道的尾与前面焊道的尾相接	当后焊的焊缝焊至前条焊缝的收尾处时，待熔池的边缘与先焊焊缝的弧坑边缘重合并填满，再向前焊一点熄弧
中间接头	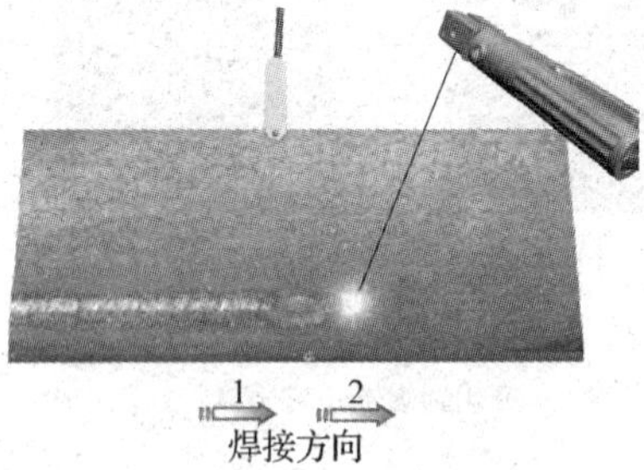 1 → 2 焊接方向 后续焊道的头与前面焊道的尾相接	在弧坑前 10 mm 处引弧，拉长电弧移到弧坑处，压低电弧，待熔池的边缘与弧坑边缘重合并填满，再向前正常焊接 此种接头方式应用最多

（3）收尾

收尾是指焊接一条焊道结束时的熄弧操作。如果收尾不当会出现过深的弧坑，使焊道收尾处强度降低，甚至产生弧坑裂纹。所以，收尾动作不仅包括熄弧，还应填满弧坑。常用的收尾方法有三种，见表 3-24。

表 3-24　　　　　　　　　　常用的收尾方法

收尾方法	图示	操作要领	适用范围
反复灭弧收尾法	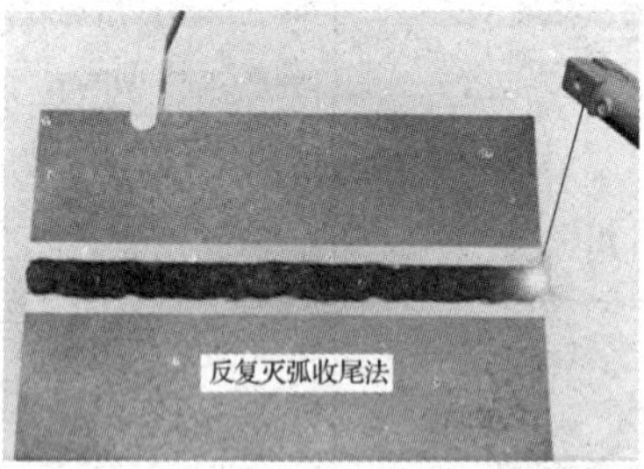 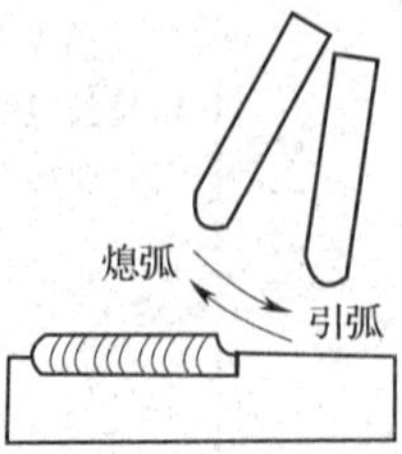 反复灭弧收尾法 熄弧 ← → 引弧	焊至终点，焊条在弧坑处反复数次进行熄弧、引弧的操作，直到填满弧坑为止	适用于薄板焊接

收尾方法	图示	操作要领	适用范围
划圈 收尾法	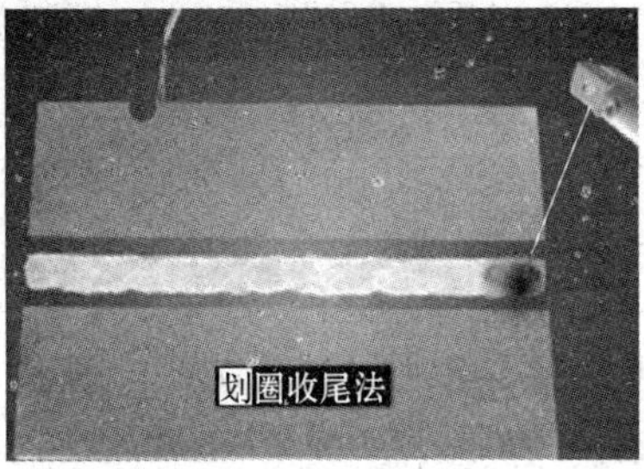 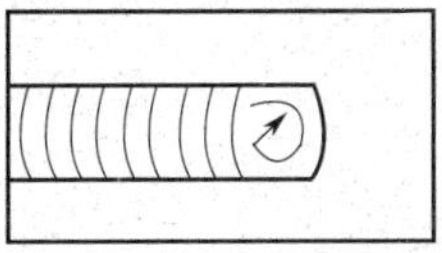 划圈收尾法	当焊至终点时，焊条做划圈运动，直到填满弧坑再熄弧	适用于有黏结特点的碱性焊条焊接厚板。如果用于薄板焊接，则有烧穿焊件的危险
回焊 收尾法	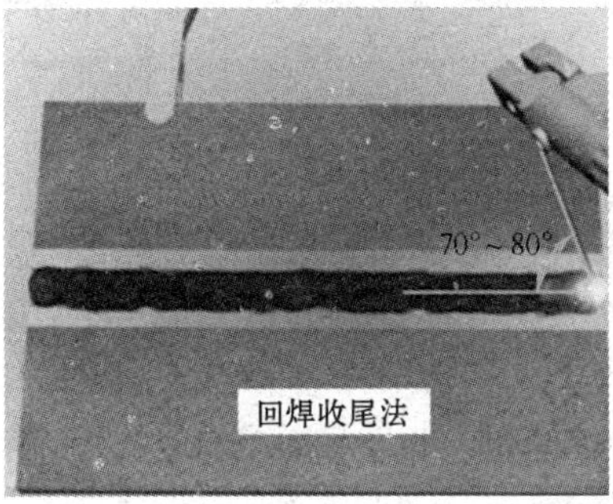 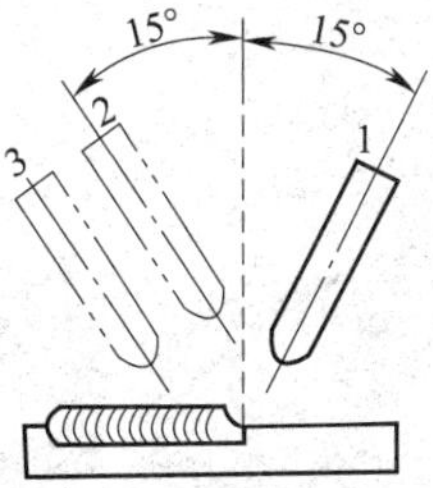 回焊收尾法 70°～80° 15° 15° 3 2 1	当焊至结尾处，不马上熄弧，而是按照来的方向回焊一小段（约5 mm）距离，待填满弧坑后，慢慢拉断电弧	适用于碱性焊条焊接

经验点滴

　　牢记并实践"一短、二度、三电流"的要诀，就会获得满意的平敷焊焊缝。

（1）一短

　　即短弧焊。焊接过程中要始终控制电弧长度比选用的焊条直径 2.0 mm 或 3.2 mm 小。

（2）二度

　　即焊条角度、焊接速度。焊条与焊接前进方向的夹角为 70°～85°，与焊道两侧夹角为 90°。焊接速度要适宜，即每根焊条所焊的焊道长度约为焊条长度的 1/2，并且在整个焊接过程中要保持匀速。

（3）三电流

即过大的焊接电流、过小的焊接电流、适宜的焊接电流。试验过大、过小的焊接电流，分别取电流值的上限、下限，观察并体会熔池的形状与状态。通过多次调试电流，找到适宜的焊接电流，从中体会什么是合适的焊接电流。

三、焊接准备

1. 穿戴劳动保护用品

焊工工作前，要穿戴好劳动保护用品，如工作服、工作帽、面罩、焊工手套、护目镜等。

2. 材料准备

（1）焊条

E4303 型或 E5015 型，直径为 3.2、4.0 mm。

（2）焊件

低碳钢板，尺寸为 300 mm × 150 mm，厚度为 4 ~ 6 mm。

3. 焊机准备

（1）选用焊机

选用 BX1—315 型或 BX3—300 型交流弧焊机，或者选用 ZXG—400 型、ZX7—400 型直流弧焊机。焊条电弧焊所进行的技能训练均采用上述型号的弧焊机。

（2）弧焊机外部接线

应根据焊接工艺的要求确定直流弧焊机的外部线路采用正接法（见图 3-26a）还是反接法（见图 3-26b）。交流弧焊机不需要考虑极性。

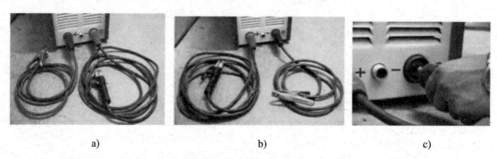

a)　　　　　　　　　　　　b)　　　　　　　　　　　　c)

图 3-26　连接焊接电缆

a）正接法　b）反接法　c）将快速接头插入弧焊机接口处

若直流弧焊机采用反接法，即将装有快速接头的焊钳焊接电缆插入弧焊机的"+"极接口处，再将地线焊接电缆插入弧焊机的"–"极接口处（见图 3-26c）。快速接头插入后，将其向右旋转一下卡紧，焊接电缆连接完毕。

 安全提示

在企业中，规定弧焊机一次线的接线和安装应由电工负责，不允许焊工自行动手操作。

（3）操作前调试

选择焊接电流，初选焊接电流为 160 ~ 180 A；按需要调节推力电流，初选推力电流为 3 ~ 4 A，使焊条不易粘住焊件。

闭合电源开关，电源指示灯亮，冷却风机转动。此时，观察焊机空载电压为 90 V，如果电压正常即可进行引弧操作。

四、引弧技能训练

焊工应用焊钳夹持焊条，保证焊条角度，对准焊件焊接处引燃电弧，并保持一定的弧长，操作姿势如图 3-27 所示。

1. 引弧堆焊

首先在焊件的引弧位置用粉笔画一个直径为 13 mm 的圆，然后用直击引弧法在圆圈内撞击引弧。引弧后，保持适当电弧长度，在圆圈内做 2 ~ 3 次划圈动作后灭弧。待熔化的金属冷却凝固后，再在其上面引弧堆焊，这样反复操作，直到堆起高度约为 50 mm 为止，如图 3-28 所示。

2. 定点引弧

如图 3-29 所示，先用粉笔在焊件上画线，然后在直线的交点处用划擦引弧法引弧。引弧后，焊成直径为 13 mm 的焊点后灭弧。这样不断重复操作，完成若干个焊点的引弧训练。

图 3-27　引弧操作姿势

图 3-28　引弧堆焊

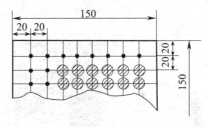

图 3-29　定点引弧

3. 引弧操作注意事项

在引弧过程中，如果焊条与焊件粘在一起，通过晃动不能取下焊条时，应该立即将焊钳与焊条脱离。待焊条冷却后，就很容易将其扳下来。

引弧前，如果焊条端部有药皮套筒，可以用手（应戴手套）将套筒去除，这样引弧就较为快捷。

 做一做

分别用 E4303 型和 E5015 型两种焊条，使用交流、直流弧焊机进行引弧操作。

通过体验可以发现：E4303 型焊条（酸性焊条）选用交流、直流弧焊机均易于引弧；而 E5015 型焊条（碱性焊条）如果选用交流弧焊机很难引弧，仅适用于直流弧焊机。

五、平敷焊技能训练

1. 平敷焊

平敷焊的焊件图如图 3-30 所示，焊件材料为 Q235 钢。

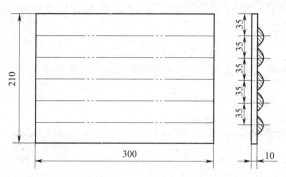

技术要求
1. 保证焊缝宽度约为8。
2. 焊缝余高约为2。
3. 焊缝外形基本平直。

图 3-30　平敷焊的焊件图

平敷焊操作步骤见表 3-25。

表 3-25　　　　　　　　　　　平敷焊操作步骤

操作步骤	图示	说明
清理焊件	—	清理焊件表面的铁锈及污物
画运条轨迹线		在板厚为 10 mm 的焊件上用石笔画出 5 条间隔为 35 mm 的平行直线，作为平敷焊时的运条轨迹
调试焊接电流		1. 调试焊接电流时，旋转弧焊机的焊接电流旋钮，在 100～200 A 范围内调节出合适的焊接电流值 2. 在钢板上进行试焊，观察熔池熔化状态
平敷焊操作		用划擦引弧法或直击引弧法引燃电弧，然后分别用直线形运条法和锯齿形运条法，沿焊接轨迹线进行平敷焊操作 进行起头、接头和收尾操作训练
焊后处理		每条焊缝焊完后均应清理熔渣，分析焊接中的问题，提出相应的解决措施

2. 平敷断续焊

平敷断续焊的焊件图如图3-31所示，焊件材料为Q235钢。要求：在钢板正、反面的运条轨迹线处进行平敷断续焊，即正面平敷焊完成后翻转焊件，在焊件背面继续进行平敷焊；焊缝基本平直，接头圆滑，收尾处弧坑填满。

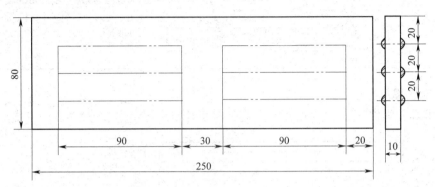

技术要求

1. 焊缝宽度c=10～12。
2. 焊缝余高h=1～2。

图3-31 平敷断续焊的焊件图

平敷断续焊操作步骤见表3-26。

表3-26　　　　　　　　　　　　　平敷断续焊操作步骤

操作步骤	图示	说明
清理焊件	—	清理焊件表面的铁锈及污物
画运条轨迹线		在板厚为10 mm的焊件上，按图样的尺寸要求用石笔画出平敷断续焊的运条轨迹线
调试焊接电流		1. 在100～200 A范围内调试焊接电流 2. 在钢板上进行试焊
平敷断续焊操作		用划擦引弧法或直击引弧法引燃电弧 分别采用直线形运条法、锯齿形运条法、月牙形运条法和圆圈形运条法进行焊接操作，完成起头、接头和收尾操作训练。保证每段焊缝有一处接头

操作步骤	图示	说明
焊后处理		每条焊缝焊完后，清理熔渣及飞溅物，检查焊缝质量，分析焊接中的问题，提出相应的解决措施

3. 平敷堆焊

平敷堆焊的焊件图如图 3-32 所示，焊件材料为 Q235 钢。要求焊缝表面基本平直。

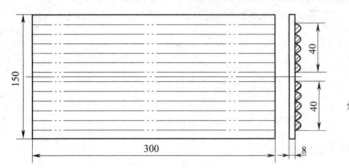

技术要求
焊缝余高 h=2~3。

图 3-32 平敷堆焊的焊件图

平敷堆焊操作步骤见表 3-27。

表 3-27 平敷堆焊操作步骤

操作步骤	图示	说明
清理焊件	—	清理焊件表面的铁锈及污物
画运条轨迹线		在板厚为 8 mm 的焊件上，按图样的尺寸要求用石笔画出平敷堆焊的运条轨迹
调试焊接电流		1. 在 100 ~ 200 A 范围内调试焊接电流 2. 在钢板上进行试焊

操作步骤	图示	说明
平敷堆焊操作		焊接操作训练同平敷焊和平敷断续焊，每条焊道应覆盖前一条焊道 1/3 ~ 1/2，控制每组堆焊焊道宽度为 40 mm
焊后处理	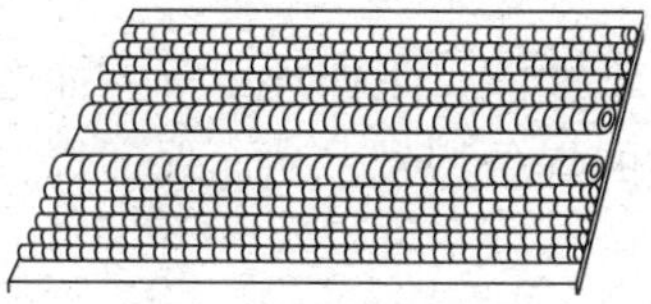	每条焊缝焊完后，清理熔渣及飞溅物，检查焊缝质量，分析焊接中的问题，提出相应的解决措施

安全提示

（1）正确穿戴劳动保护用品

1）焊接操作时，工作服的衣领和袖口应扣好，上衣应罩在工作裤外边。工作服不应有破损、孔洞和缝隙。焊接时，不允许穿着有油脂或潮湿的工作服。

2）电焊手套和焊工防护鞋应干燥，无破损。

3）为防止电弧辐射引起电光性眼炎，操作时应注意个人防护。正确选择电焊防护面罩上护目玻璃的型号。气焊、气割操作时，应正确选择防护镜的镜片。

4）每次使用面罩或护目镜时，都应检查其遮挡眼睛是否严密，应避免漏光。

（2）严格执行焊接安全规程

焊接前，应对焊接场地、焊接工具进行安全检查。

1）焊接场地的设备、工具、材料必须排列整齐，不得乱堆、乱放。焊接电缆线不允许互相缠绕。如果电缆线发生缠绕，必须将其分开。

2）焊接场地周围 10 m 范围内不允许存放易燃、易爆物品。若未彻底清理或未采取有效防护措施，不能进行焊接作业。

3）各工位间应设防护屏。

4）焊接前，应检查电焊钳与焊接电缆接头处是否牢固。避免因为接触不良而使电焊钳发热、变烫，影响焊工的操作。此外，应检查钳口是否完好，以免影响焊条的夹持。

5）检查锤头是否松动，避免在锤击中锤头甩出伤人。

6）检查錾子的边缘有无毛刺、裂纹。如果有毛刺或裂纹，应及时清除，防止錾子使用中出现碎块而飞出伤人。

课题3 平角焊操作

一、焊接参数

焊接参数（又称焊接规范）是指焊接时为保证焊接质量而选定的各项参数（如焊接电流、电弧电压、焊接速度、热输入等）的总称。

焊条电弧焊的焊接参数通常包括焊条的选择、焊接电流、电弧电压、焊接速度、焊接层数、热输入等。正确选择焊接参数是获得质量优良的焊缝和较高生产效率的关键。

1. 焊条的选择

（1）焊条型号的选择

通常综合考虑所焊钢材的化学成分、力学性能、工作环境等方面的要求，以及焊接结构承载的情况和弧焊设备的条件等，选择合适的焊条型号，从而保证焊缝金属的性能要求。

（2）焊条直径的选择

焊条直径的选择与下列因素有关：

1）焊件的厚度。当焊件厚度大于 5 mm 时，应选择直径为 4.0 mm、5.0 mm 的焊条；反之，焊接薄焊件时则应选用直径为 2.5 mm、3.2 mm 的焊条。

2）焊缝的位置。在板厚相同的条件下，平焊焊缝选用的焊条直径比其他位置焊缝大一些，但一般不超过 5 mm；立焊一般使用 ϕ3.2 mm、ϕ4.0 mm 的焊条；仰焊、横焊时，为避免熔化金属下淌，能够得到较小的熔池，选用的焊条直径不超过 4 mm。

3）焊接层数。进行多层焊时，为保证第一层焊道根部焊透，打底层焊接应选用直径较小的焊条，以后各层可选用直径较大的焊条。

4）接头形式。搭接接头、T 形接头因不存在全焊透问题，所以应选用较大的焊条直径，以提高生产效率。

2. 焊接电流

焊接时，适当加大焊接电流，可以加快焊条的熔化速度，从而提高工作效率。但是过大的焊接电流会造成焊缝咬边、焊瘤、烧穿等缺陷，而且金属组织还会因过热发生性能变化。如果焊接电流过小，则易造成夹渣、未焊透等缺陷，降低焊接接头的力学性能。所以，应选择合适的焊接电流。选择焊接电流的主要依据是焊条直径、焊缝位置、焊条类型，可凭焊接经验来调节合适的焊接电流。

（1）根据焊条直径选择

焊条直径一旦确定下来，也就限定了焊接电流的选择范围。不同的焊条直径均有不同的许用焊接电流范围。如果超出焊接电流许用范围，就会直接影响焊件的力学性能。

一般可以根据下列经验公式来确定焊接电流范围，再通过试焊，逐步得到合适的焊接电流。

$$I_h = （30 \sim 55）d$$

式中 I_h——焊接电流，A；

d——焊条直径，mm。

（2）根据焊缝位置选择

在焊条直径相同的条件下，平焊时熔池中的熔化金属容易控制，可以适当地选择较大的焊接电流；立焊和横焊时的焊接电流比平焊时应减小 10% ~ 15%；而仰焊时要比平焊减小 10% ~ 20%。

（3）根据焊条类型选择

在焊条直径相同时，奥氏体不锈钢焊条使用的焊接电流要比非合金钢及细晶粒钢焊条小些；否则，会因其焊芯电阻热过大使焊条药皮过热而脱落。碱性焊条要比酸性焊条使用的焊接电流小些；否则，焊缝中易形成气孔。

（4）根据焊接经验选择

1）焊接电流过大。此时，焊接爆裂声大，熔滴向熔池外飞溅；而且熔池也大，焊缝成形宽而低，容易产生烧穿、焊瘤、咬边等缺陷。运条过程中，熔渣不能覆盖熔池起保护作用，而使熔池裸露在外，造成焊缝成形波纹粗糙。过大的电流使焊条熔化到大半根时，余下部分焊条均已发红。

2）焊接电流过小。此时，焊缝窄而高，熔池浅，熔合不良，会产生未焊透、夹渣等缺陷；还会出现熔渣超前，与液态金属分不清的现象。有时焊条会与焊件黏结。

3）焊接电流合适。此时，熔池中会发出"嗞嗞"的声音。运条过程中，以正常的焊接速度移动，熔池半盖、半露，液态金属和熔渣容易分清。焊缝金属与母材圆滑过渡，熔合良好。焊接操作过程比较顺利。

3. 电弧电压

焊条电弧焊时，电弧电压主要由电弧长度决定。电弧长，电弧电压就高；电弧短，电弧电压就低。

在焊接过程中，如果电弧过长，则电弧燃烧不稳定，飞溅增多，焊缝成形不易控制。尤其对熔化金属的保护不利，有害气体的侵入将直接影响焊缝金属的力学性能。因此，焊接时应该使用短弧焊接。所谓短弧，一般电弧长度是焊条直径的 0.5 ~ 1.0 倍。

4. 焊接速度

单位时间内完成的焊缝长度称为焊接速度。焊条电弧焊的焊接速度是由焊工控制的。焊接速度会直接影响焊缝成形的优劣和焊接生产效率。因此，焊工应根据焊件的要求，在焊接过程中凭焊接操作经验灵活调节焊接速度及电弧长短，以保证焊接质量。

5. 焊接层数

当焊件较厚时往往需要多层焊。多层焊时，后层焊道对前层焊道重新加热并与其部分熔合，可以消除前层焊道存在的偏析、夹渣及一些气孔。同时，后层焊道还对前层焊道有热处理作用，能改善焊缝的金属组织，提高焊缝的力学性能。因此，一些重要的结构应采用多层焊，每层厚度最好不大于 4 mm。

6. 热输入

热输入是指熔焊时由焊接能源输入给单位长度焊缝的能量。电弧焊时，焊接能源是电弧。通过电弧将电能转换为热能，利用热能来加热及熔化焊条和焊件。实际上，电弧所产生的热量总有一些损耗（如飞溅带走的热量，辐射、对流到周围空间的热量，熔渣加热和蒸发所消耗的热量等），即电弧功率中有一部分能量损失。真正加热焊件的有效功率为：

$$q_0 = \eta I U$$

式中　q_0——电弧有效功率，J/cm；
　　　η——电弧有效功率系数；
　　　I——焊接电流，A；
　　　U——电弧电压，V。

各种电弧焊方法在通用焊接参数条件下的电弧有效功率系数 η 值参见表3-28。

表3-28　　　　　　　　　各种电弧焊方法有效功率系数 η 值

弧焊方法种类	η
直流焊条电弧焊	0.75 ~ 0.85
交流焊条电弧焊	0.65 ~ 0.75
埋弧自动焊	0.80 ~ 0.90
CO_2 气体保护焊	0.75 ~ 0.90
钨极氩弧焊	0.65 ~ 0.75
熔化极氩弧焊	0.70 ~ 0.80

由上式可知，当焊接电流大，电弧电压高时，电弧的有效功率就大。但是这并不等于单位长度的焊缝上所得到的能量就会多。这是因为焊件受热程度还受焊接速度的影响。在焊接电流、电弧电压不变的条件下，加大焊接速度，焊件受热程度减轻。因此热输入为：

$$q=\eta IU/v$$

式中　q——热输入，J/cm；
　　　v——焊接速度，m/h。

【例】有一批低碳钢焊接构件，钢板厚度为 12 mm，不开坡口，采用埋弧自动焊。焊接参数：焊丝直径为 4 mm，焊接电流为 550 A，电弧电压为 36 V，焊接速度为 32 m/h。试计算焊接时的热输入。

解：已知 I=550 A，U=36 V，v=32 m/h ≈ 8.9 mm/s，查表3-28得有效功率系数 η 值为 0.8 ~ 0.9，取 η=0.85。

$q=\eta IU/v=0.85\times550\times36/8.9 \approx 1\ 891$ J/mm

答：焊接时的热输入为 1 891 J/mm。

由图3-33所示可以看出，当焊接电流增大或焊接速度减慢时，焊接热输入增大，过热区的晶粒粗大，冲击韧度严重降低；反之，热输入趋小时，硬度虽有所提高，但韧性变差。因此，对于不同钢种和不同焊接方法存在一个最佳的焊接参数。例如，图3-33所示 20Mn 钢（板厚为 16 mm，堆焊），在热输入 q=30 kJ/cm 左右，可以保证焊接接头具有最好的韧性。当热输入值大于或小于 30 kJ/cm 时进行焊接，都会引起 20Mn 钢焊接区域的塑性和韧性下降。

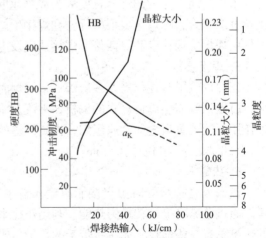

图3-33　焊接热输入对 20Mn 钢
过热区性能的影响

由上述可知，热输入对焊接接头会产生一定的影响。由于不同钢材的热输入最佳范围不同，因此，需要通过一系列试验来确定合适的热输入和焊接参数。此外，即使热输入相同，不同钢材的焊接电流、焊接电压、焊接速度的数值也不一定相同。如果这些参数配合不合理，就无法获得性能良好的焊缝。因此，要在合理的焊接参数范围内反复试焊，才能确定最佳的热输入。

二、角焊缝

在焊接结构中，除了大量采用对接接头外，还广泛采用 T 形接头、搭接接头和角接接头等接头形式，如图 3-34 所示。这些接头形成的焊缝称为角焊缝。角焊缝是指沿两个直交或近似直交零件的交线所焊接的焊缝。角焊缝又分直角焊缝和斜角焊缝。角焊缝各部位的名称如图 3-35 所示。这些接头对于平焊位置角焊缝的焊接称为平角焊。

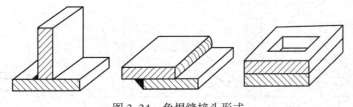

图 3-34　角焊缝接头形式

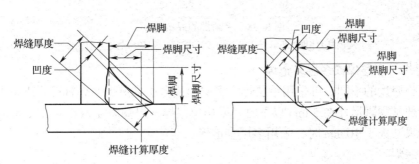

图 3-35　角焊缝各部位的名称

除了焊接缺陷应在技术条件允许范围内外，进行角焊时主要要求角焊缝的焊脚尺寸符合技术要求，以保证接头的强度。一般焊脚尺寸应为被焊金属板厚度的 75%。如果焊接两块不同厚度的金属板，则以较薄板的厚度作为参考依据。

角焊缝按其截面形状可分为直角等腰角焊缝、凹形角焊缝、凸形角焊缝、不等腰角焊缝，如图 3-36 所示。应用最多的是直角等腰角焊缝，焊接时应力求焊出这种形状的角焊缝。

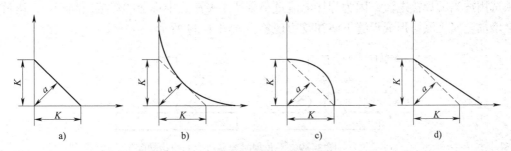

图 3-36　角焊缝的截面形状

a）直角等腰角焊缝　b）凹形角焊缝　c）凸形角焊缝　d）不等腰角焊缝

K—焊脚尺寸　a—焊缝计算厚度

三、平角焊的操作方法

平角焊操作方法如图 3-37 所示。

1. 正确运用焊条角度

平角焊比较容易产生未焊透、焊缝偏下及咬边等缺
陷。焊接时，必须根据两块板的厚度来调整焊条的角度，
如图 3-38 所示。焊接不同板厚的平角焊缝时，电弧应偏
向于厚板的一边，使厚板所受热量增加。通过调节焊条
角度，使厚板和薄板的受热趋于均匀，以保证接头熔合
良好。

图 3-37　平角焊操作方法

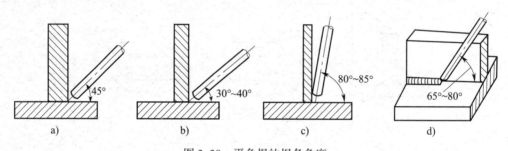

图 3-38　平角焊的焊条角度

a）两板厚度相同　b）、c）两板厚度不同　d）焊条与前进方向的夹角

2. 单层焊、多层焊或多层多道焊

根据两板厚度的不同，可采用单层焊、多层焊或多层多道焊。焊脚尺寸决定焊接层数和
焊道数量。通常焊脚尺寸在 5 mm 以下时，采用单层焊；焊脚尺寸为 6 ~ 10 mm 时，采用多
层焊；焊脚尺寸大于 10 mm 时，采用多层多道焊。

（1）单层焊

可选择 ϕ4.0 mm 或 ϕ5.0 mm 的焊条，采用斜圆圈形或直线形运条法。焊接时，保持短
弧，焊接速度要均匀。焊条与平板的夹角为 45°，与焊接方向的夹角为 70° ~ 80°。

运条过程中，要始终注视熔池的熔化情况。一方面，要保持熔池在接口处不偏上或偏
下，以便使立板与平板的焊道充分熔合；另一方面，保证熔渣对熔池的保护作用，既不超
前，也不拖后。

运条时通过焊接速度的调整和焊条的适当摆动，保证焊件所要求的焊脚尺寸。另外，还
必须选用适当的焊接电流，因为焊接电流过小会产生夹渣、未焊透的焊接缺陷；焊接电流过
大会增加金属飞溅，形成焊缝下坠和咬边现象，如图 3-39 所示。

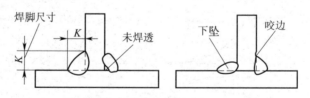

图 3-39　平角焊时容易产生的焊接缺陷

平角焊的单层焊有一种操作方法简便易行：只要将焊条端头的套筒边缘靠在接口的夹角处，并轻轻地施压，随着焊条的熔化，焊条便会自然而然地向前移动，如图 3-40 所示。这种操作容易掌握，而且焊缝成形也很美观。

图 3-40　平角焊简易操作方法

（2）多层焊

平角焊的多层焊如图 3-41 所示。焊接第一层时，采用直线形运条法焊接，选择 ϕ3.2 mm 或 ϕ4.0 mm 的焊条，焊接电流应稍大些（100 ~ 120 A），以达到一定的熔透深度。焊接后面各层焊道前，必须认真清理前层焊道的熔渣，选择 ϕ4.0 mm 或 ϕ5.0 mm 的焊条，以便加大焊道的熔宽，焊接电流比使用小直径焊条所用的电流大一些。

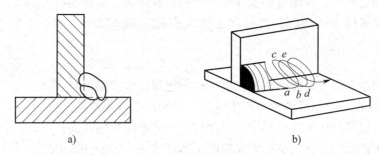

a)　　　　　　　　　　　　　　　　b)

图 3-41　平角焊的多层焊

a）两层焊　b）多层焊的斜圆圈形运条法

采用斜圆圈形或斜锯齿形运条法。运条必须有规律，注意焊道两侧的停顿节奏；否则，容易产生咬边、夹渣、边缘熔合不良等缺陷。收尾时要填满弧坑。

操作技法

斜圆圈形运条法如图 3-41b 所示。操作时由 a 至 b 要慢，焊条做微微的往复前移动作，以防熔渣超前；由 b 至 c 稍快，以防熔化金属下淌；在 c 处稍作停顿，以填入适量的熔滴，避免咬边；由 c 至 d 稍慢，并保持各熔池之间 1/2 ~ 2/3 的搭接量，以利于焊道的成形；由 d 至 e 稍快，到 e 处稍作停顿。如此反复运条，焊道收尾时填满弧坑。

（3）多层多道焊

当焊脚尺寸大于 10 mm 时，如果采用多层焊，会由于焊缝表面较宽，熔化金属量增多，而产生熔化金属下坠的焊接缺陷，从而影响焊接质量。因此，应采用多层多道焊。如图 3-42 所示为两层三道焊。

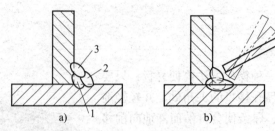

图 3-42 多层多道焊（两层三道）

a）焊道的排列顺序 b）焊条角度的选择

1—第一层第一条焊道 2—第二层第二条焊道 3—第二层第三条焊道

焊接时，焊条可不做任何摆动，但运条速度必须均匀，特别要注意各焊道的排列顺序（见图 3-42a）。焊接第一层焊道时，应采用较大的焊接电流，以保证有较大的熔深；焊接第二层第二条焊道时，控制其覆盖第一层焊道 1/2 ~ 2/3，并保证焊脚尺寸，焊接速度要慢些；焊接第二层第三条焊道时，焊道要细些，以控制整体焊缝外形平整、圆滑，焊接速度要快些，可避免因温度升高使立板产生咬边现象。

多层多道焊过程中，应随每一条焊道所处的位置来调整焊条角度（见图 3-42b）。多层多道焊时，为提高工作效率可采用 ϕ5.0 mm 的焊条。

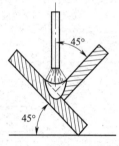

图 3-43 船形焊

3. 船形焊

在实际生产中，如果焊件能翻转，应尽可能把焊件放成船形位置焊接，如图 3-43 所示。这样能避免产生咬边和焊脚偏下等焊接缺陷，同时操作方便。这种焊接方式可使用大直径焊条和大电流焊接，而且能一次焊成较大截面的焊缝，从而大大提高了生产效率，容易获得平整、美观的焊缝。

4. 角焊缝的焊接

搭接接头的焊缝也是一种角焊缝。其焊接方法与 T 形接头相似。其焊接的主要困难是上板的边缘容易受电弧高热熔化而产生咬边，同时焊缝容易产生焊脚偏下缺陷。因此，必须很好地掌握焊条角度和运条方法，如图 3-44 所示。根据板厚不同，搭接接头的平角焊也可分为单层焊和多层焊。焊接时焊条直径和运条方法的选择与 T 形接头相同。

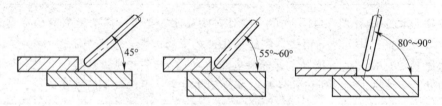

图 3-44 平角焊搭接时焊条角度的选择

角接接头的内侧焊缝为角焊缝，操作时与 T 形接头相同；其外侧焊缝与对接焊缝相似，有一块板是垂直方向的。操作时焊条角度如图 3-45 所示，应尽可能使两边焊件熔化程度相同。

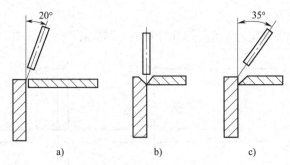

图 3-45　角接接头焊接时的焊条角度

a）无坡口　b）双面坡口　c）单面坡口

经验点滴

　　平角焊前装配焊件时，要考虑到焊件焊后产生变形的可能性，采取适当预留变形量的办法（反变形法），如图 3-46a 所示；还可以在焊件施焊的另一侧用型钢临时固定焊牢（见图 3-46b）（刚性固定法），待焊件焊完后再取下，以减少焊后变形。

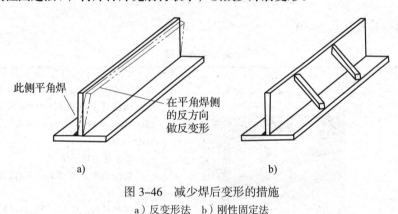

图 3-46　减少焊后变形的措施

a）反变形法　b）刚性固定法

5. 平角焊常见焊接缺陷和预防措施

平角焊时焊接缺陷的产生原因及预防措施见表 3-29。

表 3-29　　　　　　　　　　　平角焊时焊接缺陷的产生原因及预防措施

缺陷	产生原因	预防措施
咬边	焊接电流过大，电弧过长	通过试焊调整合适的焊接电流
	焊条角度偏小	压住电弧，纠正焊条角度
夹渣	焊接电流过小，熔渣来不及浮出	通过试焊调整合适的焊接电流
	各层间清渣不彻底	各层间要认真清渣
焊缝偏下	焊条角度过大，使电弧偏下	纠正焊条角度
	焊接电流过大	调整合适的焊接电流

四、平角焊技能训练

平角焊的焊件图如图 3-47 所示。焊件材料为 Q235 钢。

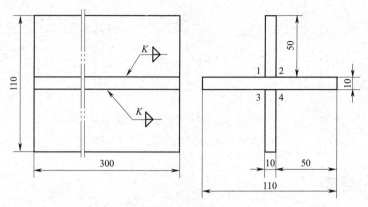

技术要求

1. 十字形接头焊后板间要保持相互垂直。
2. 角焊缝截面应为等腰直角三角形。
3. 角焊缝 1、2、3、4 的焊脚尺寸 K 分别为 6、10、14、16。

图 3-47　平角焊的焊件图

平角焊操作步骤见表 3-30。

表 3-30　　　　　　　　　　　　　　　平角焊操作步骤

操作步骤	图示	说明
制备焊件（剪切、装配、定位焊）		1. 按图样要求剪切 Q235 钢板，一块尺寸为 300 mm×110 mm×10 mm，两块尺寸为 300 mm×50 mm×10 mm 2. 矫平并清理干净 3. 装配成十字形接头，不留间隙，立板与平板相互垂直 4. 在焊件两端前后对称定位焊，定位焊缝的长度均为 10～15 mm
焊缝 1：单层焊		选用 φ4.0 mm 的 E4303 型焊条。将焊件水平摆放在操作台上，采用直线形运条法，单层焊接焊缝 1，并保证 6 mm 的焊脚尺寸
焊缝 2：两层焊		待焊件冷却后，采用两层焊焊接焊缝 2 焊接第一层焊道时，焊接操作同单层焊，然后清除熔渣。焊接第二层焊道时，采用斜锯齿形运条法，保证 10 mm 的焊脚尺寸

操作步骤	图示	说明
焊缝3：三层五道焊	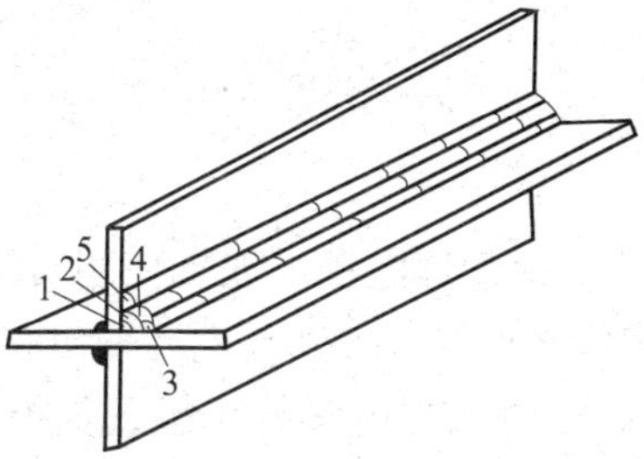	将焊件翻转过来，采用三层五道焊焊接焊缝3 前两层的焊接操作同多层焊 第三层采取三条堆焊，按照焊道序号顺序焊接，均用直线形运条法，并保证14 mm的焊脚尺寸
焊缝4：多层船形焊	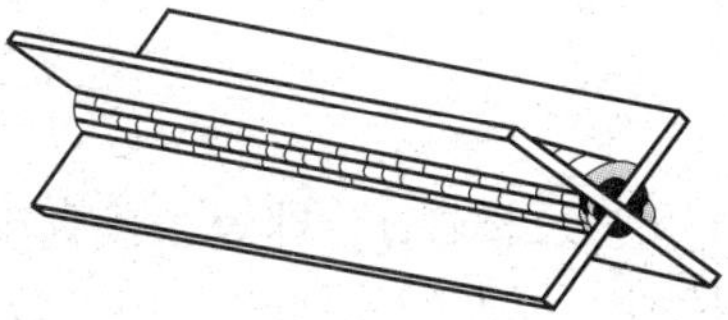	将焊件转动成船形焊位置，焊接焊缝4 第一层焊道采用ϕ4.0 mm的焊条，焊接电流为180 A（比平角焊时大些），焊条在两板夹角处保持垂直状态，与前进方向成80°～85°角，采用直线形运条法 其他各层焊道可以选用ϕ5.0 mm的焊条，依次采用锯齿形、月牙形或正圆圈形运条。焊接电流依次比前一层调大10%左右。通过多层焊接，直至达到所要求的16 mm焊脚尺寸
焊后处理	—	焊后清理熔渣及飞溅物，检查焊缝质量，分析焊接中的问题，提出相应的解决措施

 安全提示

（1）操作时，必须严格执行焊接安全规程。

（2）电弧辐射能引起电光性眼炎，操作时应注意个人防护，并且各工位间应设防护屏。

想一想

如果平角焊件所要求的焊脚尺寸较大，需采取多层多道焊才能完成此焊缝。想一想，焊接层数及焊道都较多时，选用以下哪种方式清理熔渣更合适，并说出分别采用两种清渣方式时最外层焊缝成形的情况。

方式1： 焊接过程中各层间熔渣等待焊接结束后一起清理。

方式2： 每层每道焊接后都立即清渣。

一、焊接电源极性的选择

1. 焊接电源的极性

在焊接操作前，要根据所焊接的焊件来选择弧焊电源。如果使用直流弧焊电源焊接时，要选择电源的极性（正极性或反极性），即焊件和焊条分别与电源输出端正极、负极的连接方式。如果使用交流弧焊电源焊接，由于交流电弧焊电源的正极、负极以正弦波形不断变化，因此不用考虑极性接法。

（1）正接

如图 3-48a 所示为直流电弧焊的正接（又称正极性），即焊件接直流电源的正极（+），焊条接直流电源的负极（-）。直流电弧焊的正接常用于焊接较厚的钢板，可获得较大的熔深。

（2）反接

如图 3-48b 所示为直流电弧焊的反接（又称反极性），即焊条接直流电源的正极（+），焊件接直流电源的负极（-）。采用直流反接时，焊件的受热比采用直流正接时要小，因此焊接较薄的钢板时可以防止烧穿。同时，采用直流反接可减少飞溅现象及减小气孔倾向，使电弧稳定燃烧。

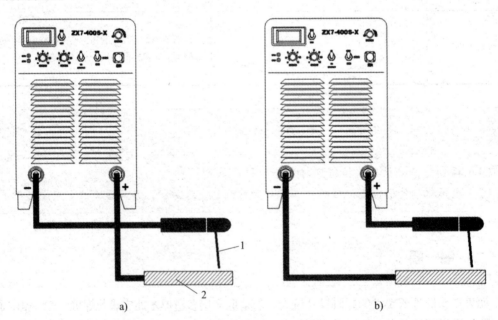

图 3-48　直流电弧焊的正接与反接
a）正接　b）反接
1—焊条　2—焊件

2. 不同类型焊条焊接电源的应用

（1）酸性焊条的焊接电源

如果使用酸性焊条，可选用交流或直流弧焊电源。焊接电源的极性主要根据焊条的性质和焊件所需的热量来决定。由前述电弧构造中已知，当阳极和阴极的材料相同时，焊条电弧焊阳极区的温度高于阴极区的温度。因此，在使用酸性焊条（如 E4303 型）时，利用电源的不同极性来焊接不同要求的焊件。直流正极性常用于焊接较厚的钢板，以获得较大的熔深；直流反极性用于焊接薄钢板，可以防止烧穿。如果采用酸性焊条且使用交流弧焊机作为焊接电源时，其熔深则介于直流正极性和反极性之间。

（2）碱性焊条的焊接电源

使用碱性低氢钠型（如 E5015 型）焊条时，无论焊件厚与薄，均应采用直流反接。因为这样可以减少飞溅现象及减小气孔倾向，并使电弧稳定燃烧。

二、影响焊接电弧稳定性的因素

焊接电弧的稳定性是指电弧保持稳定燃烧（即不产生断弧、飘移和偏吹等）的程度。电弧的稳定燃烧是保证焊接质量的一个重要因素。电弧不稳定除受焊工操作技术熟练程度影响外，还与下列因素有关：

1. 弧焊电源的影响

采用直流电源焊接时，电弧燃烧比采用交流电源稳定。此外，具有较高空载电压的焊接电源不仅引弧容易，而且电弧燃烧也稳定。这是因为焊接电源的空载电压较高，电场作用强，电离及电子发射强烈。

2. 焊接电流的影响

焊接电流越大，电弧的温度就越高，电弧气氛中的电离程度和热发射作用就越强，电弧燃烧也就越稳定。试验结果表明：随着焊接电流的增大，电弧的引燃电压降低；同时，随着焊接电流的增大，灭弧的最大弧长也增大。因此，焊接电流越大，电弧燃烧越稳定。

3. 焊条药皮或焊剂的影响

在焊条药皮或焊剂中加入易电离的物质（如 K、Na、Ca 的氧化物），能增加电弧气氛中的带电粒子，这样就可以提高气体的导电性，从而提高电弧燃烧的稳定性。

如果焊条药皮或焊剂中含有氟化物（CaF_2）及氯化物（KCl、NaCl）时，由于它们较难电离，降低了电弧气氛的电离程度，会使电弧燃烧不稳定。

三、平对接焊的操作方法

1. 定位焊的要求

定位焊缝一般要形成最终焊缝，因此选用的焊条应与正式焊接所用焊条相同。定位焊缝余高不能过大。如果定位焊缝有开裂、未焊透、超高等缺陷，必须铲除或打磨，必要时重新进行定位焊。

2. I 形坡口平对接焊

装配焊件时，应保证两板对接处平齐，无错边。根部间隙为 1 ~ 2.5 mm。定位焊缝可以短些，其间距由焊件厚度来决定。如果板厚为 3 mm 左右，定位焊缝间距为 70 ~ 100 mm；如果板厚大于 6 mm，可以在焊件两端焊牢。

焊接时，首先进行正面焊缝的焊接，根据焊件厚度选择焊条直径和相应的焊接电流。如果焊件较薄，应选择小直径焊条；如果焊件较厚，选择稍大直径的焊条，以保证正面焊缝的熔深达到板厚的 2/3。正面焊缝焊完后，将焊件翻转，清理干净熔渣。焊接背面焊缝时，可适当加大焊接电流，保证与正面焊缝内部熔合，避免产生未焊透的现象。

在焊接过程中，采用直线形运条或直线往复运条法运条。为了获得较大的熔深和宽度，运条速度可以慢一些，或者焊条微微地摆动。焊条角度如图 3-49 所示。焊缝外形尺寸的要求如图 3-50 所示。

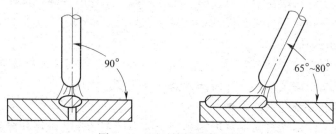

图 3-49　平对接焊焊条角度

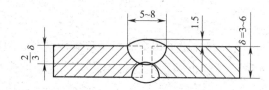

图 3-50　I 形坡口焊缝尺寸要求

焊接厚度小于 3 mm 的薄焊件时往往会出现烧穿现象，因此装配时可不留间隙，定位焊缝呈点状密集形式。操作中，采用短弧和快速直线往复运条法。为避免焊件局部温度升高，可以分段焊接。必要时也可以将焊件一头垫起，使其倾斜 5° ~ 10° 进行下坡焊。这样可以提高焊接速度，减小熔深，防止烧穿和减小变形。

3. V 形坡口平对接焊

与 I 形坡口平对接焊比较，V 形坡口平对接焊需要在坡口内进行多层焊，如图 3-51 所示。焊接第一层焊道时，选用直径较小的焊条（一般为 $\phi3.2$ mm）。间隙小时，用直线形运条法；间隙大时，用直线往复运条法，以防止烧穿。

底层焊接后清理干净熔渣，顺序焊接以后各层。此时，应选用 $\phi4$ mm 或 $\phi5$ mm 的焊条，焊接电流也应相应加大。如果第二层焊道不宽，可采用直线形或小锯齿形运条，以后各层采用锯齿形运条，但摆动幅度应逐渐加宽。摆动到坡口两侧时，焊条稍作停顿，以保证与母材的良好熔合。焊接盖面层时，应通过焊条的摆动熔合坡口两侧 1 ~ 1.5 mm 的边缘，以控制焊缝宽度。

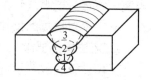

图 3-51　V 形坡口的多层焊

应将每层焊道控制在 3 ~ 4 mm 的厚度；各层之间的焊接方向应相反；其接头相互错开 30 mm；同时要控制层间温度，最好不超过 180 ℃，以保证焊接接头的各项力学性能指标。

V 形坡口对接平焊时，焊件处于俯焊位置，填充层焊接和盖面层焊接与其他焊接位置相比操作比较容易。但是，焊接第一层时，重力作用下的熔化金属受到电弧吹力，容易使焊道背面产生焊瘤、烧穿等缺陷，如图 3-52 所示。

在实际操作中，一般可以采取灭弧焊法来控制熔池温度和熔池形状来保证焊接质量。如果采取连弧焊法，一般应采用较小的根部间隙、合适的焊接电流及与电流相适应的焊接速度，加上熟练的运条动作，就可以获得均匀的背面焊缝。

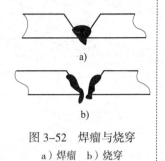

图 3-52　焊瘤与烧穿
a）焊瘤　b）烧穿

4. 板对接平位单面焊双面成形

锅炉和压力容器等重要构件要求在构件的厚度方向完全焊透。大型容器可以采取双面焊接工艺；直径较小的容器因无法进入内部施焊，则要采用单面焊双面成形方法。单面焊双面成形焊接方法是指采用普通焊条，以特殊的操作方法在坡口的正面进行焊接，焊后保证坡口正面和反面都能得到均匀整齐、成形良好、符合焊接质量要求的焊缝的操作方法。这种焊接方法多用于 V 形坡口平对接焊、容器壳体板状对接焊、小直径容器环缝及管道对接焊、容器接管的管板焊接。

（1）准备焊件

将开成 V 形坡口的焊件表面清理干净，露出金属光泽，然后锉削钝边，其尺寸为 0.5 ~ 1.5 mm，最后在距坡口边缘一定距离（50 mm）的位置用划针划一条平行线，作为焊后测量焊缝在坡口每侧增宽的基准线。

（2）焊件装配

将两块钢板装配成 V 形坡口的对接接头，起焊处的根部间隙为 3.2 mm，终焊处为 4 mm，如图 3-53 所示。装配时，可分别用直径为 3.2 mm、4.0 mm 的焊芯夹在焊件两端。放大终焊端的间隙是考虑到焊接过程中的横向收缩量，以保持熔透坡口根部所需要的间隙。将组对好间隙的焊件在距端头 20 mm 内进行定位焊，定位焊缝长 10 ~ 15 mm。

（3）反变形

由于 V 形坡口具有不对称性，只在一侧焊接，焊缝在厚度方向横向收缩不均匀，钢板会向上翘起产生角变形，如图 3-54 所示。其大小用变形角 α 来表示。由于要求焊缝变形角控制在 3° 以内，因此，采用反变形法来预防焊后的角变形，即焊前将组对好的焊件向焊后角变形的相反方向折弯一定的反变形量。反变形量一般凭经验确定。用一根水平尺放在焊件两侧（钢板宽度为 125 mm 时），中间的空隙刚好放置一根直径为 4 mm 的焊条（包括药皮）并能通过，如图 3-55 所示。

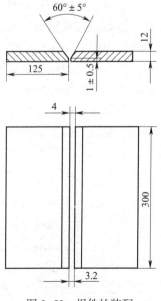

图 3-53　焊件的装配

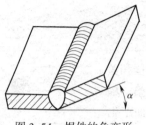

图 3-54　焊件的角变形

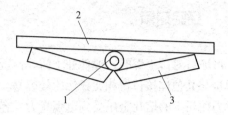

图 3-55　反变形量的测定方法
1—焊条（直径为 4 mm）　2—水平尺　3—焊件

（4）操作方法

单面焊双面成形焊件的背面焊缝是否符合质量要求，关键在于打底层的焊接。打底层的焊接方式主要有灭弧法、连弧法。

1）灭弧法。灭弧法是通过控制电弧的不断燃烧和不断灭弧的时间以及运条动作来控制熔池形状、熔池温度以及熔池中液态金属厚度的单面焊双面成形方法。它主要通过调节燃弧和熄弧时间来控制熔池温度、形状及填充金属的厚度，以获得良好的背面成形和内部质量。焊接时，采用短弧，焊条与焊接方向的夹角为 30° ~ 50°，电弧引燃、熄灭的节奏应一致（一般焊接时间为 0.8 ~ 1.2 s）。

正式焊接前先在试板上试焊，检查电流是否合适及焊条有无偏吹现象。确认无误后，从焊件间隙较小的那一端引弧，经过长弧预热，然后立即压低电弧，可看到定位焊缝及坡口根部金属熔化形成的熔池，并听到"噗噗"声，这时应立即灭弧。当熔池的熔化金属颜色由亮变暗的瞬间，迅速在熔池的 2/3 处引弧，从坡口一侧运条到另一侧，稍作停顿，然后向后方灭弧。当新熔池颜色刚变暗时，立即在刚熄弧的坡口一侧位置引弧，压弧焊接后再运条到另一侧，并稍作停顿，听到"噗噗"声再立即灭弧。这样左右击穿，周而复始，直至完成打底焊。

灭弧法要求每一个熔滴都要准确送到欲焊位置，燃弧、灭弧节奏应控制在每分钟 45 ~ 55 次。如果节奏过快，坡口根部熔不透；如果节奏过慢，熔池温度过高，焊件背面焊缝会超高（应控制在 2 mm 以下），甚至出现焊瘤和烧穿现象。要求每形成一个熔池都要在其前面出现一个熔孔，熔孔的轮廓由熔池边缘和坡口两侧被熔化的缺口构成，如图 3-56 所示。打底层的焊接质量主要取决于熔孔的大小和间距，熔孔以大于根部间隙约 1 mm 为宜，其间距应始终保持熔池之间有 2/3 的搭接量。

更换焊条前，压低电弧向熔池前沿连续过渡一两滴熔滴，使其背面饱满，防止形成冷缩孔，随即灭弧。更换焊条要快，在图 3-57 所示①的位置重新引弧，沿焊道焊至接头处②

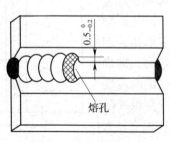

图 3-56　熔孔位置及大小

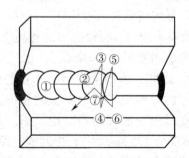

图 3-57　更换焊条时的电弧轨迹

的位置，长弧预热来回摆动几下后（③→④→⑤→⑥），在⑦的位置压低电弧，当出现熔孔并听到"噗噗"声时，迅速灭弧。这时更换焊条的接头操作结束，转入正常灭弧焊法。

2）连弧法。连弧法是在焊接过程中电弧连续燃烧，不熄灭，采取较小的坡口钝边间隙，选用较小的焊接电流，始终保持短弧连续施焊的单面焊双面成形方法。连弧法是在焊接过程中，电弧始终燃烧并有规则地摆动，使熔滴均匀地过渡到熔池中，获得良好的背面焊缝成形。一般采用较小的根部间隙、适当的焊接电流及与电流相适应的焊接速度，并通过熟练的运条动作，就可以获得均匀、细腻的背面焊缝。

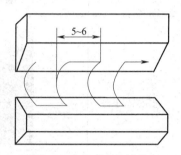

操作时，从定位焊缝上引弧，焊条在坡口内侧做 U 形运条，如图 3-58 所示。电弧从坡口两侧运条时均稍停顿，焊接频率约为每分钟 50 个熔池。应保证熔池间重叠 2/3，熔孔明显可见，每侧坡口根部熔化缺口为 0.5 mm 左右，同时听到击穿坡口的"噗噗"声。一般直径为 3.2 mm 的焊条可焊约 80 mm 长的焊缝。

更换焊条应迅速，在接头处的熔池后面约 10 mm 处引弧。焊至熔池处应压低电弧，击穿熔池前沿，形成熔孔，然后向前运条，以 2/3 的弧柱在熔池上，1/3 的弧柱在焊件背面燃烧为宜。收尾时，将焊条运动到坡口面上缓慢向后方提起收弧，以防止在弧坑表面产生缩孔。

图 3-58　连弧法焊接的电弧运行轨迹

3）其他各层的焊接。焊接电流要选择稍大一些，选用直径为 4 mm 的焊条。其操作要领与 V 形坡口平对接焊相同。

四、平对接焊技能训练

1. I 形坡口平对接双面焊

I 形坡口平对接双面焊的焊件图如图 3-59 所示。焊件材料为 Q235A 钢。

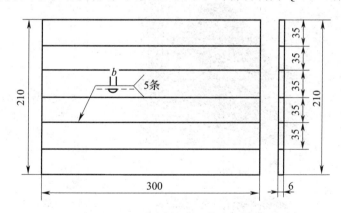

技术要求

1. 5条焊缝均采用I形坡口平对接双面焊。
2. 装配间隙b=1.5，焊缝宽度c=8~12，余高h=1~3。
3. 错边量应小于0.5。

图 3-59　I 形坡口平对接双面焊的焊件图

I形坡口平对接双面焊操作步骤见表3-31。

表3-31　　　　　　　　　　　　**I形坡口平对接双面焊操作步骤**

操作步骤	图示	说明
制备焊件		按照图样的焊件尺寸，用剪切机将Q235A钢板剪切成300 mm×35 mm×6 mm的板条，每6条为一组焊件
准备焊条和选用弧焊电源	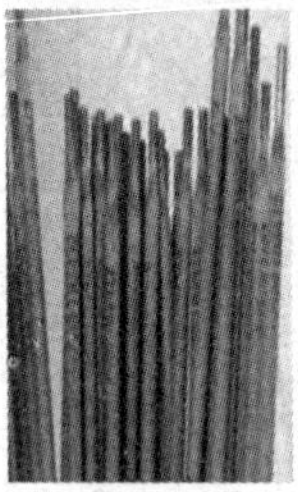 　焊条 　　　弧焊电源	1. 因为焊件为厚度6 mm的Q235A钢板，所以选择ϕ3.2 mm和ϕ4.0 mm的E4303型焊条 2. 选用交流或直流弧焊机
装配、定位焊	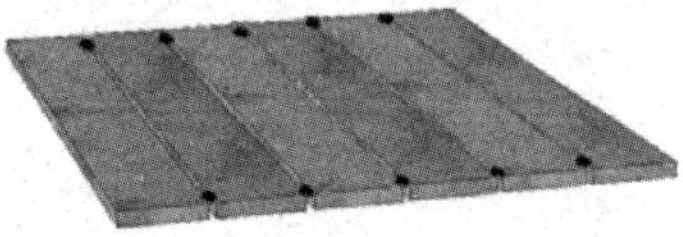	1. 用大锤将钢板条矫平整，并用锉刀或钢丝刷清理焊件表面的铁锈和污物 2. 装配时，应保持对口间隙为2 mm左右，然后在焊件两端进行定位焊
调整焊接电流	—	焊前，调整好焊接电流
正面焊	 80°~90° 焊条与焊件夹角 直线形运条法	1. 由于采用双面焊接（先焊正面焊缝，后焊背面焊缝），因此将焊件正面平放在工作台上 2. 焊接正面时，打底层焊接采用ϕ3.2 mm的焊条。焊接时，保持焊条与焊件夹角，运用直线形运条法，并填满弧坑，底层熔深应超过2/3板厚 3. 清渣后，调大焊接电流，用ϕ4.0 mm焊条，采用直线形运条法稍微摆动，完成盖面层焊接

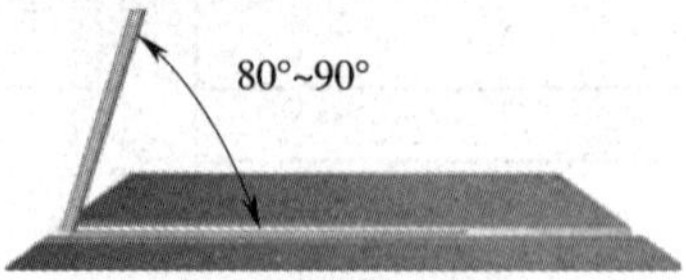

操作步骤	图示	说明
背面焊	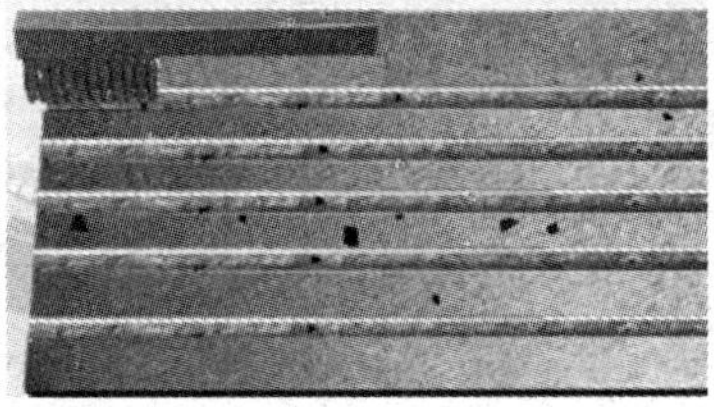	正面焊缝焊完后，翻转焊件，清理正面焊缝的焊根熔渣，接着焊接背面焊缝
焊后处理	—	焊后清理焊件，检查焊件质量

 经验点滴

　　焊接时，时常因为液态金属和熔渣混淆在一起而产生夹渣缺陷。此时，可适当加大焊接电流或把电弧稍微拉长一些，同时倾斜焊条，使电弧吹向熔渣，并做往熔池后面推送熔渣的动作，将熔渣推向熔池后面，焊缝就不会产生夹渣缺陷。

做一做

　　为了认识焊接电流的大小对焊缝成形的影响，做一做，看是否会出现如图 3-60 所示的结果。
　　（1）调节较小的焊接电流进行焊接时，熔渣超前，使熔池与熔渣分不清（电弧在熔渣后方），会产生夹渣缺陷。
　　（2）调节较大的焊接电流进行焊接时，熔渣明显拖后，使熔池裸露出来，造成焊缝成形粗糙。

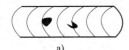　　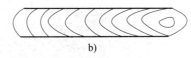

　　　　　　　a)　　　　　　　　　　　　　　　　　　　　　b)

图 3-60　焊缝缺陷
a）产生夹渣缺陷　b）成形粗糙

2. V 形坡口平对接单面焊双面成形

V 形坡口平对接单面焊双面成形的焊件图如图 3-61 所示。焊件材料为 Q235A 钢。

V 形坡口平对接单面焊双面成形操作步骤见表 3-32。

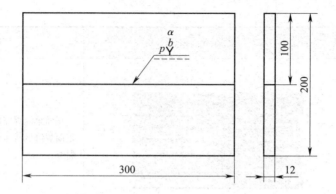

技术要求

1. 要求平对接单面焊双面成形。

2. 焊缝根部间隙 b 及坡口钝边 p 自定，坡口角度 α 为60°。

3. 焊后变形量应小于3°。

图 3-61 V 形坡口平对接单面焊双面成形的焊件图

表 3-32　　　　　　　　　　　　　　V 形坡口平对接单面焊双面成形操作步骤

操作步骤	图示	说明
制备焊件	基准线	1. 按图样要求剪切 Q235A 钢板，尺寸为 300 mm × 100 mm × 12 mm 2. 沿纵向一侧加工 30° 坡口，每两块组成一个焊件 3. 在坡口边缘 50 mm 处用划针划一条基准线，作为焊后测量实际焊缝宽度的测量基准
烘干焊条，选择弧焊机		1. 选择 ϕ3.2 mm 和 ϕ4.0 mm 的 E5015 型碱性焊条、ϕ3.2 mm 和 ϕ4.0 mm 的 E4303 型碱性焊条，分别将它们放到烘干箱内进行烘干 E5015 型碱性焊条的烘干温度为 350 ~ 400 ℃，时间为 1 ~ 2 h；E4303 型焊条的烘干温度为 75 ~ 150 ℃，时间为 1 h 2. 选择 ZX7—300 型直流弧焊机

操作步骤	图示	说明
准备工具、量具、用具	  角向砂轮机　焊条保温筒	准备角向磨光机、焊条保温筒、锤子、錾子、钢直尺、焊缝检验尺等
装配、定位焊	 定位焊 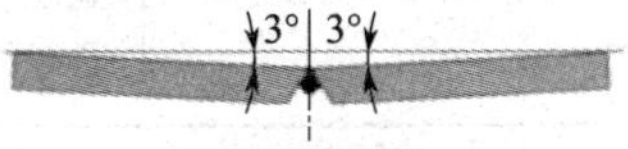 3°　3° 预留反变形量  测量预留反变形量	1. 两块钢板组对时，始焊端留3.2 mm间隙，终焊端留4.0 mm间隙，进行定位焊，并控制错边量，错边量应小于1 mm 2. 可采用预留反变形量的方法来控制焊后角变形 两只手拿住组好对的焊件中一块钢板的两端，轻轻磕打另一块，使两块板向焊后角变形的相反方向折弯成一定的反变形量 预留的反变形量可用钢直尺和焊条来测量
打底层焊接	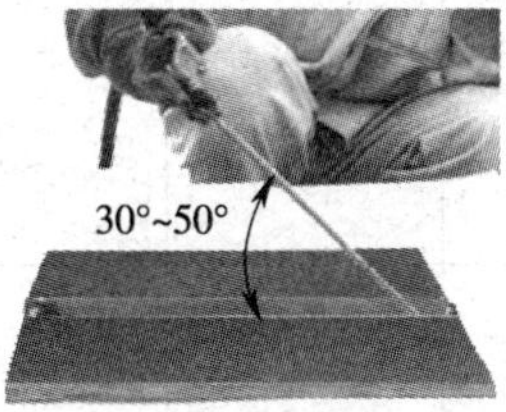 30°~50° 焊条与焊件的角度 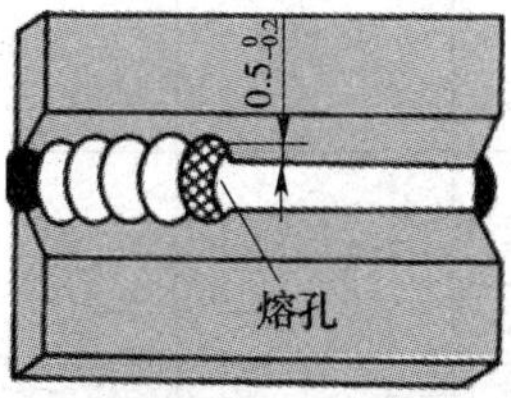 0.5~0 熔孔 击穿焊接形成的熔孔	打底层焊接采用灭弧法或连弧法 如果选用酸性焊条，应采用灭弧法；如果选用碱性焊条，应采用连弧法 焊条与焊件的角度、熔孔形状如图所示

操作步骤	图示	说明
填充层焊接	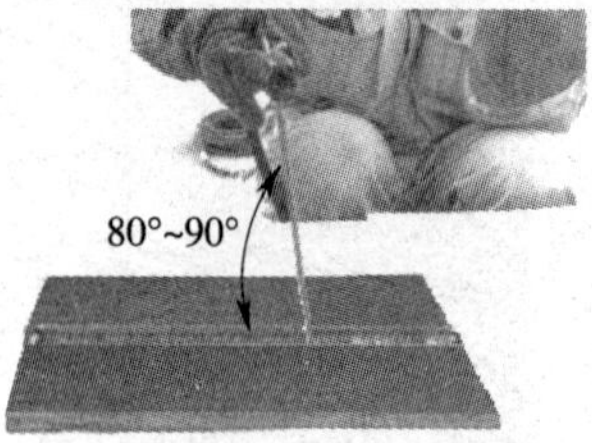 80°~90°	填充层焊接前，先将打底层焊道的熔渣、飞溅物清理干净，并适当地调节焊接电流 填充层焊接时的焊条角度如图所示。无论使用酸性焊条还是碱性焊条进行填充层焊接，均采用连弧法焊接
盖面层焊接		盖面层焊接的焊接电流比填充层焊接稍小些。使用 $\phi4.0$ mm 的焊条，运用锯齿形运条法，控制焊接速度，保证坡口边缘良好熔合，可得到光滑的焊缝成形
焊后处理	—	焊后清理熔渣和飞溅物，对焊件进行焊接质量评定，见表 3-33（后续课题对焊件焊接质量的检查和评价均可参考此表，有关数据根据实际焊件技术要求稍加更改，不再赘述）

表 3-33   平对接焊接操作评分标准

焊件名称：＿＿＿＿＿＿ 学号：＿＿＿ 姓名：＿＿＿＿ 得分：＿＿＿

检验项目	评判标准及得分	评判等级				数据	得分	备注
		I	II	III	IV			
焊缝余高	尺寸标准（mm）	0 ~ 1	>1 ~ 2	>2 ~ 3	<0, >3			
	得分标准（分）	5	3	2	0			
高度差	尺寸标准（mm）	<1	>1 ~ 2	>2 ~ 3	>3			
	得分标准（分）	7	4	2	0			
焊缝宽度	尺寸标准（mm）	14 ~ 16	16 ~ 17	17 ~ 18	<14, >18			
	得分标准（分）	5	3	2	0			

检验项目	评判标准及得分	评判等级				数据	得分	备注
		I	II	III	IV			
宽度差	尺寸标准（mm）	≤ 1	>1 ~ 2	>2 ~ 3	>3			
	得分标准（分）	7	4	1	0			
咬边	尺寸标准（mm）	0	深度 ≤ 0.5 mm，每 2 mm 扣 1 分		深度 >0.5 mm 为 0 分			
	得分标准（分）	5						
角变形	尺寸标准（°）	0	1 ~ 2	2 ~ 3	>3			
	得分标准（分）	5	3	1	0			
背面凹凸	尺寸标准（mm）	0	>0 ~ 1	>1 ~ 2	>3			
	得分标准（分）	6	4	2	0			
外观成形	标准	优	良	中	差			
	得分标准（分）	10	8	4	0			

优	良	中	差
成形美观，波纹均匀，高低、宽窄一致	成形较好，鱼鳞均匀，焊缝平整	成形尚可，焊缝平直	焊缝弯曲，高低、宽窄差别明显，表面有缺陷

注：表面有裂纹、夹渣、未熔合、气孔等缺陷或出现焊件修补，焊件未完成，该项按 0 分处理

外观评判组长：　　　　评判员：　　　　记录员：　　　　时间：

 做一做

当接口间隙很大以致无法焊接时，可先在坡口两侧各堆敷一条焊道，使间隙变小，然后再在中间施焊。采用这种方法可完成大间隙底层的焊接，如图 3-62 所示。

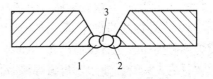

图 3-62　缩小间隙焊法
1、2、3—焊道

立角焊是指 T 形接头焊件接口处于立焊位置时的焊接操作，如图 3-63 所示。

一、焊接电弧偏吹的影响因素及预防措施

在焊接过程中，因焊条偏心、气流干扰和磁场的作用，常会使焊接电弧的中心偏离焊条轴线，这种现象称为电弧偏吹。电弧偏吹不仅使电弧燃烧不稳定，飞溅加大，熔滴下落时失去保护，容易产生气孔，还会因熔滴落点的改变而无法正常焊接，直接影响焊缝成形。

1. 影响因素

（1）焊条偏心的影响

这主要是由焊条制造质量问题引起的。由于焊条药皮厚度不均匀，电弧燃烧时药皮熔化不均匀，使电弧偏向药皮薄的一侧，形成偏吹（见图 3-64），因此，施焊前应检查焊条是否偏心。

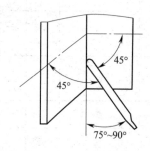

图 3-63　立角焊操作

图 3-64　焊条偏心度过大

（2）气流的影响

由于焊接电弧是柔性体，气体的流动会使电弧偏离焊条轴线方向。特别是大风状态下或狭小通道内的空气流速快，均会造成电弧的偏吹。

（3）磁场的影响

在使用直流弧焊机施焊过程中，常会因焊接回路中产生的磁场在电弧周围分布不均匀而导致电弧偏向一边，形成偏吹，这种偏吹称为磁偏吹。造成磁偏吹的原因主要有下列几种：

1）连接焊件的地线位置不正确，使电弧周围磁场分布不均匀（见图 3-65），电弧会向磁感线稀疏的一侧偏吹。

2）电弧附近有铁磁物质，电弧将偏向铁磁物质一侧，引起偏吹，如图 3-66 所示。

3）在焊件边缘处施焊，使电弧周围的磁场分布不平衡，也会产生电弧偏吹，一般在焊接焊缝起头、收尾时容易出现，如图 3-67 所示。

总之，只有在使用直流弧焊机时才会产生电弧磁偏吹，焊接电流越大，磁偏吹现象越严重。而交流焊接电源一般不会产生明显的磁偏吹现象。

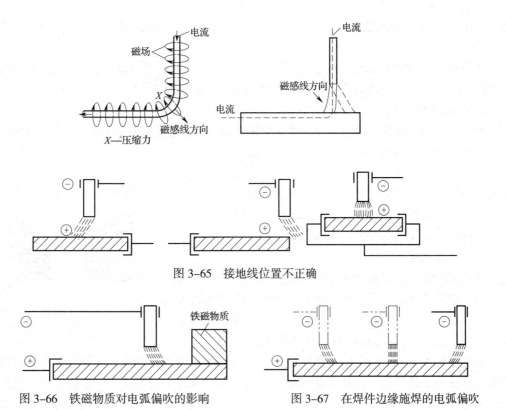

图 3-65　接地线位置不正确

图 3-66　铁磁物质对电弧偏吹的影响　　　图 3-67　在焊件边缘施焊的电弧偏吹

2. 预防电弧偏吹的措施

（1）在条件允许的情况下，尽可能使用交流弧焊电源焊接。

（2）室外作业时，可用挡板遮挡大风或穿堂风，以对电弧进行保护。

（3）将连接焊件的地线同时接于焊件两侧，可以减小磁偏吹。

（4）在焊件两端分别加一块引弧板和一块引出板。

（5）如果焊接操作中出现电弧偏吹，可适当调整焊条角度，使焊条向偏吹一侧倾斜。这种方法在实际工作中较为有效。

（6）采用小电流和短弧焊接对克服电弧偏吹也能起一定作用。

二、立角焊的操作要求及方法

1. 立焊的操作要求

立焊时，在重力作用下熔池中的液态金属容易下淌，甚至会产生焊瘤以及在焊缝两侧形成咬边。因此，立焊比平焊难掌握，其操作要求如下：

（1）控制熔池形状

在立焊过程中应始终控制熔池形状为椭圆形或扁圆形，保持熔池外形下部边缘平直，熔池宽度一致、厚度均匀，从而获得良好的焊缝成形。

（2）采用小直径焊条

一般选用直径 4 mm 以下的焊条，焊接电流比平焊时小 10% ~ 15%。熔池体积要小，使其冷却凝固快，以减少和防止液态金属下淌。

（3）控制焊条角度

焊接时焊条应处于焊件接口处，在两板的角平分线位置上，并使焊条下倾与焊件成

75°～90°角。利用电弧的吹力对熔池向上的推力作用，使熔滴顺利过渡并托住熔池。

（4）短弧焊接

所谓短弧焊接，是指焊接时弧长不大于焊条直径。短弧既可以控制熔滴过渡准确到位，又可避免因电弧电压过高造成熔池温度升高而难以控制熔化过程。

2. 立角焊操作方法

握持焊钳的方法有正握法和反握法（见图3-68），一般在操作方便的情况下均用正握法。当焊接部位距地面较近，使焊钳难以摆正时采用反握法。正握法在焊接时较为灵活，活动范围大，尤其在立焊位置时便于控制焊条摆动的节奏。因此，正握法是常用的握焊钳方法。

立角焊一般均采用多层焊，具体焊缝的层数根据焊件的厚度（或图样给定的焊脚尺寸）来确定。

（1）焊条角度

立角焊时焊条角度如图3-63所示。

（2）焊条的摆动　焊脚尺寸较小的焊缝可采用直线形运条法，并做适当的挑弧动作（短弧挑弧法）。挑弧法运条的操作如下：当熔池温度升高时，立即将电弧沿焊接方向提

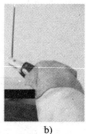

a) 　　　　 b)

图3-68　握焊钳的方法

a）正握法　b）反握法

起（电弧不熄灭），让熔化金属冷却凝固；当熔池颜色由亮变暗时，再将电弧有节奏地移到熔池上形成一个新熔池。如此不断运条，就能形成一条较窄的焊缝（一般作为第一层焊缝）。当焊脚尺寸较大时，可采用月牙形、三角形、锯齿形运条法（见图3-69）。为了避免出现咬边等缺陷，除选用合适的电流外，焊条在焊缝中间运条应稍快，两侧稍作停顿，保持每个熔池外形的下边缘平直，两侧饱满。焊条摆动的宽度比焊脚尺寸稍小1～2mm（考虑到熔池的熔宽），待焊缝成形后就可达到焊脚尺寸的要求。

（3）焊接电流

由于立角焊电弧的热量向焊件三个方向传递，散热快，因此焊接电流可稍大些，以保证焊缝两侧熔合良好。

（4）熔池金属的控制

立角焊的关键是控制熔池金属，焊条应根据熔池温度有节奏地向上运条并左右摆动。熔池温度正常时，熔池下部边缘平直，如图3-70a所示。当熔池温度增高时，熔池上下边缘

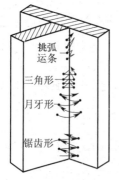

图3-69　立角焊的焊条摆动方法

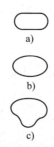

a)

b)

c)

图3-70　熔池形状与熔池温度的关系

a）正常　b）温度稍高　c）温度过高

呈圆弧状，如图 3-70b 所示。当熔池温度过高时，熔池下边缘轮廓逐渐向下凸起变圆，如图 3-70c 所示。这时，应加快焊条摆动节奏，同时让焊条在焊缝两侧停留时间多一些，直到把熔池下部边缘调整成平直外形。

三、立角焊技能训练

立角焊的焊件图如图 3-71 所示。焊接材料为 Q235A 钢。

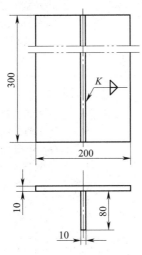

技术要求

1. T形接头焊后要保持两块板相互垂直，焊脚尺寸K=8~10。
2. 焊后焊缝截面为等腰直角三角形。

图 3-71　立角焊的焊件图

立角焊操作步骤见表 3-34。

表 3-34　　　　　　　　　　　　　　立角焊操作步骤

操作步骤	图示	说明
制备焊件		用板厚为 10 mm 的 Q235A 钢，剪切成尺寸分别为 300 mm × 200 mm × 10 mm 和 300 mm × 80 mm × 10 mm 的两块钢板
选用弧焊机，准备焊条	弧焊机　　　焊条	1. 选用直流弧焊机 2. 选用 $\phi3.2$ mm、$\phi4.0$ mm 的 E4303 型焊条，烘干备用

操作步骤	图示	说明
装配、定位焊	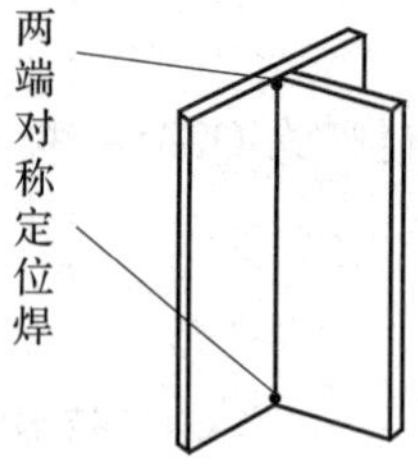	1. 装配、定位焊前，将钢板矫平，并清理干净 2. 装配成T形接头，在焊件两端对称进行定位焊。定位焊缝长约10 mm，要保证两块板相互垂直
调试电流，固定焊件	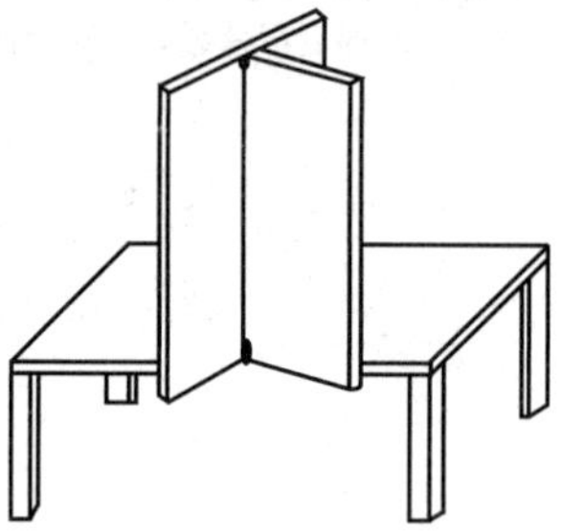	1. 焊接前，确定焊接参数。首先，夹持ϕ3.2 mm的焊条，在钢板上试焊，调试出合适的焊接电流 2. 将焊件垂直点固（用定位焊的方式固定焊件称为点固）在适宜操作的位置上
打底层焊接	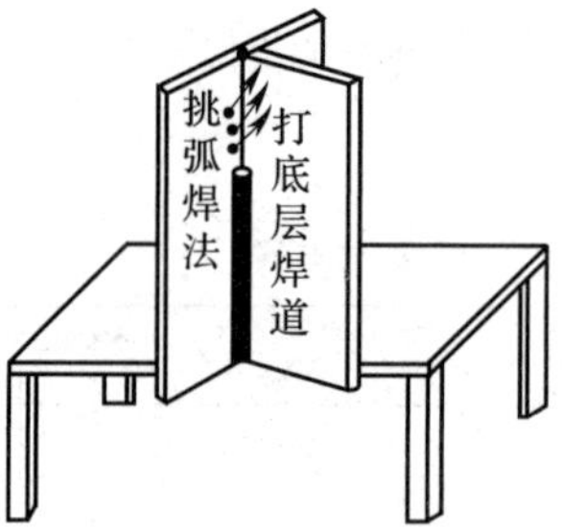	焊件板厚为10 mm，焊脚尺寸为10 mm，采用二层二道焊接 在始焊端的定位焊缝处引弧，长弧预热1~2 s后，压弧熔焊，采用挑弧法运条。不断地挑弧运条→下移熔焊→挑弧运条，完成打底层焊道的焊接
盖面层焊接	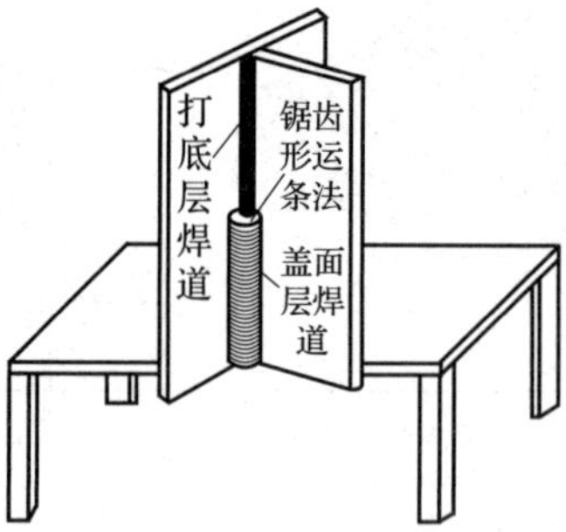	1. 清理打底层焊道的熔渣 2. 用ϕ4.0 mm焊条，采用锯齿形运条法进行盖面层焊接，焊条摆动的宽度要小于所要求的焊脚尺寸。例如，焊条摆幅在8 mm以内，待焊缝成形后就可达到10 mm的焊脚尺寸
焊后处理	—	焊件焊完清理熔渣和飞溅物，对焊件进行焊接质量评定：焊脚尺寸应符合要求，当板厚相同时，焊脚尺寸应对称分布在两板之间；焊缝应无明显咬边，接头处无脱节和超高现象；焊缝表面应波纹均匀、宽窄一致，无夹渣、焊瘤等缺陷

课题6　立对接焊操作

　　立对接焊是指对接接头焊件处于立焊位置时的操作，如图3-72所示。立对接焊通常是由下向上施焊。当薄板对接或焊接间隙较大的薄件时，可由上向下施焊。这种焊法熔深浅，薄件不易烧穿，有利于焊缝成形。

一、立对接焊的操作方法

1. I形坡口立对接焊

　　立焊操作常见的姿势有蹲式、站式。焊接时，身体应略偏向左侧，以便于握焊钳的右手操作。焊条角度如图3-72所示。

　　（1）操作手法

　　为控制熔池温度，避免熔池金属下淌，常采用挑弧法和灭弧法。

　　1）立焊挑弧法。立焊时，一般在焊件根部间隙不大，而且不要求背面焊缝成形的第一层焊道采用挑弧法。其要领是当熔滴过渡到熔池后，立即将电弧向焊接方向（向上）挑起，弧长不超过6 mm（见图3-73），但电弧不熄灭。待熔池金属凝固，熔池颜色由亮变暗时，将电弧立刻拉回到熔池，当熔滴过渡到熔池后，再向上挑起电弧，如此不断地重复进行。其节奏应该有规律，落弧时熔池体积应尽量小，但熔合状况要好。挑弧时，熔池温度要掌握好，适时下落很重要。

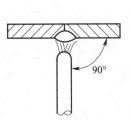

图3-72　立对接焊操作

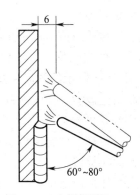

图3-73　立焊挑弧法

　　2）立焊灭弧法。一般在I形坡口装配间隙偏大的第一层焊道和立对接单面焊双面成形的打底层焊接时采用灭弧法。其要领如下：当熔滴过渡到熔池后，因熔池温度较高，熔池金属有下淌趋向，这时立即将电弧熄灭，使熔池金属有瞬时凝固的机会；随后重新在灭弧处引弧，当形成的新熔池良好熔合后，再立即灭弧，就这样燃弧—灭弧交替地进行。灭弧停留的时间长短根据熔池温度的高低进行相应的调节，燃弧时间根据熔池的熔合状况灵活掌握。

　　由于起焊时焊件温度偏低，立对接焊的起头和接头处容易产生焊道凸起（过高）和夹渣等缺陷，因此，焊件起头、接头时应采用预热法，从而提高焊接部位的温度。其方法如下：在起焊处引燃电弧，并将电弧拉长3 ~ 6 mm，适当延长预热烘烤时间（一般熔滴下落 2 ~ 4 滴）；当焊接部位有熔化迹象时，把电弧逐渐推向待焊处，保证熔池与焊件良好熔合。

（2）运条方法

焊接第一层焊道时，采用挑弧法或灭弧法。焊接第二层（盖面层）焊缝时，一般采用锯齿形运条法和月牙形运条法，如图 3-74 所示。

运条方法选定后，焊接时要合理地运用焊条的摆动幅度、摆动频率，以控制焊条上移的速度，掌握熔池温度和形状的变化。

焊条摆动的幅度应稍小于焊缝要求的宽度。操作时，当熔池的边缘移近焊缝宽度界限处时，焊条就要立即向焊缝的另一侧摆动，如此左右摆动，在控制摆幅的同时向上移动焊条。焊条向上移动的速度应根据熔池的温度变化灵活掌握。熔池温度偏高，上移速度就稍快些。要通过均匀而有节奏的焊条摆动、适宜的上移速度获得光滑、平整的焊缝。

焊条摆动频率直接影响焊缝外观成形。摆动频率快，则焊缝波纹较细且平整；摆动频率慢，则焊缝波纹较粗，且成形不太光滑。可以采用正握法握持焊钳，通过手腕左右的灵活动作来控制焊条摆动。应掌握合适的焊条摆动频率，并调整与其相适应的焊接电流。

2. 开坡口立对接焊

开坡口的焊件一般采用多层焊，包括打底层焊接、填充层焊接、盖面层焊接。填充层焊接和盖面层焊接是单面焊双面成形焊接技术的基础，打底层焊接是关键。

（1）打底层焊接

开坡口立对接焊打底层焊道的背面成形不做要求，可以采用Ⅰ形坡口立对接焊中打底层焊道的挑弧法或灭弧法进行焊接。

（2）填充层焊接

填充层焊接前应该清理干净前一层焊道的熔渣。每层所焊焊道要平整，避免焊道形成中间高、两侧低的尖角形状，给以后清渣带来困难，造成夹渣、未焊透等缺陷。填充层焊接时可采用图 3-74 所示的锯齿形运条法。焊条摆动到焊道两侧时都要稍作停顿或上下微微摆动，以控制熔池温度，使两侧良好熔合，并保持扁圆形的熔池外形。

填充层焊接的最后一层焊道应低于焊件表面 1 ~ 1.5 mm，露出坡口边缘。对局部低洼处要通过焊补将整个填充层焊道焊接平整，为盖面层焊接打好基础。

（3）盖面层焊接

盖面层焊接形成修饰焊缝，直接影响焊缝外观质量。焊接时可根据焊缝余高的要求来选择运条方法。如果要求余高稍平些，可选用锯齿形运条法；如果要求余高稍凸些，可采用月牙形运条法，如图 3-75 所示。运条速度要均匀，摆动要有节奏。运条至 a、b 两点（见图 3-74）时，应将电弧进一步缩短并稍作停留，这样有利于熔滴过渡和防止咬边。焊条摆动到焊道中间的过程要快些，防止熔池外形凸起而产生焊瘤。有时要获得薄而细腻的盖面层焊缝波纹，焊接时可采用短弧运条，焊接电流稍大，与焊条摆动频率相适应，采用快速左右摆动的运条方法。

3. 板对接立位单面焊双面成形

板对接立位单面焊双面成形的焊件准备、焊件装配、反变形的操作要领与平位单面焊双面成形相似，不再重复。焊接时焊件垂直固定，高度以板的上缘与操作者两腿叉开站立时的视线齐平为宜。

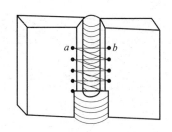
图 3-74　填充层焊接时锯齿形运条法

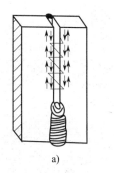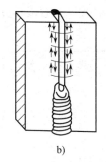

a)　　　　　　　　b)

图 3-75　锯齿形、月牙形运条法
a）锯齿形　b）月牙形

（1）打底层焊接

首先在引弧板上校验焊条和焊接电流无误，其次在定位焊缝上方 10～15 mm 处引弧；接着，将电弧拉回到定位焊缝中心处，稍加摆动进行预热；再压低电弧，使钝边根部与定位焊缝熔化形成第一个熔池；然后，左右灭弧击穿焊接。两侧击穿的缺口应该均匀地保持在 1.5～2.5 mm 范围内。如果缺口过大，会因为电弧燃烧时间长，熔池温度升高而使液态金属体积偏大，重力大于表面张力而下滴，造成背面焊缝超高，甚至出现焊瘤；如果缺口过小，则焊不透。

焊缝背面如果焊透度不够，击穿焊接时可将熔孔击穿略大一些；如果背面成形过高，则应缩小击穿的熔孔，同时要减少熔焊停留时间。击穿焊接燃弧时间以 1.5～2 s 为宜，灭弧以 1～1.5 s 为宜。

更换焊条前，在熔池旁断续灭弧一两下，然后将焊条拉向斜下方坡口一侧迅速灭弧，以防出现冷缩孔。快速更换焊条后，在接头的上方 10～15 mm 处引弧，将电弧拉长到弧坑处预热适当时间；并向坡口根部压一下，以使熔滴送入熔窝根部，听到背面"噗噗"的击穿声（说明已经焊透），灭弧；转入正常的左右击穿灭弧焊接。

（2）填充层和盖面层焊接

操作要领与开坡口立对接焊操作相同。

二、立对接焊技能训练

1. I 形坡口立对接焊

I 形坡口立对接焊的焊件图如图 3-76 所示。焊件材料为 Q235A 钢。

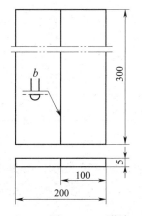

技术要求
1. 采用I形坡口立对接双面焊。
2. 装配间隙b自定。
3. 焊后变形量应小于3°。

图 3-76　I 形坡口立对接焊的焊件图

I 形坡口立对接焊操作步骤见表 3-35。

表 3-35　　　　　　　　　　　　　I 形坡口立对接焊操作步骤

操作步骤	图示	说明
焊接准备		1. 按图样尺寸要求，剪切两块 Q235A 钢板 2. 将钢板矫平 3. 选用 ϕ3.2 mm、ϕ4.0 mm 的 E4303 型碱性焊条。选用 BX3—300 型焊机 4. 两块钢板作为一组焊件，并在焊件两端进行定位焊
打底层焊接	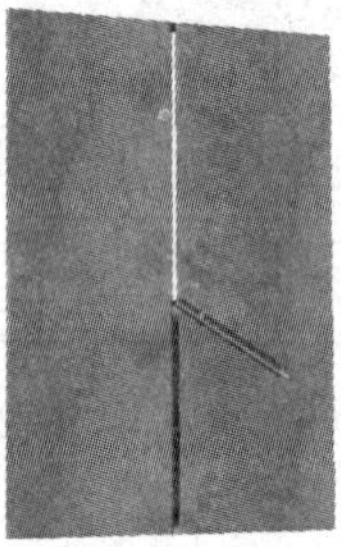	用 ϕ3.2 mm 的焊条，采用灭弧焊法从下向上焊接打底层焊道
盖面层焊接	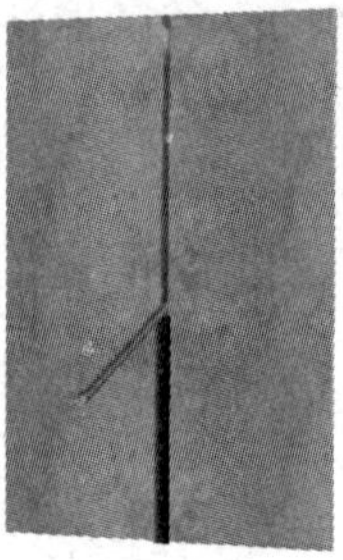	清理底层熔渣后，用 ϕ4.0 mm 的焊条，采用锯齿形或月牙形运条法从下向上进行盖面层焊接
背面焊接	—	在焊件背面清理熔渣，采用挑弧焊法完成背面单道焊
焊后处理	—	焊后清理熔渣，检查焊接质量

2. V 形坡口立对接单面焊双面成形

V 形坡口立对接单面焊双面成形的焊件图如图 3-77 所示。焊件材料为 Q355 钢。先进行一个阶段的 V 形坡口立对接单面焊的技能训练；待掌握了填充层焊接、盖面层焊接的操作技能后，再进行其单面焊双面成形的技能训练。

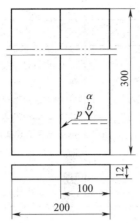

技术要求

1. 要求立位单面焊双面成形。
2. 根部间隙b及坡口钝边p自定，坡口角度α为60°。
3. 焊后变形量应小于3°。

图 3-77 V形坡口立对接单面焊双面成形的焊件图

V形坡口立对接单面焊双面成形操作步骤见表 3-36。

表 3-36 V形坡口立对接单面焊双面成形操作步骤

操作步骤	图示	说明
焊接准备	基准线　　　基准线	1. 剪切两块 Q355 钢板，尺寸为 300 mm×100 mm×12 mm，并矫平 2. 两块钢板均一侧加工成30°坡口。在距离坡口边缘 50 mm 处，划出两条用于测量焊缝宽度的基准线 3. 用角向磨光机将坡口正、反两侧 20 mm 范围内清理干净，并磨削好钝边 4. 选用ϕ3.2 mm、ϕ4.0 mm 的 E5015 型焊条，烘干备用。选用直流弧焊机 5. 组对时，预留间隙3.2 mm（始焊端）～ 4.0 mm（终焊端）。在两端进行定位焊，错边量≤1 mm。定位焊后留出反变形量
在支架上固定焊件		1. 焊接打底层前，在试焊板上试焊，调试好焊接电流 2. 使用活扳手将定位好的焊件垂直固定在工作台上，间隙小的始焊端向下，高度以方便蹲姿操作为宜

操作步骤	图示	说明
打底焊	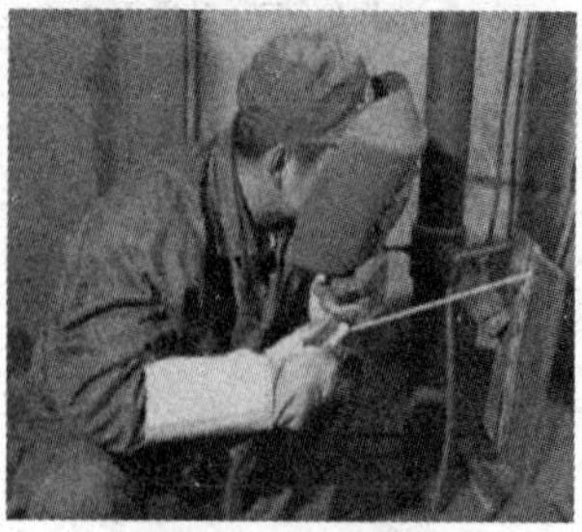	1. 夹持好焊条，与焊件保持一定角度 2. 采取灭弧焊法。引弧后，长弧预热 2～3 s；电弧压向坡口根部，当形成熔孔后熄弧。观察熔池由明变暗时，立即送入焊条，施焊约 0.8 s 形成第二个熔池。依次重复操作，直至焊完打底层焊道
填充层焊接	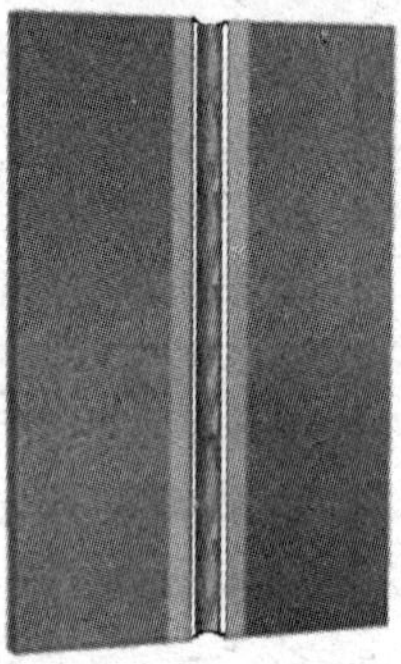	焊接填充层时，采用锯齿形运条法，焊条在坡口两侧稍作停顿，以利于熔合及排渣，避免焊道两边出现死角。最后一层填充厚度应比坡口棱边低
盖面层焊接	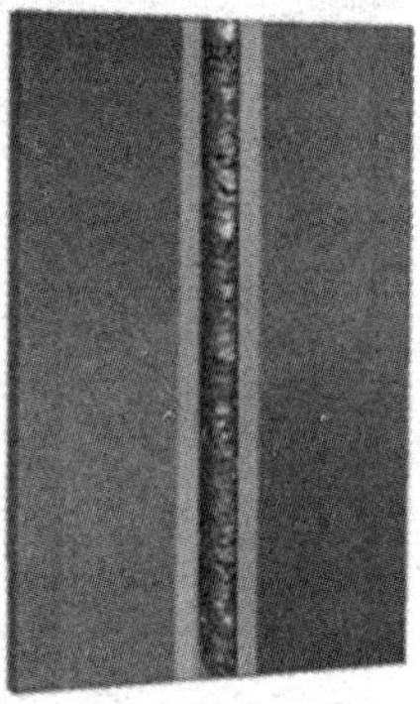	1. 清理前一层焊道的熔渣 2. 电弧要短些，焊条摆幅比填充层焊接大些。采用锯齿形运条法。向上运条时的间距应力求相等，焊条摆动到坡口边缘时要稍作停留，始终控制电弧熔化棱边 1 mm 左右，保持熔池对坡口边缘的良好熔合，可有效地获得宽度一致的平直焊缝
焊后处理	—	焊后清理熔渣，检查焊接质量

 操作提示

（1）严格控制击穿焊的电弧加热时间，熔孔大小要适当，运条角度要正确，保持短弧焊接。

（2）焊接打底层时，填入的熔敷金属量应尽可能少，使焊道薄些，以利于背面焊缝成形。

（3）填充层焊道应平整，无尖角和夹渣等缺陷。

（4）盖面层焊缝余高、熔宽应大致均匀，无咬边、夹渣等缺陷。

横对接焊是指对接接头焊件处于垂直位置而接口为水平位置时的焊接操作，如图3-78所示。

一、横对接焊的操作方法

横对接焊时，熔化金属在自重的作用下容易下淌，并且在焊缝上侧易出现咬边，下侧易出现下坠而造成的未熔合和焊瘤等缺陷。因此，横对接焊I形坡口和开坡口时，要选用合适的焊接参数，同时运用正确的操作方法。

1. I形坡口的横对接焊

当焊件厚度小于6 mm时，一般不开坡口，采取双面焊接。

（1）正面焊缝的焊接

装配焊件时可留有适当间隙（1～2 mm），以得到一定的熔透深度。两端定位焊后要进行矫正，不应有错边现象。采取两层焊，第一层焊道宜用直线往复运条法，选用直径为3.2 mm的焊条，焊条向下倾斜，与水平面成15°左右夹角，与焊接方向成70°左右夹角，如图3-78所示。这样，可借助电弧的吹力托住熔化金属，防止其下淌。焊接电流可比平对接焊小10%～15%。

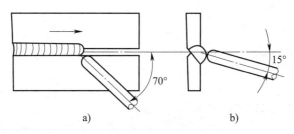

图3-78　横对接焊操作

操作中，要时刻观察熔池温度的变化。如果温度偏高，熔池有下淌趋向，要适时运用灭弧法来调节，以防止出现烧穿、咬边等缺陷。盖面层焊接可采用多道焊作为表面修饰焊缝。一般堆焊三条焊道：第一条焊道应该紧靠在第一层焊道的下面焊接；第二条焊道压在第一条焊道上面1/3～1/2的宽度；第三条焊道压在第二条焊道上面1/2～2/3的宽度。由于要求第三条焊道与母材圆滑过渡，最好能窄而薄，因此运条速度应该稍快，焊接电流要小些。盖面层焊接宜采用直线形或直线往复运条法。

（2）背面封底焊

焊前要清理干净熔渣，选用ϕ3.2 mm的焊条，为保证有一定熔深，且与正面焊缝熔合，焊接电流应调整稍大一些。采用直线形运条法，用一条焊道完成背面封底焊。

2. 开坡口的横对接焊

当焊件较厚时，一般采用V形、K形、单边V形坡口形式。横对接焊时的坡口特点：下面的焊件不开坡口或坡口角度小于上面的焊件（见图3-79），这样有助于避免熔化金属下淌，利于焊缝成形。

开坡口横对接焊可采用多层焊或多层多道焊,其焊道排列顺序如图3-80所示。焊接第一条焊道时,选用φ3.2 mm的焊条。当根部间隙较小时,采用直线形运条法;当间隙较大时,采用直线往复运条法。后续各焊道可根据板厚选用φ3.2 mm或φ4 mm的焊条,采用直线形、直线往复运条法或斜圆圈形运条法,如图3-81所示。

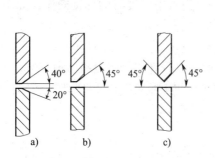

图 3-79　横对接焊接头的坡口形式

a）V 形坡口　b）单边 V 形坡口　c）双单边 V 形坡口

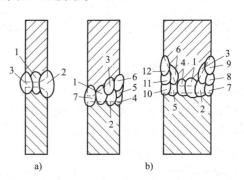

图 3-80　开坡口横对接焊焊道的排列顺序

a）多层焊　b）多层多道焊

采用斜圆圈形运条时,应保持较短的电弧和有规律的运条节奏。每个斜圆圈形与焊缝中心的斜度不大于45°。当焊条运动到斜圆圈上面时,电弧应更短些并稍停片刻,使较多的熔敷金属过渡到焊道中,以防咬边。然后,焊条缓缓地将电弧引到焊道下边并稍稍向前移动(防止下淌的熔化金属堆积),紧接着再把电弧运动到斜圆圈的上面(只运条不焊接),如此反复循环。焊接过程中,要保持熔池之间的搭接为 1/2 ~ 2/3。

多层多道焊时,如果焊件厚度大于 8 mm,焊条角度应根据各焊道的位置适时进行改变,如图3-82所示。保持各焊道之间适宜的搭接量,始终保持短弧,匀速直线形运条,以获得较好的焊缝。

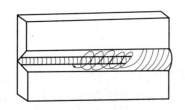

图 3-81　开坡口横对接焊时的斜圆圈形运条法

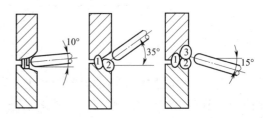

图 3-82　开坡口横对接焊多层多道焊的焊条倾角

3. 板对接横位单面焊双面成形

焊件应垂直固定在焊接支架上,保证接口处于水平位置,坡口上缘与焊工视线平齐。

（1）打底层焊接

焊条角度如图3-83所示。首先,在定位焊点前引弧;随后,将电弧拉到定位焊点的中心部位预热;当坡口钝边即将熔化时,将熔滴送至坡口根部,并压一下电弧,从而使熔滴熔化的部分定位焊缝与坡口钝边熔合成第一个熔池。当听到背面有电弧的击穿声时,立即灭弧,这时已形成明显的熔孔。然后,按照"先上坡口,后下坡口"的顺序依次往复进行击穿灭弧焊。灭弧时,焊条向后下方快速动作,要干净利落。在从灭弧转入引弧时,焊条要接近熔池,待熔池温度下降,颜色由亮变暗时,迅速而准确地在原熔池上引弧;焊接片刻,再马上灭弧。焊接过程中，反复地引弧→焊接→灭弧→准备→引弧。焊接时，要求下坡口面击穿的熔孔始终比上坡口面熔孔超前 0.5 ~ 1 个熔孔直径。这样有利于减少熔池金属下坠，避免出现熔合不良的缺陷。

在更换焊条熄弧前，必须向熔池背面补充几滴熔滴，然后将电弧拉到熔池的侧后方灭弧。接头时，在原熔池后面 10 ~ 15 mm 处引弧，焊至接头处稍拉长电弧，借助电弧的吹力和热量重新击穿钝边；然后，压一下电弧并稍作停顿，形成新的熔池后，再转入正常的往复击穿焊接。

（2）填充层焊接

填充层的焊接采用多层多道焊，如图 3-84 所示。每条焊道采用直线形或直线往复运条法。焊条前倾角为 70° ~ 80°，下倾角要根据焊道所在位置适时变化，以能压住电弧为宜。每条焊道应排列在前一焊道形成的夹角处，以便保持焊缝平滑。质量较好的填充焊应平整、无夹渣，而且要保证填充量稍低于焊件表面 0.5 ~ 1 mm，以有助于盖面层焊接。

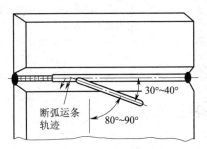

图 3-83 打底层焊接的焊条角度及运条轨迹

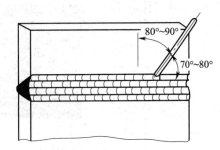

图 3-84 多层多道填充焊

（3）盖面层焊接

盖面层焊接采用多道焊。上、下边缘焊道施焊时，运条应稍快些；焊道尽可能细薄一些，有利于盖面层焊缝与母材圆滑过渡。盖面层焊缝的实际宽度以压住上、下坡口边缘各 1.5 ~ 2 mm 为宜。

如果焊件较厚、焊缝较宽时，盖面层焊缝也可以采用大斜圆圈形运条法焊接，一次表面成形（使用碱性焊条效果较好）。

二、横对接焊技能训练

1. I 形坡口横对接焊

I 形坡口横对接焊的焊件图如图 3-85 所示。焊件材料为 Q235 或 Q355 钢。

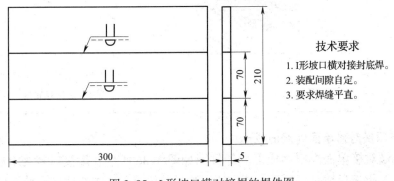

图 3-85 I 形坡口横对接焊的焊件图

I 形坡口横对接焊操作步骤见表 3-37。

表 3-37　　　　　　　　　　　　　I 形坡口横对接焊操作步骤

操作步骤	图示	说明
焊接准备		1. 按焊件图样下料并矫平，清理坡口正、反面两侧的铁锈及污物 2. 选用 φ3.2 mm、φ4.0 mm 的 E5015 型焊条，烘干备用。选用直流弧焊机 3. 装配焊件，留出 3 ~ 4 mm 的间隙，两端进行定位焊 4. 考虑到对接横焊要产生角变形，需预留反变形量
打底层焊接	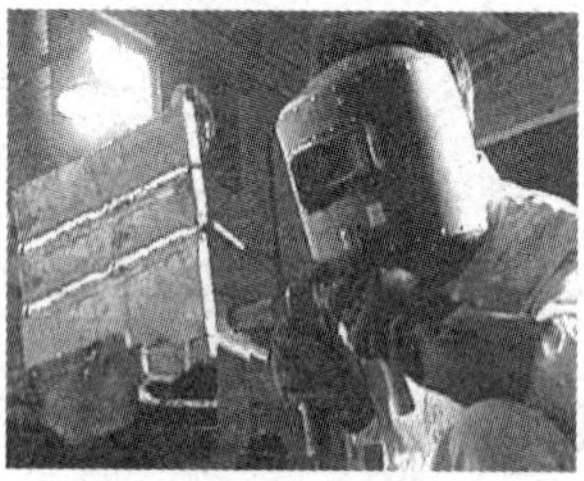	1. 固定焊件，固定的高度应使坡口与操作者视线平齐 2. 用 φ3.2 mm 的焊条，采用直线形或直线往复运条法焊接打底层 在定位焊缝处引弧，将熔滴送至焊缝根部，保证有一定的熔深，焊接过程要短弧操作
盖面层焊接	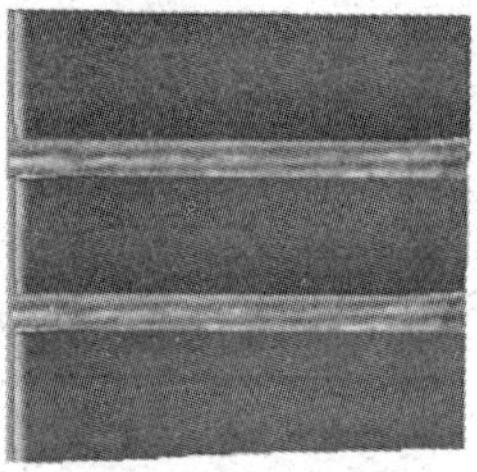	清渣后，分别使用 φ3.2 mm、φ4.0 mm 的焊条，采用四条焊道焊接盖面层焊缝 在打底层焊道的下边缘起焊第一条焊道，之后的三条焊道分别覆盖前一条焊道的 1/3 ~ 1/2。焊后一并清渣
背面封底焊接		清渣后，用 φ3.2 mm 的焊条，采用直线形运条法进行背面封底焊
焊后处理	—	焊后应将表面熔渣和飞溅物清理干净，检查焊接质量

2. V 形坡口横对接单面焊双面成形

V 形坡口横对接单面焊双面成形的焊件图如图 3-86 所示。焊接材料为 Q355 钢。先进行一个阶段的 V 形坡口横对接焊的技能训练，再进行横位单面焊双面成形技能训练。

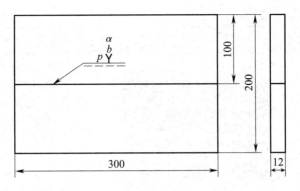

技术要求

1. 要求横位单面焊双面成形。
2. 根部间隙b及坡口钝边p自定，坡口角度α为60°。
3. 焊后变形量应小于3°。

图 3-86　V 形坡口横对接单面焊双面成形的焊件图

V 形坡口横对接单面焊双面成形操作步骤见表 3-38。

表 3-38　　　　　　　　　　V 形坡口横对接单面焊双面成形操作步骤

操作步骤	图示	说明
焊接准备		1. 按照焊件图样剪切两块 Q355 钢板，尺寸为 300 mm × 100 mm × 12 mm 2. 钢板一侧加工成30° 坡口。清理坡口两侧的铁锈，并锉削钝边 3. 选用ϕ3.2 mm、ϕ4.0 mm 的 E5015 型焊条，烘干备用。选用 ZX7—400 型直流弧焊机 4. 装配时留出 3 ~ 4 mm 的间隙，焊件两端进行定位焊 5. 因为要采用多层多道焊，所以预留反变形量应比其他焊接位置的反变形量要大些
打底层焊接		将焊件垂直固定在焊接支架上，坡口上缘与操作者视线平齐 采用灭弧法焊接。在定位焊缝前引弧，预热片刻，随即压入电弧，听到击穿声，立即向后下方熄弧，要形成明显的熔孔。然后，反复地引弧→熔焊→熄弧→引弧，完成打底层焊接

操作步骤	图示	说明
填充层焊接	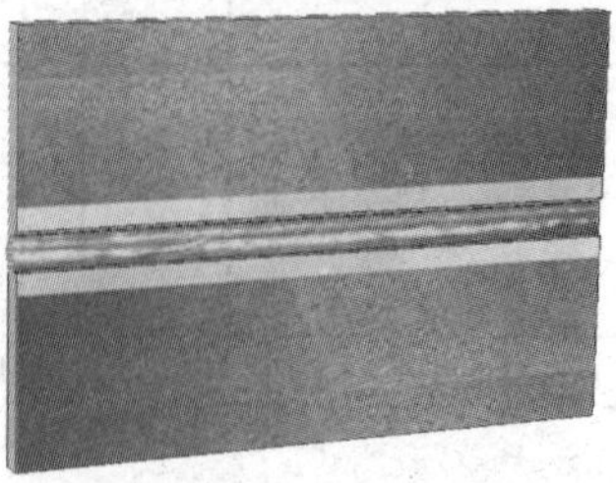	采取两层三道焊，用直线形运条法进行填充层焊接。焊接第一层焊道时，要保证良好熔合，焊道表面平整 余下的焊道要控制熔池覆盖量为 1/2 ~ 2/3，并使熔池填满空余位置。填充层焊完后，距下坡口棱边约 1.5 mm，距上坡口棱边约 0.5 mm，以便于盖面层施焊
盖面层焊接	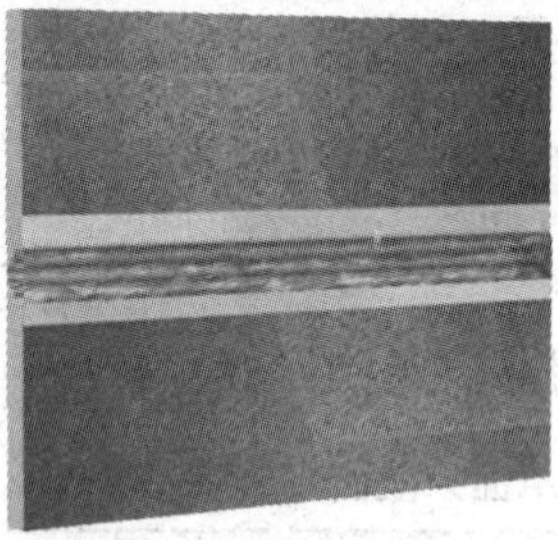	采用四条焊道，直线形运条，从下往上堆焊，进行盖面层焊接 焊接最下面焊道时，控制熔池边缘熔化坡口棱边即可。第二、第三条焊道要覆盖前一条焊道的 1/3 ~ 1/2。最上面的焊道要细薄些，盖面层焊缝宽度以覆盖坡口边缘各 1.5 ~ 2 mm 为宜
焊后处理	—	焊后应将表面熔渣和飞溅物清理干净，检查焊接质量

操作提示

（1）盖面层多道焊时，每条焊道焊后不要马上敲渣，要等待盖面层焊缝成形后一起清除熔渣，有利于盖面层焊缝成形及保持表面的金属光泽。

（2）每条焊道之间的搭接要适宜，避免出现脱节、夹渣及焊瘤等缺陷。

（3）焊接过程中，保持熔渣对熔池的保护作用，防止熔池裸露而出现较粗糙的焊缝波纹。

课题8　仰焊操作

仰焊是焊条位于焊件下方、焊工仰视焊件所进行的焊接操作，如图 3-87 所示。仰焊又分为仰角焊和仰对接焊。仰焊是各种焊接位置中操作难度最大的。因为熔池倒悬在焊件下面，受重力作用而下坠；同时，熔滴自身的重力不利于熔滴过渡，并且熔池温度越高，表面张力越小，所以仰焊时焊缝背面易产生凹陷，正面易出现焊瘤，焊缝成形较困难。

一、仰焊的操作方法

1. 仰焊的姿势

仰焊操作过程中，两脚应呈半开步站立，反握焊钳，头部左倾注视焊接部位。为减轻臂腕的负担，应将焊接电缆搭在临时设置的挂钩上。

2. 仰角焊

根据焊件厚度不同（或焊脚尺寸的不同要求），仰角焊可采用单层焊或多层多道焊。

（1）单层焊

单层焊时，可根据焊脚尺寸选择 ϕ3.2 mm 或 ϕ4.0 mm 的焊条，采用直线往复运条法，短弧焊接。为了减小焊件的角变形，装配时在接口两侧对称位置进行定位焊，焊接牢固。

（2）多层多道焊

1）对于焊脚尺寸为 6 ~ 8 mm 的焊缝，可采用斜圆圈形运条法。运条时，应使焊条端头偏向于接口上面的钢板，使熔滴首先在上面的钢板熔化，然后通过斜圆圈形运条，把熔化的熔滴部分拖到立面的钢板上。这样反复运条，使接口的两边都得到均匀的熔合。运条的角度如图 3-88 所示。

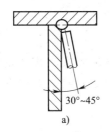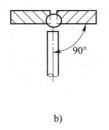

图 3-87　仰焊操作　　　　　图 3-88　仰角焊运条的角度

a）仰角焊　b）仰对接焊

2）焊脚尺寸为 8 ~ 10 mm 时，可以采用两层四道焊（第二层为盖面层焊缝，由三条焊道叠成）。

①焊接第一层时，用 ϕ3.2 mm 的焊条，焊条端头顶在接口的夹角处，保持图 3-87 所示运条角度，采用直线形运条法，收尾处填满弧坑。清理干净熔渣后可以焊接第二层。

②在焊接第二层的第一条焊道时，要紧靠第一层焊道边缘，用小直径焊条进行直线形运条，焊完后暂不清渣。第二条焊道应覆盖第一条焊道 2/3 以上，焊条与立板面的角度要稍大些，以能压住电弧为好。焊第三条焊道时，应覆盖第二条焊道的 1/3 ~ 1/2，保持焊道与上面钢板的圆滑过渡。仍采用直线形运条法，速度要均匀，不宜太慢，以免焊道凸起过高，影响焊缝美观。焊后一起清理焊缝表面熔渣。

3. V 形坡口仰对接焊

当焊件厚度大于 5 mm 时应开坡口。一般 V 形坡口的角度比平对接焊时大些，钝边厚度小些，根部间隙要大些，目的是便于运条和变换焊条位置，以克服熔深不足和焊不透的缺陷。开坡口仰对接焊可采用多层焊或多层多道焊。

（1）打底层焊接

焊接打底层焊道时，应采用 ϕ3.2 mm 的焊条，焊接电流比平对接焊小 10% ~ 20%，多采用直线往复运条法。如果熔池温度过高，可适当做挑弧或灭弧动作。焊接时，由远向近运条，移动速度尽可能快一些，熔池应小一些，焊道应薄一些，以防止熔池金属下淌。焊条应稍做横向摆动，避免形成凸形焊道。凸形焊道不仅会给焊接下一层焊道的操作带来困难，而且容易造成焊道边缘未焊透、夹渣、焊瘤等缺陷。焊后应将底层熔渣、飞溅物清除干净，若有焊瘤应铲平。

（2）填充层焊接

填充层焊接可采用多层焊或多层多道焊。

1）多层焊。焊接时用 φ4 mm 的焊条，焊接电流比焊接打底层稍大些。采用锯齿形或月牙形运条法（见图3-89）。运条到焊道两侧一定要稍停片刻，中间摆动要尽可能快，以防止形成凸形焊道。

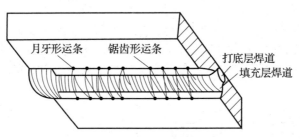

图 3-89　V 形坡口仰对接焊的运条方法

2）多层多道焊。宜用直线形运条。焊道的排列顺序如图3-90a 所示。焊条角度应根据每条焊道的位置做相应的调整，如图3-90b 所示。每条焊道要良好搭接，并认真清渣，以防止焊道间脱节和夹渣。

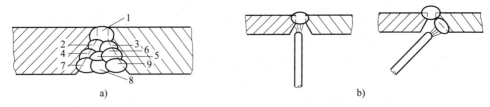

图 3-90　V 形坡口仰对接焊的多层多道焊
a）焊道排列顺序　b）焊条角度调整

填充层焊完后，其表面应距焊件表面 1 mm 左右，保证坡口的棱边不被熔化，以便焊接盖面层时控制焊缝的平直度。

（3）盖面层焊接

盖面层焊接前需仔细清理填充层的熔渣和飞溅物。焊接时可采用锯齿形运条法，电弧要短，焊道要薄。注意焊道两侧的熔合情况，防止咬边。保持熔池外形平直，如果出现凸形焊道，可使焊条在坡口两侧停留时间稍长一些，必要时做灭弧动作，以保证焊缝成形均匀、平整。

二、仰焊技能训练

仰焊时应保持挺胸昂首的姿势，而运条过程中需要细心操作。要防止因臂力不支，造成仰焊姿势和运条动作松弛变形，导致运条不均匀、不稳定，影响焊接质量。

1. 仰角焊

仰角焊的焊件图如图 3-91 所示。焊接材料为 Q235 钢。

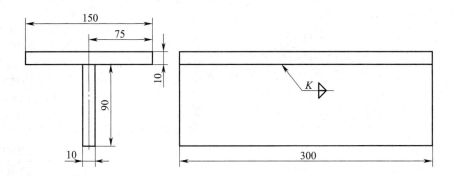

技术要求

1.焊后应保持两板相互垂直。
2.角焊缝截面应为直角三角形。
3.焊脚尺寸K=8~10。

图 3-91　仰角焊的焊件图

仰角焊操作步骤见表 3-39。

表 3-39　　　　　　　　　　　　仰角焊操作步骤

操作步骤	图示	说明
焊接准备		1．按图样尺寸要求剪切钢板；将钢板矫平；加工出坡口，并清理坡口周围的铁锈 2．选用 ϕ3.2 mm、ϕ4.0 mm 的 E4303 型焊条。选用 ZX7—400 型焊机 3.将焊件装配成 T 形接头，保证立板与平板相互垂直。在焊件两端前后进行对称定位焊
打底层焊接		1．从焊件左端引弧，压低电弧，对准顶角，采用斜锯齿形运条法。应保证上、下两板面良好熔合，焊脚对称，无咬边、下坠等缺陷。焊道宽度可通过熔池倾斜长度来调节 2．采用同样的操作方法，完成对称侧仰角焊缝的焊接 清理打底层熔渣和飞溅物

— 181 —

操作步骤	图示	说明
盖面层焊接	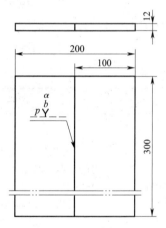	盖面层焊接采用斜圆圈形运条法。焊接电流要比打底层焊接稍小些 引弧后，电弧落在底层焊道的上边缘稍等片刻，当形成熔池后向斜下方向移动电弧，落在打底层焊道的下边缘，停留时间要少，然后电弧划圆圈上移，落在刚形成的焊道的1/2处，压低电弧停留片刻，再划斜圆圈落在打底层焊道的下边缘，如此反复直至完成盖面焊
焊后处理	—	焊后应将表面熔渣和飞溅物清理干净，检查焊接质量

2. V形坡口仰对接焊

V形坡口仰对接焊的焊件图如图3-92所示。焊件材料为Q355钢。

技术要求

1. 要求仰位对接焊。
2. 根部间隙b及坡口钝边p自定，坡口角度α为60°。
3. 焊后变形量应小于3°。

图3-92　V形坡口仰对接焊的焊件图

V形坡口仰对接焊操作步骤见表3-40。

表3-40　　　　　　　　　　　V形坡口仰对接焊操作步骤

操作步骤	图示	说明
焊接准备		1. 将Q355钢板剪成两块，尺寸为300 mm×100 mm×12 mm，并矫平 2. 在两块钢板的一侧加工出30°坡口；磨削坡口周围20 mm范围内的铁锈，并锉削出0.5 mm的钝边 3. 选用ϕ3.2 mm、ϕ4.0 mm的E5015型或E4303型焊条。选用ZX7—400型焊机 4. 装配时，留出3.2～4.0 mm间隙，两端进行定位焊，并磕打出反变形量

操作步骤	图示	说明
打底层焊接	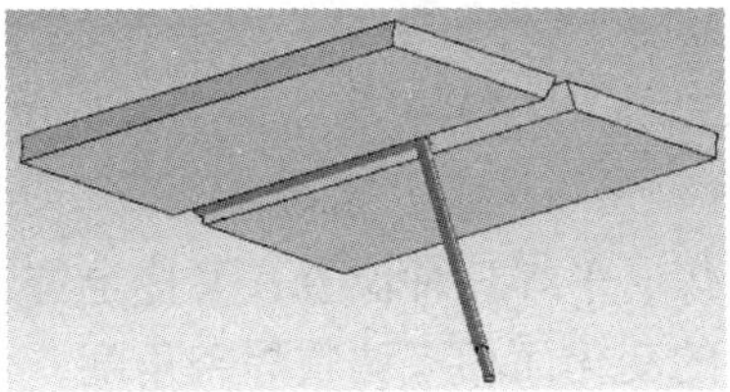	调节焊接支架上的夹具螺母，将焊件固定在距离地面800～900 mm的高度 焊条与前进方向成70°～80°角，进行打底层焊接。焊接过程中，电弧要短，熔池体积要小，焊道要薄，避免出现凸形焊道
填充层焊接	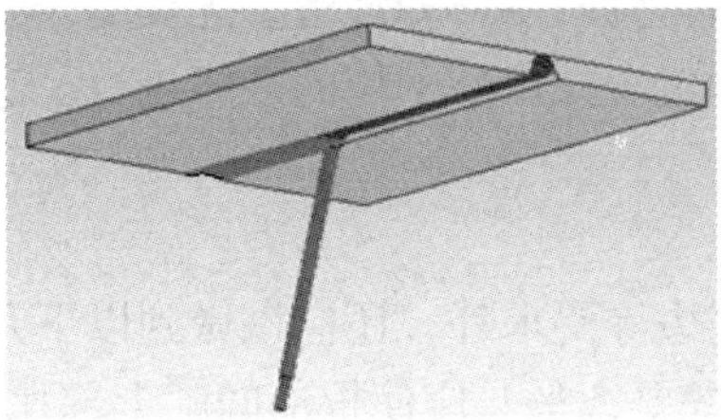	采用锯齿形运条法，焊条与前进方向成95°～100°角。操作时，电弧要短；焊条在焊道中间移动要快，在焊道两侧要停顿，以保证焊道与母材良好熔合，而不熔化坡口边缘。填充层焊完的高度应比焊件表面低1 mm左右，以便于盖面层焊接操作
盖面层焊接	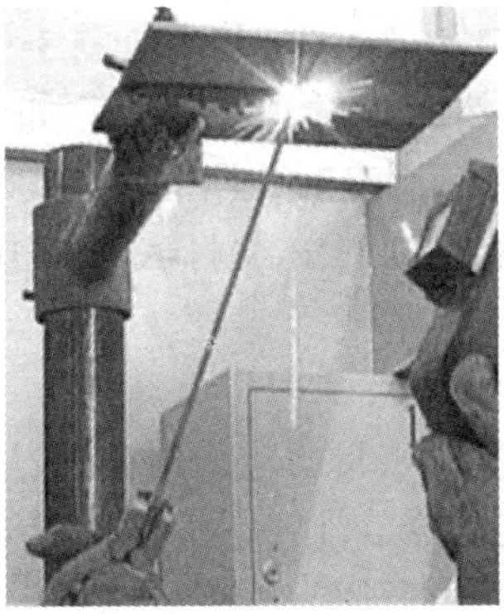	采用短弧焊接，焊条与前进方向成100°左右夹角。运条方法与填充层焊接相同。但是，焊条横向摆动幅度要大，至坡口两侧熔化棱边约1.5 mm，稍加停顿，以防止产生咬边；在焊道中间时焊条移动应稍快，以避免产生焊瘤 更换焊条接头时，在熔池前方10～15 mm处引弧
焊后处理	—	焊后应将表面熔渣和飞溅物清理干净，检查焊接质量

操作提示

（1）因为仰焊时熔滴飞溅极易灼伤人体，所以要注意正确穿戴劳动保护用品。

（2）仰焊时，应反握焊钳，且短弧操作。

（3）焊接电流调整要合适。控制熔池温度及形状，避免出现凸形焊道。

（4）仔细清除层间熔渣及飞溅物，以防夹渣。

一、固定管的焊接方法

1. 水平固定管焊接

水平固定管的焊接要经过仰焊、立焊、平焊三种位置，又称全位置焊。因为焊缝是环形的，所以焊接过程中要随焊缝空间位置的变化而相应调整焊条角度，才能保证正常操作。因此，水平固定管焊接操作有一定难度。

（1）焊接顺序

水平固定管焊接常从管子仰位开始，分两半部分焊接，先焊的一半叫作前半部；后焊的一半叫作后半部。两半部分焊接都按仰位→立位→平位的顺序进行。这样的焊接顺序有利于控制熔化金属与熔渣，便于焊缝成形。

（2）装配及定位焊

装配时除了清理坡口表面、修锉钝边等要求外，还应该做到以下几个方面：

1）管子轴线必须对正，内壁、外壁要齐平。应使根部间隙上部比仰位大 0.5 ~ 2.0 mm，以作为焊接时焊缝的收缩量。根部间隙一般为 2.5 ~ 3.2 mm。

2）管径不同时，定位焊缝所在位置和数目也不同，如图 3-93 所示。小管（管径 <51 mm）定位焊一处，在后半部的焊口斜平位置上，如图 3-93a 所示。中管（管径为 51 ~ 133 mm）定位焊两处，在平位和后半部的立位位置上，如图 3-93b 所示。大管（管径 >133 mm）定位焊三处，如图 3-93c 所示。有时也可以不在坡口根部进行定位焊，而在管外壁装配连接板临时定位，以避免定位焊缝给打底层焊接带来不便，如图 3-93d 所示。

（3）打底层焊接

为了使坡口根部焊透，并获得良好的背面成形，应采用单面焊双面成形。焊接电流应该比平焊时小 5% ~ 10%，而比立焊时要大 10% ~ 15%。采用灭弧击穿焊法，焊接不同位置的焊条角度如图 3-94 所示。

1）焊接前半部。起焊和收弧部位都要超过管子垂直中心线 5 ~ 10 mm（见图 3-95），以便于焊接后半部时接头。

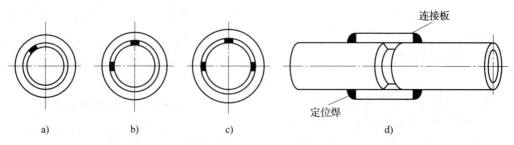

图 3-93　固定管装配定位焊

a）小管截面　b）中管截面　c）大管截面　d）连接板定位

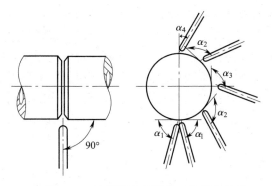

图 3-94　水平固定管焊接时的焊条角度
　　　$\alpha_1=80° \sim 85°$；$\alpha_2=100° \sim 105°$；
　　　$\alpha_3=100° \sim 110°$；$\alpha_4=10° \sim 20°$

图 3-95　前半部焊缝过中心线

焊接从仰位开始。起焊时，在坡口内引弧并把电弧引至间隙中，电弧尽量压短约 1 s，使弧柱透过内壁熔化并击穿坡口的根部，听到背面电弧的击穿声，立即灭弧，形成第一个熔池。当熔池降温而颜色变暗时，再压低电弧向上顶，形成第二个熔池。如此反复，均匀地点射熔滴向前施焊。这样逐步将钝边熔透，使背面成形，直至将前半部焊完。

2）焊接后半部。后半部的操作方法与前半部相似，但要进行仰位、平位两处接头的焊接。

①仰位接头。接头时，应用电弧把起焊处较厚的焊缝割成缓坡形，有时也可以用角向磨光机或錾子等工具修整出缓坡。操作时，先用长弧烤热接头；当出现熔化状态（见图 3-96a）时，立即拉平焊条，压住熔化金属，通过焊条端头的推力和电弧的吹力把过厚的熔化金属去除，形成一个缓坡割槽（见图 3-96b、c）。如果一次割不出缓坡，可以多做几次。然后，马上把拉平的焊条角度调整为正常焊接的角度（见图 3-96d），进行仰位接头。切忌灭弧，必须将焊条向上顶一下，以击穿熔化的根部而形成熔孔，使仰位接头完全熔合，转入正常的灭弧击穿焊接。

②平位接头。接头时，运条至斜立焊位置，采用顶弧焊法，即将焊条前倾（见图 3-97），当焊至距离接头 3 ~ 5 mm（即将封闭）时，绝不可灭弧，应把焊条向内压一下，听到击穿声后，让焊条在接头处稍做摆动，填满弧坑后熄弧。当与定位焊缝相接时，也需用上述方法操作。

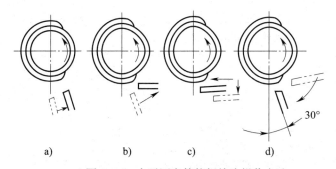

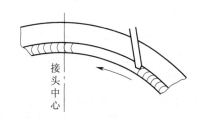

图 3-96　水平固定管仰焊接头操作方法
a）出现熔化状态　b）、c）形成缓坡割槽　d）仰位接头

图 3-97　平焊位置接头用顶弧焊法

焊接打底层时，为了得到优质的焊缝和良好的背面成形，运条动作要稳定并准确，灭弧动作要果断，电弧要控制短些，保持大小适宜的熔孔。过大的熔孔会使焊缝背面产生下坠或焊瘤，特别是仰焊部位易出现内凹，平焊部位易出现背面焊缝过高或焊瘤的现象。因此，要求在仰焊位置操作时，电弧在坡口两侧停留时间不宜过长，并且电弧尽量向上顶焊；在平焊位置时，电弧不能在熔池的前面多停留，并保持2/3的电弧落在熔池上，这样有利于背面较好地成形。

（4）填充层焊接

焊接大管时，需要进行填充焊。焊接也分两半部分进行。由于填充层的焊波（是指焊缝表面的鱼鳞状波纹）较宽，一般采用月牙形或锯齿形运条。焊接时，运条到坡口两侧要稍作停顿，以保证焊道与母材良好熔合，且不咬边。填充层的最后一层不能高出管子外壁表面，还要留出坡口边缘，以便于盖面层的焊接。

（5）盖面层焊接

为使盖面层焊缝中间稍凸起一些，并与母材圆滑过渡，可采用月牙形运条，焊条摆动稍慢而平稳，运条至两侧要稍作停顿，防止咬边。要严格控制弧长，尽量保持焊缝宽窄一致，波纹均匀。

2. 垂直固定管焊接

垂直固定管的焊接位置为横焊。它与板对接横焊的不同之处：在焊接过程中，要不断地随着管子的弯曲移动并调整焊条角度，这给操作带来较大的难度。

（1）装配与定位焊

在保证管子轴线对正的前提下，按圆周方向均布定位焊缝：大管焊2～3处，小管、中管焊1～2处。每处定位焊缝长10～15 mm，根部间隙为2～4 mm。

（2）打底层焊接

为保证坡口根部焊透，应采用单面焊双面成形技术施焊。焊条的运条角度如图3-98所示。为控制熔池温度及保证斜椭圆形外形，要采用短弧灭弧法击穿焊接。

先选定始焊处，在坡口内引弧，拉长电弧预热并熔化钝边后，把电弧带至间隙处向内一压，待发出击穿声并形成熔池后，马上灭弧（向后下方做划挑动作），使熔池降温。待熔池由亮变暗时，在熔池的前沿重新引燃电弧，压低电弧，由上坡口焊至下坡口，待坡口两侧熔合并形成熔孔后，以同一动作灭弧。如此反复地用灭弧法击穿焊接。

施焊时，熔池的前沿应存在熔孔，使上坡口钝边熔化1～1.5 mm，下坡口钝边熔化略小。把握住三个要领："看熔池，听声音，落弧准"，即：观察熔池颜色，判断熔池温度，保持熔渣与熔池分明，熔池形状一致，熔孔大小均匀；倾听坡口根部电弧击穿声音；落弧的位置要始终位于熔池的前沿。

焊至封闭接头处，先将焊缝端部打磨成缓坡形，然

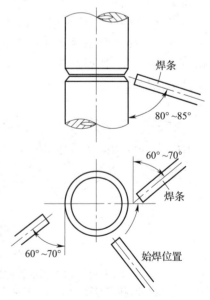

图3-98　垂直固定管焊接的焊条角度

后再焊。焊至缓坡前沿 3 ~ 5 mm 处，不再进行灭弧焊，而是将电弧向内压，稍作停顿，然后焊过缓坡，填满弧坑，最后熄弧。

（3）填充层焊接

如果采用多层焊焊接大管，应采用斜锯齿形运条法，生产效率高，但操作难度大，用得较少。如果采用多层多道焊，应采用直线形运条法，焊接电流比打底层焊接略大一些；焊道间要充分熔合，尤其与下坡口熔合的焊道要避免熔渣与熔池混淆而造成夹渣、未熔合等缺陷。焊接速度要均匀，焊条角度要随焊道部位的改变而变化，下部倾角要大，上部倾角要小。填充层焊接至最后一层时，不要把坡口边缘盖住，要留出少许，中间部位稍凸，为得到凸形的盖面层焊缝做准备。

（4）盖面层焊接

运条要均匀。采用短弧焊接下面的焊道时，电弧应对准下坡口边缘，稍做前后往复摆动，采用直线形运条法，使熔池下沿熔合坡口下棱边（≤ 1.5 mm），并覆盖填充层焊道。下焊道焊接速度要快，中间焊道焊接速度要慢，使盖面层呈凸形。焊道间可不清理渣壳，待焊接结束后一并清除。焊最后一条焊道时，应适当增大焊接速度或减小焊接电流，焊条倾角要小，以防止咬边，确保整个焊缝外表宽窄一致、均匀平整。

二、固定管焊接技能训练

管对接焊操作前，应经过管敷焊（水平、垂直位置）的练习，初步了解管子焊接运条方法及其特点后，再进行固定管焊接训练。

1. 水平固定管焊接

水平固定管焊接的焊件图如图 3-99 所示。钢管材料为 20 钢。

水平固定管焊接操作步骤见表 3-41。

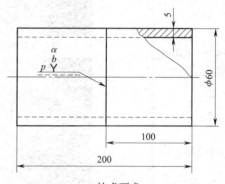

技术要求

1. 水平固定管单面焊双面成形。
2. 根部间隙 b 及坡口钝边 p 自定，坡口角度 $\alpha = 60°$。

图 3-99　水平固定管焊接的焊件图

表 3-41　　　　　　　　　水平固定管焊接操作步骤

操作步骤	图示	说明
焊接准备		1. 将 $\phi 60$ mm × 5 mm 的 20 钢管加工成两根 100 mm 长的管段 2. 两根管子的一侧加工出 30° 坡口。用内、外角向磨光机将坡口及两侧清理干净，并锉削钝边 3. 装配时，将两段管子放置在 V 形角钢槽内定位。控制对口间隙和错边量 4. 选用 $\phi 2.5$ 和 $\phi 3.2$ mm 的 E4303 型焊条。选用 BX3—300 型焊机 5. 两点定位焊，定位焊缝长度为 10 ~ 15 mm

操作步骤	图示	说明
确定焊接顺序	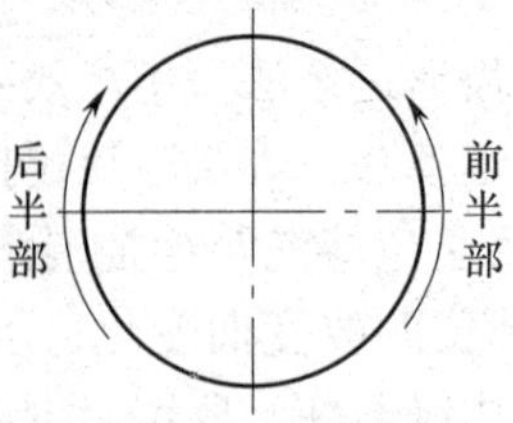	按照前半部、后半部的顺序焊接
前半部、后半部打底层焊接	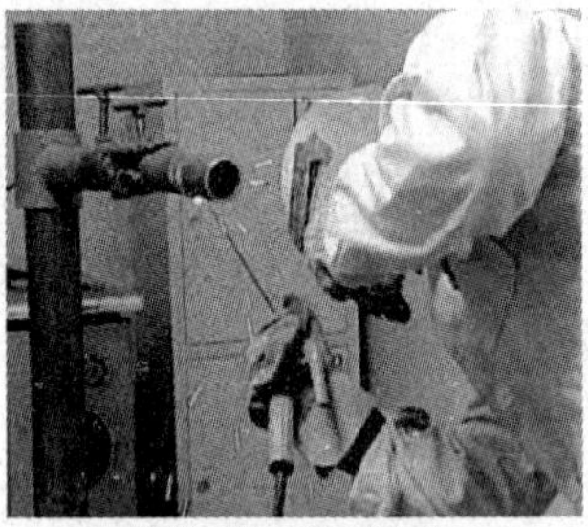 前半部打底层焊接后半部打底层焊接 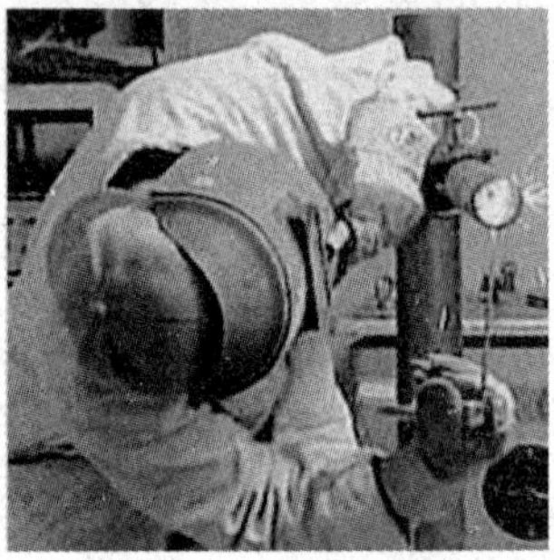	1. 调节焊接支架上夹具的螺母，将管子水平固定放置在距地面 800 ~ 900 mm 的高度，并调试焊接电流 2. 先焊前半部，为了使坡口根部焊透，采用灭弧焊法。起焊和收弧部位都要超过管子垂直中心线 10 mm，以便于焊接后半部时接头 3. 后半部打底层焊接的操作方法与前半部相似，在仰位和平位两处接头焊接时，要避免仰位出现焊瘤和平位产生塌陷的问题
前半部、后半部填充层焊接	—	填充层焊接也分前、后两半部进行。通常将打底层焊接的前半部作为填充层焊接的后半部，目的是将上、下接头错开
盖面层焊接	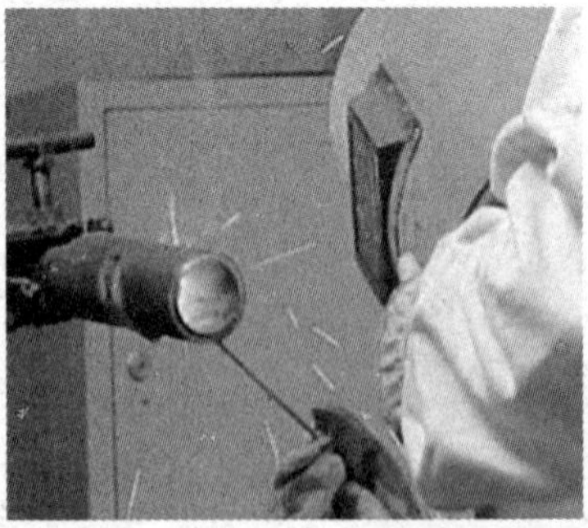	在填充层焊道上引弧焊接。为使盖面层焊缝与母材圆滑过渡，采用月牙形运条法。运条至两侧要稍作停顿，始终保持熔化坡口边缘 1.5 mm 左右，并严格控制弧长，可获得波纹均匀、宽窄一致的焊缝
焊后处理	—	焊后应将表面熔渣和飞溅物清理干净，检查焊接质量

— 188 —

2. 垂直固定管焊接

垂直固定管焊接的焊件图如图 3–100 所示。钢管材料为 20 钢。

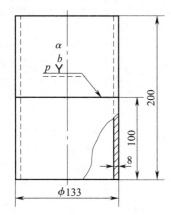

技术要求

1. 垂直固定管单面焊双面成形。
2. 根部间隙 b 及坡口钝边 p 自定，坡口角度 $\alpha=60°$。

图 3–100　垂直固定管焊接的焊件图

垂直固定管焊接操作步骤见表 3–42。

表 3–42　　　　　　　　　　　　垂直固定管焊接操作步骤

操作步骤	图示	说明
焊接准备		1. 将 ϕ133 mm×8 mm 的 20 钢管加工成两根 100 mm 长的管段 2. 两根管子的一侧加工出 30° 坡口。用内、外角向磨光机将坡口及两侧清理干净，并锉削钝边 3. 选用 ϕ2.5 mm 和 ϕ3.2 mm 的 E4303 型焊条。选用 BX3—300 型焊机 4. 将两段管子放置在 V 形角钢槽内定位。控制对口间隙和错边量 5. 三点定位焊，也可用连接板临时定位焊
打底层焊接	80°~85°	用灭弧法焊接打底层 打底层焊接时，当坡口钝边熔化 1 ~ 1.5 mm 形成熔孔时，立即向后下方熄弧，待熔池由亮变暗，重新引弧，对准熔池前沿压低电弧，熔焊约 0.8 s 熄弧，如此反复击穿焊接

操作步骤	图示	说明
填充层焊接	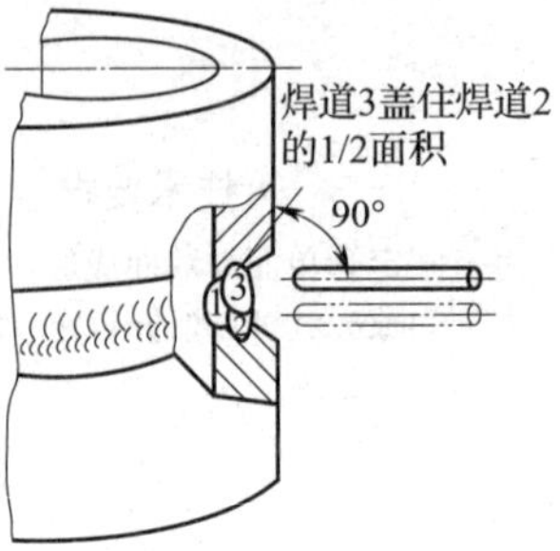 焊道3盖住焊道2的1/2面积 90°	填充层焊接分上道和下道。先焊下道，再焊上道 焊接下道时，使熔池边缘接近坡口棱边而不熔化棱边。焊条角度要随焊道部位的改变而变化。焊接下道时，要注意夹角处的熔化情况，焊接速度稍快，焊道要薄而细，最后的填充量应使下坡口边缘留出约2 mm，为盖面层焊接打好基础 焊接上道时，要覆盖下道约1/2，尽可能保持填充层平整
盖面层焊接	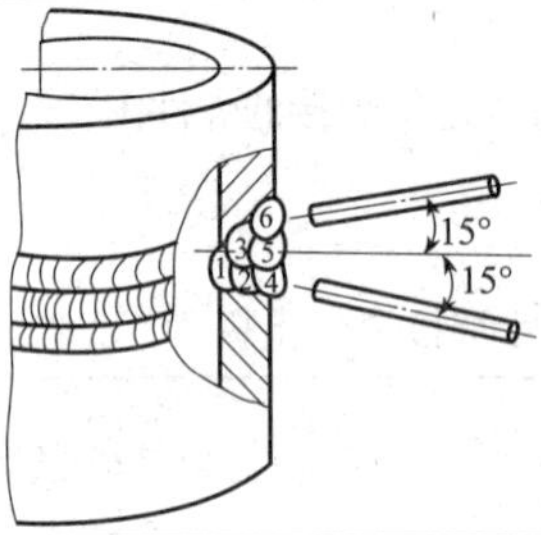 15° 15°	盖面层焊接分三道堆焊 焊下焊道时，焊道要细且与母材圆滑过渡。中间焊道使盖面层呈凸形。最后一条焊道要细而薄，并与母材圆滑过渡。焊条倾角保持15°，避免咬边，确保整个焊缝外形宽窄一致、均匀平整
焊后处理	—	焊后应将表面熔渣和飞溅物清理干净，检查焊接质量

 操作提示

（1）水平固定管打底层焊接时，仰位极易出现熔渣与熔化金属混淆不清的现象，从而造成夹渣和未焊透缺陷，使第一个熔池不易建立。因此，焊接时电流不要选择过小，宜用点射法，避免连续焊接。

（2）焊接垂直固定管的盖面层时，多道焊的上、下两条焊道应直而细，并与母材圆滑过渡，才能保证焊缝宽窄一致、成形美观。

3. 斜45°固定管焊接

斜45°固定管焊接是介于水平固定管和垂直固定管之间的一种焊接操作，没有真正意义上的平焊、立焊、仰焊位置，施焊处始终在管子的倾斜位置，因而增加了操作难度。

（1）焊件清理

用角向磨光机及内磨机清理坡口及其两侧内、外表面20 mm范围内的铁锈、油污、水分及其他污物，直至露出金属光泽。

（2）定位焊

装配间隙下部为2 mm，上部为2.5 mm，放大上部间隙是为了保证焊接时焊缝的收缩量。错边量不大于0.5 mm。焊点两侧进行修磨，使斜度尽可能小，保证接头处打底圆滑过渡。同时，注意定位焊点不得位于焊件正下方。

（3）打底焊

打底层焊接是难度最大的一个环节，在斜45°固定管对接焊接过程中，从两侧立向上焊接，分两半部分完成打底层焊接，如图3-101所示。由于始焊时焊件温度较低，正下方焊接成形困难，最容易出现焊接缺陷，一般起弧位置跨过正下方6点位置前10～15 mm起弧。打底层焊接选用直径为2.5 mm的焊条，焊接电流为75～80 A。对准坡口两侧进行预热，在看到熔化现象时，压低电弧，击穿钝边，使用灭弧法进行焊接。同时，控制弧长在3 mm左右，便于控制熔池温度及熔池形状。先焊接的一半打底层焊完后，再进行另一半的打底层焊接。

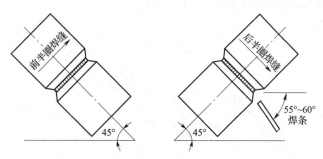

图3-101　斜45°固定管焊接位置及焊条角度

打底层焊接时须注意观察熔池情况，熔池一般保持椭圆形为宜，熔池为圆形时表明温度过高；同时，注意观察熔孔大小，熔孔大小以两侧母材钝边完全熔化并深入0.5～1 mm为宜。熔孔过大，易形成焊瘤或烧穿；熔孔过小，容易出现未焊透或冷结现象，进行弯曲试验时容易裂开。在观察熔池的同时，通过听觉进一步确认击穿熔透，在听到"噗噗"声时，则意味着已经击穿熔透。在运条时，控制好熔池的流动方向，确保熔池、熔渣彻底分离，防止出现内部焊接缺陷。

打底层焊缝与定位焊缝接头以及更换焊条的接头操作方法与水平固定管焊接操作相似。

（4）盖面焊

斜45°固定管对接盖面层的焊接主要控制好起头、运条、收尾三个方面，如图3-102所示。为确保盖面层焊缝成形质量，盖面层焊接仍使用ϕ2.5 mm的焊条。盖面层焊接主要是为了获得良好的焊缝成形，焊接热输入要相对降低，盖面焊操作要点如下：

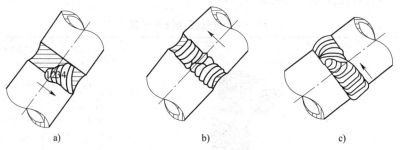

图3-102　盖面焊起头、接头、收尾

a）盖面焊起头　b）盖面焊接头　c）盖面焊收尾

1）起头。起弧点从下坡口边缘过中心10～15 mm开始焊接，使起头呈尖角斜坡状，以此建立三个熔池，其熔池的轮廓基本处于水平状态，并使一个比一个大，最后达到盖面的宽度后进入正常的盖面层焊接。

2）运条（接头）。为保证良好的外观成形，处理好熔池的外部形状。盖面层用斜拉划椭圆形运条法进行焊接，即焊条在上坡口与下坡口之间做斜拉、平行划椭圆形运条，焊条在坡口上边缘稍作停留，然后将电弧斜拉到坡口下边缘，保持每个熔池覆盖上、下坡口棱边各1～2mm，如此反复直到焊完为止。

3）收尾。后半圈焊缝的收尾方法是运条到焊件上部斜平焊部位收尾处的待焊三角区尖端时，使熔池逐渐缩小，直至填满三角区后再收尾。收尾时，尽量使焊波的中间略高一些，在防止产生焊接缺陷的同时能够使焊道更加美观，容易获得良好的外观成形。

斜45°固定管焊接的焊件图如图3-103所示。

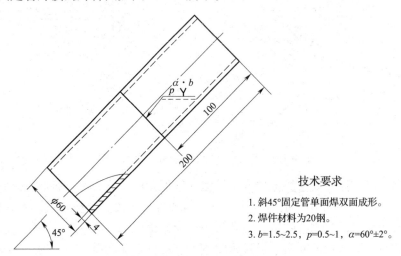

技术要求

1. 斜45°固定管单面焊双面成形。
2. 焊件材料为20钢。
3. b=1.5~2.5，p=0.5~1，α=60°±2°。

图3-103　斜45°固定管焊接的焊件图

斜45°固定管焊接参数见表3-43。

表3-43 　　　　　　　　　　　　　　　斜45°固定管焊接参数

焊接层次	焊条直径（mm）	焊接电流（A）	电弧电压（V）
打底层（1）	2.5	70～80	22～26
盖面层（2）	2.5	70～75	22～26

斜45°固定管焊接操作步骤见表3-44。

表3-44　　　　　　　　　　　　　　　斜45°固定管焊接操作步骤

操作步骤	图示	说明
准备焊件、焊条		按图样要求锯割两段20钢管，焊件尺寸为φ60 mm×4 mm×100 mm，清理一侧坡口及其两侧内、外表面20 mm范围内的油污、锈蚀、水分及其他污物，直至露出金属光泽，修磨钝边为0.5～1 mm 准备E5015型焊条，直径为2.5 mm，烘干温度为350～400 ℃，恒温2 h，随用随取

操作步骤	图示	说明
调整焊接参数，装配焊件	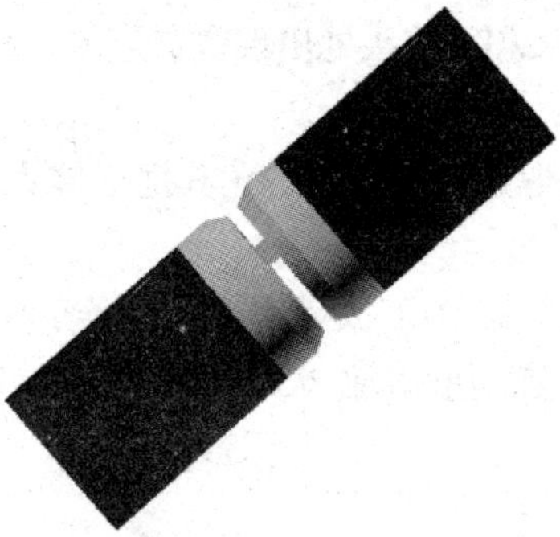	开启气阀和电源开关，检查焊机运转是否正常，调整好焊接参数 按装配要求在焊件焊接时钟 10 点和 2 点位置进行定位焊，然后将焊件固定在焊接支架上成 45° 角，距地面 800 ~ 900 mm
打底层焊接		自正下方 6 点前 10 ~ 15 mm 位置起弧，对准坡口两侧进行预热，在看到熔化现象时，压低电弧，击穿钝边，使用灭弧法进行焊接。同时，控制弧长在 3 mm 左右，以便于控制熔池温度和熔池形状。先焊接的一侧打底层焊完后，再进行另一半的打底层焊接
盖面层焊接	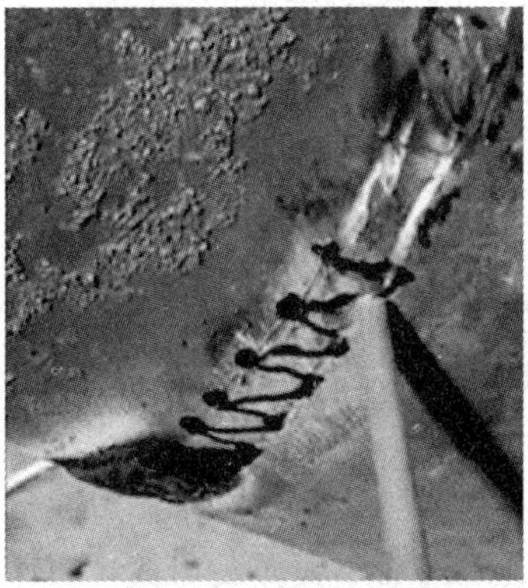	清理打底层焊缝熔渣和飞溅物，盖面层的焊接按操作要点控制好起头、运条、收尾三个方面，使起头、收尾熔合良好，不出现焊缝过高现象
焊后清理	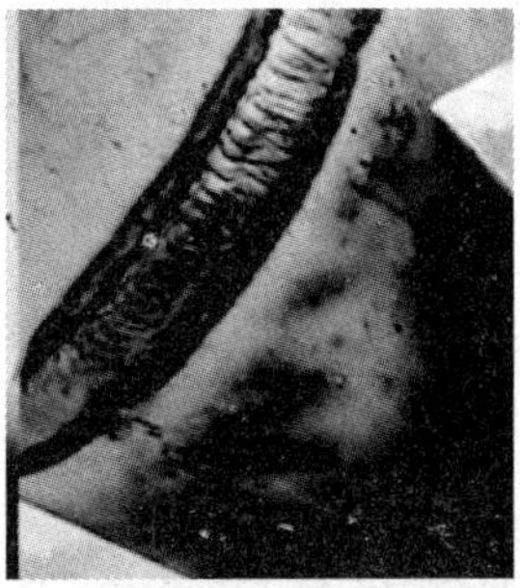	焊后对焊缝及周围进行清理，检查焊接质量

清理工作现场，关闭气路和电源，将焊枪连同输气管和控制电缆等盘好挂起

斜45°固定管焊接容易在管的上接头和下接头处出现宽窄超差、高低超差、咬边等缺陷。为将焊件焊得更好，建议做好以下几点：

（1）盖面焊前应使上接头与下接头焊道高度一致，尤其把下接头焊道因下坠而较高的部分用角向磨光机磨掉。

（2）采用灭弧法施焊，要求焊工手持焊钳要稳，运条均匀，焊条角度随着管子的弯曲而变化。

（3）后面的椭圆形熔池覆盖前一个椭圆形熔池 2/3 的面积，为控制熔池温度，每次灭弧时间应适当长些。

课题 10　固定管板焊操作

管板类接头在企业实际应用中多以管与法兰的连接形式出现，是锅炉、压力容器制造业主要的焊缝形式之一。根据接头形式的不同，固定管板可分为插入式管板和骑座式管板。根据空间位置的不同，每类管板的焊接又可分为垂直固定俯位焊、水平固定全位置焊和垂直固定仰位焊。

一、固定管板焊的操作方法

管板类接头焊接实际是一种 T 形接头的环形焊缝焊接。焊接时，要求焊缝背面熔透成形，因此必须在管板上开出一定尺寸的坡口。坡口尺寸应满足焊接电弧能深入焊缝根部进行焊接的要求。

1. 垂直固定俯位管板焊

在生产中，当管的孔径较小时，一般采用骑座式接头形式（见图 3-104a）进行单面焊双面成形；当管的孔径较大时，则采用插入式接头形式（见图 3-104b）进行单面焊双面成形。

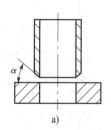 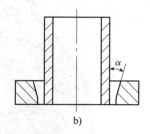

图 3-104　管板类焊件的接头形式

a）骑座式　b）插入式

焊接垂直固定俯位的管板时，由于垂直管管壁较薄，孔板较厚，如果操作不当使焊件受热不均衡，则在管侧容易产生咬边或焊缝偏下等缺陷，在板侧产生夹渣、未焊透和未熔合等缺陷。因此，应采用较大的焊接参数、小直径焊条、合适的焊条角度和有节奏的灭弧焊法进行焊接。

（1）装配及定位焊

装配时，应保证管子内壁与板孔同轴，无错边现象。定位焊可采用两点固定，定位焊缝长度不得超过 10 mm，要求背面成形作为打底层焊缝的一部分。根部间隙为 3 ~ 3.5 mm。

（2）打底层焊接

选定始焊位置时，应该在保持正确焊条角度（见图 3-105）的前提下，尽量向左侧转动手臂和手腕。

首先在左侧的定位焊缝上引弧，用长弧稍加预热后，将电弧移到定位焊缝前沿，向里送焊条，待熔池形成后，稍向后压短电弧，开始做小幅度的斜锯齿形运条，进行正常焊接。

焊接时，电弧的 2/3 要在熔池上保持短弧，摆动时在孔板上的停顿时间稍长于管子一侧。焊接速度要适宜，保持熔池大小基本一致。随着焊接的持续进行，要不断地转动手臂和手腕，以保持正确的焊条角度，并防止熔渣超前而产生夹渣和未熔合的缺陷。

焊至封闭焊缝接头前，先将接头焊缝打磨成缓坡再焊。当焊到缓坡前沿时，焊条伸向弧坑内，向内压一下后略微停顿，然后焊过缓坡，填满弧坑后熄弧。

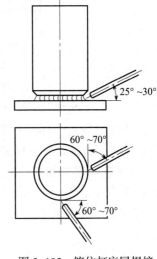

图 3-105 俯位打底层焊接
的焊条角度

（3）填充层焊接

应保证坡口两边良好熔合，并填满坡口，但不能凸起过高，以免影响盖面层的施焊。焊条与板面的夹角为 45° ~ 50°，焊条前进方向与管子切线的夹角为 80° ~ 85°。运条时，要注意上下两侧的熔化状态，不要损伤管子坡口边缘，并且保持熔渣对熔池的覆盖保护，不超前或拖后，才能获得良好成形。

（4）盖面层焊接

必须保证焊脚尺寸。采取两道焊，第一条焊道紧靠板面与填充层焊道的夹角处，保证焊道外边缘整齐，焊道平整；第二条焊道应重叠于第一条焊道 1/2 ~ 2/3，避免焊道间形成凹槽或凸起，并防止管壁咬边。

2. 水平固定全位置管板焊

（1）装配及定位焊

装配时，根部间隙在管板件的平位留 3.2 mm，其仰位留 2.5 mm 间隙。应保证管子内壁与板孔同轴。定位焊采用两点固定，选择在接口的斜立位处。定位焊后，将焊件固定在距地面 850 mm 左右的高度待焊。

（2）打底层焊接

为了便于叙述管板焊接，将处于焊件接口某部位的焊接位置用时钟的钟点位置来表示。焊条角度将随焊接位置的改变而变化，如图 3-106 所示。

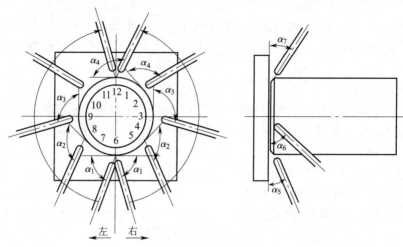

图 3-106　水平固定管板的焊接位置及焊条角度

$\alpha_1=80^\circ \sim 85^\circ$；$\alpha_2=100^\circ \sim 105^\circ$；$\alpha_3=100^\circ \sim 110^\circ$；$\alpha_4=120^\circ$；$\alpha_5=30^\circ$；$\alpha_6=45^\circ$；$\alpha_7=35^\circ$

　　焊接时分左、右两半部分进行。如果固定管板所在工作现场有一侧操作不太方便，则其应作为前半部先焊，这样是为保证后半部的接头质量而创造便利条件。

　　1）前半部的焊接（右侧）。从 7 点处引弧，长弧预热（熔滴下落 1 ~ 2 滴）后，在过管板垂直中心 5 ~ 10 mm 位置向上顶送焊条，待坡口根部熔化形成熔孔后，稍拉出焊条，用短弧做小幅度斜锯齿形运条，并沿逆时针方向施焊，直至焊到超过 12 点 5 ~ 10 mm 处熄弧。

　　由于管子与孔板的厚度不同，所需热量也不一样，因此，运条时焊条在孔板一侧应多停留一会儿，以控制熔池温度并调整熔池形状。另外，在管板件的 6 ~ 4 点及 2 ~ 12 点处，要保持熔池液面趋于水平，不使熔池金属下淌，其运条轨迹如图 3-107a 所示。

　　仰焊位置焊接时，焊条应该向上顶送深一些，横向摆动小些，向前运条的间距要均匀，不宜过大，以减小背面焊缝内凹。立位时焊条向坡口根部下送应比仰位时要浅，而平位时焊条下送比立位时还要浅，这样可以使背面焊缝成形均匀凸起，以防止局部过高及出现焊瘤。

　　焊接过程中，经过定位焊缝时要把电弧稍向里压送，以较快的焊接速度焊过定位焊缝，然后正常焊接。

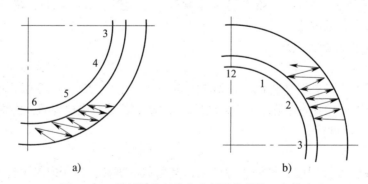

图 3-107　管板焊件斜仰位和斜平位处的运条轨迹

a）斜仰位　b）斜平位

2）后半部的焊接（左侧）。后半部的操作要领与前半部相同，只是增加了仰位及平位的接头。其接头方法与前面介绍的水平固定管打底层焊接仰位、平位接头操作方法相似。

（3）填充层焊接

填充层的焊接顺序、焊条角度、运条方法与打底层焊接相似，但是斜锯齿形和锯齿形运条的摆动幅度比打底层稍宽。由于焊缝两侧是半径不同的同心圆，孔板侧比管子侧圆周长，因此，运条时在保持熔池液面趋于水平的前提下，应加大孔板侧向前移动的间距，并相应增加焊接停留时间。

填充层的焊道要薄些，管子一侧坡口要填满，孔板一侧要超出管壁面约 2 mm，使焊道形成一个斜面，以保证盖面层焊缝焊后焊脚对称。

（4）盖面层焊接

盖面层焊接与填充层焊接的操作方法相似，运条过程中既要考虑焊脚尺寸与对称性，又要使焊缝波纹均匀，无表面缺陷。为防止盖面层焊缝出现仰位超高、平位偏低以及在孔板侧产生咬边等缺陷，盖面层焊接要采取以下措施：

1）前半部起焊处（7～6点）的焊接采用直线形运条法，焊道尽可能细且薄，为后半部获得平整的接头做好准备。

2）后半部始焊端准备仰位接头，在8点处引弧，将电弧拉到接头处（6点附近），长弧预热到接头部位出现熔化时，将焊条缓缓地送到较细焊道的接头点，使电弧的喷射熔滴均匀地落在始焊端，然后采用直线形运条与前半部留出的接头平整熔合，再转入斜锯齿形运条的正常盖面层焊接。

3）盖面层斜平位至平位处（2～12点）的焊接类似平角焊，熔敷金属易于向管壁侧堆积而使孔板侧形成咬边。因此在焊接过程中，由立位采用锯齿形运条过渡到斜立位2点处采用斜锯齿形运条（见图3-107b），要保持熔池水平，并在孔板侧停留稍长一些，以短弧填满熔池，并要控制熔池形状及温度。必要时可以间歇灭弧，以保持孔板侧焊道饱满，管子侧焊道不堆积。当焊至12点位置时，将焊条端部靠在填充焊的管壁夹角处，以直线运条到达12点与11点之间位置收弧，为后半部末端接头打好基础。

4）后半部末端平位接头焊接。盖面层焊接从10～12点采用斜锯齿形运条法，施焊到12点位置后采用小锯齿形运条法，与前半部留出的斜坡接头熔合，做几次挑弧动作将熔池填满即可收弧。

二、固定管板焊接技能训练

1. 垂直固定俯位管板焊

垂直固定俯位管板焊的焊件图如图3-108所示。钢管材料为20钢，钢板材料为Q235A钢。

垂直固定俯位管板焊操作步骤见表3-45。

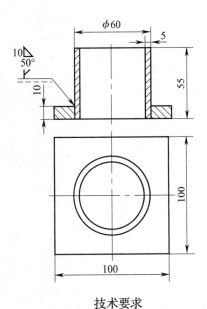

技术要求
1. 焊缝接头平整，焊缝宽度均匀，波纹细腻。
2. 保证焊脚尺寸及焊缝截面为等腰直角三角形。

图3-108 垂直固定俯位管板焊的焊件图

表 3–45 垂直固定俯位管板焊操作步骤

操作步骤	图示	说明
焊接准备		1. 将 $\phi60$ mm×5 mm 的 20 钢管加工成长度为 55 mm 的管段 2. 用剪床剪切 Q235A 钢板，得到 100 mm×100 mm×10 mm 的钢板，并用铣床加工出 $\phi60$ mm 的圆孔，一侧加工成 50° 的坡口，留有 1 mm 的钝边 3. 选用 $\phi3.2$ mm 的 E4303 型焊条。选用 BX3—300 型焊机 4. 将钢管插入孔板中，保证孔板与管子相互垂直，留出 2 mm 间隙。采取三点对称定位焊，定位焊缝长度不超过 10 mm
确定焊接层数	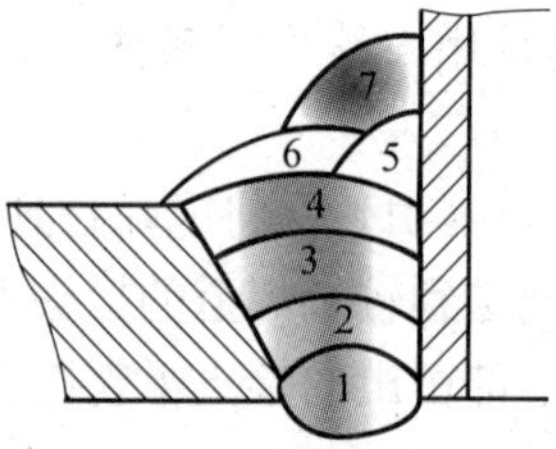	采取多层多道焊，其中第一层的焊道 1 为打底层焊接，第二层～第四层为填充层焊接，第 5～7 焊道为盖面层焊接
打底层焊接		用灭弧法焊接打底层 由于孔板比管壁厚，因此 2/3 的电弧应落在孔板坡口一侧，使管子、孔板受热均衡。打底层焊接至封闭处接头时，焊条向弧坑压一下，稍作停顿，然后焊过缓坡，填满弧坑后熄弧
填充层焊接	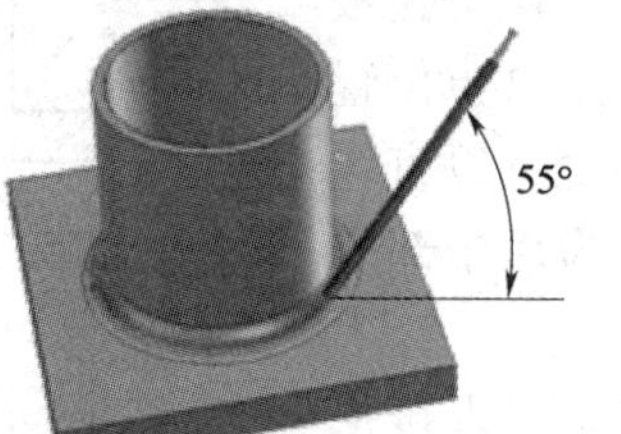	将打底层焊缝熔渣清理干净 填充层焊接采用锯齿形运条法。运条时，要调节电弧，使管子与孔板受热均衡，并控制电弧的停顿节奏。填充层要比孔板表面稍凸，为盖面层焊接打好基础
盖面层焊接		将填充层焊缝熔渣清理干净 采用三条焊道完成盖面焊。第一条焊道紧靠管壁处；第二条焊道与第一条焊道重叠 2/3；第三条焊道紧靠管壁处，保证盖面焊 10 mm 的焊脚尺寸 运条速度要均匀，焊条进行小幅度摆动，避免管壁侧出现咬边缺陷
焊后处理	—	焊后应将表面熔渣和飞溅物清理干净，检查焊接质量

2. 水平固定管板焊

水平固定管板焊的焊件图如图 3-109 所示。材料：Q235 钢板，20 钢管。

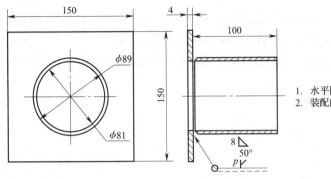

技术要求

1. 水平固定管板单面焊双面成形。
2. 装配间隙 p 自定。

图 3-109　水平固定管板焊的焊件图

水平固定管板焊操作步骤见表 3-46。

表 3-46　　　　　　　　　　　　　水平固定管板焊操作步骤

操作步骤	图示	说明
焊接准备	制备钢管和孔板 在焊接支架上装配焊件	1. 用车床将 20 钢管加工成 $\phi 89\,mm \times 4\,mm \times 100\,mm$ 的管段，一侧加工出 $50°$ 的坡口 2. 用剪床剪切 Q235 钢板，尺寸为 $150\,mm \times 150\,mm \times 4\,mm$；用铣床在钢板中心加工出 $\phi 81\,mm$ 的孔 3. 用角向磨光机清理焊接区的铁锈等污物 4. 在焊接支架的槽钢平台上装配管板焊件。将管子定位在孔板上，保证孔板与管子相互垂直，留出 2 mm 的间隙 5. 两点定位焊，定位焊缝长度不超过 10 mm
水平固定管板焊接操作	用螺栓固定焊件	1. 在焊接支架上用螺栓固定焊件，使其保持在站立操作的高度，以便于施焊 2. 从仰位起焊，采用灭弧焊法焊前半周至平位。用电弧切割接头呈缓坡形，用前半周的方法焊后半周，采用月牙形运条法，在孔板侧停留时间长些，保持焊缝与母材圆滑过渡
焊后处理	—	焊后应将表面熔渣和飞溅物清理干净，检查焊接质量

— 199 —

（1）垂直固定俯位管板打底层焊接要通过合理的焊条角度、合适的焊接电流和适宜的焊接速度来控制熔池温度，防止因熔渣超前而出现夹渣和未熔合缺陷。

（2）要加强手臂和手腕灵活性的训练，调整相应的焊条角度，以适应管板焊接时焊接位置的变化。

课题 11　组合焊件焊接操作

如图 3-110 所示的组合焊件需用焊条电弧焊完成焊接。它包含了平焊、立焊、横焊、仰焊及固定管焊、固定管板焊等操作，属于焊接技能的复合训练内容。焊接时，既要考虑焊件的焊缝表面质量，又要兼顾焊接应力及焊接变形对焊件结构尺寸和形状的影响。

一、焊接应力与变形

如果金属结构在焊接过程中产生的焊接应力和焊接变形得不到合理的控制，就会使焊接产品质量下降，严重时还会出现裂纹，甚至导致产品报废。对于焊工来说，充分了解焊接时内应力产生的原因和形成焊件变形的基本规律，有助于控制或减小焊接应力和变形的危害。

图 3-110　组合焊件

1. 焊接应力和变形的基本概念

金属材料在加工及使用过程中，在外力作用下，材料发生变形的同时，材料内部还会产生阻止变形的抗力，称为内力。单位面积上的内力称为应力。但是，应力并不都是外力引起的，金属材料在加热膨胀或冷却收缩过程中受到阻碍，也会在其内部出现应力。

焊接时焊件受到局部加热而产生不均匀的温度场，处于高温区域的材料膨胀量大，受到周围温度低、膨胀量较小的材料限制，于是焊件内出现内应力，使高温区的材料受到挤压，产生局部压应变。在冷却过程中，已经形成压应变的材料，由于不能自由收缩而受到拉伸，因此，焊件中又出现与焊接加热时方向大致相反的应力。

由焊接热过程引起的应力和变形就是焊接应力和焊接变形。焊后，当焊件温度降至常温时，残存于焊件中的应力称为焊接残余应力，焊件上不能恢复的变形称为焊接残余变形。

2. 钢受热时力学性能的变化

焊接是一个加热和冷却的热循环过程，受热区的最高温度可达 1 500 ℃以上，温度变化很剧烈，金属的物理性能、力学性能也随之发生相应的变化。如图 3-111 所示为低碳钢在加热时主要力学性能的变化规律。

由图 3-111 可知，随着温度（>300 ℃）的升高，低碳钢塑性明显提高，而它的强度却随着温度的升高而下降。屈服强度在受热初期基本上保持不变或稍稍下降。温度继续升高，达到 600 ~ 650 ℃时，屈服强度接近于零。

了解屈服强度随温度的变化对焊接应力和变形的研究很重要。为了便于讨论，对于低碳钢材料做以下假设：在 0 ~ 500 ℃时，屈服强度不变；而在 500 ~ 600 ℃时，屈服强度按直线规律减小到零；600 ℃以上时，就变为塑性材料，如图 3-112 所示。

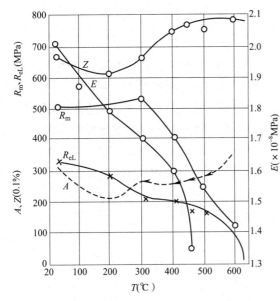

图 3-111　低碳钢加热时力学性能的变化

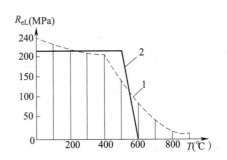

图 3-112　屈服强度与温度的关系
1—实际测定的曲线　2—简化假设的曲线

3. 焊接应力与变形的产生原因

（1）金属杆件均匀加热后产生的应力与变形

为了便于了解焊接时应力与变形的产生原因，下面对金属杆件均匀加热后产生的应力与变形进行讨论。

如图 3-113 所示为金属杆件进行均匀加热后的变形过程。当温度由 T_0 升至 T_1 时，金属杆件便出现了热膨胀，如果在伸长过程中不受阻碍，杆长将增加 ΔL_T，这段长度的改变称为自由变形，如图 3-113a 所示。同样，冷却时又能自由收缩，金属杆件始终处在自由无约束的状态下，不会出现应力和变形。

假如金属杆件在伸长过程中受到阻碍，不能自由地变形，这时的长度变化量称为外观变形 ΔL_e，如图 3-113b 所示。杆件内部因受压而产生的变形称为内部变形 ΔL，内部变形在数值上等于自由变形和外观变形之差，即 $\Delta L = \Delta L_T - \Delta L_e$，此时在金属杆件内将产生压应力。

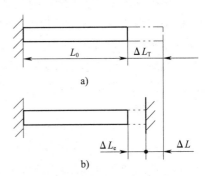

图 3-113　金属杆件在不同
状态下的变形
a）受热时　b）冷却后

如果压应力小于金属材料的屈服强度，则当杆件温度从 T_1 恢复到 T_0 时，假设允许杆件自由收缩，则杆件将恢复到原来的长度 L_0，杆件中不存在应力。

如果杆件温度很高，产生的压应力大于材料的屈服强度，则杆件产生塑性变形，在杆件温度恢复到 T_0 的自由收缩结束后，将比原来缩短，产生了压缩塑性变形。

（2）焊件在焊接过程中存在的焊接应力与变形

从上例出发进行下列分析。假设焊件是由许多金属小板条组成的，它们互相结合，互相制约。当焊接时，焊件受到局部不均匀的加热和冷却，焊接接头各区域会出现不同程度的热胀和冷缩。温度高、伸长大的板条要受到相邻的温度低、伸长小的板条的压缩；相反，温度低、伸长小的板条要受到温度高、伸长大的板条的拉伸。钢板受热时和冷却后的变形情况如图 3-114 中实线所示。

如果焊件加热时产生的压应力小于材料的屈服强度，则当温度恢复到原始温度（焊后）时，焊件中不存在残余应力和残余变形。如果焊件加热时产生的压应力大于材料的屈服强度，则钢板将产生压缩塑性变形。冷却后，钢板恢复到原始温度，将会产生残余应力和残余变形（见图 3-114b）。此时，钢板中间（温度低的区域）产生压应力，两侧产生拉应力。

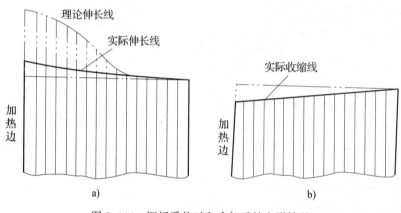

图 3-114　钢板受热时和冷却后的变形情况
a）受热时　b）冷却后

如图 3-115 所示为钢板中间堆焊或对接时的应力和变形情况。同样可将钢板看成由许多小板条所组成。在焊接过程中，钢板受到不均匀的加热，其温度为中间高、两边低。小板条的理论伸长如图 3-115a 中虚线所示，但小板条是互为一体、相互制约的，因此实际伸长如图 3-115a 中实线所示，即钢板被拉伸了 ΔL 长度，结果在钢板的两侧产生拉应力，中间产生压应力。当压应力超过材料的屈服强度时，就产生压缩塑性变形，即图 3-115a 中虚线所围绕的空白部分。

冷却时，由于钢板中间受热时所产生的压缩塑性变形不能恢复，因此从理论上来说，钢板中间缩短的长度应为图 3-115b 中虚线的形状。同样，由于钢板是一个整体，中间部分的收缩要受到两边的牵制，因此实际收缩变形如图 3-115b 中实线所示，即钢板总长缩短了 $\Delta L'$。在钢板的两侧产生压应力，而钢板中间因没有完全收缩，则产生了拉应力。

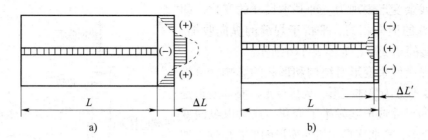

图 3-115　钢板中间焊接时的应力与变形

a）受热时　b）冷却后

（+）表示拉应力　（-）表示压应力

二、焊接残余应力

1. 按造成焊接残余应力的原因分类

（1）温度应力（热应力）

由于焊接时构件受热不均匀而引起的应力称为温度应力。

（2）相变应力

焊接时局部金属发生相变，体积发生变化，而周围的金属阻碍其体积变化，在金属内部将产生应力，这种应力称为相变应力。

2. 按焊接残余应力的作用方向分类

（1）纵向应力

方向平行于焊缝轴线的应力称为纵向应力。

（2）横向应力

方向垂直于焊缝轴线的应力称为横向应力。

3. 按焊接残余应力在空间的方向分类

（1）单向应力

单向应力是指在焊件中只沿一个方向存在的应力。例如，薄焊件对接焊缝存在的应力是单向应力。

（2）双向应力（平面应力）

双向应力是指两个应力存在于焊件一个平面的不同方向上。例如，较厚板的对接焊缝或薄板上的交叉焊缝中存在着双向应力。

（3）三向应力（体积应力）

三向应力是指沿空间三个方向存在的应力。例如，焊接大厚度焊件的对接焊缝或三个方向焊缝的交叉处都存在着三向应力。

严格地说，在焊件中的内应力总是三向的，但当一个或两个方向的应力数值很小时，应力常常被假定为双向的或单向的。

三、焊接残余变形

1. 焊接残余变形分类及产生原因

焊件在焊后除了产生一定的焊接残余应力外，还产生一定的残余变形。对于低碳钢来说，焊接残余变形比残余应力的危害性更大。

焊接残余变形可划分为纵向变形、横向变形、弯曲变形、角变形、波浪变形、扭曲变形等。焊接残余变形表现为三种基本尺寸的变化，即垂直于焊缝的横向收缩、平行于焊缝的纵向收缩、绕焊缝旋转的角变形，如图3-116所示。

根据焊接残余变形对结构和形状的影响，可将焊接残余变形分为整体变形、局部变形。整体变形是整个焊件的尺寸或形状发生了变化，通常以纵向变形、横向变形、弯曲变形和扭曲变形的形式出现，如图3-117所示。局部变形是指焊件的角变形和波浪变形，如图3-118所示。

下面就焊接残余变形的几种基本变形形式来分析其产生的原因。

（1）纵向变形

构件焊后产生的纵向变形主要是纵向缩短。焊缝的纵向收缩量一般随焊缝的长度、熔敷金属截面积的增大而增大，随焊件截面积的增大而减小。

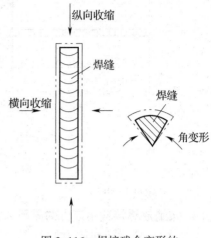

图 3-116　焊接残余变形的基本形式

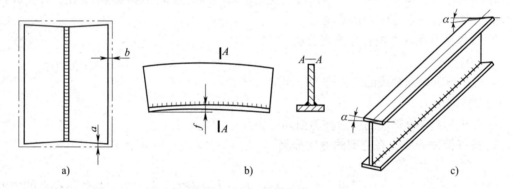

图 3-117　整体变形

a）纵向变形和横向变形　b）弯曲变形（f为挠度）　c）扭曲变形

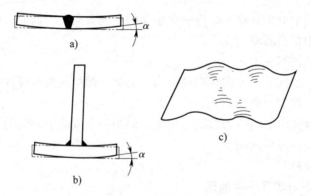

图 3-118　局部变形

a）对接焊缝的角变形　b）角焊缝的角变形　c）波浪变形

（2）横向变形

构件焊后产生的横向变形主要是横向缩短。横向的收缩量随板厚的增大而增大。板厚相同的情况下，坡口角度越大，横向收缩量也越大。

（3）弯曲变形

构件焊后向一侧变弯的变形叫作弯曲变形。焊接梁、柱、管道等长焊缝时经常产生弯曲变形。其弯曲变形的大小以挠度f进行度量，如图 3-119 所示。

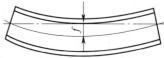

图 3-119　弯曲变形的度量

1）由纵向收缩造成的弯曲变形。在钢板边缘一侧施焊时，纵向收缩将产生弯曲变形，如图 3-120a 所示。T 形梁的焊缝只在构件的一侧，则焊后产生的弯曲变形如图 3-120b 所示。由此可知，只要焊缝不在构件的中性轴上时，焊后很容易产生弯曲变形。

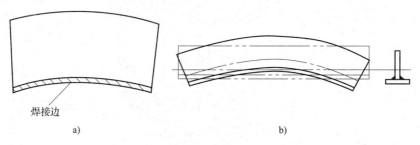

焊接边

a)　　　　　　　　　b)

图 3-120　焊缝纵向收缩造成的弯曲变形
a）板的弯曲变形　b）T 形梁的弯曲变形

2）由横向收缩造成的弯曲变形。图 3-121 所示为工字梁，在其下部焊有肋板，由于肋板角焊缝的横向收缩，使焊件向下弯曲。

（4）角变形

焊后构件两侧钢板离开原来位置翘起一个角度的变形叫作角变形。角变形的大小用变形角 α 来度量，如图 3-118a、b 所示。产生角变形的原因如下：焊缝的截面总是上宽下窄，因而在焊缝厚度上横向收缩变形不一致，焊接一面收缩大，另一面收缩小，结果就形成了构件的平面偏转，两侧便翘起一个角度，如图 3-118a 所示。

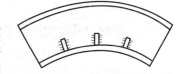

图 3-121　焊缝横向收缩造成的弯曲变形

（5）波浪变形

波浪变形一般在薄板焊接结构中产生，如图 3-122 所示。产生原因有以下两种：一种是薄板结构焊接时纵向、横向压应力的作用，使薄板失去稳定而造成波浪变形，如图 3-122a 所示；另一种是由角焊缝的横向收缩引起的角变形造成的，如图 3-118b 所示。图 3-122b 所示为船体隔板结构焊后产生的波浪变形。

（6）扭曲变形

构件焊后两端绕中性轴相反方向扭转一个角度，称为扭曲变形，如图 3-123 所示。它产生的原因很多，如构件的各部件尺寸和形状不正确时强行装配；焊接时构件没采用适当的夹具；焊接顺序和方向不正确（如按图 3-123b 中箭头所示方向）而进行焊接。

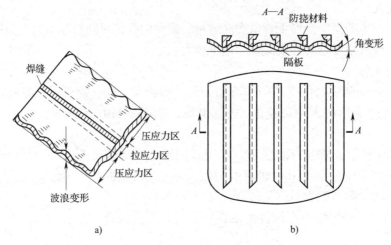

图 3-122 薄板焊接的波浪变形

a）纵向、横向压应力的作用　b）角变形

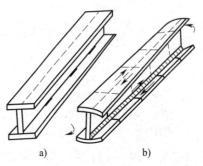

图 3-123 工字梁的扭曲变形

a）焊前　b）焊后

2. 影响焊接结构残余变形的因素

（1）焊缝在结构中的位置

如焊缝在焊接结构中布置不对称，则焊后要产生弯曲变形，弯曲的方向是朝向焊缝数目多的那一侧。

焊缝偏离焊件中性轴时，焊件在焊后将向焊缝所在的那一侧弯曲，而且焊缝距离中性轴越远，焊件就越容易产生弯曲变形。

（2）焊接结构的刚度

焊接结构刚度（即抵抗变形的能力）的高低也将影响焊件焊后的变形。刚度越高，结构就越不易变形。结构的刚度取决于其自身的截面形状及尺寸大小。

（3）焊接结构的装配及焊接顺序

一般来说，将焊接结构总装后再进行焊接，可以使结构的刚度提高，减少焊后变形。但是，对于一些大型复杂结构，有时可将结构适当地分成部件，分别装配、焊接，然后再拼焊成整体，使不对称的焊缝或收缩量较大的焊缝能比较自由地收缩，组焊时对整体结构的影响就较小，从而控制焊后变形。

有了合理的装配方法，还应该有合理的焊接顺序。即使焊缝对称布置的结构，如果焊接顺序不合理，仍然会引起变形。如图 3-124 所示，对称的 X 形坡口对接接头采用不同的焊接顺序会产生不同的效果。

（4）其他因素

1）材料的线膨胀系数。线膨胀系数大的金属，其焊后变形也大。常用的金属材料中铝、不锈钢、Q355 钢、碳素钢的线膨胀系数依次减小，因此，碳素钢焊件焊后变形就相对小一些。

2）焊接方法。与电弧焊相比，气焊的热源分散，受热范围大，加上焊接速度慢，使金属热膨胀加大，因此，气焊焊件的焊后变形比电弧焊大。

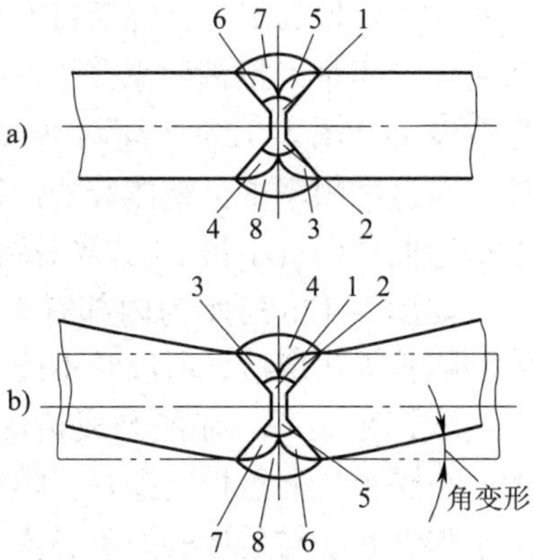

图 3-124　X 形坡口对接接头的焊接顺序
a）合理的焊接顺序
b）不合理的焊接顺序

3）焊接电流和焊接速度。一般焊后变形随着焊接电流的增大而增大，随焊接速度的加快而减小。

4）焊接方向。对于一条直焊缝来说，采用同一方向从头焊到尾（直通焊）的方法，会使整条焊缝在焊接过程中热量分布不均匀，焊件内产生的内应力也不同，其焊缝越长，焊后变形也就越大。如果直焊缝采用分段跳焊法，焊后变形就会小一些。

5）坡口形式。坡口角度及对口间隙过大，变形量增大。在焊件材料、厚度相同的情况下，V 形坡口比 U 形坡口变形大；X 形坡口比双 U 形坡口变形大；I 形坡口变形最小。

6）结构的自重。焊接梁、柱类焊接结构时，如果下部悬空或没有垫实，在受热状况下，由于自身的重力会出现下拱弯曲变形。

影响焊接结构残余变形的因素很多，这要求焊接前应针对结构的实际情况，分析其与哪些影响因素有关，并且预测产生哪种变形及其变形量，以便有的放矢地制定合理的防止或减小焊接残余变形的措施。

四、防止和减小焊接残余应力与残余变形的措施

1. 焊接结构的合理设计

合理的设计方案是控制焊接残余应力与残余变形的重要措施。在设计焊接结构时要考虑以下几点：

（1）在保证结构有足够强度的前提下，尽量减小焊缝的数量和尺寸。

（2）对称布置焊缝。

（3）必要时预先留出收缩余量。

（4）适当采用冲压结构，减少焊接结构。

（5）将焊缝布置在最大工作应力之外。

（6）留出装焊模夹具的位置等。

2. 控制焊接残余变形的工艺措施

（1）选择合理的装焊顺序

采用不同的装配、焊接顺序，焊后会产生不同的变形效果。如图 3-125 所示为工字梁的两种装配、焊接顺序。图 3-125a 所示工字梁的装配、焊接顺序是先装配、焊接成丁字形，然后再装配另一块翼板，最后焊成工字梁。按照这种装焊顺序焊接丁字形结构时，由于焊缝分布在中性轴的下方，焊后将产生较大的上拱弯曲变形，即使另一块翼板焊后会产生反向弯曲变形，也难以抵消原来产生的变形（由于结构刚度提高的缘故），最后工字梁将形成上拱弯曲变形。图 3-125b 所示工字梁的装配、焊接顺序是先整体装配成工字梁，然后再进行焊接。在这种顺序中，整体装配使得工字梁的刚度提高，再采用对称、分段的焊接顺序，焊后上拱弯曲变形就小得多。"先总装，后焊接"的工艺措施可以控制结构的焊后变形。

如图 3-126 所示为内部有大、小隔板的封闭箱形梁结构。如果先总装箱形梁，其结构内的隔板无法焊接，所以它不能采用"先总装，后焊接"的装配、焊接顺序。因此，它必须先制成门形梁后，才能制成箱形梁。图 3-127 所示为门形梁的装配、焊接顺序。首先，将大、小隔板与上盖板装配好，随后焊接大、小隔板与上盖板所有的焊缝，如图 3-127a 所示。由于焊缝几乎与盖板截面重心重合，故无太大变形；接着装配、焊接两侧钢板，不仅结构刚度提高，而且两侧钢板焊缝对称，分别翻转焊件，焊接全部焊缝，如图 3-127b、c 所示。焊后整个封闭箱形梁的弯曲变形很小。

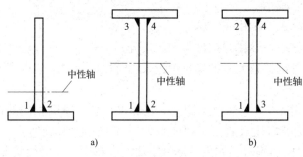

a)   b)

图 3-125　工字梁的两种装配、焊接顺序

a）先装焊成丁字形，再装焊成工字形　b）整体装焊

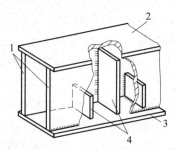

图 3-126　封闭的箱形梁结构

1—隔板　2—下盖板　3—上盖板

4—大、小隔板

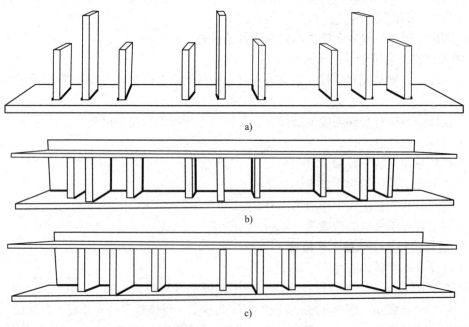

a)

b)

c)

图 3-127　门形梁的装配、焊接顺序

（2）采取合理的焊接顺序

1）对称焊缝。如果焊接结构的焊缝是对称布置的，应该采用对称焊接。如图 3-125b 所示的工字梁，当采用 1、2、3、4 的焊接顺序时，虽然结构的焊缝对称，焊后仍将产生较大的上拱弯曲变形。应该注意焊接顺序，因为焊接结构的刚度会随着先焊焊缝熔敷量的增加而提高，同时所产生的变形也会增大。在结构刚度提高的情况下，即使后焊的焊缝以同样的熔敷量产生相反方向的变形，也不能完全抵消原先产生的变形。

因此，如果将图 3-125b 所示工字梁 1、2 焊缝的长度分成若干段，采取分段、跳焊的对称焊接，先焊完总长度的 60% ~ 70%。然后，将工字梁翻转 180°，也采取分段、跳焊的对称焊将 3、4 焊缝全部焊完。再将工字梁翻转，采取同样的焊法焊完 1、2 焊缝。这样通过先后焊缝的熔敷差量来控制变形量，效果较好。

2）不对称焊缝。如果焊接结构的焊缝是不对称布置的，焊接顺序如下：先焊焊缝少的一侧，后焊焊缝多的一侧，使后焊焊缝产生的变形足以抵消先前的变形，以使总体变形减小。如图 3-128 所示为压力机压型上模的结构、焊接变形与焊接顺序。如果先焊焊缝多的一侧，结构将出现总体下挠弯曲变形。如果按图 3-128c 所示，先焊焊缝 1、1′（即焊缝少的一侧），焊后会出现如图 3-128b 所示的上拱变形；接着，按图 3-128d 所示焊接焊缝 2、2′及焊缝 3、3′（即焊缝多的一侧），则焊后它们的收缩足以抵消先前产生的上拱变形。如果按图 3-128e 所示的焊接顺序（1 人操作）进行船形焊，焊后变形最小。

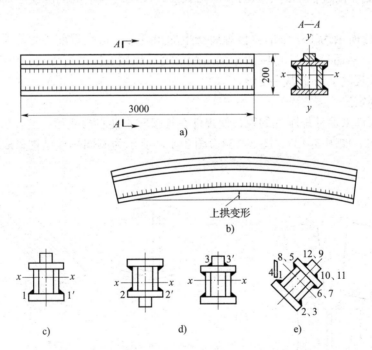

图 3-128　压型上模的结构、焊接变形与焊接顺序

a）压型上模的结构　b）上拱变形　c）焊接焊缝少的一侧　d）焊接焊缝多的一侧　e）船形焊的焊接顺序

3）采用不同的焊接顺序。如果结构中的长焊缝采用连续的直通焊，将会产生较大的变形。除了焊接方向因素外，在结构中焊接热量过于集中而分布不均匀也是产生焊接残余变形的一个重要原因。在实际焊接操作中，经常采用图 3-129 所示的不同焊接顺序来控制变形。其

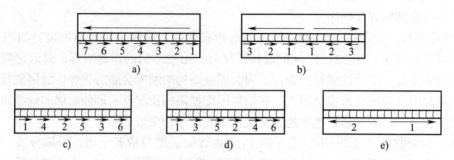

图 3-129　采用不同焊接顺序的焊法
a）分段退焊法　b）分中分段退焊法　c）跳焊法　d）交替焊法　e）分中对称焊法

中，分段退焊法、分中分段退焊法、跳焊法和交替焊法常用于长度为 1 m 以上的焊缝。退焊法和跳焊法每段焊缝长度一般为 100 ~ 350 mm。长度为 0.5 ~ 1 m 的焊缝可用分中对称焊法。

（3）反变形法

为了抵消焊接残余变形，焊前预先使焊件向焊接变形相反的方向变形，这种方法称为反变形法。在前面课题进行的 V 形坡口对接焊操作中，均采用了反变形法来控制焊后的残余角变形。另外一种做法：两块焊件对接装配时，终焊端的根部间隙比始焊端大（见图3-130），以避免焊接过程中由于纵向、横向收缩，促使终焊端的间隙变小而影响打底层焊接质量。

如图 3-131a 所示为工字梁的翼板焊后产生的角变形。可在焊前预先使翼板产生反变形（见图 3-131b），然后按图 3-131c 所示的装配角度和焊接顺序进行焊接，以抵消焊后变形。这样便能在较大程度上防止焊后变形。

（4）刚性固定法

焊接前对焊件采取外加刚性约束，使焊件在焊接时不能自由变形，这种防止变形的方法称为刚性固定法。如图 3-132、图 3-133、图 3-134 所示为不同焊接结构采取刚性固定法的实例。

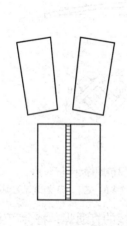

图 3-130　对接平板采用反变形措施

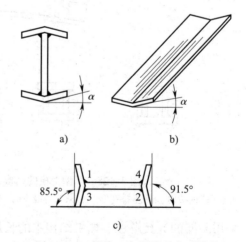

图 3-131　焊接工字梁的反变形措施

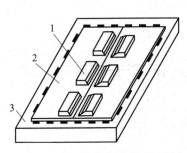

图 3-132 薄板焊接的刚性固定
1—压铁 2—焊件 3—平台

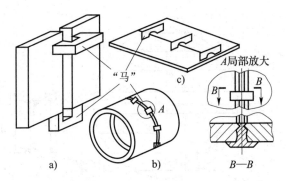

图 3-133 钢板对接焊时的加"马"刚性固定

（5）散热法

焊接时用强迫冷却的方法将焊接区的热量带走，使受热面积大幅度减小，从而达到减小变形的目的，这种方法称为散热法。如图 3-135a 所示为将焊件浸入水中进行焊接；图 3-135b 所示为喷水冷却焊接；图 3-135c 所示为用水冷纯铜板散热焊接。应该注意，散热法不适用于淬硬倾向较高的材料；否则会在焊接时产生裂纹。

3. 控制焊接残余应力的工艺措施

（1）选择合理的焊接顺序

1）尽可能使焊缝自由收缩。尽可能让焊缝自由收缩，以减少焊接结构在施焊时的约束，最大限度地减小焊接残余应力。

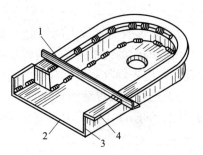

图 3-134 防护罩用临时支承的
刚性固定
1—临时支承 2—底平板
3—立板 4—圆周法兰盘

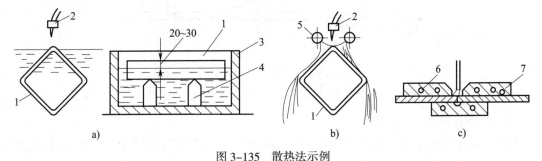

图 3-135 散热法示例
a）浸水焊接 b）喷水冷却焊接 c）水冷纯铜板散热焊接
1—焊件 2—焊炬 3—水槽 4—支承架 5—喷水箱 6—冷却水孔 7—纯铜板

如图 3-136a 所示为一个大型容器的底部，由许多平板拼接而成。根据焊缝能自由收缩的原则，焊接应从中间向四周进行，以使焊缝的收缩从内向外依次产生。同时，先焊横向（短）焊缝，后焊纵向（长）焊缝。布局焊缝时，尽量使焊接热量在整个结构中分布均匀，焊接顺序如图 3-136a 所示的数字。

图 3-136b 所示为带肋板工字梁的焊接顺序。工字梁两边对称地逐格焊接，使构件能自由收缩，焊接残余应力便会大大减小。

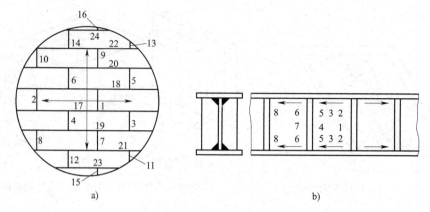

图 3-136 尽可能使焊缝自由收缩的焊接原则示例

a）大型容器底部的焊接　b）工字梁的焊接

2）先焊收缩量最大的焊缝。先焊收缩量大、焊后可能产生较大焊接残余应力的焊缝，使焊缝收缩时的约束度小，故焊接残余应力也就小。如果同一结构上既有对接焊缝又有角接焊缝时，应先焊收缩量相对较大的对接焊缝。

3）先焊交叉焊缝的短焊缝，后焊直通长焊缝。这主要是保证短焊缝在焊后有自由收缩的可能。如图 3-137 所示为交叉焊缝的焊接顺序。

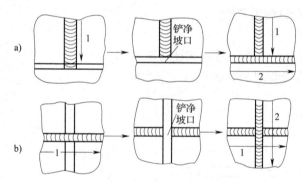

图 3-137　交叉焊缝的焊接顺序

a）T 形焊缝的焊接顺序　b）十字形交叉焊缝的焊接顺序

（2）选择合理的焊接参数

焊接时应尽可能采用小直径焊条和较小的焊接电流，减小焊件受热范围，以减小焊接残余应力。

（3）采用预热的方法

预热法是指在焊前对焊件的全部（或局部）进行加热的工艺措施。一般预热的温度为150 ~ 350 ℃。其目的是减小焊接区和结构整体的温度差，以使焊缝区与结构整体尽可能地均匀冷却，从而减小内应力。此法常用于淬硬倾向较大的材料，预热温度视材料、结构刚度等具体情况而定。

（4）加热"减应区"法

在焊接或焊补刚度很高的结构时，选择适当的部位进行加热，使之伸长，加热区的伸长带动焊缝部位，使其产生与焊缝收缩方向相反的变形，然后再进行焊接。冷却时，加热区的收缩与焊缝的收缩方向相同，使焊缝有自由收缩的可能，焊接残余应力可大为减小。这个加热部位称为"减应区"。带轮轮辐、轮缘的断口焊补常用此法。如图3-138所示为几种简单结构采用加热"减应区"法。

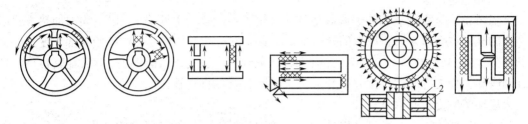

图3-138　加热"减应区"法
1—辐板　2—轮缘
（网纹为"减应区"，"→"为热膨胀方向）

（5）敲击法

在焊后冷却过程中，用锤子或风锤敲击焊缝，促使它产生塑性变形，以抵消焊缝的一部分收缩量，这样就能起到减小焊接残余应力的作用。进行敲击时，温度应当维持在100～150℃或400℃以上。避免在200～300℃之间的蓝脆性（含氮量较高的低碳钢在200～250℃发生时效，钢的强度升高，塑性和韧性明显降低所引起的脆性。因为在200～250℃加热时，钢的表面形成氧化物，其色呈蓝色，所以这种脆性称为蓝脆性）阶段进行，以防止因敲击而产生裂纹。

多层焊时，为了避免根部裂纹，第一层不敲击，盖面层也不敲击，以保持焊缝表面的美观。

五、焊接残余变形的矫正及残余应力的消除

1. 焊接残余变形的矫正方法

（1）机械矫正法

机械矫正法是利用机械力的作用来矫正变形。如图3-139所示为工字梁焊后的机械矫正。低碳钢结构可在焊后直接应用此法矫正。对于一般合金结构钢的焊接结构，焊后先进行消除应力处理，才能进行机械矫正；否则，不仅矫正困难，而且容易断裂。

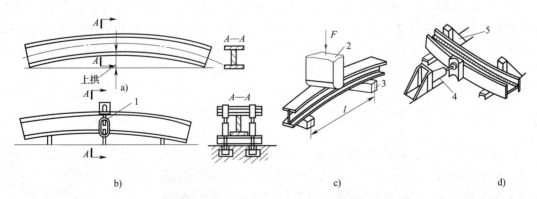

图3-139　工字梁焊后的机械矫正
a）拱曲焊件　b）用拉紧器拉　c）用压头压　d）用千斤顶顶
1—拉紧器　2—压头　3—支承　4—千斤顶　5—支承架

薄板波浪变形的机械矫正应锤打焊缝区的拉应力段。因为拉伸应力区的金属经过锤打被延伸了，即产生了塑性变形，从而减小了对薄板边缘的压缩应力，矫正了波浪变形。在锤打时必须垫上平锤，以免出现明显的锤痕。

（2）火焰矫正法

火焰矫正法是指用氧乙炔焰或其他气体火焰（一般采用中性焰），以不均匀加热方式引起结构的某部位变形来矫正原有的残余变形。具体方法如下：将变形构件的局部（变形处伸长的部分）加热到 600～800 ℃，此时钢板呈褐红色（适用于低碳钢），然后让其自然冷却或强制冷却，使之冷却后产生收缩变形，从而抵消原有的变形。

火焰加热的方式有以下三种：

1）点状加热矫正。图 3-140 所示为点状加热矫正钢板和钢管的实例。图 3-140a 所示为钢板（厚度在 8 mm 以下）波浪变形的点状加热矫正，其加热点直径 d 一般不小于 15 mm。点间距离 l 随变形量的大小而变，残余变形越大，l 越小，一般在 50～100 mm 范围内变动。为提高矫正速度及避免冷却后在加热处出现小包状凸起，往往在加热完一个点后，立即用木锤敲打加热点及其周围，然后浇水冷却。

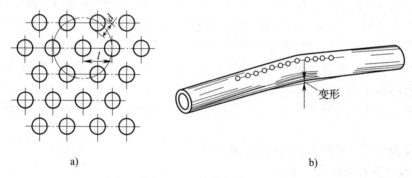

图 3-140　点状加热矫正
a）钢板的点状加热　b）钢管的点状加热

图 3-140b 所示为钢管弯曲的点状加热矫正。加热温度为 800 ℃，加热速度要快，加热一点后迅速移到另一点加热。采用同样的方法加热并自然冷却 1～2 次，即能将钢管矫直。

2）线状加热矫正。火焰沿着直线方向移动，同时在宽度方向上进行横向摆动，形成带状加热，称为线状加热。图 3-141 所示为线状加热的几种形式。在线状加热矫正时，加热线的横向收缩大于纵向收缩，加热线的宽度越大，横向收缩也越大。所以，在线状加热矫正时要尽可能发挥加热线横向收缩的作用。加热线宽度一般取钢板厚度的 0.5～2 倍。这种矫正方法多用于变形较大或刚度较高的结构，也可用于矫正钢板。图 3-142 所示为线状加热矫正实例。

线状加热矫正时，根据钢材性能和结构的可能，可同时用水冷却，即水火矫正。这种方法一般用于厚度小于 8 mm 的钢板，水火距离通常为 25～30 mm。对于允许采用水火矫正的低碳钢，在矫正时应根据不同钢种调整水火距离。水火矫正如图 3-143 所示。

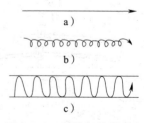

图 3-141　线状加热的形式
a）直线加热　b）链状加热
c）带状加热

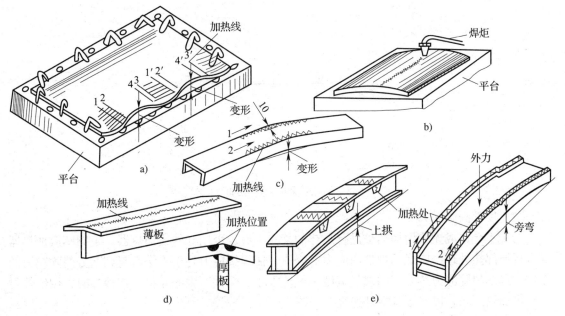

图 3-142 线状加热矫正实例

a）薄钢板 b）厚钢板 c）槽钢 d）T形梁 e）箱形梁

3）三角形加热矫正。三角形加热即加热区呈三角形。加热的部位是在弯曲变形构件的凸缘，三角形的底边在被矫正构件的边缘，顶点朝内，如图 3-144 所示。由于加热面积较大，因此收缩量也较大，尤其在三角形底部。可用多个焊炬同时加热，并根据结构和材料的具体情况，另加外力或用水火矫正。这种方法常用于矫正厚度较大、刚度较高构件的弯曲变形。

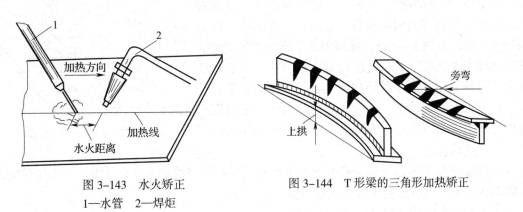

图 3-143 水火矫正

1—水管 2—焊炬

图 3-144 T形梁的三角形加热矫正

2. 消除焊接残余应力的方法

（1）整体高温回火

焊后对焊件进行热处理是消除焊接残余应力常用的方法。将焊件整体加热至材料相变点以下的某个温度范围（一般为 550 ~ 650℃），保温一定时间（一般钢材按 1 ~ 2 min/mm 计算，但时间不宜少于 30 min，不多于 3 h），然后再均匀、缓慢地冷却。利用材料在此温度下屈服强度降低，使内部残余应力高的部位产生塑性变形，而达到消除残余应力的目的。如图 3-145 所示为 14MnMoVB 钢消除残余应力热处理的工艺曲线。

— 215 —

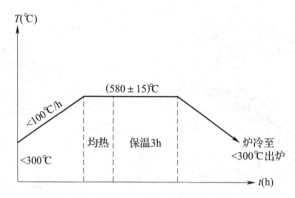

图 3-145　消除残余应力热处理的工艺曲线

（2）局部高温回火

对于不允许或无法用加热炉进行加热的某些焊件，可用红外线加热器、工频感应加热器等进行局部热处理，以降低焊件内应力的峰值，使焊接应力趋于平缓，起到部分消除应力的作用。局部消除应力热处理的加热宽度一般应不小于焊件厚度的 4 倍。在冷却时，用绝热材料包裹加热区域，以减缓其冷却速度。

（3）机械拉伸法

对焊接构件加载，使焊后产生的压缩残余变形得到拉伸，可减小由焊接引起的局部压缩塑性变形量，使内应力降低。例如，焊接压力容器的水压试验就属于机械拉伸，既对容器进行了水压试验，又对材料进行了一次拉伸，从而消除了部分残余应力。

（4）温差拉伸法

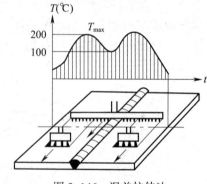

图 3-146　温差拉伸法

基本原理与机械拉伸法相同。它是利用适当宽度的氧乙炔焰焊炬在焊缝两侧加热（后面带有排水的水管随同喷水冷却，见图 3-146），使两侧的金属因受热（温度约为 200 ℃）而膨胀，对温度较低（约 100 ℃）的焊缝区进行拉伸，使之产生拉伸塑性变形，以抵消原来的压缩塑性变形，从而消除内应力。此方法对于焊缝较规则且厚度小于 40 mm 的板、壳结构具有一定的实用价值。

（5）振动法

振动法是利用偏心轮和变速电动机组成的激振器使焊接结构发生共振，产生循环应力，以降低内应力。此方法对于大型焊接结构效果较好。

六、组合焊件的焊接复合训练

1. 组合件焊前准备

（1）焊件

如图 3-147 所示为组合焊件的焊件图。钢管及钢板的材料为低碳钢。具体加工尺寸、数量及要求详见表 3-47。

（2）焊条

选用 E4303 型或 E5015 型焊条，直径为 3.2 mm 和 4.0 mm。

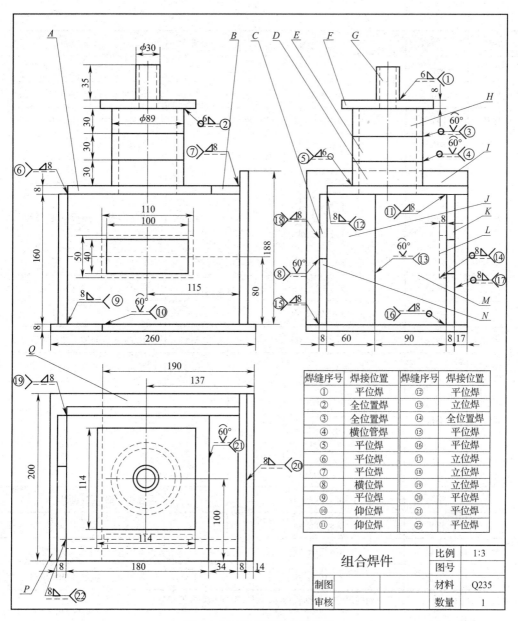

焊缝序号	焊接位置	焊缝序号	焊接位置
①	平位焊	⑫	平位焊
②	全位置焊	⑬	立位焊
③	全位置焊	⑭	全位置焊
④	横位管焊	⑮	平位焊
⑤	平位焊	⑯	平位焊
⑥	平位焊	⑰	立位焊
⑦	平位焊	⑱	立位焊
⑧	横位焊	⑲	立位焊
⑨	平位焊	⑳	平位焊
⑩	仰位焊	㉑	平位焊
⑪	仰位焊	㉒	平位焊

组合焊件		比例	1:3
		图号	
制图		材料	Q235
审核		数量	1

图 3-147 组合焊件的焊件图

表 3-47　　　　　　　　　　组合焊件材料明细表

件号	名称	尺寸（mm）	数量	说明
A	钢板	8×175×180	1	175mm 一侧需加工 30°坡口，ϕ79mm 孔与件 D 钢管内径等径

件号	名称	尺寸（mm）	数量	说明
B	钢板	8 × 34 × 175	1	175 mm 一侧加工 30° 坡口
C 及 N	钢板	8 × 80 × 214	2	每件 214 mm 一侧加工 30° 坡口
D 及 H	钢管	ϕ89 × 5 × 30	2	每件一端加工 30° 坡口
E	钢管	ϕ89 × 5 × 30	1	两端加工 30° 坡口
F	钢板	 8 × 114 × 114	1	孔 ϕ25 mm 与钢管 G 内径相等
G	钢管	ϕ30 × 2.5 × 35	1	一端加工 30° 坡口
I	钢板	8 × 188 × 200	1	
J	钢板	8 × 60 × 160	1	160 mm 一侧加工 30° 坡口
K	钢板	 8 × 160 × 214	1	
L	钢板	8 × 50 × 110	1	在中央部位打钢印
M	钢板	8 × 90 × 160	1	160 mm 一侧加工 30° 坡口
P	钢板	8 × 70 × 200	1	200 mm 一侧加工 30° 坡口
Q	钢板	8 × 190 × 200	1	200 mm 一侧加工 30° 坡口

注：件 B、C、J、P 在宽度方向的尺寸应根据所确定的焊件根部间隙数值相应减小。

2. 操作要求

（1）焊前要求

1）熟悉组合焊件的焊接图，检查各部件的加工尺寸、坡口角度及数量是否与材料明细表所列各项要求一致。

2）清理各部件表面，并锉削坡口钝边和毛刺。

（2）装配及定位焊

1）板、管的对接接头及管板接头组装时，根部间隙可以自己确定（如根部间隙取 2 ~ 3 mm），除此之外不留间隙。定位焊的位置及数量可结合前面所掌握的要领自己选择。例如，板对接定位焊取两个，位置分别在板两端；管对接定位焊取三个，位置分别在管四周 120° 均布；管板接头定位焊取 3 个，位置分别在管板四周 120° 均布。每处定位焊缝的长度均为 10 ~ 15 mm。

2）可先整体装配再进行焊接，但为便于检查组合焊件内部的焊缝，可将件 M 留作最后组装和焊接。

3）定位装配时，要按照图样所示的装配尺寸进行，并要保证各部位的平行度和垂直度。

（3）焊接要求

1）序号为①②③④⑤⑧⑩⑬㉑的焊缝均应采用单面焊双面成形。

2）在焊接序号为②③⑩⑪的焊缝时，应使焊件距地面 900 mm 高度固定。序号为⑩⑪的焊缝应采用仰焊操作。焊接序号为②③的焊缝时，应将焊件转动 90° 固定，进行水平固定管板、水平固定管的全位置焊接。余下的焊缝均在工作台面上，按焊件图的主视图位置进行焊接。

3）确定各焊缝的焊接顺序时，应考虑焊接残余应力和变形对焊件的影响。

4）要保证各焊缝之间的交接处有良好的熔合，无影响致密性的缺陷。

组合焊件焊缝的焊接参考顺序及焊接要求见表 3-48。

表 3-48　　　　　　　　　　　组合焊件焊缝的焊接参考顺序及焊接要求

焊件固定位置	焊接顺序	焊缝序号	焊缝位置	焊接要求
按焊件图主视图位置	1	⑬	立板对接焊	单面焊双面成形
	2	⑧	横板对接焊	单面焊双面成形
	3	㉑	平板对接焊	单面焊双面成形
	4	㉒	平位焊	
	5	⑲	立位焊	
	6	⑱	T 形立角焊	
	7	⑰		
	8	⑦	T 形平角焊	
	9	⑳		
	10	⑨		
	11	⑥	平角焊	
	12	⑫		
	13	⑮		
	14	⑯		
	15	①	管板平角焊	单面焊双面成形
	16	⑤	管对接平角焊	单面焊双面成形
按焊件图主视图位置 距地面 900 mm 固定	17	⑩	仰板对接焊	单面焊双面成形
	18	⑪	仰角焊	

焊件固定位置	焊接顺序	焊缝序号	焊缝位置	焊接要求
按焊件图主视图位置转动 90° 距地面 900 mm 固定	19	②	管板全位置焊	单面焊双面成形
	20	③	管对接全位置焊	单面焊双面成形
	21	④	管对接横位焊	单面焊双面成形
按焊件图主视图位置	22	⑭	全位置焊	外观检验后最后焊接

3. 焊后检验

（1）在件 M 装焊前，要对所有焊缝背面进行外观检验，检查其是否存在未焊透、背面焊缝余高过大、焊瘤、夹渣等缺陷，并对所有焊缝进行煤油试验，检查焊缝有无贯穿性缺陷。

（2）全部焊接结束后，应对整体焊缝表面进行外观检验。

埋弧自动焊与碳弧气刨

课题1 埋弧自动焊原理、设备及材料

一、埋弧自动焊的原理与特点

1. 原理

埋弧自动焊实质是一种电弧在颗粒状焊剂下燃烧的熔焊方法，如图4-1所示。其原理如下：

将焊丝送入颗粒状的焊剂下，与焊件之间产生电弧，使焊丝与焊件熔化形成熔池，熔池金属结晶为焊缝；部分焊剂熔化形成熔渣，并在电弧区域形成一个封闭空间，液态熔渣凝固后成为渣壳，覆盖在焊缝金属上面。随着电弧沿着焊接方向移动，焊丝不断地送进并熔化，焊剂也不断地撒在电弧周围，使电弧埋在焊剂层下燃烧，由此实现自动焊接过程。

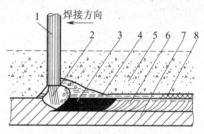

图4-1　埋弧自动焊原理

1—焊丝　2—电弧　3—熔池　4—熔渣
5—焊剂　6—焊缝　7—焊件　8—渣壳

2. 特点

埋弧自动焊与焊条电弧焊相比，其主要特点如下：

（1）焊接生产效率高

埋弧自动焊所用焊接电流大，加上焊剂和熔渣的隔热作用，热效率高，熔深大。在焊件不开坡口的情况下，单丝埋弧自动焊一次可熔透20 mm。焊接速度高，以厚度为8 ~ 10 mm的钢板对接焊为例，单丝埋弧自动焊速度可达50 ~ 80 cm/min，焊条电弧焊则不超过13 cm/min。

（2）焊接质量好

焊剂和熔渣的存在不仅防止空气中的氮气、氧气侵入熔池，而且使熔池凝固较慢，使液态金属与熔化的焊剂间有较多时间进行冶金反应，减少焊缝中产生气孔、裂纹等缺陷的可能性。焊剂还可以向焊缝渗合金，提高焊缝金属的力学性能。另外，焊缝成形美观。

（3）劳动条件好

埋弧自动焊的焊接过程实现机械化，使操作显得更为便利，而且烟尘少，没有弧光辐

射，劳动条件得到改善。

由于埋弧自动焊采用颗粒状焊剂，一般仅适用于平焊位置，其他位置的焊接则需采用特殊措施，以保证焊剂能覆盖焊接区。埋弧自动焊主要适用于低碳钢及合金钢中厚板的焊接，是大型焊接结构生产中常用的一种焊接技术。

二、电弧长度自动调节系统与调节方法

1. 电弧长度自动调节系统的组成

进行焊条电弧焊时，焊工用眼睛观测电弧，当发现弧长变化时，随即调整焊条的送进，以保持理想的电弧长度和熔池状态，这是一种人工调节方式。它是依靠焊工的肉眼和其他感官对电弧与熔池的观测，通过大脑的分析和比较，判断弧长和熔池状态是否合适，然后支配手臂调整运条动作来完成的，如图4-2所示。焊条电弧焊的焊接质量取决于焊工个人的焊接能力及对电弧和焊接状态的判断力。

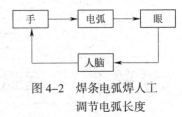

图4-2　焊条电弧焊人工调节电弧长度

进行埋弧自动焊时，焊接电弧经常会受到如网络电压的波动、焊件表面不平整、焊件坡口加工不规则及定位焊缝的存在等因素的干扰，使电弧长度不断地发生变化。这种弧长的变化会造成电弧燃烧的不稳定。因此，在焊接过程中总是希望弧长变化时能迅速得到调整，恢复到原有的长度。埋弧自动焊以机械方式送进焊丝和移动电弧的自动调节方式代替焊条电弧焊的人工调节方式。因此，埋弧自动焊机自动调节系统就必须具有与人的眼—脑—手相对应的三个基本机构，即：

（1）检测机构

检测机构如同人的眼睛一样，能在整个焊接过程中连续检测因弧长变化而需要调节的量。

（2）比较机构

比较机构能起到人脑的作用。它将测量出的被调量通过与操作者从外部预先给定的值进行比较，然后输出偏差信号。

（3）执行机构

执行机构根据输出的偏差信号数值自动完成调整动作，如自动调整焊丝的下送或上抽。

为了提高自动调节系统工作的灵敏度，在检测机构、比较机构、执行机构中经常包含放大器。三个基本机构加上放大器组成了弧长自动调节器（通常把调节对象以外的，为实现自动调节目的而加入的测量、给定、比较、放大和执行等环节总称为自动调节器）。

2. 电弧长度自动调节方法

焊接时，电弧长度由焊丝给送速度和焊丝熔化速度决定。只有保证焊丝给送速度与焊丝熔化速度同步，才能保持电弧长度稳定不变。因此，可通过两种途径来达到稳定电弧长度的目的，即调节焊丝给送速度和焊丝熔化速度。焊丝给送速度是指在单位时间内送入焊接区的焊丝长度。焊丝熔化速度是指在单位时间内熔化送入焊接区的焊丝长度。

埋弧自动焊机和其他自动焊机一样，采用两种能够自动调节弧长的方式，即电弧自身调节和电弧电压自动（强制）调节。根据上述两种不同的调节原理，设计及制造了等速送丝式埋弧自动焊机（焊机型号有 MZ1—1000 型）和变速送丝式埋弧自动焊机（焊机型号有 MZ—

1000型）。

三、等速送丝式埋弧自动焊机

1. 工作原理

等速送丝式埋弧自动焊机的特点是选定的焊丝给送速度在焊接过程中恒定不变。当电弧长度变化时，依靠电弧的自身调节作用，相应地改变焊丝熔化速度，以保持电弧长度不变。

（1）等熔化速度曲线

等速送丝式埋弧自动焊机的电弧自身调节作用关键在于焊丝熔化速度。而焊丝熔化速度与焊接电流、电弧电压有关，其中焊接电流的影响更大些。当焊接电流增大时，焊丝的熔化速度显著加快；当电弧电压升高时，焊丝的熔化速度却略有减慢（电弧长时，较多的热量用于熔化焊剂）。

如果选定焊丝给送速度和焊接工艺条件（如焊丝直径和伸出长度不变，焊剂牌号不变等）相同，调节几个适当的焊接电源外特性曲线位置，并分别测出电弧稳定燃烧点的焊接电流和电弧电压值，以及相应的电弧长度；连接这几个电弧稳定燃烧点，就可以得到曲线 C（见图4-3），这条曲线称为等熔化速度曲线。曲线上每一个电弧燃烧点都对应着一定的焊接电流和电弧电压，而且当电弧电压升高时，焊接电流也相应增大。这样，当电弧电压升高使焊丝熔化速度减慢时，可由增大的焊接电流来补偿，使焊丝熔化速度与焊丝给送速度同步，保持电弧在一定的长度下稳定燃烧。

（2）电弧自身调节原理

根据等熔化速度曲线的含义，等速送丝式埋弧自动焊机的电弧稳定燃烧点应是电源外特性曲线、电弧静特性曲线和等熔化速度曲线的相交点，如图4-4所示的 O_1 点。

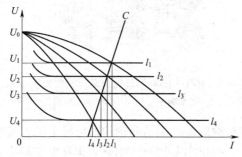
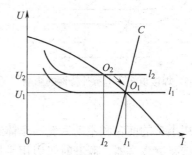

图4-3　等熔化速度曲线　　　　图4-4　弧长变化时电弧的自身调节过程

假设电弧在 O_1 点稳定燃烧，由于受某种外界因素的干扰，电弧长度突然发生变化，从 l_1 拉长到 l_2，此时电弧燃烧点从 O_1 点移到 O_2 点，焊接电流从 I_1 减小到 I_2，电弧电压从 U_1 增大到 U_2。电弧在 O_2 点燃烧是不稳定的。这是因为焊接电流减小（$I_2 < I_1$）和电弧电压升高（$U_2 > U_1$）都会减慢焊丝熔化速度，而焊丝给送速度是恒定不变的。其结果是使电弧长度逐渐缩短，电弧燃烧点将沿着电源外特性曲线从 O_2 点回到原来的 O_1 点，这样又恢复了电弧稳定燃烧状态，保持原来的电弧长度。反之，电弧长度突然缩短时，由于焊接电流随之增大，电弧电压降低，加快焊丝熔化速度，而送丝速度不变，使电弧长度增加，同样也会恢复到原来的电弧长度。

（3）影响电弧自身调节作用的因素

1）焊接电流。电弧的自身调节作用主要依靠焊接电流的增减实现。电弧长度改变后，焊接电流的变化越显著，则电弧长度恢复得越快。从图 4-5 中可以看出，当电弧长度变化相同时，选用大电流焊接比用小电流焊接的电流变化值要大（$\Delta I_1 > \Delta I_2$）。因此，采用大电流焊接时电弧的自身调节作用较好，即电弧自动恢复到原来长度的时间就短。

2）电源外特性。从图 4-5 中还可以看出，当电弧长度变化相同时，较为平坦下降的电源外特性曲线 1 要比陡降的电源外特性曲线 2 的电流变化值大些。这说明电源下降外特性曲线越平坦，焊接电流变化值越大，电弧的自身调节作用就越好。所以，等速送丝式埋弧自动焊机的焊接电源要求具有缓降的电源外特性。

2. MZ1—1000 型埋弧自动焊机

MZ1—1000 型埋弧自动焊机是根据电弧自身调节作用设计的典型的等速送丝式埋弧自动焊机。其控制系统简单，可使用交流或直流焊接电源，主要用于焊接各种坡口的对接、搭接焊缝，船形焊缝，容器的内、外环缝和纵缝，特别适用于批量生产。该焊机由焊接小车、控制箱和焊接电源三部分组成。

（1）焊接小车

焊接小车如图 4-6 所示。送丝机构和行走机构共同使用一台交流电动机，电动机两头出轴，一头经焊丝给送机构减速器输送焊丝；另一头经行走机构减速器带动焊接小车。

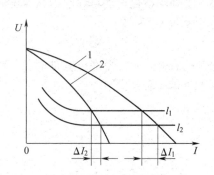

图 4-5　焊接电流和电源外特性的影响

图 4-6　MZ1—1000 型埋弧自动焊机的焊接小车
1—机头　2—焊剂漏斗　3—焊丝盘　4—控制盘　5—台车

焊接小车的前轮和主动后轮与车体绝缘，装有橡胶轮。主动后轮的轴与行走机构减速器之间装有摩擦离合器，脱开时可以用手推拉焊车。焊接小车的回转托架上装有焊剂漏斗、控制盘、焊丝盘、焊丝校直机构和导电嘴等。焊丝从焊丝盘经校直机构、送给轮和导电嘴送入焊接区。所用的焊丝直径为 1.6 ~ 5.0 mm。

焊接小车的传动系统中有两对可调齿轮，通过改换齿轮传动比，可调节焊丝给送速度和焊接速度。焊丝给送速度调节范围为 0.87 ~ 6.7 m/min。焊接速度调节范围为 16 ~ 126 m/h。

（2）控制箱

控制箱内装有电源接触器、中间继电器、降压变压器、电流互感器等电气元件，在外壳上装有控制电源的转换开关、接线板及多芯插座等。

（3）焊接电源

常见的埋弧自动焊机交流电源采用 BX2—1000 型同体式弧焊变压器，有时也采用具有缓降外特性的弧焊整流器。

四、变速送丝式埋弧自动焊机

1. 工作原理

变速送丝式埋弧自动焊机的特点是通过改变焊丝给送速度来消除外界因素对弧长的影响。即焊接过程中电弧长度变化时，依靠电弧电压的自动调节作用，相应改变焊丝给送速度，以保持电弧长度不变。

（1）电弧电压自动调节原理

在图 4-7 中，送丝电动机 MF 是他励式直流电动机，它的电枢由直流发电机 GF 供电。直流发电机有两个磁通方向相反的励磁绕组 L1 和 L2。其中，L1 由直流电源供电，并用电位器 RP2 来调节给定电压 U_g，产生磁通 $\varPhi_1$；在焊接回路中的 U_A 反馈给 L2，产生磁通 $\varPhi_2$。$\varPhi_1$ 与 $\varPhi_2$ 的磁通方向相反，$\varPhi_1$ 和 $\varPhi_2$ 的合成磁通控制直流发电机的电压极性和电压，即控制焊丝给送的方向和快慢。

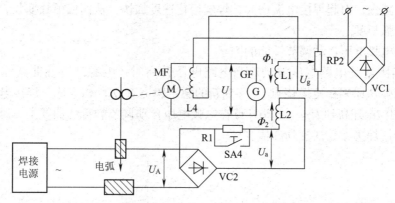

图 4-7   变速送丝式电弧电压调节电路原理图

焊接时，如果电弧电压升高（电弧变长），磁通 $\varPhi_2$ 大于磁通 $\varPhi_1$，则合成磁通方向与 $\varPhi_2$ 一致，这时发电机的电压极性使电动机 MF 正转，焊丝下送。而且，电弧电压越高，反馈到励磁绕组 L2 产生的磁通 $\varPhi_2$ 也越大，焊丝下送的速度就加快；电弧电压越低（电弧变短），则磁通 $\varPhi_2$ 小于磁通 $\varPhi_1$，合成磁通的方向与 $\varPhi_1$ 一致，这时发电机的电压极性使电动机 MF 反转，焊丝就上抽。

在图 4-7 所示的电弧电压调节电路中，直流发电机 GF 的励磁绕组 L2 为检测机构，它实时地检测 U_A 的波动，并转化为 $\varPhi_2$ 的变化；电位器 RP2 为给定机构，当 RP2 调定后，L1 两端电压 U_g 一定，磁通 $\varPhi_1$ 一定；GF 的两个他励绕组 L2 和 L1 组成比较机构，比较结果 $\varPhi_合 = \varPhi_2 - \varPhi_1$，改变 GF 输出电势的大小和极性；送丝电动机 MF 为执行机构，由 GF 的输出电势大小和极性决定 MF 的转速和送丝方向，从而达到自动调节的目的。

（2）电弧电压自动调节静特性曲线

在确定的工艺条件下，调节电位器 RP2，选定一个适当的给定电压 U_g，然后调节几个电源外特性曲线位置，焊接时分别测出电弧稳定燃烧时的焊接电流和电弧电压，连接这几个电弧稳定燃烧点，可以得到一条电弧电压自动调节静特性曲线 A，如图 4-8 所示。

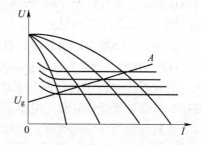

图 4-8   电弧电压自动调节静特性曲线

曲线 A 表明电弧在这条曲线上燃烧时，其焊丝的熔化速度等于焊丝给送速度。但是，变速送丝式的焊丝给送速度不是恒定不变的，因此，在曲线上的各不同点都有不同的焊丝给送速度，并对应着不同的焊丝熔化速度，以使电弧在一定的长度下稳定燃烧，这与等速送丝式的等熔化速度曲线是有区别的。

（3）电弧电压自动调节作用

变速送丝式焊机的电弧稳定燃烧点是电源外特性曲线、电弧静特性曲线和电弧电压自动调节静特性曲线的三线相交点，如图 4-9 所示的 O_1 点。假设电弧在 O_1 点稳定燃烧，当受到外界干扰时，使电弧长度突然从 l_1 拉长至 l_2。这时，电弧燃烧点从 O_1 点移到 O_2 点，电弧电压从 U_1 升高到 U_2；因电弧电压升高，使焊丝给送速度加快，焊接电流由 I_1 减小到 I_2，焊丝熔化速度减慢，电弧长度将相应缩短，从而使电弧的燃烧点又从 O_2 点回到原来的 O_1 点，保持了原来稳定燃烧时的电弧长度。反之，如果电弧长度突然缩短，电弧电压随之减小，焊丝给送速度相应减慢，引起焊接电流增大，焊丝熔化速度加快，从而使弧长变长，结果也是恢复到原来的电弧长度。

（4）影响电弧电压自动调节性能的因素

主要影响因素是电路电压波动。当电路电压升高时，电源外特性曲线相应上移（见图 4-10），电弧从原来稳定燃烧点 O_1 移到新的稳定燃烧点 O_2；相应地，焊接电流由 I_1 增至 I_2，电弧电压由 U_1 升高到 U_2。由于 O_2 点在电弧电压自动调节静特性曲线上，因此，变速送丝式焊机不能使焊接参数恢复到原值。

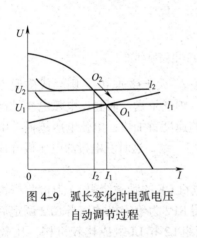 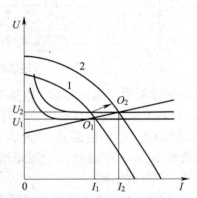

图 4-9　弧长变化时电弧电压
自动调节过程

图 4-10　电路电压波动对电弧电压
自动调节性能的影响

由图 4-10 可以看出，电弧电压自动调节静特性曲线近似于水平，则电弧电压变化受电路电压波动的影响很小，却使焊接电流变化较大。因此，为了减小电路电压波动对焊接电流的影响，变速送丝式焊机适宜采用陡降外特性的焊接电源。

2. MZ—1000 型埋弧自动焊机

MZ—1000 型埋弧自动焊机是根据电弧电压自动调节原理设计的变速送丝式埋弧自动焊机。它在焊接过程中自动调节灵敏度较高，而且调节焊丝给送速度和焊接速度较方便，可使用交流和直流焊接电源，主要用于水平位置或水平面倾斜不大于 10° 的位置各种坡口的对接、搭接和角接焊缝的焊接，并可借助滚轮胎架焊接筒形焊件的内、外环缝。MZ—1000 型埋弧自动焊机主要由 MZT—1000 型焊接小车、MZP—1000 型控制箱、焊接电源组成。

（1）MZT—1000型焊接小车

MZT—1000型焊接小车由机头、控制盘、焊丝盘、焊剂漏斗和台车等部分组成，如图4-11所示。

机头的功能是给送焊丝，它由一台直流电动机、减速机构和给送轮组成，焊丝从滚轮中送出，经过导电嘴进入焊接区。控制盘和焊丝盘安装在焊接小车的横臂一端，控制盘上有用来调节小车行走速度和焊丝给送速度的电流表与电压表、控制焊丝上下的按钮、电流调节按钮等。焊剂漏斗的功能是将焊剂经软管撒在焊丝周围。台车由直流电动机通过减速箱和离合器驱动。为适应不同形式的焊缝，焊接小车可在一定的方位上转动。

图4-11　MZT—1000型焊接小车
1—台车　2—焊丝盘　3—控制盘
4—焊剂漏斗　5—机头

（2）MZP—1000型控制箱

控制箱内装有电动机和发电机组，以供给送丝用和台车的直流电动机所需的直流电源，还装有中间继电器、交流接触器、降压变压器、整流器、镇定电阻和开关等电气元件。

（3）焊接电源

采用交流电源时，一般配用BX2—1000型弧焊变压器；采用直流电源时，可配用具有陡降外特性的弧焊整流器。

五、埋弧自动焊的焊接材料

1. 焊丝

目前，埋弧自动焊焊丝的国家标准包括《埋弧焊用非合金钢及细晶粒钢实心焊丝、药芯焊丝和焊丝—焊剂组合分类要求》（GB/T 5293—2018）、《埋弧焊用热强钢实心焊丝、药芯焊丝和焊丝—焊剂组合分类要求》（GB/T 12470—2018）、《埋弧焊用不锈钢焊丝—焊剂组合分类要求》（GB/T 17854—2018）。按照焊丝的成分和用途，可分为碳钢焊丝、低合金钢焊丝和不锈钢焊丝三类。

实心焊丝型号按照化学成分进行划分，其中"SU"表示埋弧焊实心焊丝，其后面的数字或数字与字母的组合表示其化学成分分类。

实心焊丝—焊剂组合分类包括以下内容：

第一部分用字母"S"表示埋弧焊焊丝—焊剂组合。

第二部分表示多道焊在焊态或焊后热处理条件下熔覆金属的抗拉强度代号，或用于双面单道焊时焊接接头的抗拉强度代号。

第三部分表示冲击吸收能量（KV_2）不小于27 J时的试验温度代号。

第四部分表示焊剂类型代号。

第五部分表示实心焊丝型号，或者药芯焊丝—焊剂组合的熔覆金属化学成分分类。

实心焊丝型号示例如图4-12所示。

常用的焊丝直径有1.6 mm、2.0 mm、2.5 mm、3.0 mm、4.0 mm、5.0 mm、6.0 mm等。

焊丝表面应干净、光滑，从而保证焊接时能顺利地送进，以免给焊接过程带来干扰。除不锈钢焊丝和有色金属焊丝外，各种低碳钢和低合金钢焊丝的表面最好镀铜。镀铜层既可起防锈作用，又可改善焊丝与导电嘴的接触状况，但是焊接耐腐蚀和核反应堆材料所用的焊丝不允许镀铜。

图 4-12　实心焊丝型号示例

为了使焊接过程稳定进行并减少焊接辅助时间，焊丝通常用盘丝机整齐地盘绕在焊丝盘上，按照国家标准规定，每盘焊丝应保证能在自动和半自动焊接设备上连续送丝。埋弧自动焊用碳钢焊丝盘的包装尺寸和质量见表 4-1。

表 4-1　　　　　　　　　　埋弧自动焊用碳钢焊丝盘的包装尺寸和质量

焊丝直径（mm）	焊丝净重（kg）	轴内径（mm）	盘最大宽度（mm）	盘最大外径（mm）
1.6～6.0	10、25、30	带焊丝盘 305±3	65、120	445、430
2.5～6.0	45、70、90	供需双方协议确定	125	800
1.6～6.0	不带焊丝盘按供需双方协议			
1.6～6.0	桶装按供需双方协议			

2. 焊剂

埋弧焊用焊剂的作用如同焊条的药皮，起着隔绝空气、保护焊缝金属不受空气污染和参与熔池金属冶金反应的作用。焊剂应具有良好的冶金性能和工艺性能，与选用的焊丝相配合，通过适当的焊接工艺，保证焊缝金属能够获得所需的化学成分和力学性能以及抗热裂和冷裂的能力；具有良好的稳弧、造渣、成形、脱渣等性能，并且在焊接过程中生成的有害气体少。

（1）焊剂的分类

埋弧焊焊剂除按其用途分为钢用焊剂和有色金属用焊剂外，通常按制造方法、化学成分、化学性质、颗粒结构等分类，如图 4-13 所示。

1）熔炼焊剂。将一定比例的各种配料干混均匀后在炉中熔炼，随后注水激冷，再干燥、破碎和筛选制成。目前，熔炼焊剂应用最多。但是，不足之处是制造过程要经过高温熔炼，合金元素易被氧化，因此，不能依靠焊剂向焊缝大量添加合金元素。

2）烧结焊剂。它是将一定比例的各种粉状配料拌匀，加入水玻璃调成湿料，在400～1000℃烧结成块，再经粉碎、筛选而成。

3）黏结焊剂。又称陶质焊剂，它是将一定比例的各种粉状配料加入水玻璃，混合拌匀，然后经粒化和低温（400℃以下）烘干制成。

后两种焊剂没有熔炼过程，所以化学成分不均匀，会导致焊缝性能不均匀。可在焊剂中添加铁合金，以改善焊缝金属的合金成分。

（2）焊剂型号

按适用焊接方法、制造方法、焊剂类型和适用范围等进行划分。焊剂型号编制方法如下：

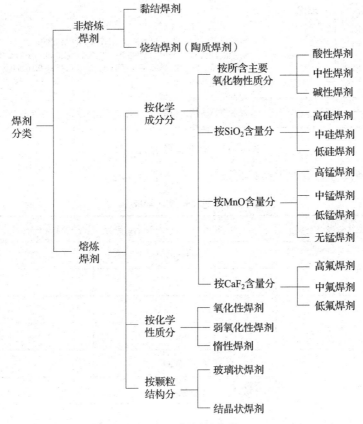

图 4-13　焊剂的分类

第一部分表示焊剂的适用焊接方法，"S"表示适用于埋弧焊，"ES"表示适用于电渣焊。

第二部分表示焊剂制造方法，"F"表示熔炼焊剂，"A"表示烧结焊剂，"M"表示混合焊剂。

第三部分表示焊剂类型代号。

第四部分表示焊剂适用范围代号。

除以上强制分类代号外，根据供需双方协商，可在型号后附加可选代号。

焊剂型号示例如图 4-14、图 4-15 所示。

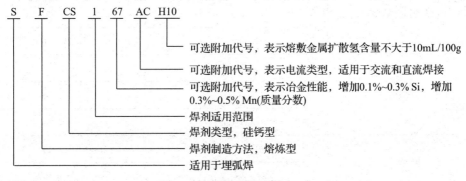

图 4-14　焊剂型号示例（一）

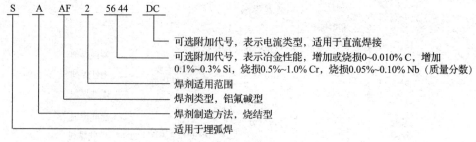

图 4-15　焊剂型号示例（二）

1）焊剂类型代号。焊剂类型代号及化学成分见表 4-2。

表 4-2　　　　　　　　　焊剂类型代号及化学成分

焊剂类型代号	主要化学成分（质量分数）（%）	
MS（硅锰型）	$MnO+SiO_2$	$\geqslant 50$
	CaO	$\leqslant 15$
CS（硅钙型）	$CaO+MgO+SiO_2$	$\geqslant 55$
	$CaO+MgO$	$\geqslant 15$
CG（镁钙型）	$CaO+MgO$	$5 \sim 50$
	CO_2	$\geqslant 2$
	Fe	$\leqslant 10$
CB（镁钙碱型）	$CaO+MgO$	$30 \sim 80$
	CO_2	$\geqslant 2$
	Fe	$\leqslant 10$
CG—I（铁粉镁钙型）	$CaO+MgO$	$5 \sim 45$
	CO_2	$\geqslant 2$
	Fe	$15 \sim 60$
CB—I（铁粉镁钙碱型）	$CaO+MgO$	$10 \sim 70$
	CO_2	$\geqslant 2$
	Fe	$15 \sim 60$
GS（硅镁型）	$MgO+SiO_2$	$\geqslant 42$
	Al_2O_3	$\leqslant 20$
	$CaO+CaF_2$	$\leqslant 14$
ZS（硅锆型）	ZrO_2+SiO_2+MnO	$\geqslant 45$
	ZrO_2	$\geqslant 15$

焊剂类型代号	主要化学成分（质量分数）（%）	
RS（硅钛型）	TiO$_2$+SiO$_2$	≥ 50
	TiO$_2$	≥ 20
AR（铝钛型）	Al$_2$O$_3$+TiO$_2$	≥ 40
BA（碱铝型）	Al$_2$O$_3$+CaF$_2$+SiO$_2$	≥ 55
	CaO	≥ 8
	SiO$_2$	≤ 20
AAS（硅铝酸型）	Al$_2$O$_3$+SiO$_2$	≥ 50
	CaF$_2$+MgO	≥ 20
AB（铝碱型）	Al$_2$O$_3$+CaO+MgO	≥ 40
	Al$_2$O$_3$	≥ 20
	CaF$_2$	≤ 22
AS（硅铝型）	Al$_2$O$_3$+SiO$_2$+ZrO$_2$	≥ 40
	CaF$_2$+MgO	≥ 30
	ZrO$_2$	≥ 5
AF（铝氟碱型）	Al$_2$O$_3$+CaF$_2$	≥ 70
FB（氟碱型）	CaO+MgO+CaF$_2$+MnO	≥ 50
	SiO$_2$	≤ 20
	CaF$_2$	≥ 15

2）焊剂适用范围代号。焊剂适用范围代号见表 4-3。

表 4-3　　　　　　　　　焊剂适用范围代号

代号	适用范围
1	用于非合金钢及细晶粒钢、高强钢、热强钢和耐候钢，适用于焊接接头和（或）堆焊 在接头焊接时，一些焊剂可应用于多道焊和单（双）道焊
2	用于不锈钢和（或）镍及镍合金 主要适用于接头焊接，也能用于带极堆焊
2B	用于不锈钢和（或）镍及镍合金 主要适用于带极堆焊
3	主要适用于耐磨堆焊
4	1 类～3 类都不适用的其他焊剂，如铜合金用焊剂

（3）焊剂牌号

焊剂牌号形式为"HJ×××"，"HJ"后面有三位数字，具体内容如下：

1）第一位数字表示焊剂中氧化锰的平均质量分数，见表4-4。

2）第二位数字表示焊剂中二氧化硅、氟化钙的平均质量分数，见表4-5。

表4-4　　　　　　　　　　焊剂牌号与氧化锰的平均质量分数

牌号	焊剂类型	MnO 的平均质量分数
HJ1××	无锰	<2%
HJ2××	低锰	2% ~ 15%
HJ3××	中锰	15% ~ 30%
HJ4××	高锰	>30%

表4-5　　　　　　　　焊剂牌号与二氧化硅、氟化钙的平均质量分数

牌号	焊剂类型	SiO_2 和 CaF_2 的平均质量分数
HJ×1×	低硅低氟	$w(SiO_2)<10\%$，$w(CaF_2)<10\%$
HJ×2×	中硅低氟	$w(SiO_2)\approx10\% \sim 30\%$，$w(CaF_2)<10\%$
HJ×3×	高硅低氟	$w(SiO_2)>30\%$，$w(CaF_2)<10\%$
HJ×4×	低硅中氟	$w(SiO_2)<10\%$，$w(CaF_2)\approx10\% \sim 30\%$
HJ×5×	中硅中氟	$w(SiO_2)\approx10\% \sim 30\%$，$w(CaF_2)\approx10\% \sim 30\%$
HJ×6×	高硅中氟	$w(SiO_2)>30\%$，$w(CaF_2)\approx10\% \sim 30\%$
HJ×7×	低硅高氟	$w(SiO_2)<10\%$，$w(CaF_2)>30\%$
HJ×8×	中硅高氟	$w(SiO_2)\approx10\% \sim 30\%$，$w(CaF_2)>30\%$
HJ×9×	待发展	—

3）第三位数字表示同一类型焊剂不同的牌号，从 0 ~ 9 顺序排列。

4）同一牌号焊剂生产两种颗粒度时，在细颗粒焊剂牌号后面加"细"字。

焊剂牌号示例如图4-16所示。

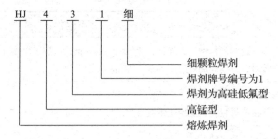

图 4-16　焊剂牌号示例

另外，烧结焊剂的牌号表示方法如下：牌号前"SJ"表示埋弧焊用烧结焊剂；字母后第一位数字表示焊剂熔渣的渣系类型，见表4-6；字母后第二位、第三位数字表示同一渣系类型焊剂中的不同牌号，按01、02、…、09顺序排列。

— 232 —

表 4-6 烧结焊剂牌号及熔渣渣系类型

焊剂牌号	熔渣渣系类型	主要组成范围
SJ1××	氟碱型	$w(CaF_2) \geqslant 15\%$，$w(CaO+MgO+CaF_2) >50\%$，$w(SiO_2) \leqslant 20\%$
SJ2××	高铝型	$w(Al_2O_3) \geqslant 20\%$，$w(Al_2O_3+CaO+MgO) >45\%$
SJ3××	硅钙型	$w(CaO+MgO+SiO_2) >60\%$
SJ4××	硅锰型	$w(MnO+SiO_2) >50\%$
SJ5××	铝钛型	$w(Al_2O_3+TiO_2) >45\%$
SJ6××	其他型	

（4）焊剂颗粒度

焊剂可按不同的颗粒度范围供货。超出颗粒度范围的粗颗粒和细颗粒焊剂总计应不大于10%（质量分数）。焊剂应干燥，不应有影响焊接质量的机械夹杂物（如碳粒、铁屑、原材料颗粒、铁合金凝珠及其他杂物等）。

一般大电流焊接时，选用细颗粒度焊剂可使焊道外观成形美观；小电流焊接时，选用粗颗粒度焊剂有利于气体逸出，避免麻点、凹坑甚至气孔的出现；高速焊时，为保证气体逸出，也选用相对较大的粗颗粒度焊剂。

（5）焊剂的使用、烘干与保管

为保证焊接质量，使用前应对焊剂进行烘干，应在 250 ~ 400 ℃烘干 1 ~ 2 h。使用回收的焊剂时，应清除其中的渣壳、碎粉及其他杂物，并与新焊剂混匀后使用。使用直流电源时，应采用直流反接。焊剂在保管时应防止受潮，搬运时防止包装破损。

课题2 埋弧自动焊操作

一、埋弧自动焊焊接参数及选择

1. 焊缝成形系数和熔合比

焊缝形状是对焊缝金属的横截面而言，不同的焊接参数将获得不同的焊缝形状。焊缝形状对焊缝质量有很大的影响。这里要特别提出两个焊接参数，即焊缝成形系数和熔合比。

（1）焊缝成形系数

熔焊时，在单道焊缝横截面上焊缝宽度（B）与焊缝计算厚度（H）的比值，即 $\varphi = B/H$，称为焊缝成形系数，如图 4-17 所示。

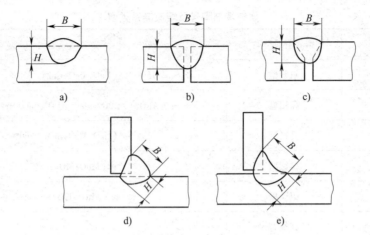

图 4-17　焊缝成形系数的计算

如果焊缝成形系数过小，说明焊缝窄而深。这样的焊缝容易产生气孔、夹渣甚至裂纹。如果焊缝成形系数过大，熔宽过大，或因熔深浅而造成未焊透。因此，在选择埋弧自动焊焊接参数时，要注意控制焊缝成形系数，一般以 1.3 ~ 2 为宜。这时，对熔池中气体的逸出以及防止夹渣或裂纹等缺陷是有利的。

（2）熔合比

基体金属熔化的横截面与焊缝横截面积的比值称为焊缝的熔合比（见图 4-18），即：

$$r = \frac{S_{\mathrm{m}}}{S_{\mathrm{m}}+S_{\mathrm{t}}} \times 100\%$$

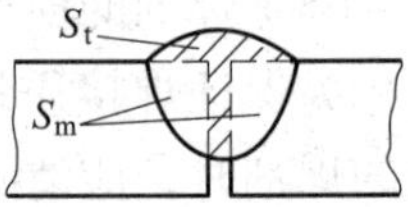

式中　r——焊缝的熔合比，%；

　　　S_{t}——焊缝中填充金属的横截面积，mm^2；

　　　S_{m}——基体金属熔化的横截面，mm^2；

　　　$S_{\mathrm{m}}+S_{\mathrm{t}}$——焊缝横截面积，$mm^2$。

图 4-18　熔合比的计算

熔合比实际上就是母材在焊缝中所占的比例。由于熔合比的变化反映了母材金属在整个焊缝金属中所占比例发生了变化，这导致了焊缝成分、组织和性能的变化。因此，熔合比主要影响焊缝的化学成分和力学性能。例如，母材中的含碳量和硫、磷杂质的含量比焊丝高，合金元素含量与焊丝有差别，熔合比大的焊缝中由母材带入焊缝的碳量和杂质就多，容易对焊缝产生不良影响。熔合比的数值变化范围较大，可在 10% ~ 85% 范围内变化，而埋弧自动焊的变化范围一般为 60% ~ 70%。

焊缝的成形系数 φ 和熔合比 r 数值的大小主要取决于焊接参数的选择。

2. 埋弧自动焊焊接参数及选择

进行埋弧自动焊时，需要控制的焊接参数较多，对焊接质量和焊缝成形影响较大的焊接参数有焊接电流、电弧电压、焊接速度、焊丝直径等，其次是焊丝倾角、焊件倾斜、焊丝伸出长度、装配间隙与坡口角度等。

（1）主要焊接参数

1）焊接电流。当其他参数不变时，增大焊接电流，焊缝的余高和焊缝厚度都会增加，而焊缝宽度变化不大（见图 4-19）。但焊缝厚度的增加使熔池中的气体不能及时排出，容易导致气孔的产生。

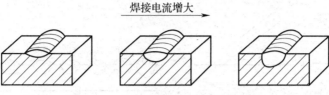

图 4-19　焊接电流对焊缝形状的影响

一般在提高焊接电流的同时要提高与之相匹配的电弧电压，具体见表 4-7。

表 4-7　　　　　　　　　焊接电流与相应的电弧电压

焊接电流（A）	600 ~ 700	700 ~ 850	850 ~ 1 000	1 000 ~ 1 200
电弧电压（V）	36 ~ 38	38 ~ 40	40 ~ 42	42 ~ 44

注：焊丝直径为 5 mm，交流电源。

2）电弧电压。与焊条电弧焊不同，埋弧自动焊时电弧电压是预先选定的，并与焊接电流相匹配。当其他参数不变时，电弧电压增大，焊缝余高和焊缝厚度变化不大，而焊缝宽度显著增加，如图 4-20 所示。

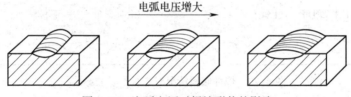

图 4-20　电弧电压对焊缝形状的影响

3）焊接速度。埋弧自动焊时，焊接小车行走的速度或筒形焊件在滚轮胎架上的转动线速度即焊接速度。焊接速度增大时，焊缝余高略增大，而焊缝宽度与焊缝厚度均会减小，如图 4-21 所示。

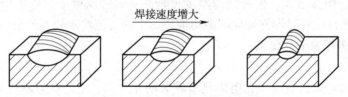

图 4-21　焊接速度对焊缝形状的影响

4）焊丝直径。当焊接电流一定时，焊丝直径增大，使焊缝厚度和焊缝余高减小而焊缝宽度增大；焊丝直径减小时，焊缝厚度增大。所以，用同样大小的电流焊接时，小直径焊丝可获得较大的焊缝厚度。

（2）次要焊接参数

1）焊丝倾角。通常埋弧自动焊时焊丝与焊件垂直，但有时也采用焊丝倾斜方式。焊丝向焊接方向倾斜一个角度为后倾，反焊接方向倾斜则为前倾，如图 4-22 所示。焊丝前倾时，焊缝厚度减小，焊缝宽度增大，适用于薄板焊接。焊丝后倾时，焊缝厚度与余高增大，而焊缝宽度明显减小，以致焊缝成形不良，因此这种方式通常不采用。

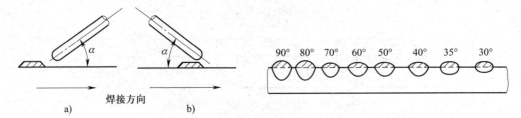

图 4-22　焊丝倾角对焊缝形状的影响
a）后倾　b）前倾

2）焊件倾斜。焊件处于倾斜位置时有上坡焊和下坡焊之分，如图 4-23 所示。上坡焊时，焊缝厚度和余高增大而焊缝宽度减小，形成窄而高的焊缝；下坡焊时，焊缝厚度和余高减小而焊缝宽度增大，液态金属容易下淌。因此，焊件的倾斜角不得超过 8°。

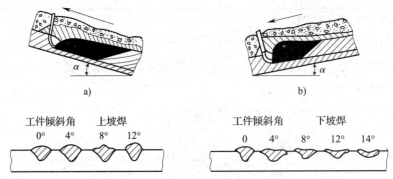

图 4-23　焊件倾斜情况对焊缝形状的影响
a）上坡焊　b）下坡焊

3）焊丝伸出长度。焊丝伸出长度过长时，焊丝熔化速度加快，使焊缝厚度减小，余高增大。如果伸出长度太短，则可能烧损导电嘴。一般要求焊丝伸出长度的变化为 5 ～ 10 mm。

4）装配间隙与坡口角度。在其他参数不变时，增大装配间隙与坡口角度，会使熔合比与焊缝余高减小，熔深增大，但焊缝总厚度（余高＋焊缝厚度）大致保持不变。为了保证焊缝的质量，埋弧自动焊对焊件装配间隙与坡口加工的工艺要求较为严格。

3. 埋弧自动焊焊前工艺要求

（1）坡口形式与加工

埋弧自动焊由于焊接电流大，电弧具有较大的穿透力，不开坡口就可焊透较厚的焊件。一般情况下，6 ～ 20 mm 厚度的焊件采用不开坡口双面焊。如果超过 20 mm 厚度的焊件须开坡口焊接，常开 V 形或 X 形坡口。关于埋弧自动焊的接头形式及尺寸可查阅国家标准《埋弧焊的推荐坡口》（GB/T 985.2—2008）。

对坡口的加工精度要求如下：坡口角度公差为 ±5°；钝边尺寸公差为 ±1 mm。坡口可使用刨边机、半自动或自动气割机等设备加工。要求加工后的坡口表面整齐、光洁，尺寸要准确，符合图样要求或工艺文件的规定。

（2）焊件的装配

焊件接口要求装配间隙均匀、平整，错边量小。定位焊缝长度一般应大于 30 mm。所用的定位焊焊条应与母材等强度，定位焊缝应能承受结构自重或焊接应力而不破裂。

装配直缝焊件时，在焊件接口的两端分别采用引弧板和引出板，待焊后再割掉。其目的是使焊接接头的始端和末端避免因引弧和收尾而产生缺陷。

焊接环缝时不需要引弧板和引出板。采取收尾焊道与引弧处焊道重叠一段的方法，可保证良好熔合，同时避免弧坑的出现。

埋弧自动焊常见板厚的坡口形式及装配间隙见表4-8。

表4-8　　　　　　　埋弧自动焊常见板厚的坡口形式及装配间隙

工件板厚（mm）	坡口形式	坡口角度（°）	装配间隙（mm）	钝边高度（mm）	刨焊根宽度（mm）	刨焊根高度（mm）
6	I 形	—	0.5 ~ 1.5	—	8	3
8	I 形	—	0.5 ~ 1.5	—	8	3
10	I 形	—	0.5 ~ 2.5	—	8	3
12	I 形	—	1 ~ 3	—	9	4
14	I 形	—	1 ~ 3	—	10	4.5
14	V 形	60	0.5 ~ 1.5	7	10	4.5
16	V 形	60	0 ~ 2	8	10	4.5
18	V 形	60	0 ~ 1	8	10	4.5
20	V 形	60	0 ~ 1	8	10	4.5

二、埋弧自动焊机的基本操作和故障处理

1. 埋弧自动焊机的基本操作

（1）埋弧自动焊机的外部连接如图4-24所示。

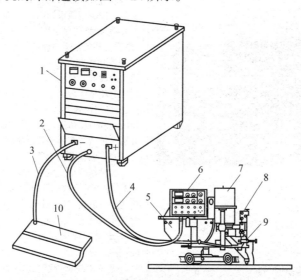

图4-24　埋弧自动焊机的外部连接

1—焊接电源　2—连接控制箱电缆　3—连接焊件电缆　4—连接焊枪导电体电缆　5—焊丝盘
6—控制箱　7—焊剂漏斗　8—送丝机构　9—焊枪导电体　10—焊件

（2）埋弧自动焊机焊接前的基本操作见表4-9。

表4-9　　　　　　　　　　　　埋弧自动焊机焊接前的基本操作

操作步骤	图示	说明
设备连接	—	1. 将焊件焊接电缆接到焊接电源的负极输出端，另一端接焊件 2. 用螺栓将焊接电缆连接到电源的正极输出端，另一端到焊接小车的焊枪导电体上 3. 将控制电缆两端分别接到焊接电源与焊接小车控制箱上的19芯插头上
设备安装，焊料准备	  将焊接小车放在轨道上面	调整好轨道位置，将焊接小车放在轨道上面
	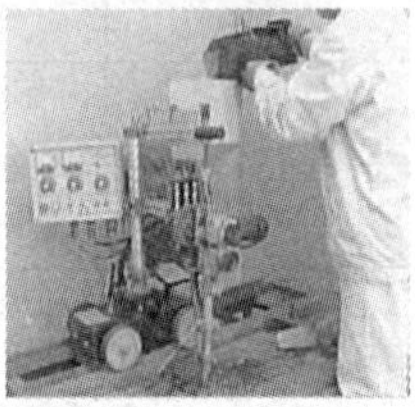 将焊剂放入焊剂漏斗内	将焊丝盘装夹到固定轴上，再把焊剂放入焊剂漏斗内
设置焊接参数		打开焊接小车控制箱电源开关，按工艺要求预置焊接参数。控制箱面板如图4-25所示 1. 首先将"显示切换"开关置于"焊接"位置；将"预置"开关置于"焊接"位置 　调节预置焊接电流和焊接电压，分别旋转相应的旋钮，此时液晶显示屏分别显示所调节的预置焊接电流和焊接电压具体数值 2. 将"预置"开关置于"收弧"位置，调节预置收弧电流和收弧电压。分别旋转其旋钮，此时液晶显示屏分别显示所调节的预置收弧电流和收弧电压具体数值。 　注意：收弧参数不能设定太小。如果收弧参数设定太小，容易在焊接结束时黏丝 3. 将"显示切换"开关置于"焊速"位置，调节焊接速度，旋转"速度调节"旋钮，液晶显示屏显示设定的焊接速度值 4. 通过"焊接方向"开关设定焊接行走方向（"正向"或"反向"） 5. 根据选用的焊丝直径设定"丝径选择"旋钮开关的位置 6. 根据焊丝丝径设定"回烧调节"的时间，防止黏丝。原则是焊丝越粗，所需回烧时间越长

操作步骤	图示	说明
调整焊机各机构	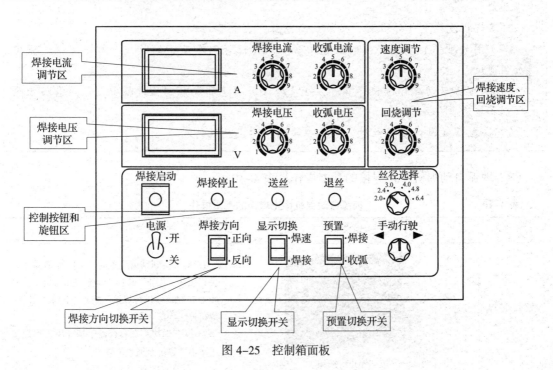焊丝与焊件接触	1. 调整机头横向调整机构，将焊丝对准起弧位置，焊缝跟踪划针对准焊件焊缝 2. 调整机头纵向调整机构，调整焊丝的伸出长度。调整导电嘴到焊件间的距离，保证焊丝的伸出长度合适。使焊丝对准待焊处 如果设定为接触引弧时，焊丝接触焊件；如果设定为划擦引弧时，焊丝头距焊件应留有 1 ~ 2 mm 的距离 3. 调整焊丝位置，按动"送丝""退丝"按钮，控制焊丝盘的焊丝向上或向下移动，使焊丝对准待焊处，并与焊件表面轻轻接触。调整焊丝适中的伸出长度约 15 mm 4. 闭合焊接电源开关和控制线路电源开关，空载运行，观察设备运行情况，确保无误
埋弧自动焊机焊接前试运行		将小车上的离合器手柄向上扳，使主动轮与焊接小车相连接 若按动启动按钮，即可进行焊接操作

图 4-25　控制箱面板

操作提示

埋弧自动焊机的电缆连接后，必须检查连接是否紧固，避免因为连接松弛而造成意外事故。

安全提示

埋弧自动焊安全操作规程

（1）检查设备。导线应绝缘良好，各连接部位牢固，控制箱、电源外壳应接地。焊接小车的胶轮应绝缘良好，机械活动部位应及时加润滑油，确保运转灵活。

（2）在调整送丝机构及焊机工作时，手不得触及送丝机构的滚轮。

（3）检查焊接电缆长度，应能保证焊完预定的长度而不影响焊接的顺利进行，并且焊接电缆与焊件应连接牢固。

（4）操作时应穿绝缘鞋，戴手套和护目镜。固定台位可加绝缘挡板隔热，并有良好的通风设施。

（5）要求焊接小车周围无障碍物，焊剂要干燥。如果焊剂潮湿，应烘干；否则，焊接时产生的高温会加大熔渣飞溅，易造成烫伤。

（6）焊接过程中要防止焊剂突然停止供给而出现强烈弧光，从而刺激眼睛。

（7）焊接前要理顺导线，防止被熔渣烧损。如果发现电缆破损要及时处理，以保证绝缘良好。

（8）焊机发生电气故障时，必须切断电源，由电工修理。

（9）因为埋弧自动焊焊剂的成分中含有氧化锰等对人有害的物质，所以焊接过程中要加强通风。

（10）埋弧自动焊焊接长焊缝时，在清理焊缝熔渣和焊剂回收过程中，应注意防止热的焊剂和熔渣烫伤手脚。

（11）往焊丝盘内装焊丝时，要集中精力，防止乱丝伤人。

（3）埋弧自动焊机停止焊接的基本操作见表4-10。

表4-10 埋弧自动焊机停止焊接的基本操作

操作步骤	图示	说明
收弧、停焊	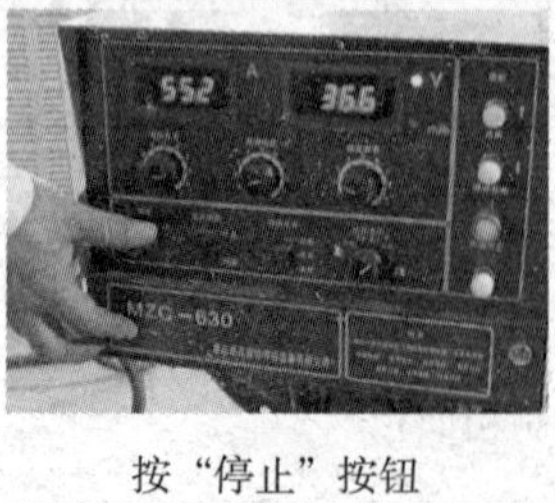 按"停止"按钮	1. 当焊接到结束位置时，关闭焊剂漏斗开关，按住"停止"按钮，小车停止行走，按照收弧参数继续进行焊接。松开"停止"按钮，焊机停止焊接 2. 扳下焊接小车离合器手柄，用手将焊接小车沿轨道推至适当位置

操作步骤	图示	说明
焊后处理	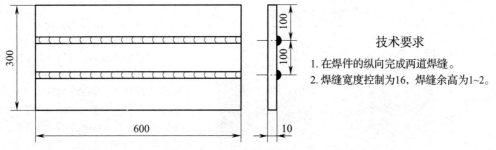 清渣 回收焊剂	1. 清除渣壳，检查焊缝外观，回收焊剂 2. 焊件焊完后，必须切断一切电源，将现场清理干净，整理好设备。确定没有易燃火种后方能离开现场

2. 埋弧自动焊机的一般故障处理

（1）故障现象：按启动按钮后，不见电弧产生，焊丝将机头顶起。

产生原因：焊丝与焊件没有导电接触。

处理方法：清理接触部分。

（2）故障现象：按启动按钮，线路工作正常，但无法引弧。

产生原因：焊接电源未接通；电源接触器接触不良；焊丝与焊件接触不良。

处理方法：接通焊接电源；检查并修复接触器；清理焊丝与焊件的接触点。

（3）故障现象：启动后焊丝黏结在焊件上。

产生原因：焊丝与焊件接触太紧；焊接电压太低或焊接电流太小。

处理方法：保证接触可靠但不要太紧；调整电流、电压至合适值。

三、埋弧自动焊技能训练

1. 埋弧自动平敷焊

埋弧自动平敷焊的焊件图如图 4-26 所示。焊件材料为 Q235 钢。

技术要求

1. 在焊件的纵向完成两道焊缝。
2. 焊缝宽度控制为16，焊缝余高为1~2。

图 4-26　埋弧自动平敷焊的焊件图

埋弧自动平敷焊操作步骤见表 4-11。

表 4-11   埋弧自动平敷焊操作步骤

操作步骤	图示	说明

焊前准备	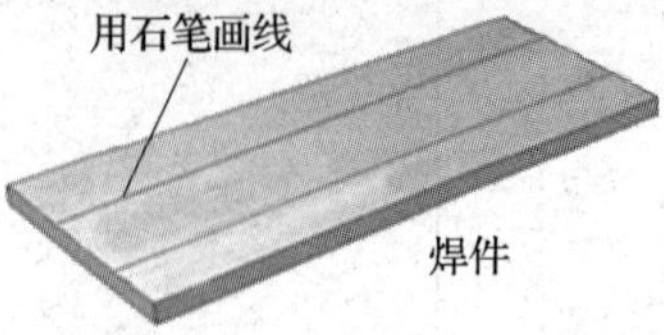 用石笔画线 焊件 

	焊剂  焊丝 

	安装焊接小车 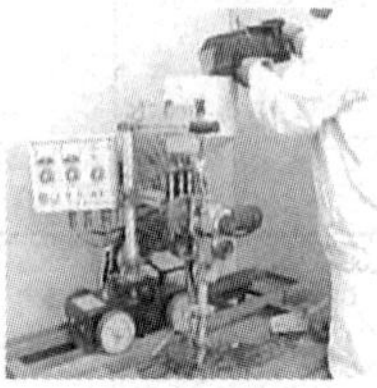 放入焊剂 

	调整焊丝 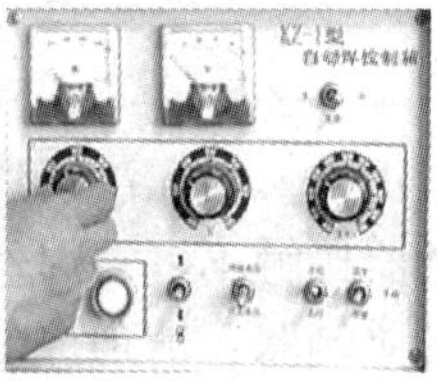 设定焊接参数
		1. 用剪切机剪切 Q235 钢板，得到焊件所需钢板，尺寸为 600 mm × 300 mm × 10 mm
		  2. 选用 MZ—1000 型埋弧自动焊机
		  选用 $\phi5$ mm 的 H08A 焊丝和 HJ431 焊剂。焊剂使用前在烘炉中用 250 ℃烘干 2 h
		  3. 将焊件用石笔沿长度方向间隔 100 mm 画粉线，作为平敷焊基准线
		  将焊件架空放置，准备焊接
		  4. 按焊前基本操作步骤（见表 4-9）完成焊机、焊料的准备和调整工作
		  设置焊接参数如下：焊接电流为 660 A，电弧电压为 35 V，焊接速度为 32 m/h

引弧	 焊丝与焊件之间产生电弧	按下控制盘上的启动按钮，焊接电源接通，产生电弧。随之电弧被拉长（即达到电弧电压给定值），焊丝开始向下送进。当送丝速度与熔化速度相等后，焊接过程稳定 与此同时，焊接小车开始沿轨道前进，焊接正常进行

焊接中调整	 焊丝对中 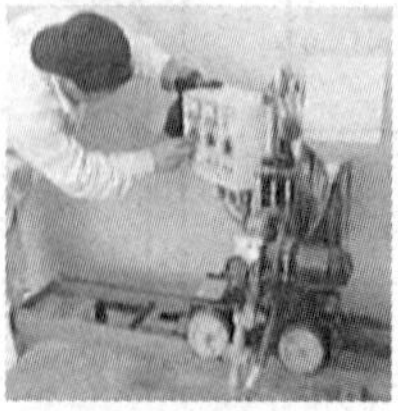 调节焊接参数	焊接过程中，焊工应时刻观察焊接小车的行走状况：电缆是否妨碍小车运行；小车运行速度是否均匀；焊接过程的声音是否正常等
		  根据需要用小车前侧的手轮调节焊丝相对基准线的位置，随时调整，保证焊丝始终对中
		  在焊接过程中，应随时观察电流表和电压表的显示值、导电嘴的高低、焊缝成形和焊接方向指针的位置

操作步骤	图示	说明
焊接中调整		随时观察焊剂漏斗，适时添加焊剂；若指示表的显示值不稳定，适当调节电流、电压和速度，直到电流表和电压表稳定方可，以确保焊接正常进行
焊后处理	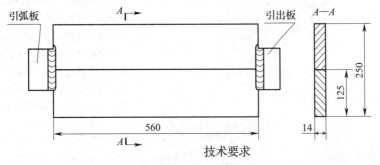 回收焊剂　　　　清渣	1. 当焊接熔池离开焊件，位于引出板上时，应按照表4-10所列操作立即收弧，停止焊接 2. 焊后，回收焊剂，清理熔渣，检查焊缝的焊接质量 3. 切断一切电源，清理现场，整理好焊接设备；确认无火种后才能离开工作现场

 操作提示

（1）引弧时，如果按下启动按钮后，焊丝不能上抽引燃电弧，而把机头顶起，表明焊丝与焊件接触太紧或接触不良。需要适当剪断焊丝或清理接触表面，再重新引弧。

（2）焊接过程中，如果电流表和电压表的指针摆动很小，表明焊接过程稳定。如果发现指针摆动幅度增大、焊缝成形不良时，可随时调节电弧电压和焊接速度旋钮。

（3）焊接过程中，通过观察焊件背面的红热程度，可了解焊件的熔透状况。若背面出现红亮颜色，则表明熔透良好；若背面颜色较暗，应适当地减小焊接速度或增大焊接电流；若背面颜色白亮，母材加热面积前端呈尖状，则已接近焊穿，应立即减小焊接电流或适当地提高电弧电压。

（4）用手轮调节焊丝对中时，焊工所站位置要与基准线对正，以避免偏斜。

2. 中厚板对接埋弧自动焊

中厚板对接埋弧自动焊的焊件图如图4-27所示。焊件材料为Q235A钢。

技术要求

1. 对接双面焊缝要焊透。
2. 根部间隙不大于3，错边量不大于0.5。
3. 正面、背面焊缝的焊缝宽度$c=20\pm2$，焊缝余高$h=3\pm1$。
4. 引弧板、引出板的尺寸均为$60\times100\times14$，焊前用焊条电弧焊进行定位焊。

图4-27　中厚板对接埋弧自动焊的焊件图

中厚板对接埋弧自动焊操作步骤见表4-12。

表 4-12 中厚板对接埋弧自动焊操作步骤

操作步骤	图示	说明
焊前准备	 焊丝 　　　　焊剂 焊件定位焊	1. 选择与埋弧平敷焊操作所用相同的焊机、焊丝、焊剂 2. 将Q235A钢板剪切成两块560 mm×125 mm×14 mm的钢板条。引弧板和引出板选择Q235A钢板，加工成60 mm×100 mm×14 mm各一块 3. 清理焊口两侧20 mm范围内的铁锈、污物。装配时，留出2 mm的根部间隙，错边量≤0.5 mm。引出板和引弧板分别在焊件的两端进行定位焊 4. 焊机安装与调整、焊接参数设定的操作见表4-9。焊接参数如下：焊接电流为620 A，电弧电压为35 V，焊接速度为30 m/h
焊接背面焊缝	 调整焊丝，对准间隙位置 　　焊丝端部与焊件接触后堆放焊剂 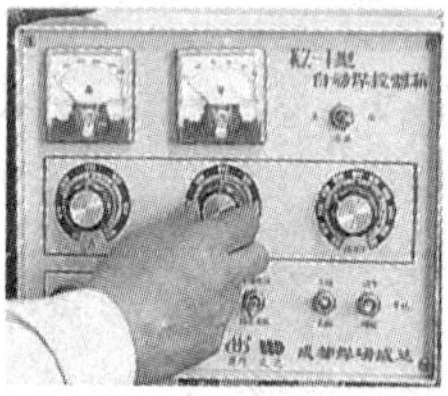 引弧后调整焊接参数  焊接过程中 　　完成背面焊缝的焊接	1. 将焊接小车摆放好，调整焊丝位置，使焊丝对准间隙。往返拉动焊接小车几次，保证焊丝在整条焊缝均能对中，且不与焊件接触 2. 引弧前将焊接小车拉到引弧板上，调好焊接小车行走方向开关，锁定离合器，按动"送丝"或"退丝"按钮，使焊丝端部与引弧板可靠地轻触。最后，将焊剂漏斗阀门打开，让焊剂覆盖焊接处 3. 引弧后，迅速调整相应的旋钮，直至相关的焊接参数符合要求，电压表、电流表指针摆动减小，焊接稳定为止 4. 整个焊接过程均要注视电压表、电流表和焊接状况、焊剂量，查看电缆是否妨碍焊接小车运行；焊接小车运行速度是否均匀；电弧声音是否正常等。出现异常时，应进行适当的调整 5. 当电弧位于引出板上时，立即收弧，操作步骤和方法与平敷焊相同 6. 待焊缝金属及熔渣冷却凝固后，敲掉背面焊缝的渣壳，并检查焊缝外观质量

操作步骤	图示	说明
焊接正面焊缝	 翻转焊件，使其正面朝上 　　调节正面焊缝焊接参数	将焊件正面朝上，焊件下面不必垫焊剂垫（因背面焊缝可托住熔池） 焊接步骤与背面焊缝的焊接完全相同。为保证正面焊缝熔深达到板厚的60% ~ 70%，需要调整焊接参数，一般通过加大焊接电流或减小焊接速度来防止未焊透和夹渣缺陷。本焊件的焊接参数调整如下：焊接电流为 650 A，电弧电压为 35 V，焊接速度为 30 m/h
焊后处理	 焊后清理熔渣	1. 焊后回收焊剂，清理熔渣，检查焊缝的焊接质量 2. 应切断一切电源，清理现场，整理好焊接设备；确认无火种后才能离开工作现场

 操作提示

（1）埋弧自动焊前，如果焊接电缆与焊件的连接位置不妥当，可能会形成焊接过程中的附加磁场，造成磁偏吹。同时，焊接电缆与焊件接触不可靠，还会影响焊接参数的稳定性。

（2）在焊接板件长焊缝时，应将焊接电缆分别接到焊件的两端。如果只接一端，应从连接焊接电缆的一端起焊。

（3）通常焊接正面焊缝时可以不换位置，仍在焊剂垫上焊接。由于不便于观察焊件背面受热时颜色的变化，正面焊缝的熔深主要靠焊接参数来保证。因此必须在焊接前试焊，直到焊缝熔深达到要求而确定焊接参数，才能正式焊接焊件。

（4）在焊接过程中，应注意观察电流表和电压表的读数及焊接小车的行走路线，随时进行调整，以保证焊接参数的匹配，防止焊偏。

（5）焊接过程中，注意焊剂漏斗内的焊剂量，必要时需立即添加，以免露出弧光而影响焊接工作的正常进行。

（6）焊接过程中，还要注意观察焊接小车的焊接电源电缆和控制线，防止在焊接过程中被焊件及其他东西挂住。

（1）埋弧自动焊时，采用的焊接电流较大，要注意电缆的接头、插头部分连接牢固，不允许发生短路，否则极易酿成火灾。

（2）有些牌号的焊剂在焊接过程中会产生特殊气味的气体，长时间接触会使人头痛。因此，必须保持焊接现场良好的通风。

课题3　碳弧气刨操作

一、碳弧气刨的适用范围

碳弧气刨是利用碳电极（即碳棒）与工件间产生的电弧热将金属局部熔化，同时借助压缩空气的气流将其吹除，实现刨削和切断金属的加工方法，如图4-28所示。

由于碳弧气刨具有生产效率高、噪声低、操作方便等优点，因此，它在造船、机械制造、锅炉、压力容器等金属结构制造部门应用很广泛。

利用碳弧气刨可以进行焊缝清根、背面开槽和各种形式的坡口加工，还可以用于刨除焊缝中的缺陷，也可进行切割（如切割铸件的浇冒口、毛刺及切割不锈钢、铜、铝等金属材料）。除手工碳弧气刨外，自动碳弧气刨也开始在生产中应用。如图4-29所示为碳弧气刨及切割工艺主要应用实例。

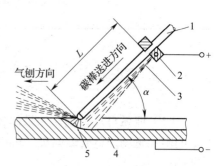

图4-28　碳弧气刨原理

1—碳棒　2—气刨枪夹头　3—压缩空气
4—工件　5—电弧　L—碳棒伸出长度
α—碳棒与工件夹角

二、碳弧气刨的装置

碳弧气刨的装置如图4-30所示，主要由电源、碳弧气刨枪、碳棒、电缆及气管、压缩空气源组成。

1. 电源

碳弧气刨一般采用功率较大的焊机，如ZX5—500型焊机（见图4-31）等作为碳弧气刨的电源。

2. 碳弧气刨枪

碳弧气刨枪（见图4-32）应具有的性能要求如下：导电性良好；吹出的压缩空气集中而准确；碳棒电极夹持牢固且更换方便；外壳绝缘良好；质量较轻，体积小，使用方便等。碳弧气刨枪有侧面送风式和圆周送风式两种。

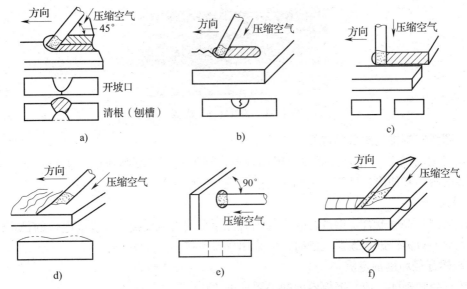

图 4-29　碳弧气刨及切割工艺应用实例

a）开坡口及清根（刨槽）　b）去除缺陷　c）切割　d）清理表面　e）打孔　f）刨除余高

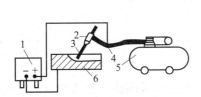

图 4-30　碳弧气刨的装置

1—电源　2—碳弧气刨枪　3—碳棒　4—电缆及气管
5—压缩空气机　6—工件

图 4-31　ZX5—500型焊机

（1）侧面送风式碳弧气刨枪

它的特点是送风孔开在钳口附近的一侧，工作时压缩空气从这里喷出，气流恰好对准碳棒的后侧，将熔化的铁液吹走，从而达到刨槽或切割的目的。

（2）圆周送风式碳弧气刨枪

它的特点是压缩空气沿碳棒四周喷流，均匀冷却碳棒，并对电弧有一定的压缩作用，刨槽前端不堆积熔渣，便于看清刨槽位置。

3. 碳弧气刨用碳棒

碳棒用作碳弧气刨时的电极材料，如图 4-33 所示。其断面形状多为圆形，用于焊缝的清根、开槽及清除焊接缺陷等；刨宽槽或平面时可采用矩形碳棒。

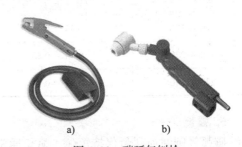

图 4-32　碳弧气刨枪

a）侧面送风式碳弧气刨枪　b）圆周送风式碳弧气刨枪

— 247 —

图 4-33　碳弧气刨用碳棒

三、碳弧气刨工艺参数的选择

碳弧气刨时的工艺参数有极性、碳棒直径、刨削电流、刨削速度、压缩空气压力、弧长、碳棒的倾角和伸出长度等。它们对刨削过程与刨削质量的影响如下：

1. 极性

对碳素钢和普通低合金钢进行碳弧气刨时，应采用直流反接，以提高电弧的稳定性，刨槽表面光滑。对铸铁进行碳弧气刨时，应采用直流正接。

2. 碳棒直径和刨削电流

碳棒直径和刨削电流与钢板厚度的关系见表 4-13。

表 4-13　　　　　　　　碳棒直径和刨削电流与钢板厚度的关系

钢板厚度（mm）	碳棒直径（mm）	电流（A）	钢板厚度（mm）	碳棒直径（mm）	电流（A）
1 ~ 3	4	160 ~ 200	10 ~ 16	8	320 ~ 360
3 ~ 5	6	200 ~ 270	16 ~ 20	8	360 ~ 400
5 ~ 10	6	270 ~ 320	20 ~ 30	10	400 ~ 500

3. 刨削速度

刨削速度太快，刨槽深度就会减小，而且可能造成碳棒与金属相接触，使碳进入金属中形成"夹碳"缺陷。一般刨削速度为 0.5 ~ 1.2 m/min。

4. 压缩空气压力

压缩空气压力高，刨削有力，能迅速吹走熔化的金属；反之，吹走熔化金属的作用减弱，刨削表面较粗糙。一般碳弧气刨使用的压缩空气压力为 0.4 ~ 0.6 MPa。当刨削电流增大时，压缩空气的压力也应相应增大。刨削电流与压缩空气压力的关系见表 4-14。

表 4-14　　　　　　　　刨削电流与压缩空气压力的关系

电流（A）	压缩空气压力（MPa）	电流（A）	压缩空气压力（MPa）
140 ~ 190	0.35 ~ 0.40	340 ~ 470	0.50 ~ 0.55
190 ~ 270	0.40 ~ 0.50	470 ~ 550	0.50 ~ 0.60
270 ~ 340	0.50 ~ 0.55		

5. 弧长

碳弧气刨时应尽量保持短弧，弧长通常控制在 1 ~ 2 mm 范围内。弧长过短时，容易引起"夹碳"缺陷；弧长过长时，电弧不稳定，造成刨槽高低不平、宽窄不均匀。

6. 碳棒的倾角和伸出长度

碳棒的倾角一般采用 25° ~ 45°，如图 4—34 所示。倾角的大小主要影响刨槽的深度，倾角增大，则槽深增加。

伸出长度是指碳棒导电部分的长度。碳棒伸出长度越长，吹到铁液上的风力也越弱，影响铁液的及时排出。如果碳棒伸出长度太短，则钳口离电弧太近，影响焊工的视角，看不清刨槽方向，同时容易造成刨枪与工件短路。一

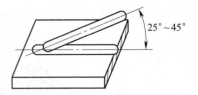

图 4—34　碳弧气刨时碳棒的倾角

般碳棒伸出长度为 80 ~ 100 mm。当其烧损 20 ~ 30 mm 时，就需要及时调整。

四、碳弧气刨的操作要领

碳弧气刨时，要求工件气刨处宽窄和深浅均匀一致，中心线对称，不发生偏斜；表面光洁、平滑，无黏渣和铜斑，符合碳弧气刨的技术要求，经刨削的表面不能有裂纹。

碳弧气刨操作的基本要领是"准、平、正"。

1. 准

对刨槽的基准线要看得准，掌握好刨槽的深浅。根据压缩空气和空气的摩擦作用所发出的"咝咝"声的变化判断和控制弧长的变化。声音均匀而清脆，表示电弧稳定，弧长无变化。此时，刨出的槽既光滑又深浅一致。

2. 平

碳弧气刨时手要端得平稳，不要上下抖动。刨槽表面不应出现明显的凹凸不平。

3. 正

碳弧气刨时碳棒夹持要端正。碳棒倾角不能忽大、忽小。碳棒的中心线要与刨槽的中心线重合，以保持刨槽的形状对称。

五、碳弧气刨常见缺陷及预防措施

碳弧气刨操作过程中容易出现夹碳、黏渣、铜斑等缺陷，这些常见缺陷的产生原因和预防措施如下：

1. 夹碳

出现夹碳缺陷的主要原因：刨削速度太快或碳棒送进过猛，使碳棒头部触及铁液或未熔化的金属上。预防措施：操作中，应将刨削速度控制在要求范围内，并注意引弧动作保持稳定，气刨枪手柄操作要稳，严格控制弧长，保持短弧操作。

2. 黏渣

产生黏渣缺陷的主要原因：压缩空气压力不足，刨削速度过慢。预防措施：适当增大压缩空气压力，调整刨削速度。碳弧气刨过程中，应及时用錾子将黏渣铲除；否则，在后续的焊接过程中还会引起夹渣缺陷。

3. 铜斑

出现铜斑现象的主要原因：碳棒表面镀铜质量不好；压缩空气中断，使碳棒冷却效果不良。预防措施：由于碳棒上的铜皮脱落掉入刨槽中熔化会形成铜斑，因此应及时用钢丝刷将铜斑刷净，以防焊接时渗铜。另外，操作过程中应避免压缩空气中断。

六、碳弧气刨技能训练

1. 碳弧气刨设备的连接

碳弧气刨设备由碳弧气刨电源（如 ZX5—630 型弧焊机）、电缆与气刨枪、胶管、压缩

空气机、碳棒等组成。按碳弧气刨设备外部接线图将碳弧气刨电源、气刨枪、压缩空气机等各部件连接起来，如图4-35所示。

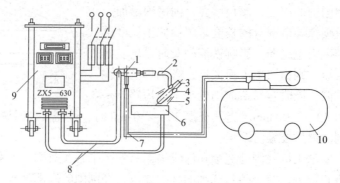

图4-35　碳弧气刨设备外部接线图

1—接头　2—电风合—软管　3—碳棒　4—气刨枪夹头　5—压缩空气
6—工件　7—进气胶管　8—电缆线　9—弧焊机　10—空气压缩机

2. 碳弧气刨

某铸件经过检验，发现外观不光滑、不平整，存在毛刺。该铸件材料为铸铁，且工件表面以平面为主。铸件如图4-36所示。要求：用碳弧气刨将铸件表面的毛刺清除干净，对铸件表面进行处理，从而去掉外观缺陷。

碳弧气刨操作步骤见表4-15。

图4-36　碳弧气刨的铸件

表4-15　　　　　　　　　　　　　碳弧气刨操作步骤

操作步骤	图示	说明
操作前准备	采用站姿进行碳弧气刨	1. 由于铸件需要进行碳弧气刨的表面主要是平面，因此选择矩形碳棒，碳棒规格为 5 mm×10 mm×355 mm。根据铸件材料，电源极性采用直流正接 2. 调试并设定碳弧气刨的刨削电流、压缩空气压力参数如下：刨削电流为 380 A，压缩空气压力为 0.6 MPa 3. 采用蹲姿或站姿操作。夹持碳棒稳固，调节碳棒的伸出长度，将气刨枪的风口对准碳棒的后侧 引弧前，启动压缩空气阀门先送风，保持碳棒与铸件的倾角
引弧		将碳棒与铸件轻轻接触，并通过划擦动作引燃电弧，控制电弧长度为 1~3 mm

操作步骤	图示	说明
碳弧气刨		碳弧气刨过程中，碳棒既不做横向摆动，也不做前后往复摆动，移动应平稳 刨削一段长度后，碳棒因损耗而变短，需停弧调整碳棒的伸出长度
气刨后质量检验	 碳弧气刨后的表面质量	碳弧气刨后，检查铸件的表面质量 要求铸件气刨处宽窄和深浅均匀一致，中心线对称，不发生偏斜；表面光洁、平滑，无黏渣和铜斑，符合碳弧气刨的技术要求，经刨削的表面不能有裂纹

安全提示

（1）在进行碳弧气刨时，压缩空气不允许中断；否则，造成碳棒急剧升温，外层的镀铜层熔化脱落，导致电阻增高，进而烧坏气刨枪。

（2）刨削时，碳棒不断烧损，应及时调整碳棒的伸出长度。当碳棒端头离气刨枪铜头的距离小于30 mm时，应立即调整或更换碳棒，以免烧坏气刨枪。

（3）切断电源前，应避免气刨枪铜头直接接触工件，否则会烧坏气刨枪。

（4）露天作业时，尽可能顺风向操作，以防止吹散的铁液及熔渣烧坏工作服或将人烧伤。

（5）碳弧气刨时使用的电流比较大，应注意防止焊机因过载或连续使用而过度发热。

（6）操作者应注意站立位置，防止被飞溅金属烫伤。

CO_2 气体保护焊

课题 1 | CO_2 气体保护焊原理、设备及材料

一、气体保护电弧焊概述

气体保护电弧焊（简称气体保护焊）是用外加气体作为电弧介质并保护电弧和焊接区的电弧焊方法。

1. 气体保护焊的原理

气体保护焊直接依靠从喷嘴中连续送出的气流，在电弧周围形成局部的气体保护层，使电极端部、熔滴和熔池金属处于保护气罩内，使其与空气隔绝，从而保证焊接过程的稳定性，以获得质量优良的焊缝。

2. 保护气体的种类及用途

进行气体保护焊时，保护气体在焊接区形成保护层，同时电弧又在气体中放电，因此，保护气体的性质与焊接质量有着密切的关系。保护气体分为惰性气体、还原性气体、氧化性气体和混合气体。

（1）惰性气体

惰性气体有氩气和氦气，其中以氩气使用最为普遍。目前，氩弧焊已从焊接化学性质较活泼的金属发展到焊接常用金属（如低碳钢等）。氦气由于价格昂贵，而且气体消耗量大，常与氩气混合使用，较少单独使用。

（2）还原性气体

还原性气体有氮气和氢气。氮气虽然是焊接中的有害气体，但它不溶于铜，对于铜它实际上就是"惰性气体"，所以可专用于铜及铜合金的焊接。氢气主要用于氢原子焊，但目前应用较少。另外，氮气、氢气也常与其他气体混合使用。

（3）氧化性气体

氧化性气体有二氧化碳。由于这种气体来源丰富，成本低，因此应用较广泛。目前，二氧化碳气体主要应用于碳素钢及低合金钢的焊接。

（4）混合气体

混合气体是指在一种保护气体中加入一定比例的另一种气体，可以提高电弧稳定性及改

善焊接效果。因此，现在采用混合气体保护的方法很普遍。

常用保护气体的选择见表5-1。

表 5-1　　　　　　　　　　　　　常用保护气体的选择

被焊材料	保护气体	混合比	化学性质	焊接方式
铝及铝合金	Ar		惰性	熔化极和钨极
	Ar+He	φ（He）=10%		
铜及铜合金	Ar		惰性	熔化极和钨极
	Ar+N$_2$	φ（N$_2$）=20%		熔化极
	N$_2$		还原性	
不锈钢	Ar		惰性	钨极
	Ar+O$_2$	φ（O$_2$）=1%～2%	氧化性	熔化极
	Ar+O$_2$+CO$_2$	φ（O$_2$）=2%；φ（CO$_2$）=5%		
碳钢及低合金钢	CO$_2$		氧化性	熔化极
	Ar+CO$_2$	φ（CO$_2$）=10%～15%		
	CO$_2$+O$_2$	φ（O$_2$）=10%～15%		
钛及钛合金	Ar		惰性	熔化极和钨极
	Ar+He	φ（He）=25%		
镍基合金	Ar		惰性	熔化极和钨极
	Ar+He	φ（He）=15%		
	Ar+N$_2$	φ（N$_2$）=6%	还原性	钨极

3. 气体保护焊的分类

按所用电极材料的不同，气体保护焊可分为不熔化极气体保护焊和熔化极气体保护焊，如图5-1所示。按保护气体的种类不同，气体保护焊可分为氩弧焊、CO$_2$气体保护焊等。按操作方式不同，气体保护焊又可分为手工、半自动和自动气体保护焊。

二、CO$_2$ 气体保护焊

CO$_2$气体保护焊是用CO$_2$作为保护气体，依靠焊丝与焊件之间产生的电弧来熔化金属的气体保护焊方法，简称CO$_2$焊。

1. CO$_2$ 气体保护焊的过程

CO$_2$气体保护焊的过程如图5-2所示。焊接电源的两个输出端分别接在焊枪与焊件上。盘状焊丝由送丝机构带动，经软管与导电嘴不断向电弧区域送给，同时CO$_2$气体以一定的压力和流量送入焊

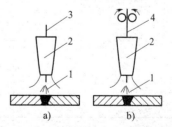

图 5-1　气体保护焊方式

a）不熔化极气体保护焊　b）熔化极气体保护焊
1—电弧　2—喷嘴　3—钨极　4—焊丝

枪，通过喷嘴后形成一股保护气流，使熔池和电弧与空气隔绝。随着焊枪的移动，熔池金属冷却凝固形成焊缝。

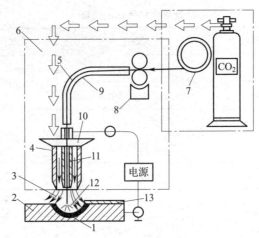

图 5-2 实心焊丝 CO_2 气体保护焊的过程

1—熔池 2—焊件 3—CO_2 气体 4—喷嘴 5—焊丝 6—焊接设备 7—焊丝盘
8—送丝机构 9—软管 10—焊枪 11—导电嘴 12—电弧 13—焊缝

2. CO_2 气体保护焊的分类

CO_2 气体保护焊有多种分类方法。按照焊丝形状、焊丝直径、操作方法、特殊应用和新工艺、保护形式的不同，CO_2 气体保护焊的分类见表 5-2。目前，较常用的 CO_2 气体保护焊的分类是按焊丝形状（实心、药芯）和气体保护形式划分的。

表 5-2 CO_2 气体保护焊的分类

依据	分类
按焊丝形状	实心焊丝 CO_2 气体保护焊 药芯焊丝 CO_2 气体保护焊
按焊丝直径	细丝 CO_2 气体保护焊：焊丝直径 ≤ 1.2 mm 粗丝 CO_2 气体保护焊：焊丝直径 ≥ 1.6 mm
按操作方法	CO_2 气体保护自动焊 CO_2 气体保护半自动焊
按特殊应用和新工艺	CO_2 气体保护电弧点焊 CO_2 气体保护气电立焊 CO_2 气体保护窄间隙焊 CO_2 气体保护振动堆焊
按保护形式	CO_2 气体与焊剂联合保护焊：CO_2+ 药芯焊丝 CO_2+ 实心焊丝带磁性焊剂 CO_2+O_2 或 CO_2+Ar 混合气体保护焊 双层气流保护焊

（1）实心焊丝 CO_2 气体保护焊

CO_2 气体保护焊通常按采用的焊丝直径来分类。当焊丝直径小于或等于 1.2 mm 时，称

为细丝 CO_2 气体保护焊，主要采用短路过渡形式焊接薄板。它较多应用于焊接厚度小于 3 mm 的低碳钢和低合金钢结构的零部件。

焊丝直径为 1.6 ~ 5 mm 时，称为粗丝 CO_2 气体保护焊，一般采用大电流和较高的电弧电压来焊接中厚板。实心焊丝 CO_2 气体保护焊如图 5-2 所示。

为了适应现代工业应用的需要，CO_2 气体保护焊技术迅速发展，在生产中除了常规的 CO_2 气体保护焊方法外，还派生出一些改进的方法，如 CO_2 气体保护电弧点焊、CO_2 气体保护立焊、CO_2 气体保护窄间隙焊、CO_2 加其他气体（如 CO_2+O_2、CO_2+Ar）的保护焊以及 CO_2 气体与熔渣联合保护焊等。

（2）药芯焊丝 CO_2 气体保护焊

药芯焊丝 CO_2 气体保护焊是 CO_2 气体—焊剂联合保护的焊接方法。焊接时焊丝的药芯（受热）熔化，从而在焊缝表面覆盖一层薄薄的熔渣，如图 5-3 所示。药芯焊丝 CO_2 气体保护焊兼有 CO_2 气体保护焊和焊条电弧焊的某些特点。

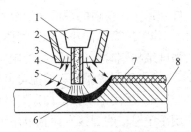

图 5-3 药芯焊丝 CO_2 气体保护焊
1—导电嘴 2—药芯焊丝 3—喷嘴
4—CO_2 气体 5—电弧 6—熔池
7—熔渣 8—焊缝

由于焊丝截面形状不同，药芯焊丝的电弧稳定性和熔化过渡特征与实心焊丝相比有差异。由于药芯不导电，焊接过程中容易产生电弧沿焊丝截面旋转的现象，致使焊丝末端熔化不均匀，电弧稳定性稍差。采用折叠截面的药芯焊丝时，焊接电流分布较均匀，电弧燃烧稳定，焊丝熔化均匀，冶金反应完全，容易保证获得优质的焊缝。

药芯焊丝 CO_2 气体保护焊常用直流反极性和长弧焊规范（长弧焊规范是指大电流和与之匹配的高电弧电压的焊接参数）。例如，焊接电流一般使用范围为 250 ~ 750 A，电弧电压为 24 ~ 26 V，焊接速度通常大于 30 m/h。由于药芯焊丝一般用较大的电流进行焊接，获得的焊缝熔深较大，常用于焊接中厚板。

（3）富氩气体保护焊

富氩气体保护焊是 CO_2 加氩气（Ar）的保护焊。通常混合比选用 80% 以上氩气 +20% 以下 CO_2 气体。其特点如下：

1）焊接成本低。其综合成本大概是焊条电弧焊的 1/2。

2）生产效率高。可以使用较大的电流密度（200 A/mm² 左右），比焊条电弧焊（10 ~ 20 A/mm²）高得多，所以，其熔深比焊条电弧焊大 2.2 ~ 3.8 倍。因此，其焊接 10 mm 以下厚度的钢板可以不开坡口；焊接厚板时可以减小坡口，加大钝边。它同时具有焊丝熔化快、不用清理熔渣等特点，生产效率比焊条电弧焊提高 2.5 ~ 4 倍。

3）焊后变形小。由于气体保护焊的电弧热量集中，加热面积小，混合气体（Ar+CO_2）气流有冷却作用，因此焊件焊后变形小，薄板的焊后变形改善更为明显。

4）抗锈能力强。与埋弧自动焊相比，富氩气体保护具有较高的抗锈能力，所以焊前对焊件表面的清洁工作要求不高，可以节省生产中大量的辅助时间。由于 CO_2 气体本身具有较强的氧化性，因此，在焊接过程中会引起合金元素烧损，产生气孔和引起较强的飞溅，而富氩气体保护焊可以克服纯 CO_2 气体保护焊的缺点，使飞溅得到有效控制，可以节省清渣费用，减少清渣剂的使用，并且可以降低电能损耗。

3. CO_2 气体保护焊的特点

（1）优点

1）生产效率高。CO_2 气体保护焊的焊接电流密度大，焊丝的熔敷速度高，母材的熔深较大，对于 10 mm 以下的钢板不开坡口可一次焊透，产生的熔渣极少；焊接过程不必像焊条电弧焊那样停弧换焊条，节省了清渣时间和一些填充金属（不必丢掉焊条头），生产效率比焊条电弧焊提高 1 ~ 4 倍。

2）抗锈能力强。由于 CO_2 气体在焊接过程中分解，氧化性较强，对焊件上的铁锈敏感性小，故对焊前焊件的清理要求不高。

3）焊接变形小。由于电弧热量集中，CO_2 气体有冷却作用，受热面积小，因此焊后焊件变形小。薄板的焊后变形改善更为明显。

4）冷裂倾向小。CO_2 气体保护焊焊缝的扩散氢含量少，抗裂性能好，在焊接低合金高强度结构钢时出现冷裂纹的倾向小。

5）采用明弧焊。熔池可见性好，观察和控制焊接过程较为方便。

6）适用范围广。CO_2 气体保护焊可进行各种位置的焊接，不仅适用于薄板焊接，还常用于中厚板的焊接，而且也用于磨损零件的修补堆焊。

（2）缺点

使用大电流焊接时飞溅较多；很难用交流电源焊接或在有风的地方施焊；不能焊接容易氧化的有色金属材料。

4. CO_2 气体保护焊的冶金特点

在常温下，CO_2 气体化学性能呈中性。在电弧高温下，CO_2 气体被分解而呈很强的氧化性，使合金元素氧化烧损，成为产生气孔和飞溅的根源。

（1）合金元素的氧化

CO_2 在电弧高温作用下会发生分解，即：

$$CO_2 \Longleftrightarrow CO + O$$

其中，CO 在焊接条件下不溶于金属，也不与金属发生反应，而原子状态的氧使铁及合金元素迅速氧化，其化学反应如下：

$$Fe + O = FeO$$
$$Si + 2O = SiO_2$$
$$Mn + O = MnO$$
$$C + O = CO \uparrow$$

以上的氧化反应既发生于熔滴过渡过程中，也发生在熔池内，使铁、锰、硅氧化分别生成 FeO、MnO 和 SiO_2 等熔渣，浮出表面，造成了合金元素大量氧化烧损，焊缝金属力学性能降低。此外，如果溶入金属的 FeO 与 C 元素作用所产生的 CO 气体来不及逸出，就会在焊缝中形成气孔；如果 CO 气体在熔滴和熔池金属中发生爆破，将产生大量的飞溅。这些问题都与电弧气氛的氧化性有关，因此必须采取有效的脱氧措施。

（2）脱氧措施

常用的脱氧措施是增加焊丝中脱氧元素的含量。常用的脱氧元素是锰、硅、铝、钛等，这些元素与氧的结合能力比铁强，可降低液态金属内 FeO 的浓度，抑制碳及合金元素的氧化。

焊接低碳钢及低合金钢时，主要采用锰、硅联合脱氧的措施，如常用的 H08Mn2SiA 焊丝就是采用锰、硅联合脱氧。H04Mn2SiTiA 和 H04Mn2SiAlTiA 焊丝则是采用多种脱氧剂进行联合脱氧。

5. CO$_2$ 气体保护焊的熔滴过渡

CO$_2$ 气体保护焊是熔化极电弧焊，熔滴过渡的形式与选择的焊接参数和相关工艺因素有关。应根据焊接构件的实际情况，确定粗丝、细丝 CO$_2$ 气体保护焊的焊接方式，选择合适的焊接参数，以获得所希望的熔滴过渡形式，从而保证焊接过程的稳定性，减少飞溅。CO$_2$ 气体保护焊熔滴过渡形式主要有短路过渡和颗粒过渡。

（1）短路过渡

CO$_2$ 气体保护焊在采用细焊丝、小电流和低电弧电压焊接时，熔滴呈短路过渡。短路过渡时，弧长很短，焊丝端部熔化形成的熔滴与熔池表面接触而短路，此时熔滴上的作用力使熔滴金属很快地脱离焊丝端部过渡到熔池，随后电弧又重新引燃。这样周期性的短路——燃弧交替进行。通常把每一次短路和燃弧的时间称为一个周期（T）。每秒内的周期数称为短路频率，如图 5-4 所示。

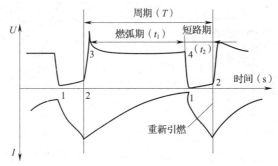

图 5-4　短路过渡过程

CO$_2$ 气体保护焊的短路频率可达每秒几十次到百余次。由于短路频率高，因此焊接过程稳定，飞溅小，焊缝成形好。另外，由于焊接电流小，而且电弧是断续燃烧的，因此电弧热量低，适用于焊接薄板及全位置焊接。

（2）颗粒过渡

CO$_2$ 气体保护焊在采用粗焊丝、大电流和高电弧电压焊接时，熔滴呈颗粒过渡。当颗粒尺寸较大时，飞溅较大，电弧不稳定，焊缝成形恶化。因此，常用的是细颗粒过渡。焊接电流增大（电弧电压也相应增大）时，颗粒过渡的熔滴体积减小，颗粒细化，而且熔滴过渡频率增加，如图 5-5 所示。

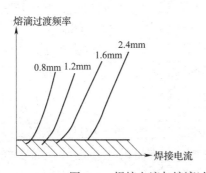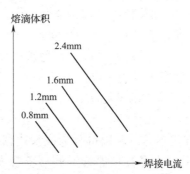

图 5-5　焊接电流与熔滴过渡频率、熔滴体积的关系

三、CO_2 气体保护焊的设备

常用 CO_2 气体保护半自动焊设备如图 5-6 所示，主要由焊接电源、送丝机构及焊枪、CO_2 供气装置、控制系统等组成。

1. 焊接电源

由于 CO_2 气体保护焊使用交流电源焊接时电弧不稳定，飞溅严重，因此其只能使用直流电源。要求焊接电源具有平硬的外特性。这是因为 CO_2 气体保护焊的电流密度大，加上 CO_2 气体对电弧有较强的冷却作用，所以电弧静特性曲线是上升的。在等速送丝的条件下，平硬特性电源的电弧自动调节灵敏度较高。从图 5-7 中可以看出，当电弧长度变化相同时，三种不同的外特性曲线引起的焊接电流变化状况为 $\Delta I_c > \Delta I_b > \Delta I_a$。

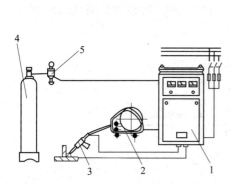

图 5-6 CO_2 气体保护半自动焊设备
1—焊接电源 2—送丝机 3—焊枪
4—气瓶 5—减压调节器

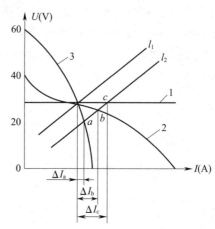

图 5-7 焊接电源外特性与电弧自动调节作用的关系
1—平硬特性曲线 2—缓降特性曲线 3—陡降特性曲线

2. 送丝机构及焊枪

（1）送丝机构

CO_2 气体保护半自动焊焊机为等速送丝焊接设备，其送丝方式有推丝式、拉丝式、推拉式三种，如图 5-8 所示。

1）推丝式。焊枪与送丝机构是分开的，焊丝经一段软管送到焊枪中。这种焊枪结构简单、轻便，但焊丝通过软管时受到的阻力大，因而软管长度受到限制，通常只能在距送丝机 2～4 m 的范围内使用。目前，CO_2 气体保护半自动焊多采用推丝式送丝。

2）拉丝式。送丝机构与焊枪合为一体，没有软管，送丝阻力小，送丝较稳定，但焊枪结构复杂，质量增大，焊工劳动强度大，只适用于细焊丝（直径为 0.5～0.8 mm）送丝。

3）推拉式。这种结构是以上两种送丝方式的组合。送丝时以推为主，由于焊枪上装有拉丝滚轮，可将焊丝拉直，以减小焊丝在软管内的摩擦阻力。推拉式送丝机构可使软管加长至 60 m，增加了操作的灵活性。

（2）焊枪

按送丝方式不同，焊枪可分为推丝式焊枪和拉丝式焊枪。按结构不同，焊枪可分为鹅颈式焊枪和手枪式焊枪。焊枪上的喷嘴和导电嘴是焊枪的主要零件，直接影响焊接工艺性能。

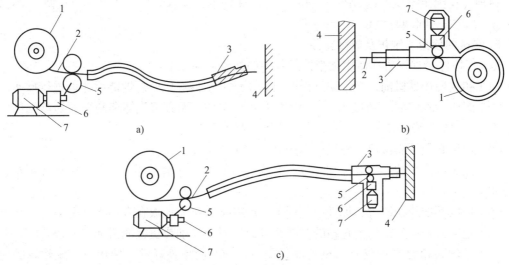

图 5-8 CO_2 气体保护半自动焊焊机送丝方式

a）推丝式 b）拉丝式 c）推拉式

1—焊丝盘 2—焊丝 3—焊枪 4—焊件 5—送丝滚轮 6—减速器 7—电动机

1）喷嘴。一般为圆柱形。内孔直径为 12 ~ 25 mm。为了防止飞溅物的黏附并易于清除，焊前最好在喷嘴的内、外表面喷一层防飞溅喷剂或刷硅油。

2）导电嘴。常用纯铜、铬青铜或磷青铜制造。通常导电嘴的孔径比焊丝直径大 0.2 mm 左右。如果孔径太小，送丝阻力大；如果孔径太大，则送出的焊丝摆动厉害，致使焊缝宽窄不一，严重时使焊丝与导电嘴间起弧，造成黏结或烧损。

3. CO_2 供气装置

CO_2 供气装置由气瓶、预热器、减压器、流量计和气阀组成。气瓶内的液态 CO_2 向外释放、汽化时要吸热，吸热反应可能导致瓶阀和减压器冻结，因此，在 CO_2 气体减压前须经 36 V 低压交流供电的预热器（功率为 75 ~ 100 W）加热，以保证保护气体的畅通，并通过流量计来调节和测量 CO_2 气体的流量，以形成良好的保护气流。操作时按动开关，电磁气阀启动，控制 CO_2 气体的接通与关闭。现在生产的减压流量调节器将预热器、减压器和流量计合装为一体，使用起来很方便。

4. 控制系统

CO_2 气体保护焊控制系统的作用是对供气、送丝和供电等系统实现控制。自动焊时，还可控制焊接小车或焊件运转等。CO_2 气体保护半自动焊焊机控制过程方框图如图 5-9 所示。

图 5-9 CO_2 气体保护半自动焊焊机控制过程方框图

普通 CO_2 气体保护焊的焊机调整焊接参数时，需要分别调节焊接电流和电弧电压，并要保证两者相互匹配。现在采用具有一体化调节系统的焊机时，仅用一个旋钮调节焊接电流，控制系统会自动使电弧电压与焊接电流达到最佳匹配状态，使用时特别方便。

目前，我国定型生产的 NBC 系列 CO_2 气体保护半自动焊焊机有 NBC—160 型、NBC1—250 型、NBC1—300 型、NBC1—500 型。

5. 焊机的使用、维护及故障排除

CO_2 气体保护焊焊机在使用和维护过程中的注意事项如下：

（1）初次使用焊机前，必须熟读说明书，了解并掌握焊机使用性能后才可进行操作。

（2）焊机应在室温不超过 40 ℃，湿度不大于 85%，无有害气体和易燃、易爆气体的环境下工作。CO_2 气瓶不得靠近热源或在阳光下直接照射。

（3）焊机必须可靠接地，地线截面积必须大于 $12\ mm^2$。

（4）凡需水冷却的焊接电源和焊枪，必须有可靠的冷却水循环。如果使用循环水箱，冬季应注意防冻。

（5）焊枪不准放在焊机、焊件或地面上，应安全、可靠地放在专用支架上。

（6）定期检查送丝机构齿轮箱的润滑情况，应及时添加或更换润滑油。

（7）送丝滚轮的 V 形或 U 形槽若磨损严重，应及时更换新件。使用时，压丝轮的松紧调节以焊丝输出稳定、可靠为宜，避免过紧或过松。

（8）经常检查导电嘴的磨损情况，严重时应及时更换。

（9）定期检查并清洗送丝软管及弹簧管，防止因送丝阻力过大而出现焊丝送给不均匀等故障。

（10）工作结束后或临时离开工作现场时，必须切断电源，关闭水源和气源。

CO_2 气体保护焊焊机常见故障、产生原因及排除方法见表 5-3。

表 5-3　　　　　　CO_2 气体保护焊焊机常见故障、产生原因及排除方法

故障部位	示意图	故障现象	产生原因	排除方法
焊丝盘		1. 焊丝盘中焊丝松散 2. 送丝电动机过载；送丝不均匀，电弧不稳定；焊丝粘在导电嘴上	1. 焊丝盘制动轴太松 2. 焊丝盘制动轴太紧	1. 紧固焊丝盘制动轴 2. 调松焊丝盘制动轴
送丝轮 V 形槽及压紧轮		1. 送丝速度不均匀 2. 焊丝变形；送丝困难；焊丝嘴磨损快	1. 送丝轮 V 形槽磨损严重；压紧轮压力太小 2. 送丝轮与所用焊丝直径不匹配；压紧轮压力太大	1. 更换送丝轮；调整压紧轮压力 2. 送丝轮与所用焊丝直径要匹配；调整压紧轮压力

故障部位	示意图	故障现象	产生原因	排除方法
进丝嘴		1. 焊丝易打弯，送丝不畅 2. 摩擦阻力大，送丝受阻	1. 进丝嘴孔太大或进丝嘴与送丝轮间距太大 2. 进丝嘴孔太小	1. 掉换进丝嘴及调整进丝嘴与送丝轮间距 2. 掉换进丝嘴
弹簧软管		1. 焊丝打弯，送丝受阻 2. 摩擦阻力大，送丝受阻	1. 管内径太大；软管太短 2. 管内径太小或被污物堵塞；软管太长	1. 掉换弹簧软管 2. 掉换弹簧软管或清洗弹簧软管
导电嘴		1. 电弧不稳定；焊缝不直 2. 摩擦阻力大，送丝不畅	1. 导电嘴磨损，孔径太大 2. 导电嘴孔径太小	更换导电嘴
焊枪软管		焊接速度不均匀或送不出焊丝	焊丝在焊枪软管内摩擦阻力大，送丝受阻；焊枪软管弯曲，不舒展	焊前根据焊接位置将焊枪软管铺设舒展后再施焊
喷嘴		气体保护不好，产生气孔；电弧不均匀	飞溅物堵塞出口或喷嘴松动	清理喷嘴并在喷嘴内涂防飞溅剂或紧固喷嘴
地线		引不起电弧或电弧不稳定	地线松动或接触处锈斑未除净	清理接触处锈斑并紧固地线

四、CO_2 气体保护焊的焊接材料

CO_2 气体保护焊所用的焊接材料有 CO_2 气体和焊丝。

1. CO_2 气体

焊接用的 CO_2 气体是将钢瓶装的液态 CO_2 经汽化后变成气态 CO_2 供焊接使用。容量为 40 L 的钢瓶可装 25 kg 的液态 CO_2，满瓶压力为 5 ~ 7 MPa。钢瓶中液态和气态 CO_2 分别约占钢瓶容积的 80% 和 20%。钢瓶压力表指示的压力值是其中气态 CO_2 的饱和压力。它的值与环境温度有关，一般随温度升高而升高。因此，CO_2 钢瓶不允许靠近热源或置于烈日下暴晒，以防止爆炸。

液态 CO_2 在大气压力下的沸点为 –78 ℃，所以常温下容易汽化。1 kg 液态 CO_2 可汽化

成 509 L 气态的 CO_2（0 ℃、0.1 MPa 时）。液态 CO_2 在温度高于 –11 ℃时比水轻，可溶解 0.05%（质量）的水。钢瓶内 CO_2 气体中的含水量与瓶内的压力有关，压力越低，水汽越多。当压力降低到 0.98 MPa 时，CO_2 气体中含水量迅速增加，不能继续使用。

焊接用 CO_2 气体的纯度应大于 99.5%，其含水量不超过 0.05%。如果纯度不够，可采取以下措施：

（1）将 CO_2 钢瓶倒置 1 ~ 2 h，使水分下沉，每隔 30 min 左右放水一次，放 2 ~ 3 次，然后将钢瓶放正。

（2）更换新气时，先放气 2 ~ 3 min，以排出混入瓶内的空气和水分。

当在通风不良或狭窄空间的焊接场所进行 CO_2 气体保护焊时，必须加强通风措施，以免因现场 CO 浓度超过国家规定的允许浓度（30 mg/m^3）而影响焊工身体健康。

2. 焊丝

为了保证焊缝金属有良好的力学性能，并防止焊缝产生气孔，CO_2 焊所用的焊丝必须比母材含有更多的 Mn 和 Si 等脱氧元素。此外，为减少飞溅，焊丝的含碳量必须限制在 0.10% 以下。CO_2 焊常用的焊丝有实心焊丝和药芯焊丝两种。

（1）实心焊丝型号及规格

国家标准《气体保护电弧焊用碳钢、低合金钢焊丝》（GB/T 8110—2008）规定，焊丝型号中"ER"表示焊丝；ER 后面的两位数字表示熔敷金属抗拉强度最低值；短线"—"后面的字母或数字表示焊丝化学成分分类代号，如果还附加其他化学成分时，直接用元素符号表示，并以短线"—"与前面的数字分开。实心焊丝型号示例如图 5-10 所示。

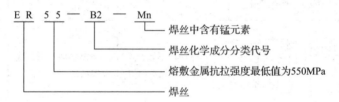

图 5-10　实心焊丝型号示例

CO_2 气体保护焊常用的实心焊丝直径有 0.8 mm、1.0 mm、1.2 mm、1.6 mm、2.0 mm、3.0 mm 等。焊丝表面镀铜，可以防止焊丝生锈，并有利于焊丝的存放及改善其导电性。

CO_2 焊常用的实心焊丝牌号、型号及用途见表 5-4。

表 5-4　　　　　　　　　　　　　CO_2 焊常用的实心焊丝牌号、型号及用途

焊丝牌号	焊丝型号	用途
H08Mn2SiA	ER49—1	适用于焊接低碳钢及某些低合金结构钢
H11Mn2SiA	ER50—6	适用于焊接碳钢及 500 MPa 级的造船、桥梁等结构用钢

（2）药芯焊丝型号和牌号

1）药芯焊丝型号。国家标准《非合金钢及细晶粒钢药芯焊丝》（GB/T 10045—2018）规定，药芯焊丝型号由以下八部分组成：

①第一部分用字母"T"表示药芯焊丝。

②第二部分表示用于多道焊时焊态或焊后热处理条件下熔敷金属的抗拉强度代号，或者表示用于单道焊时焊态条件下焊接接头的抗拉强度代号。

③第三部分表示冲击吸收能量（KV_2）不小于 27 J 时的试验温度代号，仅适用于单道焊的焊丝无此代号。

④第四部分表示使用特性代号。

⑤第五部分表示焊接位置代号。

⑥第六部分表示保护气体类型代号，自保护的代号为"N"，仅适用于单道焊的焊丝在该代号后添加字母"S"。

⑦第七部分表示焊后状态代号，其中"A"表示焊态，"P"表示焊后热处理状态，"AP"表示焊态和焊后热处理两种状态均可。

⑧第八部分表示熔敷金属化学成分分类。

药芯焊丝型号示例如图 5-11 所示。

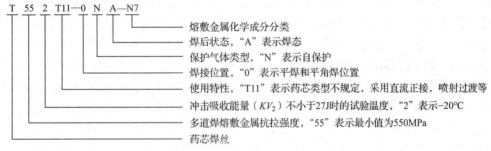

图 5-11　药芯焊丝型号示例

2）药芯焊丝牌号。药芯焊丝牌号中以字母"Y"表示药芯焊丝。字母"Y"后面的第一位字母表示用途或钢种类别，"J"代表结构钢，"R"代表合金耐热钢，"D"代表堆焊，"G"代表不锈钢，"A"代表奥氏体不锈钢。后面的第一位、第二位数字表示熔敷金属抗拉强度的最低值，单位为 MPa。第三位数字表示药芯类型及电源种类（与电焊条相同）。第四位数字（位于短线后）代表保护形式，1 代表气体保护，2 代表自保护，3 代表气体保护与自保护两用，4 代表其他保护形式。药芯焊丝牌号示例如图 5-12 所示。

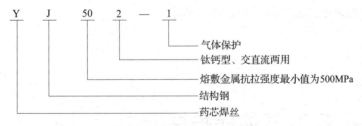

图 5-12　药芯焊丝牌号示例

药芯焊丝是将含有脱氧剂、稳弧剂和其他成分的粉末放在钢带上经包卷后拉拔而成的。与实心焊丝相比，药芯焊丝较软且刚度低，因而对送丝机构要求较高。药芯焊丝截面形状有 O 形、梅花形、T 形、E 形、中间填丝形，如图 5-13 所示。药粉的成分与焊条的药皮类似。目前，国产的 CO_2 气体保护焊药芯焊丝多为钛型药粉焊丝，按照其直径划分规格，有 ϕ1.2 mm、ϕ2.0 mm、ϕ2.4 mm、ϕ2.8 mm、ϕ3.2 mm 等几种。

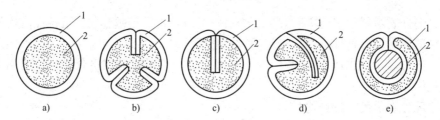

图 5-13 药芯焊丝的截面形状
a）O形 b）梅花形 c）T形 d）E形 e）中间填丝形
1—钢带 2—药粉

五、CO₂ 气体保护自动焊

CO_2 气体保护焊分为半自动焊和自动焊两种类型，目前，CO_2 气体保护半自动焊应用较为广泛，前面做了较为详尽的介绍，对于 CO_2 气体保护自动焊，虽然设备价格昂贵，但是有的结构件需要批量生产，有些厂家为提高生产效率，仍然较普遍地采用 CO_2 气体保护自动焊。

CO_2 气体保护自动焊是一种简易的机械化焊接法。在机械化、自动化或弧焊机器人设备中的主要构成与前面介绍过的半自动焊设备基本相同。常在焊接小车上搭载着焊接机头（包括焊枪和送丝机），一种情况是将工件夹紧并固定，焊接时只是机头运动；另一种情况是焊接机头不动，而工件移动（平移或旋转），焊接机头可以做适当的摆动，用来调整机头对准焊接线（即焊缝跟踪）。根据移动系统的移动范围、移动轨迹和过程控制特点，来决定它是哪种控制系统，可以是机械化的、自动化的、机器人控制的或自适应控制的。

用户选择焊接设备时，应考虑到产品的焊接工艺及焊接技术所提出的要求，根据焊件材料、板厚和焊接位置等提出具体焊接设备性能，如输出功率范围、电源的空载电压、电源的静特性和动特性、输出电流类型、焊接参数的调节范围和送丝速度范围等。例如，当焊接铝合金板材时，需选用细直径铝焊丝，为保证送丝稳定，应考虑选用推拉式送丝机和脉冲焊机。又如，焊接钢结构件时，因钢焊丝的刚度较高，采用简单的推丝机构和平特性直流焊机就能满足要求。购置新设备时，应满足焊接现场的使用条件，如工作环境、水与电的供应条件等，另外还应考虑操作人员的技术水平。如果焊件没有特殊要求，应尽量采用标准化设备。只有在特殊情况下才选用非标设备。另外，还应根据焊接产品的产量进行选择，如果是单件、小批量产品，应选用多功能焊机；而如果是大量生产的产品，则应选用单一功能的设备。总之，应降低设备的成本和提高设备的利用率。

课题 2 　 CO₂ 气体保护焊操作

一、CO₂ 气体保护焊焊接参数的选择

CO_2 气体保护焊的焊接参数主要包括焊丝直径、焊接电流、电弧电压、焊接速度、焊丝伸出长度、气体流量、电源极性等。

1. 焊丝直径

焊丝直径通常根据焊件的厚度、施焊位置及工作效率等来选择。薄板或中厚板的立焊、横焊、仰焊多采用 ϕ1.6 mm 以下的焊丝；中厚板的平焊可以采用 ϕ1.2 mm 以上的焊丝。焊丝直径的选择见表5-5。

表5-5　　　　　　　　　　　　　焊丝直径的选择

焊丝直径（mm）	熔滴过渡形式	焊件厚度（mm）	焊缝位置
0.5 ~ 0.8	短路过渡	1.0 ~ 2.5	全位置
	颗粒过渡	2.5 ~ 4.0	水平位置
1.0 ~ 1.2	短路过渡	2.0 ~ 8.0	全位置
	颗粒过渡	2.0 ~ 12	水平位置
1.6	短路过渡	3.0 ~ 12	水平、立、横、仰位置
≥ 1.6	颗粒过渡	>6	水平位置

2. 焊接电流

焊接电流应根据焊件厚度、焊丝直径、施焊位置及熔滴过渡形式确定。一般短路过渡的焊接电流为40 ~ 230 A，细颗粒过渡的焊接电流为250 ~ 500 A。焊丝直径与焊接电流的关系见表5-6。

表5-6　　　　　　　　　　　　焊丝直径与焊接电流的关系

焊丝直径（mm）	焊接电流（A）	
	颗粒过渡（30 ~ 45 V）	短路过渡（16 ~ 22 V）
0.8	150 ~ 250	60 ~ 160
1.2	200 ~ 300	100 ~ 175
1.6	350 ~ 500	100 ~ 180
2.4	500 ~ 750	150 ~ 200

3. 电弧电压

为了保证焊接过程的稳定性和良好的焊缝成形，电弧电压必须与焊接电流配合适当。通常电弧电压应随焊接电流的增大（或减小）而相应增大（或减小）。电弧电压对焊缝成形的影响如图5-14所示。

电弧电压与焊接电流的关系可通过公式进行计算。当焊接电流在300 A以下时，估算的电弧电压值为：

电弧电压（V）=0.04 × 焊接电流（A）+16 ± 1.5

当焊接电流在300 A以上时，估算的电弧电压值为：

电弧电压（V）=0.04 × 焊接电流（A）+20 ± 2.0

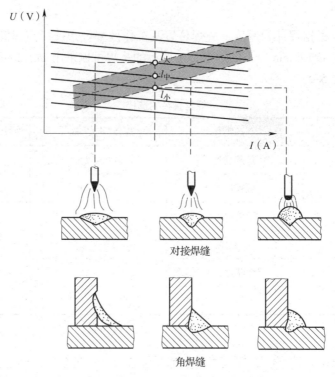

图 5-14　电弧电压对焊缝成形的影响

4. 焊接速度

在其他焊接参数不变时，焊接速度加快，容易产生咬边、未熔合等焊接缺陷，而且使气体保护效果变差，还会出现气孔；但焊接速度过慢，生产效率降低，焊接变形增大。一般 CO_2 半自动焊的焊接速度为 30 ~ 60 cm/min。

5. 焊丝伸出长度

焊丝伸出长度是指从导电嘴到焊丝端头的距离，一般约等于焊丝直径的 10 倍，且不超过 15 mm。

6. 气体流量

气体流量过小，则电弧不稳定，焊缝表面易被氧化成深褐色，并有密集气孔；气体流量过大，会产生涡流，焊缝表面呈浅褐色，也会出现气孔。CO_2 气体流量与焊接电流、焊丝伸出长度、焊接速度等均有关系。通常细丝焊接时，气体流量为 5 ~ 15 L/min；粗丝焊接时，均为 20 L/min。

7. 电源极性

为了减小飞溅，保持电弧稳定，一般焊机电源应选用直流反接。

二、CO_2 气体保护焊安全操作规程

1. 由于 CO_2 气体保护焊以 CO_2 作为保护气体，在高温下有大量的 CO_2 气体将发生分解，生成 CO 以及产生大量的烟尘。CO 极易与人体血液中的血红蛋白结合，造成人体缺氧。当空气中只有很少量的 CO 时，人会感到身体不适、头痛，而当 CO 的含量超过一定范围时，人会发生呼吸困难、昏迷等，严重时甚至死亡。如果空气中 CO_2 气体浓度超过一定的范围，也会引起不良反应。这就要求焊接工作环境应有良好的通风条件，在不能进行通风的局部空

— 266 —

间施焊时，应佩戴能供给新鲜氧气的面具。

2. 注意选用容量恰当的电源、电源开关、熔断器及辅助设备，以满足高负载率持续工作的要求。

3. 采用必要的防止触电措施、良好的隔离防护装置和自动断电装置。焊接设备必须保护接地或接零，并经常进行检查和维修。

4. 采用必要的防火措施。由于金属飞溅引起火灾的危险性比其他焊接方法大，要求在焊接作业的周围采取可靠的隔离、遮蔽或防止火花飞溅的措施。焊工应穿戴劳动防护用具，防止人体灼伤。

5. 由于 CO_2 气体保护焊比普通埋弧焊的弧光更强，紫外线辐射更强烈，应选用颜色更深的滤光片。

6. 采用 CO_2 气体电热预热器时，电压应低于 36 V，外壳要可靠接地。

7. 由于 CO_2 是以高压液态盛装在气瓶中的，因此要防止 CO_2 气瓶直接受热，气瓶不能靠近热源，也要防止剧烈振动。

8. 当焊丝送入导电嘴后，不允许将手指放在焊枪的末端来检查焊丝送出情况，也不允许将焊枪放在耳边试探保护气体的流动情况。

9. 使用水冷系统的焊枪应防止因绝缘破坏而发生触电事故。

10. 焊接工作结束后，必须切断电源和气源，并仔细检查工作场所周围及防护设施，确认无起火危险后方能离开。

三、CO_2 气体保护焊焊机的基本操作

1. CO_2 气体保护焊焊机的连接与使用

（1）CO_2 气体保护焊焊机的连接

由电工负责将焊机的输入端与刀开关相连接，接着焊工完成 CO_2 气体保护焊焊机外部连接，如图 5-15 所示。

1）将一体式预热减压流量调节器与 CO_2 气瓶连接，再用胶管把减压流量调节器与焊机面板上的进气嘴可靠连接，并将预热电源插头插到焊机后面的 36 V 电源插座上。

2）将送丝机构放置在利于操作的位置后，把绕有焊丝的焊丝盘装在送丝机构上。

3）将从送丝机构引出的控制电缆插头连接到焊机控制系统的多孔接头上。

4）将气管与焊机下部的气阀出口接上。

5）将从送丝机构引出的焊接电缆接头插入焊机的"+"极接口上。

6）将与焊件连接的焊接电缆接头插入焊机的"−"极接口上。整机接线完成。

（2）焊机面板

CO_2 气体保护焊焊机面板上各开关和按钮如图 5-16 所示。

1）"电压表"和"电流表"分别显示焊接电压值和焊接电流值。

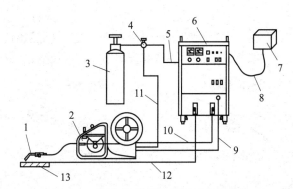

图 5-15 CO_2 气体保护焊焊机外部连接

1—焊枪 2—送丝机 3—CO_2 气瓶 4—气体流量计
5—加热器电缆 6—焊接电源 7—配电盒
8—输入电缆 9—输出电缆 10—送丝控制电缆
11—送气管 12—母材电缆 13—焊件

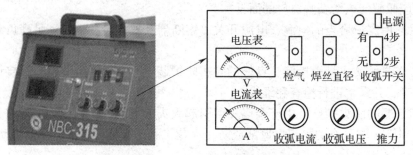

图 5-16　CO_2 气体保护焊焊机面板

2）"检气"转换开关用于检测焊接状态 CO_2 气体的流量。

3）"焊丝直径"开关侧面标注"$\phi 1.0$、$\phi 1.2$、$\phi 1.6$"，操作者可按所用的焊丝直径与开关标注进行对应。

4）"收弧开关"用于选择收弧状态。

5）"收弧电流"旋钮用于调节收弧时的收弧电流值。

6）"收弧电压"旋钮用于调节收弧时的收弧电压值。

7）"推力"旋钮用于调节电弧的挺度。

（3）"收弧开关"的使用

1）扳动"收弧开关"选择"无"（又称 2 步）的作用。焊接时，按下焊枪开关，焊接电弧产生，开始焊接。松开开关时，电弧立即熄灭，停止焊接，如图 5-17 所示。

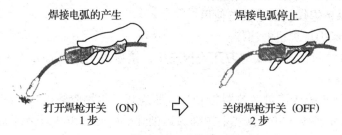

图 5-17　无收弧

2）扳动"收弧开关"选择"有"（又称 4 步）的作用。焊接时，按下焊枪开关，焊接电弧产生，开始焊接。松开开关时，电弧仍然燃烧，保持焊接状态，如果再次按下开关，转换为"收弧"状态，再次松开开关，电弧熄灭，停止焊接，如图 5-18 所示。

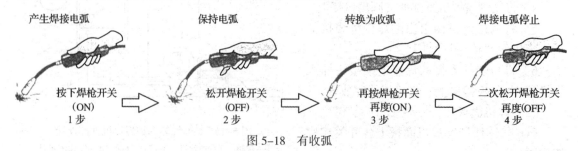

图 5-18　有收弧

2. CO_2 气体保护焊焊机的焊前基本操作

CO_2 气体保护焊焊机的焊前基本操作见表 5-7。

表 5-7 CO_2 气体保护焊焊机的焊前基本操作

操作步骤	图示	说明
检查并连接	 开启气瓶，检查有无漏气	检查焊接电源、控制系统、焊枪、供气系统以及与焊件相连的焊接电缆的连接是否完好，接触是否可靠，有无漏电、漏气的现象，并保证焊机可靠接地
接通电源		闭合三相电源开关，焊机与外路电源接通。扳动焊机上的电源开关及预热器开关，预热器升温
调节气体流量并通气	 调节 CO_2 气体流量值	1. 打开 CO_2 气瓶瓶阀，将焊机上的"检气"转换开关置于"检气"状态，开始旋动流量调节器阀门，调节 CO_2 气体流量值 2. 设定 CO_2 气体流量值后，将"检气"转换开关置于"焊接"状态上
送丝与调节焊丝伸出长度	 按微动开关，送出焊丝 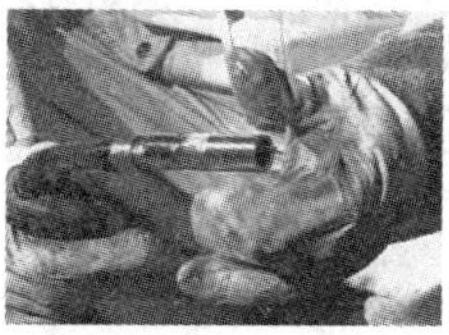 调节焊丝伸出长度	1. 把送丝机构上的压丝手柄扳开，将焊丝通过导丝孔放入送丝轮的 V 形槽内，再把焊丝端部推入软管，合上压丝手柄，并调节合适的压紧力 2. 按动焊枪上的微动开关，送丝电动机转动，焊丝经导电嘴送出 3. 调整焊丝伸出长度，焊丝伸出长度应距喷嘴约 10 mm，多余部分用钳子剪断
设定焊接参数	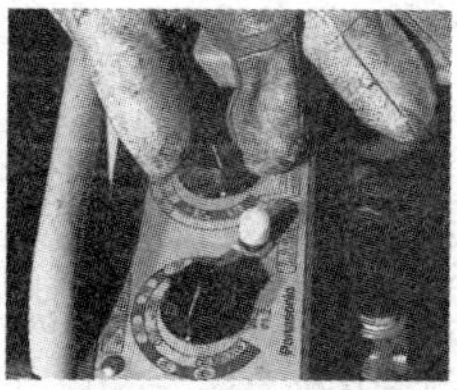	1. 可根据选择好的焊丝直径，与焊机面板上的"焊丝直径"开关标注进行对应 2. 扳动焊机面板上"收弧开关"，选择"有"或"无"收弧状态 3. 在焊机面板上旋动"收弧电流""收弧电压"旋钮，调节合适的收弧电流、收弧电压。旋动"推力"旋钮，调节合适的电弧推力。此时，焊机进入准备焊接状态

使用焊机安全注意事项如下：

（1）检修及维护时，一定要切断电源才能继续操作。

（2）检查焊机的外部接线必须正确无误，电缆接头必须拧紧，焊机接地可靠。

四、CO₂ 气体保护焊技能训练

1. CO_2 气体保护平敷焊

（1）操作要领

1）引弧。采用直接短路法引弧，引弧前保持焊丝端头与焊件 2 ~ 3 mm 的距离（不要接触过紧），喷嘴与焊件间 10 ~ 15 mm 的距离。按动焊枪开关，引燃电弧。此时焊枪有抬起的趋势，必须用均衡的力控制好焊枪，将焊枪向下压，尽量减少焊枪回弹，保持喷嘴与焊件间的距离。如果进行对接焊，应采用引弧板，或在距焊件端部 2 ~ 4 mm 处引弧，然后缓慢引向待焊处，当焊缝金属熔合后，再以正常焊接速度施焊。通过引弧练习达到引弧准、电弧稳定燃烧过程快的要求。

2）直线焊接。直线焊接形成的焊缝宽度稍窄，焊缝偏高，熔深要浅些。在操作过程中，整条焊缝往往在始焊端、焊缝的连接、终焊端等处较容易产生缺陷，所以要采取特殊处理措施。

①始焊端。焊件处于较低的温度，应在引弧后先将电弧稍微拉长一些，以此对焊缝端部适当预热，然后再压低电弧进行始焊端焊接（见图 5-19a、b）。这样，可以获得具有一定熔深和成形比较整齐的焊缝。如图 5-19c 所示为采取过短的电弧起焊而造成焊缝成形不整齐。

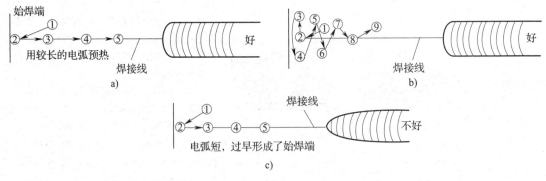

图 5-19　始焊端运丝法对焊缝成形的影响

a）长弧预热起焊的直线焊接　b）长弧预热起焊的摆动焊接　c）短弧起焊的直线焊接

如果焊接重要焊件，可在焊件一端加引弧板，将引弧时容易出现的缺陷留在引弧板上。

②焊缝的连接。接头的好坏直接影响焊缝质量，其接头的处理如图 5-20 所示。

直线焊缝连接的方法如下：在原熔池前方 10 ~ 20 mm 处引弧，然后迅速将电弧引向原熔池中心，待熔化金属与原熔池边缘吻合后，再将电弧引向前方，使焊丝保持一定的高度和角度，并以稳定的速度向前移动，如图 5-20a 所示。

摆动焊缝连接的方法如下：在原熔池前方 10 ~ 20 mm 处引弧，然后以直线方式将电弧引向接头处，在接头中心开始摆动，并在向前移动的同时逐渐加大摆幅（保持形成的焊缝与原焊缝宽度相同），最后转入正常焊接，如图 5-20b 所示。

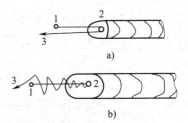

图 5-20 焊缝连接的方法
a）直线焊缝连接 b）摆动焊缝连接

③终焊端。焊缝终焊端若出现过深的弧坑，会使焊缝收尾处产生裂纹和缩孔等缺陷。如果采用细丝 CO_2 保护气体短路过渡焊接，其电弧长度短，弧坑较小，不需专门处理。如果采用直径大于 1.6 mm 的粗焊丝、大电流焊接，并使用长弧喷射过渡，弧坑较大且凹坑较深。所以，收弧时如果焊机没有电流衰减装置，应采用多次断续引弧方式填充弧坑，直至将弧坑填平。

直线焊接焊枪的运动方向有两种，一种是焊枪自右向左移动，称为左向焊法；另一种是焊枪自左向右移动，称为右向焊法，如图 5-21 所示。

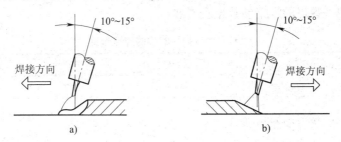

图 5-21 CO_2 气体保护焊时焊枪运动方向
a）左向焊法 b）右向焊法

左向焊法操作（见图 5-21a）时，电弧的吹力作用在熔池及其前沿处，将熔池金属向前推延，由于电弧不直接作用在母材上，因此熔深较浅，焊道平坦且变宽，飞溅较大，保护效果好。采用左向焊法虽然观察熔池困难些，但易于掌握焊接方向，不易焊偏。右向焊法操作（见图 5-21b）时，电弧直接作用到母材上，熔深较大，焊道窄而高，飞溅略小，但不易准确掌握焊接方向，容易焊偏，尤其对接焊时更明显。一般进行 CO_2 气体保护焊时均采用左向焊法，后倾角为 10° ~ 15°。

3）摆动焊接。在 CO_2 半自动焊时，为了获得较宽的焊缝，往往采用横向摆动运丝方式。常用的摆动方式有锯齿形、月牙形、正三角形、斜圆圈形等，如图 5-22 所示。

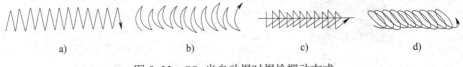

图 5-22 CO_2 半自动焊时焊枪摆动方式
a）锯齿形 b）月牙形 c）正三角形 d）斜圆圈形

摆动焊接时横向摆动运丝角度和始焊端的运丝要领与直线焊接一样。在横向摆动运丝时要注意：左右摆动的幅度要一致，摆动到焊缝中心时速度应稍快，而摆动到两侧时要稍作停顿；摆动的幅度不能过大，否则，熔池温度高的部分不能得到良好的保护作用。一般摆动幅度限制在喷嘴内径的 1.5 倍范围内。

（2）CO_2 气体保护平敷焊操作

CO_2 气体保护平敷焊的焊件图如图 5-23 所示。焊件材料为 Q235 钢。

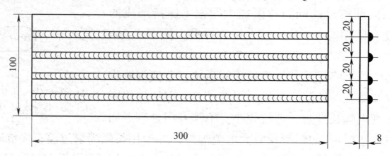

技术要求

1. 沿焊件纵向每间隔20完成一条焊道。
2. 保证焊缝平直，与焊件圆滑过渡。

图 5-23　CO_2 气体保护平敷焊的焊件图

CO_2 气体保护平敷焊的焊接参数见表 5-8。

表 5-8　　　　　　　　　　　　CO_2 气体保护平敷焊的焊接参数

焊丝及直径（mm）	焊接电流（A）	电弧电压（V）	焊接速度（m/h）	气体流量（L/min）
ER49—1，ϕ1.0	120 ~ 130	19 ~ 20	17 ~ 25	12 ~ 15

CO_2 气体保护平敷焊操作步骤见表 5-9。

表 5-9　　　　　　　　　　　　CO_2 气体保护平敷焊操作步骤

操作步骤	图示	说明
焊前准备	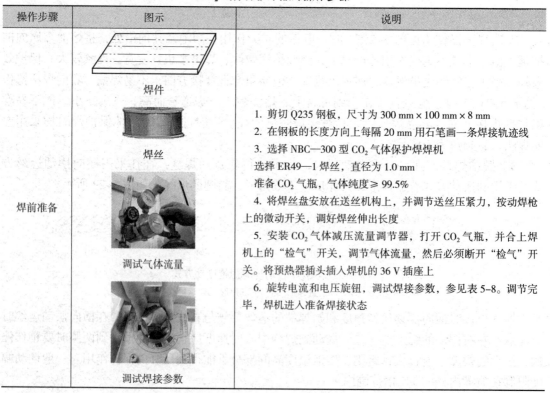 焊件 焊丝 调试气体流量 调试焊接参数	1. 剪切 Q235 钢板，尺寸为 300 mm × 100 mm × 8 mm 2. 在钢板的长度方向上每隔 20 mm 用石笔画一条焊接轨迹线 3. 选择 NBC—300 型 CO_2 气体保护焊焊机 选择 ER49—1 焊丝，直径为 1.0 mm 准备 CO_2 气瓶，气体纯度 ≥ 99.5% 4. 将焊丝盘安放在送丝机构上，并调节送丝压紧力，按动焊枪上的微动开关，调好焊丝伸出长度 5. 安装 CO_2 气体减压流量调节器，打开 CO_2 气瓶，并合上焊机上的"检气"开关，调节气体流量，然后必须断开"检气"开关。将预热器插头插入焊机的 36 V 插座上 6. 旋转电流和电压旋钮，调试焊接参数，参见表 5-8。调节完毕，焊机进入准备焊接状态

操作步骤	图示	说明
直线平敷焊	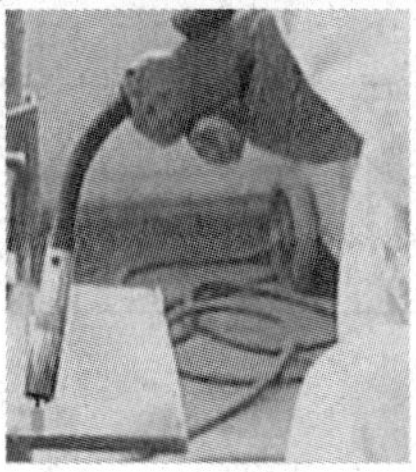	采取左向焊法，焊枪在焊件始焊端，保持焊丝端头与焊件的距离 按动焊枪开关，引燃电弧，焊枪以直线运丝法匀速焊接，并控制整条焊缝宽度和直线度，直至焊至终端，填满弧坑再收弧 结束焊接时，松开焊枪扳机，焊机停止送丝，电弧熄灭，滞后 2 ~ 3 s 断气，操作结束
焊后处理	—	1. 焊接结束，关闭气源、预热器开关和控制电源开关，关闭总电源（即拉下刀开关），松开压丝手柄，去除弹簧的压力，最后将焊机整理好 2. 焊接结束，清渣，检查焊缝质量并评价。清理干净焊接现场

经验点滴

电弧电压与焊接电流的调节是否匹配是 CO_2 气体保护焊正常工作的关键所在。

焊前，利用下列公式估算后粗调。

当焊接电流在 300 A 以下时，估算的电弧电压值为：

$$电弧电压（V）=0.04 × 焊接电流（A）+16 ± 1.5$$

当焊接电流在 300 A 以上时，估算的电弧电压值为：

$$电弧电压（V）=0.04 × 焊接电流（A）+20 ± 2.0$$

再通过试焊细调，如果熔滴远离熔池下落，说明电弧电压偏高，则取下限值；如果出现顶丝现象，说明电弧电压偏低，则取上限值。

例如，选择 150 A 焊接电流，计算得电弧电压为 20.5 ~ 23.5 V；如果选择 350 A 焊接电流，计算得电弧电压为 32 ~ 36 V。如果熔滴远离熔池下落，分别取下限值 20.5 V 或 32 V；如果出现顶丝现象，分别取上限值 23.5 V 或 36 V。

2. CO_2 气体保护 V 形坡口平对接焊

（1）操作要领

焊接时，采用左向焊法，焊丝中心线前倾角为 10° ~ 15°。

1）打底层焊接。第一层采用月牙形的小幅摆动焊接（见图 5-24a），焊枪摆动时在焊缝的中心移动稍快，摆动到焊缝两侧要稍停顿 0.5 ~ 1 s。如果坡口间隙较大，应在横向摆动的同时做适当的前后移动，即倒退式月牙形摆动，如图 5-24b 所示，这种摆动可避免电弧直接对准间隙，以防烧穿。

2）填充层焊接。填充焊采用多层多道焊，以避免在焊接过程中产生未焊透和夹渣等缺陷。应注意焊道的排列顺序和焊道的宽度。可采用左向焊法直线焊接。焊丝应在坡口与坡口、焊道与坡口表面交角的部位（见图 5-25a、b），或焊道表面与焊道表面交角的角平分线部位（见图 5-25c）。焊缝成形应避免中间凸起而使两侧与坡口面之间形成夹角，因为在此处进行熔敷焊时容易产生未焊透缺陷。当填充层焊接接近完成时，要控制填充层焊缝表面比焊件表面低 1.5 ~ 2.5 mm（见图 5-25d），为盖面层焊接创造良好条件。

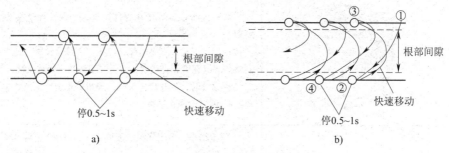

图 5-24 V 形坡口平对接焊焊枪摆动方式
a）月牙形摆动 b）倒退式月牙形摆动

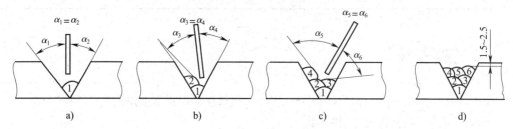

图 5-25 多层多道焊的焊道排列顺序和焊丝位置
a）坡口与坡口交角部位 b）焊道与坡口表面交角部位
c）焊道表面与焊道表面交角的角平分线部位 d）填充层焊缝表面低于焊件表面

3）盖面层焊接。盖面层焊缝的成形应平滑，没有咬边缺陷，焊缝两边的焊道要高度一致，高低适宜且保持平直。

（2）CO_2 气体保护 V 形坡口平对接焊操作

CO_2 气体保护 V 形坡口平对接焊的焊件图如图 5-26 所示。焊件材料为 Q235 钢。

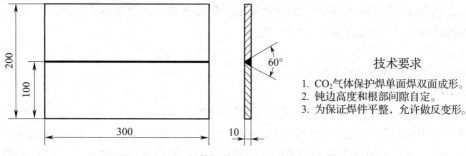

技术要求
1. CO_2 气体保护焊单面焊双面成形。
2. 钝边高度和根部间隙自定。
3. 为保证焊件平整，允许做反变形。

图 5-26 CO_2 气体保护 V 形坡口平对接焊的焊件图

CO_2 气体保护 V 形坡口平对接焊的焊接参数见表 5-10。

表 5-10　　　　　　　CO_2 气体保护 V 形坡口平对接焊的焊接参数

焊丝及直径（mm）	焊接电流（A）	电弧电压（V）	焊接速度（m/h）	气体流量（L/min）
ER49—1，ϕ1.2	110 ~ 130	18 ~ 20	12 ~ 17	15 ~ 20

CO_2 气体保护 V 形坡口平对接焊操作步骤见表 5-11。

表 5-11 　　　　　　　　　　　CO_2 气体保护 V 形坡口平对接焊操作步骤

操作步骤	图示	说明
焊前准备	  焊件　　　　　焊丝  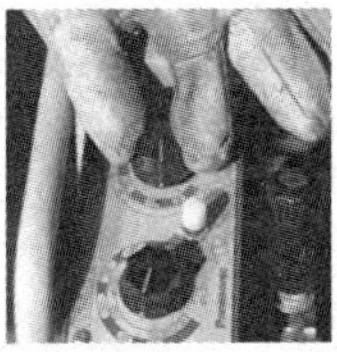 定位焊　　调节焊接电流、电弧电压 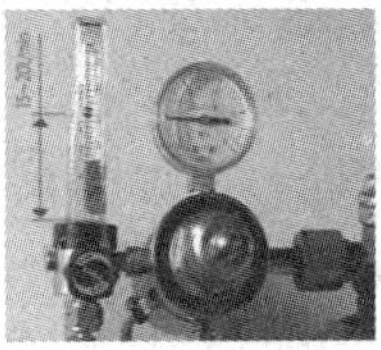 调节气体流量	1. 将 Q235 钢板剪切成两块 300 mm × 100 mm × 10 mm 的钢板，一侧刨削成 30° 坡口。两块钢板装配组对成一组焊件 2. 选择 NBC1—300 型 CO_2 气体保护焊焊机 选择 ER49—1 实心焊丝，直径为 1.2 mm 准备 CO_2 气瓶，气体纯度 ≥ 99.5% 3. 在焊件两端进行定位焊。定位焊缝长度为 10 ~ 15 mm，需将定位焊缝用角向磨光机打磨成斜坡状，并将坡口内的飞溅物清理干净 4. 通过送丝机构上的旋钮调节焊接电流、电弧电压值，参见表 5-10 5. 调节 CO_2 气体流量，参见表 5-10 为防止飞溅物堵塞喷嘴及焊件不易清理，可在喷嘴上涂一层喷嘴防堵剂，在焊件表面涂上一层飞溅物防黏剂
打底层焊接	  底层右端引弧　　左向焊打底操作	将焊件平放在水平位置，间隙小的一端放在右侧。在焊件的右端引弧，从右向左焊接 焊枪在焊件一端，保持焊丝端头与焊件 2 ~ 3 mm 的距离，喷嘴与焊件间 10 ~ 15 mm 的距离，按动焊枪开关，用直线短路法引燃电弧 如果焊接电流与电弧电压配合得当，可听到均匀的、周期性的"啪啪"声，此时熔池平稳，飞溅小 如果电流较小，电压较低时，易短路，产生严重的飞溅；如果电压过高，易烧穿，甚至熄弧
盖面层焊接		采用左向焊法，在始焊端引弧，形成所需宽度后，以直线形运丝法匀速向前焊接。控制整条焊缝宽度和直线度，直至焊至终焊端，填满弧坑进行收弧 松开焊枪扳机，焊机停止送丝，电弧熄灭，滞后 2 ~ 3 s 断气，操作结束
焊后处理		1. 关闭气源、预热器开关和控制电源开关，拉下总电源刀开关，松开压丝手柄，去除弹簧的压力，最后将焊机整理好 2. 焊接结束，清渣，检查焊缝质量并评价。清理干净焊接现场

3. CO_2 气体保护平角焊

（1）操作要领

平角焊焊件的定位焊如图5-27所示。

进行平角焊接时，极易产生咬边、未焊透、焊缝下坠等缺陷。为了防止这些缺陷，在操作时除了正确地选择焊接参数外，还要根据板厚和焊脚尺寸来控制焊丝的角度。焊接等厚度焊件时，一般焊丝与水平板夹角为40°~50°（见图5-28a）。焊接厚度不等的焊件时，焊丝的倾角应使电弧偏向厚板，使两块板受热均匀（见图5-28b）。当焊脚尺寸在5 mm以下时，可按图5-29中A所示的方式将焊丝指向夹角处。当焊脚尺寸在5 mm以上时，可使焊丝距焊件夹角线1~2 mm处进行焊接，这样可获得等角的角焊缝（见图5-29）；否则，易使立板产生咬边和平板焊缝下坠缺陷。焊丝的后倾角为10°~25°，如图5-30所示。

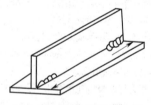

图5-27 平角焊的定位焊

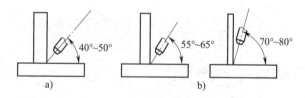

图5-28 平角焊时焊丝的角度
a）两板等厚 b）两板不等厚

当焊脚尺寸小于8 mm时，可采用单层焊。焊脚尺寸小于5 mm时，可采用直线移动法焊接；焊脚尺寸为5~8 mm时，可用斜圆圈形运丝法，并以左向焊法进行焊接，如图5-31所示。

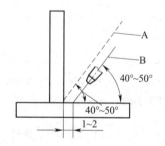

图5-29 平角焊时的焊丝位置

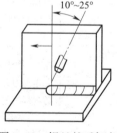

图5-30 焊丝的后倾角

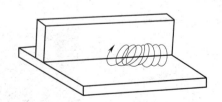

图5-31 平角焊时的斜圆圈形运丝法

当焊脚尺寸大于 8 mm 时，应采用多层焊。多层焊的第一层操作与单层焊类似，焊丝距焊件夹角线 1 ～ 2 mm，采用左向焊法得到 6 mm 的焊脚。焊接第二层焊缝的第一条焊道时，焊丝指向第一层焊道与水平板的焊脚处，进行直线焊接或小幅摆动焊接，达到所需的焊脚尺寸，并保证焊道平直。

无论是多层多道焊还是单层单道焊，在操作时每层的焊脚尺寸应限制在 6 ～ 7 mm，以防止焊脚过大使熔敷金属下坠，而在立板上咬边，或在水平板上产生焊瘤等缺陷。同时，从始焊端至终焊端焊脚尺寸应保持一致、均匀、美观。其始焊端和终焊端的操作要领同水平位置焊。

（2）CO_2 气体保护平角焊操作

CO_2 气体保护平角焊的焊件图如图 5-32 所示。焊件材料为 Q235A 钢。

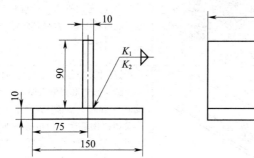

技术要求
1. 焊后应保持两板相互垂直。
2. 角焊缝截面应为直角三角形。
3. 焊脚尺寸 $K_1=8±1$，$K_2=10±1$。

图 5-32　CO_2 气体保护平角焊的焊件图

CO_2 气体保护平角焊的焊接参数见表 5-12。

表 5-12　　　　　　　　　　CO_2 气体保护平角焊的焊接参数

焊接层	焊脚尺寸（mm）	焊丝及直径（mm）	焊接电流（A）	电弧电压（V）	焊接速度（cm/s）	气体流量（L/min）
第一层	6 ～ 6.5	ER49—1，ϕ1.2	180 ～ 200	20 ～ 21	0.5 ～ 0.8	10 ～ 15
其他各层			160 ～ 180	19 ～ 21	0.5 ～ 0.8	

CO_2 气体保护平角焊操作步骤见表 5-13。

表 5-13　　　　　　　　　　CO_2 气体保护平角焊操作步骤

操作步骤	图示	说明
焊前准备	焊件	1. 将 Q235A 钢板剪切成 300 mm × 150 mm × 10 mm 和 300 mm × 90 mm × 10 mm 各一块，组对装配成一组焊件 检测两块板相互垂直，在两端对称处进行定位焊，定位焊缝长度为 10 ～ 15 mm

操作步骤	图示	说明
焊前准备	 焊丝 　　　　　CO₂气瓶  调节 CO₂ 气体流量 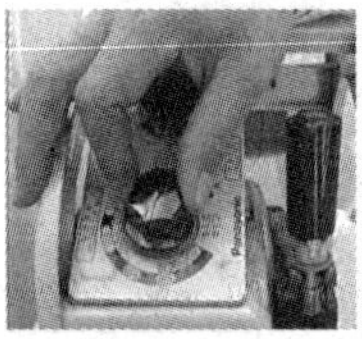　　调节焊接电流、电弧电压	2. 选择 NBC—315 型 CO₂ 气体保护焊焊机 　选择 ER49—1 实心焊丝，直径为 1.2 mm 　准备 CO₂ 气瓶，气体纯度 ≥ 99.5% 　3. 将"检气"转换开关置于"检气"状态，调节 CO₂ 气体流量 　4. 调节好送丝机构上的压紧力，将焊丝送出导电嘴，保持一定的伸出长度 　5. 通过送丝机构上的旋钮调节焊接电流、电弧电压值，并使其匹配
打底层焊接	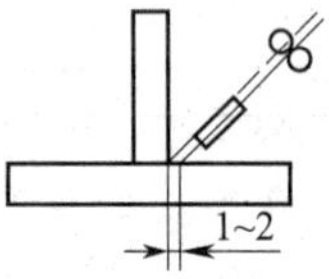 焊丝位置 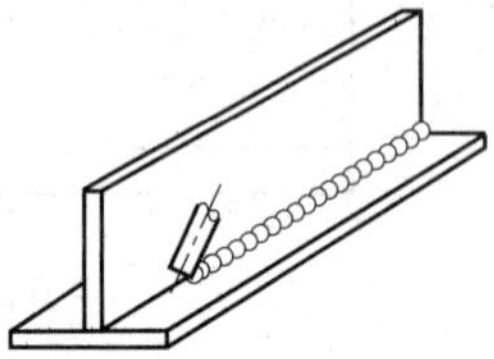　　　　左向匀速焊接	在焊件两侧的第一层均用单道焊 　为避免咬边和焊缝下坠。焊丝在距夹角线 1 ~ 2 mm 处焊接，以获得等角焊缝 　采用左向焊法。焊枪置于始焊端引弧，采用直线运丝法匀速焊接，并控制焊脚尺寸，保证良好熔合；终焊端要填满弧坑。结束时要稍停片刻，缓慢地抬起焊枪收弧
盖面层焊接	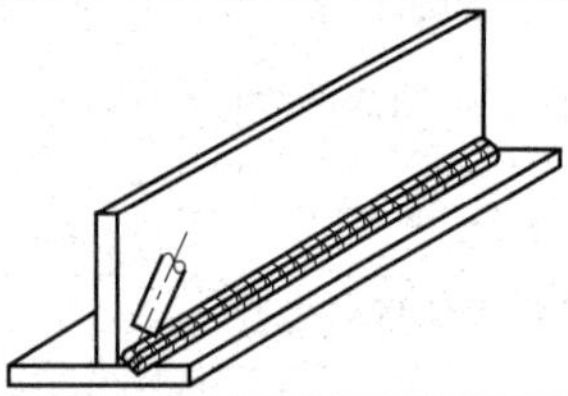	在焊件两侧分别进行 8 mm 和 10 mm 的焊脚盖面焊。盖面焊采取 2 ~ 3 道 　各焊道的焊枪倾角要随之改变，用左向焊法焊接，要有一定熔深，并控制焊缝宽窄一致，达到所要求的焊脚尺寸
焊后处理	—	1. 焊接结束，关闭气源、预热器开关和控制电源开关，关闭总电源，松开送丝机构的压丝手柄，去除弹簧的压力，最后将焊机整理好 　2. 清理焊件上的飞溅物后自检、互检，最后进行焊接质量检测与评价

4. CO₂ 气体保护板对接立焊

（1）操作要领

1）立焊的方式。CO₂ 气体保护半自动焊的立焊操作有两种方式，一种是向上立焊；另一种是向下立焊。在焊条电弧焊时，向下立焊需要薄药皮型的专用焊条，才能有良好的焊道成形，故通常采用向上立焊。

进行 CO₂ 气体保护半自动焊时，如果采用短弧焊接（细丝短路过渡），焊枪向下倾斜一个角度（见图 5-33），利用 CO₂ 气体有承托熔池金属的作用，自上而下匀速运丝（焊枪不摆动），控制电弧在熔敷金属的前方，不使熔敷金属下坠。这样向下立焊操作十分方便，焊道成形也很美观，熔深较浅，适用于薄板焊接。如果像焊条电弧焊那样取向上立焊，则会出现重力作用下的熔敷金属下淌现象，使焊缝的熔深和熔宽不均匀，极易产生咬边、焊瘤等缺陷，所以薄板焊接不采用这种操作方式。

但是焊件厚度大于 6 mm 时，为保证焊缝有一定熔深，应采用向上立焊，操作时焊丝对着前进方向，保持 $90° \pm 10°$ 的角度，如图 5-34 所示；采用横向摆动运丝法，如图 5-35a、b 所示。焊枪做小幅摆动，应在均匀摆动的情况下快速向上移动。如果要求有较大的熔宽时，采用反月牙形摆动，摆动时在焊道两侧稍作停顿，中间快速移动，以防咬边。但是不应使用图 5-35c 所示的向下弯曲的月牙形摆动，因为这种摆动容易引起熔敷金属下淌和产生咬边。

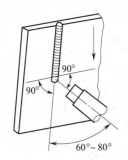

图 5-33　向下立焊时焊丝的角度

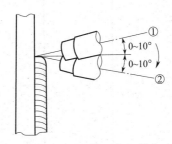

图 5-34　向上立焊时焊丝的角度

2）立敷焊。CO_2 气体保护半自动焊立焊操作难度较大。操作时应面对焊缝，半开步站稳，左手持面罩，右手握焊枪，手腕应自由动作，肘关节不要贴住身体。先用直线运丝法反复练习，然后练习采用月牙形摆动的横向摆动运丝法向下立焊，再进行月牙形大幅或小幅横向摆动运丝法向上立焊操作。要求焊缝成形整齐，宽度均匀，高度适宜。

3）T 形接头立焊。以图 5-36 所示焊件为例介绍 T 形接头立焊的焊接方法。假设焊件为中厚板（如板厚为 8 mm），因此焊缝应采取多层焊。各层焊道的运丝方式如下：

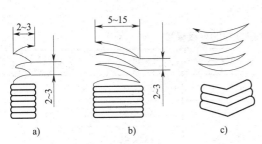

图 5-35　向上立焊时的横向摆动运丝法
a）小幅摆动　b）反月牙形摆动
c）不推荐的月牙形摆动

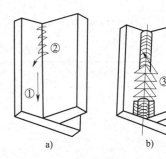

图 5-36　向下立焊和向上立焊
a）向下立焊　b）向上立焊
①—直线移动运丝法
②—小月牙形摆动运丝法
③—正三角形摆动运丝法

第一层，采用直线移动运丝法向下立焊，如图 5-36a 中①所示；第二层，采用小月牙形摆动运丝法向下立焊，如图 5-36a 中②所示；第三层，采用正三角形摆动运丝法向上立焊，如图 5-36b 中③所示，焊接时应在三角形的三个顶点都停留 0.5 ~ 1 s，并均匀地向上移动。焊接时的焊丝角度参照图 5-33、图 5-34 所示。

焊接时始终要保持焊脚均匀一致，克服焊脚宽度不等的缺陷。避免出现焊缝表面中间凸起过高的尖状焊缝，同时要防止咬边、焊瘤等缺陷。

4）开坡口板对接立焊。下面以与前述 V 形坡口平对接焊相同的焊件为例介绍开坡口板对接立焊的焊接方法。焊接第一层时，采用直线移动运丝法向下移动焊枪立焊，焊丝角度如图 5-33 所示；而焊接第二层及以后各层时，向上立焊，采用小月牙形摆动运丝法，焊丝角度如图 5-34 所示。焊接盖面层时，要避免出现咬边和凸出过大的现象。

（2）CO_2 气体保护板对接立焊操作

CO_2 气体保护板对接立焊的焊件图如图 5-37 所示。焊件材料为 Q235A 钢。

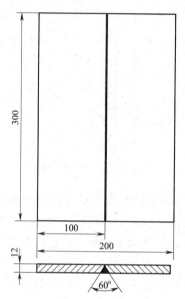

技术要求

1. 要求单面焊双面成形。
2. 钝边高度与根部间隙自定。
3. 定位焊时允许做反变形。
4. 焊件一经施焊不得改变焊接位置。

图 5-37　CO_2 气体保护板对接立焊的焊件图

CO_2 气体保护板对接立焊的焊接参数见表 5-14。

表 5-14　　　　　　　　CO_2 气体保护板对接立焊的焊接参数

立焊方向	运丝方式	焊接电流（A）	电弧电压（V）	焊接速度（m/h）	气体流量（L/min）
向下	直线移动	110 ~ 120	20 ~ 21	20 ~ 22	10 ~ 12
	小月牙形横向摆动	130	21 ~ 22	19 ~ 21	10 ~ 12
向上	正三角形摆动	150	22 ~ 24	18 ~ 21	10 ~ 12

1）CO_2 气体保护半自动板对接向上立焊。向上立焊时，液态金属虽然有下面熔池的承托，但焊丝的送给速度要比焊条电弧焊快得多，则熔敷金属很容易因堆积过厚而下淌。因此，必须认真调整合适的焊接电流，采用间距较小的锯齿形或反月牙形运丝方式；焊枪的摆动频率要适当加快，使熔池尽可能小而薄，从而保证焊缝表面平整。

CO_2 气体保护半自动板对接向上立焊操作步骤见表 5-15。

2）CO_2 气体保护半自动板对接向下立焊。CO_2 气体保护向下立焊时，焊前准备（包括制备焊件，选择焊丝、焊机，准备气体）与向上立焊相同，只有焊件的装配间隙和预留反变形量要小一些；打底层、盖面层焊接时，向下立焊操作方法有所不同。

表 5-15　　　　　　CO_2 气体保护半自动板对接向上立焊操作步骤

操作步骤	图示	说明
焊前准备	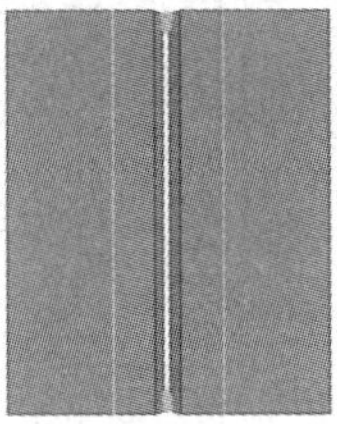 焊件 　　　　调节焊接参数	1. 将 Q235A 钢板剪切成两块 300 mm × 100 mm × 12 mm 的钢板，一侧加工成 30° 坡口；两块组对装配成一组焊件。在坡口边缘 50 mm 处画基准线。清理焊件，两端进行定位焊 2. 选择 NBC—315 型 CO_2 气体保护焊焊机 选择 ER49—1 实心焊丝，直径为 1.0 mm 准备 CO_2 气瓶，气体纯度 ≥ 99.5% 3. 调节气体流量、焊接电流、电弧电压等焊接参数，参见表 5-14
打底层焊接	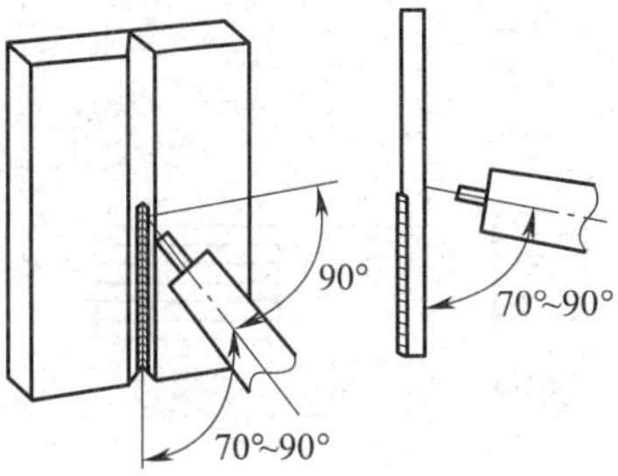	焊枪角度如图所示。焊枪做反月牙形小幅摆动。当熔池温度升高时，加大焊枪摆动幅度和上移速度。到焊件上方收弧时，稍停片刻再移开焊枪
填充层焊接	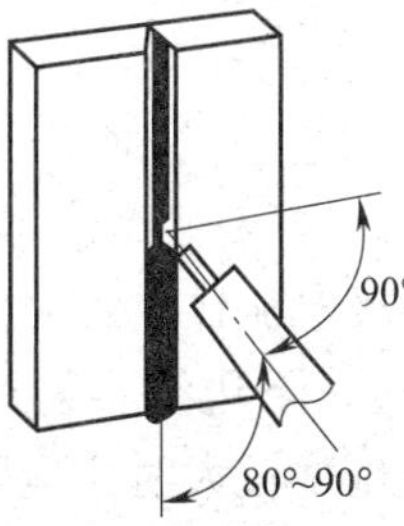	填充层焊枪角度如图所示。焊枪横向摆动幅度比打底层焊接时稍大，电弧在坡口两侧稍作停顿，保证焊道两侧良好熔合 保持焊道表面稍低于焊件表面，不烧伤坡口棱边
盖面层焊接		盖面层焊接时，焊丝倾角、摆动方法与填充层焊接相同 焊丝运行至坡口棱边时要稍加停顿；匀速摆动上移，熔池间重叠 2/3 左右，保证焊缝成形宽窄均匀，圆滑平整 到顶端时，填满弧坑收弧，待熔池凝固后移开焊枪
焊后处理	—	1. 焊接结束，关闭气源、预热器开关和控制电源开关，关闭总电源，松开送丝机构的压丝手柄，去除弹簧的压力，最后将焊机整理好 2. 清理焊件上的飞溅物后自检、互检，最后进行焊接质量检测与评价

①向下立焊焊枪倾角。将焊件固定在工位架上，间隙小的一端在上方，由上向下焊接，焊丝倾角如图5-38所示。

②运丝方式。打底层焊接时，采用直线形运丝方式（见图5-39a）。焊丝向下直线移动中，严格控制倾角不变，熔孔大小一致，注意焊丝向下移动的速度，保持焊丝引导熔池前行，使焊缝成形均匀。反月牙形摆动方式（见图5-39b）一般用于焊缝有一定宽度的填充焊和盖面焊。从焊件上端引弧，焊丝沿坡口两侧做小幅度反月牙形摆动，保证熔池两侧良好熔合，适时调整焊接速度，保证焊道表面趋于平整。

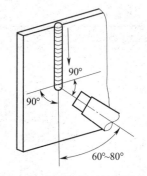

图5-38　向下立焊时的焊丝角度

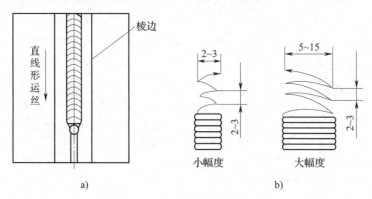

a)　　　　　　　　　　b)

图5-39　向下立焊的运丝方式
a）直线形运丝　b）反月牙形运丝

5. CO_2 气体保护横对接焊

（1）操作要领

横对接焊时的焊接参数与立焊基本相同，只是焊接电流比立焊时大些。横向焊接时熔化金属受重力作用下淌，在焊缝的上边缘容易产生咬边，下边缘容易产生焊瘤、未焊透等缺陷。施焊时，要限制每条焊道的熔敷金属量，当焊缝宽度较大时，应采用多层多道焊，选用直径较小的焊丝，以适当的电流，采用短路过渡法，获得成形良好的焊缝。

在进行开坡口横对接焊练习前，先在平板上练习横位敷焊。应反复练习直线移动运丝法和横向摆动运丝法。焊丝与焊缝垂直线间的夹角为5°~15°，焊丝与焊缝前进方向的夹角为75°~85°，如图5-40所示。采用直线移动运丝时，为了防止熔池温度过高，熔池金属下淌，焊丝可做小幅度前后往复摆动。采用横向摆动运丝时，可采用斜圆圈形或锯齿形摆动方式，相当于焊条电弧焊的运条方式，但摆幅比焊条电弧焊要小些。

CO_2 气体保护半自动横敷焊基本达到能控制熔敷金属的下淌，掌握一定的运丝技巧，并获得较好的焊缝成形的效果后，可进行V形坡口横对接焊的操作。

V形坡口横对接焊件与平对接焊件的坡口形式和尺寸相同，焊接参数可参照表5-16。焊接时，采用多层多道焊，第一层以直线移动

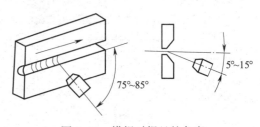

图5-40　横焊时焊丝的角度

运丝法或斜圆圈横向摆动运丝法焊接。每层的焊道从下往上排列，焊道与焊道相互重叠以 1/2 ~ 2/3 为宜。值得注意的是，随着焊道的增加，热输入量加大，使熔池金属下淌，焊道成形变得不规则，因此，应减小每条焊道的熔敷金属量，通过增加焊道数量来填充坡口。

盖面层焊接时，焊接电流可略微减小，以保持各焊道间平整重叠，并使焊缝两侧焊道平直且高度一致。

（2）CO_2 气体保护横对接焊操作

CO_2 气体保护横对接焊的焊件图如图 5-41 所示。焊件材料为 Q235A 钢。

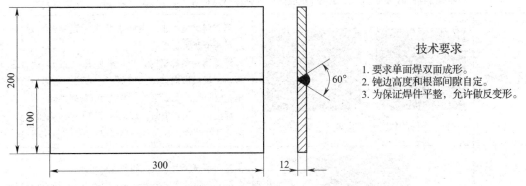

图 5-41　CO_2 气体保护横对接焊的焊件图

CO_2 气体保护横对接焊的焊接参数见表 5-16。

表 5-16　　　　　　　　　　　　CO_2 气体保护横对接焊的焊接参数

焊丝及直径（mm）	焊接电流（A）	电弧电压（V）	焊接速度（cm/s）	气体流量（L/min）
ER49—1，ϕ 1.2	120 ~ 130	20 ~ 21	0.4 ~ 0.6	13 ~ 15

CO_2 气体保护横对接焊操作步骤见表 5-17。

表 5-17　　　　　　　　　　　　CO_2 气体保护横对接焊操作步骤

操作步骤	图示	说明
焊前准备		1. 将 Q235A 钢板剪切成两块 300 mm×100 mm×12 mm 的钢板，一侧加工成 30° 坡口，组对装配成一组焊件 装配时留出根部间隙，在焊件两端进行定位焊，并预留反变形量 2. 选择 NBC—315 型 CO_2 气体保护焊机 选择 ER49—1 实心焊丝，直径为 1.2 mm 准备 CO_2 气瓶，气体纯度 ≥ 99.5% 3. 检查喷嘴、导电嘴、送丝机构，修剪焊丝，控制其伸出长度，调节气体流量、焊接电流、电弧电压等焊接参数，参见表 5-16

操作步骤	图示	说明
打底层焊接	 焊枪与焊件的角度 　　填满弧坑收弧	将焊件横向固定，间隙小的一端为始焊端，用左向焊法，焊枪与焊件之间的角度如图所示 在定位焊缝处引弧，做小幅度斜锯齿形摆动，当出现熔孔后转入正常焊接。焊接中适时调整摆幅及速度，间隙大、熔孔大时，焊枪摆幅加大；反之则减小，维持熔孔直径不变。焊至焊缝终端，填满弧坑收弧
填充层焊接	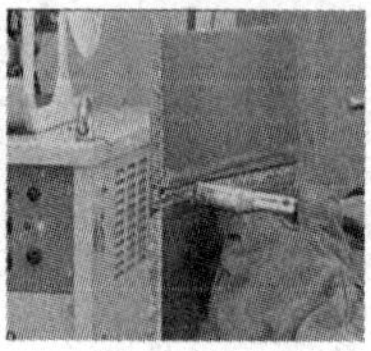 焊枪与焊件的角度 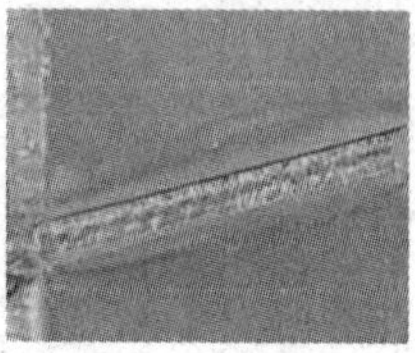　　填充层焊缝外形	填充层焊缝由上、下两条焊道组成。焊枪与焊件之间的角度如图所示 焊接第一条焊道时，焊枪沿焊道下边缘匀速直线移动，不做横向摆动，避免产生未熔合缺陷。控制填充层距焊件表面深度，为盖面层打好基础 焊接第二条焊道时，焊枪沿焊道上边缘微微摆动，保证良好熔合，并注意调整好填充层焊道整体平整
盖面层焊接	 盖面层焊缝外形	盖面层焊缝由三条或四条焊道组成 第一条焊道，熔池熔化下坡口棱边，焊枪平稳摆动 第二、第三条焊道，沿前一焊道上边缘移动，覆盖 1/2 ~ 2/3 第四条焊道，控制熔化上坡口边缘的量，不出现咬边缺陷
焊后处理	—	1. 焊接结束，关闭气源、预热器开关和控制电源开关，关闭总电源，松开送丝机构的压丝手柄，去除弹簧的压力，最后将焊机整理好 2. 清理焊件上的飞溅物后自检、互检，最后进行焊接质量检测与评价

 经验点滴

　　焊接时，焊件角变形的大小既与焊接电流有关，又与焊道层数、焊道数目及焊道间的间歇时间有关。横焊时，由于焊道层数、焊道数目多，且焊接时焊道间的间歇时间短，则层间温度高，造成焊件的角变形大；反之，焊件的角变形小。因此，焊工应在焊接过程中不断摸索角变形的规律，预留反变形量，可以有效地控制角变形。

6. CO_2 气体保护垂直固定管焊

（1）操作要领

　　由于 CO_2 气体保护垂直固定管焊是横位焊接，熔化金属在重力作用下易下坠，焊缝成形难以控制。焊接时电压低，电流小，焊接速度快（焊接速度相当于焊条电弧焊的 2 ~ 3

倍），焊缝内部易出现未熔合、细长夹杂、气孔等缺陷。

　　CO_2 气体保护垂直固定管焊施焊时分为打底层和盖面层两层焊道。打底焊时，先在坡口上侧引弧，使上、下坡口之间形成"搭桥"，得到完整的透过背面的熔池，然后以小锯齿形摆动焊丝，向左施焊。注意用电弧将熔化金属送到坡口根部，保证根部熔透，形成熔池后应注意保证熔孔大小一致（以坡口两侧各熔化 0.5 mm 为宜）。电弧在熔池中心前方 1 mm 处上下摆动，当焊丝摆动到坡口两侧时应稍作停留，每一个往返动作使前、后熔池重叠 1/4 ~ 1/3。随着管子的弯曲，手臂和焊枪相应转动，并注意焊枪倾角及与焊件夹角的控制，如图 5-42 所示。避免在坡口中间熄弧（易产生裂纹、冷缩孔）和在坡口下部熄弧（易造成下坡口侧熔化金属下坠），应在坡口上侧缓慢摆动熄弧，待延迟气体结束后方可移开焊枪。接头时由于空载电压低，焊丝易成段爆断，故引弧前焊丝伸出长度应调整好，去掉头部凝固的熔滴。引弧位置在原熔孔上侧的坡口内，注意对熔池的观察，将电弧拉到熄弧处接头。盖面焊时电弧应在坡口两侧稍作停留，停留时间以焊缝与母材圆滑过渡、余高不超标为宜。

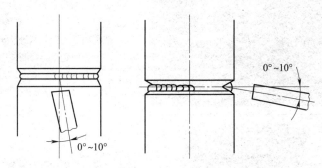

图 5-42　打底焊的焊枪角度

（2）CO_2 气体保护垂直固定管焊接操作

　　CO_2 气体保护垂直固定管焊接的焊件图如图 5-43 所示。焊件材料为 Q235 钢。

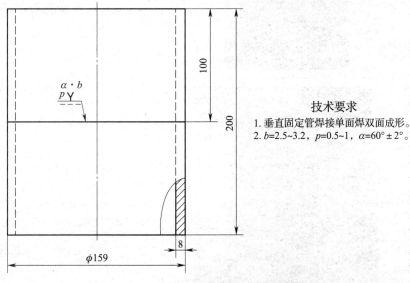

技术要求

1. 垂直固定管焊接单面焊双面成形。
2. b=2.5~3.2，p=0.5~1，α=60°±2°。

图 5-43　CO_2 气体保护垂直固定管焊接的焊件图

CO_2 气体保护垂直固定管的焊接参数见表 5-18。

表 5-18 CO_2 气体保护垂直固定管的焊接参数

焊接层次	运丝方法	焊丝直径（mm）	焊丝伸出长度（mm）	气体流量（L/min）	焊接电流（A）	电弧电压（V）	焊接速度（cm/min）
打底层	小锯齿形	1.2	13 ~ 15	12 ~ 15	120 ~ 140	18 ~ 19	6 ~ 8
盖面层	直线形				120 ~ 140	18 ~ 20	8 ~ 10

CO_2 气体保护垂直固定管焊接操作步骤见表 5-19。

表 5-19 CO_2 气体保护垂直固定管焊接操作步骤

操作步骤	图示	说明
焊前准备	 	按图样要求锯割 Q235 钢管两段，尺寸为 ϕ159 mm × 8 mm × 100 mm，管的一侧加工成 30° 坡口，清理坡口及其两侧内、外表面 20 mm 范围内的油污、锈蚀、水分及其他污物，直至露出金属光泽，修磨钝边为 0.5 ~ 1 mm 准备 NBC1—300 型 CO_2 气体保护半自动焊焊机，ER50—6 焊丝，直径为 1.2 mm
调整焊接参数，装配焊件		开启气阀和电源开关，检查焊机运转是否正常，调整好焊接参数 按装配要求，在焊件上按周长三等分进行定位焊，并把定位焊缝两侧打磨成斜坡状，以利于接头 然后将焊件水平固定在焊接支架上，距地面 800 ~ 900 mm
打底层焊接		打底焊时，在坡口上侧引弧起焊，使上、下坡口之间形成"搭桥"，然后以小锯齿形摆动焊丝，向左施焊，保证根部熔透，熔孔大小一致。焊丝摆动到坡口两侧时应稍作停留，每一个往返动作使前、后熔池重叠 1/4 ~ 1/3

操作步骤	图示	说明
盖面层焊接	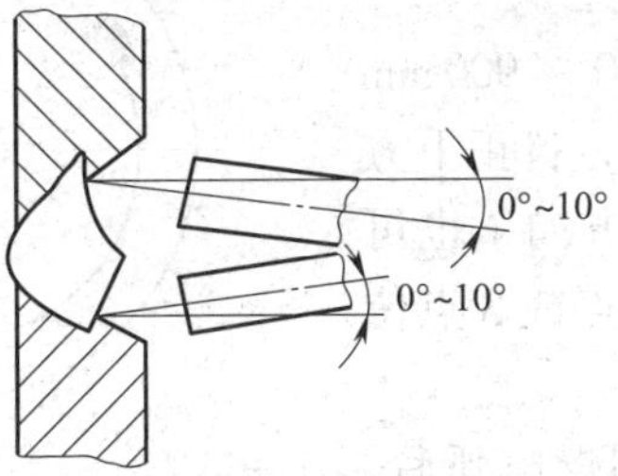 盖面层焊枪角度 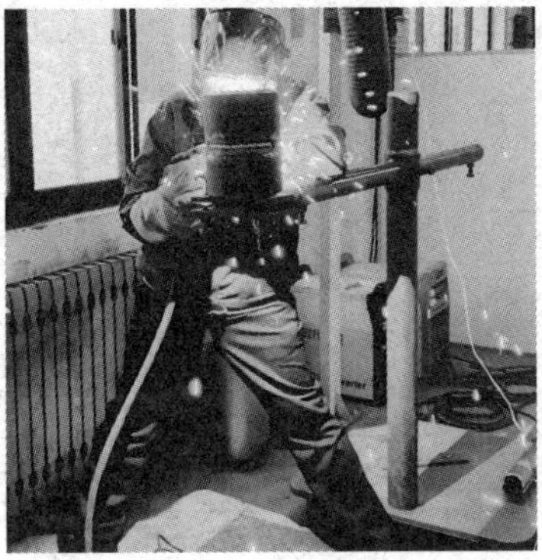	清理打底层焊道的熔渣、飞溅物，打底焊接头局部凸起，然后进行盖面焊。盖面层焊道分两道，按图示角度进行焊接，电弧应在坡口两侧稍作停留，停留时间以焊缝与母材圆滑过渡、余高不超标为宜
焊后清理	—	焊后对焊缝及周围进行清理，检查焊接质量。关闭气路和电源，将焊枪连同输气管和控制电缆等盘好挂起。清理干净焊接现场

操作提示

　　垂直固定管单面焊双面成形时，液态金属受重力影响，极易下坠形成焊瘤或下坡口边缘熔化不良、坡口上侧产生咬边等缺陷。因此，焊接过程中应始终保持短弧焊接，并使焊枪角度随管壁的弯曲而变化，以获得成形美观的焊缝。

7. CO_2 气体保护水平固定管焊

　　水平固定管对接焊焊接过程中管子固定在水平位置，不允许转动，焊接位置包括仰焊、立焊和平焊几种位置。焊接时随着管壁的弯曲，要随时调整焊炬角度和指向圆周的位置。

　　（1）操作要领

　　1）焊件清理。用角向磨光机及内磨机清理坡口及其两侧内、外表面 20 mm 范围内的铁锈、油污、水分及其他污物，直至露出金属光泽。然后用锉刀修磨钝边至 0.5 ～ 1 mm，去除毛刺。

　　2）装配及定位焊。将清理干净的焊件放入 V 形装配胎具内，保持两管同轴，错边量不大于 0.5 mm。下部留出间隙 2.5 mm，上部留出 3.0 mm，在管子焊接位置 10 点和 2 点处进行定位焊（见图5-44）。每处定位焊缝长度为10 ~ 15 mm，并对焊缝两侧进行修磨，使斜度尽可能小，保证接头处圆滑过渡。

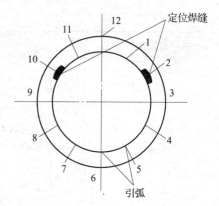

图 5-44　管子定位焊缝位置

3）打底焊。将焊件水平固定在距地面800 ~ 900 mm的焊接支架上，间隙小的一侧放在仰焊位置，自正下方6点位置前10 ~ 15 mm引弧，先按顺时针方向（也可按逆时针方向）焊接管子前半部分，焊至9点或3点位置。焊枪喷嘴与焊件的角度如图5-45所示。

自引弧位置对准坡口根部一侧引弧，引燃电弧后，稍加稳弧移向坡口另一侧，稍加停留形成第一个熔池，然后电弧做小幅度的横向摆动，在前方出现熔孔后即可进入正常焊接。

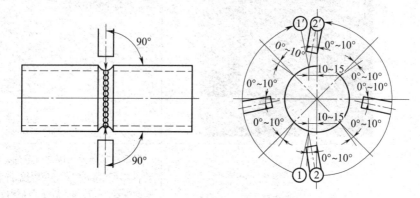

图 5-45　焊枪喷嘴与焊件的角度

焊接过程中，在仰焊位置焊枪做小锯齿形摆动的速度要快些，以避免熔池温度过高而使熔滴下坠，以获得较好的背面成形。熔孔比立焊位置小些，以两侧母材钝边完全熔化并深入0.5 ~ 1 mm为宜。由仰位到立位时，焊枪摆动速度应逐渐放慢，并增加电弧在坡口两侧的停留时间。由立位到平位时，焊枪在坡口中间摆动速度要加快，坡口两侧适当停顿，并适当减小熔孔尺寸，以防止管子背面焊缝超高；焊至顶部12点位置时要继续向前施焊10 ~ 15 mm。

逆时针方向焊完管子的前半部分后，用角向磨光机将始焊处和终焊处打磨成斜坡状，然后再进行后半部分的焊接，操作方法与前半部分相同。

接头时，可在熔池的前端引弧，移向接头的斜坡处，待形成新的熔孔后恢复正常焊接。收弧时，在坡口边缘停弧，焊枪不立即离开熔池，待熔池完全凝固后再移开焊枪，以免产生气孔。

4）填充焊。填充焊前将打底层焊缝的飞溅物清理干净，将接头凸起处打磨平整，清理喷嘴的飞溅物，调试好焊接参数。焊枪角度与打底焊基本相同，但焊枪锯齿形摆动幅度应大些，并注意在坡口两侧适当停留，保证焊缝与母材熔合良好，焊缝表面低于管子表面1.5 ~ 2 mm，坡口棱边保持良好，为盖面焊成形良好提供保障。

5）盖面焊。盖面焊的操作方法与填充焊相同，因焊缝增宽，焊枪的摆动幅度应增大，焊枪在坡口两侧稍作停顿，使棱边熔化 1 mm 左右。为保证焊缝表面平整，成形美观，运丝速度要均匀，熔池间的重叠量要一致。

（2）CO_2 气体保护水平固定管焊接操作

CO_2 气体保护水平固定管焊接的焊件图如图 5-46 所示。焊件材料为 Q355 钢。

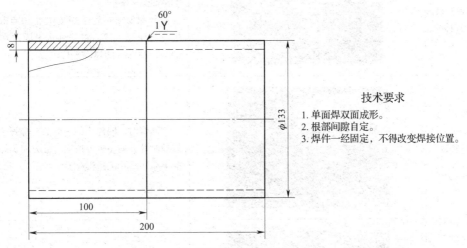

技术要求
1. 单面焊双面成形。
2. 根部间隙自定。
3. 焊件一经固定，不得改变焊接位置。

图 5-46　CO_2 气体保护水平固定管焊接的焊件图

CO_2 气体保护水平固定管的焊接参数见表 5-20。

表 5-20　　　　　　　　　CO_2 气体保护水平固定管的焊接参数

焊接层次	焊丝直径（mm）	焊丝伸出长度（mm）	焊接电流（A）	电弧电压（V）	气体流量（L/min）
打底层			100 ~ 115	19 ~ 21	
填充层	1.2	13 ~ 15	115 ~ 125	21 ~ 23	12 ~ 15
盖面层			120 ~ 130	21 ~ 23	

CO_2 气体保护水平固定管焊接操作步骤见表 5-21。

表 5-21　　　　　　　　　CO_2 气体保护水平固定管焊接操作步骤

操作步骤	图示	说明
准备焊件、焊丝		按图样要求锯割 Q355 钢管两段，焊件尺寸为 ϕ133 mm×8 mm×100 mm，管子的一侧加工成 30° 坡口，清理坡口及其两侧内、外表面 20 mm 范围内的油污、锈蚀、水分及其他污物，直至露出金属光泽，修磨钝边为 0.5 ~ 1 mm 选用 ER50—6 焊丝，直径为 1.2 mm

操作步骤	图示	说明
调整焊接参数，装配焊件	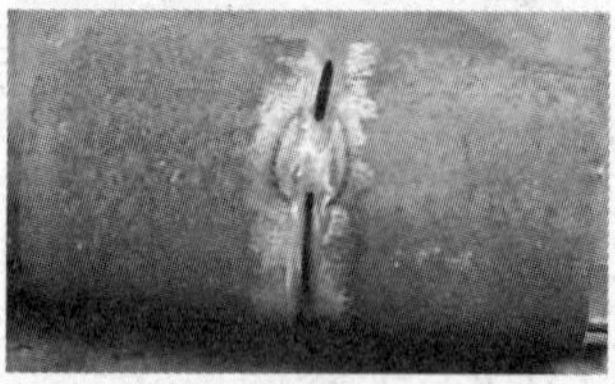	开启气阀和电源开关，检查焊机运转正常后，调整好焊接参数 按装配要求在管子焊接位置 10 点和 2 点处进行定位焊，然后将焊件水平固定在距地面 800 ~ 900 mm 的焊接支架上
打底层焊接	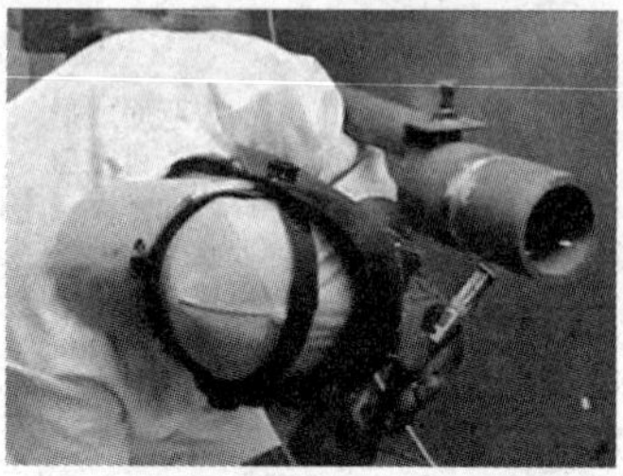	打底焊时，间隙小的一侧放在仰焊位置，先按顺时针方向（也可按逆时针方向）焊接管子前半部分，再焊后半部分
填充层焊接	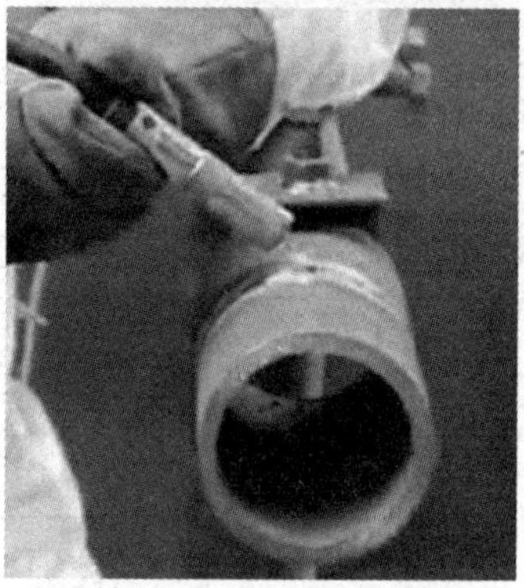	清理干净打底层表面的飞溅物。填充时，焊枪锯齿形摆动幅度应大些，在坡口两侧适当停留，填充层焊缝表面要低于管子表面 1.5 ~ 2 mm，坡口棱边要保持良好，为盖面焊打好基础
盖面层焊接	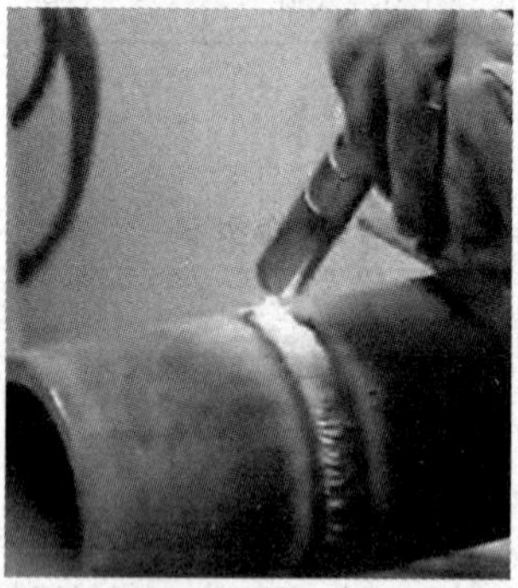	焊枪的摆动幅度应增大，在坡口两侧稍作停顿，使棱边熔化 1 mm 左右。为保证焊缝表面平整，成形美观，运丝速度要均匀，熔池间的重叠量要一致
焊后清理	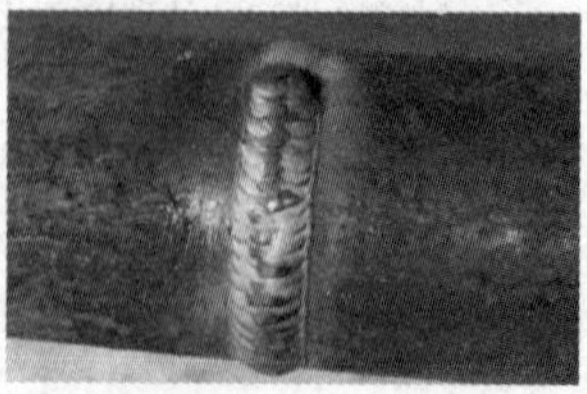	焊后对焊缝及周围进行清理，检查焊接质量。关闭气路和电源，将焊枪连同输气管和控制电缆等盘好挂起。清理干净焊接现场

操作提示

　　水平固定管焊接操作时，焊接位置由仰焊到平焊会不断发生变化，当焊枪的角度不便于施焊时，要中止焊接操作来调整焊枪角度；此时熄弧不必填满弧坑，焊枪暂时不离开熔池，应迅速将焊枪及焊工身体调整到最佳位置，马上继续操作。

钨极氩弧焊

钨极氩弧焊原理、设备及材料

一、氩弧焊概述

氩弧焊是以氩气作为保护气体的一种气体保护电弧焊方法。

1. 氩弧焊的原理

氩弧焊的原理如图 6-1 所示，从焊枪喷嘴中喷出的氩气流，在焊接区形成厚而密的气体保护层而隔绝空气，同时在电极（钨极或焊丝）与焊件之间燃烧产生的电弧热量使被焊处熔化，并填充焊丝将被焊金属连接在一起，获得牢固的焊接接头。

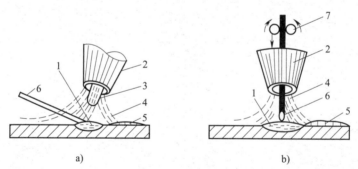

图 6-1　氩弧焊的原理

a）钨极氩弧焊　b）熔化极氩弧焊

1—熔池　2—喷嘴　3—钨极　4—气体　5—焊缝　6—焊丝　7—送丝滚轮

2. 氩弧焊的特点

（1）焊缝质量较高

由于氩气是惰性气体，可在空气与焊件间形成稳定的隔绝层，保证高温下被焊金属中合金元素不会氧化烧损，同时氩气不溶于液态金属，故能有效地保护熔池金属，获得较高的焊缝质量。

（2）焊接变形和应力小

由于氩弧焊热量集中，电弧受氩气流的冷却和压缩作用，使热影响区窄，焊接变形和应力小，特别适宜薄件的焊接。

（3）可焊的材料范围广

几乎所有的金属材料都可进行氩弧焊。通常，多用于焊接不锈钢以及铝、铜等有色金属及其合金，有时还用于焊接构件的打底层。

（4）操作技术易于掌握

采用氩气保护无熔渣，且为明弧焊接，电弧、熔池可见性好，适合各种位置焊接，容易实现机械化和自动化。

3. 氩弧焊的分类和适用范围

根据所用的电极材料不同，氩弧焊可分为钨极（不熔化极）氩弧焊（用 TIG 表示）和熔化极氩弧焊（用 MIG 表示）；按其操作方式可分为手工氩弧焊、半自动氩弧焊和自动氩弧焊。如果在氩弧焊电源中加入脉冲装置，又可分为钨极脉冲氩弧焊和熔化极脉冲氩弧焊。具体分类如图 6-2 所示。

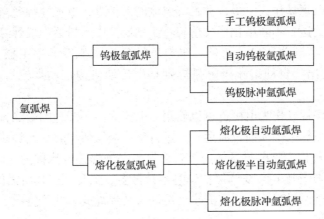

图 6-2　氩弧焊的分类

氩弧焊的适用范围见表 6-1。

表 6-1　　　　　　　　　　　　　　　氩弧焊的适用范围

被焊材料	焊件厚度（mm）	焊接方法	电源种类和极性
钛及钛合金	0.5 ~ 3.0	钨极氩弧焊	直流正接
	>2.0	熔化极氩弧焊	直流反接
镁及镁合金	0.5 ~ 5.0	钨极氩弧焊	交流或直流反接
	>2.0	熔化极氩弧焊	直流反接
铝及铝合金	0.5 ~ 4.0	钨极氩弧焊	交流或直流反接
	>3.0	熔化极氩弧焊	直流反接
铜及铜合金	>0.5	钨极氩弧焊	直流正接
	>3.0	熔化极氩弧焊	直流反接
不锈钢、耐热钢	0.5 ~ 3.0	钨极氩弧焊	直流正接或交流
	>2.0	熔化极氩弧焊	直流反接

（1）钨极氩弧焊

钨极氩弧焊是采用高熔点的钨棒作为电极，在氩气层流保护下，利用钨极与焊件之间的电弧热量来熔化填充焊丝和基体金属，以形成焊缝。钨极本身不熔化，只起发射电子产生电弧的作用。

钨极氩弧焊有手工和自动两种操作方式。手工钨极氩弧焊时，焊工一只手握焊枪，另一只手持焊丝，随焊枪的摆动和前进，逐渐将焊丝填入熔池中。有时也不填充焊丝，仅将接口边缘熔化后形成焊缝。自动钨极氩弧焊是以传动机构带动焊枪行走，送丝机构尾随焊枪进行连续送丝的焊接方式。

为了防止钨极的熔化和烧损，对所用焊接电流要有所限制，这样焊缝的熔深受到影响，因此只能用于薄板焊接，故生产效率不高。为此，在钨极氩弧焊的基础上出现了熔化极氩弧焊的工艺方法。

（2）熔化极氩弧焊

熔化极氩弧焊以焊丝作为电极，在氩气层流的保护下，电弧在焊丝与焊件之间燃烧，并以一定的速度连续给送，不断熔化形成熔滴过渡到熔池中，最后形成焊缝。

其操作方式有半自动和自动两种。半自动熔化极氩弧焊是手工操作焊枪，焊丝通过送丝机构经焊枪输出。自动熔化极氩弧焊则是由传动机构带动焊枪行走，送丝机构连续送丝。

熔化极氩弧焊用焊丝作为电极，可以使用大电流焊接，焊缝的熔深较大，适用于中厚板的焊接。熔化极氩弧焊采用喷射过渡形式。进行熔化极氩弧焊时，当焊接电流增大到一定数值时，粗滴过渡会转化为喷射过渡，这个转变发生时的焊接电流称为"临界电流"。在氩气气氛中产生喷射过渡要比 CO_2 气体保护焊时容易得多，主要原因是所需的临界电流值较低。喷射过渡具有焊接过渡过程稳定、飞溅小、熔深大及焊缝成形好等特点。

（3）脉冲氩弧焊

脉冲氩弧焊是向焊接电弧供以脉冲电流进行氩弧焊的一种工艺方法。钨极脉冲氩弧焊和熔化极脉冲氩弧焊目前已被推广与应用。

脉冲氩弧焊使用电流恒定的直流弧焊电源，加入脉冲装置后恒定的直流转变为脉冲直流。脉冲电流的波形如图6-3所示。由图6-3中可知，整个焊接电流由基值电流 $I_{基}$ 和脉冲电流 $I_{脉}$ 两部分组成。基值电流用来维持电弧稳定燃烧及预热电极（或焊丝）与焊件。脉冲电流用来熔化金属，是焊接时的主要热源。

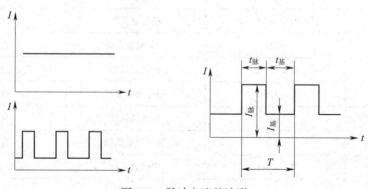

图6-3 脉冲电流的波形

在焊接过程中，当电极（或焊丝）通过脉冲电流时，焊件在电弧热的作用下形成一个熔池，焊丝熔化滴入熔池。当只有基值电流作用时，由于热量减少，熔池凝固形成一个焊点。下一个脉冲作用时，原焊点的一部分与焊件新的接头处产生一个新熔池，如此循环，最后形成一条由许多搭接的焊点组成的链状焊缝，如图 6-4 所示。通过对脉冲电流、基值电流的调节及控制，可达到对焊接热输入量的控制，从而控制焊缝的尺寸和质量。

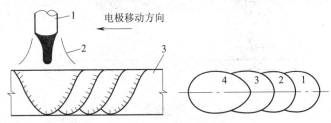

图 6-4　脉冲氩弧焊焊缝形成过程
1—电极　2—电弧　3—母材

目前氩弧焊以钨极氩弧焊应用最为普遍，下面重点介绍有关钨极氩弧焊的知识。

二、钨极氩弧焊的电弧特性

1. 氩弧的特性

（1）引弧较困难

气体电离是引燃电弧的必要条件之一，而氩气电离所需能量较高，即氩气电离电位较高，所以引燃电弧较困难。几种常用保护气体的物理性能见表 6-2。

表 6-2　　　　　　　　　　　几种常用保护气体的物理性能

保护气体	电离电位（eV）	0 ℃的比热容［J/（g·K）］	稳定性
氦气	24.5	21.16	良好
氩气	15.7	0.522 5	最好
氮气	14.5	1.036 6	满意
氢气	13.5	14.212	不好

（2）电弧燃烧稳定

氩弧一旦引燃后，就能比较稳定地燃烧。这是因为氩气是单原子气体，在高温下氩气直接电离为正离子和电子，所以能量损耗低。同时，氩气的热容量与热导率较小，故将电弧空间加热到高温只需较小的热量，且电弧热量不易散失，这均有利于气体的电离，使电弧燃烧稳定。

2. "阴极破碎"作用

在焊接铝、镁及其合金时，由于金属的化学性质活泼，极易氧化，形成熔点很高的氧化膜（如 Al_2O_3 的熔点为 2 050 ℃，而 Al 的熔点为 657 ℃），焊接时氧化膜覆盖在熔池表面，阻碍了基体金属和填充焊丝的良好熔合，无法使焊缝良好成形。这时，要通过电弧的"阴极破碎"作用去除氧化膜。

钨极氩弧焊采用直流反接时（见图 6-5a），焊件是阴极，氩气的正离子流向焊件，撞击金属熔池表面，可将铝、镁等金属表面致密难熔的氧化膜击碎并去除，使焊接顺利进行，这种现象称为"阴极破碎"作用。直流正接（见图6-5b）时，因为焊件表面受到比正离子质量小得多的电子撞击，不能去除氧化膜，因此没有"破碎"作用。

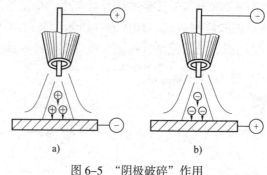

图6-5 "阴极破碎"作用

a）直流反接 b）直流正接

三、钨极氩弧焊的种类、特点及应用

1. 直流钨极氩弧焊

焊接铝、镁及其合金时采用直流反接，钨极因接正极而温度较高（阳极温度高于阴极温度），容易过热而烧损。因此，钨极允许使用电流很小，使焊件上产生的热量少，影响电子发射能力，造成电弧不稳定。所以，铝、镁及其合金应尽可能使用交流电进行焊接。

焊接不锈钢、耐热钢、钛及钛合金、铜及铜合金时，直流钨极氩弧焊一般都采用直流正接。因为直流电没有极性变化，并且焊件（阳极区）上的热量大，钨极允许使用电流增大，电子发射能力增强，所以一经引弧便能稳定燃烧。同时，钨极不易熔化，损耗很小，而焊件的熔深较大，焊接效率明显提高。

2. 交流钨极氩弧焊

焊接铝、镁及其合金时，使用交流钨极氩弧焊会产生较好的焊接效果。

交流电的极性是不断变化的，在正极性的半周波里钨极为阴极，可以得到冷却，减少烧损；而在反极性的半周波里钨极为阳极，有"阴极破碎"作用，熔池表面的氧化膜可以被去除。但是采用交流电源焊接时，必须采取引弧、稳弧及消除直流分量的措施。如图6-6所示为交流钨极氩弧焊时利用示波器观察到的电压和电流波形。

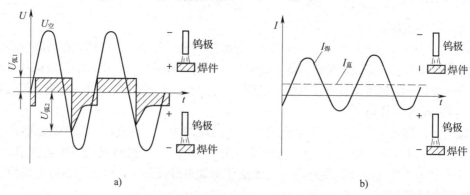

图6-6 交流钨极氩弧焊的电压和电流波形

a）电压波形 b）电流波形

$U_空$—空载电压 $I_焊$—焊接电流 $I_直$—直流分量 $U_{弧1}$—正半波引弧电压 $U_{弧2}$—负半波引弧电压

从图 6-6a 中可以看出，供给电弧的空载电压是正弦波，而电弧电压不是正弦波，受电弧空间和电极表面温度变化的影响，两种波形相差很大。

由于交流电的电源是 50 Hz 的正弦波，因此焊接电流每秒有 100 次通过零点。每次通过零点时，电弧空间没有电场，电子发射和气体电离被大大削弱，弧柱温度下降，电弧将瞬时熄灭，然后再重新引燃。当极性换向时，电源空载电压必须超过一定的引燃电压，电弧才能复燃，然后过渡到正常的电弧电压。

进行交流钨极氩弧焊时，正半波钨极为阴极。由于钨极的熔点高，导热系数低，且断面尺寸小，因此热量损失少，此时钨极的阴极斑点温度很高，电弧电流较大，电弧电压较低，对引燃电弧的电压要求不高。

而在负半波时，焊件为阴极。由于焊件熔点低，导热性能好，断面尺寸又大，热量散失得快，致使金属熔池表面阴极斑点的温度降低，电子发射能力减弱。所以电弧导电困难，电弧电流小，电弧电压及再引燃电压都较高，重新引燃电弧困难，电弧稳定性很差。

在开始焊接时，电弧空间和焊件均处于室温，加上氩气电离时的电离电位很高，引弧就更为困难。

由图 6-6b 可知，两个半波的电弧电流不对称。钨极为阴极时正半波的电流大于焊件为阴极时负半波的电流。这样，在交流焊接回路中，相当于串接一个正极性的直流电源，该电源产生的直流电称为直流分量。直流分量的极性是电极为阴极，焊件为阳极，它将显著降低"阴极破碎"作用，影响熔化金属表面氧化膜的去除，并使电弧不稳定，焊缝易出现未焊透等缺陷。同时，焊接变压器还会产生直流磁通，容易使铁心饱和损耗加大，甚至会烧坏焊机。

综上分析，交流钨极氩弧焊时必须采取引弧、稳弧及消除直流分量的措施。

四、引弧和稳弧措施

由于氩气的电离电位较高，引弧困难，虽然提高焊机的空载电压能改善引弧条件，但是对人身安全不利，因此，交流钨极氩弧焊一般使用高频振荡器协助引弧，还使用脉冲稳弧器，以保证重复引燃电弧。

1. 利用高频振荡器引弧

高频振荡器与焊接电源并联或串联使用，只供焊接时的第一次引弧，引弧后即切断。

高频振荡器是一个高频高压发生器，可在焊接回路中加入约 3 000 V 的高频电压，使电弧空间产生很强的电场，加强阴极电子发射的能力，克服焊件电子热发射能力差和氩气电离电位高的困难，使引弧变得容易。当钨极与焊件距离 2 mm 左右时就可使电弧引燃，不必接触引弧。

2. 利用脉冲稳弧器稳弧

进行交流钨极氩弧焊时，负半波引燃电弧的电压较高，电流通过零点之后重新引燃电弧困难，致使电弧不稳定。脉冲稳弧器可在负半波开始的瞬间外加一个高压脉冲，迅速向电弧放电，使电弧重新引燃。在焊接过程中，输送的高压脉冲始终与焊接电流同步，即焊接电流经过零点的瞬间输出功率足够的脉冲，保证电弧的连续燃烧，从而起到稳弧的作用。目前，常用的脉冲电压为 200 ~ 250 V，脉冲电流为 2 A 左右。

五、钨极氩弧焊设备

钨极氩弧焊焊机一般用于厚度为 6 ~ 8 mm 焊件的焊接。典型的通用钨极氩弧焊焊机有 NSA—500—1 型、NSA2—300—1 型、NSA4—300 型等。现以 NSA—500—1 型手工钨极氩弧焊焊机为例介绍其组成及功能。

NSA—500—1 型手工钨极氩弧焊焊机外部接线如图 6-7 所示，主要由焊接电源、控制箱、焊枪、供气系统及冷却系统等部分组成。

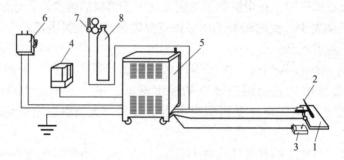

图 6-7   NSA—500—1 型手工钨极脉冲氩弧焊焊机外部接线
1—焊件   2—焊枪   3—遥控盒   4—冷却系统   5—电源与控制系统
6—电源开关   7—氩气流量调节器   8—氩气瓶

1. 焊接电源

采用具有陡降外特性的 BX3—1—500 型动圈式弧焊变压器作为焊接电源。钨极氩弧焊的电弧静特性曲线是水平的，故选用陡降外特性的焊接电源，可在电弧长度受到干扰变化时，焊接电流的变化较小，电弧燃烧稳定，如图 6-8 所示。

负载持续率（暂载率）以百分率表示焊机必须在每个连续 10 min 的时间间隔内输出额定电流而不超过预定温度极限的那段时间。因此，国家标准的工业额定值规定了 60% 负载持续率，意味着：焊机可在每 10 min 中有 6 min 输出额定电流（最大电流）。因此，焊机在额定电流情况下焊接时间不能超过 6 min，接着休止，然后再焊接。如果焊接持续时间超过 6 min，应降低焊机输出电流。

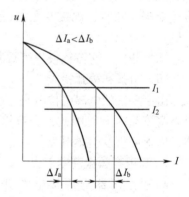

图 6-8   钨极氩弧焊电源外特性与电弧静特性的关系

2. 控制箱

控制箱内装有脉冲引弧器（也是一种引弧装置，可以避免因高频、高压而击穿线路中的元件）、脉冲稳弧器和消除直流分量的电容器等元件。

3. 供气系统

供气系统包括氩气瓶、氩气流量调节器、电磁气阀等。

（1）氩气瓶

焊接用氩气以瓶装供应，其外表涂成银灰色，并且标注深绿色"氩"字样。氩气瓶表面均刻有 TP×××、WP×××、质量及生产日期等参数，其中 TP 是指"水压试验压

— 298 —

力"，WP是指"公称工作压力"。氩气瓶的容积一般为40 L，在20 ℃时的满瓶压力为14.7 MPa。

（2）氩气流量调节器

氩气流量调节器的外形如图6-9所示。它不仅能起到降压和稳压的作用，而且可方便地调节氩气流量。

（3）电磁气阀

电磁气阀是开闭气路的装置，由延时继电器控制，可起到提前供气和滞后停气的作用。

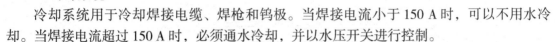

图6-9　氩气流量调节器

4. 冷却系统

冷却系统用于冷却焊接电缆、焊枪和钨极。当焊接电流小于150 A时，可以不用水冷却。当焊接电流超过150 A时，必须通水冷却，并以水压开关进行控制。

5. 焊枪

焊枪的作用是装夹钨极、传导焊接电流、输出氩气流及启动或停止焊机的工作系统。

（1）焊枪分类

按照型号大小，焊枪可分为大型、中型、小型三种。按冷却方式不同，焊枪可分为气冷式（QQ系列）和水冷式（QS系列）。当焊接电流小于150 A时，可选择气冷式焊枪（见图6-10）；当焊接电流大于150 A时，必须采用水冷式焊枪。

（2）焊枪喷嘴

焊枪喷嘴是决定氩气保护性能优劣的重要部件。常见的喷嘴形状如图6-11所示。圆柱带锥形或圆柱带球形焊枪喷嘴的保护效果最佳，氩气的流速均匀，容易保持层流。圆锥形的焊枪喷嘴由于氩气流速变快，保护效果较差，但是操作方便，熔池可见性好，也经常使用。

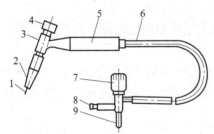

图6-10　气冷式氩弧焊枪

1—钨极　2—陶瓷喷嘴　3—枪体　4—短帽　5—手柄
6—电缆　7—气体开关手轮　8—通气接头　9—通电接头

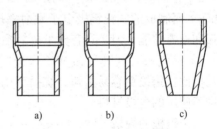

图6-11　常见的喷嘴形状

a）圆柱带锥形　b）圆柱带球形　c）圆锥形

手工钨极氩弧焊设备的焊接控制程序如图6-12所示。

六、钨极氩弧焊的焊接材料

1. 氩气

氩气是一种理想的保护气体。它一般将空气液化后采用分馏法制取，是制氧过程中的副产品。氩气的密度大，可形成稳定的气流层，覆盖在熔池周围，对焊接区有良好的保护作用。氩气是惰性气体，在常温下不与其他物质发生化学反应，高温时也不溶于液态金属中，故有利于有色金属的焊接。氩弧焊对氩气的纯度要求很高，按我国现行标准规定，其纯度应达到99.99%。

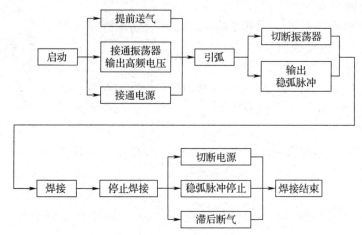

图6-12　手工钨极氩弧焊设备的焊接控制程序

2. 钨极材料

钨极氩弧焊对钨极材料的要求如下：耐高温，电流容量大，施焊损耗小，还应具有很强的电子发射能力，从而保证引弧容易，电弧稳定。钨极的熔点高达3 410 ℃，适合作为不熔化电极。

（1）钨极材料的分类

常用的钨极材料有纯钨极、钍钨极和铈钨极。

1）纯钨极。其牌号有W1、W2，纯度在99.85%以上。纯钨极要求焊机空载电压较高，使用交流电时承载电流能力较差，故目前很少采用。

2）钍钨极。其牌号有WTh—10、WTh—15。它是在纯钨中加入1% ~ 2%的二氧化钍（ThO_2）而制成的。钍钨极电子发射率提高，增大了许用电流范围，降低了空载电压，改善引弧和稳弧性能，但是具有微量放射性。

3）铈钨极。其牌号为WCe—20。它是在纯钨中加入2%的氧化铈（CeO）而制成的。铈钨极比钍钨极更容易引弧，烧损率比后者低5% ~ 50%，使用寿命长，放射性极低，是目前推荐使用的电极材料。

（2）钨极的规格

钨极的规格按长度范围供给，为76 ~ 610 mm。常用的钨极直径为0.5 mm、1.0 mm、1.6 mm、2.0 mm、2.5 mm、3.2 mm、4.0 mm、5.0 mm、6.3 mm、8.0 mm、10 mm。

（3）钨极端部形状

钨极端部的质量对焊接电弧稳定性及焊缝成形有很大的影响，因此，使用前应对钨极端部进行磨削。使用交流电时，钨极端部应磨成球形，以减小极性变化对电极的损耗；使用直流电时，因多采用直流正接，为使电弧集中燃烧稳定，钨极端部多磨成圆台形；用小电流施焊时，可以磨成圆锥形，如图6-13所示。

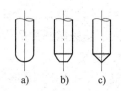

图6-13　钨极端部的形状
a）球形　b）圆台形　c）圆锥形

课题2 钨极氩弧焊操作

一、钨极氩弧焊焊接参数的选择

手工钨极氩弧焊的主要焊接参数有钨极直径、焊接电流、电弧电压、焊接速度、焊接电源的种类和极性、氩气流量、喷嘴直径、喷嘴与焊件间的距离、钨极伸出长度等。

1. 钨极直径与焊接电流

通常根据焊件的材料、厚度来选择焊接电流。钨极直径应根据焊接电流大小而定。钨极直径与焊接电流相匹配时，电弧才稳定燃烧。不锈钢、耐热钢和铝合金手工钨极氩弧焊的钨极直径和焊接电流分别见表6-3和表6-4。

表6-3　　　　不锈钢和耐热钢手工钨极氩弧焊的钨极直径和焊接电流

材料厚度（mm）	钨极直径（mm）	焊丝直径（mm）	焊接电流（A）
1.0	2	1.6	40 ~ 70
1.5	2	1.6	50 ~ 85
2.0	2	2.0	80 ~ 130
3.0	2 ~ 3	2.0	120 ~ 160

表6-4　　　　铝合金手工钨极氩弧焊的钨极直径和焊接电流

材料厚度（mm）	钨极直径（mm）	焊丝直径（mm）	焊接电流（A）
1.5	2	2	70 ~ 80
2	2 ~ 3	2	90 ~ 120
3	3 ~ 4	2	120 ~ 130
4	3 ~ 4	2.5 ~ 3	120 ~ 140

 经验点滴

焊接电流合适时，钨极端部的电弧呈半球状，如图6-14a所示。

焊接电流过小时，钨极端部电弧偏移，此时电弧飘动，如图6-14b所示。

焊接电流过大时，钨极端部发热，部分钨极熔化后脱落到熔池中，电弧偏向钨极缺损的一侧，如图6-14c所示。

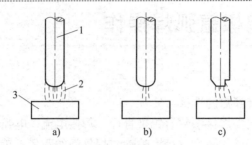

图 6-14　钨极端部的电弧形状

a）半球状　b）飘动　c）钨极部分脱落，电弧跑偏

1—钨极　2—电弧　3—焊件

2. 电弧电压

电弧电压主要由电弧长度决定。由于电弧长度增加，容易产生未焊透的缺陷，并使氩气保护效果变差，因此，应在不短路的情况下尽量控制电弧长度。一般情况下，电弧长度近似等于钨极直径。

3. 焊接速度

焊接速度通常由焊工根据熔池的大小、形状和焊件熔合情况随时调节。

焊接速度过快，气体保护氛围会被破坏，焊缝容易产生未焊透和气孔等缺陷；焊接速度太慢，焊缝容易烧穿和咬边。

4. 焊接电源的种类和极性

钨极氩弧焊可以采用交流或直流焊接电源，需要根据所焊金属或合金种类选择使用的电源种类，采用直流电源时还要考虑极性的选择，见表 6-5。

表 6-5　　　　　　　　　　　　　电源种类和极性的选择

材料	直流		交流
	正极性	反极性	
铝及铝合金	×	○	△
铜及铜合金	△	×	○
铸铁	△	×	○
低碳钢、低合金钢	△	×	○
高合金钢、镍及镍合金、不锈钢	△	×	○
钛合金	△	×	○

注：△—最佳，○—可用，×—最差。

5. 氩气流量与喷嘴直径

喷嘴直径的大小直接影响保护区的范围，一般根据钨极直径来选择，可按下列经验公式确定：

$$D = 2d + 4$$

式中　D——喷嘴直径，mm;

d——钨极直径，mm。

通常焊枪选定后，喷嘴直径很少改变，而是通过调整氩气流量来加强气体保护效果。流量合适时，熔池平稳，表面明亮、无渣，无氧化痕迹，焊缝成形美观；流量不合适时，熔池表面有渣，焊缝表面发黑或有氧化皮。氩气的合适流量可按下式计算：

$$Q = (0.8 \sim 1.2) D$$

式中　Q——氩气流量，L/min；

　　　D——喷嘴直径，mm。

当喷嘴直径较小时，氩气流量取下限；喷嘴直径较大时，氩气流量取上限。

6. 喷嘴与焊件间的距离

喷嘴与焊件间的距离以 8 ~ 14 mm 为宜。如果距离过大，气体保护效果差；如果距离过小，虽对气体保护有利，但能观察的范围和保护区域变小。

7. 钨极伸出长度

为了防止电弧热烧坏喷嘴，钨极端部应突出喷嘴以外，其伸出长度一般为 3 ~ 4 mm。如果伸出长度过小，观察熔化状况不便，对操作不利；如果伸出长度过大，气体保护效果会受到一定的影响。

气体保护的效果常用焊点试验法来判断。具体方法如下：在铝板上点焊，电弧引燃后焊枪固定不动，待燃烧 5 ~ 10 s 后断开电源。这时铝板上焊点周围因受到"阴极破碎"作用，出现银白色区域（见图 6-15），这就是气体有效保护区域，称为去氧化膜区。其直径越大，说明保护效果越好。另外，在实际生产中也可以通过直接观察焊缝表面色泽和是否存在气孔来判定气体保护效果，见表 6-6。

铝及铝合金手工钨极氩弧焊主要焊接参数见表 6-7。

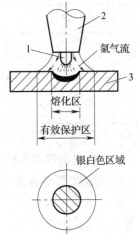

图 6-15　氩气有效保护区域

1—钨极　2—焊枪　3—焊件

表 6-6　　　　　　不锈钢、铝合金气体保护效果的判定

焊接材料种类	保护效果及相应颜色			
	最好	良好	较好	最差
不锈钢	银白、金黄	蓝色	红灰	黑色
铝合金	银白色			黑灰色

表 6-7　　　　　　铝及铝合金手工钨极氩弧焊主要焊接参数

板厚（mm）	坡口			焊丝直径（mm）	钨极直径（mm）	喷嘴直径（mm）	焊接电流（A）	氩气流量（L/min）	焊接层数（正/反）
	形式	间隙（mm）	钝边（mm）						
1	I 形	0.5 ~ 2	—	1.5 ~ 2	1.5	5 ~ 7	30 ~ 60	4 ~ 6	1
1.5	I 形	0.5 ~ 2	—	2	1.5	5 ~ 7	40 ~ 70	4 ~ 6	1
2	I 形	0.5 ~ 2	—	2 ~ 3	2	6 ~ 7	60 ~ 80	4 ~ 6	1

板厚 (mm)	坡口			焊丝直径 (mm)	钨极直径 (mm)	喷嘴直径 (mm)	焊接电流 (A)	氩气流量 (L/min)	焊接层数 (正/反)
	形式	间隙 (mm)	钝边 (mm)						
3	I形	0.5 ~ 2	—	3	3	7 ~ 12	120 ~ 140	6 ~ 10	1
4	I形	0.5 ~ 2	—	3 ~ 4	3	7 ~ 12	120 ~ 140	6 ~ 10	1 ~ 2/1
5	V形, 70°	1 ~ 3	—	4	3 ~ 4	12 ~ 14	120 ~ 140	9 ~ 12	1 ~ 2/1
6	V形, 70°	1 ~ 3	2	4	4	12 ~ 14	180 ~ 240	9 ~ 12	2/1
8	V形, 70°	2 ~ 4	2	4 ~ 5	4 ~ 5	12 ~ 14	220 ~ 300	9 ~ 12	2 ~ 3/1
10	V形, 70°	2 ~ 4	2	4 ~ 5	4 ~ 5	12 ~ 14	260 ~ 320	12 ~ 15	3 ~ 4/ 1 ~ 2
12	V形, 70°	2 ~ 4	2	4 ~ 5	5 ~ 6	14 ~ 16	280 ~ 340	12 ~ 15	3 ~ 4/ 1 ~ 2

注：焊接电流适用于纯铝的焊接，焊接铝镁合金、铝锰合金时，其焊接电流可降低 20 ~ 40 A。

二、钨极氩弧焊焊机的基本操作

1. 钨极氩弧焊设备的安装与面板使用

钨极氩弧焊设备由钨极氩弧焊焊机（WSE—315 型，交直流两用）、焊枪、遥控盒、氩气瓶和氩气流量调节器、水箱和泵（也可用自来水作水循环系统）、焊接用电缆等组成。其外部连接图如图 6-16 所示。

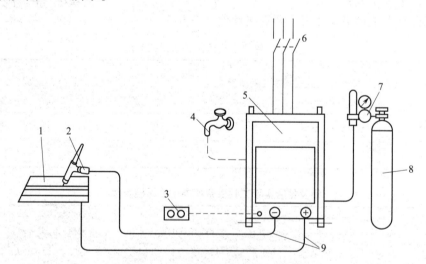

图 6-16 钨极氩弧焊设备外部连接图

1—焊件 2—焊枪 3—遥控盒 4—冷却水 5—钨极氩弧焊焊机
6—电源开关 7—氩气流量调节器 8—氩气瓶 9—焊接用电缆

（1）钨极氩弧焊设备安装步骤

1）钨极氩弧焊焊机与电源的连接由电工负责。

2）将与焊枪连接成一体的焊接控制系统接头、焊接用电缆接头（接焊机"−"极）、水循环接头均与焊机各输出端连接牢固。

3）将遥控盒与焊机输出端接头连接牢固。

4）将与焊件连接的焊接用电缆接到焊机的"+"极上（钨极氩弧焊通常采用正接法）。

5）氩气瓶与氩气流量调节器安装后，将氩气胶管连接到焊机的氩气入口接头上。

6）如果工作时使用的焊接电流超过160 A，就要连接供水系统，即将水箱的出水口用胶管与焊机的入水口端相连，焊机的出水口端用胶管与水箱的入水口端相连。

（2）钨极氩弧焊焊机的面板

以 WSM—200、WSM—250 型钨极氩弧焊焊机的面板（见图 6-17）为例介绍面板开关、调节旋钮等的功能和使用。

1）前面板

① "电源"开关。用于开启与关闭焊机电源。该开关在焊机断电时必须处于"关"状态。

② 电源指示灯（绿）。用于显示焊机是否通电。当电源开关处于"开"状态时，该灯亮。

③ "异常"指示灯（黄）。当焊机出现异常情况时，该灯亮。异常灯一旦亮起，应立即关闭焊机电源。

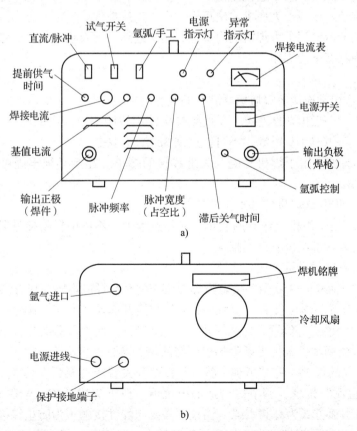

图 6-17 WSM—200、WSM—250 型钨极氩弧焊焊机的面板

a）前面板　b）后面板

④ "直流/脉冲"转换开关。用于转换焊机的输出为直流还是脉冲。当该开关处于直流时，焊机提供直流输出；反之，则为脉冲输出。手工焊接时，该开关必须置于"直流"状态。

⑤ "氩弧/手工"转换开关。用于焊机"氩弧"焊状态与"手工"焊状态的转换。

⑥ "试气"开关。用于检查焊机内气阀工作是否正常的开关。处于"开"状态时，气阀吸合，氩气将流出焊机；正常工作时，该开关应处于"关"状态。

⑦ "焊接电流"表盘。用于显示焊接时的电流。

⑧ "提前供气时间"调节旋钮。用于调节氩气比电弧提前出现的时间。

⑨ "焊接电流"调节旋钮。用于调节焊接电流的大小。顺时针旋转旋钮时，电流增大。

⑩ "基值电流"调节旋钮。此旋钮在脉冲状态下起作用。用于调节脉冲焊接，维持电弧电流的大小。

⑪ "脉冲频率"调节旋钮。此旋钮在脉冲状态下才起作用，用于调节脉冲焊接电流出现的次数（快慢）。脉冲频率越高，焊接波纹越密；反之则越稀。

⑫ "脉冲宽度"（占空比）调节旋钮。此旋钮在脉冲状态下才起作用，用于调节脉冲焊接电流持续的时间。脉冲宽度越宽，焊缝相对宽而深；反之则窄而浅。

⑬ "滞后关气时间"调节旋钮。用于调节电弧停止时氩气继续供气时间的长短。

⑭ "氩气控制"插座。用于连接焊枪上开关的插座。该插座应与焊枪一起使用。

⑮ "焊件"端子。该端子为焊机输出正极，用于连接焊件。

⑯ "焊枪"端子。该端子为焊机输出负极，用于连接焊枪及输送氩气。在氩弧焊状态下接焊枪，在手工焊状态下接焊钳。

2）后面板

① 氩气进口。用于连接氩气瓶氩气软管的气嘴。

② 电源进线。焊机电源的进线。要按照焊机使用说明书上给出的电源电压正确连接。该焊机使用 220（1±10%）V 电源，不可错接到 380 V 电源上。

③ 保护接地端子。用于焊机外壳与大地连接的端子。连接必须牢固可靠，以防外壳带电。

④ 焊机铭牌。记载该焊机的基本技术参数。

⑤ 冷却风扇。用于焊机工作时的散热。使用过程中，不可用异物接触风扇，或遮盖进风口，以防止焊机因内部温度升高而损坏。

（3）焊机焊接方式的设置方法

以 WSM—200、WSM—250 型钨极氩弧焊焊机为例介绍焊机不同焊接方式的设置方法。

1）手工焊的设置。焊机设有"氩弧/手工"转换开关及"直流/脉冲"转换开关。焊前将转换开关旋到"手工"位置，并同时将"直流/脉冲"转换开关置于"直流"位置。即可作为焊条电弧焊使用，可根据焊条电弧焊所需的相关参数进行调节。

2）直流氩弧焊的设置。将"氩弧/手工"转换开关置于"氩弧"位置，把"直流/脉冲"开关置于"直流"位置，调节好合适的电流值。按下焊枪开关，WSM—200、WSM—250 型氩弧焊焊机引弧方式为高频引弧，钨极不需要与焊件接触（为防止钨极烧损，均勿碰触焊件）即可引弧焊接。焊接结束，松开焊枪开关，电弧熄灭，气体按照"滞后关气时间"调节旋钮选择的延时关闭时间延时关闭。

3）脉冲氩弧焊。将"氩弧/手工"转换开关置于"氩弧"位置，将"直流/脉冲"转换开关置于"脉冲"位置。分别调节"焊接电流"和"基值电流"旋钮，使调节后的电流大于基值电流，即可产生脉冲焊的效果。

2. 钨极氩弧焊焊机的焊前及停焊基本操作

钨极氩弧焊焊机的焊前基本操作见表6-8。

表6-8   钨极氩弧焊焊机的焊前基本操作

操作步骤	图示	说明
检查设备		检查焊接电源、控制箱、焊枪、供气系统、供水系统以及与焊件相连的焊接电缆连接是否良好，接触是否可靠，有无漏电、漏气、漏水的现象，并保证焊机可靠接地
接通焊接电源		接通焊接电源
调节氩气流量		打开"检气"开关，调节氩气流量后，再关闭"检气"开关
调节水流量		接通冷却水，调节水的流量，使其不小于1 L/min，合上开关，水源接通，指示灯亮
选择电源性质		根据所焊材料的不同选择电源性质（交流或直流），焊接铝及铝合金时，应将转换开关扳至"交流"位置；焊接不锈钢时，应将转换开关扳至"直流"位置

操作步骤	图示	说明
调节焊接参数		根据工艺要求调节"提前供气时间"和"滞后关气时间"旋钮，均为 2～3 s。同时，调节"焊接电流"和"收弧电流"旋钮，选择需要的参数值
引弧		焊接参数调节完毕，可进行焊接。焊接时，按动焊枪上的开关，启动焊机，电磁气阀动作，氩气提前送出。引弧系统开始工作，用于引弧的高压脉冲产生，电弧引燃

钨极氩弧焊焊机的焊后基本操作见表 6-9。

表 6-9　　　　　　　　　　　钨极氩弧焊焊机的焊后基本操作

操作步骤	图示	说明
焊接收尾	 收尾时电流衰减	如果焊接收尾时需要电流衰减，焊枪不能马上离开焊件。应将"电流衰减"开关扳到"有"的位置；反之，扳到"无"的位置
停焊	 关闭电源总开关	1. 停止焊接时，松开焊枪上的开关即可 2. 焊接完毕，关闭焊机电源开关和电源总开关；关闭供气系统和供水系统

（1）焊工工作前，应读懂焊接设备使用说明书，掌握焊接设备一般构造和正确的使用方法。

（2）焊机应按外部连接图正确连接，并检查焊机铭牌电压值与电路电压值，两者必须相符，外壳必须可靠接地。

（3）焊机使用前，必须检查水路系统、气路系统的连接是否良好，以保证焊接时正常供水、供气。

（4）应定期检查焊枪的钨极夹头夹紧情况，及时清理焊嘴上的渣壳。

3. 钨极氩弧焊焊机的常见故障现象及处理

钨极氩弧焊焊机常见故障现象、主要原因及处理措施见表6-10。

表6-10　　　　　　钨极氩弧焊焊机常见故障现象、主要原因及处理措施

故障类别	故障现象	主要原因	处理措施
不能引弧	无高频	电源熔丝（1A或5A）熔断	更换新熔丝
		火花间隙过宽或短路	调节火花间隙
		焊枪开关电缆断	应更换电缆，重新连接牢固
		焊接方法切换开关设定在"焊条电弧焊"挡	将切换开关切换到"氩弧焊"挡
	有高频，但不能引弧	母材侧电缆没有连接或接触不良	将母材侧电缆连接牢固
		焊枪开关电缆、母材电缆断	更换电缆，重新连接牢固
		钨极和母材焊接表面间距离过大	缩小钨极与母材的距离
		电源电压过低	应保持在220（1±10%）V
	按下焊枪开关，但焊机不工作	焊枪开关线断	修理，将断线重新焊接
		控制插头插座线断	修理，将断线重新焊接
电弧不稳定	引弧困难，易断弧	钨极过粗，即焊接电流过小，与钨极不匹配	更换合适的钨极
		使用纯钨极，造成引弧困难及断弧	更换为钍钨极
		气体流量过大	调节气体流量
		使用纯氩以外的气体	更换氩气瓶，保证气体纯度在99.99%以上
		母材电缆连接不良	将电缆与母材连接牢固

故障类别	故障现象	主要原因	处理措施
保护气体不良	气体不流通	气管中间弯折	理顺气管
		焊枪被污物堵塞	将焊枪清理干净
		气阀不动作	调整或更换气阀
	气体流通不畅	气管接头处漏气	更换气管接头的密封件
		气阀故障	更换气阀
电弧自停	异常指示灯亮	冷却水压力不足	提高冷却水压力
		焊机过热	停焊一段时间，待焊机冷却后即可解决
焊接电流参数无法调节	输出电流调不到额定值	输入电压过低	检测输入电压
		输入电源线太细	更换新线
		配电电容器容量太小	更换元件
		输出电缆太细、太长	更换新线

三、钨极氩弧焊技能训练

1. 钨极氩弧平敷焊

（1）操作要领

1）持枪姿势和焊枪、焊件与焊丝的相对位置。平敷焊时持枪的姿势如图6-18a所示。一般焊枪与焊件表面成70°~80°的夹角，焊丝与焊件表面夹角为15°~20°，如图6-18b所示。

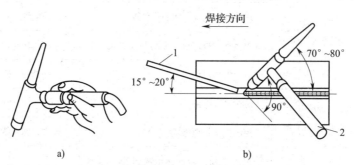

图6-18 平焊持枪姿势和焊枪、焊件与焊丝的相对位置
a）持枪姿势 b）焊枪、焊件与焊丝的相对位置
1—焊丝 2—焊枪

2）右向焊法与左向焊法。右向焊法是指焊枪从左向右移动，电弧指向已焊部分的焊接方法，有利于氩气保护焊缝表面不受高温氧化，适用于厚件的焊接。左向焊法是指焊枪从右向左移动，电弧指向未焊部分的焊接方法，可以起预热作用，易于观察和控制熔池温度，焊缝成形好，操作容易掌握，适用于薄件的焊接。因此，氩弧焊一般均采用左向焊法。

3）焊丝送进方法。送丝方法有两种，第一种，以左手的拇指、食指捏住焊丝，并用中指和虎口配合托住焊丝便于操作的部位（见图 6-19a）。需要送丝时，将捏住焊丝的弯曲的拇指和食指伸直（见图 6-19b），即将焊丝稳稳地送入焊接区，然后借助中指和虎口托住焊丝，再次迅速弯曲拇指、食指，向上倒换捏住焊丝，如此反复地填充焊丝。

第二种方法如图 6-19c 所示，手指夹持焊丝，用左手拇指、食指、中指配合送丝，无名指和小指夹住焊丝以控制送丝方向，靠手臂和手腕的上下往复动作，将焊丝端部的熔滴送入熔池。全位置焊时多用此法。

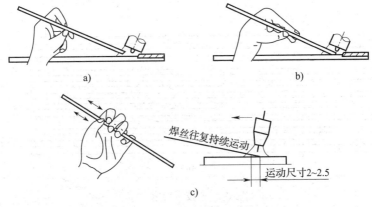

图 6-19　焊丝送进的动作
a）送进前的动作　b）送进的动作　c）点滴送丝法

4）引弧

①钨极氩弧焊焊机引弧。通常情况下，钨极氩弧焊焊机本身具有引弧装置（高压脉冲发生器或高频振荡器），钨极与焊件并不接触，保持一定距离，就能在施焊点上直接引燃电弧，可使钨极端头保持完整，钨极损耗小，不会产生夹钨缺陷。

②普通氩弧焊焊机。普通氩弧焊焊机没有引弧装置。操作时，可使用纯铜板或石墨板作为引弧板，在其上引弧，使始焊端受热到一定温度，立即移到焊接部位。这种接触引弧会产生很大的短路电流，很容易烧损钨极端头，因此不适用于钨极氩弧焊焊机。

5）收弧。焊接接近尾部时，应采取衰减电流的方法收弧，即电流由大到小逐渐下降，以填满弧坑。

一般氩弧焊焊机都配有电流自动衰减装置。收弧时，通过焊枪手柄上的按钮断续送电来填满弧坑。如果焊机没有电流衰减装置时，可手工收弧。手工收弧时应采取逐渐减少焊件热量的措施，如改变焊枪角度、稍拉长电弧、断续送电等。填满弧坑后，应慢慢提起电弧直至熄弧，避免突然拉断电弧。

由于焊机设有提前供气和滞后关气的控制装置，因此，熄弧后氩气会自动延时几秒钟才停止，以防止金属在高温下产生氧化。如果收弧方法不正确，容易产生弧坑裂纹、气孔和烧穿等缺陷。

6）填充焊丝。填充焊丝时，焊丝的端头切勿与钨极接触；否则，焊丝会被钨极沾染，熔入熔池后形成夹钨。焊丝送入熔池的落点应在熔池前沿处，焊丝被熔化后移出熔池，然后再将焊丝重复地送入熔池。但是，焊丝不能离开氩气保护区，以免灼热的焊丝端头被氧化，降低焊缝质量。如果中途停顿或焊丝用完再继续焊接时，要用电弧把起焊处的熔池金属重新熔化，形成新的熔池后再加焊丝，并与原焊道重叠 5 mm 左右。在重叠处要少填加焊丝，避免接头过高。

手工钨极氩弧焊是双手同时操作的焊接方法，这点有别于焊条电弧焊。操作时，双手要配合协调，才能保证焊缝的质量。

（2）钨极氩弧平敷焊操作

钨极氩弧平敷焊的焊件图如图 6-20 所示。焊件材料为 5A03（LF3）。板的厚度为 3 mm，属于薄板。

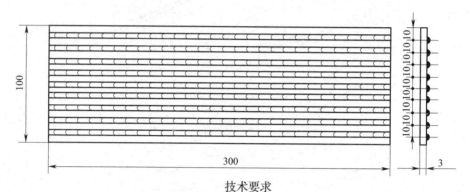

技术要求

1. 焊件进行钨极氩弧平敷焊。
2. 沿焊件纵向各间隔10焊接数条焊道，焊缝宽度不做要求。
3. 保证焊缝平直，与焊件圆滑过渡。

图 6-20　钨极氩弧平敷焊的焊件图

铝合金薄板钨极氩弧平敷焊的焊接参数见表 6-11。钨极氩弧平敷焊操作步骤见表 6-12。

表 6-11　　　　　　　　铝合金薄板钨极氩弧平敷焊的焊接参数

焊丝及直径（mm）	钨极直径（mm）	焊接电流（A）	焊接速度（cm/s）	氩气流量（L/min）
SAlMg—3，ϕ2.5	ϕ2.0	70 ~ 100	0.1 ~ 0.3	10 ~ 12

表 6-12　　　　　　　　铝合金薄板钨极氩弧平敷焊操作步骤

操作步骤	图示	说明
焊前准备	焊件 调节氩气流量　　调整钨极伸出长度	1. 将板厚为 3 mm 的铝合金板 5A03 加工成 300 mm×100 mm 的板料，并用划针划线 2. 选择铝镁合金焊丝 SAlMg—3，直径为 2.5 mm 　选用铈钨极（WCe—20），直径为 2.0 mm，端头磨削成 30° 锥形，锥端呈球形 　选择 WSM—250 型焊机 　准备氩气瓶，气体纯度 ≥ 99.99% 3. 采用钢丝刷或砂布清理焊接处和焊丝表面，直至露出金属光泽 4. 分别开启气阀和电源开关。通过短时焊接，对焊机进行负载检查，检查气路和电路系统是否正常 5. 调节氩气流量 6. 调节焊接电流和收弧电流，并调整好钨极伸出长度

操作步骤	图示	说明
焊接操作	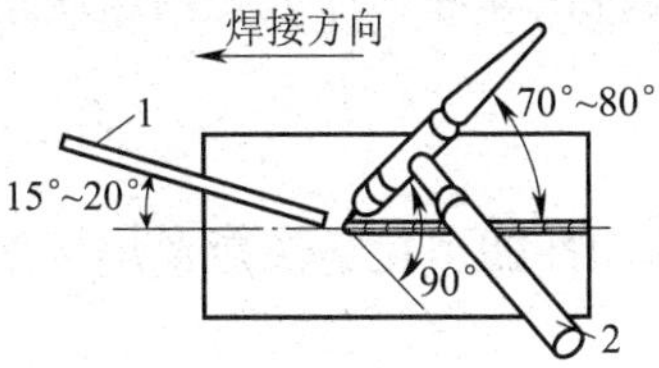 焊接方向 70°~80° 15°~20° 90° 钨极氩弧平敷焊的角度 1—焊丝　2—焊枪	将焊件放在台面上，在长度方向上平敷焊，采用左向焊法，焊枪与焊件表面、焊丝与焊件表面的夹角如图所示
	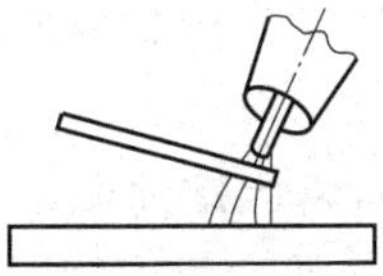 焊丝的端头切勿 与钨极接触 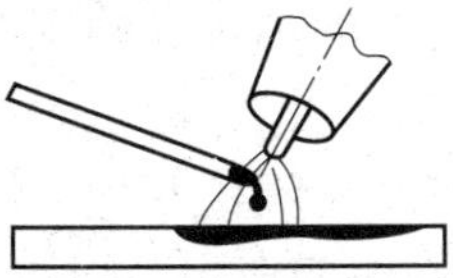　　焊丝抬得过高，产生"滴渡"现象	引燃电弧，使喷嘴至焊接处保持一定距离，并稍作停留，形成熔池后再送丝。焊丝端头与钨极要保持距离，不能接触 焊丝不宜抬得过高，否则易使熔滴向熔池"滴渡"
	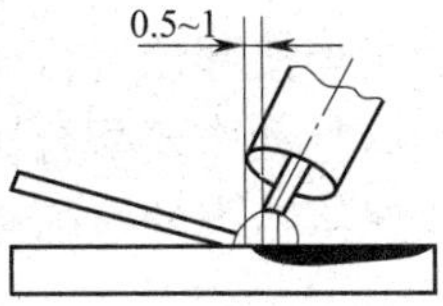 0.5~1 焊丝的落点应在熔池前沿处	焊丝送入熔池应落在熔池前沿处，被熔化后，将焊丝移出熔池，但不能离开氩气保护区，再将焊丝重复地送入熔池，直至将整条焊道焊完
焊后处理	—	1. 焊接结束，关闭气源、电源等开关，关闭总电源，最后将焊机整理好 2. 焊后检查焊接质量。保证焊缝表面呈清晰且均匀的银白色鱼鳞波纹，并且焊缝宽度适宜，熔透深度一致

操作提示

　　与碳素钢的焊接比较，铝及铝合金薄板焊接有一定的难度，操作时要注意以下问题：

　　（1）因铝合金从固态转变为液态颜色变化不明显，难以掌握熔池温度，稍加不慎，就容易出现凹陷及烧穿缺陷。

　　（2）要严格清理焊件，去除焊件及焊丝表面的氧化膜，使之露出金属光泽，以避免氧化膜的存在而影响焊接顺利进行。

2. 钨极氩弧平对接焊

（1）操作要领

1）焊件与焊丝表面清理。清理方法与铝板平敷焊相同。

2）定位焊。根据焊件的厚度，采取I形坡口对接，留1.5 mm间隙组对。定位焊时，首先焊接焊件两端，然后在中间加定位焊点。定位焊可以不填加焊丝，直接利用母材的熔合进行定位焊；也可以填加焊丝进行定位焊，但必须待焊件边缘熔化形成熔池再加入焊丝，定位焊缝宽度应小于最终焊缝宽度。定位焊后，必须矫正焊件，保证无错边现象，并做适当的反变形，以减小焊后变形。

3）铝合金的焊接方法

①铝合金的焊接特点。由于铝合金本身的物理性能、化学性能及焊接工艺条件，焊接时容易出现下列问题：

a. 易氧化。在铝合金表面易生成难熔的氧化铝薄膜，阻碍金属之间的熔合。因此，焊前对焊件、焊丝要做必要的清理，焊接时要注意对焊接区域的气体保护。

b. 易产生气孔。要认真对焊件、焊丝上的油污和潮气进行清除，控制氢的来源；焊接过程尽可能少中断；采用短弧焊接。

c. 易焊穿。铝合金由固态转变为液态时无颜色变化，焊接时常因熔池温度过高却无法察觉而导致焊穿。因此，焊接铝合金的加热时间要短，焊接速度要快，要控制层间温度。

②操作方法。焊接铝合金时，采用左向焊法，焊丝、焊枪与焊件之间的角度如图6-18所示。钨极伸出长度以 3 ~ 4 mm 为宜。

起焊时，电弧在起焊处稍停片刻，用焊丝迅速触及焊接部位进行试探，感到该部位变软并开始熔化时，立即填加焊丝。焊丝的填加和焊枪的运行动作要配合协调。

焊接过程中，焊枪应平稳而均匀地向前移动，并保持适当的电弧长度。焊丝端部位于钨极前下方，不可触及钨极。钨极端部要对准焊件接口的中心线，防止焊缝偏移和熔合不良。焊丝端部的往复送丝运动应始终在氩气保护区范围内，以免氧化。当焊件间隙变小时停止填丝，压低电弧击穿焊件；当间隙变大时，向熔池填入焊丝，加快焊接速度。熔池下沉，焊枪断电，熄弧片刻，再重新引弧继续焊接。

收弧时，要多送一些焊丝填满弧坑，以防止产生弧坑裂纹。

（2）钨极氩弧平对接焊操作

钨极氩弧平对接焊的焊件图如图6-21所示。焊件材料为5A03。其厚度为3mm，属于薄板。

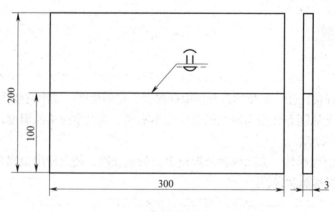

技术要求

1. 采用钨极氩弧焊单面焊双面成形。
2. 允许用引弧板和引出板，对口间隙为1.5。
3. 焊接结束不允许锤击、锉修和补焊。

图6-21 钨极氩弧平对接焊的焊件图

铝合金薄板钨极氩弧平对接焊的焊接参数见表6-13。

表6-13 铝合金薄板钨极氩弧平对接焊的焊接参数

焊丝及直径（mm）	钨极直径（mm）	焊接电流（A）	焊接速度（cm/s）	氩气流量（L/min）
SAlMg—3，ϕ2.0	ϕ2.0	70 ~ 90	0.2 ~ 0.3	12 ~ 15

铝合金薄板钨极氩弧平对接焊操作步骤见表6-14。

表6-14 铝合金薄板钨极氩弧平对接焊操作步骤

操作步骤	图示	说明
焊前准备	 焊件 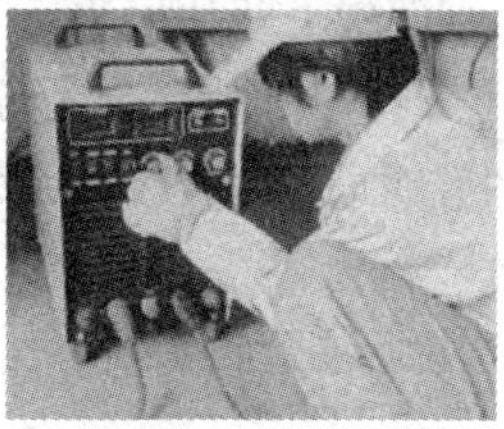 调节焊接参数	1. 将板厚为3 mm的铝合金板5A03加工成两块300 mm×100 mm的板料 将清理干净的铝合金板装配成焊件，间隙为1.5 mm，两端进行定位焊 定位焊后，矫正焊件，消除错边现象，并做反变形 2. 选择铝镁合金焊丝SAlMg—3，直径为2.0 mm 选用铈钨极（WCe—20），直径为2.0 mm，端头磨削成30°锥形，锥端呈球形 选择WSM—250型焊机 准备氩气瓶，气体纯度≥99.99% 3. 开启气阀和电源开关，检查焊机运转是否正常。调整好焊接参数，见表6-13
焊接操作	 焊接操作 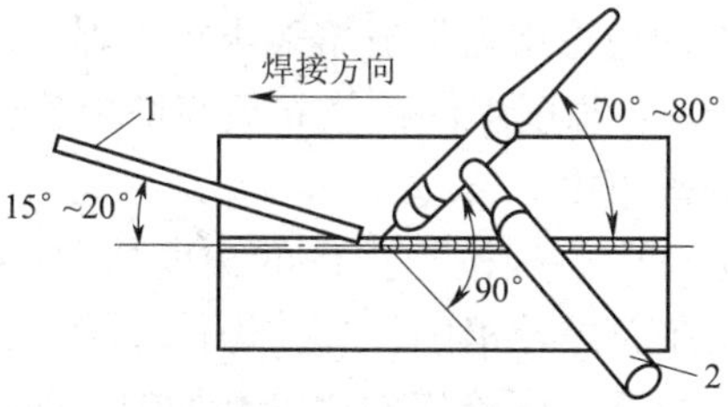 焊接方向 70°~80° 15°~20° 90° 焊枪、焊件与焊丝的相对位置 1—焊丝　2—焊枪  焊缝收尾	采用左向焊法。按照操作要领正确起焊。焊接过程中，保持焊枪、焊丝的角度，避免焊缝偏移，要保证焊透 焊缝收尾时，焊枪暂不抬起，按下电流衰减开关，依靠收弧电流填满弧坑

操作步骤	图示	说明
焊后处理	—	1. 焊接结束，关闭气源、电源等开关，关闭总电源，最后将焊机整理好 2. 焊后检查焊接质量。保证焊缝表面呈清晰且均匀的银白色鱼鳞波纹，并且焊缝宽度适宜，熔透深度一致

 操作提示

（1）打底焊时，应尽量采用短弧焊接，填丝量要少，焊枪尽可能不摆动。当焊件间隙较小时，可直接进行击穿焊接。

（2）填充焊丝时，不要把焊丝直接放在电弧下面，也不要将焊丝抬得过高。填充的速度要适当。速度过快时，焊缝余高大；速度过慢时，则焊缝下凹和咬边。

（3）一根焊丝用完后，左手迅速更换焊丝（事先将焊丝放在指定位置），将焊丝端头置于熔池边缘后，启动焊枪开关继续焊接。如果条件不允许，则应先衰减电流，停止送丝，等待熔池缩小且凝固后，再移开焊枪。

（4）焊缝接头时，应尽可能快速引弧，然后将电弧拉至收弧处，压低电弧，直接击穿坡口根部，形成新的熔池后，填入焊丝再进行焊接。

3. 钨极氩弧 T 形接头焊

（1）操作要领

1）焊件与焊丝表面清理。将底板中心线两侧 20 mm 范围内、立板一侧正反两面 20 mm 范围内的铁锈、油污清理干净，并用角向磨光机打磨至露出金属光泽。用砂布打磨掉焊丝表面镀铜层。

2）定位焊。T 形接头定位焊时不留间隙组对，先在焊件两端的内侧进行定位焊，然后在中间填加焊丝进行定位焊。操作时要待焊件边缘熔化形成熔池再加入焊丝，定位焊缝焊脚尺寸应小于 6 mm，长度不超 10 mm。定位焊后矫正焊件，使立板与底板趋于垂直，然后再做适当的反变形，以保证焊后立板与底板的垂直度。

3）操作方法。操作时采用左向焊法，焊丝、焊枪与焊件的角度如图 6-22 所示，钨极伸出长度以 4～5 mm 为宜。起焊时，电弧在起焊处稍停片刻，焊件开始熔化时，立即填加焊丝，焊丝的填加和焊枪的运行动作要配合协调。焊枪横向摆动并均匀地向前移动，保持适当的电弧长度。焊丝端部位于钨极前下方，不可触及钨极。钨极端部沿焊件 T 形接口的中心线做圆弧之字形摆动，以防止焊缝偏移和熔合不良，焊丝端部的直线送丝运动应始终在氩气保护区范围内，以免发生氧化。

焊枪的横向摆动是为满足焊缝的特殊要求和不同的接头形式而采取的小幅摆动，常用的有圆弧之字形摆动、圆弧之字形侧移摆动和 r 形摆动三种形式。

①圆弧之字形摆动。焊枪横向划半圆，呈类似圆弧之字形往前移动，如图 6-23a 所示。

这种方法适用于焊接大的 T 形接头、厚板的搭接接头以及中厚板开坡口的对接接头。操作时焊枪在焊缝两侧停留时间稍长些，在通过焊缝中心时运动速度可适当加快，从而获得优质焊缝。

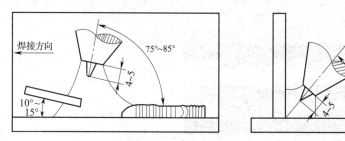

图 6-22　钨极氩弧焊角焊缝时焊枪、焊丝与焊件的角度

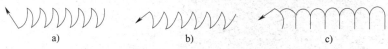

图 6-23　钨极氩弧焊焊枪横向摆动
a）圆弧之字形摆动　b）圆弧之字形侧移摆动　c）r 形摆动

②圆弧之字形侧移摆动。焊枪在焊接过程中不仅划圆弧，而且呈斜的之字形往前移动，如图 6-23b 所示。这种方法适用于不平齐的角接头。操作时使焊枪偏向凸出的部分，焊枪做圆弧之字形侧移摆动，使电弧在凸出部分停留时间增加，以熔化凸出部分，不加或少加填充焊丝。

③r 形摆动。焊枪的横向摆动呈类似 r 形的运动，如图 6-23c 所示。这种方法适用于不等厚板的对接接头。操作时焊枪不仅做 r 形运动，而且焊接时电弧稍偏向厚板，使电弧在厚板一边停留时间稍长，以控制两边的熔化速度，防止薄板烧穿而厚板未焊透。

（2）钨极氩弧 T 形接头焊操作

钨极氩弧 T 形接头焊的焊件图如图 6-24 所示。焊件材料为 Q355 钢。

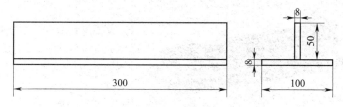

技术要求
1. 采用钨极氩弧 T 形接头焊，焊后板间要保持相互垂直。
2. 角焊缝截面应为等腰直角三角形。
3. 角焊缝焊脚尺寸 $K=6$。

图 6-24　钨极氩弧 T 形接头焊的焊件图

钨极氩弧 T 形接头焊的焊接参数见表 6-15。

表 6-15　　　　　　　　　　　　钨极氩弧 T 形接头焊的焊接参数

焊丝及直径（mm）	钨极直径（mm）	焊接电流（A）	焊接速度（cm/s）	氩气流量（L/min）
TIG—J50 ϕ2.5	ϕ2.4	70 ~ 90	0.2 ~ 0.3	10 ~ 15

钨极氩弧 T 形接头焊操作步骤见表 6-16。

表 6-16 钨极氩弧 T 形接头焊操作步骤

操作步骤	图示	说明
焊前准备	焊件 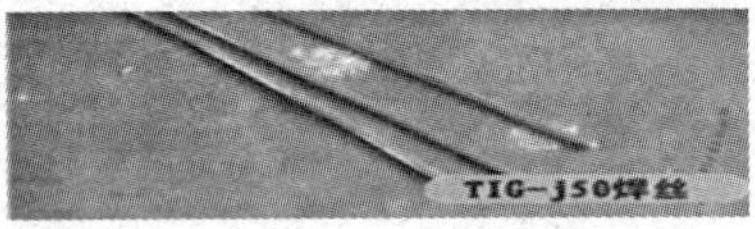 焊丝	1. 按图样要求剪切 Q355 钢板两块，尺寸分别为 300 mm × 100 mm × 8mm，300 mm × 50 mm × 8 mm，矫平并清理干净 2. 选用 TIG—J50 焊丝，直径为 2.5 mm
调整焊接参数	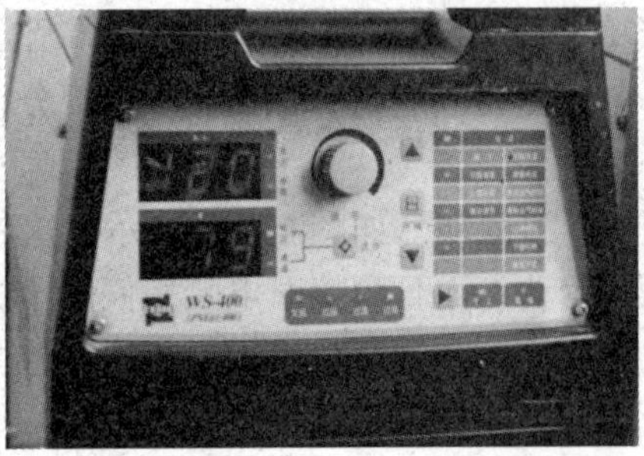	选用 WS—400 型直流焊机，开启气阀和电源开关，检查焊机运转是否正常，调整好焊接参数
焊件装配		装配成 T 形接头，不留间隙组对，定位焊缝焊脚尺寸应小于 6 mm，长度不超 10 mm。定位焊后做适当的反变形，以保证焊后立板与底板的垂直度
焊接操作	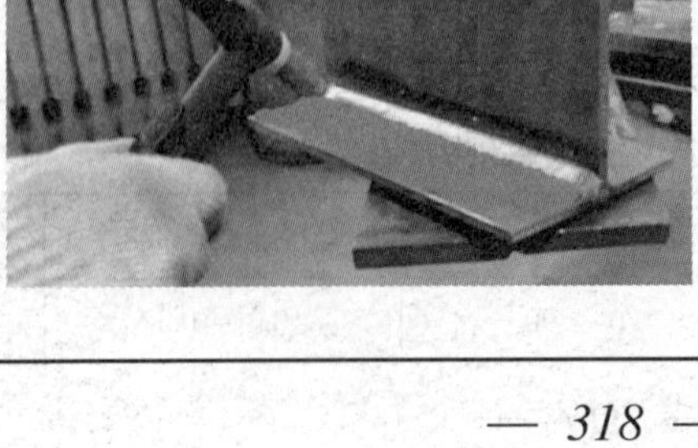	采用左向焊法。电弧在起焊处稍停片刻，焊件熔化时填加焊丝。焊丝端部位于钨极前下方，不可触及钨极。焊枪做圆弧之字形摆动，并控制焊丝端部始终在氩气保护区范围内。收尾时焊枪暂不抬起，按下电流衰减开关，依靠收弧电流填满弧坑

操作步骤	图示	说明
焊后清理	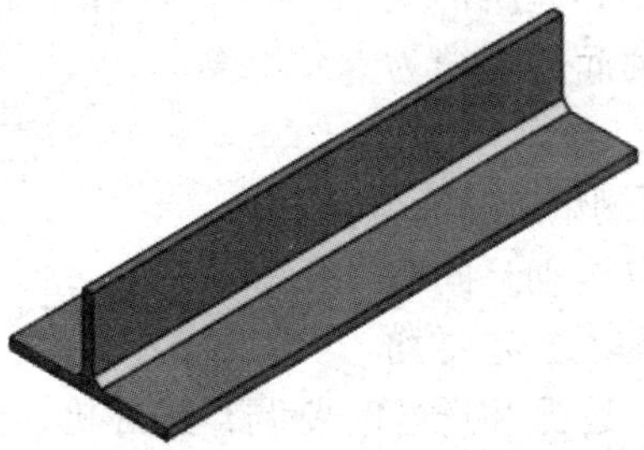	焊后对焊缝及周围进行清理，检查焊接质量。关闭气路和电源，将焊枪连同输气管和控制电缆等盘好挂起。清理干净焊接现场

操作提示

钨极氩弧焊焊接角焊缝时常用的操作方法有传统的焊接方法和摇摆焊接法两种。

采用传统的焊接方法时，焊枪喷嘴与管壁坡口保持一定距离，用右手拇指和食指握焊枪，其余三指支承在管壁上左右摆动（或直接悬空进行焊枪的运动）。但管壁厚度大时，这种方法不易形成良好的保护和焊缝成形，同时钨极伸出过长，容易造成夹钨缺陷。采用摇摆焊接法则能避免上述缺陷。

摇摆焊接法是指把焊枪喷嘴直接压在管壁坡口内，利用手腕大幅度摆动，使喷嘴与坡口两侧摩擦缓慢向前移动，利用电弧加热并熔化坡口钝边及填入的焊丝来形成焊缝的一种操作方法。

摇摆焊接法相比传统的焊接方法有很多优点，它不仅适用于角焊缝，还可以用于水平固定管对接焊，也适用于任何直径和厚度的管材无障碍焊接等。

4. 钨极氩弧水平固定管对接焊

（1）操作要领

1）装配与定位焊。氩弧焊焊接管子时，常采用对接接头；除 I 形对接接头外，坡口形式多为 V 形。壁厚不大于 2 mm 的管子不开坡口，不留间隙，一次焊完。坡口两侧周围及内、外壁和焊丝要进行清理，应用丙酮或汽油擦洗一下，确保无油污，以免焊接时产生气孔、夹渣等缺陷。

装配时，管子轴线对正，内、外壁要齐平，避免产生错位现象。定位焊只需一点，位于斜平焊位置，定位焊缝长度为 10 mm，高 1 ~ 2 mm，必须是熔透坡口双面成形的焊缝。将定位焊后的管子水平固定在距地面 800 ~ 850 mm 的高度，以满足全位置操作的要求。

2）操作方法。施焊时，分别在前半部和后半部两个半圈进行，从仰焊位置起焊，在平焊位置收弧。起焊点在管子中心线后 5 ~ 10 mm，在平焊位置越过管子中心线 5 ~ 10 mm 收尾，如图 6-25 所示。

起焊时，用右手拇指、食指和中指捏住焊枪，以无名指和小指支承在管子外壁上。将钨极端头对准待引弧的部位，让钨极端头逐渐接近母材，按动焊枪上的启动开关引燃电弧，并控制弧长为 2 ~ 3 mm，对坡口根部起焊处两侧加热 2 ~ 3 s，获得一定大小的熔池并往熔池中填加焊丝。送丝速度以焊丝所形成的熔滴与母材充分熔合，并得到熔透正反两面的焊缝为宜。

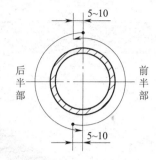

图 6-25　水平固定管起弧和收尾操作

焊接过程中，应注意观察、控制坡口两侧熔透状态，以保证管子内壁焊缝成形均匀。焊丝做往复运动，间断送入电弧内至熔池前方，呈滴状加入。焊丝送进要均匀、有规律，焊枪移动要平稳且速度一致。运弧和送丝时要调整好焊枪、焊丝和焊件相互间的角度，该角度应随焊接位置的变化而变化，如图 6-26 所示。前半部焊到平焊位置时，应减少填充金属量，使焊缝扁平些，以便后半部重叠平缓。灭弧前应连续送进 2 ~ 3 滴填充金属填满弧坑，以免出现缩孔，还应注意将氩弧移到坡口的一侧熄灭电弧。灭弧后修磨起弧处和灭弧处的焊缝金属，使其成为缓坡状，以便于后半部的接头。

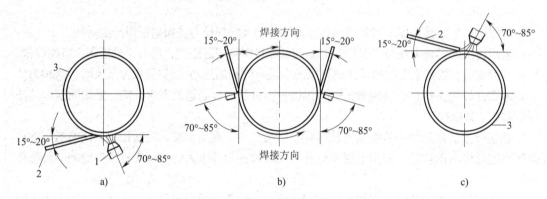

图 6-26　焊枪、焊丝与焊件之间的角度及焊接位置的变化关系
a）仰焊位置　b）立焊位置　c）平焊位置
1—焊枪　2—焊丝　3—管子（焊件）

后半部的起焊位置应在前半部起焊位置向后 4 ~ 5 mm 处，引燃电弧。先不加焊丝，待接头处熔化形成熔孔后，在熔池前沿填加焊丝，然后向前焊接。焊至平焊位置接头处，停止加焊丝，待原焊缝端部熔化后，再加焊丝焊接最后一个接头，填满弧坑后收弧。

打底层焊接结束后，进行盖面层的焊接。除焊枪横向摆动幅度稍大，焊接速度稍慢，焊接电流稍大些外，其余的操作方法同打底层焊接。

（2）钨极氩弧水平固定管对接焊操作

钨极氩弧水平固定管对接焊的焊件图如图 6-27 所示。焊件材料为不锈钢，管壁厚度为 4 mm。

因为所焊接的不锈钢管的管壁厚度为 4 mm，所以管壁应开 V 形坡口，坡口角度为 60°，钝边为 1.5 mm，装配间隙为 1 mm。钨极氩弧水平固定管对接焊的焊接参数见表 6-17。

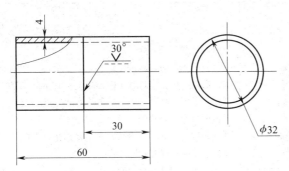

技术要求

1. 管子对口错边不大于0.5。
2. 焊缝宽度c=6±1，焊缝余高h=2±1。
3. 要求焊缝波纹均匀，背面成形好。

图 6-27　钨极氩弧水平固定管对接焊的焊件图

表 6-17　　　　　　　钨极氩弧水平固定管对接焊的焊接参数

焊丝及直径（mm）	钨极直径（mm）	焊接电流（A）	焊接速度（cm/s）	氩气流量（L/min）
H0Cr18Ni9，ϕ2.0	WCe—20，ϕ2.0	100～120	0.2～0.4	12～15

钨极氩弧水平固定管对接焊操作步骤见表6-18。

表 6-18　　　　　　　钨极氩弧水平固定管对接焊操作步骤

操作步骤	图示	说明
焊前准备	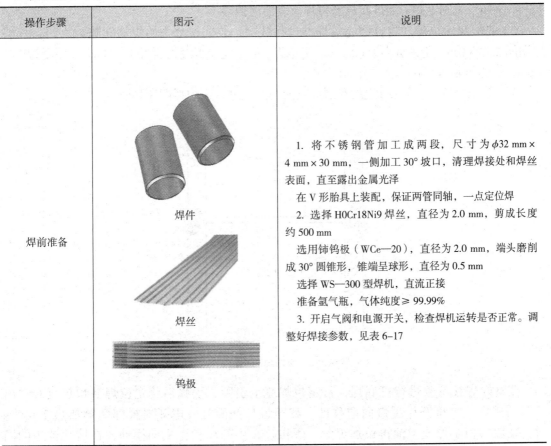 焊件 焊丝 钨极	1. 将不锈钢管加工成两段，尺寸为ϕ32 mm×4 mm×30 mm，一侧加工30°坡口，清理焊接处和焊丝表面，直至露出金属光泽 在 V 形胎具上装配，保证两管同轴，一点定位焊 2. 选择 H0Cr18Ni9 焊丝，直径为 2.0 mm，剪成长度约 500 mm 选用铈钨极（WCe—20），直径为 2.0 mm，端头磨削成 30° 圆锥形，锥端呈球形，直径为 0.5 mm 选择 WS—300 型焊机，直流正接 准备氩气瓶，气体纯度≥99.99% 3. 开启气阀和电源开关，检查焊机运转是否正常。调整好焊接参数，见表 6-17

操作步骤	图示	说明
焊接操作	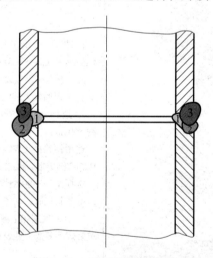	将焊件固定在 800 ～ 900 mm 的高度上 焊接前半部时，从仰位过管子中心线 5 ～ 10 mm 处起焊，焊至平位，越过管子中心线 5 ～ 10 mm 收尾，然后焊接后半部。打底层焊道厚度以 2 mm 为宜 盖面焊时，焊枪角度与打底焊时相同。仰位时，填丝量少些；立位时，焊枪摆动频率要加快；平位时，填丝量多些，使外观成形均匀而饱满
焊后处理	—	1. 焊接结束，关闭气源、电源等开关，关闭总电源，最后将焊机整理好 2. 焊后检查焊接质量。保证焊缝表面波纹均匀，成形美观，并且焊缝宽度适宜，熔透深度一致

5. 钨极氩弧垂直固定管焊

（1）操作要领

1）清理焊件与焊丝表面。用角向磨光机及内磨机清理坡口及其两侧内、外表面 20 mm 范围内的铁锈、油污、水分及其他污物，直至露出金属光泽。然后用锉刀修磨钝边为 0.5 ～ 1 mm，去除毛刺。用砂布打磨掉焊丝表面镀铜层。

2）装配及定位焊。将打磨完的焊件进行装配，装配尺寸中始焊端间隙为 2.5 mm，终焊端间隙为 3 mm，错边量小于 0.5 mm。定位焊一处，定位焊缝长度为 5 ～ 8 mm，厚度为 3 ～ 4 mm，焊缝质量与正式焊缝一样。

3）操作方法。焊接分打底层和盖面层两层三道进行，焊接顺序如图 6-28 所示。

图 6-28 多层焊的焊接顺序

调整好焊接参数进行打底焊，自定位焊缝上引弧，引弧后将定位焊缝预热至有"出汗"的迹象，焊枪开始缓慢向前移动，移至坡口间隙处，电弧对根部两侧加热 2 ～ 3 s 后，在坡口根部形成熔池再填加焊丝。焊接过程中焊丝稍做横向摆动，在熔化钝边的同时也使焊丝熔化并流向两侧。采用连续送丝法依靠焊丝拖住熔池，焊丝端部的熔滴始终与熔池相连，不使熔化的金属下坠；打底层厚度控制在 2 ~ 3 mm 为宜。

调整好焊接参数进行盖面层的焊接，盖面焊时先焊下面的焊道，电弧对准打底层焊缝的下沿，使熔池下沿超出管子坡口边缘 0.5 ~ 1.5 mm，熔池上沿覆盖打底层焊道的 1/2 ~ 2/3。焊接上面的焊道时电弧对准打底层焊缝的上沿，使熔池上沿超出管子坡口边缘 0.5 ~ 1.5 mm，熔池下沿与焊道圆滑过渡。焊接速度可适当加快，送丝频率也要加快，但送丝量要适当减少，防止熔池金属下淌和产生咬边。

（2）钨极氩弧垂直固定管焊操作

钨极氩弧垂直固定管焊的焊件图如图 6-29 所示。焊件材料为 Q235 钢。

钨极氩弧垂直固定管焊的焊接参数见表 6-19。

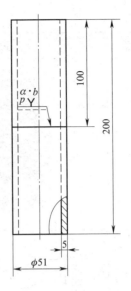

技术要求

1. b=2.5~3.2，p=0.5~1，α=60°±2°。
2. 焊后做通球检验。

图 6-29 钨极氩弧垂直固定管焊的焊件图

表 6-19　　钨极氩弧垂直固定管焊的焊接参数

焊接层次	钨极直径（mm）	焊接电流（A）	电弧电压（V）	焊接速度（cm/min）	钨极伸出长度（mm）	氩气流量（L/min）
定位焊	ϕ2.4	80 ~ 95	10 ~ 12	12 ~ 24	5 ~ 7	8 ~ 10
打底焊	ϕ2.4	80 ~ 95	10 ~ 12	18 ~ 24	5 ~ 7	8 ~ 10
盖面焊	ϕ2.4	75 ~ 90	10 ~ 12	24 ~ 30	5 ~ 7	6 ~ 8

钨极氩弧垂直固定管焊操作步骤见表 6-20。

表 6-20　　钨极氩弧垂直固定管焊操作步骤

操作步骤	图示	说明
焊前准备		1. 将 Q235 钢管加工成 ϕ51 mm × 5 mm × 100 mm 的两段，一侧加工 30° 坡口，清理焊接处和焊丝表面，直至露出金属光泽 2. 选用 WS—300 型氩弧焊机，直流正接，焊丝选用低合金钢焊丝 TIG—J50，直径为 2.5 mm　选用铈钨极（WCe—20），直径为 2.4 mm，端头磨成 30° 圆锥形　准备氩气瓶，气体纯度 ≥99.99% 3. 开启电源和气阀开关，检查焊机运转情况，调整好焊接参数

操作步骤	图示	说明
装配焊件，定位焊		在 V 形胎具上装配焊件，始焊端间隙为 2.5 mm，终焊端间隙为 3 mm，保证两管同轴，一点定位焊，定位焊缝长度为 5 ~ 8 mm，厚度为 3 ~ 4 mm，焊缝质量与正式焊缝一样
打底焊	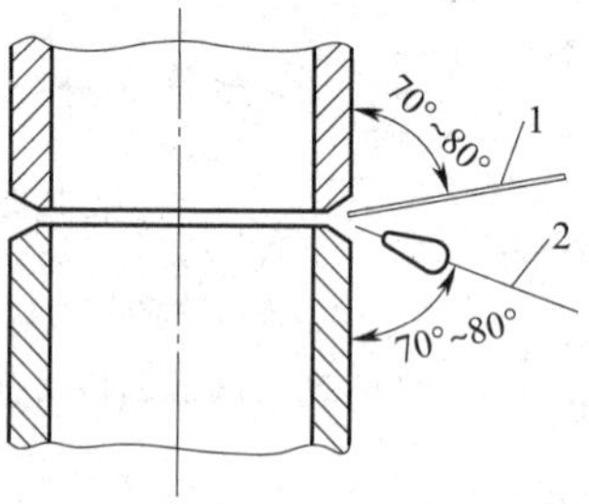 打底焊焊枪与焊丝角度 1—焊丝　2—焊枪	在定位焊缝上起弧，预热至有"出汗"的迹象，形成熔池后再填加焊丝。采用连续送丝法，焊丝稍做横向摆动，打底层厚度应薄些
盖面焊	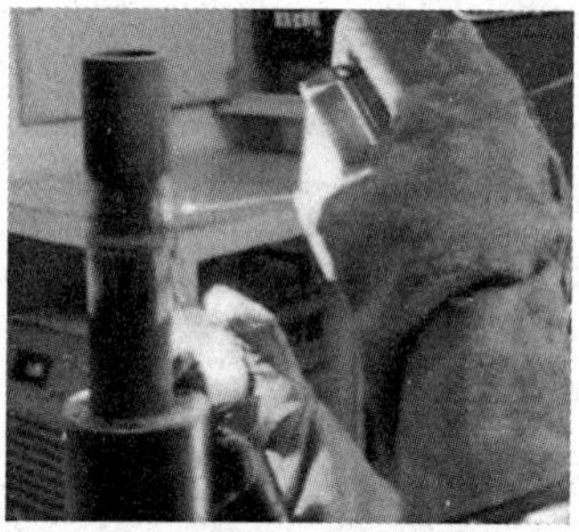	盖面焊时先焊下面的焊道，电弧对准打底层焊缝的下沿，熔池熔化管子坡口边缘 0.5 ~ 1.5 mm。焊接上面的焊道时，覆盖下面的焊道并保证熔池熔化管子上坡口边缘 0.5 ~ 1.5 mm，熔池下沿与焊道圆滑过渡
焊后清理		焊后对焊缝及周围进行清理，检查焊接质量。关闭气路和电源，将焊枪连同输气管和控制电缆等盘好挂起。清理干净焊接现场

（1）垂直固定焊打底焊时，熔池的热量要集中在坡口下部，以防止上部坡口过热，母材熔化过多，产生咬边或焊缝背面的余高下坠。

（2）打底焊时避免破坏坡口边缘，以免盖面焊时找不到焊缝边缘基准线。

（3）焊接盖面层时焊缝不宜过宽，电弧压住坡口边缘 0.5 ~ 1 mm 即可；否则，焊缝的直线度不好控制，影响焊缝的成形效果。

6. 钨极氩弧骑座式水平固定管板焊

（1）操作要领

1）清理焊件与焊丝表面。用角向磨光机及内磨机清理管板坡口及其两侧内、外表面 20 mm 范围内的铁锈、油污、水分及其他污物，直至露出金属光泽。然后用锉刀修磨钝边为 0.5 ~ 1 mm，去除毛刺。用砂布打磨掉焊丝表面镀铜层。

2）装配及定位焊。将打磨完的焊件进行装配，管子应垂直于管板，并水平固定。装配尺寸中始焊端间隙为 2.5 mm，终焊端间隙为 3 mm，错边量小于 0.3 mm。采用三点均布定位焊，但不得布置在焊接时钟 6 点的仰焊位置；定位焊缝长度为 5 ~ 8 mm，厚度为 3 ~ 4 mm，焊缝质量与正式焊缝一样。

3）操作方法。采用打底层和盖面层两层两道分两半圈焊接法，采用相同的焊接参数先焊打底层，再焊盖面层。各层均先沿顺时针方向焊接前半圈①，后沿逆时针方向焊接后半圈②，如图 6-30 所示。

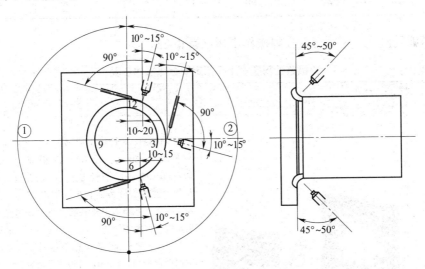

图 6-30　焊枪、焊丝与焊件之间的相对位置

调整好焊接参数进行打底焊，自焊接时钟 6 点位置右侧 10 ~ 15 mm 引弧，待坡口根部熔化并形成熔孔后方可填丝，同时沿顺时针方向开始焊接，焊至 12 点右侧 10 ~ 20 mm 处收弧。收弧时不必填满弧坑，但焊枪应待熔池完全凝固后方可移开。焊至与定位焊缝接头处，应待该处焊缝熔化且与熔池熔为一体后，方可继续向前焊接。焊后引弧与收弧处均应修

磨成斜坡状。后半圈沿逆时针方向焊接，头尾应与前半圈焊缝相接。注意做好与定位焊缝及前半圈的接头工作。

焊接盖面层时，除焊枪摆动幅度要大于打底层外，其余操作手法与打底层相同。

（2）钨极氩弧骑座式水平固定管板焊操作

钨极氩弧骑座式水平固定管板焊的焊件图如图6-31所示。焊件材料为Q235钢。

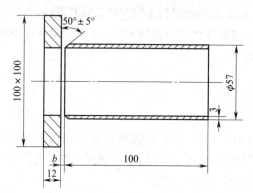

技术要求
1. 单面焊双面成形。
2. 钝边高度p和间隙b大小自定。
3. 定位焊缝允许打磨。

图6-31　钨极氩弧骑座式水平固定管板焊的焊件图

钨极氩弧骑座式水平固定管板焊的焊接参数见表6-21。

表6-21　　　　　钨极氩弧骑座式水平固定管板焊的焊接参数

焊接层次	焊丝直径（mm）	钨极直径（mm）	焊接电流（A）	电弧电压（V）	钨极伸出长度（mm）	喷嘴直径（mm）	氩气流量（L/min）
两层两道	ϕ2.5	ϕ2.4	80 ~ 90	11 ~ 13	5 ~ 7	8	6 ~ 8

钨极氩弧骑座式水平固定管板焊操作步骤见表6-22。

表6-22　　　　　钨极氩弧骑座式水平固定管板焊操作步骤

操作步骤	图示	说明
焊前准备		1. 将Q235钢管加工成ϕ57 mm×3 mm×100 mm，一侧加工50°坡口，Q235钢板加工成100 mm×100 mm×12 mm、直径为51 mm的孔板。清理管坡口及其两侧内、外表面和板孔周围20 mm范围内的铁锈、油污、水分及其他污物，直至露出金属光泽；然后用锉刀修磨管钝边为0.5 ~ 1 mm，去除毛刺 2. 选用WS—300型氩弧焊机，直流正接，焊丝选用低合金钢焊丝TIG—J50，直径为2.5 mm 　选用铈钨极（WCe—20），直径为2.4 mm，端头磨成30°圆锥形 　准备氩气瓶，气体纯度≥99.99% 3. 开启电源和气阀开关，检查焊机运转情况，调整好焊接参数

操作步骤	图示	说明
装配焊件，定位焊		装配时，将管子垂直于孔板，采用三点均布定位焊，但不得布置在焊接时钟6点的仰焊位置；焊缝长度为 5 ~ 8 mm，始焊的定位间隙要比终焊间隙小1 mm，定位焊缝质量与正式焊缝一样
焊接操作	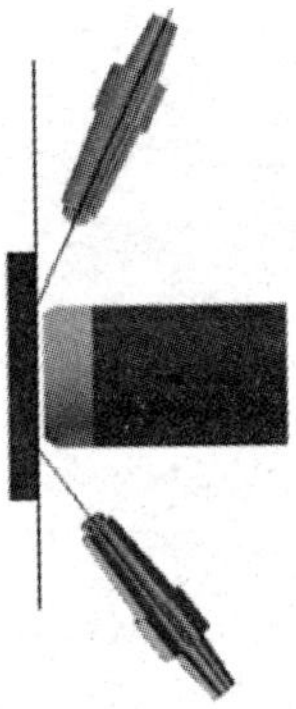	分别由前半部和后半部进行，从仰焊位置起焊，在平焊位置收弧。起焊点在管子中心线后 10 ~ 15 mm，在平焊位置越过管子中心线 10 ~ 20 mm 收尾 打底焊时，引燃电弧，先不加焊丝，待坡口熔化形成熔孔后，在熔池前沿填加焊丝，然后向前焊接。焊至平焊位置，停止加焊丝。焊丝做往复运动间断送入电弧内至熔池前方，呈滴状加入。焊丝送进要均匀、有规律，焊枪移动要控制坡口两侧熔透状态，焊缝成形均匀 盖面焊除焊枪横向摆动幅度稍大，焊接速度稍慢，焊接电流稍大些外，其余的操作方法同打底层焊接
焊后清理	—	焊后对焊缝及周围进行清理，检查焊接质量。关闭气路和电源，将焊枪连同输气管和控制电缆等盘好挂起。清理干净焊接现场

 操作提示

（1）无论是打底焊还是盖面焊，焊丝的端部始终处于氩气的保护范围内。

（2）严禁钨极的端部与焊丝、焊件接触，防止产生夹钨缺陷。

（3）当焊丝用完收弧时，按下衰减电流开关，使电弧能量减弱，从而使熔池温度降低，左手迅速更换焊丝，然后按动控制开关，恢复正常焊接。若焊机没有衰减功能，须熄弧，熄弧前向熔池内补充一滴熔滴，停弧 2 ~ 3 s 再移开焊枪。

（1）钨极端头变粗后必须及时修磨，以利于焊缝良好成形。磨削钨极时，应采用密封式或抽风式砂轮机，焊工应戴口罩。磨削完毕应洗净手脸。

（2）焊接时钨极端部严禁与焊丝接触，以免短路。

（3）手工钨极氩弧焊要根据焊件的材料选取不同的电源种类和极性，这对保证焊缝质量有重要作用。

电 阻 焊

课题 1　电阻焊及设备

电阻焊是指利用电流通过焊件接头的接触面及邻近区域产生的电阻热能，将被焊金属加热到局部熔化或达到高塑性状态，在外力作用下形成牢固的焊接接头的工艺过程。

一、电阻焊的分类

电阻焊是压焊中应用最广泛的一种焊接方法。它的分类方法很多，一般可根据接头形式和工艺方法、焊接电流以及电源能量种类进行划分，具体分类如图 7-1 所示。目前，常用的电阻焊方法主要是点焊、缝焊、凸焊和对焊，如图 7-2 所示。

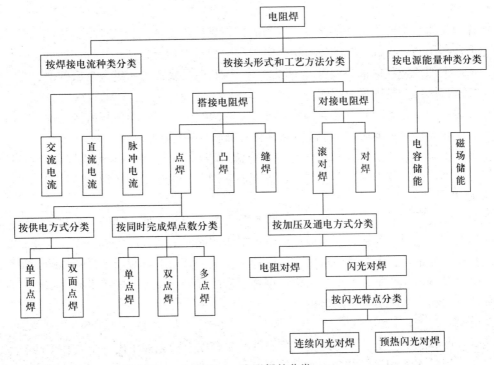

图 7-1　电阻焊的分类

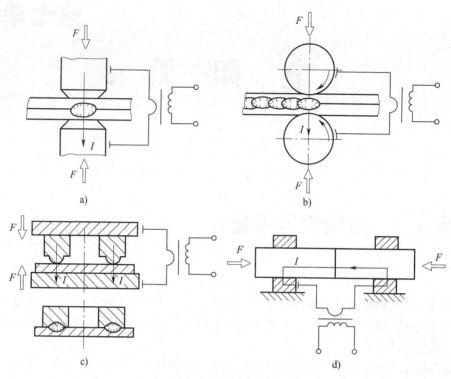

图 7-2　常用电阻焊方法
a）点焊　b）缝焊　c）凸焊　d）对焊

1. 点焊

点焊接头的装配形式为搭接接头。点焊时，将焊件压紧在两个圆柱形电极间，并通过很大的电流；利用两个焊件具有的较大接触电阻产生大量热量，迅速将焊件接触处加热到熔化状态，形成类似透镜状的液态熔池（即焊核）；当液态金属达到一定数量后断电，在压力的作用下液态金属冷却凝固形成焊点。

点焊适用于接头不要求气密，厚度小于 3 mm 的冲压、轧制的薄板搭接构件（如汽车驾驶室、客车厢体等薄板冲压件）、铁丝网、交叉钢筋等的焊接。

按焊件供电方式不同，点焊可分为单面点焊和双面点焊。按一次形成焊点的数目不同，点焊可分为单点焊、双点焊、多点焊。多点焊通常用于大批量生产的焊接结构中。

2. 缝焊

缝焊接头的装配形式为搭接接头。缝焊实际上是点焊的延伸，即用一个圆形的滚盘代替点焊所用的柱状电极。焊接时，电极在通电、加压的同时滚动，即可得到连续焊缝。在实际生产过程中，为了延长电极使用寿命，保证焊接质量，其通电电流通常是断续的，在焊件上形成一个个焊点，并使每个焊点之间相互重叠而形成焊缝。缝焊一般用于有气密性要求的构件（如汽车油箱、消声器等）的焊接。

3. 凸焊

凸焊是点焊的一种变形。它是在一个焊件的贴合面上预先加工出一个或多个凸起点，使其与另一个焊件表面相接触并通电加热，然后压塌，使这些接触点形成焊点的电阻焊方法。

凸焊时，一次可在接头处形成一个或多个熔核。除了板件凸焊外，凸焊的种类还有螺母和螺钉类零件凸焊、线材交叉凸焊、管子凸焊和板材 T 形凸焊等。

4. 对焊

对焊接头的装配形式一般为对接接头。按加压及通电方式的不同，对焊可分为电阻对焊和闪光对焊。它用于焊接长焊件或毛坯、环形或闭合焊件等。

对焊时，是把焊件分别夹持在两对夹具之间，将焊件的两端面对准，并在接触处通电加热进行焊接。电阻对焊与闪光对焊的区别在于操作方法不同，电阻对焊是焊件对正加压后再通电加热；而闪光对焊则是先向焊件通电，然后通过使焊件接触，形成闪光过程进行加热。

二、电阻焊的特点

1. 优点

（1）焊接生产效率高

例如，点焊时通用点焊机的生产效率约为 60 点 /min，而快速点焊机的生产效率可超过 500 点 /min；对焊直径为 40 mm 的棒材每分钟可焊 1 个接头；焊接厚度为 1 ~ 3 mm 的薄板时，缝焊焊接速度为 0.5 ~ 1 m/min。因此，电阻焊非常适用于大批量生产。

（2）焊缝质量好

由于电阻焊冶金过程简单，焊缝金属的化学成分均匀，并且基本上与母材一致；且热作用集中，受热范围小，热影响区很小，焊接变形较小，容易控制，因此能够获得质量较好的焊缝。

（3）焊接成本较低

电阻焊不使用填充材料，焊接时也不需要保护气体，所以在正常情况下除必要的电力消耗外，几乎没有其他消耗，因此焊接成本比较低。

（4）降低焊工的劳动强度

电阻焊的焊接操作较规范，易于实现机械化和自动化；焊接过程中既没有较强的弧光辐射，也没有有害气体的侵蚀，劳动条件比较好。

2. 缺点

综上所述，电阻焊的优点比较突出，但是至今仍未得到广泛应用，这主要是由于电阻焊还存在以下缺点：

（1）缺少简便、易行的检测手段

由于焊接过程进行得比较快，一旦焊接过程中某些工艺因素发生波动，对焊接过程的稳定性产生较大影响时，往往来不及调整。同时，焊后缺少简便、易行的无损检测手段。因此，对重要结构的焊接应慎重选用电阻焊。

（2）设备价格高

电阻焊设备比较复杂，除了必要的电力系统外，还需要精度较高的机械系统、水路系统，因而其整套设备的价格比一般焊机要高许多。

（3）焊件的厚度、形状和接头形式受到一定程度的限制

例如，点焊、缝焊一般只适用于薄板搭接，如果焊件厚度太大，则受到设备功率的限制；电阻对焊主要适用于紧凑截面（即装配后断面紧密接触）的对接接头，而对薄板类零件的焊接比较困难。

三、电阻焊设备

1. 点焊设备

（1）点焊机的分类

1）按电源性质分类。点焊机可分为工频点焊机（50 Hz 的交流电源）、脉冲点焊机（交流脉冲点焊机、直流脉冲点焊机、电容储能点焊机）以及变频点焊机（高频点焊机、低频点焊机）等。

2）按加压机构的传动装置分类。点焊机可分为脚踏式、电动凸轮式、气压传动式、液压传动式以及气压—液压传动式等点焊机。

3）按电极的运动形式分类。点焊机可分为垂直行程和圆弧行程等点焊机。

4）按焊点数目分类。点焊机可分为单点式、双点式和多点式点焊机。

5）按安装方式分类。点焊机可分为固定式、移动式或悬挂式等点焊机。

目前，常用的点焊设备有 DN—10 型、DN—25 型、DN1—40—1 型等点焊机。

（2）点焊机的组成

固定式点焊机的结构如图 7-3 所示，它由机座、加压机构、焊接回路、电极、传动与减速机构、开关与调节装置所组成。其中，主要部分是加压机构、焊接回路和开关与调节装置。

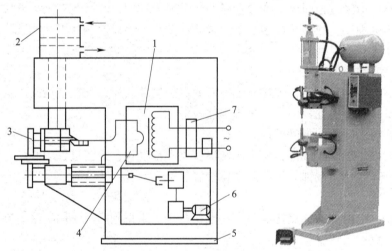

图 7-3　点焊机的结构及外形

1—电源　2—加压机构　3—电极　4—焊接回路　5—机座
6—传动与减速机构　7—开关与调节装置

1）加压机构。电阻焊在焊接中需要对焊件进行加压，所以加压机构是点焊机中的重要组成部分。

①性能要求。为了保证焊接质量，加压机构应力求满足下列要求：

a. 刚度要求。加压机构刚度要足够，避免在加压中因机臂刚度不足而发生挠曲，或因导柱失去稳定而引起上、下电极错位。

b. 工艺性要求。加压与消压动作灵活、轻便、迅速。加压机构应有良好的工艺性，适应焊件工艺特性的要求。

c. 稳定性要求。焊接开始时，能快速地将预压力全部压上，而焊接过程中压力应稳定，焊件厚度变化时，压力波动要小。

②加压机构的形式。由于各种产品要求不同，因此点焊机上有多种形式的加压机构。加工小型薄零件的点焊机多用弹簧、杠杆式加压机构；无气源车间的点焊机则采用电动机、凸轮加压机构；而更多的点焊机采用气压式或液压式加压机构。

2）焊接回路。焊接回路是指除焊件之外参与焊接电流导通的全部零件所组成的导电通路。它由变压器、电极夹、电极、机臂、导电盖板、母线和导电铜排等组成，如图7-4所示。

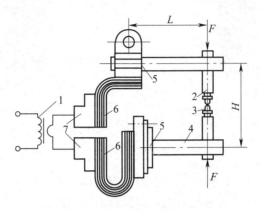

图7-4　焊接回路

1—变压器　2—电极夹　3—电极　4—机臂　5—导电盖板　6—母线　7—导电铜排

3）开关与调节装置。开关与调节装置由开关和同步控制机构两部分组成。开关的作用是控制电流的通断。同步控制机构的作用是调节焊接电流的大小，精确控制焊接程序，且当电路电压有波动时能自动进行补偿。

2. 凸焊设备

电阻凸焊机的结构与点焊机相似，仅是电极有所不同。凸焊机采用的是平板形电极。由此可见，利用电阻点焊机进行适当改装即可成为凸焊机。常用电阻凸焊设备有DTN—25型、DTN—75型、DTN—150型（见图7-5）凸焊机。

3. 缝焊设备

缝焊机与点焊机的区别在于用旋转的焊轮代替了固定的电极。缝焊机的分类如下：

（1）按焊件送进的方向不同，缝焊机可分为纵向缝焊机、横向缝焊机和通用缝焊机。

（2）按焊接电流的接通形式不同，缝焊机可分为连续接通式缝焊机、断续接通式缝焊机和调幅式缝焊机。

（3）按焊件移动的特点不同，缝焊机可分为焊件连续移动的缝焊机和焊件做步进式移动的缝焊机。

（4）按加压机构的传动装置不同，缝焊机可分为电力传动式缝焊机和气压传动式缝焊机。

（5）按电流性质的不同，缝焊机可分为工频（即50 Hz的交流电源）缝焊机、交流脉冲缝焊机、直流冲击波缝焊机、储能缝焊机、高频缝焊机和低频缝焊机。

目前常用的缝焊设备有FN—80型、FN—100型、FN—160—1型（见图7-6）缝焊机等。

图 7-5　DTN—150 型凸焊机　　　　图 7-6　FN—160—1 型缝焊机

4. 对焊设备

（1）对焊机的分类

1）按工艺方法不同，对焊机可分为电阻对焊机和闪光对焊机。

2）按用途不同，对焊机可分为通用对焊机和专用对焊机。

3）按送进机构不同，对焊机可分为弹簧式对焊机、杠杆式对焊机、电动凸轮式对焊机、气压送进与液压阻尼式对焊机、液压式对焊机。

4）按夹紧机构不同，对焊机可分为偏心式对焊机、杠杆式对焊机、螺旋式对焊机。

5）按自动化程度不同，对焊机可分为手动对焊机、自动对焊机或半自动对焊机。

常用的对焊设备有 UN2—16 型、UN2—40 型、UN2—63 型、UNY—80 型对焊机。

（2）对焊机的组成

对焊机主要由机架、焊接变压器、活动电极、固定电极、送给机构、夹紧机构等组成，如图 7-7 所示。

1）机架。一般由型材焊接而成，机座内装有焊接变压器、气压系统和控制系统。机架上安装夹紧机构和送给机构，并要承受较大的顶锻力，因此要求有足够的强度和刚度。

2）焊接变压器。焊接变压器为工频变压器。其电源的外特性取决于焊接回路的阻抗。当阻抗较大时，外特性较陡；阻抗较小时，外特性较缓。电阻对焊机一般采用具有陡降外特性的电源。焊接变压器二次绕组和电极均通水冷却。对焊机上装有观察水流通过情况的装置。

3）电极与夹紧机构。电极位于夹紧机构中，如图 7-8 所示。焊件置于上、下电极之间，通过手柄转动螺杆压紧。由于对焊机的电极既承受压力又传导电流。因此，其应该用高温下硬度和导电性好的材料制造，一般使用含硅量为 0.4% ~ 0.6%、含镍量为 2.3% ~ 2.6% 的铜合金。

4）送给机构。其作用是使焊件同夹具一起沿导轨移动，并提供必要的顶锻力，动作应平稳、无冲击。

图 7-7　电阻对焊机
1—夹紧机构与电极　2—导轨
3—送给机构　4—机架

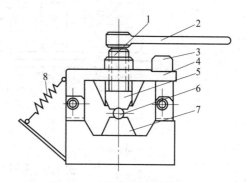

图 7-8　电极位于夹紧机构中
1—螺杆　2—手柄　3—锁扣　4—压杆
5—上电极　6—焊件　7—下电极　8—弹簧

课题 2　电阻点焊操作

一、电阻点焊过程（焊接循环）

1. 基本焊接循环

（1）预压阶段

将待焊的两个焊件搭接起来，置于上、下两个铜电极之间，然后施加一定的压力，将两个焊件压紧。这个阶段持续的时间称为预压时间。

（2）通电阶段

焊接电流通过工件，由电阻热将两个工件接触表面加热到熔化温度，并逐渐向四周扩大形成熔核。这个焊接电流通过的时间称为焊接时间。

（3）断电加压阶段

当熔核尺寸达到所要求的大小时，切断焊接电流，电极压力继续保持，熔核在电极压力作用下冷却结晶形成焊点。这个阶段持续的时间称为维持时间。维持时间是点焊的热处理时间。

（4）卸压阶段

焊点形成后，电极提起，去掉压力，直到下一个待焊点重新压紧工件之前。这个阶段的时间称为休止时间。休止时间只适用于焊接循环重复进行的场合。

如图 7-9 所示为电阻点焊基本循环。

2. 复杂焊接循环

为了提高焊点的物理性能和化学性能，可以在基本焊接循环中加入下列过程中的一个或多个：

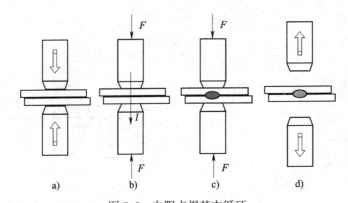

图 7-9 电阻点焊基本循环

a）预压阶段　b）通电阶段　c）断电加压阶段　d）卸压阶段

（1）采用预压压力，使电极和工件紧密贴合。

（2）通过预热降低工件开始焊接时的温度梯度。

（3）采用顶锻力压实熔核，防止产生裂纹和缩孔。

（4）对硬化合金钢增加回火、退火时间，以达到所需求的强度。

（5）采取焊后热处理，以细化晶粒。

（6）采用电流衰减的方式结束焊接，以延迟金属的冷却。

二、电阻点焊焊接参数

1. 影响电阻焊质量的主要因素

（1）焊接电流的影响

焊接电流太小，不能形成熔核或者熔核尺寸小，焊点强度低；焊接电流太大，会引起焊件过热、压痕过深、焊接时飞溅过大等。因此，在焊接过程中必须严格控制焊接电流。

（2）焊接时间的影响

为了保证熔核尺寸和焊接强度，焊接时间与焊接电流在一定范围内可以互相补充，为了获得一定强度的焊点，可以采取大电流和短时间，也可采用小电流和长时间。

（3）电极压力的影响

当电极压力过小时，会产生严重喷溅。这不仅使熔核形状和尺寸发生变化，而且污染环境且不安全，这是绝对不允许的。当电极压力过大时，会造成熔核尺寸减小，严重时会出现未焊透缺陷。

一般情况下，在增大电极压力的同时适当加大焊接电流或延长焊接时间，以使焊点强度维持不变，稳定性也可大幅提高。

（4）电极头端面尺寸的影响

电极头是指点焊时与焊件表面相接触的电极端头部分。电极头端面尺寸增大时，会使熔核尺寸增大，导致焊点承载能力降低。

（5）电阻焊对电极材料的要求

电极材料是决定电极使用寿命和焊接质量的重要因素之一。电阻焊对电极材料有以下要求：

1）有足够的高温硬度与强度，再结晶温度高。

2）有高的抗氧化能力，与焊件材料形成合金的倾向小。

3）在常温和高温都有较好的导电性和导热性。

4）具有良好的加工性能等。

2. 电阻点焊的焊接参数及确定步骤

（1）电阻点焊的焊接参数

电阻点焊的焊接参数主要包括预压时间、焊接时间、焊接电流、维持时间、休止时间、电极压力、电极头直径等。要选择电阻点焊的焊接参数，应根据焊件的材料、厚度和结构形式进行点焊试验，确定最佳焊接参数。低碳钢板点焊焊接参数见表7-1。

表 7-1 低碳钢板点焊焊接参数

厚度 （mm）	焊接电流 （A）	焊接时间 （s）	电极头直径 （mm）	电极压力 （N）	熔核直径 （mm）
0.3	3 000 ~ 4 000	0.06 ~ 0.20	3	300 ~ 400	4.0
0.5	4 000 ~ 6 000	0.12 ~ 0.48	4	450 ~ 1 350	4.3
0.8	5 000 ~ 7 500	0.16 ~ 0.60	5	600 ~ 1 900	5.3
1.0	5 600 ~ 8 800	0.20 ~ 0.72	5	750 ~ 2 250	5.4
1.2	6 100 ~ 9 800	0.24 ~ 0.80	6	850~2 700	5.8
1.5	7 090 ~ 10 000	0.30 ~ 0.90	6	1 400 ~ 3 800	5.8
2.0	8 000 ~ 13 300	0.40 ~ 1.28	8	1 500 ~ 4 700	7.6
3.0	10 000 ~ 17 000	0.64 ~ 2.10	10	2 600 ~ 8 000	8.5

（2）确定焊接参数的步骤

1）确定电极的端面形状和尺寸。

2）初步选定电极压力和焊接时间。选择电极压力时应考虑以下因素：

①高温强度越高的金属，电极压力应越大。

②焊接规范越硬（点焊硬规范是指在较短时间内通以大电流的规范，软规范是指在较长时间内通以小电流的规范），则电极压力应越大。为减少采用较小电极压力所带来的焊接区加热不足问题，可采用马鞍形压力变化曲线。

3）调节焊接电流，以不同的电流焊接试件。选择试件的焊接参数时，要充分考虑试件和焊件在分流、铁磁性物质影响以及装配间隙方面的差异，并适当加以调整。

4）经检查熔核直径符合要求后，再在适当的范围内调节电极压力、焊接时间和焊接电流。

5）再次进行试件的焊接和检验，直到焊点质量完全符合技术条件所规定的要求为止。

最常用的检验试件的方法是撕开法。优质焊点的标志：在撕开试件的一片上有圆孔，另一片上有圆凸台。厚板或淬火材料有时不能撕出圆孔和圆凸台，但可通过剪切的断口判断熔核的直径。必要时，还需进行低倍放大镜测量、拉伸试验和 X 射线探伤，以判定熔透率、抗剪强度及有无缩孔和裂纹等。

（3）修磨、调整电极端头

修磨好电极端头，尽量使表面光滑；调整好上、下电极的位置，保证电极端头平行，轴线对中。

三、电阻点焊的焊件搭接宽度及焊点间距要求

点焊时，搭接宽度的选择应满足焊点强度要求。厚度不同的材料所需焊点直径也不同，薄板，焊点直径小；厚板，焊点直径大。因此，不同厚度的材料搭接宽度不同，见表7-2。随着焊件厚度增大，硬度和刚度提高，焊点间距应加大，具体见表7-2。

表7-2   点焊搭接宽度及焊点间距最小值   mm

厚度	低碳钢		不锈钢		铝合金	
	搭接宽度	焊点间距	搭接宽度	焊点间距	搭接宽度	焊点间距
0.3+0.3	6	10	6	7	—	—
0.5+0.5	8	11	7	8	12	15
0.8+0.8	9	12	9	9	12	15
1.0+1.0	12	14	10	10	14	15
1.2+1.2	12	14	10	14	15	15
1.5+1.5	14	15	12	15	18	20
2.0+2.0	18	17	12	16	20	25
3.0+3.0	20	24	18	18	26	30
4.0+4.0	—	26	20	—	30	35

四、电阻焊的安全操作规程

1. 电阻焊的焊机安装必须牢固，可靠接地，其周围15 m内应无易燃、易爆物品，并备有专用消防器材。

2. 焊机安装应高出地面20 ~ 30 cm，周围应有专用排水沟。

3. 焊机的安装、拆卸、检修均由电工负责，焊工不得随意接线。

4. 为防止触电，焊机周围应保持干燥、清洁，并垫绝缘胶板，焊工穿好绝缘鞋。

5. 焊工必须戴防护眼镜，穿防护服，以免被金属飞溅物或焊件烫伤。

五、电阻点焊的操作要领

1. 点焊前清理

焊件表面必须清理，去除表面的油污、氧化膜，冷轧钢板的焊件表面无锈，因此只需去油污；铝及铝合金等焊件表面必须用机械或化学清理法去除氧化膜，并且必须在清理后规定的时间内进行焊接。

2. 焊件定位焊

焊件较大时应进行定位焊，保证焊点位置准确，防止变形。对点焊质量要求高的结构件进行定位焊时，要选用有精确控制（如恒流控制等）的点焊机，并在点焊前、焊接过程中、焊接结束时分别做好焊接试验试片，及时检验点焊质量。

3. 点焊操作

（1）进行点焊操作时，焊工站立操作，面向电极，右脚向前跨半步踩在脚踏开关上，左手持焊件，右手扳动开关或手动三通阀。

（2）保证焊件在焊接处紧密贴合，防止引起过热、烧穿、裂纹和金属飞溅等问题。

（3）将表面要求高的一面放在下电极上，尽可能加大下电极表面直径，或选用在平板定位焊机上进行焊接，使焊件表面压痕较小。

（4）点焊时要将焊件放平。焊接顺序的安排要使焊点交叉分布，使可能产生的变形均匀分布，避免产生累积变形。

（5）随时观察焊点表面状态，并及时修理电极端头，防止焊件表面粘住电极或烧伤。

六、电阻点焊设备的基本操作

1. 点焊机的连接

电阻点焊设备由点焊机、冷却用水箱、压缩空气机组成，如图7-10所示。

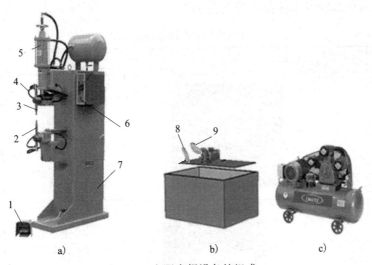

图 7-10　电阻点焊设备的组成

a）点焊机　b）冷却用水箱　c）压缩空气机

1—脚踏开关　2—下电极　3—上电极　4—冷却水管　5—气压泵　6—控制面板　7—机体　8—回水口　9—送水口

（1）点焊机与外电源的连接由电工负责，将点焊机本体后面电源的输入端与外部电源的刀开关相连。为防止绝缘电阻降低时操作者触电，应使用截面积 14 mm^2 以上的接地导线将点焊机外壳接地。

（2）用橡胶管将点焊机的进水口和出水口分别与冷却用水箱连接。要求连接牢靠，保证密封、不泄漏。

（3）使用耐压在 0.7 MPa 以上的空气用橡胶管，将压缩空气机与点焊机上的进气口相连接，保证密封、不泄漏。

（4）将脚踏开关插头插入点焊机本体正下方的插座上，并旋紧。

（5）将水箱上的水泵及压缩空气机的电源插头分别插入电源插座上。

电阻点焊设备的外部连接图如图 7-11 所示。

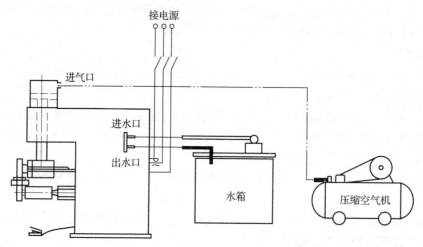

图 7-11　电阻点焊设备的外部连接图

2. 点焊机的基本操作

（1）点焊机的焊前基本操作步骤见表 7-3。

表 7-3 　　　　　　　　　　　　点焊机的焊前基本操作步骤

操作步骤	图示	说明
打开给水阀		打开给水阀，确认冷却水能够正常流通。测量水温，保证在常温下冷却水的温度在 30 ℃ 以下。如果冷却水量不足或水温超过 30 ℃ 时，点焊机不启动
调整电极，加压		将选择开关设在"调整 / 开"挡（见图 7-12）；踩住脚踏开关，用减压阀（位于点焊机的左侧面）调整压缩空气，使电极压力符合焊件厚度的要求。向右旋转减压阀，电极压力增大；向左旋转减压阀，电极压力减小

操作步骤	图示	说明
调整电极的工作行程与辅助行程	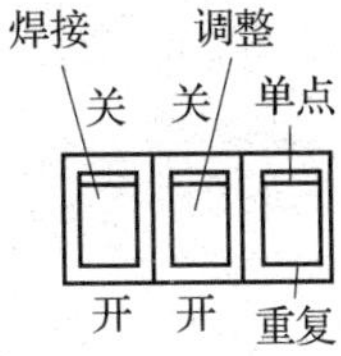 焊接 调整 关 关 单点 开 开 重复 "调整"开关	将"调整"开关设置为"开"，踩下脚踏开关，使电极下降，通过推进或拉出加压头上的限位销，实现工作行程和辅助行程的转换
调整电极握杆	—	在"调整"开关为"开"的状态下，观察电极的最大行程，调整减压阀，调试气缸的总行程 在调整电极握杆时注意气缸的总行程。在加压过程中，活塞行程应还有一定的余量才可以满足加压需要。如果活塞行程不够，焊接中会产生飞溅，或压紧力不够，造成焊接不良
调整电极下降、上升的速度	—	通过改变位于加压头气缸罩上的调整螺栓，可连续调整电极下降、上升的速度。调整螺栓右旋，电极移动速度变慢；调整螺栓左旋，电极移动速度变快。调整到合适的速度后，用锁定螺母固定调整螺栓的位置
调整焊接电流	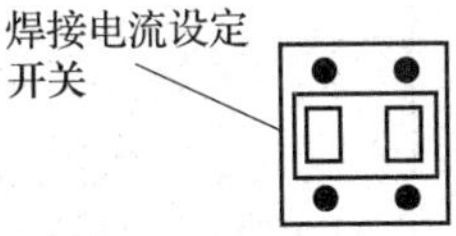 焊接电流设定开关	通过控制面板上的"焊接电流设定"开关调整焊接电流的大小
调整电极压力	 减压阀	通过减压阀按设定值调整压力表

操作步骤	图示	说明
调整焊接时间及延时时间	加压时间 焊接加热时间 保持时间 休止时间	用控制面板上相应的数字开关设定焊接时间及延时时间。数字开关的数值为周波数，1周波=0.02 s
设备启动、试焊		1. 合上电源开关；打开冷却水阀，排水管应有水流出；打开气源开关，调节气压；调节上、下电极，使两电极同轴，接触表面对齐并贴合良好 2. 试焊并检测点焊质量。根据试焊结果，调整冷却水流量、气源气压和焊接参数，完成焊接前准备工作

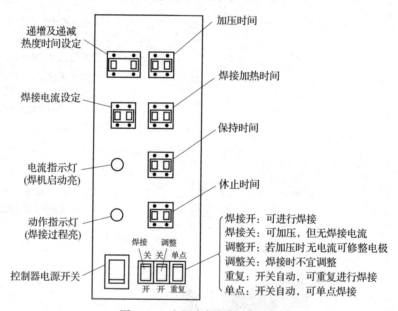

图 7-12　电阻点焊机控制面板

点焊机焊接参数调整举例：在点焊机上焊接两块厚度为 2 mm 的低碳钢板，预压时间调至 0.6 s 以上。初期加压时间应足以保证上、下两电极将焊件压紧，否则会引起飞溅。焊接时间调至 0.72 s；保持时间调至 0.2 s；休止时间调至 0.2 s。焊接电流调至约 10 300 A；压力调至约 3 000 N。应根据焊件要求的强度、电极前端形状等因素综合考虑，通过调整找到最佳的焊接参数。

（2）点焊机的焊后基本操作

点焊结束后，应先切断电源，10 min后再关闭水泵，停用冷却水。

🔧 安全提示

（1）点焊机应定期清理灰尘，保持清洁。

（2）定期检查点焊机的气压系统和液压系统，不应有堵塞和泄漏现象。气压系统的压力表要定期校验。要经常更换液压系统中的冷却水，保证水质干净，确保液压系统发挥良好的冷却作用。

（3）应定期修整电极头，以保证电极端头尺寸准确。

（4）定期检查点焊机接地状况，保持接地良好，以保证焊工的人身安全。

（5）停止使用点焊机时，系统中的冷却水必须排放干净，以免因低温引起结冰而损坏点焊机和控制柜。

（6）冷却水的进水及回水会因水质不同带有不同的电压，因此，严禁使用冷却水槽及回水管中的水洗手或进行其他洗涤工作；否则，有可能危及操作者人身安全。

（7）在夹紧焊件过程中，严禁将手指靠近电极头工作面附近，避免夹伤手指。

（8）由于点焊机在工作过程中会产生热量和金属飞溅物，因此，焊工在工作前必须正确穿着工作服和绝缘鞋，戴防护眼镜和手套，避免烫伤和发生危险。

七、电阻点焊技能训练

电阻点焊的焊件图如图7-13所示。焊件材料为Q235A钢。其板厚为1.5 mm，属于薄板。

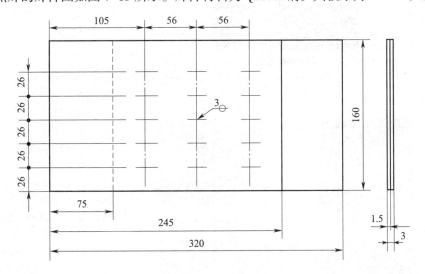

技术要求

1. 在直线的交叉点上进行电阻点焊。
2. 保证焊点良好熔合。

图7-13　电阻点焊的焊件图

薄板的电阻点焊操作步骤见表7-4。

表7-4 薄板的电阻点焊操作步骤

操作步骤	图示	说明
焊前准备	 DN2—200型电阻点焊机 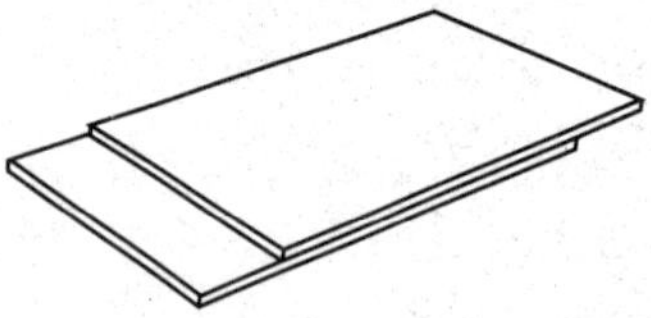 焊件  调节焊接参数	1. 选用DN2—200型电阻点焊机，电极直径为6.4 mm 2. 将Q235A钢板加工成245 mm×160 mm×1.5 mm，每组两块 3. 用钢丝刷清理焊件表面的铁锈及污物。应在短时间内焊接板料，避免发生氧化 4. 启动电阻点焊机 5. 通过控制面板的开关及旋钮，调节电阻点焊机的焊接参数：焊接电流为12 000 A；电极压力为3 800 N；预压时间为0.6 s，焊接时间为0.9 s，加压时间为0.4 s，休止时间为0.4 s 6. 按启动按钮，指示灯亮，表示准备工作结束
点焊操作	 电极端头预压  焊接，加热  焊点断电加压 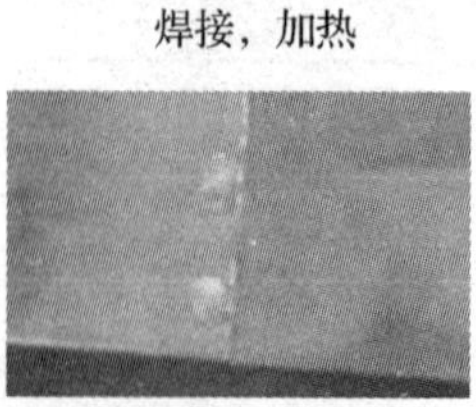 焊接休止，获得焊点	1. 预压 将焊件放置在下电极端头处，踩下脚踏开关，上电极下降，压紧焊件，经过一定时间的预压 2. 焊接 触发电路启动工作，按已调好的焊接电流对焊件通电加热。经过一定的时间，触发电路断电，焊接阶段结束 3. 加压 在焊件焊点的冷凝过程中，经过一定时间的锻压后，电磁气阀随之断开，上电极开始上升，锻压结束 4. 休止 经过一定的休止时间，抬起脚踏开关，获得焊点，则一个焊点焊接过程结束，为下一个焊点的焊接做好准备

操作步骤	图示	说明
焊后处理	—	1. 焊接停止时，及时关闭电源、水源、气源 2. 检查焊接质量，整理焊接现场

课题 3 闪光对焊操作

闪光对焊是指将焊件装配成对接接头，接通电源，并使其端面逐渐移近达到局部接触，利用电阻热加热这些触点（产生闪光），使端面金属熔化，直至端部在一定深度范围内达到预定温度时，迅速施加顶锻力完成焊接的方法。闪光对焊分为连续闪光对焊和预热闪光对焊两种。如图 7-14 所示为采用连续闪光对焊焊接钢轨现场及焊接后钢轨接头外观。

 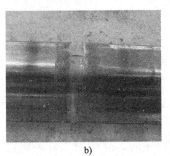

a) b)

图 7-14 闪光对焊钢轨及焊接后钢轨接头外观
a）闪光对焊钢轨 b）钢轨接头外观

一、闪光对焊的焊接过程（焊接循环）

一般闪光对焊的焊接过程可以分成预热、闪光（俗称烧化）、顶锻和休止等阶段，如图 7-15 所示。连续闪光对焊时无预热阶段，有休止阶段（与点焊相似，不再介绍）。

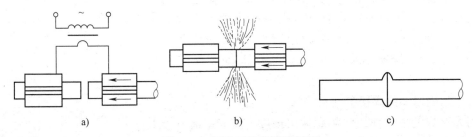

a) b) c)

图 7-15 闪光对焊的焊接循环
a）预热阶段 b）闪光阶段 c）顶锻阶段

1. 预热阶段

预热阶段是闪光对焊在闪光阶段之前先以断续的电流脉冲加热工件。

（1）预热的速度控制

一般预热时焊件的接近速度大于连续闪光初期速度，焊件短接后稍延时即快速分开呈开路，即进入匀热期，匀热延时后再原速接近，如此反复直至加热到预定温度。预热温度可以通过计数（短接次数）、计时或行程（设预热留量）来控制。

（2）预热的转换

预热结束，可以将焊件的接近速度降低，使焊件从预热阶段转入闪光阶段。转换的方式有两种：一种是强制转入闪光阶段，这样预热的热输入方式和能量可连续调节，且操作过程较稳定；另一种是采用自然转换方式，此时预热时的焊件靠近速度须选用闪光初期的靠近速度，当焊件端面升温到某个值时可自然转入闪光阶段。

2. 闪光阶段

闪光阶段是闪光对焊加热过程的核心。闪光的主要作用是加热工件。在此阶段中，先接通电源，并使两个工件端面轻微接触。电流通过时，接触点熔化，成为连接两个端面的液态金属过梁。在电流的作用下，随着动夹钳的缓慢推进，过梁的液态金属不断产生、蒸发。液态金属微粒不断从接口间喷射出来，形成火花急流——闪光。

在闪光过程中，工件逐渐缩短，端头温度也逐渐升高，动夹钳的推进速度也必须逐渐加大。在闪光过程结束前，工件端面间形成一层液态金属层，并在一定深度上使金属达到塑性变形温度。

在这个阶段中，闪光必须稳定而且强烈。所谓稳定，是指在闪光过程中不发生断路和短路现象。断路会减弱焊接处的自保护作用，接头易被氧化。短路会使工件过烧，导致工件报废。所谓强烈，是指在单位时间内有相当多的过梁爆破。闪光越强烈，焊接处的自保护作用越好，这在闪光后期尤为重要。

3. 顶锻阶段

在闪光阶段结束时，立即对工件施加足够的顶锻压力，接口间隙迅速减小，过梁停止爆破，即进入顶锻阶段。顶锻是实现焊接的最后阶段。顶锻时，要封闭焊件端面的间隙，排出液态金属层及其表面的氧化物杂质。顶锻阶段包括初期通电顶锻和断电继续顶锻（送进、加压）的过程。顶锻是一个快速的锻击过程。通电顶锻的作用是封闭焊件端面的间隙，以防止再氧化，这段时间越快越好。当端面间隙封闭后，断电并继续顶锻。

顶锻留量包括间隙、爆破留下的凹坑、液态金属层尺寸及变形量。加大顶锻留量有利于彻底排出液态金属和夹杂物，保证足够的变形量。一般建议最大扭曲角应不超过80°，使液态金属刚挤出接口呈"第三唇"即可，如图7-16所示。

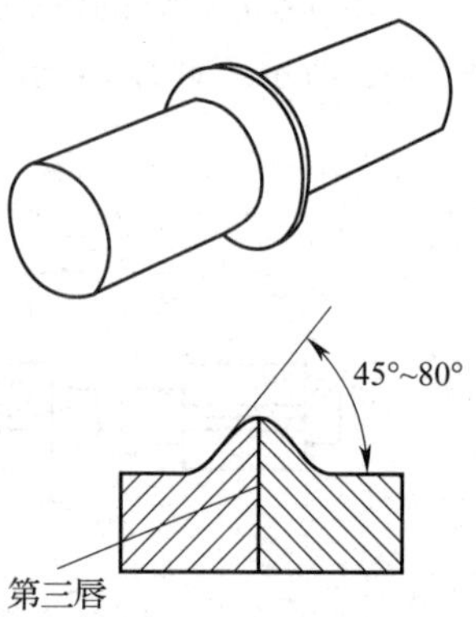

二、闪光对焊的焊接参数及选择

闪光对焊的主要焊接参数有伸出长度、闪光电流、顶锻电流、闪光留量、闪光速度、顶锻留量、顶锻速度、顶锻压力、夹钳的夹持力等。

图 7-16　合适的顶锻接头

1. 伸出长度

伸出长度是闪光对焊的一个主要参数。伸出长度是指焊件伸出夹钳电极端面的长度，一般用 L_0 表示。焊件各阶段留量分配如图 7-17 所示。一般情况下，棒材和厚臂管材 $L_0=$（0.7 ~ 1.0）d（d 为圆棒料的直径或方棒料的边长）。

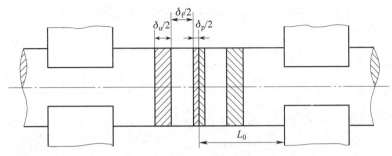

图 7-17　焊件各阶段留量分配

δ_p—预热留量　δ_f—闪光留量　δ_u—顶锻留量　L_0—伸出长度

对于薄板（厚度 $\delta = 1 \sim 4\ mm$），为了顶锻时不失稳，一般取 $L_0=$（4 ~ 5）δ。

不同金属闪光对焊时，为了使两个工件上的温度分布一致，通常是导电性和导热性差的金属 L_0 应较小。表 7-5 所列为常用金属闪光对焊的伸出长度 L_0 参考值。

表 7-5　　　　　　　　　　常用金属闪光对焊的伸出长度 L_0

材料名称		伸出长度	
左	右	左	右
低碳钢	奥氏体钢	1.2d	0.5d
中碳钢	高速钢	0.75d	0.5d
钢	黄铜	1.5d	1.5d
钢	铜	2.5d	1.0d

注：d 为工件直径或方棒料的边长，mm。

2. 闪光电流 I_f 和顶锻电流 I_u

闪光电流 I_f 取决于工件的截面积和闪光所需要的电流密度 j_f。j_f 的大小又与被焊金属的物理性能、闪光速度、工件截面积和形状以及端面的加热状态有关。在闪光过程中，随着闪光速度 v_f 的逐渐提高和接触电阻 R_c 的逐渐减小，j_f 将增大。顶锻时，R_c 迅速消失，电流将急剧增大到顶锻电流 I_u。闪光对焊时常用金属材料的 j_f 和 j_u（顶锻电流密度）参考值见表 7-6。

表 7-6　　　　　　　　闪光对焊时常用金属材料的 j_f 和 j_u 参考值

材料名称	j_f（A/mm^2）		j_u（A/mm^2）
	平均值	最大值	
低碳钢	5 ~ 15	20 ~ 30	40 ~ 60

材料名称	j_f（A/mm^2）		j_u（A/mm^2）
	平均值	最大值	
高合金钢	10 ~ 20	25 ~ 35	35 ~ 50
铝合金	15 ~ 25	40 ~ 60	70 ~ 150
铜合金	20 ~ 30	50 ~ 80	100 ~ 200
钛合金	4 ~ 10	15 ~ 25	20 ~ 40

电流的大小取决于焊接变压器的空载电压 U_{20}。因此，在实际生产中一般是给定二次空载电压。选择 U_{20} 时，应考虑焊机回路的阻抗。阻抗大时，U_{20} 需要相应提高。焊接截面积较大的工件时，有时采用分级调节二次电压的方法。开始时，用较高的 U_{20} 来激发闪光，然后降低到适当值。

3. 闪光留量 δ_f

选择闪光留量 δ_f 时，应使闪光结束时整个工件端面有一个熔化金属层，同时在一定深度上达到塑性变形温度。如果 δ_f 过小，则不能满足上述要求，会影响焊接质量；如果 δ_f 过大，又会浪费金属材料及降低生产效率。在选择 δ_f 时，还应考虑是否有预热阶段。因为预热闪光对焊时的 δ_f 可比连续闪光对焊小 30% ~ 50%。

4. 闪光速度 v_f

足够大的闪光速度才能保证闪光的强烈和稳定。但 v_f 过大会使加热区过窄，增加塑性变形的难度。同时，由于焊接电流增大，会增大过梁爆破后的火口深度，因此将会降低接头质量。选择 v_f 时还应考虑下列因素：

（1）被焊材料的成分和性能

含有易氧化元素多的或导电性、导热性好的材料，v_f 应较大。例如，闪光对焊奥氏体不锈钢和铝合金时的闪光速度要比闪光对焊低碳钢时的闪光速度大。

（2）根据是否有预热来确定

有预热时，容易激发闪光，因而可提高 v_f。

（3）要求顶锻前有强烈闪光

为使顶锻前有强烈闪光，v_f 应较大，以保证在端面上获得均匀的金属层。

5. 顶锻留量 δ_u

顶锻留量 δ_u 影响液态金属的排出和塑性变形的大小。δ_u 过小时，液态金属残留在接口中，易形成疏松、缩孔、裂纹等缺陷；δ_u 过大时，会因晶纹弯曲严重，降低接头的冲击韧度。δ_u 根据工件截面积选取，随着截面积的增大而增大。

顶锻时，为防止接口氧化，在端面接口闭合前不立刻切断电流，因此顶锻留量应包括有电流顶锻留量和无电流顶锻留量两部分。前者为后者的 0.5 ~ 1 倍。

6. 顶锻速度 v_u

为了避免接口区因金属冷却而造成液态金属排出及塑性金属变形的困难，以及防止端面金属氧化，要在时间 t（顶锻开始至挤出结束的时间）内完成顶锻过程，假设顶锻留量为

δ_u，则顶锻速度 v 应大于 δ_u/t。随着热导率的提高，顶锻时间应缩短，顶锻速度应提高。最小的顶锻速度取决于金属的性能。焊接奥氏体钢的最小顶锻速度均为焊接珠光体钢的两倍。导热性好的金属（如铝合金等）焊接时需要很高的顶锻速度（150 ～ 200 mm/s）。对于同一种金属，接口区温度梯度大的，由于接头的冷却速度快，也需要提高顶锻速度。表 7-7 所列为常用金属材料的闪光对焊推荐最低顶锻速度。

表 7-7　　　　　　　　　　常用金属材料的闪光对焊推荐最低顶锻速度

材料名称	最低顶锻速度（mm/s）	材料名称	最低顶锻速度（mm/s）
铸铁	20 ～ 30	铝合金	>200
低碳钢	60 ～ 80	纯铜	>200
高碳钢	50 ～ 60	黄铜	200 ～ 300
合金钢	80 ～ 100	镍	>760

7. 顶锻压力 F_u

顶锻压力 F_u 通常以单位面积的压力，即顶锻压强来表示。顶锻压强的大小应保证能挤出接口内的液态金属，并在接头处产生一定的塑性变形。顶锻压强过小，则变形不足，接头强度下降；顶锻压强过大，则变形量过大，晶纹弯曲严重，又会降低接头的冲击韧度。

顶锻压强的大小取决于金属性能、温度分布特点、顶锻留量和顶锻速度、工件截面形状等因素。高温强度高的金属要求大的顶锻压强。增大温度梯度就要提高顶锻压强。由于高的闪光速度会导致温度梯度增大，因此，焊接导热性好的金属（如铜、铝及其合金等）时需要大的顶锻压强（150 ～ 400 MPa）。常用金属材料的闪光对焊顶锻压强见表 7-8。

表 7-8　　　　　　　　　　常用金属材料的闪光对焊顶锻压强

材料名称	顶锻压强（MPa）	
	连续闪光对焊	预热闪光对焊
低碳钢	60 ～ 80	40 ～ 60
中碳钢	80 ～ 100	40 ～ 60
高碳钢	100 ～ 120	40 ～ 60
低合金钢	100 ～ 120	40 ～ 60
奥氏体钢	150 ～ 220	100 ～ 140
纯铜	250 ～ 300	未采用
黄铜	140 ～ 180	未采用
青铜	140 ～ 180	40
纯铝	120 ～ 150	未采用
铝合金	150 ～ 300	未采用
纯钛	30 ～ 60	30 ～ 40

8. 预热闪光对焊参数

除上述焊接参数外，还应考虑预热温度和预热时间。

（1）预热温度

预热温度根据工件截面积和材料性能选择。焊接低碳钢时，一般不超过 900 ℃。随着工件截面积增大，预热温度应相应提高。

（2）预热时间

预热时间与焊机功率、工件截面积及金属的性能有关，可在较大范围内变化。预热时间取决于所需预热温度。

预热过程中，预热造成的缩短量很小，不作为焊接参数来规定。

9. 夹钳的夹持力 F_c

在闪光对焊中，必须保证顶锻时工件不打滑。夹钳的夹持力 F_c 与顶锻压力 F_u 和工件与夹钳间的摩擦因数 f 有关。它们的关系是 $F_c \geqslant \dfrac{F_u}{2f}$。通常 $F_c = (1.5 \sim 4.0) F_u$，截面紧凑的低碳钢取下限值，冷轧不锈钢板取上限值。当夹具上带有顶撑装置时，夹紧力可以大大降低，此时 $F_c = 0.5 F_u$ 就足够了。

三、常用金属的闪光对焊

1. 常用黑色金属的闪光对焊

（1）碳素钢的闪光对焊

碳素钢电阻系数高，加热时碳元素的氧化为接口提供保护性气氛 CO 和 CO_2，不含有生成高熔点氧化物的元素等，因而它属于焊接性较好的材料。

随着钢中含碳量的增加，电阻系数增大，结晶区间、高温强度及淬硬倾向都随之增大，因而需要相应增大顶锻压强和顶锻留量。为了减轻淬火的影响，可采用预热闪光对焊，并进行焊后热处理。

碳素钢闪光对焊时，在接头处易形成含碳量低的贫碳层（呈白色，又称亮带）。贫碳层的宽度随着钢含碳量的降低、预热时间的延长而增宽；随着含碳量的提高和气体介质氧化倾向的减弱而变窄。采用长时间的热处理可以消除贫碳层。

碳素钢闪光对焊使用最多。只要焊接条件选择适当，对焊时一般不会出现困难。

（2）合金钢的闪光对焊

合金元素含量对钢性能的影响和应采取的工艺措施如下：

1）钢中的铝、铬、硅、钼等元素易生成高熔点氧化物，应增大闪光速度和顶锻速度，以防止焊件端面氧化。

2）合金元素含量增加，高温强度提高，应增大顶锻压强。

3）对于珠光体钢，合金元素含量增加，淬火倾向性就增大，应采取防止淬火脆化的措施。

表 7-9 所列为碳素钢和合金钢闪光对焊的焊接参数。

表 7-9　　　　　　　　　　碳素钢和合金钢闪光对焊的焊接参数

| 材料名称 | 平均闪光速度（mm/s） | | 最大闪光速度（mm/s） | 顶锻速度（mm/s） | 顶锻压强（MPa） | | 焊后热处理 |
	预热闪光对焊	连续闪光对焊			预热闪光对焊	连续闪光对焊	
低碳钢	1.5 ~ 2.5	0.8 ~ 1.5	4 ~ 5	15 ~ 30	40 ~ 60	60 ~ 80	不需要

材料名称	平均闪光速度（mm/s）		最大闪光速度（mm/s）	顶锻速度（mm/s）	顶锻压强（MPa）		焊后热处理
	预热闪光对焊	连续闪光对焊			预热闪光对焊	连续闪光对焊	
低碳钢及低合金钢	1.5 ~ 2.5	0.8 ~ 1.5	4 ~ 5	≥ 30	40 ~ 60	100 ~ 110	缓冷、回火
高碳钢	≤ 1.5	≤ 0.8	4 ~ 5	15 ~ 30	40 ~ 60	110 ~ 120	缓冷、回火
珠光体高合金钢	3.5 ~ 4.5	2.5 ~ 3.5	5 ~ 10	30 ~ 150	60 ~ 80	110 ~ 180	回火、正火
奥氏体钢	3.5 ~ 4.5	2.5 ~ 3.5	5 ~ 8	50 ~ 160	100 ~ 140	150 ~ 220	一般不需要

低合金钢闪光对焊的特点与中碳钢相似，具有淬硬倾向，应采用相应的热处理方法。这类钢高温强度高，易生成氧化物夹杂，需要采用较大的顶锻压强、较高的闪光速度和顶锻速度。

高碳合金钢除具有高碳钢的特点外，还含有一定数量的合金元素。由于含碳量高，结晶温度区间宽，接口处的半熔化区就较宽，如果顶锻压力不足，塑性变形量不够，残留在半熔化区内的液态金属将形成疏松组织，还因含有合金元素，会形成高熔点氧化物夹杂。因此，需要较高的闪光速度和顶锻速度、较大的顶锻压强和顶锻留量。

奥氏体钢的主要合金元素是 Cr 和 Ni，这种钢高温强度高，导电性和导热性差，熔点低（与低碳钢相比），又有大量易形成高熔点氧化物的合金元素（如 Cr）。因此，要求有大的顶锻压强、高的闪光速度和顶锻速度。高的闪光速度可以减小加热区，有效地防止热影响区晶粒急剧长大和耐腐蚀性的降低。

2. 常用有色金属的闪光对焊

（1）铝及铝合金的闪光对焊

铝及铝合金具有导电性和导热性好、熔点低、易氧化且氧化物熔点高、塑性温度区窄等特点，给焊接带来困难。

铝合金闪光对焊的焊接性较差，焊接参数选择不当时，极易产生氧化物、疏松等缺陷，使接头强度和塑性急剧降低。闪光对焊时，必须采用很高的闪光速度和顶锻速度、大的顶锻留量和强迫成形的顶锻模式，所需比功率也要比钢件大得多。

（2）铜及铜合金的闪光对焊

铜的导热性比铝好，熔点较高，因而比铝要难焊得多。纯铜进行闪光对焊时，很难在端面形成液态金属层及保持稳定的闪光过程，也很难获得良好的塑性温度区。为此，焊接时需要很高的最大闪光速度、顶锻速度和顶锻压强。

铜合金（如黄铜、青铜等）的闪光对焊比纯铜容易。黄铜闪光对焊时由于锌的蒸发而使接头性能下降，为了减少锌的蒸发，也应采用很高的最大闪光速度、顶锻速度和顶锻压强。

铝及铝合金、铜及铜合金闪光对焊的焊接参数见表7-10。

表 7-10　　　　　铝及铝合金、铜及铜合金闪光对焊的焊接参数

焊接参数	材料尺寸（mm）															
	铜			黄铜（H62）		黄铜（H59）		黄铜（QSn6.5—1.5）带材厚		铝棒材直径				铝合金		
														2A50		5A06
	棒材直径 d=10	管材 9.5×1.5	板材 44.5×10	棒材直径										板材厚度		板材厚度
				6.5	10	6.5	10	1~4	4~8	20	25	30	38	4	6	4~7
空载电压（V）	6.1	5.0	10.0	2.17	4.41	2.4	7.5	—	—	—	—	—	—	6	7.5	10
最大电流（kA）	33	20	60	12.5	24.3	13.5	41	—	—	58	63	6	63	—	—	—
伸出长度（mm）	20	20	—	15	22	18	25	25	40	38	43	50	65	12	14	13
闪光留量（mm）	12	—	—	6	8	7	10	15	25	17	20	22	28	8	10	14
闪光时间（s）	1.5	—	—	2.5	3.5	2.0	2.2	3	10	1.7	1.9	2.8	5.0	1.2	1.5	5.0
平均闪光速度（mm/s）	8.0	—	—	2.4	2.3	3.5	4.5	5	2.5	11.3	10.5	7.9	5.6	5.8	6.5	2.8
最大闪光速度（mm/s）	—	—	—	—	—	—	—	12	6	—	—	—	—	15.0	15.0	6.0
顶锻留量（mm）	8	—	—	9	13	10	12	—	—	13	13	14	15	7.0	8.5	12.0
顶锻速度（mm/s）	200	—	—	200~300	200~300	200~300	200~300	125	125	150	150	150	150	150	150	200
顶锻压强（MPa）	380	290	224	—	230	—	250	—	60~150	64	170	190	120	180~200	200~220	130

焊接参数	材料尺寸（mm）															
	铜			黄铜（H62）		黄铜（H59）		黄铜（QSn6.5—1.5）带材厚		铝棒材直径				铝合金		
	棒材直径 d=10	管材 9.5×1.5	板材 44.5×10	棒材直径		棒材直径								2A50		5A06
														板材厚度		板材厚度
				6.5	10	6.5	10	1~4	4~8	20	25	30	38	4	6	4~7
有电流顶锻留量（mm）	6	—	—	—	—	—	—	—	—	6.0	6.0	7.0	7.0	3.0	3.0	6~8
比功率（kV·A/mm²）	2.6	2.66	1.35	0.9	1.35	0.95	2.7	0.5	0.25	—	—	—	—	0.4	0.4	—

（3）钛及钛合金的闪光对焊

钛及钛合金闪光对焊的主要问题是由于淬火和吸收气体（如氢、氧等）而使接头塑性降低。钛合金的淬火倾向与加入的合金元素有关。如果加入稳定 β 相元素，则淬火倾向增大，塑性将进一步降低。如果采用强烈闪光的连续闪光对焊，不加保护气体就可获得满意的接头。当采用闪光速度和顶锻速度较小的预热闪光对焊时，应在氩气或氦气保护气氛中焊接，预热温度为 1 000 ~ 1 200 ℃，焊接参数与焊接钢材基本一致，只是闪光留量稍有增加。此时可获得塑性较高的接头。

四、闪光对焊的操作要领

闪光对焊工件准备的要求包括端面几何形状、毛坯端头的加工和表面清理。

闪光对焊时，两个工件对接面的几何形状和尺寸应基本一致；否则，将不能保证两个工件的加热和塑性变形一致，从而将会影响接头质量。在生产中，圆形工件直径的差别应不超过 15%，方形工件和管形工件的尺寸差别应不超过 10%。

在闪光对焊截面积较大的工件时，最好将一个工件的端部倒角，使电流密度增大，以便于激发闪光。这样就可以不用预热或在闪光初期提高二次电压。可以在剪床、冲床、车床上加工对焊毛坯端头，也可以用等离子弧或气体火焰切割，然后清理端面。

闪光对焊时，因端部金属在闪光时被烧掉，故对端面的清理要求不太严格。但是，对夹钳和工件接触面的清理要求应与电阻对焊一样。

五、电阻闪光对焊机的安装与操作

1. 电阻闪光对焊机的安装与连接

以 UN1—25 型闪光对焊机（见图 7-18）为例，介绍电阻闪光对焊机的安装与连接。

（1）闪光对焊机的四个支脚各有一个直径为 18 mm 的安装孔，用紧固螺栓固定于地面，不需要特殊的地基。

（2）闪光对焊机的一次电压为 380 V，一次引线不宜过细、过长。

（3）闪光对焊机应连接冷却水，保证水压不小于 0.15 MPa，选用水温为 5 ~ 30 ℃ 的工业用水。

2. 电阻闪光对焊机的控制面板

闪光对焊机的控制面板上有三个电流挡位不同的插座，可根据所需的焊接电流大小选择不同电流值范围的电流挡位插座，将活动插头（见图 7-19）插入插座内即可。焊接过程通电时间的长短可由焊工通过按钮开关及行程开关控制。按钮开关及行程开关可控制中间继电器，由中间继电器使接触器接通或切断焊接电源。

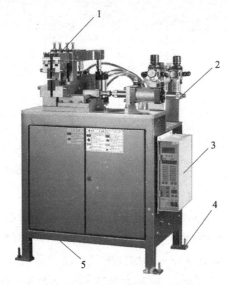

图 7-18　UN1—25 型闪光对焊机

1—夹紧机构和电极　2—操纵杆　3—控制箱　4—支脚　5—机架

活动插头

图 7-19　闪光对焊机的控制面板

3. 电阻闪光对焊机的基本操作

（1）焊接前基本操作步骤见表 7-11。

表 7-11　　　　　　　　　　　电阻闪光对焊机的焊接前基本操作步骤

操作步骤	说明
转动手柄	对焊机为手动偏心轮夹紧机构。当转动夹紧机构的手柄时，偏心轮通过夹具上板对焊件加压，上、下电极间距离可通过调节螺栓来调节。当偏心轮松开时，在弹簧的作用下去除电极压力
选择钳口	焊接前先按焊件的形状选择钳口。如果焊件为棒材，可直接用焊机配置的钳口；如果焊件为异形件，应按焊件形状制作钳口
对正钳口	使钳口的两条中心线对准，将两个试棒放于下钳口定位槽内，观察两个试棒是否对齐。如果试棒能对齐，焊机即可使用；如果试棒无法对齐，应调整钳口 调整时，先松开夹紧螺栓，再调整调节螺杆，并适当移动下钳口，获得最佳位置后，拧紧夹紧螺栓
调整钳口的距离	应按照焊接工艺的要求调整钳口的距离。当操纵杆在最左端时，钳口（电极）间距应等于焊件伸出长度与挤压量之差；当操纵杆在最右端时，电极间距相当于两个焊件伸出长度再加上 2 ~ 3 mm（即焊前的原始位置）。可以通过调节螺栓调整该距离

操作步骤	说明
装夹焊件	（1）先用手柄转动夹紧螺栓，适当调整上钳口的位置 （2）把两个焊件分别插入上、下钳口之间 （3）转动手柄，使夹紧螺栓夹紧焊件。必须确保焊件有足够的夹紧力，方能施焊；否则可能导致烧毁钳口 （4）将待焊的两个焊件焊接面对齐且压紧，即可进行焊接

（2）焊接后基本操作

1）闪光对焊完成后，用手柄松开夹紧螺栓。

2）将套钩卸下，则夹紧臂受弹簧的作用而向上提起。

3）取出焊件，拉回夹紧臂，套上套钩，可以进行下一轮焊接。

六、闪光对焊技能训练

闪光对焊的焊件图如图 7-20 所示。

技术要求

1. 该圆钢选用对焊机进行闪光对焊。
2. 焊后保证两根圆钢同轴。

图 7-20　闪光对焊的焊件图

闪光对焊操作步骤见表 7-12。

表 7-12　　　　　　　　　　　闪光对焊操作步骤

操作步骤	图示	说明
焊前准备	**焊件**	1. 选用 UN1—25 型闪光对焊机 2. 按图样要求将 $\phi16$ mm 圆钢下料，准备两段长度为 140 mm 的圆钢作为待焊的电阻对焊焊件 3. 用钢丝刷清理焊接端面的铁锈及污物 4. 调节对焊参数，具体如下： 伸出长度为 14 mm；焊接电流为 2 kA；闪光留量为 8 mm；闪光时间为 6.75 s；顶锻留量为 3 mm；顶锻压强为 70 MPa；夹钳的夹持力为 3 500 N

操作步骤	图示	说明
焊接操作	 装配焊件 　　移近焊件  闪光阶段 　　顶锻阶段 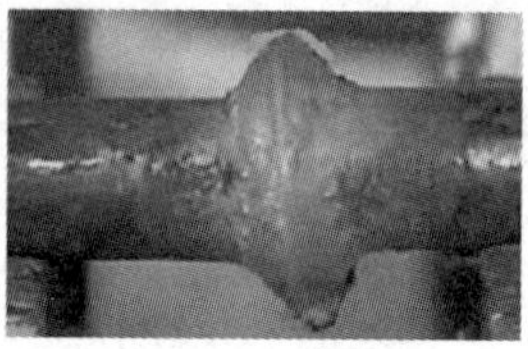 闪光对焊的焊接接头	1.先将两个焊件的焊接面对齐,装配成对接接头,调节伸出长度为14 mm 并压紧 2.将夹在电极中的两段焊件移近到相互接触状态,但不能压紧,仅有一些点接触。通电后,由于接触电阻很大,其电流密度约为 2 000 A,接触处的金属被迅速加热熔化 3.熔化金属形成"过梁",在焊接电流的作用下,被迅速加热到沸点而引起蒸发,形成过梁爆破,进入闪光状态。随着动电极的缓慢推进,过梁不断产生和爆破 4.焊接面形成一层液态金属,进入顶锻阶段。对焊件施加足够的顶锻压力,然后切断焊接电流 5.在顶锻压力的作用下,接触面的液态金属及氧化物等杂质被挤出,洁净的塑性金属紧密接触,获得牢固的焊接接头
焊后处理	—	1.焊接停止时,及时关闭电源等。按照基本操作,取下焊件,并将焊机复原 2.检查焊接质量,整理焊接现场

🔧 **安全提示**

（1）焊机应定期清理灰尘,保持清洁。

（2）定期检查气压系统、液压系统,不应有堵塞和泄漏现象。气压系统中压力表要定期校验。液压系统中的冷却水要经常进行更换,以保证水源干净,才能起到很好的冷却作用。

（3）定期检查焊机接地是否良好,以保证操作者人身安全。

（4）冷却水的进水及回水中均会因水质不同带有不同的电压,因此,严禁使用冷却水槽及回水管中的水洗手或进行其他洗涤工作;否则有可能危及焊工的人身安全。

（5）在夹紧焊件过程中,严禁将手指靠近焊钳工作面附近,避免夹伤手指。

（6）焊机在工作过程中会产生热量和金属飞溅物,焊工在工作前必须穿好工作服和绝缘鞋,戴好防护眼镜和手套,避免烫伤和产生危险。

第八单元

等离子弧焊与切割及其他焊接技术

课题 1　等离子弧焊原理、设备及材料

等离子弧焊与等离子弧切割是在钨极氩弧焊的基础上形成的，是焊接领域中较有发展前途的一种先进工艺。等离子弧焊利用等离子弧的高温，可以焊接电弧焊所不能焊接的金属材料，甚至解决了氩弧焊所不能解决的极薄金属焊接问题；等离子弧切割可以切割氧乙炔焰不能切割的难熔金属和非金属。

一、等离子弧的形成及类型

1. 等离子弧的形成

焊条电弧焊所形成的电弧（见图 8-1a）未受到外界的约束，弧柱的直径随电弧电流及电压的变化而变化，能量不能高度集中，温度限制在 5 730 ～ 7 730 ℃，故称为自由电弧。如果对自由电弧的弧柱进行强迫"压缩"，就能将导电截面收缩得比较小，从而使能量更加集中，弧柱中气体充分电离，这样的电弧称为等离子弧。

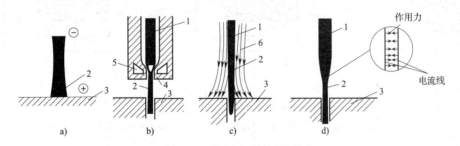

图 8-1　等离子弧的压缩效应

a）焊条电弧焊的电弧　b）机械压缩效应　c）热收缩效应　d）磁收缩效应
1—钨极　2—电弧　3—工件　4—喷嘴　5—冷却水孔　6—冷却气流

对自由电弧的弧柱进行强迫压缩作用通称"压缩效应"。"压缩效应"有以下三种形式：

（1）机械压缩效应

如图 8-1b 所示，在钨极（负极）和焊件（正极）之间加上一个较高的电压，通过激发使气体电离形成电弧，此时用一定压力的气体作用于弧柱，强迫其通过水冷喷嘴细孔，弧柱便受到机械压缩，使弧柱截面积缩小，称为机械压缩效应。

（2）热收缩效应

如图 8-1c 所示，当电弧通过水冷喷嘴，同时又受到不断送给的高速等离子气体流（如氩气、氮气、氢气等）的冷却作用，使弧柱外围形成一个低温气流层，电离度急剧下降，迫使弧柱导电截面进一步缩小，电流密度进一步提高，弧柱的这种收缩称为热收缩效应。

（3）磁收缩效应

电弧弧柱受到机械压缩和产生热收缩效应后，喷嘴处等离子弧的电流密度大大提高。若把电弧看成一束平行的同向电流线，则其自身磁场所产生的电磁力使之相互吸引，由此而产生电磁收缩力，这种磁收缩作用迫使电弧更进一步受到压缩，如图 8-1d 所示。

在以上三种效应的作用下，弧柱被压缩到很细的程度，弧柱内气体也得到了高度的电离，温度高达 16 000 ~ 33 000 ℃，能量密度剧增，而且电弧挺度好，具有很强的机械冲刷力，形成高能束的等离子弧。

2. 等离子弧的类型

根据电源的不同接法，等离子弧可以分为非转移弧、转移弧、联合型弧三种。

（1）非转移弧

钨极接电源负极，喷嘴接电源正极时形成非转移弧。等离子弧在钨极与喷嘴内表面之间产生（见图 8-2a），连续送入的等离子气体穿过电弧空间，形成从喷嘴喷出的等离子焰。这种等离子弧产生于钨极与喷嘴之间，工件本身不通电，而是被间接加热熔化，其热量的有效利用率不高，故不宜用于较厚材料的焊接和切割。

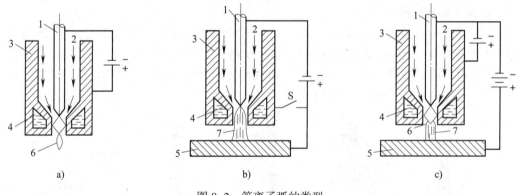

图 8-2　等离子弧的类型

a）非转移弧　b）转移弧　c）联合型弧

1—钨极　2—等离子气　3—喷嘴　4—冷却水孔　5—工件　6—非转移弧　7—转移弧

（2）转移弧

钨极接电源负极，工件和喷嘴接电源正极形成转移弧。首先，在钨极和喷嘴之间引燃小电弧，随即接通钨极与工件之间的电路，再切断喷嘴与钨极之间的电路，同时钨极与喷嘴间的电弧熄灭，电弧转移到钨极与工件间直接燃烧，这类电弧称为转移弧，如图 8-2b 所示。这种等离子弧可以直接加热工件，提高了热量有效利用率，故可用于中等厚度以上工件的焊接与切割。

（3）联合型弧

转移弧和非转移弧同时存在的等离子弧称为联合型弧，如图 8-2c 所示。联合型弧的两个电弧分别由两个电源供电。主电源加在钨极和工件间产生等离子弧，是主要的焊接热源。另一个电源加在钨极和喷嘴间产生小电弧，称为维持电弧。维持电弧在整个焊接过程中连续燃烧，其作用是维持气体电离，即在某种因素影响下等离子弧中断时，依靠维持电弧可立即使等离子弧复燃。联合型弧主要用于微弧等离子焊接和粉末材料的喷焊。

二、等离子弧焊

等离子弧焊是指借助水冷喷嘴对电弧的约束作用，获得较高能量密度的等离子弧进行焊接的方法。它是利用特殊构造的等离子弧焊枪所产生的高达几万摄氏度的高温等离子弧，有效地熔化焊件而实现焊接的过程，如图 8-3 所示。

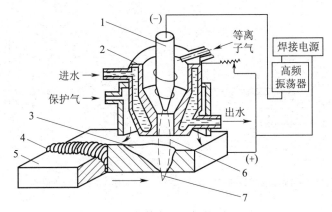

图 8-3　等离子弧焊的原理

1—钨极　2—喷嘴　3—小孔　4—焊缝　5—焊件　6—等离子弧　7—尾焰

1. 等离子弧焊方法

等离子弧焊有小孔型等离子弧焊、熔透型等离子弧焊、微束型等离子弧焊三种基本方法。

（1）小孔型等离子弧焊

小孔型等离子弧焊又称穿孔、锁孔或穿透焊，其焊缝成形原理如图 8-4 所示。利用等离子弧能量密度大、电弧挺度好的特点，将焊件的焊接处完全熔透，并产生一个贯穿焊件的小孔。在表面张力的作用下，熔化金属不会从小孔中滴落下去（小孔效应）。随着焊枪的前移，小孔在电弧后锁闭，形成完全熔透的焊缝。

小孔型等离子弧焊采用的焊接电流范围为 100 ~ 300 A，适用于焊接 2 ~ 8 mm 厚的合金钢板材，可以不开坡口及背面不用衬垫进行单面焊双面成形。

（2）熔透型等离子弧焊

当等离子气流量较小、弧柱压缩程度较弱时，等离子弧在焊接过程中只熔透焊件，但不产生小孔效应的熔焊过程称为熔透型等离子弧焊，主要用于薄板单面焊双面成形及厚板的多层焊。

（3）微束型等离子弧焊

采用 30 A 以下的焊接电流进行熔透型的等离子弧焊称为微

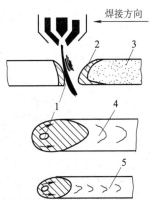

图 8-4　小孔型等离子弧焊
焊缝成形原理

1—小孔　2—熔池　3—焊缝
4—焊缝正面　5—焊缝背面

束型等离子弧焊。当焊接电流小于 10 A 时，电弧不稳定，所以往往采用联合型弧的形式，即使焊接电流小到 0.05 ~ 10 A 时，电弧仍有较好的稳定性。它一般用来焊接细丝和箔材。

2. 等离子弧焊的焊接设备

手工等离子弧焊的焊接设备由焊接电源、焊枪、控制系统、气路系统和水路系统等部分组成。其外部线路连接如图 8-5 所示。

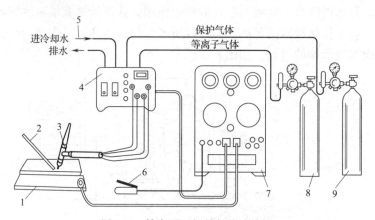

图 8-5　等离子弧焊外部线路连接

1—工件　2—填充焊丝　3—焊枪　4—控制系统　5—水路系统
6—启动开关（常安装在焊枪上）　7—焊接电源　8、9—气路系统

（1）焊接电源

一般采用具有垂直下降外特性或陡降外特性的弧焊电源，以防止焊接电流因弧长的变化而变化，从而获得均匀、稳定的熔深及焊缝外形尺寸。一般不采用交流电源，只采用直流电源正接。与钨极氩弧焊相比，等离子弧焊所需的电源空载电压较高。

电源空载电压根据所用等离子气体而定，采用氩气作为等离子气体时，空载电压应为 65 ~ 80 V；当采用氩气和氢气或氩气与其他双原子气体的混合气体作为等离子气体时，电源空载电压应为 110 ~ 120 V。

（2）焊枪

等离子弧焊枪主要由枪体、喷嘴、电极夹头、保护绝缘套、手柄等组成，如图 8-6 所示。其中最关键的部件为喷嘴和电极。

焊枪是等离子弧焊设备中的关键组成部分（又称等离子弧发生器），对等离子弧的性能及焊接过程的稳定性起着决定性作用。焊枪安装与使用是否正确，直接影响焊枪的使用性能和寿命、焊接过程稳定性以及焊缝成形质量等。

1）喷嘴。喷嘴是等离子弧焊枪的关键零件，它的结构类型和尺寸以及与钨极的相互位置对等离子弧性能起着决定性作用。钨极、喷嘴与工件的相互位置及主要尺寸如图 8-7 所示。典型等离子弧焊枪的喷嘴结构如图 8-8 所示。大部分等离子弧焊枪采用圆柱形压缩孔道，而收敛扩散型压缩孔道有利于电弧的稳定。

2）电极与喷嘴的同轴度。电极偏心会使等离子弧偏斜，影响焊缝成形和喷嘴使用寿命。这也是造成双弧的主要原因之一。在使用过程中，可以通过观测高频引弧的火花在电极四周分布的情况来检查电极与喷嘴的同轴度，如图 8-9 所示。一般高频火花布满四周 80% 以上，其同轴度才满足要求。

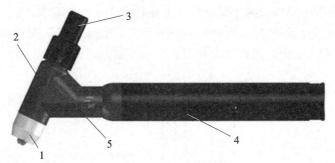

图 8-6　等离子弧焊枪

1—喷嘴　2—枪体　3—电极夹头　4—手柄　5—保护绝缘套

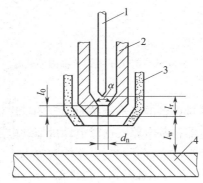

图 8-7　钨极、喷嘴与工件的相互位置及主要尺寸

1—钨极　2—压缩喷嘴　3—保护罩　4—工件

d_n—喷嘴孔径　l_0—喷嘴孔道长度　l_r—钨极内缩长度　l_w—喷嘴到工件的距离　α—压缩角

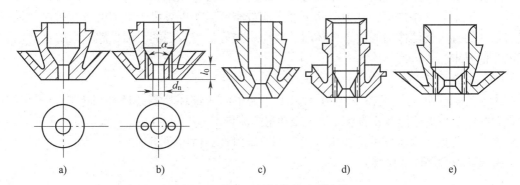

图 8-8　等离子弧焊枪的喷嘴结构

a）圆柱单孔型　b）圆柱三孔型　c）收敛扩散单孔型　d）收敛扩散三孔型　e）带压缩段的收敛扩散三孔型

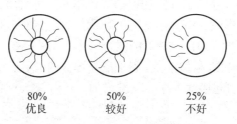

图 8-9　电极与喷嘴同轴度及高频火花

对于常用电极中的钨极，为了保证焊接电弧稳定，不产生双弧，钨极也应与喷嘴同轴，而且钨极的内缩长度 l_r 要合适。钨极的内缩长度 l_r（见图 8-10）对电弧压缩作用有影响。l_r 增大时，压缩作用大，但 l_r 过长易引起双弧。一般取 $l_r = l_0 \pm$（0.2 ~ 0.5）mm。

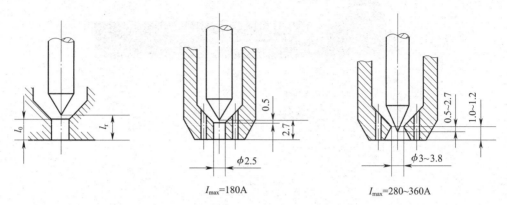

图 8-10　等离子弧焊钨极内缩长度

（3）控制系统

控制系统的作用是控制焊接设备的各部分按照预定的程序进入、退出工作状态。整个设备的控制电路通常由高频发生器控制电路、送丝电动机拖动电路、焊接小车或专用工艺装备控制电路以及程序控制电路等组成。程序控制电路控制等离子气预通时间、等离子气流递增时间、保护气预通时间、高频引弧及电弧转移、焊件预热时间、电流衰减熄弧、延迟停气等。

（4）气路系统

等离子弧焊接设备的气路系统较复杂，由等离子气路部分、正面保护气路部分及反面保护气路部分等组成，而等离子气路部分还必须能够进行衰减控制。为此，等离子弧焊设备气路系统一般采用两路供给，其中一路可经气阀放空，以实现等离子气体的衰减控制。采用氩气与氢气的混合气体作为等离子气体时，气路中最好设有专门的引弧气路，以降低对电源空载电压的要求。

（5）水路系统

由于等离子弧的温度在 10 000 ℃以上，为了防止烧坏喷嘴并增加对电弧的压缩作用，必须对电极及喷嘴进行有效的水冷却。冷却水的流量不得小于 3 L/min，水压不小于 0.15 MPa。水路系统中应设有水压开关，在水压达不到要求时切断供电回路。

3. 等离子弧焊所用材料

（1）气体

所采用的气体分为等离子气体和保护气体。

大电流等离子弧焊时，等离子气体和保护气体用同一种气体；否则会影响等离子弧的稳定性。而小电流等离子弧焊时，等离子气体一律用氩气；保护气体可以用氩气，或者可以用 Ar（95%）（体积分数，下同）+H_2（5%）的混合气体、Ar（95% ~ 80%）+CO_2（5% ~ 20%）的混合气体等。保护气体中加入 CO_2，有利于消除焊缝内气孔，并能改善焊缝表面成形，但 CO_2 不宜加入过多；否则引起熔池下塌，飞溅增加。

（2）电极和极性

一般采用铈钨极作为电极，焊接不锈钢、合金钢、钛合金、镍合金等采用直流正接。焊接铝、镁及其合金时采用直流反接，并使用水冷铜电极。

为了便于引弧和提高等离子弧的稳定性，一般电极端部磨成60°的尖角。电流小、钨极直径较大时锥角可磨得更小一些。电流大、钨极直径大时可磨成圆台形、圆台尖锥形、球形等，以减少电极的烧损。钨极的端部形状如图8-11所示。

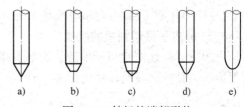

图8-11　钨极的端部形状
a）尖锥形　b）圆台形　c）圆台尖锥形
d）锥形　e）球形

课题 2

等离子弧切割设备及材料

等离子弧切割是利用高温、高速和高能的等离子气流来加热和熔化被切割材料，并借助被压缩的高速气流，将熔化的材料吹除而形成狭窄割口的过程，如图8-12所示。

由于等离子弧的温度远远超过所有金属和非金属的熔点，因此等离子弧切割过程不是依靠氧化反应，而是靠熔化来切割材料。所以，等离子弧可以切割氧乙炔焰和普通电弧所不能切割的铝、铜、镍、钛、铸铁、不锈钢和高合金钢等，并能切割大部分难熔金属和非金属。而且切割速度快，割口狭窄、光洁、质量好。

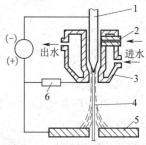

图8-12　等离子弧切割原理
1—钨极　2—进气管　3—喷嘴
4—等离子弧　5—割件　6—电阻

一、等离子弧切割设备

1. 设备分类

按工作气体不同，等离子弧切割设备分为非氧化性气体等离子弧切割机和空气等离子弧切割机。

（1）非氧化性气体等离子弧切割机

非氧化性气体（如 H_2、$Ar+H_2$、N_2、N_2+H_2、N_2+Ar 等）等离子弧切割机主要适用于厚度较大的不锈钢及铝合金等有色金属的切割。这类切割机国产的有 LG—400—1 型（自动切割和手工切割两用）、LG3—400—1 型、LG—500 型和 LG—250 型（手工切割用）等。

（2）空气等离子弧切割机

自 20 世纪 80 年代中期起，我国相继研制并生产出各种功率、不同品种的空气等离子弧切割机，可以采用干燥的压缩空气作为工作气体。空气是氮气（80%，体积分数）+ 氧气（20%，体积分数）的混合气体，其切割性能介于氮气和氧气等离子弧之间，既可用于切割不锈钢和铝合金，也适用于切割碳素钢和低合金钢等。

空气等离子弧切割机的型号有 G40—D 型、G100—D 型、G250—D 型（G—D 系列单割炬型）；LGK8—25 型、LGK8—40 型、LGK8—110 型（LGK8 系列）；LG—50K 型、LG—60K

型、LG—80 型（LG 系列小电流型）等。

2. 等离子弧切割机的组成

等离子弧切割机包括电源、高频发生器、控制系统（控制箱）、水路系统、气路系统及割炬等。其外部线路连接如图 8-13 所示。

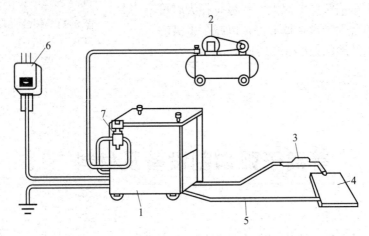

图 8-13 等离子弧切割机外部线路连接

1—电源 2—空气压缩机 3—割炬 4—工件 5—接工件电缆 6—电源开关 7—过滤减压网

（1）电源

电源应具有陡降的外特性曲线。等离子弧的工作电压比电弧焊要高，为 100 ~ 200 V。为了维持这种高电压电弧的稳定燃烧，空载电压为 150 ~ 400 V。切割大厚度板用的大功率电源要求空载电压高达 500 V。

（2）控制箱

控制箱主要包括程序控制接触器、高频振荡器和电磁气阀、水压开关等。等离子弧切割过程的控制程序框图如图 8-14 所示。

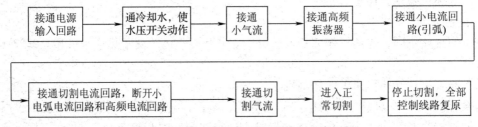

图 8-14 等离子弧切割过程的控制程序框图

（3）水路系统

由于等离子弧切割的割炬在 10 000 ℃以上的高温下工作，为保证正常切割必须通水冷却，冷却水流量应大于 2 ~ 3 L/min，水压为 0.15 ~ 0.2 MPa。水管不宜设置太长。冷却水一般用自来水即可满足要求，也可采用循环水。

（4）气路系统

气路系统的作用是防止钨极氧化、压缩电弧和保护喷嘴不被烧毁，一般气体压力应为 0.25 ~ 0.35 MPa。

（5）割炬

等离子弧割炬（又称割枪）如图8-15所示。它主要由本体、电极组件、喷嘴和压帽等部分组成。其中，喷嘴是割炬的核心部分，其结构形式和几何尺寸对等离子弧的压缩和稳定有重要影响。当喷嘴孔径过小而孔道长度太长时，等离子弧不稳定，甚至不能引弧，且容易造成双弧。

实践证明，喷嘴孔径与压缩孔道长度之比为1：（1.5 ～ 1.8）时较为合适，即喷嘴孔径为2.4 ～ 4.0 mm时，配合压缩孔道长度为4.0 ～ 7.5mm。喷嘴由纯铜制成，壁厚一般为1.5 ～ 2.0 mm。

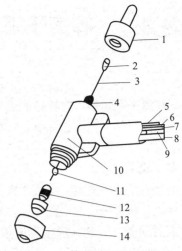

图8-15 等离子弧割炬的构造

1—割炬盖帽 2—电极夹头 3—电极 4、12—O 形环
5—工作气体进气管 6—冷却水排水管 7—切割电缆
8—小弧电缆 9—冷却水进水管 10—割炬体
11—对中块 13—水冷喷嘴 14—压帽

二、等离子弧切割材料

1. 气体

等离子弧切割金属材料时，可用氩气、氮气、氢气、氧气或它们的混合气体作为切割用气体。除此之外，空气等离子弧切割采用的气体是压缩空气。气体种类一般根据被切割材料、厚度及切割工艺条件选用。表8-1 所列为等离子弧切割常用气体的选择。

表8-1 等离子弧切割常用气体的选择

工件厚度（mm）	气体种类（体积分数）	空载电压（V）	切割电压（V）	主要用途
≤ 120	N_2	250 ～ 350	150 ～ 200	不锈钢、有色金属及合金钢
≤ 150	N_2+Ar（N_2 占60% ～ 80%）	200 ～ 350	120 ～ 200	
≤ 200	N_2+H_2（N_2 占50% ～ 80%）	300 ～ 500	180 ～ 300	
≤ 200	Ar+H_2（H_2 占35%）	250 ～ 500	150 ～ 300	
≤ 150	压缩空气（约含80%N_2、20%O_2）	240 ～ 320	160 ～ 190	碳素钢、低合金钢

2. 电极与极性

电极一般选用铈钨极，采用直流正接，电极损耗小，等离子弧燃烧稳定。如果使用空气等离子弧切割，一般采用镶嵌式纯锆或纯铪电极。它是将纯锆或纯铪镶嵌在纯铜座中，用直接水冷方式，可以承受较大的工作电流，并减少电极损耗。

课题 3　　等离子弧切割操作

一、等离子弧切割工艺参数的选择

等离子弧切割工艺参数主要包括切割电流、空载电压、切割速度、气体流量、电极内缩量、喷嘴与工件的距离等。

1. 切割电流

切割电流及电压决定了等离子弧功率及能量的大小。在增大切割电流的同时，应相应增强其他参数。如果只增大切割电流，则切口会变宽，喷嘴烧损会加剧，而且过大的切割电流会产生双弧现象。因此，应根据电极和喷嘴来选择合适的电流。一般切割电流可按下式选取：

$$I = (70 \sim 100)d$$

式中　I——切割电流，A；

　　　d——喷嘴孔径，mm。

2. 空载电压

空载电压高，易于引弧，特别是切割大厚度的板材时，空载电压相应要高。空载电压还与割炬结构、喷嘴至工件的距离、气体流量有关。

3. 切割速度

提高切割速度，会使切口区域受热减小，切口变窄，甚至不能切透工件。但是，如果切割速度过慢，切口表面粗糙，甚至在切口底部会形成熔瘤，致使清渣困难。因此，应该在保证工件切透的前提下，尽可能选择大的切割速度。

4. 气体流量

气体流量要与喷嘴孔径相适应。气体流量大，有利于压缩电弧，能量更为集中；同时工作电压也随之提高，可提高切割速度和切割质量。但是，如果气体流量过大，会使电弧散失一定的热量，降低切割能力。

5. 电极内缩量

电极内缩量是指电极端头至喷嘴外表面的距离，一般以 8 ~ 11 mm 为宜。

6. 喷嘴与工件的距离

在电极内缩量一定的情况下，用等离子弧切割一般厚度的工件时，喷嘴与工件的距离为 6 ~ 8 mm；当用等离子弧切割厚度较大的工件时，喷嘴与工件的距离可增大到 10 ~ 15 mm。

二、等离子弧切割的操作要领

1. 起割方法

切割前，应将工件表面的起割点清理干净，使其导电良好。切割时，应从工件边缘开始，待工件边缘切穿后再移动割炬。如果不允许从工件的边缘起割（切割内孔），则应根据切割板厚，在板上钻出直径为 8 ~ 15 mm 的小孔作为起割点。

2. 切割过程

将喷嘴对准工件的切割起始点（尽量避免在工件的中央打孔引弧切割，以延长喷嘴的使用寿命），闭合割炬开关，电源自动延时 0.5 s 左右后开始引弧。引弧成功并割穿工件后，移动割炬。切割完毕，断开割炬开关，此时喷嘴中仍有气体流出，约延时冷却 10 s 左右，完成切割周期。切割周期中喷嘴的移动如图 8-16 所示。

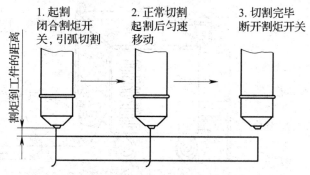

图 8-16 切割周期中喷嘴的移动

3. 切割速度的控制方法

如前所述，切割速度过大或过小都不能获得质量满意的切口。一般是在保证切透的前提下，切割速度应尽量大一些。另外，起割时要适时掌握好割炬移动速度。起割时工件是冷的，割炬应停留一段时间，使工件充分预热，待割穿后才开始移动割炬。但是，如果停留时间过长，会使起割处切口过宽，甚至因阳极斑点已向前离去而使电弧拉得过长而熄灭。待电弧已稳定燃烧、工件已割透时，焊炬应立即向前匀速移动。

4. 喷嘴与工件的距离

在整个切割过程中，喷嘴与工件的距离应保持恒定。如果这段距离产生波动，会使切口不平整。

5. 割炬的角度

在整个切割过程中，割炬应尽可能与割件保持垂直。有时为了提高切割质量和生产效率，可将割炬在切口所在的平面向切割的相反方向倾斜 45°。切割薄板时，后倾角可大些。采用大功率切割厚板时，后倾角不能太大。

三、等离子弧切割机的连接与基本操作

下面以 HDY—500 型等离子弧切割机为例，介绍等离子弧设备的连接、切割前基本操作及操作面板。

1. 等离子弧设备的连接

（1）将等离子弧设备安放在干燥、通风且比较洁净的地方，并且注意主机进风口、出风口与墙壁或其他遮挡物之间的距离不小于 200 mm。

（2）将供电开关放置在离设备尽量近的地方，并且严格执行安全用电接地规范。

（3）按照图 8-17 所示的等离子弧切割机外部线路连接图连接气路系统、水路系统的管道和电路电缆线。

1）供气软管要连接在主机后面板上侧过滤减压器的输出接头上，以保证气体清洁、干燥、无油。

2）电路连接后，要合理安排电缆放置的位置。割炬引线（特别是机用割炬）要尽可能避开切割时产生的切割火花和刚切下的热金属，以防烫坏引线，引起事故。

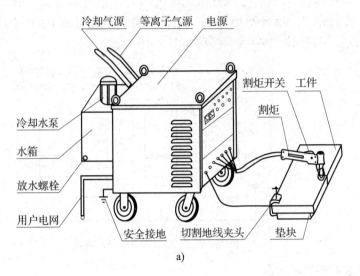

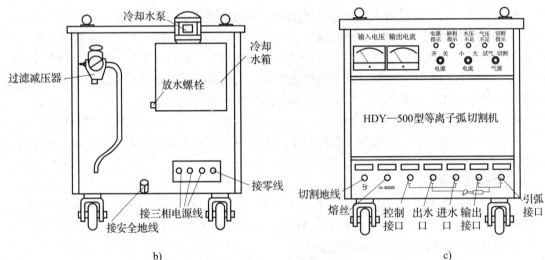

图 8-17 HDY—500 型等离子弧切割机主机外部线路连接

a）主机外部连接立体图 b）后面板的连接 c）前面板的连接

3）手工割炬电缆的铜接口对准电源前面板下方所对应的螺纹接头，旋上并拧紧即可。机用割炬通常安装在数控切割机床、半自动切割机或仿形切割机上使用。这时一定要注意安装牢靠，并且要求夹固处的割炬外壳与夹固件之间具有良好的绝缘，可在割炬外套一个直径比割炬大 10 mm 的尼龙圈，以防止引弧时击穿其外壳。

（4）把小车、工件安放在适当位置。将电源前面板下方的"切割地线"夹头紧密地夹紧在工件上或与工件有可靠电接触的工作台上，使电源与工件构成电气回路，保证等离子弧能引出，进行正常切割。如果接触不良，有可能造成接触处严重发热，切割效果不良，甚至烧坏切割地线。

2. 等离子弧切割机的基本操作

等离子弧切割机的基本操作步骤见表 8-2。

表 8-2	等离子弧切割机的基本操作步骤
操作步骤	说明
安全检查	在开始切割前，检查等离子弧切割机的放置位置和通风状况等安全防护措施
连接检查	检查等离子弧切割机的气路系统、水路系统和电路的连接是否正确、牢固；气管、水管是否密封 检查并确保割炬及易耗件已经安装正确并完好无损
接通电源开关	闭合电源前面板上"电源"开关，电源指示灯亮，冷却风扇转动，转动方向应为向内吸风。如果风扇转向相反，则应把三相供电进线中的任意两根换接，使之转向正常。电源前面板如图 8-18 所示 检查水路系统工作是否正常。简单的判断方法如下：检查水箱回流水管，水管里应该有足够的回流水，电源面板上"水压不足"指示灯不亮
调整切割工艺参数	在切割机后侧的空气减压器上调节气体流量大小；在切割机前面板上调节电流旋钮，选择切割电流的大小，顺时针旋转为大，反之为小
试切割	把"气源"开关置于"试气"挡，正常状态下气流从割炬喷嘴中顺畅流出，且后面板上空气减压器上的压力表指示值为 0.42 MPa 左右。如果与上述状况不符，应调节过滤减压器手柄（顺时针方向旋转为增压，反之为减压）。如果压力值正常，"气压不足"指示灯灭，则表示供气正常。这时，可将"气源"开关置于"切割"挡，等待进行切割 检查试割件的割口质量，并根据工件的材料，用"电流"选择开关调整输出电流的大小。反复试切和调整，直至割口的质量符合要求为止

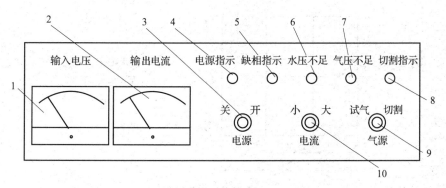

图 8-18　HDY—500 型等离子弧切割机前面板

HDY—500 型等离子弧切割机面板开关、指示灯的名称、作用与说明见表 8-3。

表 8-3　　**HDY—500 型等离子弧切割机面板开关、指示灯的名称、作用与说明**

序号	名称	作用	说明
1	输入电压表	显示输入交流电压	接通输入电压即有显示值
2	输出电流表	显示负载电流	引弧切割时即有显示值
3	电源开关	接通或断开电源	更换零件或维修时须关闭

序号	名称	作用	说明
4	电源指示灯	供电显示	电源通电即亮
5	缺相指示灯	输入供电缺相显示	电源外壳未接地时也会亮
6	水压不足指示灯	供水不足显示	当水压小于 0.05 MPa 时亮
7	气压不足指示灯	供气不足显示	当气压小于 0.25 MPa 时亮
8	切割指示灯	切割显示	当电源输出直流电流时亮
9	气源开关	切换切割、试气状态	切割时通常置于切割位置
10	电流选择开关	选择切割电流的大小	顺时针旋转为大，反之为小

四、等离子弧切割技能训练

等离子非转移弧切割与氧乙炔焰切割在技术上比较相似。由于等离子转移弧切割需要与被割工件构成电源回路，在操作中如果割炬和工件距离过大就要断弧。因此，操作过程中割炬就不如氧乙炔焰切割自由，同时还由于割炬体积较大，使切割时的可见性差，也给等离子弧切割操作带来一定困难。需要经过反复练习才能掌握操作技能。

等离子弧切割的割件图如图 8-19 所示。割件为不锈钢钢管，材料为 1Cr18Ni9Ti。

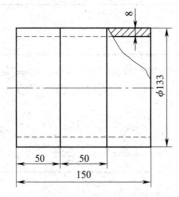

技术要求
垂直度公差为 ±1。

图 8-19　等离子弧切割的割件图

不锈钢钢管的等离子弧切割工艺参数见表 8-4。

表 8-4　　　　　　　　不锈钢钢管的等离子弧切割工艺参数

钨极直径（mm）	钨极内缩量（mm）	喷嘴至割件距离（mm）	喷嘴孔径（mm）	喷嘴直径（mm）	空气压力（MPa）	气体流量（L/min）	切割速度（mm/min）	切割电流（A）	切割电压（V）
φ5.0	8	5~7	φ0.9	φ4.0	0.40	12	450	185	120

不锈钢钢管等离子弧切割操作步骤见表 8-5。

表 8-5 不锈钢钢管等离子弧切割操作步骤

操作步骤	图示	说明
焊前准备	 割件 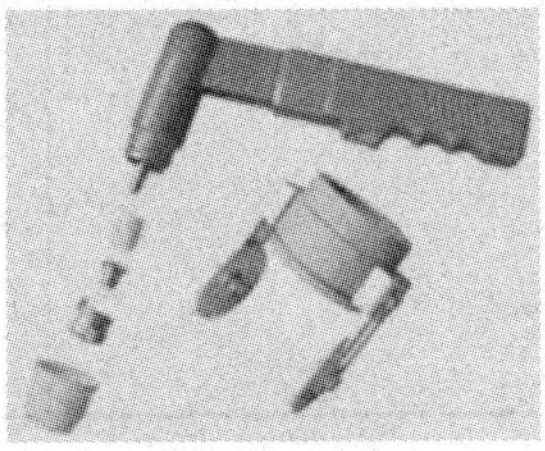 　　 割炬与喷嘴  调节气压  　　 调节电流	1. 准备 $\phi 133\ mm \times 8\ mm \times 150\ mm$ 的不锈钢钢管为割件 2. 选择 HDY—500 型等离子弧切割机,气源为压缩空气 3. 根据割件的材料和厚度选择直径合适的喷嘴,并正确安装割炬的各零部件 4. 根据割件的工艺要求调节压缩空气的切割压力和切割电流等工艺参数。具体切割工艺参数见表 8-4
切割操作	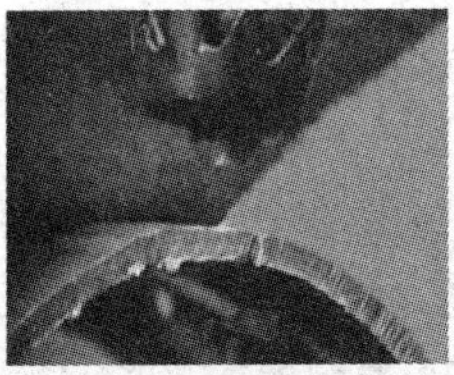 选择割件边缘 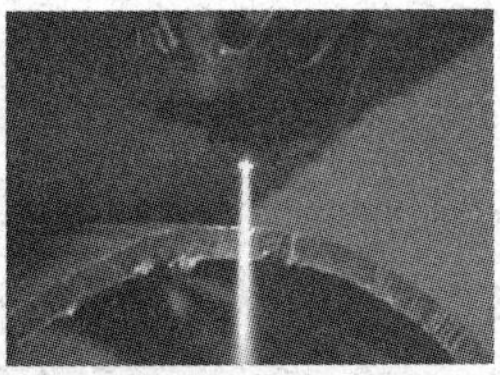 　　 引燃等离子弧  保持喷嘴与工件的距离  喷嘴离工件过近  　　 喷嘴离工件过远	1. 将割炬移近割件起割边缘,保持割炬垂直于被切割件,并控制好喷嘴与割件表面间距离 2. 开启割炬开关,引燃等离子弧 切透割件后,向切割方向匀速移动割炬,切割速度以切穿为前提,宜快不宜慢。速度过慢将影响切口质量,甚至断弧 3. 保持喷嘴与工件表面的距离,距离为 $5 \sim 7\ mm$ 喷嘴离工件表面过近或过远时应及时调整

— 371 —

操作步骤	图示	说明
切割后处理	—	切割完毕，关闭割炬开关，等离子弧熄灭。此时，压缩空气延时喷出，以冷却割炬。数秒钟后，自动停止喷出。移开割炬，完成切割全过程 整理切割现场，关闭"气源"和"电源"开关，检查等离子弧切割机所有开关均关闭无误，才可以离开现场

安全提示

（1）等离子弧切割空载电压较高，焊工必须防止触电。电源一定要接地，割炬的手柄绝缘要可靠。

（2）等离子弧弧光和紫外线辐射比较强烈，焊工应注意保护眼睛和皮肤，最好在人体与电弧之间设置防护屏。

（3）由于等离子弧切割过程中会逸出大量的金属蒸气、臭氧、氮化物及大量灰尘等，因此，工作场地应设置通风设备和抽风的工作台。

（4）因为等离子弧会产生高强度、高频率的噪声，所以焊工必须戴耳塞，设置隔音操作室。

（5）高频振荡器的高频辐射对人体有一定危害，引弧频率以 20 ~ 60 kHz 较为合适，同时割件应可靠接地，一旦等离子弧引燃后，应迅速切断高频振荡器电源。

（6）等离子弧切割时，喷嘴及电极的损坏较大。在更换新件时，要断开电源，切勿带电操作，避免误触有关按钮而造成电击事故。

（7）每次移动等离子弧切割机或重新接线时，应保证设备可靠接地。

 操作提示

（1）切割过程中尽量使等离子弧垂直于割件，以免增大等离子弧轨迹（相当于增大了割件的实际厚度）。

（2）等离子弧切割一般可从割件边缘开始切割。当需要从割件中间切割时，应先用钻头在起割处钻 ϕ5 mm 孔后再引弧切割；否则，被割件会翻浆，造成喷嘴烧损，如图 8-20 所示。

（3）切割速度过慢，会使割缝增宽，割口下部毛刺和卷边增多。切割速度过快，不仅切不透，而且易使熔化金属倒吹而黏附在喷嘴口，扰乱等离子弧并烧损喷嘴。

a)   b)   c)

图 8-20　切割的不同状态

a）起割　b）割孔时　c）割件翻浆

（4）工作时空气压力一般控制为 0.25 ～ 0.4 MPa，根据实际情况可在 ±0.05 MPa 之间变动，以得到最佳匹配。如果空气压力太低，将无力吹走熔化金属，且电极喷嘴冷却不好，易烧损。如果空气压力太高，又会使割缝偏斜，割口温度下降太多，影响割缝金属的熔化性和流动性，影响切割厚度。

课题 4　其他焊接技术简介

一、气电立焊

气电立焊（EGW）是利用熔化极气体保护焊和专用焊丝进行厚板立焊时，在接头两侧借助滑块挡住熔融的焊缝金属，强制成形的一种电弧焊。

气电立焊是由普通熔化极气体保护焊和电渣焊发展而形成的一种熔化极气体保护电弧焊方法。它与窄间隙焊的主要区别在于焊缝一次成形，而不是多层多道焊。气电立焊原理如图 8-21 所示。

1. 气电立焊的原理及特点

（1）气电立焊的原理

气电立焊的电弧轴线方向与焊缝熔深方向垂直，依靠电弧进行加热，采用气体保护。焊丝连续不断地向下送入焊件坡口表面与两水冷滑块面形成的凹槽中，在焊丝与母材金属之间形成电弧，并不断熔化汇流到电弧下面的熔池中，随着熔池上升，电弧与水冷滑块也随之上移，焊丝可沿接头整个厚度方向做横向摆动，焊接空间逐渐填充，凝固后形成焊缝。

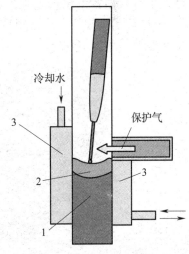

图 8-21　气电立焊原理

1—焊缝　2—熔池　3—水冷铜滑块

— 373 —

（2）气电立焊的特点

工艺过程稳定，操作简便，焊缝质量优良，可以焊接较大厚度且不开坡口的焊件，一次焊接成形，生产效率是焊条电弧焊的 10 倍以上。

通常用于较厚的低碳钢和中碳钢等材料的焊接，也可用于奥氏体不锈钢和其他合金的焊接，板材厚度在 12 ~ 80 mm 之间为宜。

气电立焊在船体焊接应用中不断发展，现在已具备单丝、双丝两种送丝方式，采用单丝还是双丝主要根据船体的板厚来确定，如图 8-22、图 8-23 所示。

双丝焊接时，第一根焊丝需要沿着焊缝的熔深方向进行摆动。

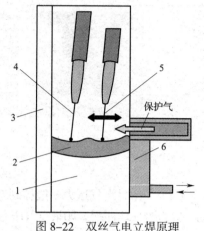

图 8-22　双丝气电立焊原理

1—焊缝　2—熔池　3—固定垫板　4—第二根丝

5—第一根丝　6—水冷铜滑块

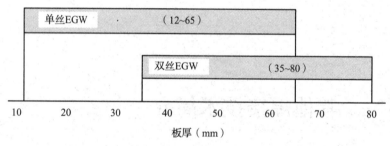

图 8-23　焊丝数目的选择

2. 气电立焊的设备

气电立焊的设备主要由携带焊接机头升降的机械系统、快速送丝系统、水冷强迫成形系统、焊接电源及供气系统、焊枪及焊枪摆动控制系统、焊接过程自动控制系统组成，如图 8-24 所示。焊接电源采用直流反接，一般采用陡降外特性，也可采用平特性。焊接电源的负载持续率为 100%。

图 8-24　气电立焊的设备

除焊接电源外，气电立焊设备的其余部分均组装在一起（见图 8-25），并随着焊接过程的进行而垂直向上移动，可以看成是一种焊缝在垂直上升的平焊。

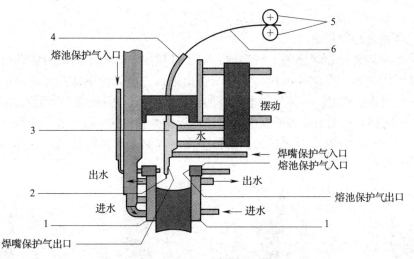

图 8-25　气电立焊设备的构成

1—水冷滑块　2、6—焊丝　3—焊枪　4—导丝管　5—送丝轮

3. 气电立焊工艺

在焊接电弧和熔滴过渡方面，气电立焊类似于普通熔化极气体保护焊（如 CO_2 焊、MAG 焊等），而在焊缝成形和机械系统方面又类似于电渣焊。气电立焊与电渣焊的主要区别在于熔化金属的热量是电弧热而不是熔渣的电阻热。

气电立焊通常采用 CO_2 作保护气体。推荐气体流量为 14 ～ 66 L/min。对于钢的实心焊丝焊接，通常采用 80%（体积分数，下同）的氩气加 20% 的 CO_2 作保护气体，也可用药芯焊丝。

常用实心焊丝的直径通常为 1.6 mm、2.0 mm、2.4 mm。常用药芯焊丝的直径为 1.6 ～ 3.2 mm。焊丝的选用原则与普通熔化极气体保护焊相同，主要根据母材及其厚度确定。

气电立焊的板材厚度在 12 ～ 80 mm 之间最适宜。如板厚大于 80 mm 时，很难获得充分良好的保护效果，导致焊缝中产生气孔、熔深不均匀和未焊透等缺陷。焊接接头长度一般无限制，单层焊是最常用的焊接方法，但也可采用多层焊。

气电立焊的熔深是指对接接头侧面母材的熔入深度。通常熔深随焊接电流的增大而减小，即焊缝熔宽减小，同时焊接电流增大，送丝速度、熔敷率和接头填充速度（即焊接速度）将提高，焊接电流通常在 750 ～ 1 000 A 范围内。

随着电弧电压升高，熔深增大，而焊缝宽度增加，电弧电压通常为 30 ～ 55 V。

焊丝伸出长度为 38 ～ 40 mm，因此焊丝熔化速度较快。

焊接板材厚度大于 30 mm 的焊件时，一般焊丝要做横向摆动，摆动速度为 7 ～ 8 mm/s。

导电嘴在距每侧水冷滑块约 10 mm 处停留，停留时间为 1 ～ 3 s，以抵消水冷滑块对金属的冷却作用，使焊缝表面完全熔合。

常用的坡口形式有 I 形坡口、V 形坡口、X 形坡口等。一般在焊件接头两端处加引弧板和引出板。

二、螺柱焊

螺柱焊是将螺柱一端与板件（或管件）表面接触，通电引弧，待接触面熔化后，给螺柱一定压力完成焊接的方法。采用螺柱焊的连接方法可将金属螺柱、销钉或类似的紧固件焊至工件上。

1. 螺柱焊的原理与用途

焊接时螺柱被夹持在焊枪的夹持器内，与工件接触。焊枪中的磁力提升机构使螺柱上升，与工件脱离接触，在螺柱端面与工件间引出电弧，电弧使螺柱端面与工件熔化。随着螺柱被提升到设定的高度，工件间的电压被加到焊接电压，焊接时间达到预设时间，焊接电压被切断，同时提升机构的电磁铁断电，螺柱在焊枪弹簧机构的弹力作用下浸入工件熔化形成的熔池，螺柱将部分液态金属挤出，熔池金属冷却结晶形成螺柱与工件的共同接头，如图 8-26 所示。

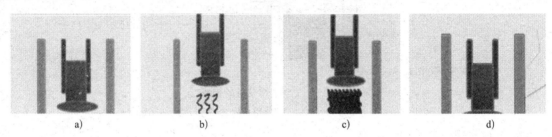

图 8-26　螺柱焊原理
a）开始焊接　b）拉弧电压　c）焊接电压　d）焊接完成

螺柱焊在安装螺柱或类似的紧固件方面可取代铆接、钻孔后螺纹连接、焊条电弧焊、电阻焊或钎焊，可焊接低碳钢、低合金钢、铜及铜合金、铝及铝合金制作的螺柱、焊钉（栓钉）、销钉及各种异型钉，广泛应用于钢结构高层建筑、仪表、机车、航空、石油、高速公路、造船、汽车、锅炉、电控柜等行业。

2. 螺柱焊的特点

（1）螺柱焊起焊时间短，电流大，熔深浅，可以焊接到很薄的板材上。焊接过程不会对焊件背面造成损害。因为焊接的结构不需要钻孔，故不会造成泄漏。

（2）不需要填充金属，生产效率高；热输入小，焊缝金属和热影响区窄，焊后很少变形，故不需要修整。

（3）能在全位置焊接，借助于扩展器可以焊接到受限制的垂直隔板上。

（4）只需单面焊，熔深浅，螺柱焊的接头可以达到很高的强度，即螺柱焊的接头强度大于螺柱本身的强度。在镀层或高合金钢板材上焊接后，背面没有印痕。

（5）螺柱焊相对于其他焊接方法的优点在于焊接功率上。对于批量生产的工件，在很短的焊接时间（3 ~ 980 ms）内焊接螺柱的效率达到 8 ~ 40 个 /min（根据不同直径螺柱和不同的焊接功率），而自动送料螺柱焊焊机可以达到 60 个 /min 的超高效率。

（6）螺柱焊设备和焊枪具有多种类型，设备的购置费用相对较低。根据产品不同，可以制成多工位自动焊机或高精度龙门式数控自动焊机。

（7）在应用中要注意，螺柱焊也与其他熔化焊一样，对钢中的含碳量有一定限制：对于结构钢螺柱，含碳量应在 0.18% 以内，而母材的含碳量应在 0.2% 以内。

（8）焊接易淬硬金属时，由于焊接冷却速度快，易在焊缝和热影响区形成淬硬组织，接头塑性较差。

（9）螺柱的形状与尺寸受焊枪夹持和电源容量限制，螺柱的底端尺寸受母材厚度的限制。

3. 螺柱焊的分类

目前，工业上已广泛应用的螺柱焊全部为电弧法螺柱焊（常习惯称为螺柱焊）。根据供电电源的不同，电弧法螺柱焊又分为普通电弧螺柱焊和电容放电螺柱焊（又称电容储能螺柱焊）两大类。前者以弧焊整流器作为电源进行焊接，后者则以电容器储存的能量瞬间放电而进行焊接。

普通电弧螺柱焊根据焊接时间的长短，分为长周期螺柱焊和短周期螺柱焊。长周期螺柱焊根据熔池保护方式的不同，又分为陶瓷套圈式螺柱焊和气体保护式螺柱焊。

电容放电螺柱焊根据引燃电弧的方式不同，分为预接触式、预留间隙式和拉弧式三种焊接方法。

4. 电弧螺柱焊技能训练

进行电弧螺柱焊时，先将螺柱放入焊枪夹头上，在螺柱与焊件间引燃电弧，使螺柱端面和相应的焊件表面被加热到熔化状态，达到适宜的温度时，将螺柱挤压到熔池中去，使两者熔合形成焊缝。

电弧螺柱焊采用保护气体或预加在螺柱引弧端的焊剂，但大多数情况（结构钢）用陶瓷保护圈来保护熔融金属。

（1）电弧螺柱焊的设备

电弧螺柱焊的设备由焊接电源、焊接时间控制器、焊枪、地线钳、焊接电缆等部分组成。但大多数焊接设备的焊接电源都与焊接时间控制器合并为一体，称为主机。比较先进的控制方式是使用微处理器，以便精确设置和适时控制焊接过程中的焊接电流、焊接时间等参数。焊接电源一般为晶闸管控制的或逆变式的弧焊整流器。逆变式的弧焊整流器体积小，质量轻，动特性好，是焊机的首选，但受大功率器件的限制，所以，目前大容量的焊机还是以晶闸管控制的弧焊整流器为主。

电弧螺柱焊焊枪是螺柱焊设备的执行机构，有手持式和固定式两种。手持式焊枪应用较普遍，固定式焊枪是为某特定产品而专门设计的，被固定在支架上，在一定工位上完成焊接。两种焊枪的工作原理相同。

专用焊机常把电源与焊接时间控制器做成一体。对焊接电源要求用直流电源来获得稳定的电弧，还要有较高的空载电压和陡降的外特性，并且能在短时间内输出大电流及迅速达到设定值。如图 8-27 所示为电弧螺柱焊设备。

a)

b)

图 8-27　电弧螺柱焊设备
a）焊枪　b）焊接电源

（2）电弧螺柱焊的焊接参数

输入足够的能量是保证获得优质电弧螺柱焊接头的基本条件，而这个能量又与螺柱横截面积的大小、焊接电流、电弧电压及燃弧时间有关。焊接电弧电压取决于电弧长度或焊枪调定的提升高度，一旦调好，电弧电压就基本不变。因此，输入能量只由焊接电流和焊接时间决定。生产中一般根据所焊螺柱横截面尺寸来选择焊接电流和焊接时间，螺柱直径越大，焊接电流越大，焊接时间越长。此外，焊接参数也与螺柱材料有关，如铝合金电弧螺柱焊用氩气保护时，与钢螺柱焊相比，要求用较大的电弧电压、较长的焊接时间和较低的焊接电流。

（3）电弧螺柱焊操作

电弧螺柱焊操作步骤见表 8-6。

表 8-6   电弧螺柱焊操作步骤

操作步骤	图示	说明
焊机连线		将焊接电缆、控制线、接地电缆分别插入焊机输出端并拧紧
将螺柱放入焊枪内，并调整焊接参数	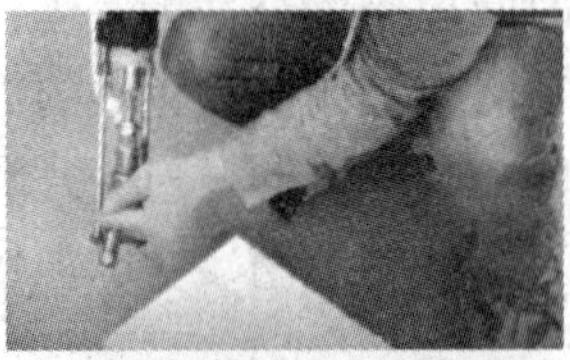 	将螺柱放入焊枪内，再根据螺柱直径调节焊机的焊接时间和焊接电流
将焊枪放置在焊接面上		将焊枪垂直放在焊接面上，轻压焊枪施加预压力，使焊枪内的弹簧压缩，压到螺柱与瓷环上，保持螺柱轴线与焊接面垂直
点动焊枪按钮开始焊接		扣压焊枪上的按钮开关，开始焊接。接通焊接回路，使枪体内的电磁绕组励磁，螺柱被自动提升，在螺柱与焊件之间引弧，在焊接过程中要保持焊枪平稳

操作步骤	图示	说明
完成焊接		螺柱处于提升位置,电弧扩展到整个螺柱端面,并使端面少量熔化,电弧热同时使螺柱下方的焊件表面熔化并形成熔池。电弧按预定时间熄灭,电磁绕组去磁,靠弹簧压力快速地将螺柱熔化端压入熔池,焊接回路断开。稍停持续 5 s 左右后,将焊枪从焊好的螺柱上抽起,焊接完成
敲碎瓷环		敲碎瓷环即完成焊接

安全提示

(1)工作前,操作者必须戴手套、眼镜等劳动保护用品,以防弧光灼伤操作者眼睛,熔渣和工件烫伤或划伤其皮肤。

(2)开机前的检查

1)检查所有电气和气动电缆是否有损伤现象。

2)检查主机和各附属设备的连接是否可靠,有无松动。

3)开机前关好设备门,防止杂物及灰尘进入。

4)开机前检查周边环境,清理掉易燃、易爆物品及强腐蚀性物品。

(3)使用中注意事项及操作规范

1)使用过程中严禁拉拽电缆。

2)使用过程中要保证焊接参数无误,非专业人员不得随意更改焊接参数,在焊接过程中严禁插拔插头。

3)焊接过程中若出现设备故障要及时与电工联系,停止焊接,关闭电源并做好故障记录。

4)焊接时如果使用新的螺柱,应先检查螺柱是否合格,并在废板上试焊10个,用专用工具扳动螺柱,看其脱落情况,脱落率低于20%为合格。

5)焊接时,焊枪应放在焊枪架上,不可随意乱放。

6)焊接过程中螺柱和工件要保持垂直,焊接完毕,拔枪时的方向应与螺柱的中心线一致。

(4)焊后清理

1)整理好现场,整理好焊枪,各电缆线不要绞在一起,将焊枪放在焊枪架上。

2)关闭主电源,拉下刀开关。

三、钎焊

1. 钎焊原理

钎焊就是在低于母材熔点、高于钎料熔点的某一温度下加热母材和钎料，通过液态钎料在母材表面或间隙中润湿、铺展、毛细流动填缝，最终凝固结晶，而实现原子间结合的一种材料连接方法，如图 8-28 所示。

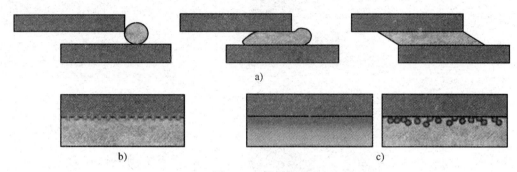

图 8-28　钎焊原理

a）钎料的填缝过程　b）钎料成分向母材中扩散　c）母材向钎料中的溶解

从钎焊过程可知，要得到牢固的钎焊接头，必须具备两个基本条件：一是液态钎料润湿母材，且致密地填满全部间隙；二是液态钎料与母材进行必要的冶金反应，达到良好的金属结合。

2. 钎焊的分类及特点

（1）钎焊的分类

按照热源种类和加热方式不同，钎焊可分为火焰钎焊、炉中钎焊、感应钎焊、电阻钎焊、激光钎焊、烙铁钎焊等。最常用的是火焰钎焊、烙铁钎焊。

按熔化温度不同，钎料可分为软钎料和硬钎料。熔化温度低于 450° 的钎料称为软钎料，如焊锡等，常用于烙铁钎焊。熔化温度高于 450° 的钎料称为硬钎料，其强度较高，多数为 200 MPa，有的高达 500 MPa，硬钎料有铝基钎料、银基钎料、铜基钎料、镍基钎料等。

（2）钎焊的特点

钎焊与熔焊相比具有以下特点：

1）生产效率高。可以一次焊几条、几十条焊缝，甚至更多，如自行车车架的焊接。钎焊还可以焊接用其他焊接方法无法焊接的结构和形状复杂的工件。

2）应用范围广泛。钎焊不仅能焊接同种金属，也能焊接异种金属，还能焊接非金属，如陶瓷、玻璃、石墨和金刚石等。

3）应力与变形小。由于钎焊时加热温度低于母材的熔点，钎料熔化而母材不熔化，因此母材的组织和性能变化较小，其钎焊后的应力与变形也小。

尽管钎焊与熔焊相比具有自身的优越性，但也存在固有的缺点。例如，钎焊接头的强度一般比较低，耐热性能也较差；接头的装配间隙要求较高，焊后清理要求十分严格。

为了弥补强度低的缺点，钎焊较多地采用了搭接接头，因而又增加了母材的消耗量和结构自身的质量。

3. 钎料与钎剂

（1）钎料

1）钎料的型号。国家标准《钎料型号表示方法》（GB/T 6208—1995）做了以下规定：

①钎料型号由两部分组成，两部分之间用短线"—"分开。

②型号中第一部分用一个大写英文字母表示钎料的类型，"S"表示软钎料，"B"表示硬钎料。

③型号中第二部分由主要合金组分的化学元素符号组成。

软钎料每个化学元素符号后都要标出其公称质量分数；硬钎料仅第一个化学元素符号后标出公称质量分数。

软钎料型号举例：

例如，S—Sn63Pb37E 表示含锡量为63%、含铅量为37%的电子工业用软钎料。

硬钎料型号举例：

例如，B—Ag72CU 表示银钎料，含银量为72%并含铜元素的硬钎料。

2）钎料的牌号。钎料的牌号有原冶金工业部标准和原机械电子工业部标准两种表示方法。

①冶金工业部标准由"HL（表示钎料）+两个化学元素符号（表示钎料的主要组元）+一组数字（表示除第一个化学元素所表示的组元外的其他合金元素的质量分数）"表示，如HLSnPb10 表示锡铅钎料。铅的含量为10%。

②机械电子工业部标准由"HL（表示钎料）+数字（表示钎料的化学组成类型，见表8-7）+两位数字（第二位、第三位数字表示同一类型钎料的不同牌号）"表示，如HL209表示铜磷钎料，牌号为09。

表 8-7 钎料的化学组成类型

牌号	化学组成类型	牌号	化学组成类型
HL1××（料1××）	铜锌合金	HL5××（料5××）	锌合金
HL2××（料2××）	铜磷合金	HL6××（料6××）	锡铅合金
HL3××（料3××）	银合金	HL7××（料7××）	镍基合金
HL4××（料4××）	铝合金		

（2）钎剂

硬钎焊用钎剂型号由代号"FB"（第一部分）和钎剂主要组分分类代号（第二部分）、钎剂辅助分类代号（第三部分，用01、02等表示）、钎剂形态（第四部分，S表示粉状，P表示膏状，L表示液态）、厂家代号（第五部分，用数字或字母表示）组成。

硬钎剂主要组分分类代号见表8-8。

表 8-8 硬钎剂主要组分分类代号

主要组分分类代号	主要组分（质量分数）和特性	钎焊温度（℃）
1	硼酸+硼酸盐+卤化物≥90%	565～1 200
2	卤化物≥80%，含有氟化物	450～650
3	硼酸+硼酸盐+氟硼酸盐≥80%	565～1 100
4	硼酸三甲酯≥30%	750～950
5	氟铝酸盐≥80%	450～620

软钎焊用钎剂型号由代号"FS"加上表示钎剂分类的代码组合而成。

钎焊时常用金属材料选用的钎料和钎剂见表8-9。

表8-9 钎焊时常用金属材料选用的钎料和钎剂

钎剂型号	推荐的试验钎料	推荐的母材型号	推荐测试温度（℃）
FB101	BAg56CuZnSn	08（碳素钢）、06Cr18Ni11Ti（不锈钢）	700～750
FB102	BAg56CnZnSn	08（碳素钢）、06Cr18Ni11Ti（不锈钢）	700～750
FB103	BAg50CuZn	QAl7（铝青铜）	700～750
FB104	BAg50CuZnNi	06Cr19Ni10（不锈钢）、06Cr18Ni11Ti（不锈钢）、08（碳素钢）	750～800
FB105	BCu48ZnNi（Si）	06Cr19Ni10（不锈钢）、08（碳素钢）	950～1 000
	BNi82CrSiBFe	06Cr19Ni10（不锈钢）、06Cr18Ni11Ti（不锈钢）	1 000～1 050
FB201	BAl88Si	3003（铝合金）	550～600
FB202	BAl89SiMg	AZ31B（镁合金）、3003（铝合金）	550～600
FB301	BCu48ZnNi（Si）	08（碳素钢）、T3（纯铜）	850～950

4. 火焰钎焊工艺

（1）钎焊接头形式的选择

钎焊接头形式有对接接头、搭接接头、T形接头、卷边接头及套接等，如图8-29所示。

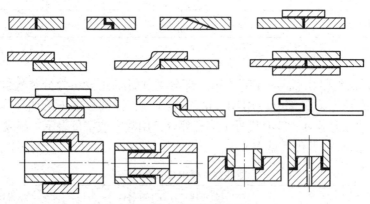

图8-29 钎焊接头形式

一般常用的是搭接接头、套接、T形接头和卷边接头。对接钎焊接头的强度比母材低，只适用于焊接不重要的或低负荷的焊件。但有时必须采用对接形式时，可采取斜对接的形式，以增大接头的接触面积。接触面积大小应根据焊件的厚度及工作条件来确定。

（2）钎焊接头间隙的选择

钎焊接头间隙的大小与母材、所选用的钎料和钎剂的种类、钎焊方法、钎焊温度和钎料的安置方式均有关。在钎焊异种金属接头时，还应考虑到金属线膨胀系数的影响。在一定的范围内，减小钎缝间隙可以提高钎缝的致密性。但钎焊接头间隙过小，将会因钎料填充困难而使致密性下降；如果间隙过大，将会因缝隙毛细管作用减弱而钎料不能填满钎缝，使致密性降低。

总之，钎焊接头间隙的大小对钎缝的致密性和强度有着重要的影响。合适的钎焊接头间隙能使接头达到最高的强度。

常用金属材料钎焊接头的间隙见表8-10。

表8-10　　　　　　　　　　常用金属材料钎焊接头的间隙

母材	钎料	接头的间隙（mm）
碳钢	铜钎料	0.02 ~ 0.05
	黄铜钎料	0.05 ~ 0.20
	银基钎料	0.05 ~ 0.15
	锡铅钎料	0.05 ~ 0.20
不锈钢	铜钎料	0.02 ~ 0.15
	镍基钎料	0.05 ~ 0.20
	银基钎料	0.05 ~ 0.15
	锡铅钎料	0.05 ~ 0.20
铜及其合金	黄铜钎料	0.05 ~ 0.13
	铜银钎料	0.02 ~ 0.15
	银基钎料	0.05 ~ 0.15
	锡铅钎料	0.05 ~ 0.20

（3）钎料和钎剂的选择

火焰钎焊时，应根据钎焊接头的使用要求及母材的种类来选择合适的钎料和钎剂。选择钎料时主要应考虑钎焊接头的使用温度和强度的要求，同时还应考虑钎焊接头的耐腐蚀性、导电性、导热性、钎料对母材的润湿性、钎料与母材的相互作用等要求。在选择钎剂时不仅应考虑母材的种类，而且还应考虑所用钎料的类型和钎焊的方法等。常用金属火焰钎焊时所选用的钎料和钎剂详见表8-11。

表8-11　　　　　　　　　常用金属火焰钎焊时所选用的钎料和钎剂

母材	钎料	钎剂
碳钢	铜锌钎料（如料103） 银钎料（如料303）	硼砂或硼砂60%（质量分数，余同）+ 硼酸40%，或钎剂102
不锈钢	铜锌钎料（如料103） 银钎料（如料304）	硼砂或硼砂60% + 硼酸40%
铜及其合金	铜磷钎料（如料204） 铜锌钎料（如料103） 银钎料（如料303）	钎焊纯铜时不用钎剂，钎焊铜合金时可用硼砂或硼砂60% + 硼酸40%

（4）焊前清理

钎焊前若焊件清理不干净，在钎缝处存有污物，就会产生钎料填不满钎缝和结合不良等缺陷，使钎焊接头强度下降。焊件表面的油污可用丙酮、酒精、汽油或四氯化碳等有机溶剂清洗。用热的碱溶液清除油污也可以取得良好的效果。对小型复杂大批量零件，还可用超声波进行清洗。焊件表面的锈斑、氧化物通常用锉刀、砂布、砂轮或喷砂和化学浸蚀等方法清除，用砂布等清理时，注意不要使砂粒残留在接合面上。

（5）铜及铜合金的火焰钎焊

1）铜及铜合金分类。铜及铜合金通常可分为纯铜、黄铜、白铜、青铜。黄铜是铜与锌的合金，在其中添加锡、铅、铁、锰、硅或铝等元素后则分别称为锡黄铜、铅黄铜、铁黄铜、锰黄铜等。以镍为主要合金元素的铜合金称为白铜。除黄铜和白铜以外的铜合金统称为青铜，青铜又可分为锡青铜、铝青铜、硅青铜、铍青铜、铅青铜等。

2）铜及铜合金的钎焊性。铜及铜合金具有优良的导电性、导热性、耐腐蚀性和良好的加工性能，因而获得广泛的应用。常用铜及铜合金的钎焊性见表 8-12。

表 8-12　　　　　　　　　　　常用铜及铜合金的钎焊性

合金种类	纯铜 T1	无氧铜 TU1	黄铜			锡黄铜 HSn62—1	锰黄铜 HMn58—1	锡青铜		铅黄铜 HPb59—1
			H96	H68	H62			QSn6.5—0.1	QSn4—1	
钎焊性	优	优	优	优	优	优	良	优	优	良

合金种类	铝青铜		铍青铜		硅青铜	铬青铜	镉青铜	锌白铜	锰白铜
	QAl9—1	QAl10—4—4	QBe2	QBe1.7	QSi3—1	QCr0.5	QCd1	BZn15—20	BMn40—1.5
钎焊性	差	差	良	良	良	良	优	良	难

（6）铜及铜合金火焰钎焊技能训练

黄铜套管火焰钎焊的焊件图如图 8-30 所示。

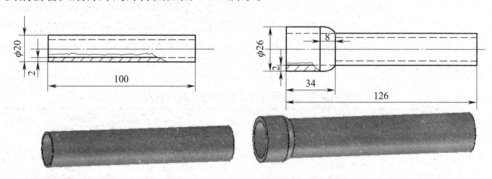

技术要求

1. 两焊件材料为黄铜H65，两焊件装配时将直管插入套管22，装配间隙为0.1。
2. 采用火焰钎焊，钎料选用银钎料HJ303，钎剂选用硼砂。

图 8-30　黄铜套管火焰钎焊的焊件图

黄铜套管火焰钎焊操作步骤见表 8-13。

表 8-13　　　　　　　　　　黄铜套管火焰钎焊操作步骤

操作步骤	图示	说明
焊件清理		用砂布将焊件钎焊处 20 mm 范围进行清理
选用钎料与钎剂	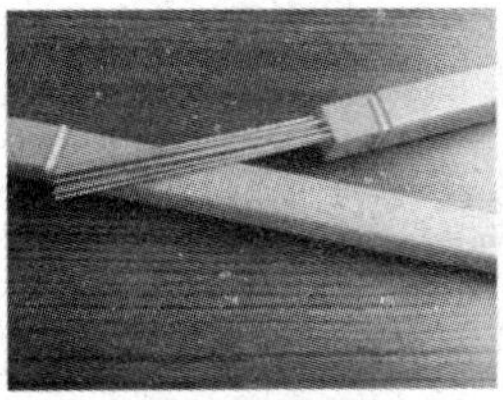 　银钎料 HJ303 　　　硼砂	选用银钎料 HJ303，钎剂选用硼砂
调试火焰能率	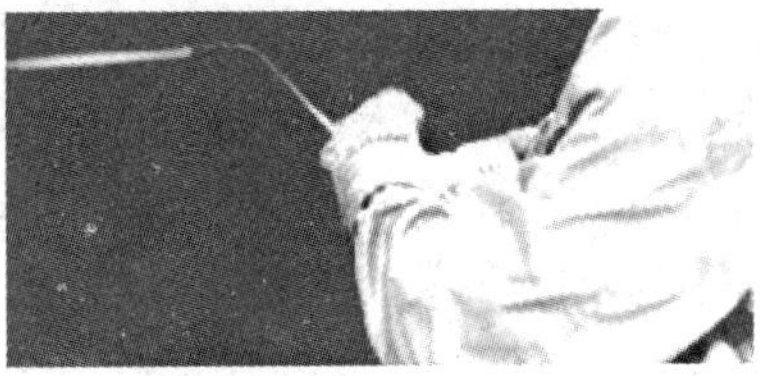	选择 3 号焊嘴，调试成轻微碳化焰，由于铜焊件导热性好，火焰能率要适当大些
装配焊件		装配时，将直管插入套管中，插入深度为 22 mm，保证同轴度，装配间隙为 0.1 mm，装配后进行定位焊，并将焊件固定在一定高度的焊接支架上
涂上钎剂，加热使其熔化	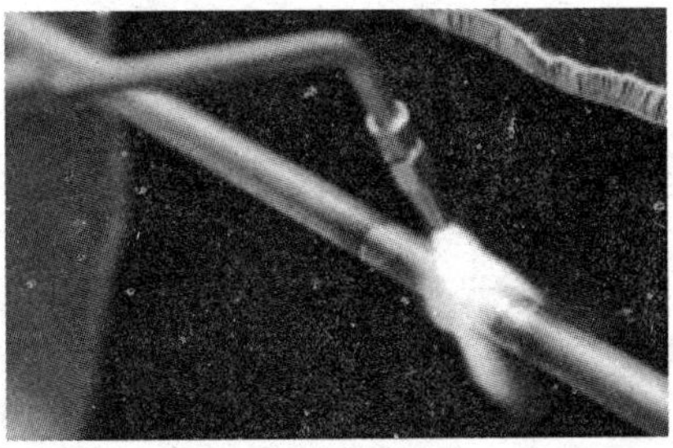	先用轻微碳化焰的外焰加热焊件，焰心距焊件表面 15～20 mm，以增大加热面积 当钎焊处被加热到接近钎料熔化温度时，可立即涂上钎剂，并用外焰加热使其熔化
钎料与焊件接触，熔化后渗入钎缝中	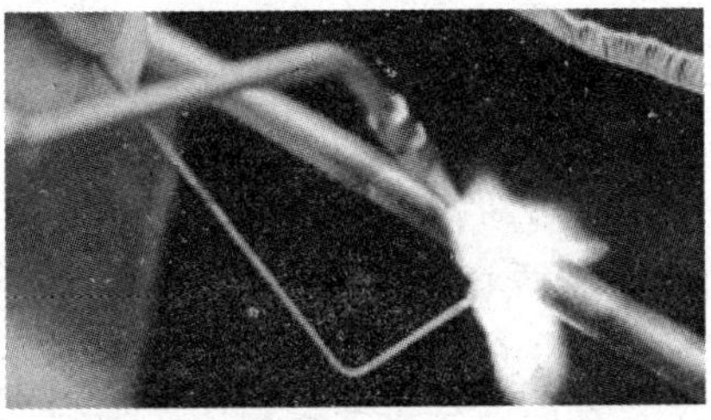	当钎剂熔化后，立即将钎料与被加热到高温的焊件接触，并使其熔化后渗入钎缝中。当液态钎料流入间隙后，火焰的焰心与焊件的距离应加大到 35～40 mm，以防止钎料过热

操作步骤	图示	说明
适当调整钎焊温度	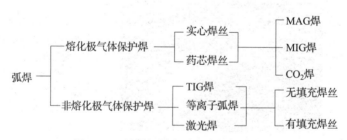	钎焊温度一般应控制在高于钎料熔点 30 ~ 40 ℃为宜。同时还应根据焊件的尺寸，适当控制加热持续时间
钎焊后清渣	钎焊后应迅速将钎剂和熔渣清除干净，以防止腐蚀焊件。对于钎焊后易出现裂纹的焊件，焊后应立即进行保温缓冷或低温回火	

四、焊接机器人

焊接机器人是一种仿人操作、自动控制、可重复编程并能在三维空间完成各种焊接作业的自动化生产设备。目前焊接机器人已成为工业机器人家族中的主力军，它能在恶劣的环境下连续工作并能提供稳定的焊接质量，提高了工作效率，减轻了工人的劳动强度。因此，焊接机器人的出现使人们自然而然地首先想到用它来代替人的手工焊接，这也是若干年以来人类千方百计追求的目标。

1. 焊接机器人的常见类型

焊接机器人作为当前广泛使用的先进焊接设备，具有高度的自动化、很好的焊接工艺性和精度，并且操作简便，功能丰富，可以高质量地完成各种复杂的焊接作业。焊接机器人按焊接工艺主要可分为点焊机器人和弧焊机器人两大类。如图 8-31 所示为弧焊机器人所能完成的焊接方法。

```
                                                ┌─MAG焊
                         ┌─实心焊丝────┤
          ┌─熔化极气体保护焊─┤             └─MIG焊
          │              └─药芯焊丝──────CO₂焊
  弧焊 ────┤
          │              ┌─TIG焊
          └─非熔化极气体保护焊─┤等离子弧焊──┬─无填充焊丝
                         └─激光焊      └─有填充焊丝
```

图 8-31　弧焊机器人可完成的焊接方法

从构成方式看，焊接机器人绝大多数是在六轴关节型工业机器人的"手"（即终端法兰）上安装不同的焊接工具构成的，主要包括以下几种：

（1）点焊机器人：一种握持点焊钳的工业机器人。

（2）CO_2/MIG/MAG 弧焊机器人：一种握持 CO_2/MIG/MAG 焊枪的工业机器人。

（3）TIG 弧焊机器人：一种握持 TIG 焊枪的工业机器人。

（4）等离子弧焊（切割）机器人：一种握持等离子弧焊枪（割炬）的工业机器人。

（5）激光焊接（切割）机器人：一种握持激光焊枪（割炬）的工业机器人。

本部分将以弧焊机器人为例，介绍其系统的组成及基本功能。

2. 弧焊机器人系统的组成

弧焊机器人要完成焊接作业，必须依赖于控制系统与辅助设备的支持和配合。完整的弧焊机器人系统一般由机器人操作机、控制系统、示教器、弧焊系统（专用焊接电源、焊枪等）和有关的安全设备等组成，如图 8-32 所示。

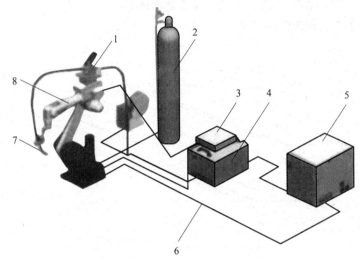

图 8-32　弧焊接机器人系统的组成

1—送丝机　2—气瓶　3—编码转换单元　4—弧焊电源
5—控制柜　6—供电及控制电缆　7—焊枪　8—操作机

（1）操作机

弧焊机器人操作机所具有的自由度通常为 3 ~ 5 个，6 个自由度的机器人可以保证焊枪的任意空间位置和姿态。

（2）控制系统

弧焊机器人控制系统在控制原理、功能及组成方面与通用的工业机器人基本相同，目前最流行的是采用分级控制的系统结构，一般分为两级，上级具有存储单元，可实现重复编，存储多种操作程序，负责管理、坐标变换、轨迹生成等；下级由若干处理器组成，每个处理器负责一个关节的动作控制及状态检测，实时性好，易于实现高速、高精度控制。此外，弧焊机器人周边设备的控制（如工件的定位、夹紧、变位，保护气体供、断等调控）均设有单独的控制装置，可以单独编程，同时又可与机器人控制装置进行信息交换，由机器人控制系统实现全部作业的协调控制。

（3）弧焊系统

弧焊系统是完成焊接作业的核心装备，主要由焊接电源、送丝机、焊枪和气瓶等组成。用于弧焊机器人的焊接电源、送丝设备由于参数选择（如电弧电压、焊接电流、送丝速度等）的需要，必须由机器人控制器直接控制。

（4）安全设备

安全设备是弧焊机器人系统安全运行的重要保障，主要包括驱动系统过热自断电保护、动作超限位自断电保护、超速自断电保护、机器人系统工作空间干涉自断电保护及人工急停断电保护等，它们起到防止机器人伤人或保护周边设备的作用。在机器人的末端执行器上还装有各类触觉或接近传感器，可以使机器人在过于接近工件或发生碰撞时停止工作。

弧焊机器人具有可长期进行焊接作业，保证焊接作业的高生产效率、高质量和高稳定性等特点。由于弧焊工艺早已在诸多行业中得到普及，使弧焊机器人在汽车及其零部件制造、摩托车、工程机械、铁路机车、航空航天、化工等行业得到广泛应用。

3. 手动操纵机器人沿 T 形接头焊缝移动技能训练

T 形接头焊缝焊件图如图 8-33 所示。

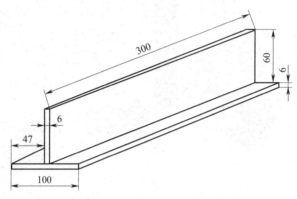

图 8-33　T 形接头焊缝焊件图

两块钢板互为 90° 以 T 形接头连接，由于两块钢板有一定的夹角，降低了熔覆金属和熔渣的流动性，容易形成夹渣和咬边等缺陷，焊接时的电流要大于平焊时的电流，焊枪角度如图 8-34 所示。手动操纵机器人完成图 8-33 所示焊缝轨迹的行走，需用 9 个位置点，如图 8-35 所示，每个位置点的焊枪姿态见表 8-14。

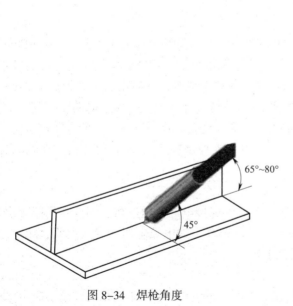

图 8-34　焊枪角度　　　　　　　　图 8-35　机器人移动轨迹（T 形接头平角焊）

表 8-14 各位置点的焊枪姿态

位置点	焊枪姿态			用途
	U (°)	V (°)	W (°)	
①	180	45	180	机器人原点
②	-80	35	0	焊缝 1 邻近点
③	-80	35	0	焊缝 1 开始点
④	-80	35	0	焊缝 1 结束点
⑤	-80	35	0	焊缝 1 规避点
⑥	80	35	0	焊缝 2 邻近点
⑦	80	35	0	焊缝 2 开始点
⑧	80	35	0	焊缝 2 结束点
⑨	80	35	0	焊缝 2 规避点

（1）操作前的准备

1）工件表面清理。核对工件尺寸，无误后将其表面清理干净，不能有铁锈、油污等杂质。

2）工件装配与定位。选择合适的焊接参数，使用焊条电弧焊设备对待焊工件进行定位焊。

3）装夹工件。利用夹具将工件固定在焊接机器人工作台上。

4）机器人原点确认。可通过运行控制器内已有的原点程序让机器人回到待机位置。

5）将示教器设定为示教模式。

（2）示教模式操作演示

示教模式操作演示见表 8-15。

表 8-15 示教模式操作演示

焊接步骤	图示	说明
示教器正面的功能	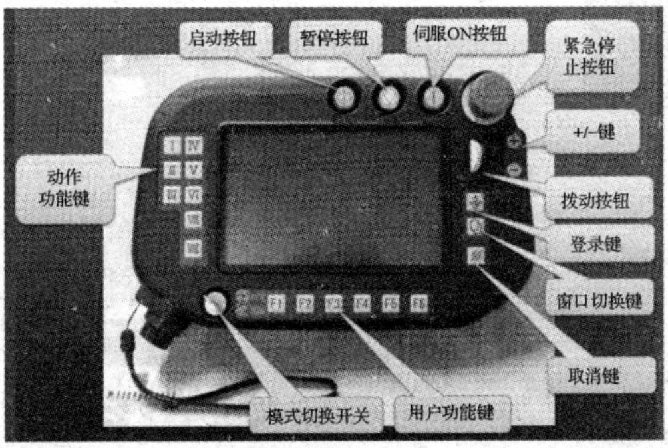	启动按钮——启动或重启机器人操作 暂停按钮——暂停操作 伺服 ON 按钮——接通伺服电源 紧急停止按钮——切断伺服电源 ＋/－键——可替代拨动按钮连续移动机器人手臂 拨动按钮——上下微动（移动机器人手臂和外部轴）、侧击（指定选择项目并保存）、拖到（保持机器人手臂的当前操作） 登录键——保持示教点 窗口切换键——多个窗口切换 取消键——取消当前操作，返回上一界面 用户功能键——可定制每个按键的功能 模式切换开关——在 TEACH 模式和 AUTO 模式间进行切换 动作功能键——选择及执行所显示的动作与功能

焊接步骤	图示	说明
示教器背面的功能	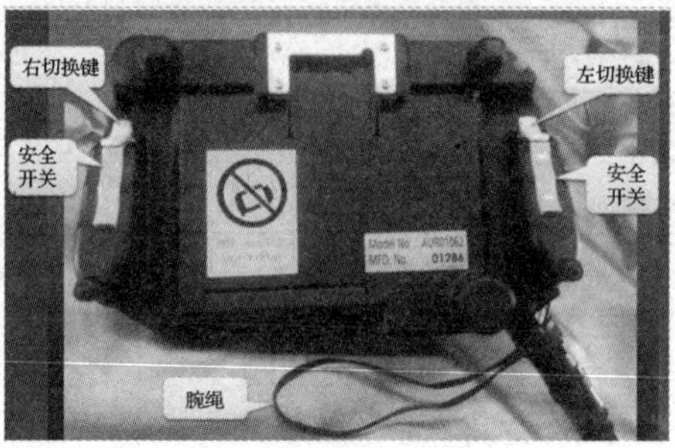	左切换键——用以切换坐标系的轴及转换数值输入列 右切换键——用以缩短功能选择及转换数值输入列 安全开关——两个开关同时按下，切断伺服电源；轻按一个或两个开关，打开伺服电源
手动操作示教盒	*XYZ* 显示 $X=803.29$ $Y=0.09$ $Z=519.11$ $U=-179.91$ $V=43.27$ $W=179.9$	1. 记录位置点①——机器人原点 （1）移动光标至菜单栏的［视图］上，侧击拨动按钮，依次选中［切换显示］→［显示位置］→［*XYZ* 显示］，弹出"*XYZ* 显示"窗口 （2）将"*XYZ* 显示"界面上显示的机器人当前位置坐标（*X*、*Y*、*Z*、*U*、*V*、*W*）记录下来，为后续准确移到该位置做准备
		2. 移动位置点②——焊缝1邻近点 （1）轻按安全开关，接通伺服电源，按［动作功能键］，绿灯由灭变亮，打开机器人动作功能 （2）按住［右切换键］的同时，点按［动作功能键］一次，实现关节坐标系与直角坐标系的切换 （3）按住图标对应的［动作功能键］的同时，移动拨动按钮或按住［+/-键］，移动机器人至位置点②，如左图所示
	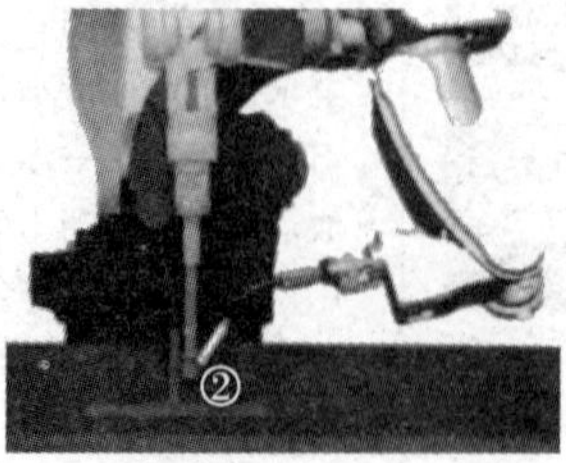	3. 改变焊枪姿态——焊缝1焊枪角度 （1）为了满足图8-34所示的焊枪角度要求，按［左切换键］一次，实现基本轴→腕部轴的切换 （2）按住图标对应的［动作功能键］的同时，转动拨动按钮，改变焊枪角度至T形接头平角焊要求范围（见左图）。注意显示屏右上角信息提示窗的状态指示

焊接步骤	图示	说明
手动操作示教盒	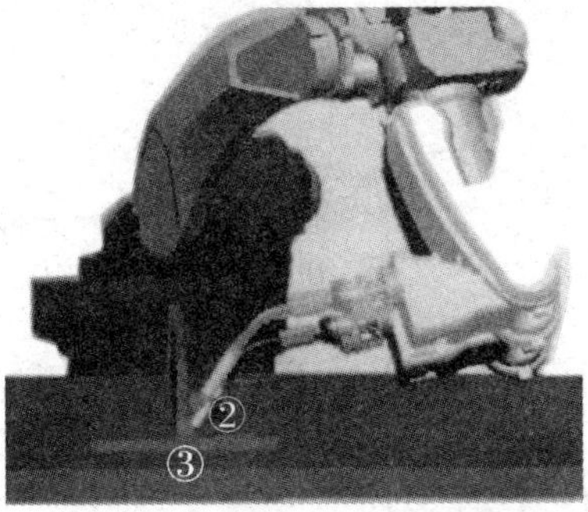	**4. 移至位置点③——焊缝 1 开始点** （1）再按［左切换键］一次，实现腕部轴→基本轴的切换 （2）保持焊枪姿态不变，在直角坐标系下微动拨动按钮，缓慢移动机器人至位置点③（见左图）。注意显示屏右上角信息提示窗的状态指示
		5. 移至位置点④——焊缝 1 结束点 保持焊枪姿态不变，在直角坐标系下，按住图标对应的［动作功能键］的同时，向下转动拨动按钮或按住［–键］，操纵机器人沿 X 轴反方向移向焊缝 1 的结束位置④，如左图所示
		6. 移至位置点⑤——焊缝 1 规避点 （1）按住［右切换键］的同时，点按［动作功能键］一次，实现直角坐标系→工具坐标系的切换 （2）保持焊枪姿态不变，按住图标对应的［动作功能键］的同时，向下转动拨动按钮，沿工件坐标系 X 轴反方向平行移动机器人至不触碰夹具的位置，如左图所示
		7. 改变焊枪姿态——准备归位 （1）按住［右切换键］的同时，点按［动作功能键］两次，再次切换坐标系 （2）在直角坐标系下按住图标对应的［动作功能键］的同时，转动拨动按钮，改变焊枪角度至原点姿态，如左图所示

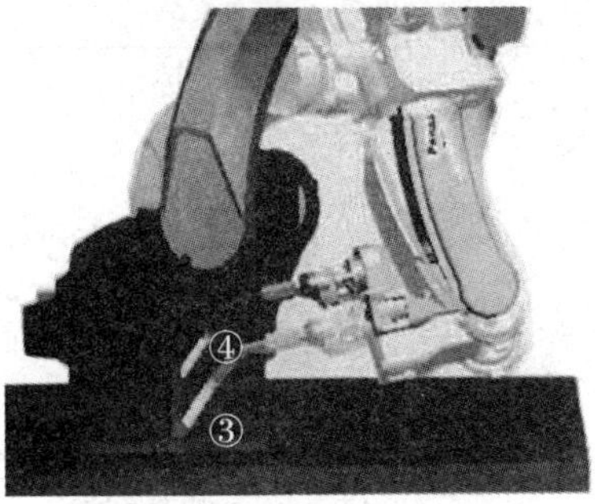

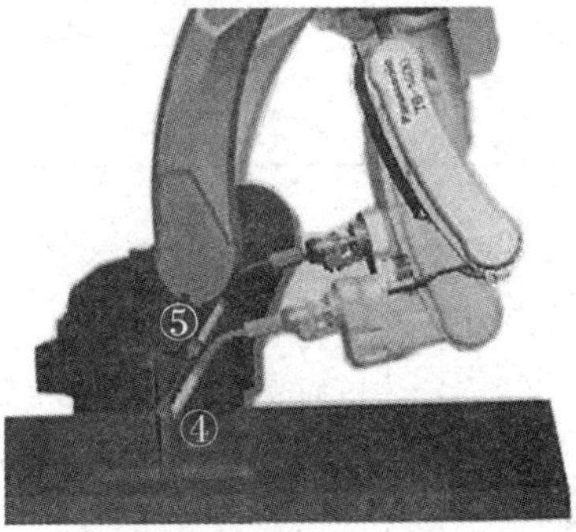

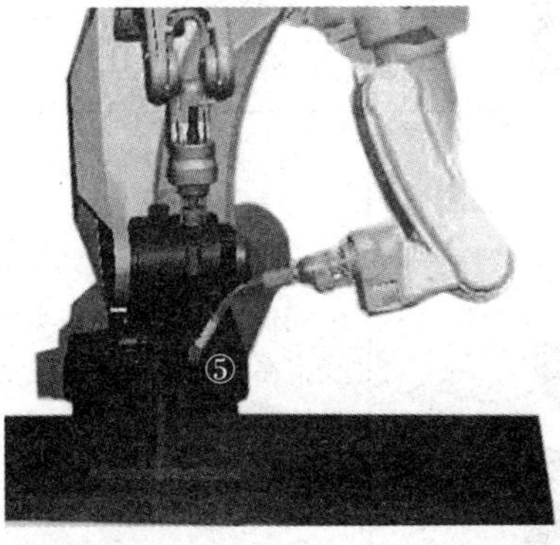

焊接步骤	图示	说明
手动操作示教盒		8. 移至位置点①——机器人归位 在直角坐标系下按住图标对应的 [动作功能键] 的同时,转动拨动按钮或按住 (+/- 键),移动机器人至位置点①,如左图所示
	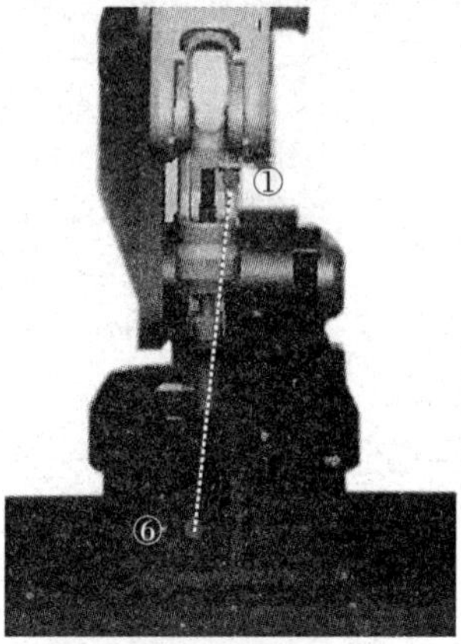	9. 移至位置点⑥——焊缝 2 邻近点 同位置点②的操作类似,在直角坐标系下按住图标对应的 [动作功能键] 的同时,转动拨动按钮或按住 [+/- 键]。移动机器人至位置点⑥,如左图所示
	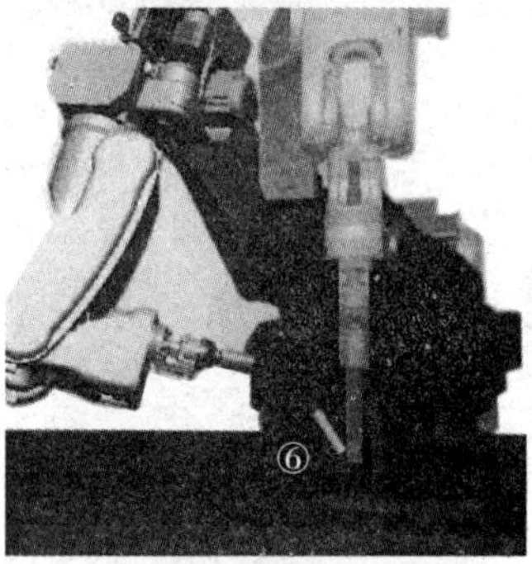	10. 改变焊枪姿态——焊缝 2 焊枪角度 同改变焊缝 1 焊枪角度的操作类似,在直角坐标系下按住图标对应的 [动作功能键] 的同时,转动拨动按钮,改变焊枪角度至 T 形接头平角焊要求范围,如左图所示
	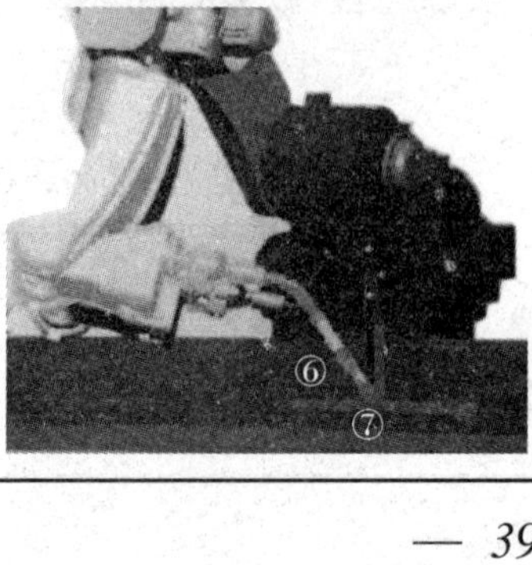	11. 移至位置点⑦——焊缝 2 开始点 同位置点③的操作类似,保持焊枪姿态不变,在直角坐标系下微动拨动按钮,缓慢移动机器人至位置点⑦,如左图所示

焊接步骤	图示	说明
手动操作示教盒	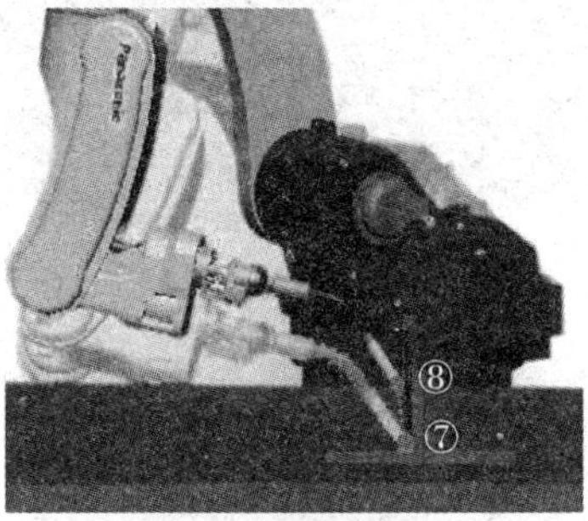	12. 移至位置点⑧——焊缝 2 结束点 同位置点④的操作类似，保持焊枪姿态不变，在直角坐标系下按住图标对应的［动作功能键］的同时，向下转动拨动按钮或按住［−键］，操作机器人沿 X 轴反方向移向焊缝 2 的结束位置，如左图所示
	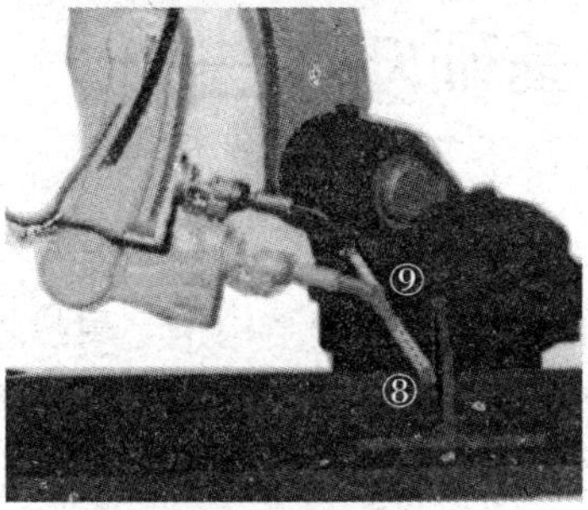	13. 移至位置点⑨——焊缝 2 规避点 同位置点⑤的操作类似，保持焊枪姿态不变，在工具坐标系下按住图标对应的［动作功能键］的同时，向下转动拨动按钮，沿工件坐标系 X 轴反方向平行移动机器人至不触碰夹具的位置，如左图所示
	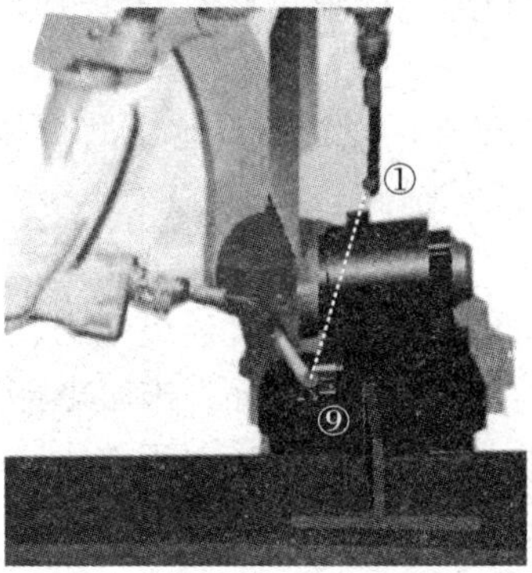	14. 移至位置点①——机器人归位 同步骤 7、8 的操作类似，在直角坐标系下先后完成焊枪姿态和位置的归位，如左图所示

编程结束后，先让弧焊机器人按照程序设定空走几遍，检查焊枪的姿态和位置是否合适。如果不满意，可反复修改。调试合格后即可进行正式焊接。

常用金属材料的焊接

课题 1 　金属材料焊接基础知识

　　焊接的常用金属材料包括碳素钢、普通低合金高强度结构钢、耐热钢、不锈钢、铸铁等。由于不同金属材料的化学成分、使用性能、工作条件和淬硬倾向不尽相同，因而在焊接过程中，如果采取的工艺措施不正确，常常会产生裂纹、气孔等缺陷。这就要求合理地选择焊接方法，正确地选用焊接材料，采取必要的预热、后热、焊后热处理等工艺方法来减少和防止这些缺陷，避免因此而带来的危害。

　　本课题首先介绍常用金属材料焊接的基础知识，以便更好地了解焊接缺陷产生的机理，从而有的放矢地选择合理的焊接工艺和相应的工艺措施。

一、热裂纹、冷裂纹及气孔

　　裂纹是焊接结构最危险的缺陷，不仅会使产品报废，而且还可能引起严重的事故。在焊接生产中出现的裂纹形式多种多样，有的裂纹出现在焊缝表面，肉眼就能观察到；有的裂纹隐藏在焊缝内部，不通过探伤检查就无法发现。有的裂纹产生在焊缝中，有的则产生在热影响区中。平行于焊缝的裂纹称为纵向裂纹，垂直于焊缝的裂纹称为横向裂纹，而产生在收尾处弧坑的裂纹称为火口裂纹或弧坑裂纹，如图 9-1 所示。根据裂纹产生的情况，可把焊接裂纹归纳为热裂纹、冷裂纹、再热裂纹和层状撕裂。下面主要讨论较常见的热裂纹和冷裂纹。

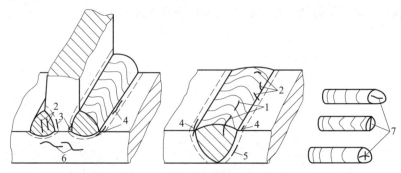

图 9-1　焊接接头裂纹分布形态

1—纵向裂纹　2—横向裂纹　3—焊根裂纹　4—焊趾裂纹　5—焊道下裂纹　6—层状撕裂　7—火口裂纹

1. 热裂纹

在焊接过程中，焊缝和热影响区金属冷却到固相线附近高温区产生的裂纹称为热裂纹。热裂纹绝大多数产生在焊缝金属中，露出焊缝外表面的裂纹断面有明显的氧化色彩。热裂纹发生在晶界上，一般为沿晶裂纹。

（1）热裂纹产生的原因

由于焊接过程是一个局部加热的过程，焊缝金属从液态变成固态时，体积要缩小，同时，凝固后的焊缝金属在冷却过程中体积也会收缩，而焊缝周围金属阻碍了上述这些收缩，使焊缝受到一定的拉应力作用。在焊缝刚开始凝固和结晶时，这种拉应力就产生了，但不会引起裂纹，因为此时晶粒刚开始生长（见图9-2a），液态金属比较多，流动性比较好，可以在晶粒间自由流动，因而由于拉应力而造成的晶粒间的间隙都能被液态金属填满。当温度继续下降时，柱状晶体继续生长，拉应力也逐渐增大。如果此时焊缝中有低熔点共晶体存在，则由于它熔点低，凝固晚，被柱状晶体推向晶界，聚集在晶界上。因此，当焊缝金属大部分已经凝固时，这些低熔点共晶体尚未凝固，在晶界就形成所谓的"液态夹层"（见图9-2b）。这时，拉应力已变得较大，而液态金属本身没有什么强度，晶粒与晶粒之间的结合就大为削弱，在拉应力的作用下就可能使柱状晶体的空隙增大，而低熔点液态金属又不足以填充增大了的空隙，这样就产生了裂纹。如果没有低熔点共晶体存在，或者数量很少，则晶粒与晶粒之间的结合比较牢固，即使有拉应力作用，也不产生裂纹。

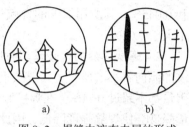

图9-2 焊缝中液态夹层的形成
a）结晶初期 b）结晶后期

由此可见，拉应力是产生热裂纹的外因，晶界上的低熔点共晶体是产生热裂纹的内因，拉应力作用在低熔点共晶体处的晶界上而造成裂纹。

（2）影响生成热裂纹的因素

1）合金元素对生成热裂纹的影响。合金元素是影响热裂纹倾向最根本的因素，其中主要有以下几个：

①硫。硫在钢中能形成多种低熔点共晶体，硫与铁会形成 FeS，FeS 与铁以及 FeS 与 FeO 会形成熔点分别为 985 ℃和 940 ℃的低熔点共晶体，它们的熔点比钢的熔点要低得多。这些低熔点共晶体在焊缝结晶时聚集在晶界上，当焊缝金属大部分已凝固时，它尚未凝固，形成液态薄膜，因而显著增大热裂纹倾向。在焊接含镍的高合金钢和镍基合金时，硫更是有害的元素。硫与镍能形成熔点更低的低熔点共晶体，其熔点仅为 664 ℃。当含硫量超过 0.02% 时就有产生热裂纹的危险。

②碳。当碳素钢和低合金钢中含碳量增加时，焊缝金属的淬硬性增加，焊缝中由于组织变化而产生的应力增大，从而增大产生热裂纹的倾向。

另外，碳易与钢中的铬、镍等元素形成低熔点共晶体，并且能降低硫在铁中的溶解度，被析出的硫就会富集在晶界上，因而增大热裂纹的倾向。

③硅。当含硅量超过 0.4% 时，容易形成硅酸盐夹杂，增大热裂纹的倾向。

2）一次结晶组织对热裂纹倾向的影响。熔池金属在一次结晶过程中，晶粒的大小、形态和方向对焊缝金属的抗裂性有很大的影响。一次结晶的晶粒越粗大，柱状晶体的方向性越明显，则产生热裂纹的倾向就越大。

3）焊接结构及焊接工艺对产生热裂纹的影响。焊接拉应力是产生热裂纹的必要条件。当结构和形状复杂、接头刚度高、焊缝冷却速度快、焊接顺序不合理时，焊接拉应力增大，热裂纹倾向就大。

（3）防止热裂纹产生的措施

1）降低母材和焊丝的含硫量。焊接碳钢和低合金钢时母材含硫量应分别不大于0.025%和0.045%，其所用焊丝的含硫量一般不大于0.03%。焊接高合金钢时，所用焊丝的含硫量不大于0.02%。

2）降低焊缝的含碳量。通过实践得知，当焊缝金属中的含碳量小于0.15%时，产生裂纹的倾向就小。所以，一般碳钢焊丝（如H08、H08A、H08Mn2Si、H08Mn2SiA等）最高含碳量都不超过0.11%。在焊接低合金高强度钢时，也尽量减小焊缝金属的含碳量。由于含碳量降低会使焊缝强度降低，因此，要通过渗入其他合金元素使焊缝保持一定的强度。例如，平均含碳量为0.3%的低合金高强度钢30CrMnSiA使用的焊芯为H18CrMoA，其平均含碳量只有0.18%，为提高焊缝强度，加入适量的钼。采用CO_2气体保护焊焊接这种材料的薄钢板时，所用的焊丝为H08Mn2SiA，其最高含碳量仅为0.11%。

3）提高焊丝的含锰量。锰能与FeS作用生成MnS。MnS的熔点比较高，不会与其他元素形成低熔点共晶体，所以可降低硫的有害作用。一般在含锰量低于2.5%时，锰均可起到有益的作用。在高合金钢和镍基合金中，同样可利用锰来消除硫的有害作用。

4）加变质剂。在焊缝金属中加入钛、铝、锆、硼或稀土金属铈和镧等变质剂可起细化晶粒的作用，使晶粒相对增多，晶界也随之增多。这样，即使焊缝中存在低熔点共晶体，也会被分散开来，使分布在晶界局部区域的杂质数量减少，而有利于消除热裂纹。最常用的变质剂是钛。

5）形成双相组织。例如，焊接铬镍奥氏体不锈钢时，焊缝形成奥氏体加铁素体（<5%）的双相组织，打乱了奥氏体相的方向性而使焊缝组织变细，同时还提高了焊缝的抗热裂性能。

6）采用适当的工艺措施。例如，选用合理的焊缝成形系数；选择合理的焊接顺序和焊接方向；对焊件采用焊前预热和焊后缓冷等措施，可有效地减小焊接应力，防止热裂纹的产生。

2. 冷裂纹

冷裂纹是指焊接接头冷却到较低温度（对于钢来说在 Ms[①] 以下）时产生的焊接裂纹。

冷裂纹可以在焊后立即出现，也可以延迟几小时、几周，甚至更长的时间以后产生，所以冷裂纹又称延迟裂纹。冷裂纹大多产生在母材或母材与焊缝交界的熔合线上，显露在接头金属表面的裂纹，其断口发亮。冷裂纹一般为穿晶裂纹。

（1）冷裂纹产生的原因

1）淬硬倾向。焊接时，钢的淬硬倾向越大，越易产生冷裂纹。因为淬硬倾向越大，就意味着得到更多的马氏体组织。马氏体是一种硬、脆的组织。在一定的应变条件下，马氏体由于变形能力低而易发生脆性断裂，形成裂纹。

2）氢的作用。焊接时，熔池金属吸收了较多的氢，除一部分氢逸出外，仍有一部分氢

---

① 钢奥氏体化后冷却时，奥氏体开始转变为马氏体的温度。

留在凝固的焊缝金属中。随着温度的降低，焊缝金属将开始发生组织转变。如果焊接易淬火钢，焊缝金属将从奥氏体转变为马氏体。氢在马氏体中的溶解度小于其在奥氏体中的溶解度。因此，在焊接接头冷却时，析出的氢就向周围的热影响区扩散，待热影响区组织也转变成马氏体后，便有相当多的氢聚集在熔合线附近，形成一个富氢带。当这个区域存在晶格空位、空穴等显微缺陷时，氢原子就会在这些部位结合成分子状态的氢，给局部区域造成很大的压力。当奥氏体组织转变成马氏体组织时，由于体积膨胀而产生的相变应力等就会使钢产生冷裂纹。

3）焊接应力。一是焊接接头内部存在的应力，包括由于温度分布不均匀造成的温度应力和由于相变（特别是马氏体转变）形成的组织应力；二是外部应力，包括刚性约束条件、焊接结构的自重、工作载荷等引起的应力。

总之，氢、淬硬组织和应力是导致冷裂纹的三个主要原因。在不同情况下，三者之一分别成为主导的因素。例如，一般低碳低合金高强度钢虽有高的淬透性，但低碳马氏体组织对氢的敏感性不太大；可是当含氢量达到一定数值时，仍产生了裂纹。此时，冷裂纹产生的主要原因是氢。又如，中碳高强度合金钢具有高的淬硬性，而淬硬组织对氢的敏感性较高。此时，冷裂纹产生的主要原因是淬硬组织。再如，当焊根有未焊透或咬边等缺陷，以及余高截面变化很大时，存在较高的应力集中区，应力就成为冷裂纹产生的主要因素。

（2）防止冷裂纹产生的措施

1）焊前预热和焊后缓冷。焊前预热措施包括：对焊件总体加热；对焊缝附近区域的局部加热；边焊接边不断补充加热。通过预热，可减小焊接时由于温差变大而产生的焊接应力，还可减缓冷却速度，改善接头的显微组织。

可以采用绝热材料（如石棉布、玻璃纤维等）包扎焊缝进行焊后缓冷，降低焊接热影响区的硬度和脆性，提高塑性，并使接头中的氢加速向外扩散。

2）采用减少氢的工艺措施。焊接前，将焊条、焊剂按要求严格烘干，并且随用随取；仔细清理坡口，去除油污、铁锈，防止将环境中的水分带入焊缝中；正确选择电源与极性。在操作时，焊条不应随意乱放在潮湿的地上，以免受潮；不使用药皮脱落的焊条；尽量采取短弧焊接等。

3）合理选用焊接材料。选用碱性低氢型焊条，可减少带入焊缝中的氢。采用不锈钢或奥氏体镍基合金材料制作的焊丝和焊芯。因为在焊接高强度钢时，这些合金的塑性较好，可抵消马氏体转变时造成的一部分应力，而且这类合金均为奥氏体，氢在其中的溶解度高，扩散速度慢，使氢不易向热影响区扩散和聚集。

4）采用适当的焊接参数。适当降低焊接速度，可使焊接接头的冷却速度慢一些。过高的焊接速度易产生淬火组织；过低的焊接速度会使热影响区严重过热，晶粒粗大，热影响区的淬火区加宽。这两种不恰当的焊接速度都将促使冷裂纹产生，因此应选择合适的焊接参数。

5）选用合理的装焊顺序。合理的装焊顺序、焊接方向可以改善焊件的应力状态。

6）进行焊后热处理。焊件在焊后及时进行热处理，如进行高温回火，可使氢扩散排出，也可改善接头的组织和性能，减小焊接应力。

3. 气孔

焊接时，熔池中的气泡在熔池金属凝固时未能及时逸出，而残留下来所形成的空穴称为气孔。气孔的形状有球形、椭圆形、链状和蜂窝状等。位于焊缝表面的气孔称为外部气孔，位于焊缝内部的气孔称为内部气孔。

气孔对焊缝的性能有很大的影响，不仅减小焊缝的有效工作截面积，使焊缝力学性能下降，而且破坏了焊缝的致密性，容易造成泄漏。气孔严重时，会使金属结构在工作时破坏。在熔焊中氢气、一氧化碳、氮气是形成气孔的主要因素。

（1）影响因素

1）铁锈和水分。铁锈是氧化铁的水化物（通式为 $mFe_2O_3 \cdot nH_2O$ ）。在电弧高温作用下，以结晶水形式存在的水分产生大量的水蒸气，并使铁氧化而产生氢气。这些氢以原子或正离子的形式进入熔池，扩散至熔池金属中。在冷却过程中，氢原子或氢离子随着溶解度急剧下降而析出，如果它们不能逸出金属，便形成氢气孔。

2）焊接的冶金作用。在焊接熔池中，产生一氧化碳的途径主要包括：碳被氧直接氧化；通过 FeO 与 C 的冶金反应而生成。一氧化碳不溶解在液态金属中，大部分以气泡的形式从熔池金属中逸出。但是，随着冷却过程中液态金属黏度的提高，来不及逸出的一氧化碳气体便形成了气孔。

3）熔池受到空气侵入。如果熔池没有得到有效的保护，受到空气的侵入时才会出现氮气孔。在正常情况下很少会形成氮气孔。

4）其他影响因素。使焊缝中形成气孔的因素还有很多，如焊条的种类、电源极性、电弧长度、焊接速度和焊接方法等。碱性焊条比酸性焊条对铁锈和水分敏感性大得多。当使用碱性焊条时，如果使用前焊条没有烘干或烘干温度和时间不够，焊缝就很容易产生气孔。如果使用直流弧焊电源时，采用直流反接比直流正接时产生气孔的倾向要小。电弧长度过大时，熔池失去了气体的保护，空气很容易侵入熔池形成气孔。焊接电流偏低或焊接速度过快，熔池存在时间短，气体来不及从熔池金属中逸出，易形成气孔。埋弧自动焊时使用过高的电弧电压以及网络电压波动过大也易产生气孔。

（2）防止气孔的措施

1）焊接前仔细清理焊件，在焊缝两侧 20 ～ 30 mm 范围内除锈、去污。

2）焊接前将焊条或焊剂按规定进行烘干，焊丝不得生锈。

3）加强熔池保护，焊剂或保护气体的送给不能中断。采用短弧焊接。

4）正确选择焊接参数，运条速度不得太快；对导热快、散热面积大的焊件，如果周围环境温度低时，应进行预热。

5）选用含碳量较低及脱氧能力强的焊条，并采用直流反接进行焊接。

二、预热、后热及焊后热处理

1. 预热

（1）预热的作用

预热能降低焊后冷却速度，而对于给定成分的钢种，焊缝及热影响区的组织和性能取决于冷却速度的大小。对于易淬火钢，通过预热可以减小淬硬程度，防止产生焊接裂纹。另外，预热可以减小热影响区的温差，在较宽范围内得到比较均匀的温度分布，有助于减小因温差而造成的焊接应力。因此，对于有淬硬倾向的钢材，经常采用预热措施。对于铬镍奥氏体钢，预热使热影响区在危险温度区的停留时间增加，从而增大腐蚀倾向。因此，在焊接铬镍奥氏体不锈钢时不可进行预热。

（2）预热温度及方法

预热温度的选择应根据焊件的成分、结构刚度、焊接方法等因素综合考虑，并通过焊接性试验来确定。预热一般是在坡口两侧约 80 mm 范围内均匀加热，加热宽度应大于 5 倍的板厚。常采用火焰加热、工频感应加热和红外线加热等方法。

2. 后热

（1）后热的作用

焊后，为防止焊件急冷，将焊件保温、缓冷，可以减缓焊缝和热影响区的冷却速度，起到与预热相似的作用。对于冷裂倾向性大的低合金高强度钢等材料，还有一种专门的后热处理——消氢处理，即在焊后立即将焊件加热到 250 ~ 350 ℃，保温 2 ~ 6 h 后空冷。消氢处理的目的主要是使焊缝金属中的扩散氢加速逸出，降低焊缝和热影响区中的含氢量，以防止产生冷裂纹。对于焊后要求进行热处理的焊件，因为在热处理过程中可以达到除氢的目的，所以不需要另外进行消氢处理。但是，焊后如果不能立即进行热处理而焊件又必须及时除氢时，则需及时进行消氢处理；否则，焊件有可能在热处理前的放置期内产生裂纹。

（2）后热的方法

除加热温度与预热所选取的温度有所不同外，后热的加热方法、加热区宽度、加热区域等与预热相同。

3. 焊后热处理

（1）焊后热处理的目的和种类。

焊后热处理是将焊件整体或局部加热、保温，然后炉冷或空冷的一种处理方法。它可以降低焊接残余应力，软化淬硬部位，改善焊缝与热影响区的组织和性能，提高接头的塑性和韧性，稳定结构的尺寸。

常用的焊后热处理种类包括：在 600 ~ 650 ℃范围内退火，以消除应力；在低于 Ac_1[①] 的温度下进行高温回火；进行稳定化处理，可以改善铬镍奥氏体不锈钢的耐腐蚀性。

（2）焊后热处理的工件类型

母材金属强度等级较高，产生延迟裂纹倾向较大的普通低合金钢；在低温下工作的压力容器及其他焊接结构，特别是在脆性转变温度以下使用的压力容器；承受交变载荷工作，有疲劳强度要求的构件；大型受压容器；有应力腐蚀和焊后要求几何尺寸稳定的焊接结构。

（3）焊后热处理的方法

1）整体加热处理。将焊件置于加热炉中整体加热处理，可以得到满意的处理效果。焊件进炉和出炉时的温度应在 300 ℃以下，在 300 ℃以上加热和冷却的速度应不大于 $500/\delta$ ℃/h（δ 为板厚，mm）。厚壁容器的加热和冷却速度为 50 ~ 150 ℃/h，整体加热处理时炉内最大温差不得超过 50 ℃。如果焊件太长，需分成两次进行热处理时，重叠加热部分应在 1.5 m 以上。

2）局部热处理。简单筒形容器或管件的形状比较规则，但是尺寸较长不便整体处理。对这类工件可以进行局部热处理。局部热处理时，应保证焊缝两侧有足够的加热宽度。筒体的加热宽度可取 $5\sqrt{R\delta}$（R 为筒体半径，mm；δ 为筒体壁厚，mm）。局部热处理常采用火焰加热、红外线加热、工频感应加热等方法。

---

① 钢加热时珠光体转变为奥氏体的温度。

三、焊条的选用依据

1. 焊件的力学性能和化学成分

（1）低碳钢、中碳钢和低合金钢可按其强度等级来选用相应强度的焊条。在焊接结构刚度高、受力情况复杂时，应选用比钢材强度低一级的焊条。这样，焊后可保证焊缝既有一定的强度，又能得到满意的塑性，以避免因结构刚度过高而使焊缝撕裂。但遇到焊后要进行回火的焊件，则应防止焊缝强度过低和焊缝中所需合金元素含量达不到要求。

焊接一般合金结构钢时，焊条的选用仍以强度等级为依据。焊接其余钢类材料（如耐热钢、不锈钢等）时，焊条的选择应从保证焊接接头的特殊性能出发，要求焊缝金属的主要合金成分与母材相近或相同。

（2）焊条的强度确定后，需要进一步确定焊条的性质。选用酸性焊条还是碱性焊条，这主要取决于焊接结构、钢材厚度（即刚度的高低）、焊件载荷的情况（静载荷还是动载荷）、钢材的抗裂性及得到直流电源的难易等。一般来说，如果焊缝要求塑性、冲击韧度和抗裂性能较高，且在低温条件下工作，应选用碱性焊条。如果低碳钢焊件受某种条件限制而无法清理坡口处的铁锈、油污和氧化皮等污物，应选用对铁锈、油污和氧化皮敏感性小，抗气孔性能较强的酸性焊条。

（3）焊接低碳钢与低合金钢、不同强度等级的低合金钢等时，一般选用与较低强度等级钢材相匹配的焊条。

2. 焊件的工作条件及使用性能

（1）如果焊件的工作环境有特定要求（如低温、水下等），应选用相应条件的焊条（如低温焊条、水下焊条等）。

（2）珠光体耐热钢一般选用与钢材化学成分相似的焊条，或根据焊件的工作温度来选取。

3. 简化工艺，提高生产效率，降低成本

（1）薄板焊接或点焊宜采用 E4313 型焊条，焊件不易烧穿且易引弧。

（2）在满足焊件使用性能和焊条操作性能的前提下，应选用规格大、效率高的焊条。

（3）在使用性能基本相同时应尽量选择价格较低的焊条。

焊条除依据上述要求选用外，有时为了保证焊件的质量还需通过试验确定。另外，为了保障焊工的身体健康，在允许的情况下应尽量多采用酸性焊条。

四、手工堆焊及焊补

1. 手工堆焊技术

堆焊主要用来修复机械设备工作表面的磨损部分和金属表面的残缺部分，以恢复结构原来的尺寸，或堆焊耐磨、耐腐蚀的特殊金属盖面层。

（1）修补堆焊所用的焊条成分一般与焊件金属相同。堆焊特殊金属表面时，应选用专用焊条，以适应工件的工作需要。

（2）堆焊前，对堆焊处的表面必须仔细清除杂物、油脂。

（3）堆焊第二条焊道时，必须熔化第一条焊道的 1/3 ~ 1/2 宽度（见图 9-3），这样才能使各焊道间紧密连接，并能防止夹渣和未焊透等缺陷的产生。

（4）进行多层堆焊时，由于加热次数较多，且加热面积又大，焊件极易产生变形，甚至会产生裂纹。这就要求第二层焊道的堆焊方向与第一层焊道互成90°（见图9-4），同时为了使热量分散，还应注意堆焊顺序，如图9-5所示。

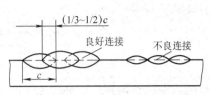

图9-3 堆焊时各焊道的连接

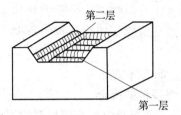

图9-4 各堆焊层的排列方向

（5）轴堆焊时，可按图9-6所示的堆焊顺序进行，即采用纵向对称堆焊和横向螺旋形堆焊。堆焊时，应注意每条焊缝结尾处不应有过深的弧坑，以免影响堆焊层边缘的成形，因此，应采取将熔池引到前一条堆焊缝上的方法。

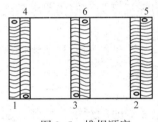

图9-5 堆焊顺序

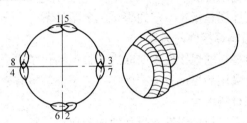

图9-6 轴的堆焊顺序

（6）为了增大堆焊层的厚度，减少清渣工作，提高生产效率，通常将焊件的堆焊面置于垂直位置（见图9-7），用横焊法进行堆焊；有时也可将焊件放成倾斜位置，采用上坡焊法。为了满足堆焊后焊件表面机械加工的要求，应留有一定厚度（3～5mm）的加工量。

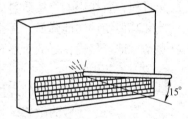

图9-7 在垂直位置上的堆焊

2. 铸钢件缺陷和裂纹的焊补技术

铸钢件的缺陷一般有两种：一是明缺陷，焊接时电弧能直接作用到整个缺陷表面；二是暗缺陷，焊接时只能在局部缺陷上进行焊补。修补缺陷时，除了要遵守堆焊的规则外，还应特别注意对焊前缺陷处进行清洁、修整，使缺陷完全显露，并露出新的金属光泽，同时应注意坡口不应有尖锐的形状，以防止产生未焊透、夹渣等缺陷。

（1）明缺陷的焊补

将缺陷表面清理干净，用E5015型焊条按照堆焊的方法把缺陷填满即可。

如果铸钢件较大，为了防止产生裂纹，可在焊补处进行局部预热（温度为300～350℃）。对于裂纹的焊补，焊补前应彻底检查裂纹，并用錾削或碳弧气刨的方法将裂纹修成一定的坡口形式。坡口底部避免尖角形状。为了防止在錾削过程中裂纹受振动而蔓延，錾削前应在裂纹的两端钻直径为10～15mm的小孔。小孔的位置如图9-8所示。裂纹的焊补一般采用E5015型焊条，焊后的焊缝强度和塑性均能满足要求。在焊接过程中，还要注意焊接顺序。根据具体情况，在焊接前还可以在焊补处进行局部预热（温度为300～350℃）。同时，在焊接过程中及焊后应适当敲击焊缝处，以消除局部应力，防止产生新的裂纹。

（2）暗缺陷的焊补

必须认真修整缺陷，除去妨碍电弧进入的金属，待缺陷完全暴露且清除干净后再进行焊补。其方法与明缺陷的焊补相同。

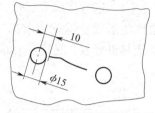

图9-8　裂纹两端的钻孔位置

五、钢的焊接性

1. 焊接性的概念

金属的焊接性是指金属材料对焊接加工的适应性，主要是指在一定的焊接工艺条件下获得优质焊接接头的难易程度。它包括以下两个方面的内容：

（1）接合性能

接合性能是指在一定的焊接工艺条件下，一定的金属形成焊接缺陷的敏感性。

（2）使用性能

使用性能是指在一定的焊接工艺条件下，一定金属的焊接接头对使用要求的适应性。

2. 影响焊接性的因素

金属材料的焊接性主要取决于材料的化学成分，而且与工件结构的复杂程度、刚度、使用条件及采用的焊接方法、焊接工艺条件等也有密切关系。

（1）材料因素

材料因素包括焊件本身和使用的焊接材料（如焊条电弧焊时的焊条、埋弧自动焊时的焊丝和焊剂、气体保护焊时的焊丝和保护气体等）。它们在焊接时都参与熔池或半熔化区内的冶金过程，直接影响焊接质量。焊接材料选用不当时，会使焊缝金属化学成分不合格，力学性能和其他使用性能降低，还会出现气孔、裂纹等缺陷。由此可见，根据焊件正确选用焊接材料是保证焊接性良好的重要环节，必须十分重视。

（2）工艺因素

当同一焊件采用不同的焊接工艺方法和工艺措施时，所表现的焊接性也不同。例如，钛合金对氧、氮、氢极为敏感，如果采用气焊和焊条电弧焊，其焊接性就不好；由于氩弧焊或真空电子束焊能防止氧、氮、氢等侵入焊接区，因此采用这两种焊接方法焊接钛合金就比较容易。

焊接方法对焊接性的影响首先表现在焊接热源能量密度、温度及热输入量等方面。例如，为了防止具有过热敏感特点的高强钢焊接时过热，应对其采用窄间隙焊接、等离子弧焊、电子束焊等方法，以改善其焊接性。又如，为了防止灰铸铁焊接时产生白口组织，应选用气焊、电渣焊等焊接方法，以改善其焊接性。

工艺措施对防止焊接接头缺陷、提高使用性能也有重要的作用。例如，焊前预热、焊后缓冷和去氢处理等可以比较有效地防止热影响区淬硬变脆，降低焊接应力，避免氢致冷裂纹等。又如，合理安排焊接顺序能减小焊接应力和变形等。

（3）结构因素

焊接接头的结构直接影响应力状态，从而对焊接性发生影响。因此，应使焊接接头处于刚度较低的状态，使其能够自由收缩，以防止焊接裂纹的产生。缺口、截面突变、焊缝余高过大、交叉焊缝等都易引起应力集中，要尽量避免。焊件厚度或焊缝体积增大，会产生多向应力，应尽量避免。

（4）使用环境

焊接结构的使用环境多种多样，有高温或低温环境、充满腐蚀介质的环境、静载荷或动载荷的工作环境等。高温工作时，可能产生蠕变；低温工作或冲击载荷工作时，容易发生脆性破坏；在腐蚀介质下工作时，接头要求具有耐腐蚀性。总之，使用环境越恶劣，焊接性就越不容易保证。

3. 焊接性的间接判断法

钢材的化学成分是决定焊接热影响区是否淬硬的基本条件。在钢材的各种化学元素中，对焊接性影响最大的是碳。碳是引起淬硬的主要元素，故常把含碳量作为判别钢材焊接性的主要标志。钢中含碳量越高，其焊接性越差。钢中除了碳元素以外，其他元素（如锰、铬、镍、铜、钼等）对其淬硬性都有影响，故可将这些元素根据它们对焊接性影响的大小，折合成相当的碳元素含量，即碳当量，以判别焊接性的好坏。判断焊接性最简便的方法是碳当量鉴定法。

国际焊接学会推荐的估算碳钢和低合金钢的碳当量公式为：

$$C_E = w(C) + \frac{w(Mn)}{6} + \frac{w(Cr) + w(Mo) + w(V)}{5} + \frac{w(Ni) + w(Cu)}{15}$$

式中 $w(C)$、$w(Mn)$、$w(Cr)$、$w(Mo)$、$w(V)$、$w(Ni)$、$w(Cu)$ 表示该元素在钢中的含量（质量分数）。

当 $C_E < 0.4\%$ 时，钢材的淬硬倾向不明显，焊接性优良，焊接时不必预热；当 $C_E = 0.4\% \sim 0.6\%$ 时，钢材的淬硬倾向逐渐明显，需要采取适当的预热和控制热输入等工艺措施；当 $C_E > 0.6\%$ 时，钢材的淬硬倾向更强，属于较难焊的材料，需采用较高的预热温度和严格的工艺措施。

用上述方法来判断钢材的焊接性只能做近似的估计，并不完全代表材料的实际焊接性。例如，16MnCu 钢的碳当量为 0.34% ~ 0.44%，焊接性还好；但当其钢板厚度增大时，焊接性会变差。

课题2　中碳钢焊接操作

碳素钢是以铁为基体，以碳为主要合金元素的铁碳合金（含碳量 <2.11%），是工业中应用最广泛的金属材料。工业中使用的碳素钢的含碳量很少超过 1.4%。用于制造焊接结构的钢材的含碳量还要低得多。

低碳钢含碳及合金元素少，淬硬倾向小，是焊接性最好的金属材料。在低碳钢的焊接过程中，一般情况下不需要采取特殊的工艺措施就可获得较满意的焊接质量。低碳钢的焊接在前面已经训练过，这里重点介绍中碳钢的焊接。

一、中碳钢焊接工艺

1. 中碳钢的焊接性

与低碳钢相比，中碳钢含碳量较高，因此其强度较高，焊接性较差。常见的中碳钢有35钢、45钢、55钢等。其焊接性表现如下：

（1）焊缝金属易产生热裂纹

从铁—碳合金相图可知，铁—碳合金的凝固过程在一个温度区间内进行。由于中碳钢含碳量较高，因而凝固温度区间也增加，偏析现象也随之增大。在凝固收缩应力的作用下，其容易沿液态晶界处开裂，产生热裂纹的倾向增大。

（2）热影响区易产生冷裂纹

焊接中碳钢时，在热影响区易产生塑性很低的淬硬组织（马氏体），含碳量越高，淬硬倾向越大。当工件板材较厚、刚度较高时，在热影响区容易产生冷裂纹。当焊缝金属的含碳量较高时，也有产生冷裂纹的可能。

2. 中碳钢焊接工艺要点

焊接中碳钢时，为了保证焊后不产生裂纹和得到满意的力学性能，通常应采取下列措施：

（1）尽量采用碱性焊条

碱性焊条的抗冷裂和抗热裂性能较好。当焊缝金属的强度不要求与焊件等强度时，可选用强度低的碱性焊条，如E4316、E4315等。当对焊缝金属强度要求较高时，可采用E5015、E6015—D1、E7015—D2等碱性焊条。焊接中碳钢的焊条见表9-1。

表9-1　　　　　　　　　　　　　焊接中碳钢的焊条

钢材牌号	焊接性	焊条型号	
		不要求等强度	要求等强度
35、ZG35	较好	E4303、E4301、E4316、E4315	E5016、E5015
45、ZG45	较差	E4303、E4301、E4316、E4315、E5016、E5015	E5516、E5515
55、ZG55	较差	E4303、E4301、E4316、E4315、E5016、E5015	E6016—D1、E6015—D1

特殊情况下，可采用铬镍不锈钢焊条焊接或焊补中碳钢。在焊前不预热的情况下，也不容易产生近缝区冷裂纹。用来焊接中碳钢的铬镍不锈钢焊条有E309—16、E309—15、E310—16、E310—15等。焊接电流要小，焊接层数要多，熔深要浅。但由于成本高，一般在焊接量较少时采用。

根据中碳钢焊接、焊补的实践经验，先在坡口表面堆焊一层过渡焊缝再进行焊接，焊接效果较好。堆焊过渡焊缝的焊条通常选用含碳量很低、强度低、塑性好的纯铁焊条（含碳量≤0.03%）。

（2）预热

中碳钢的预热温度取决于材料的含碳量、焊件的大小和厚度、焊条类型、焊接参数及结构刚度等。

（3）焊接工艺措施

1）焊接坡口尽量开成U形，以减少焊件熔入量。

2）焊接第一层焊缝时，尽量采用小电流、低焊接速度，以减小焊件熔入焊缝金属中的比例（减小熔合比），防止产生热裂纹。但应注意将母材熔透，避免产生夹渣及未熔合等缺陷。

3）碱性焊条在焊接前要按照要求烘干。烘干温度为 350 ~ 450 ℃，保温时间为 2 h。

4）锤击焊缝，以减小焊接残余应力，细化晶粒。

5）焊接结束时，应将焊件放在石棉灰中或在炉中缓冷。

6）对含碳量高、厚度大和刚度高的焊件，焊接后应进行必要的热处理，如在 600 ~ 650 ℃下进行回火，以消除应力。

二、中碳钢焊接技能训练

中碳钢焊接的焊件图如图 9-9 所示。焊件是工作压力为 24 MPa 的高压管道，材料为 45 钢。

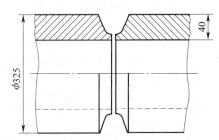

技术要求
打底层采用钨极氩弧焊，盖面层采用焊条电弧焊。

图 9-9　高压管道焊件图

中碳钢焊接方法及相应的焊接参数见表 9-2。

表 9-2　　　　　　　　　　中碳钢焊接方法及相应的焊接参数

焊接层次	焊接方法	焊材直径（mm）	焊接电流（A）	电弧电压（V）	预热温度（℃）	层间温度（℃）
打底层（1）	钨极氩弧焊	$\phi2$	60 ~ 65	12 ~ 13	200	—
填充（2 ~ 5）层	焊条电弧焊	$\phi3.2$	110 ~ 125	20 ~ 21	200	155
盖面层	焊条电弧焊	$\phi4$	145 ~ 165	22 ~ 24	200	100

中碳钢焊接操作步骤见表 9-3。

表 9-3　　　　　　　　　　中碳钢焊接操作步骤

操作步骤	图示	说明
焊前准备	**将焊件放在V形架上** 焊丝 H08Mn2SiA，$\phi2$mm **焊丝** **焊条**	1. 制备焊件 　考虑到 45 钢受热容易出现淬硬倾向，不能用火焰切割，要采用机械加工，对管子一侧加工出坡口。 　清理坡口：用角向磨光机将坡口内、外 50 mm 处的铁锈清理干净，使之露出金属光泽 　2. 装配、定位焊 　将两段管子平放在 V 形架上，留出 3.5 mm 的根部间隙，采用钨极氩弧焊在焊接位置 10 点、7 点、2 点处用连接板定位焊三处

操作步骤	图示	说明
焊前准备	 铈钨极，$\phi 2.5\text{mm}$ **铈钨极**  **焊炬** 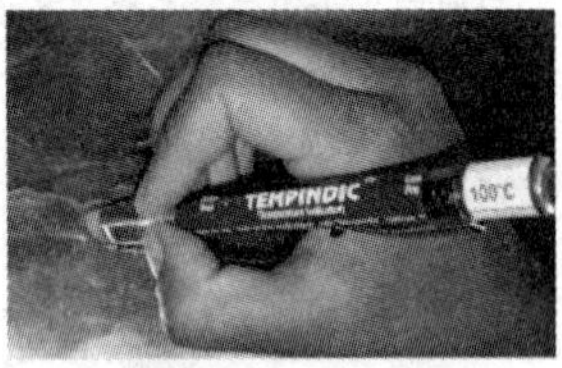 **用测温笔测量预热温度**	3. 准备焊接材料、保护气体及其他 焊丝为 H08Mn2SiA，直径为 2 mm 焊条为 E5015，直径为 3.2 mm、4.0 mm 电极为铈钨极，直径为 2.5 mm 采用氩气，单面保护（气体纯度为99.98% 以上），钢管内部不充氩气 准备一定数量的保温用石棉布 4. 焊前预热 焊接前用氧乙炔焰预热，用两把H01—20 型焊炬在管子两侧对称加热，预热轨迹为"W"形。用测温笔测量工件焊缝范围的温度，约达到 200 ℃
打底层 （钨极氩弧焊）	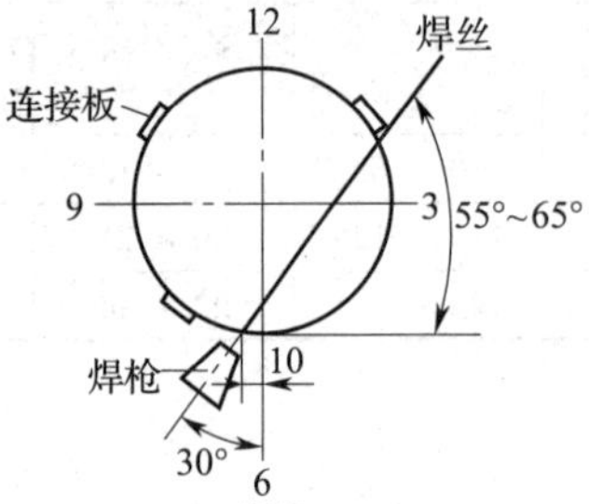 **引弧** 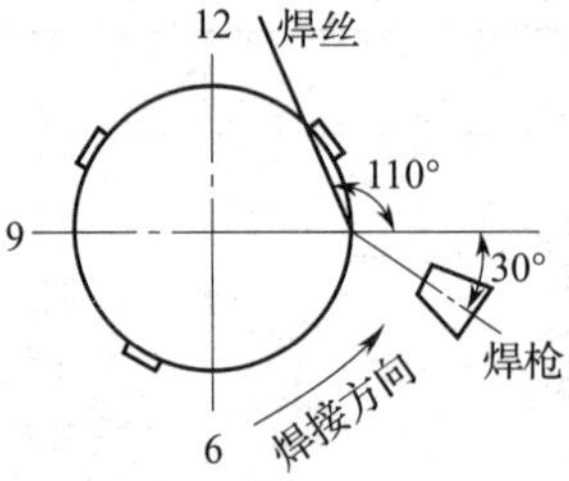 **焊接角度1** 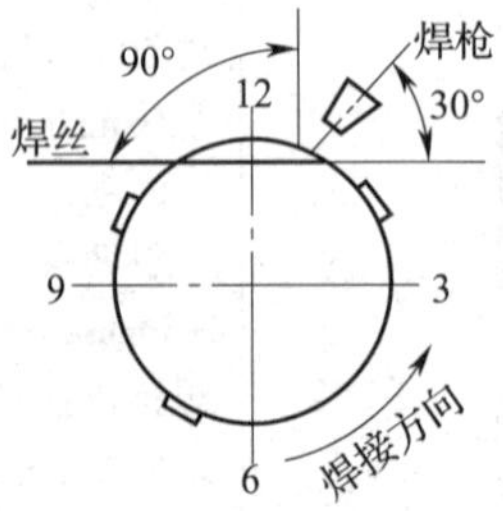 **焊接角度2**	1. 引弧 当达到预热温度后，在仰位过 6 点10 mm 处引弧，钨极在坡口内高频起弧，引燃电弧后，电弧始终保持在间隙中心 2. 焊接 引弧后起焊，逐渐移动焊枪，焊接角度的变化如左图所示。由两名焊工在对称位置同时焊接，采用内部送丝法（即焊丝在管子内部递送） 3. 接头 用角向磨光机将接头处磨成斜坡，在·接头前 10 mm 处引弧，引至弧坑处熔焊，当形成新的熔孔后输送焊丝，如此焊完打底层 4. 收弧 动作不应太快，焊枪慢慢往外拉出，熄弧

操作步骤	图示	说明
填充层、 盖面层 （焊条电弧焊）		各层之间均应清渣，待层间温度达到要求后方可焊接。每焊完一层都要锤击焊缝，减小焊接残余应力
焊后保温缓冷	—	焊缝焊接后，要用石棉布包扎住，使其缓慢冷却
焊后热处理	—	用长度为 18～20 m 的绳形加热器缠绕接头焊缝，用硅酸铝棉层保温，保温层厚度为 50 mm 热处理升温速度为 240 ℃/h，升到 680 ℃保温 220 min，降温速度为 180 ℃/h，降到 300 ℃后空冷
检查焊缝	—	焊缝根部要求无裂纹。管路采用水压试验分段试压，试验压力为 31 MPa，要求焊缝无渗漏。20% 的焊缝进行 X 射线探伤，评定标准执行 GB/T 3323.1—2019 规定的 II 级焊缝要求

操作提示

（1）焊接第一层时，为避免出现裂纹，运条速度不宜太快，焊道不能太薄，以保持焊件受热均匀；熄弧时应将弧坑填满，以免出现火口裂纹。

（2）如果焊接过程中产生裂纹，应铲除重焊。

（3）选用正确的焊接顺序。

课题 3　低合金高强度结构钢焊接操作

低合金高强度结构钢是在碳钢基础上加入了含量少于 5% 的合金元素。在钢中加入的合金元素有锰、硅、钒、铌、钛、铝和稀土等。为了使钢材有良好的焊接性，含碳量一般限制在 0.2% 以下。低合金高强度结构钢大多数经过热轧或正火，可分为热轧钢和正火钢两类。

按照国家标准《低合金高强度结构钢》（GB/T 1591—2018）的规定，低合金高强度结构钢 Q355 取代 GB/T 1591—2008 中的 Q345，按质量等级分为 B、C、D、E、F 级；Q390、Q420 的质量等级分为 B、C、D、E 级；而 Q460、Q500、Q550、Q620、Q690 的质量等级分为 C、D、E 级。低合金高强度结构钢的特点是强度高，塑性、韧性良好，焊接及其加工性能较好，广泛应用于压力容器、车辆、船舶、桥梁和其他各种金属结构。

一、低合金高强度结构钢的焊接性

低合金高强度结构钢的焊接性主要取决于化学成分。强度等级较低（300～400 MPa 级）的低合金结构钢，由于钢中合金元素含量较少，因此焊接性较好，接近于普通低碳钢。在一般情况下，其焊接时不必采取特殊工艺措施。随着钢材强度等级的提高，钢中合金元素含量相应提高，钢材的淬硬倾向增大。其所含的某些元素在焊接热循环作用下促使形成低熔点物质，使焊缝金属和热影响区出现各种不利组织，使焊接性变差，并导致裂纹的产生。因而必须采取一定的工艺措施。焊接时易出现的主要问题如下：

1. 热影响区的淬硬倾向

低合金高强度结构钢会随着钢的强度等级的提高，其热影响区的淬硬倾向增大。为了避免热影响区淬硬，要严格控制向焊接区输送热量的大小。例如，焊接含碳量偏高的 Q355（16Mn）钢时，热输入应偏大一些。对于强度等级较高的低合金高强度结构钢，淬硬倾向增大，应选择较大的热输入。但热输入过大，又会增大粗晶区脆化倾向，这时采用预热配合小的热输入的方式更合理。

2. 焊接接头的冷裂纹

焊接低合金高强度结构钢时常在热影响区产生冷裂纹。冷裂纹一般是在焊后相当低的温度下（大约在钢的 Ms 点附近），有时甚至放置相当长的时间才产生。具有延迟特征的冷裂纹的危险性更大。随着母材强度等级的提高和板厚的增加，冷裂纹的倾向也加大。这是因为焊接接头处产生淬硬组织；焊接接头内含氢量较多；又因厚板的刚度高使得焊接接头的残余应力相应较大造成的。

3. 热裂纹

如果低合金高强度结构钢强度等级较低（如 Q355），产生热裂纹的可能性比冷裂纹小得多，只有在原材料化学成分不符合要求（如硫、碳的含量偏高）时才有可能产生。

二、低合金高强度结构钢焊接工艺要点

低合金高强度结构钢对焊接方法的选择无特殊要求，焊条电弧焊、埋弧自动焊、气体保护焊、电渣焊、压焊等焊接方法都可以采用，可根据产品的结构、板厚、使用性能要求及生产条件等选择。其中，焊条电弧焊、埋弧自动焊、CO_2 气体保护焊是其常用的焊接方法。

1. 坡口加工、装配及定位焊

坡口可采用机械加工，其加工精度较高；也可采用火焰切割或碳弧气刨。对强度等级较高、厚度较大的钢材，经过火焰切割或碳弧气刨加工的坡口应用砂轮仔细打磨。在坡口两侧约 50 mm 范围内，应严格去除水、油污、铁锈及污物等。

焊件的装配间隙不能过大，避免强力装配定位。为防止定位焊的焊缝开裂，要求定位焊缝应有足够的长度（一般不小于 50 mm），薄板定位焊缝的长度应不小于 4 倍板厚。定位焊应选用与正式焊接同类型的焊接材料，也可选用强度等级稍低的焊条或焊丝。定位焊的顺序应能防止过大的拘束，允许工件有适当的变形，焊点或定位焊缝应对称、均匀分布。定位焊

所用的焊接电流可稍大于正式焊接时的焊接电流。

2. 选择合适的焊接材料

焊接材料的选择应保证焊缝强度和韧性与母材相适应。一般选用碱性、低氢焊条，甚至超低氢焊条，焊前严格烘干。对焊丝、母材附近的铁锈、油污等仔细清理，在操作时应防止水侵入熔池，以降低焊缝金属的含氢量。常用低合金高强度结构钢焊接用焊条、焊丝及焊剂见表 9-4。

表 9-4   常用低合金高强度结构钢焊接用焊条、焊丝及焊剂

钢材牌号	焊条电弧焊 焊条牌号	埋弧自动焊		焊剂牌号	CO_2 气体保护焊 焊丝牌号
		焊丝牌号			
Q355	E5003、E5001 E5016、E5015	不开坡口 H08A 中板开坡口 H08MnA、H10Mn2、H10MnSi 厚板开坡口 H10Mn2		HJ431 HJ350	ER49—1 ER50—6
Q390	E5016、E5015 E5516—G、E5515—G	不开坡口 H08MnA 中板开坡口 H10MnSi、H10Mn2、H08Mn2Si 厚板开坡口 H08MnMoA		HJ431 HJ350 HJ250	ER49—1 ER50—6
Q420	E5516—G、E5515—G E6016—G、E6015—G	H08MnMoA		HJ431 HJ350	
Q460	E5515—G、E5516—G E6016—G、E6015—G	H08Mn2MoA H08MnMoVA		HJ350 HJ250	

3. 正确选择焊接参数及措施

采取焊前适当预热和焊后缓冷的措施来降低焊接接头的淬硬倾向，改善显微组织，提高韧性；同时，还有利于焊缝中氢的扩散逸出及改善应力条件。多层焊时，要保证层间温度不低于预热温度。有时还可采用锤击焊道表面、跟踪回火等措施。

4. 焊后及时进行热处理

低合金高强度结构钢制造的厚壁容器、刚度高的焊接结构以及一些在低温、腐蚀条件下工作的构件，常常要求焊后及时进行热处理。在一般情况下只进行回火，一方面消除焊接残余应力；另一方面改善组织，使已经产生的马氏体高温回火，并进一步脱氢。这对于消除冷裂纹、改善热影响区塑性都是较为有效的手段。有时还要求对一些重要的焊接结构进行调质处理或正火。

应当指出，预热和焊后热处理是防止冷裂纹的有效措施，然而这些环节增加了生产的复杂程度，尤其是恶化了劳动条件，增加了焊接施工中的难度。因此，要慎重选用，宜尽量少用，或者用较低预热温度配合焊后热处理。

三、低合金高强度结构钢焊接技能训练

低合金高强度结构钢焊接的焊件图如图 9-10 所示。焊件为承压管道（由钢板卷制而成），焊件材料为 Q355 钢。

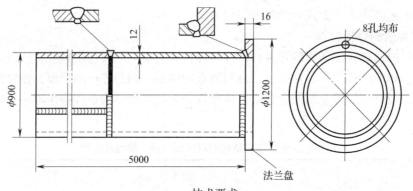

技术要求
1. 承压管道采用焊条电弧焊与埋弧自动焊进行焊接。
2. 管道焊完后，要保证法兰与圆管的垂直度和焊缝外观尺寸，且无焊接缺陷。

图 9-10　承压管道焊件图

1. 焊接工艺分析

承压管道的材料为低合金高强度结构钢，为了降低应力，防止开裂，应尽量避免强行装配。同时，必须保证定位焊的质量。定位焊的焊缝很短，截面积小，冷却速度快，特别容易产生气孔、裂纹等缺陷。因此，在定位焊时使用与正式焊接时完全相同的焊条；严格遵守工艺规程；必要时应进行预热。焊前应仔细检查定位焊缝，发现裂纹应清除后重焊。

2. 焊接参数

埋弧自动焊承压管道的焊接参数见表 9-5。

表 9-5　　　　　　　　　埋弧自动焊承压管道的焊接参数

层次	焊丝直径（mm）	焊接电流（A）	电弧电压（V）	焊接速度（m/h）	电源极性
圆筒环缝	$\phi4.0$	720 ~ 750	34 ~ 36	30 ~ 32	直流反接

 经验点滴

　　焊接速度的确定：在筒体上作业的埋弧自动焊机，其焊接速度必须与筒体的线速度同步，才能正常工作。可以通过焊接滚轮架的无级调速使筒体在滚轮架上转动的速度与埋弧焊设定的焊接速度相一致。筒体的线速度可通过实测计算获得。

　　焊接过程中，要注意保持焊接参数稳定，始终保证导电嘴、焊丝在接缝处的位置。环缝焊接时筒体转动容易产生轴向移动，必须及时调整导电嘴、焊丝与焊缝的间距，防止焊偏。

　　随时观察正面焊件的受热状况，以控制焊接熔化深度。当受热面的颜色呈现大红色，长度大于 80 mm 时，表明达到所需要的熔深（为板厚的 60% ~ 70%）。如果颜色呈紫红色或出现暗红色时，说明热输入量不足，达不到规定的熔深，要及时调节焊接参数。

3. Q355 钢焊接操作

Q355 钢焊接操作步骤见表 9-6。

表 9–6　　　　　　　　　　　Q355 钢焊接操作步骤

操作步骤	图示	说明
焊前准备	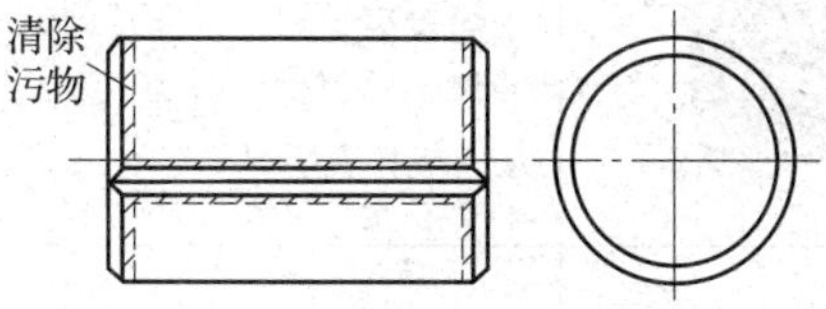 清除污物 卷制圆管成形图 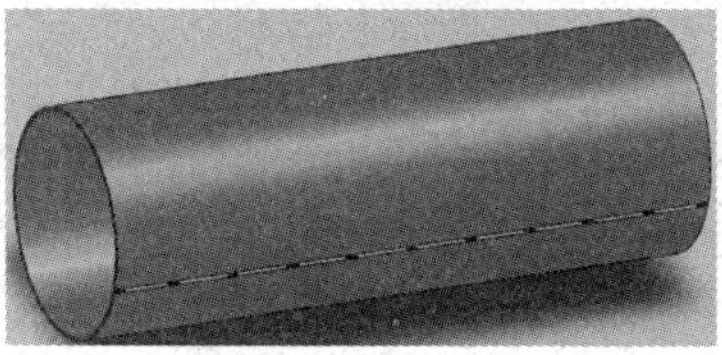 圆管段的装配、定位焊	1. 选择焊条、焊接设备 选用 E5015 型焊条，直径分别为 3.2 mm、4.0 mm；选用 HJ431 型熔炼焊剂；选用焊丝 H08A，直径为 4 mm 选用的设备包括剪切机、刨边机、卷板机、焊接滚轮架、氧乙炔焰气割设备、直流弧焊机和埋弧自动焊机 2. 下料 将 Q355（16Mn）钢板按图样尺寸用剪切机或氧乙炔焰切割出两节圆管所需的板料。下料时，要留出适当的卷板余量（卷板余量待圆管卷完后再用氧乙炔焰割除），其长度约为卷板机两辊中心距离的一半。因为有的卷板机在板材两端各要留出一段不能弯曲的剩余直边 3. 气割法兰 用氧乙炔焰气割法兰坯料 4. 加工 V 形坡口 用刨边机或氧乙炔焰在钢板的侧边加工出圆管接缝处的 60°V 形坡口 5. 加工法兰 用车床加工法兰。内孔、外圆直径要符合图样要求，并用钻床加工法兰上 8 个均布的孔 6. 卷制圆管 在卷板机上将两节圆管板料卷成圆管 7. 清理铁锈和污物 清理圆管及法兰接口待焊处 30 mm 范围内表面铁锈和污物 8. 圆管段的装配及定位焊 将卷好的两节圆管分别进行圆管纵缝对接装配，留出 2～3 mm 间隙；用 φ3.2 mm 的焊条，每隔 200 mm 进行定位焊，其焊缝长度约为 20 mm，保证焊透
焊条电弧焊焊接圆管纵缝	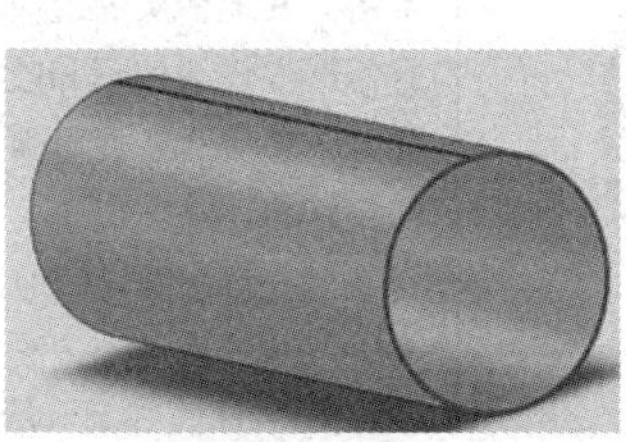 焊接圆管	1. 用焊条电弧焊焊接圆管，圆管里面纵缝采用分段跳焊法及直线运条法 2. 圆管外面的 V 形坡口纵缝采用分段跳焊法进行多层焊接，打底层焊接用 φ3.2 mm 焊条，其余各层焊道用 φ4.0 mm 焊条，采用锯齿形运条法直至焊完，使焊缝余高为 0～3 mm，圆滑过渡

操作步骤	图示	说明
整体装配、定位焊		1. 将焊好的两节圆管进行矫正，保证其圆度符合要求，消除焊接变形，然后整体环缝对接装配 装配时，对称定位焊接4～6处，长度约为25 mm，保证焊透 2. 将圆管与法兰进行装配，保证圆管与法兰之间垂直，然后进行定位焊，使承压管道装配成一体
焊条电弧焊焊接圆管环缝底层	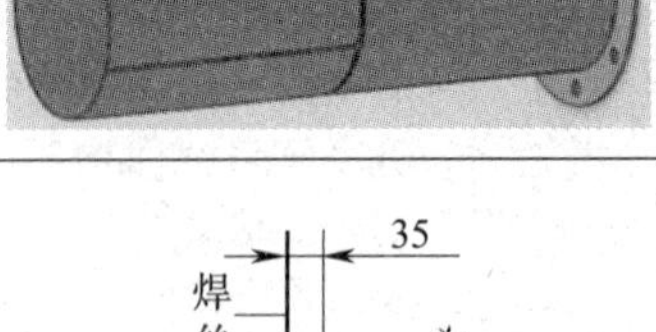	采用焊条电弧焊焊接圆筒环缝底层。将焊件置于焊接滚轮架上，保持匀速转动，选择$\phi4.0$ mm的焊条，焊接电流为120 A，运用直线往复运条法完成打底层焊接
埋弧自动焊焊接圆筒环缝的盖面层	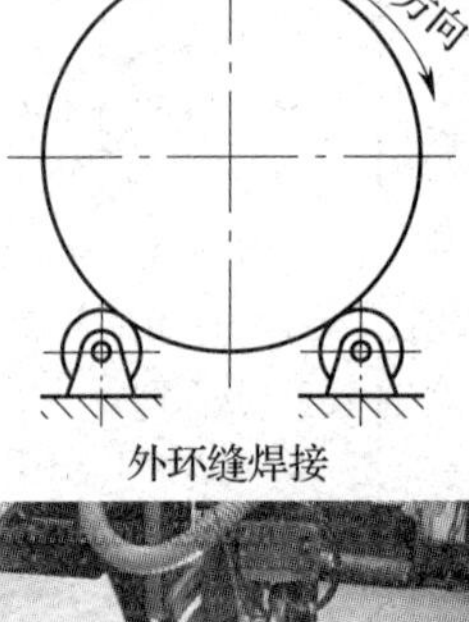 外环缝焊接  焊接环缝	埋弧自动焊焊接环缝时，通过操纵伸臂式焊接操作机，将焊机移到圆筒上方，使焊丝逆筒体转向偏离中心约35 mm，把焊剂保留盒放在焊接部位，堆撒焊剂。调整焊接参数后进行引弧 引弧时，采取慢速引弧法（划擦引弧法），即焊件先转动→焊丝慢速送给→划擦焊件→引燃电弧→正常送丝焊接 焊接过程中，转动圆管，适时添加焊剂，注意焊接过程的声音是否正常，并观察焊缝成形，对焊接参数进行必要的调整，以保持焊接的稳定性 焊接结束时，环缝的始端与尾端应重合30～50 mm
焊条电弧焊焊接法兰与圆管之间的角焊缝	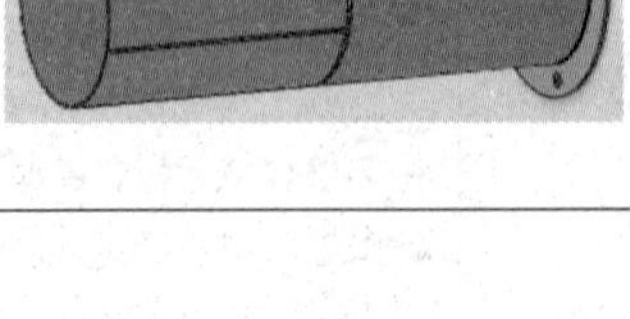	焊接法兰与圆管的角焊缝时，打底层用直线运条法，其他各层焊道应采用斜锯齿形运条法，以避免产生焊缝偏下和咬边的缺陷。由于法兰比圆管厚，焊接时要使电弧偏于法兰一侧，以形成熔合良好的焊缝 最后，清理圆管内熔渣，进行封底焊接
焊后处理	—	1. 焊后回收焊剂，清理熔渣，检查焊件的焊接质量 2. 焊后还应切断一切电源，清理现场，整理好焊接设备；确认无火种后才能离开工作现场

（1）在吊装筒体过程中，装夹要牢固，焊件要放稳。

（2）筒体与焊接滚轮架接触的部位要圆滑过渡，妨碍转动的障碍物要用砂轮磨平。

（3）由于锅炉、压力容器等重要结构对环境很敏感，因此应尽量安排在室内进行焊接。若焊件体积大而必须在室外进行焊接时，风速应小于 1 cm/s，相对湿度小于 90%，在无雨雪天气操作。当焊件温度低于 0 ℃时，建议在始焊处的 10 ~ 30 cm 范围内先预热至 15 ~ 50 ℃，然后再进行焊接。

4. 产品检验项目

（1）焊件几何尺寸

由于焊件经过弯制、装配和焊接，容易引起变形，应根据图样测量法兰与圆管间的垂直度是否符合要求。

（2）焊缝的外观尺寸

检查焊缝的焊脚尺寸、焊缝宽度和焊缝余高应满足要求；焊缝接头应圆滑过渡，收尾处不应有弧坑。

（3）焊缝外观无缺陷

焊缝表面应均匀，接头处不应接偏，焊波不应有脱节现象。焊缝应无夹渣、气孔、未焊透等缺陷。焊缝无明显咬边缺陷。

课题 4 | 珠光体耐热钢焊接操作

高温下具有足够的强度和抗氧化性的钢叫作耐热钢。珠光体耐热钢是以铬、钼为主要合金元素的低合金钢。由于它的基体组织是珠光体（或珠光体 + 铁素体），故称珠光体耐热钢。

一、珠光体耐热钢的特性

1. 高温强度

普通碳素钢在超过 400 ℃的温度下无法长时间工作，因此不能作为耐热材料使用。珠光体耐热钢中因具有钼、钨、铌、铝、硼等多种合金元素，其高温强度显著提高，在 500 ~ 600 ℃仍能保持较高的强度。其中，钼是主要强化元素。这是因为钼在钢中能优先溶于固溶体中，引起晶格畸变，使钢强化；钼的熔点很高，溶入基体后，可以提高钢的再结晶温度，从而有效地提高钢的高温强度。由于钒能与碳形成稳定的碳化钒，降低碳的有害作用，提高钢的高温强度，因此珠光体耐热钢中往往加入一定量的钒。耐热钢中的含钒量基本上为 0.25% ~ 0.35%，含量过高反而有降低高温强度的倾向。

2. 高温抗氧化性

由于铬和氧的亲和力比铁和氧的亲和力大，高温时在金属表面首先生成比较致密的氧化铬，相当于形成了一层保护膜，可以防止内部金属受到氧化，因此耐热钢中一般都含有铬。

钢中的碳与铬具有很强的亲和力，能形成铬的化合物，从而降低了钢中铬的有效浓度，这对高温抗氧化性是不利的。所以，珠光体耐热钢的含碳量一般都小于 0.25%。

二、珠光体耐热钢的焊接性

由于珠光体耐热钢中主要元素是碳，并含有一定数量的铬和钼，还有的含有钒、钨、硅、钛、硼等元素，这些合金元素的存在会使焊缝和热影响区具有淬硬倾向。焊后在空气中冷却时，珠光体耐热钢易产生硬而脆的马氏体，不仅影响焊接接头的力学性能，而且产生很大的内应力，再加上较高的扩散氢浓度，使焊缝和热影响区有冷裂倾向。

另外，由于珠光体耐热钢含有钒、铌、钛、钼、铬等强碳化物形成元素，而且通常是在高温下使用，因此具有再热裂纹（即指焊后焊件在一定温度范围内再次加热而产生的裂纹）问题。

三、珠光体耐热钢焊接工艺要点

1. 预热

预热是焊接珠光体耐热钢的重要工艺措施，可以有效地防止冷裂纹和再热裂纹。除了很薄的板材和管子外，无论是定位焊还是在焊接过程中都应预热。预热温度主要依据钢材化学成分、接头约束度和焊缝金属的潜在含氢量来选定，见表9-7。

表 9-7 　　　　　　　　常用珠光体耐热钢焊条的选用及预热、焊后热处理温度

材料牌号	焊条型号	预热（℃）	焊后回火（℃）
12CrMo	E5515—B1	150 ~ 300	670 ~ 710
15CrMo	E5515—B2	250 ~ 300	680 ~ 720
Cr2Mo	E6015—B3	250 ~ 350	720 ~ 750
12Cr1MoV	E5515—B2—V	250 ~ 350	700 ~ 740
15Cr1Mo1V	E5515—B2—VNb	250 ~ 350	730 ~ 760
12Cr5Mo	E5MoV	300 ~ 400	740 ~ 760
12Cr9Mo1	E9Mo	300 ~ 400	730 ~ 750
12Cr2MoWVB	E5515—B3—VWB	300 ~ 400	750 ~ 780
12Cr3MoVSiTiB	E5515—B3—VNb	300 ~ 400	750 ~ 780

2. 保温焊和连续焊

保温焊是指整个焊接过程中，经常测量并使焊缝附近30 ~ 100 mm范围内保持足够的温度。

连续焊是指焊接过程不间断。如果必须间断，则应在间断中使焊件缓慢均匀地冷却，再焊之前仍要重新预热。

3. 短道焊

短道焊的目的是使焊缝及热影响区缓慢冷却。即如果要焊一条长焊缝，则每一道不要焊太长，使被焊的这一段在较短时间内重复受热，如图 9-11 所示。

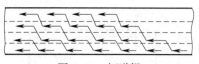

图 9-11　短道焊

4. 减小焊接约束力

由于铬钼耐热钢裂纹倾向比较大，故在焊接时焊缝的约束度不能过大，以免造成过大的焊接应力。尤其是焊接厚板时，要尽量避免使用拉筋、夹具等。

5. 锤击焊缝

每焊完一根或两根焊条就立即锤击焊缝，以消除焊接应力。锤击区的温度要高于 30 ℃，锤击力不要太大。

6. 焊后缓冷

焊后缓冷是焊接铬钼耐热钢的重要工艺措施之一。一般在焊后立即用石棉布覆盖焊缝及近缝区。小零件可直接放在石棉灰中冷却。

7. 焊后热处理

厚壁容器及管道在焊后常进行高温回火，即将焊件加热至 650 ~ 750 ℃（低于 Ac_1），保温一定时间，然后在静止的空气中冷却。

大型的焊接结构一般要进行消除应力退火，即将焊件加热到 500 ~ 650 ℃范围，经保温后缓慢冷却。

8. 焊条的选择

焊接耐热钢的焊条主要应根据焊件的化学成分选择，而不是根据焊件在常温下的力学性能选择。为了确保焊接接头的高温强度和高温抗氧化性不低于基体金属，焊条的合金元素含量应与焊件相当或者略高一些。

珠光体耐热钢有较强的淬硬倾向，对焊接区的含氢量必须控制在较低的程度。因此，一般用低氢型焊条。使用时应严格遵守使用规则，如焊前应烘干焊条；仔细清理焊件，保证焊接坡口及周边的清洁度；采用直流反接和短弧焊接等。常用珠光体耐热钢用焊条见表 9-7。

某些珠光体耐热钢其合金元素含量较高或结构刚度太高，可选用奥氏体钢焊条，如 E316—16、E309—16、E309Mo—16 等。

珠光体耐热钢埋弧自动焊时，可选用与焊件成分相同的焊丝配 HJ350 或 HJ250 进行焊接。

9. 焊接实例

某火电厂的 530 ℃高压锅炉过热器管材料为 15CrMo 钢，壁厚为 16 mm，采用焊条电弧焊，选用焊条 E5515—B2。0 ℃以上施焊时，焊前预热至 150 ~ 200 ℃；0 ℃以下施焊时，预热至 250 ~ 300 ℃。施焊时，选用直流反接电源，短弧焊接。焊后进行 680 ~ 720 ℃回火。对锅炉受热面管子进行焊后热处理时，焊缝应缓慢升温，加热速度应控制在 100 ℃/min 以下，保证内、外壁温差不大于 50 ℃。冷却时用石棉布覆盖，让其缓慢冷却至 300 ℃，然后在静止的空气中自然冷却。

四、珠光体耐热钢焊接技能训练

珠光体耐热钢的焊件图如图 9-12 所示。焊件材料为 15CrMo 钢。

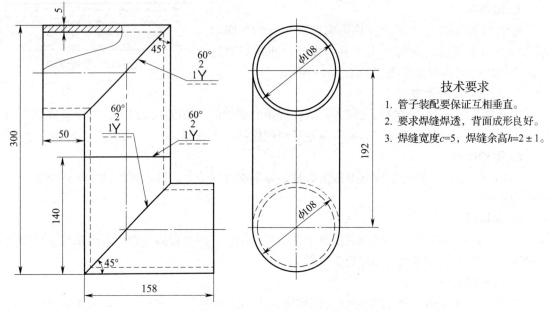

图 9-12 15CrMo 钢管的焊件图

技术要求

1. 管子装配要保证互相垂直。
2. 要求焊缝焊透，背面成形良好。
3. 焊缝宽度 c=5，焊缝余高 h=2±1。

1. 焊接工艺分析

（1）珠光体耐热钢管采用钨极氩弧焊焊接打底层，焊条电弧焊焊接填充层、盖面层。

（2）焊条使用前烘干，温度为 350 ℃，保温 1.5 h。烘干时不要急热和急冷，以免药皮开裂，使用时把焊条放置在保温筒内，随用随取。

（3）焊前预热温度为 150 ~ 300 ℃，加热的范围为坡口两侧 100 mm 处。

（4）焊接时应严格控制焊接参数，不允许超出规定范围。焊接时最小热输入不允许小于 20 kJ/cm；否则，应通过提高预热温度进行补偿，以防止冷却速度过快。

（5）热处理方法为电加热法，加热宽度为坡口两侧 100 mm，保温层宽度为 600 mm，保温层厚度为 100 mm。对管子进行焊后热处理时，焊缝应缓慢升温，加热速度应控制在 100 ℃ /min 以下，保证内、外壁温差不大于 50 ℃。冷却时用石棉布覆盖，让其缓慢冷却至 300 ℃，然后在静止的空气中自然冷却。

2. 焊接参数

15CrMo 钢管焊接参数见表 9-8。

表 9-8   15CrMo 钢管焊接参数

层次	焊接方法	焊丝直径（mm）	焊接电流（A）	焊接速度（m/h）	电源极性
打底层	钨极氩弧焊	ϕ2.5	100	50	直流正极性
填充层、盖面层	焊条电弧焊	ϕ3.2	110	100	直流反极性

3. 15CrMo 钢管焊接操作

15CrMo 钢管焊接操作步骤见表 9-9。

表 9–9　15CrMo 钢管焊接操作步骤

操作步骤	图示	说明
焊前准备	直管段 　斜开口管段  焊条 　焊丝 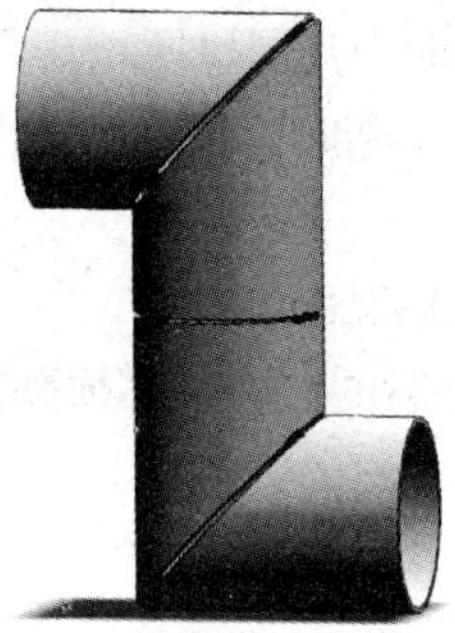 装配、定位焊	1. 焊件制备 材料为 15CrMo 的耐热钢管，规格为 $\phi108\,mm \times 5\,mm$ 若干段 按焊件图要求对钢管相贯部分展开下料，并在接缝的管子边缘加工出 60° 坡口 2. 清理焊件 修锉坡口钝边，并认真清理坡口 20 mm 范围内的铁锈等污物。如果坡口利用火焰切割获得，应进行打磨，直至露出金属光泽 3. 准备焊接材料 选用 $\phi3.2\,mm$ 的 E5515—B2 型焊条和 $\phi2.5\,mm$ 的 TIG—R31 焊丝 4. 装配、定位焊 装配时，根部间隙为 2 mm。定位焊 2 ~ 3 点，定位焊缝长度为 5 ~ 10 mm，并用錾子将定位焊缝两端铲削成缓坡形
焊接打底层（手工钨极氩弧焊）	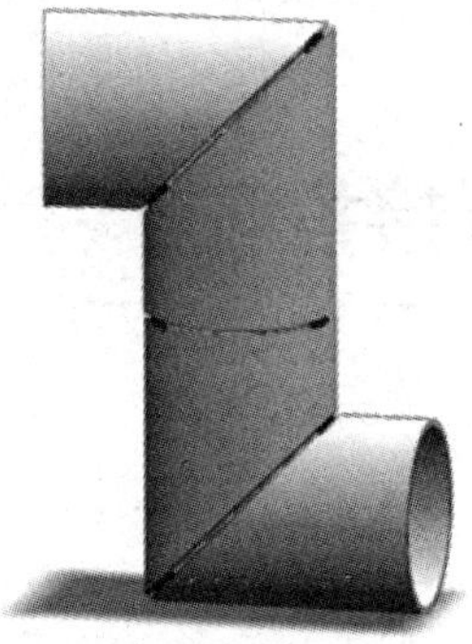	焊接前，将整根管子一端堵住，另一端充氩气，对管子进行氩气保护 焊接打底层时，钨极对准坡口根部边缘熔化钝边，保持熔孔大小一致，使管子内壁充分熔透。填充焊丝量要少，动作要有节奏。焊接过程中，如果发现裂纹，应立即停下来补焊好后再继续施焊，但应避免多次重复焊接 熄弧时，电流应逐渐衰减，并将电弧慢慢转移到坡口上熄灭，不允许在弧坑中心突然断弧，以免产生裂纹
焊接填充层、盖面层（焊条电弧焊）	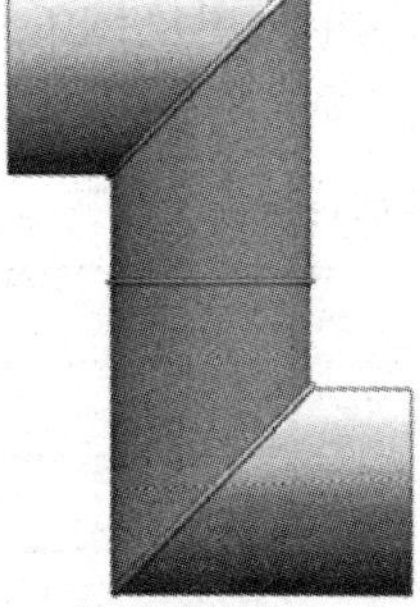	填充层、盖面层采用直流反接施焊。焊接过程中，焊件温度不低于 150 ℃。采用多层焊，电弧长度小于焊条直径，层间焊道接头互相错开 30 ~ 50 mm。由于焊缝金属比母材的线膨胀系数大，弧坑处焊肉薄，冷却收缩时易出现裂纹，因此不应多次引弧和断弧。弧坑要填满，接头时换焊条动作要快，不允许在管子上引弧，以防止损伤母材表面。每焊完一层后要彻底清渣，再焊下一层。焊接过程中，焊口两侧各 100 mm 区域的温度应不低于预热温度

操作步骤	图示	说明
焊后处理	—	1. 焊后立即进行680～720℃无中断高温回火，消除焊接应力 2. 清理焊缝，检查焊缝质量 3. 切断一切电源，清理现场，整理好焊接设备；确认无火种后才能离开工作现场

操作提示

（1）定位焊时，如果出现裂纹，必须铲掉焊道后重新焊接。

（2）焊接耐热钢的环境对焊接质量的影响较大。当风速过大，尤其是管内穿堂风过大时，易使焊接接头淬硬，含氢量也会增加，因此施焊时应用屏风遮挡。

（3）整个焊接过程应尽量连续焊完，不得已中断时要用石棉布将焊口包裹好，使其缓冷，再焊时需要重新预热。

（4）采用多层焊时，中间层温度应不低于预热温度。

（5）焊接过程中如果需要返修，对碳弧气刨后的淬硬层必须彻底打磨干净，返修时预热温度为350℃，其他工艺措施与正常焊接相同。

课题 5　奥氏体不锈钢焊接操作

一、不锈钢简介

不锈钢在航空、化工和原子能等工业中得到广泛的应用。各种不锈钢都具有优良的化学稳定性，但是如果加工、使用或保养不当，不锈钢仍会生锈。

按空冷后室温组织不同，不锈钢分为铁素体不锈钢、奥氏体不锈钢、马氏体不锈钢、奥氏体—铁素体（双相）不锈钢及沉淀硬化型不锈钢。常用不锈钢新旧牌号对照见表9-10。

表 9-10　　　　　常用不锈钢新旧牌号对照

不锈钢类型	新牌号（GB/T 20878—2007）	旧牌号
奥氏体不锈钢	022Cr19Ni10	00Cr19Ni10
	06Cr19Ni10	0Cr18Ni9
	12Cr18Ni9	1Cr18Ni9

不锈钢类型	新牌号（GB/T 20878—2007）	旧牌号
奥氏体不锈钢	10Cr18Ni12	1Cr18Ni12
	06Cr25Ni20	0Cr25Ni20
	06Cr23Ni13	0Cr23Ni13
	06Cr18Ni11Ti	0Cr18Ni10Ti
	07Cr19Ni11Ti	1Cr18Ni11Ti
	06Cr18Ni11Nb	0Cr18Ni11Nb
奥氏体—铁素体不锈钢	14Cr18Ni11Si4AlTi	1Cr18Ni11Si4AlTi
	12Cr21Ni5Ti	1Cr21Ni5Ti
铁素体不锈钢	10Cr17	1Cr17
	10Cr17Mo	1Cr17Mo
	008Cr27Mo	00Cr27Mo
马氏体不锈钢	12Cr13	1Cr13
	20Cr13	2Cr13
	30Cr13	3Cr13

在不锈钢中，奥氏体不锈钢与其他不锈钢相比，具有更优良的耐腐蚀性、耐热性和塑性，且焊接性良好，因此应用最广泛。

二、奥氏体不锈钢的焊接

1. 奥氏体不锈钢的焊接性

由于奥氏体不锈钢含有较高的铬，可形成致密的氧化膜，故具有良好的耐腐蚀性。当含铬量为18%，含镍量为8%时，基本上能得到均匀的奥氏体组织。含铬量、含镍量越高，奥氏体组织越稳定，耐腐蚀性就越好。奥氏体不锈钢虽具有良好的耐腐蚀性、耐高温性、塑性和焊接性，但施焊中如果焊接工艺选择不当，也会产生下列问题：

（1）晶间腐蚀问题

晶间腐蚀是18—8型奥氏体不锈钢（如06Cr18Ni11Ti）最危险的破坏形式。室温下碳元素在奥氏体中的溶解度很小，为0.02%～0.03%，而一般情况下奥氏体不锈钢的含碳量均超过这个范围，因此只能在淬火状态下使碳固溶在奥氏体中，以保证钢材具有较高的化学稳定性。但是，这种淬火状态的奥氏体不锈钢加热到450～850℃或在该温度下长期使用时，就会在腐蚀介质作用下产生晶间腐蚀。

奥氏体不锈钢产生晶间腐蚀一般认为是由于晶粒边界的贫铬层造成的。即当晶界附近的金属含铬量低于12%时就失去了耐腐蚀的能力，在腐蚀介质的作用下即产生晶间腐蚀。发生晶间腐蚀的不锈钢当受到应力作用时就会沿晶界断裂，几乎完全丧失强度。奥氏体不锈钢如果焊接不当，便会在焊缝和热影响区造成晶间腐蚀，有时在紧邻熔合线的过热区中还会有沿熔合线走向的深沟状似刀痕的腐蚀，称为刀状腐蚀。

在焊接奥氏体不锈钢时，可采用下列措施防止和减少焊件产生晶间腐蚀：

1）控制含碳量。碳是造成晶间腐蚀的主要元素。含碳量在 0.08% 以下时，析出碳的数量较少；含碳量在 0.08% 以上时，析出碳的数量迅速增加。所以常控制基体金属和焊条的含碳量在 0.08% 以下，如采用 06Cr19Ni10 钢板、E308—15 和 E347—16 焊条等。另外，如果奥氏体不锈钢中的含碳量为 0.02% ~ 0.03% 时，则全部碳都溶解在奥氏体中，即使在 450 ~ 850 ℃加热也不会形成贫铬层，故不会产生晶间腐蚀。通常所说的超低碳不锈钢（如 022Cr19Ni10、022Cr18Ni14Mo3）含碳量小于 0.03%，因此不会产生晶间腐蚀。

2）添加稳定剂。在钢材和焊接材料中加入钛、铌等与碳的亲和力比铬强的元素，使之与碳结合成稳定的碳化物，从而避免在奥氏体晶界造成贫铬。常用的不锈钢和焊接材料均含有钛和铌，如不锈钢 06Cr18Ni11Ti 和 06Cr17Ni12Mo2Ti、E347—15 焊条、H08Cr19Ni10Ti 焊丝等。

3）进行固溶处理。焊接接头进行固溶处理的方法如下：在焊后把焊接接头加热到 1 050 ~ 1 100 ℃，使碳重新溶入奥氏体中，然后迅速冷却，稳定奥氏体组织。另外，也可以在 850 ~ 900 ℃下保温 2 h，进行稳定化热处理。此时，奥氏体晶粒内部的铬逐步扩散到晶界，晶界处的含铬量重新恢复到 12% 以上，避免了晶间腐蚀。

4）采用双相组织。在焊缝中加入铁素体形成元素（如铬、硅、铝、钼等），使焊缝构成奥氏体加铁素体的双相组织。这样可破坏单一奥氏体柱状晶的方向性，从而避免贫铬层贯穿于晶粒之间构成腐蚀介质的通道。另外，由于铬在铁素体中的扩散速度比在奥氏体中快，因此铬在铁素体内可较快地向晶界扩散，从而减轻了奥氏体晶界的贫铬现象。一般通常选择 E309—15 型焊条，并采用较小的熔合比来控制焊缝金属中铁素体的含量，一般焊缝金属中铁素体的含量在 5% ~ 10% 之间为佳。如果铁素体过多，会使焊缝变脆。

5）加快冷却速度。因为奥氏体不锈钢不会产生淬硬现象，所以在焊接过程中可以设法加快焊接接头的冷却速度，如焊件下垫铜板，或直接浇水冷却。在焊接过程中，采用小电流、大焊接速度、短弧、多道焊，缩短焊接接头在危险温度区停留的时间等措施，均可防止或减小贫铬区。此外，还必须注意焊接顺序，与腐蚀介质接触的焊缝应最后焊接，使其不受重复的焊接热循环作用。

（2）焊接热裂纹

热裂纹是焊接奥氏体不锈钢时比较容易产生的缺陷，包括焊缝的纵向裂纹和横向裂纹、火口裂纹、打底焊的根部裂纹和多层焊的层间裂纹等。特别是含镍量较高的奥氏体不锈钢更易产生热裂纹。奥氏体不锈钢产生热裂纹的倾向要比低碳钢大得多，主要原因如下：

1）奥氏体不锈钢的导热系数大约只有低碳钢的一半，而线膨胀系数约比低碳钢大 50%，所以焊后在接头中会产生较大的焊接应力。

2）奥氏体不锈钢中的碳、硫、磷、镍等成分会在熔池中形成低熔点共晶体。例如，硫与镍形成的 Ni_3S_2 熔点为 645 ℃，而 $Ni—Ni_3S_2$ 共晶体的熔点只有 625 ℃。

3）奥氏体不锈钢液相线、固相线的区间较大，结晶时间较长，且结晶的枝晶方向性强，所以杂质偏析现象比较严重。

对于铬镍奥氏体不锈钢来说，防止热裂纹的常用措施是采用双相组织的焊条，使焊缝形成奥氏体和铁素体的双相组织。当焊缝中有 5% 左右的铁素体时，奥氏体的晶粒长大便受到阻碍，柱状晶的方向打乱，因而细化了晶粒，并可防止杂质的聚集。由于铁素体可比奥氏体溶解更多的杂质，因此还减少了低熔点共晶体在奥氏体晶格边界上的偏析。防止热裂纹的措施包括：使用碱性焊条；采用小电流、大焊接速度；焊接结束或中断时收弧慢且填满弧坑；采用氩弧焊焊接打底层等。

2. 奥氏体不锈钢的焊接工艺要点

（1）焊条电弧焊

1）焊前准备。根据钢板厚度及接头形式，用机械加工、等离子弧切割或碳弧气刨等方法下料，并加工坡口。对接接头板厚超过 3 mm 时必须开坡口。为了避免焊接时碳和杂质混入焊缝，焊前应将焊缝两侧 20 ~ 30 mm 范围用丙酮、汽油、乙醇等擦净，并涂上白垩粉，以避免表面被飞溅的金属损伤。

2）焊条的选用。按照药皮性质的不同，奥氏体不锈钢焊条可以分为酸性钛钙型药皮焊条和碱性低氢型药皮焊条。低氢型不锈钢焊条的抗热裂性较好，但成形不如钛钙型焊条，耐腐蚀性也较差。钛钙型不锈钢焊条具有良好的工艺性能，生产中用得较多。

焊接时，应根据奥氏体不锈钢的使用条件选用不同型号的焊条，见表 9-11。

表 9-11 常用奥氏体不锈钢焊条的选用

钢材牌号	工作条件及要求	选用焊条
06Cr19Ni10	工作温度低于 300 ℃，同时具有良好的耐腐蚀性	E308—16 E308—15 E308L—16
12Cr18Ni9Ti	要求优良的耐腐蚀性，及要求采用含钛、稳定的 Cr18Ni9Ti 型不锈钢	E347—16 E347—15
06Cr17Ni12Mo2Ti	抗无机酸、有机酸、碱及盐腐蚀	E316—16 E316—15
	要求良好的抗晶间腐蚀性能	E318—16
06Cr18Ni12Mo2Cu2Ti	在硫酸介质中要求更好的耐腐蚀性	E317MoCu
06Cr25Ni20	高温下工作（工作温度低于 1 100 ℃）的不锈钢与碳钢的焊接	E310—16 E310—15

注：不锈钢焊条型号选自 GB/T 983—2012。

3）焊接工艺。由于奥氏体不锈钢的电阻较大，焊接时产生的电阻热也大，因此，同样直径不锈钢焊条的焊接电流应比低碳钢焊条的焊接电流降低 20% 左右；否则，焊接时药皮将迅速发红失去保护而无法焊接。

焊接时，应采用小电流、大焊接速度，焊条在横向上无摆动。一次焊成的焊缝不宜过宽，宽度应不超过焊条直径的 3 倍。多层焊时，每一层焊完要彻底清除熔渣，并控制层间温度，待前层焊缝冷却后（<60 ℃）再焊接下一层。焊接开始时，不要在焊件上随便引弧，以免损伤焊件表面，影响焊件的耐腐蚀性。焊后可采取强制冷却措施加速焊接接头的冷却。

（2）氩弧焊

氩弧焊目前普遍用于不锈钢的焊接。与焊条电弧焊相比，它有下列优点：氩气保护效果好；氩弧的温度高，热量集中，且氩气流有冷却作用，焊缝的热影响区小；焊缝的强度高，耐腐蚀性好，焊件的变形小。因此，氩弧焊获得的焊缝质量比焊条电弧焊好。此外，氩弧焊在焊接时不需要清渣，焊后无夹渣的缺陷。氩弧焊的生产效率高，易于实现自动化，并能用于焊接 0.5 mm 的薄钢板。

目前，在氩弧焊中应用较广泛的是手工钨极氩弧焊，常用于焊接 0.5 ~ 3 mm 的不锈钢薄板、薄壁管。焊丝的成分一般与焊件相同，保护气体一般采用工业纯氩。焊接时速度应适当快些，以减小焊件的变形并减少焊缝中的气孔。但是焊接速度不能过快，否则会造成焊缝不均匀和未焊透等缺陷。焊接时尽量避免横向摆动。

对于厚度大于 3 mm 的不锈钢，可采用熔化极氩弧焊。熔化极氩弧焊的优点是生产效率高，焊缝的热影响区小，焊件的变形小且耐腐蚀性好，易于实现自动化。

（3）埋弧自动焊

奥氏体不锈钢的埋弧自动焊一般用于焊接中等厚度（厚度为 6 ~ 50 mm）不锈钢板，采用埋弧自动焊不仅可以提高生产效率，而且也能显著提高焊缝质量。

在焊接奥氏体不锈钢时，为了避免产生裂纹，必须选择适当的焊丝成分和焊接参数，使焊缝中有 5% 左右的铁素体。奥氏体不锈钢常用焊接方法焊接材料的选用见表 9-12。

表 9-12　　　　　　　　　　　　奥氏体不锈钢常用焊接方法焊接材料的选用

焊接材料 钢号	焊条电弧焊		氩弧焊	埋弧自动焊	
	焊条牌号	焊条型号	焊丝	焊丝	焊剂
022Cr19Ni10	A002	E308L—16	H03Cr21Ni10	H03Cr21Ni10	HJ151、SJ601
06Cr19Ni10 12Cr18Ni9	A102 A107	E308—16 E308—15	H06Cr21Ni10	H06Cr21Ni10	HJ260、SJ601 SJ608、SJ701
07Cr19Ni11Ti 06Cr18Ni11Ti	A132 A137	E347—16 E347—15	H08Cr19Ni10Ti	H08Cr19Ni10Ti	HJ260、HJ151 SJ608、SJ701
06Cr18Ni11Nb			H08Cr20Ni10Nb	H08Cr20Ni10Nb	HJ260、HJ172
10Cr18Ni12	A102 A107	E308—16 E308—15	H08Cr21Ni10 H08Cr21Ni10Si	H08Cr21Ni10 H08Cr21Ni10Si	HJ260
06Cr23Ni13	A302 A307	E309—16 E309—15	H03Cr24Ni13	H03Cr24Ni13	HJ260
06Cr25Ni20	A402 A407	E310—16 E310—15	H08Cr26Ni21	H08Cr26Ni21	HJ260

（4）气焊

由于气焊方便、灵活，不易烧穿焊件，可焊各种空间位置的焊缝，因此可以用于焊接没有耐腐蚀要求的不锈钢薄板结构、薄壁管等。

为防止过热，焊接不锈钢所用的焊嘴直径一般比焊接同样厚度的低碳钢所用的焊嘴小；气焊火焰用中性焰；焊丝根据焊件成分和性能选择；气焊熔剂为 CJ101。焊接时用左向焊法，焊嘴与焊件成 40° ~ 50° 角，焰心中心距熔池不小于 2 mm；焊丝端头与熔池接触，并与火焰一起沿焊缝移动；焊炬在横向上不摆动，焊接速度要快，并尽量避免中断。

3. 焊接实例

用奥氏体不锈钢板制作三氯氢硅成品储槽。钢板厚度为 5 mm，筒体直径为 1 200 mm，储槽总长为 3 590 mm。筒体纵向焊缝和环形焊缝均采用焊条电弧焊，焊条型号为 E308—16，直径为 3.2 mm，焊接电流为 90 ~ 110 A。焊前开钝边 V 形坡口，钝边高度为 2 mm，坡口向外。焊接时，正面先焊一条焊道，然后焊背面。背面（与腐蚀介质接触的一面）焊接时不需刨焊根，焊一道即成，以利于保证焊缝的耐腐蚀性。筒体纵向焊缝和环形焊缝焊接后，在设备上开孔，因板较薄，可用碳弧气刨。开孔时，要将熔渣从设备里面往外吹。支座加强板和人孔加强板为 Q235 钢板，与不锈钢筒体焊接时采用 E309—16 型焊条。焊接工作结束后进行 X 射线探伤，并进行水压试验。

三、奥氏体不锈钢管焊接技能训练

奥氏体不锈钢管的焊件图如图 9-13 所示。焊件材料为 06Cr18Ni11Ti。钢管壁厚为 3 mm，属于薄壁管。

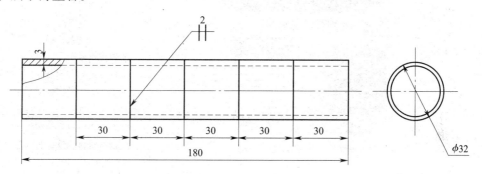

技术要求
1. 管子对口错边不大于0.5。
2. 焊缝波纹均匀，背面成形好。
3. 全部焊缝的焊缝宽度$c=6\pm1$，焊缝余高$h=2\pm1$。

图 9-13 奥氏体不锈钢管的焊件图

1. 焊接工艺分析

奥氏体不锈钢管采用钨极氩弧焊。

（1）焊接过程中要严格控制熔池温度，防止焊接接头出现过热现象，而影响焊件的耐腐蚀性。

（2）不锈钢管的液态金属流动性差，可能会出现底层仰焊部位未焊透的缺陷。焊接时，要调整好焊枪角度，等待形成熔孔后再填入焊丝。

（3）要避免整体焊缝仰位超高、平位偏低等缺陷。焊接时，在仰位填丝应该少些，平位填丝应多些；立位时焊枪摆动速度应快些，平位时应慢些。

2. 焊接参数

奥氏体不锈钢管焊接参数见表 9-13。

表 9-13　　　　　　　　　　　　　　　奥氏体不锈钢管焊接参数

层次	焊丝直径（mm）	焊接电流（A）	焊接速度（m/h）	电源极性
打底层	$\phi2.0$	80	30	直流正极性
盖面层	$\phi2.0$	95	40	直流正极性

3. 奥氏体不锈钢管焊接操作

奥氏体不锈钢管焊接操作步骤见表 9-14。

表 9-14 奥氏体不锈钢管焊接操作步骤

操作步骤	图示	说明
焊前准备	 奥氏体不锈钢管段 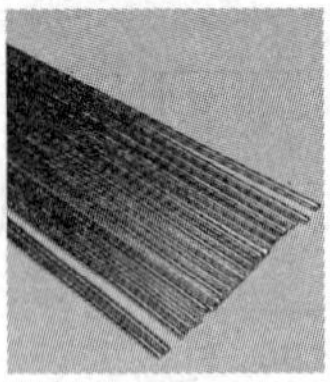 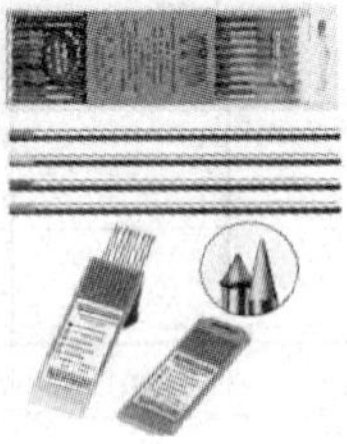 焊丝　钨极  钨极氩弧焊机  装配、定位焊 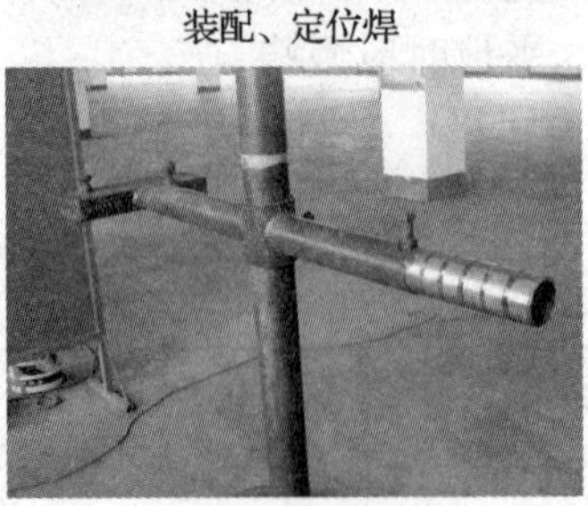 固定不锈钢管	1. 焊件制备 按照焊件图尺寸要求，剪切、下料，得到 6 段奥氏体不锈钢管，尺寸为 ϕ32 mm×3 mm×30 mm，焊缝接口侧加工 30° 坡口，组对成一组焊件 2. 焊接材料、设备的准备 选用直径为 2.0 mm 的 06Cr18Ni11Ti 不锈钢焊丝，将焊丝剪成 500 mm 左右长度 选用直径为 2.0 mm 的钨极（WCe—20），端头磨成 30° 圆锥形，锥端直径为 0.5 mm 选用 WS—300 型手工钨极氩弧焊机，采用直流正接 3. 装配、定位焊 将清理好的焊件固定在 V 形槽上，留出 2 mm 间隙，保证各管段同轴，管段间均采用一点定位焊，定位焊缝长度为 5～8 mm 4. 将焊件水平固定在焊接支架上，距地面高度为 800～900 mm。然后，向管内充入氩气，将管内空气置换出来，即可施焊

操作步骤	图示	说明
确定焊接顺序	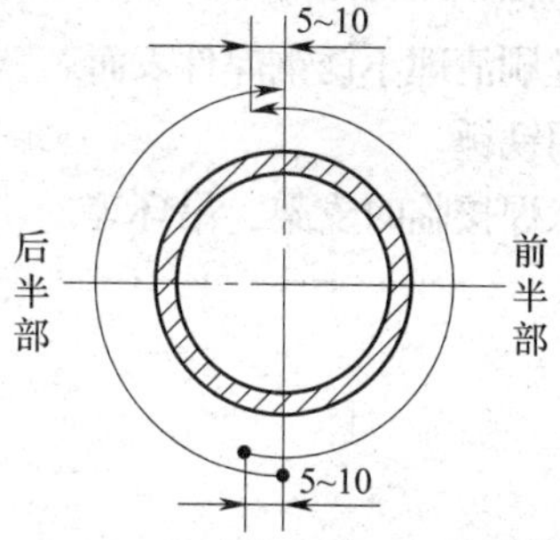 后半部 前半部 5~10 5~10 焊接顺序	水平固定管的焊接分前半部和后半部进行。从仰焊位置过管中心线5~10 mm处起焊，按逆时针方向先焊前半部，焊至平焊位置越过管子中心线5~10 mm收尾，再按顺时针方向焊接后半部
打底层焊接	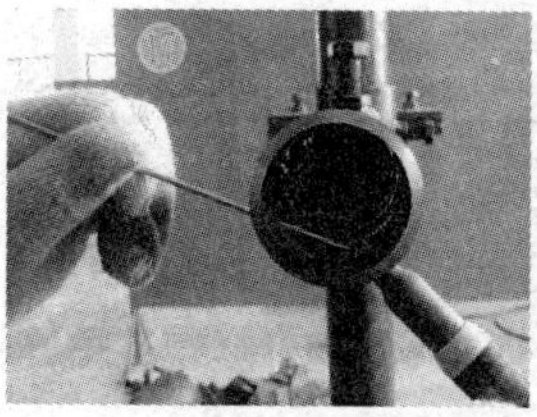 仰焊位置 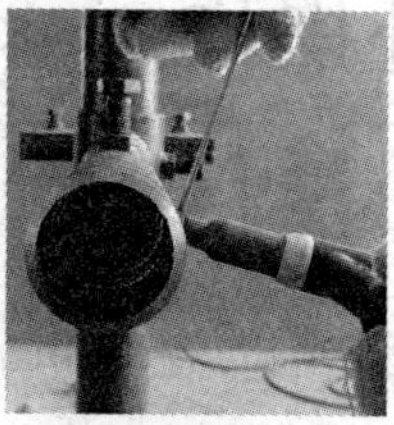 立焊位置  平焊位置	水平固定管打底焊时，应根据焊接位置的不同变换填丝方式 在仰焊及斜仰焊爬坡位置时，宜采用内填丝法，即焊丝顺着坡口间隙插入管内，由管内侧向熔池过渡熔滴，这样可以避免背面焊缝产生内凹缺陷 在立焊、斜平焊及平焊位置时恢复常用的外填丝法，焊枪和焊丝角度如左图所示
盖面层焊接	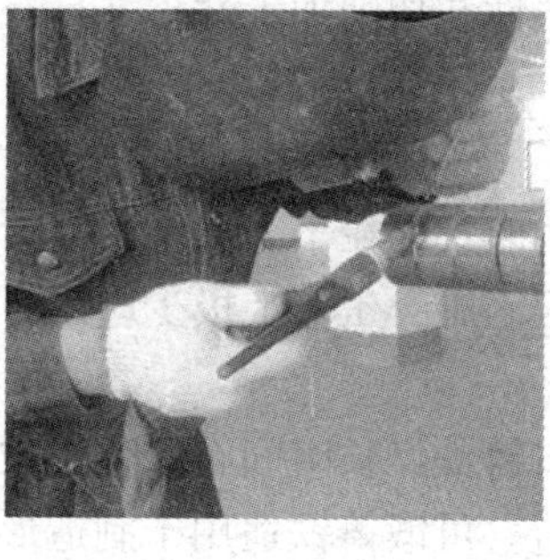	焊枪角度与打底焊时相同，采用外填丝法 从焊接时钟6点处引弧，焊枪做月牙形摆动，在坡口边缘及底层焊道表面熔化并形成熔池后，开始填丝焊接。焊丝与焊枪同步摆动，在坡口两侧稍加停顿，各加一滴熔滴，并使其与母材良好熔合。反复地摆动—填丝进行焊接 在仰焊部位，填丝量应适当减少，以防止熔敷金属下坠。在立焊部位，焊枪的摆动频率要适当加快，以防止熔滴下淌。到平焊部位，每次填充的焊丝要多些，以防止焊缝不饱满
焊后处理	—	1. 清理焊缝，检查焊缝质量 2. 切断一切电源；关闭气路，将焊枪盘好挂起，整理好焊接设备；确认无火种后才能离开工作现场

操作提示

（1）焊接前，应使用不锈钢丝刷或铜丝刷清理不锈钢焊件表面。
（2）敲击焊缝时应使用铜锤，禁止使用铁锤。
（3）禁止在焊件表面引弧、熄弧或随意焊接临时支架、吊环等。

课题 6 铸铁焊补操作

铸铁的焊接技术主要应用在铸造缺陷的焊补和已损坏铸件的修复中，很少作为零部件生产的手段。

一、铸铁及其分类

铸铁是含碳量大于 2.11% 的铁碳合金，并含有一定数量的硅和少量的锰，此外还含有少量的硫、磷等有害杂质。为了获得某些特殊的性能，常在铸铁中加入铝、铬、钼、镍、铜等合金元素，称为合金铸铁。按照碳在组织中存在的形式不同，铸铁可分为灰铸铁、白口铸铁、可锻铸铁和球墨铸铁等。

1. 灰铸铁

灰铸铁中的碳以片状石墨的形式分布于金属基体中，其断口呈暗灰色。片状石墨在铸铁中相当于小裂纹，割裂了基体，使灰铸铁抗拉强度较低，塑性几乎为零。由于灰铸铁中石墨以片状存在，因而具有良好的耐磨性、消振性和切削加工性，并具有较高的抗压强度，在工业上应用极广泛。

2. 白口铸铁

白口铸铁中的碳全部以渗碳体（Fe_3C）形式存在于金属中，其断面呈银白色，故称白口铸铁。其性质硬而脆，冷加工和热加工均很困难，工业上极少应用。

3. 可锻铸铁

可锻铸铁中的石墨呈团絮状，它是白口铸铁经长时间石墨化退火而成的。可锻铸铁具有很高的抗拉强度和良好的塑性，但不能锻造。可锻铸铁适用于制造形状复杂、塑性和韧性要求较高的小型零件，如各种管接头及拖拉机、汽车、纺织机械零件等。

4. 球墨铸铁

球墨铸铁中的石墨以球状分布。球墨铸铁是在浇注前向铁液中加入稀土元素、镁合金和硅铁等球化剂处理而成的。球墨铸铁的强度接近于碳钢，具有良好的耐磨性和一定的塑性，并能通过热处理提高其性能，因此广泛应用于机械制造业中。

二、灰铸铁的焊接性

灰铸铁的焊接性不良，特别是在焊条电弧焊时，如果焊条选用不当，或者没有采取一些特殊的工艺措施，则会产生一系列的缺陷。这些缺陷大致有以下几种：

1. 焊后产生白口组织

在焊补灰铸铁时，往往会在熔合线处生成一层白口组织，严重时会使整个焊缝截面全部白口化。由于白口组织硬而脆，难以进行机械加工，这会给焊后需要进行机械加工焊接接头的工作带来很大困难。

（1）产生白口组织的原因

产生白口组织主要是由于冷却速度快和石墨化元素不足。在一般的焊接条件下，焊补区的冷却速度比铸件在铸造时快得多。特别是熔合线附近是整个焊缝冷却速度最快的地方，而且其化学成分又与基体金属接近，所以首先在该处形成白口组织。

（2）防止白口组织的方法

1）减慢焊缝的冷却速度。延长熔合区处于红热状态的时间，使石墨能充分析出。通常，将焊件预热到 400 ℃（半热焊）左右或 600 ~ 700 ℃（热焊）后进行焊接，或在焊接后将焊件保温冷却，均可减慢焊缝的冷却速度，使焊缝不产生白口组织。

选用适当的焊接方法（如气焊等）可使焊缝的冷却速度减慢，从而减小焊缝处的白口倾向。

2）改变焊缝化学成分。增加焊缝中石墨化元素的含量，可以在一定条件下防止焊缝金属产生白口组织。例如，在焊条或焊丝中加入大量的碳、硅元素，并在一定的焊接工艺条件配合下，使焊缝形成灰口组织。另外，还可采用非铸铁焊接材料（如镍铜、铜钢、高钒钢等）来避免焊缝金属产生白口组织或其他淬硬组织。

3）采用钎焊方法进行焊补。由于钎焊过程中母材不熔化，因而可以完全避免白口组织的产生。

2. 产生裂纹

（1）产生裂纹的原因

灰铸铁的塑性接近零，抗拉强度低，因此，焊接过程中局部快速加热和冷却时会形成较大的内应力，容易产生裂纹。另外，当焊缝处产生白口组织时，因白口组织硬而脆，它的冷却收缩率又比基体金属（灰铸铁）大得多，使焊缝金属在冷却时更易开裂。

（2）防止裂纹的方法

1）焊前预热和焊后缓冷。焊前将焊件整体或局部预热和焊后缓冷，不但能减少焊缝的白口倾向，而且能减小焊接应力，防止焊件开裂。

2）采用电弧冷焊减小焊接应力。其措施如下：选用塑性较好的焊接材料（如用镍、铜、镍铜、高钒钢等作为填充金属），使焊缝金属通过塑性变形释放应力，防止裂纹；采用细直径焊条、小电流、断续焊（间歇焊）、分散焊（跳焊）等工艺措施可减小焊缝处和基体金属的温差，从而减小焊接应力；通过锤击焊缝可以消除应力，防止裂纹的产生。

3）其他措施。其他措施包括加热"减应区"法、栽丝法等。对于深坡口的焊接，在母材材质差、焊缝强度高或工件受力大、要求强度高时，可采用栽丝法，如图 9-14 所

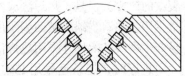

图 9-14 栽丝法的螺钉分布位置

示。其方法是在基体金属坡口内钻孔、攻螺纹，并把螺钉拧在坡口上，然后进行焊补。这样，熔合区附近的应力主要由螺钉承受，从而防止了焊缝处的裂纹。

三、灰铸铁的焊补

灰铸铁的焊补主要是采用焊条电弧焊或气焊，也可采用钎焊或电渣焊。

1. 焊条电弧焊

按照焊件在焊接前是否预热，焊条电弧焊可分为冷焊、半热焊（预热温度在 400 ℃ 以下）和热焊（预热温度为 600 ~ 700 ℃）。

（1）冷焊法

焊条电弧焊冷焊法就是焊件在焊前不预热，焊接过程中也不辅助加热的焊接方法。

1）冷焊法的特点

①冷焊法的优点。可以提高生产效率，降低成本，改善劳动条件；减小焊件因预热不均匀而产生的变形，减少焊件已加工面的氧化。因此，在可能的条件下应尽量采用冷焊法。目前，冷焊法在我国推广使用，并获得了迅速的发展。

②冷焊法的缺点。焊接后焊缝及热影响区的冷却速度很快，极易形成白口组织；因焊件受热不均匀，常形成较大的内应力，易产生裂纹。

2）冷焊用焊条。按焊后焊缝可加工性的不同，冷焊用焊条分为两类：一类用于焊后不需要机械加工的铸件，如钢芯铸铁焊条 EZC，只适用于焊补小型薄壁铸件刚度不高部位的缺陷；另一类用于焊后需要机械加工的铸件，如纯镍焊条 EZNi—1、镍铁铸铁焊条 EZNiFe—1、镍铜铸铁焊条 EZNiCu—1 等。

3）注意事项。为了减少焊件熔化，避免混入更多的碳和硫，降低热影响区宽度等，冷焊时应注意以下几点：

①焊前应彻底清除油污，裂纹两端要钻止裂孔，孔径为 5 mm 左右，如图 9-15 所示。加工的坡口形状要保证便于焊补及减少焊件的熔化量。

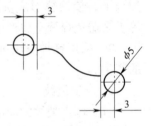

图 9-15　止裂孔部位

②采用钢芯或铸铁芯以外的焊条时，小直径焊条应尽量用小的焊接电流，以便减小内应力和热影响区的宽度。

③采用短焊道焊接法，一般每次焊 10 ~ 40 mm，待其充分冷却后再焊。

④采用分段退焊法，这样可以大大降低拉应力，对防裂很有好处。

⑤每条短焊道焊后应立即用圆头锤快速锤击。

（2）热焊法

热焊法是在焊接前将焊件全部或局部加热到 600 ~ 700 ℃，并在焊接过程中保持一定温度，焊后在炉中缓冷的焊接方法。

采用热焊法时，焊件冷却缓慢，温度分布均匀，有利于消除白口组织，减小应力，防止裂纹的产生。但是，热焊法成本高，工艺复杂，生产周期长，焊接时劳动条件差，因此应尽量少用。只有当缺陷被四周刚度较高的部位所包围，在焊接时不能自由热胀冷缩，用冷焊法易产生裂纹的焊件才采用热焊法。

热焊时，焊条型号用 EZC，采用大电流（焊接电流可为焊条直径的 50 倍），连续焊。焊后要保温缓冷，以利于石墨的析出，防止产生白口组织。

（3）半热焊法

半热焊法是在焊前将焊件预热至 300 ~ 400 ℃ 的焊接方法。该方法介于冷焊法与热焊法之间，用于刚度不太高的焊件的焊接。半热焊时，采用大电流、低焊接速度、中等弧长连续焊接。

2. 气焊

气焊火焰温度比电弧温度低得多，因而焊件的加热和冷却比较缓慢，这对防止灰铸铁在焊接时产生白口组织和裂纹很有利。所以，用气焊焊补的铸件质量一般比较好，因而气焊成为焊补铸铁的常用方法。但与焊条电弧焊相比，气焊的生产效率低，成本高，焊工的劳动强度大，焊件变形也较大，焊补大型铸件时难以焊透。因此，目前焊条电弧焊已逐步代替气焊用于铸铁的焊补。

（1）焊丝与气剂

1）焊丝。为了保证气焊的焊缝处不产生白口组织并有良好的切削加工性，铸铁焊丝的成分应有较高的含碳量和含硅量。

2）气剂。用统一牌号"CJ201"，熔点较低（约 650 ℃），呈碱性，能将气焊铸铁时产生的高熔点二氧化硅复合成易熔的盐类。

（2）火焰

焊接火焰用中性焰或轻微碳化焰，应根据焊补的情况进行选用。一般可选中性焰，因焊丝中碳和硅含量已较高，能避免焊缝处产生白口组织。用中性焰焊补后，焊缝中金属的强度较高。用轻微碳化焰焊补会使焊缝金属因渗碳产生石墨化组织而降低强度，但当要求提高焊缝金属的切削加工性能或不预热焊接较厚的铸铁时，可用轻微碳化焰使焊缝增碳而加大石墨化程度，以降低焊缝金属的硬度。火焰能率宜大些，否则不易消除气孔、夹渣。

（3）操作要点

焊接时，要在基体金属熔透后再加入填充金属，以防止熔合不良。发现熔池中有小气孔和白亮点夹杂物时，可以往熔池中加入少量气焊熔剂，有助于消除夹渣。但是，气焊熔剂不宜加入过多，否则容易引起夹渣、气孔等缺陷。适当加大火焰能率，提高熔池铁液温度，有利于气体及夹杂物浮起，因而能减少气孔、夹渣。操作时，应使火焰始终盖住熔池。填入焊丝时，经常用焊丝轻轻搅动熔池，促使气体、熔渣浮出。焊补将要结束时，应使焊缝稍高于焊件表面，并用焊丝刮去杂质较多的盖面层。

3. 钎焊

钎焊加热温度低，焊接速度快，因此焊接应力小。焊补过程中，基体金属又不熔化，所以组织变化很小。常用铜合金及其他有色金属作钎料，钎缝塑性较好，容易避免裂纹。除适用于焊补一般缺陷外，钎焊更适用于焊补面积较大而深度较浅的加工面及磨损面。

四、球墨铸铁的焊接

1. 球墨铸铁的焊接性

与灰铸铁不同，球墨铸铁经过球化处理，其力学性能明显提高。它主要用于制造力学性能要求较高的铸件，还可以在一定范围内代替碳素钢或合金钢来制造强度较高、形状复杂的铸件。这就要求焊接球墨铸铁时既要保证不产生焊接缺陷，又要从等强度角度考虑，使焊缝有较好的强度和塑性。

球墨铸铁常用镁合金作为球化剂，而镁是阻碍石墨化的元素，会使焊接时出现白口组织。这是焊接球墨铸铁的主要困难之一。

如果焊接时冷却速度太快，热影响区中奥氏体会转变成马氏体，形成淬硬组织，使焊后加工较为困难。由于球墨铸铁本身的强度和塑性较高，一般在焊接时不易产生裂纹，但是其焊接质量的要求比灰铸铁高，相对来说焊接难度更大。

2. 球墨铸铁的焊条电弧焊

球墨铸铁的焊条电弧焊与灰铸铁相同，也有冷焊法和热焊法。

（1）冷焊法

冷焊时一般采用镍铁焊条 EZNiFe—1 或高钒焊条 EZV。当所焊铸件较小时，焊前可以不预热，但是施工环境气温低且焊件较大时，焊前需要预热至 100 ~ 200 ℃。同时，选择的焊接电流应适当大一些，可按焊条直径的 30 ~ 65 倍选用，采取连续焊工艺。缺陷窄长时，应采用逐段多层连续焊；缺陷较宽时，应采用分段分层的补焊方式，以保证补焊区有较大的焊接热输入量，减少白口组织，提高塑性和防止裂纹的产生。补焊过程中，保持弧长与焊芯直径相近，不可过长，以防有益元素过分烧损，影响球化。焊后要缓冷。

镍铁焊条焊后接头的加工性能比高钒焊条要好些，焊后不必进行退火，焊缝抗拉强度可达 400 MPa，但只能焊补球墨铸铁件不重要的部位。采用高钒焊条焊接时，如果采用严格的操作工艺，接头的加工性也有所改善。

（2）热焊法

采用铁芯球墨铸铁焊条 EZCQ 焊补较小型的球墨铸铁焊件时，焊前应预热到 500 ℃左右；对刚度较高的大型铸件，焊前预热温度为 700 ℃左右，采用直流反接或交流电源，焊后保温缓冷。为改善加工性能，焊后还可进行正火。如果将铸件加热到 900 ~ 920 ℃，保温 2.5 h，然后随炉冷却至 700 ~ 750 ℃，保温 2 h 后空冷，则焊缝组织和性能与母材相近。

五、灰铸铁焊补技能训练

灰铸铁焊补的焊件图如图 9-16 所示。焊件为开 V 形坡口的板料，材料为 HT200。将铸件刨削成 V 形坡口，模拟铸件焊补。

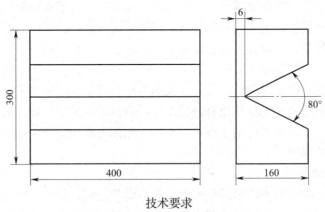

技术要求

采用电弧冷焊法，运用镶块塞焊法完成焊补。

图 9-16　灰铸铁焊补的焊件图

1. 焊接工艺分析

（1）灰铸铁焊件焊补的核心问题就是要使碳以石墨形式析出，从而避免白口组织的产生。影响铸铁石墨化的因素主要是冷却速度和化学成分。焊补时，应尽可能减缓铸件的冷却速度；选择焊接材料时，考虑增加碳、硅的含量。

（2）焊件材料为 HT200，整体刚度较高，在焊接过程中的加热和冷却会使焊件不均匀地膨胀和收缩，因此产生较大的热应力。如果内应力超过材料某个薄弱部位的变形能力，焊件就会出现热裂纹。热裂纹的位置及预防措施如下：

1）对于焊补区以外的母材断裂，应避免过大的焊接热输入。

2）对于焊补区产生的横向裂纹，往往由操作工艺不当引起，应避免一次焊接过长的焊缝。

3）对于沿熔合区的裂纹，可通过控制焊补区的温度、短焊缝断续焊、焊后及时充分敲击，避免热裂纹的产生。

（3）焊补灰铸铁焊件还要考虑熔合区白口组织的产生，可采用高镍或纯镍焊条，采取电弧冷焊法来减少熔合区的白口倾向。使用镶块可以大大减少熔敷金属量，降低焊接接头内应力，有利于防止焊缝剥离，并且能缩短焊补时间和节省焊条。

2. 灰铸铁焊补操作

灰铸铁焊补操作步骤见表 9-15。

表 9-15　　　　　　　　　　　　　　灰铸铁焊补操作步骤

操作步骤	图示	说明
焊前准备	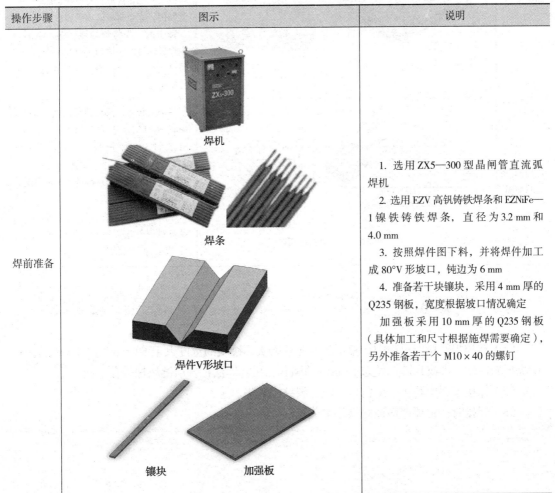 焊机 焊条 焊件V形坡口 镶块　　　加强板	1. 选用 ZX5—300 型晶闸管直流弧焊机 2. 选用 EZV 高钒铸铁焊条和 EZNiFe—1 镍铁铸铁焊条，直径为 3.2 mm 和 4.0 mm 3. 按照焊件图下料，并将焊件加工成 80°V 形坡口，钝边为 6 mm 4. 准备若干块镶块，采用 4 mm 厚的 Q235 钢板，宽度根据坡口情况确定 加强板采用 10 mm 厚的 Q235 钢板（具体加工和尺寸根据施焊需要确定），另外准备若干个 M10×40 的螺钉

操作步骤	图示	说明
底层焊接		采用 $\phi 3.2$ mm 的 EZV 高钒铸铁焊条，焊接电流为 120 ~ 130 A，焊接 4 ~ 5 层，堆焊高度约为 14 mm 分段焊接，每焊接 30 mm 灭弧，及时锤击。按段依次将焊缝一层一层地焊至应有高度后，再以倒退的次序一层一层地焊接下一段。当接近 14 mm 的焊缝厚度时，应将最上面一层焊缝的不平部位补平，以便于下面进行的镶块焊接
用镶块辅助焊接	 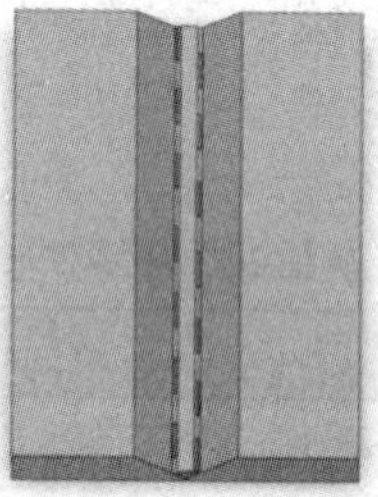	在坡口内放镶块，镶块与坡口面的间隙以直径为 3.2 mm 的焊条能够一次将其焊透为宜 在镶块两侧用 EZNiFe—1 镍铁铸铁焊条焊接。操作时，在镶块两侧交替分段焊接，每段焊缝长度不超过 30 mm。焊后及时锤击焊缝，将镶块一层一层往上焊接，直至将坡口填满为止。 锤击时，先将焊缝碾一遍，然后再碾靠近焊缝的镶块和镶块的中央。锤击力可稍微大一些，使镶块向两侧延伸，以便更有效地消除应力
焊接接头的加固	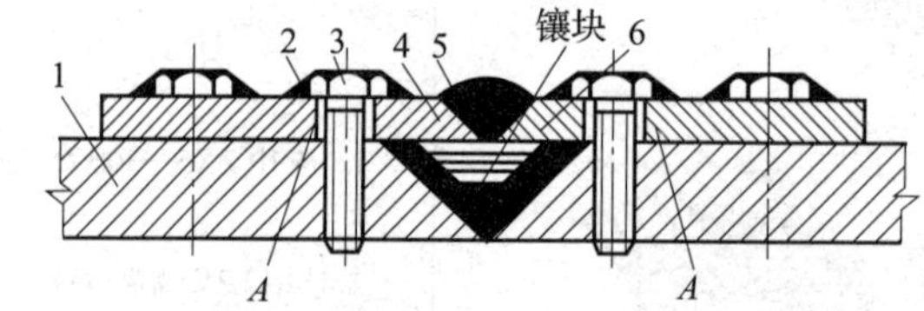 1—焊件 2、5—焊缝 3—螺钉 4、6—加强板 A—加强板侧壁	将加强板置于焊件前后两侧，M10×40 的螺钉沿水平方向相互错开分布。用螺钉 3 将加强板 4 和 6 拧紧在焊件 1 上，并使螺钉与加强板的孔壁在 A 侧接触。然后焊接焊缝 5，采用连续焊接 为防止焊件受热后温度过高，可用湿布对焊件进行冷却。最后焊接焊缝 2，以防螺钉松脱

操作提示

（1）在焊接镶块的过程中，每层镶块必须碾实，镶块的宽度大于 **50 mm** 时，需要在镶块中央事先钻好一排或几排直径为 **12 mm** 的圆孔，用塞焊法把各层镶块焊接在一起。

（2）焊接过程中防止产生白口组织、裂纹等缺陷。

（3）焊接时一定要严格遵守操作工艺规程。

本课题要完成承压钢管散热器（设计压力 $p_设$ = 0.2 MPa）的焊接操作。承压钢管散热器的金属材料为 20 钢无缝钢管和 Q235 钢板。模拟压力容器的实际制造工艺，选用焊条电弧焊、钨极氩弧焊和 CO_2 气体保护焊的焊接方法进行焊接。焊后按压力容器制造的有关规定进行焊缝外观检查、X 射线探伤、水压试验等各项验收。本课题属于常用金属材料多种焊接技能的综合训练。

承压钢管散热器的焊件图如图 9-17 所示。

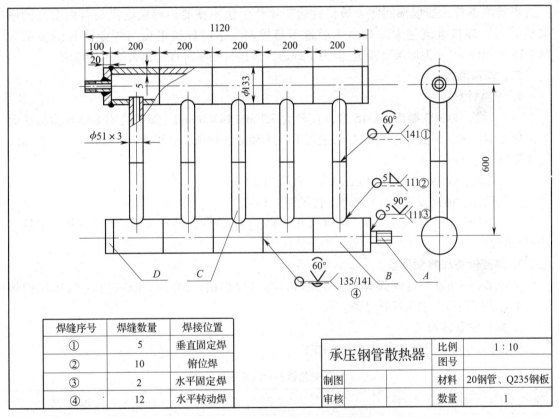

焊缝序号	焊缝数量	焊接位置
①	5	垂直固定焊
②	10	俯位焊
③	2	水平固定焊
④	12	水平转动焊

承压钢管散热器	比例	1 : 10
	图号	
制图	材料	20钢管、Q235钢板
审核	数量	1

图 9-17　承压钢管散热器的焊件图

一、焊接工艺分析

上、下集箱管 B 的焊缝采用钨极氩弧焊焊接打底层。焊接顺序如下：首先，焊接中间两条焊缝，背面焊缝经检查合格后，再分别对接和焊接另外两节；接着，分别装配、焊接集箱管封头 D 和散热器接管 A；最后，采用 CO_2 气体保护焊进行上、下集箱管各 6 条焊缝的填充焊和盖面焊。

散热管 C 的焊接位置为管子垂直固定焊，采用钨极氩弧焊。

散热管 C 与集箱管 B 为插入式连接，保证 600 mm 中心距。10 条焊缝均采用焊条电弧焊。

承压钢管散热器的焊接多为管道焊接，要求单面焊双面成形。焊接过程中打底层的焊接是关键。如果操作不当，易出现焊瘤、凹陷、表面夹渣及成形不良等缺陷。影响焊缝背面成形的因素如下：

1. 钝边与背面成形的关系

当坡口根部间隙、焊接电流、操作手法不变时，坡口钝边越大，背面成形越差。当钝边尺寸大于 2.5 mm 时，背面易产生低凹和未焊透缺陷。

2. 根部间隙与背面成形的关系

当坡口钝边、焊接电流、操作手法不变时，随着坡口根部间隙的增大，背面余高增大，操作比较容易掌握。但是，随着间隙增大，熔池变大，填充金属量增加，致使生产效率降低。合适的间隙应为焊条直径的 1.1 ~ 1.2 倍。

3. 电流与背面成形的关系

当其他条件，如根部间隙、坡口钝边、操作手法不变时，焊接电流与背面余高的增加成正比。焊接电流越大，背面成形越不易控制。一般焊接电流与焊条直径的关系为 $I=（25 ~ 30）d$（d 为焊条直径）。但为了焊透，焊接打底层时宜用稍大的焊接电流。

二、焊前准备

1. 焊接材料

（1）焊条：E4303 型或 E4315 型，直径为 3.2 mm 和 4.0 mm。如果选用 E4303 型酸性焊条，烘干 150 ℃，恒温 1 ~ 2 h；如果选用 E4315 型碱性焊条，烘干 350 ~ 400 ℃，恒温 2 h，随用随取。

（2）焊丝：ER49—1（H08Mn2SiA），直径为 2.5 mm。

（3）钨极：铈钨极（WCe—20），直径为 2.4 mm。

（4）保护气体：氩气（Ar），纯度为 99.99%；CO_2 气体，纯度大于 99.5%，其含水量不超过 0.05%。

2. 焊接设备和检测设备

采用 ZX5—400 型直流弧焊机、WS—300 型氩弧焊机、NBC1—300 型 CO_2 气体保护焊机、X 射线探伤机、水压试验设备。

3. 零件的备料加工

按表 9-16 所列进行各零件的备料加工。

表 9-16　　　　　　　　　　　钢管散热器各材料明细表

序号	零件名称	材料	规格及尺寸	数量	加工说明
A	散热器接管	20 钢	$\phi33\ mm \times 4\ mm \times 100\ mm$	2	一端加工 G1 外螺纹
B	上、下集箱管	20 钢	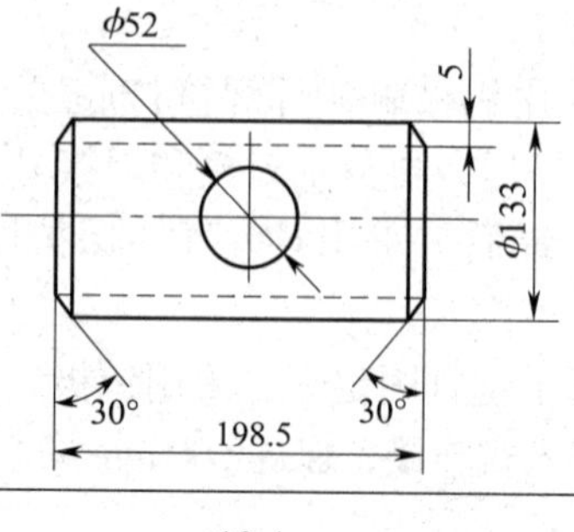 （见图示：$\phi52$，5，$\phi133$，30°，30°，198.5）	10	两端加工 30° 坡口，中间加工 $\phi52\ mm$ 孔

序号	零件名称	材料	规格及尺寸	数量	加工说明
C	散热管	20 钢	$\phi 51\ mm \times 3\ mm \times 243\ mm$	10	一端加工 30° 坡口
D	集箱管封头	Q235 钢板		4	其中两件按图加工 $\phi 35\ mm$ 孔和 90° 坡口

（1）材料选用：20 钢管和 Q235 钢板。

（2）零件加工

1）零件 A、B、C 钢管下料，按表 9–16 所列尺寸留出 3 mm 加工余量，然后车削 30° 坡口和 G1 外螺纹。在钻床上加工零件 B 上 $\phi 52\ mm$ 的孔。

2）集箱管封头 D 采用氧乙炔焰气割下料，按表 9–16 中所列尺寸留出 5 mm 加工余量，然后车削 $\phi 133\ mm$ 外圆和 30° 坡口。其中两件加工 $\phi 35\ mm$ 中心孔，并加工单边 V 形 45° 坡口。

（3）修整各零件的坡口钝边和毛刺，钝边为 0.5 ~ 1 mm。

（4）清理各零件坡口及其内、外表面 20 mm 范围内的油污、铁锈、水分和污物，直至露出金属光泽。

三、承压钢管散热器的焊接

1. 散热器焊接明细

按图 9–17 所示焊缝序号和焊接位置，分别列出各零件之间的对接关系、接头形式、坡口形式和焊接方法。承压钢管散热器焊接明细见表 9–17。

表 9–17　　　　　　　　　　　承压钢管散热器焊接明细

焊缝序号	零件对接	接头形式	坡口形式	焊接方法	焊接位置	焊缝数量
①	C—C	对接	60°V 形	141	垂直固定	5
②	C—B	角接	I 形	111	俯位焊	10
③	A—D	角接	45°	111	水平固定	2
④	B—B B—D	对接	60°V 形	135/141	水平转动	12

注：1. 表中焊接方法代号符合国家标准《焊接及相关工艺方法代号》（GB/T 5185—2005）的规定：111 为焊条电弧焊；135 为 CO_2 气体保护焊；141 为钨极氩弧焊（TIG 焊）。

2. 135/141 表示先用钨极氩弧焊焊接打底层，后用 CO_2 气体保护焊焊接填充层、盖面层。

2. 装配与焊接

（1）装配上、下集箱管

将加工及检验合格的集箱管 B（ϕ133 mm×5 mm×198.5 mm，10件）用V形铁支承，按图9-17所示的要求，先对接中间3节钢管并进行焊接，焊后检查背面焊缝合格后，再分别对接两端的最外侧一节。

装配过程中，要保证钢管的对接间隙为1.5 mm，错边量≤0.5 mm，且使每节钢管的 ϕ52 mm 管孔在同一条直线上。

（2）装配散热管

将加工及检验合格的散热管 C（ϕ51 mm×3 mm×243 mm，10件），按有坡口的一端对接，形成60°V形坡口，对接间隙为1.5 mm，错边量≤0.3 mm。

（3）将零件 A 与 D 按插入式管板形式连接

先将上、下集箱管采用钨极氩弧焊焊接打底层，并检查背面焊缝合格，再将集箱管封头 D 与上、下集箱管在两端对接，如图9-17所示，对接间隙为1.5 mm。

3. 焊接

（1）焊接上、下集箱管（焊缝序号④）

采用钨极氩弧焊焊接水平转动管打底层，要求单面焊双面成形，采用左向焊法，焊枪角度与焊件转动方向如图9-18所示。填充层和盖面层采用 CO_2 气体保护焊，采用左向焊法，焊枪角度如图9-19所示。

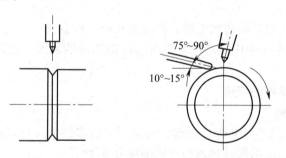

图9-18　钨极氩弧焊的焊枪角度与焊件转动方向

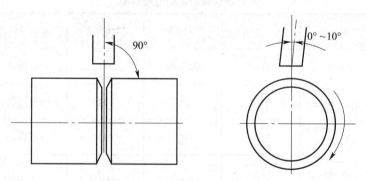

图9-19　CO_2 气体保护焊的焊枪角度

（2）焊接散热管（焊缝序号①）

采用钨极氩弧焊（TIG焊）焊接打底层、填充层和盖面层，属于管子垂直固定焊。

（3）焊接散热管与集箱管（焊缝序号②）

按图9-17所示的要求，将散热管与集箱管插入连接，保证600 mm中心距。10条焊缝均采用焊条电弧焊。钢管组装后不应有较大的间隙，定位焊缝应修磨成斜坡状。可分两个半圈完成焊接操作。首先进行焊缝1（前半圈）的操作，在平焊位置起弧，焊条与焊件角度为40°左右，如图9-20所示。在起焊位置应注意拉长电弧，稍加预热，使起焊处熔合良好，然后再压低电弧进行焊接。焊接过程中，随着焊缝位置不断变化，焊条角度也要相应变化。为避免将焊件烧穿，可采用挑弧焊法。结尾时，焊接位置近似平焊。由于钢管的温度增高，因此收尾动作要快。焊接焊缝2（后半圈）的操作方法与焊缝1的操作方法相同。在焊缝连接时，两条焊缝应重叠10～15 mm，并使接头处平整、圆滑。

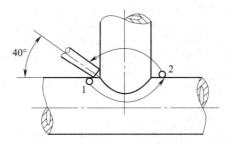

图9-20　钢管正交时的焊接方法

（4）焊接焊缝序号③

零件A与零件D对接后，采用焊条电弧焊进行焊接。

4. 焊接质量检验

（1）外观检查

可用肉眼及放大镜检查焊缝外观，并使用焊缝检验尺检查接头几何形状和尺寸。外观检查项目主要包括以下几点：

1）焊缝表面不应有裂纹、夹渣、气孔、焊瘤、烧穿等缺陷。

2）焊缝咬边深度小于0.5 mm，焊缝两侧咬边长度总计不超过该条焊缝总长的10%。

3）焊缝与母材连接处应圆滑过渡；焊缝宽度比坡口每侧增宽0.5～2.5 mm，宽度差小于等于3 mm；对接焊缝余高为0～3 mm，余高差小于等于3 mm；角焊缝焊脚尺寸为5～7 mm。

4）焊件上非焊道处不允许有引弧痕迹。母材上机械划伤部位不应有明显棱角和沟槽，伤痕深度不超过0.5 mm。

（2）X射线探伤

对上、下集箱管对接焊缝按照国家能源行业标准《承压设备无损检测》（NB/T 47013—2015）进行射线探伤，射线透照质量应不低于AB级，焊缝缺陷等级不低于Ⅱ级为合格。

（3）水压试验

水压试验是为了检查焊缝的密封性及结构整体强度，并验证结构在设计压力下安全运行的能力。

1）试验压力$p_{试}$=1.25$p_{设}$=1.25×0.2=0.25 MPa。

2）液体温度不得低于5 ℃。

3）水压试验前，将散热器充满水，排净空气，用螺纹管件封闭上、下接口，并在最高点装置压力表。当壁温与液体温度接近时，缓慢升压至设计压力；确认无泄漏后，持续升压到规定的试验压力，保压 30 min，然后降至规定试验压力的 80%，保压足够时间进行检查。检查期间压力应保持不变，不得通过连续加压来维持试验压力不变。在压力容器水压试验过程中，不允许压紧固螺栓或对受压元件施加外力。

4）水压试验合格标准如下：无渗漏；无可见的变形；试验过程中无异常的响声。